제10판 통계학의 이해

EXCEL/R 실습

통계학의 이해

이용구 · 김삼용 · 곽일엽 지음

10판

Introduction to **Statistics**

Tenth Edition

ISBN 979-11-91812-47-3

93310

율곡출판사

제10판

들어가는 글

Introduction to **Statistics**
Tenth Edition

Preface

통계학은 오늘날 매우 다양한 분야의 많은 사람들이 접하는 유용한 분석도구이다. 아울러 통계학에 대한 수요는 전공을 막론하고 여러 분야에서 폭발적으로 증가하고 있다. 하지만 통계학을 배우고 실제로 사용하는 많은 사람들이 공통적으로 느끼는 점은 통계학을 이해하기가 매우 어렵다는 것이다. 이것은 통계의 기본 개념과 철학을 쉽고 올바르게 이해할 수 있게 해주는 입문서의 부족 때문이라 여겨진다. 이러한 문제점을 개선하기 위해 이 책은 전공자뿐만 아니라 통계학을 처음 접하는 분들에게도 통계학을 부담 없이 접할 수 있도록 도와주려고 한다.

2001년 『통계학의 이해』로 개정해 초판을 출간한 이후 이제 열 번째 개정판을 내게 되었다. 그동안 각 분야에서 통계학에 대한 이해와 필요가 급증해 통계의 기본 개념을 배우고 습득하고자 하는 수요가 급증했다. 이번 개정판에서는 R과 파이썬 실습 코드들을 Colab 환경에서 실습할 수 있도록 GitHub를 통해 공개하였고, 부록 Ⅲ에 Colab의 활용법을 추가하였다. 또한 기본적인 틀은 유지하면서 각 장의 부족한 점들을 수정 · 보완하였다. 마지막으로 기존에 본 책에 있던 연습문제 해답은 별도의 해답집이 있어 굳이 필요하지 않으므로 이를 빼기로 하였다.

이 책은 먼저 1 ~ 3장에서는 기본적인 통계 개념과 자료에 대한 내용을 간략히 기술했으며, 이어서 4 ~ 6장에서는 기초 확률이론 및 분포이론에 대해 기술했다. 이어서 7장과 8장에서는 추정 및 검정 부분을 다루었으며, 9 ~ 11장에서는 고급 통계 방법론을 다루었다.

먼저 한 학기 강의 교재로 이 책을 사용하고자 한다면 1장과 2장의 내용을 포함하고, 3, 5 ~ 8장에서 일부 어렵고 덜 중요한 부분을 제외하고 강의할 것을 추천한다. 또한 비전공자이면서 학부 고학년이나 대학원 학생들에게는 5장에서 10장까지 강의할 것을 추천한다. 이 책을 두 학기로 나누어 강의하고자 한다면 1장에서 6장까지는 1학기에, 이어서 7장부터 11장까지는 2학기에 강의하는 것이 적당하다고 사료된다. 특별히 비전공자 중에서 수학이나 확률 지식이 부족하거나 생소한 학생들에게는 각 장 뒷부분에 있는 Excel 연습문제를 실습 위주로 강의할 것을 추천한다. 비교적 통계학에 대한 개념이 확실하거나 프로그램에 익숙한 학생이라면 R 프로그램 실습을 적극적으로 추천한다.

부족한 이 책의 개정에 많은 도움과 조언을 해주신 분들에게 감사드린다. 아울러 율곡출판사의 방조일 이사는 바쁜 와중에도 책의 교정과 편집에 많은 도움을 주었으며, 제10판 출간에 열성을 기울여 주신 박기남 사장님도 큰 힘이 되어주셨다. 마지막으로 이분들 모두에게 다시 한번 감사드린다.

2023년 7월

저 자 일동

초판

들어가는 글

Introduction to **Statistics**

First Edition

Preface

통계학은 수집된 자료를 통해 유용한 정보를 얻을 수 있는 방법을 연구하는 학문이라 말할 수 있으며, 정보화시대라 일컬어지는 오늘날 통계적 분석은 합리적인 판단의 근거로 많이 이용되고 있다. 그럼에도 불구하고 통계학은 까다로운 수식으로 설명되는 이해하기 어려운 학문으로 인식되어 많은 사람들이 배우기를 꺼려하는 경향이 있다. 그러나 다른 모든 학문분야와 마찬가지로 통계학에도 핵심이 되는 기본 원리가 있으며, 이 기본 원리를 이해한다면 통계학만큼 전체적인 윤곽을 쉽게 파악할 수 있는 학문도 없다고 판단된다.

본인은 과거 10여 년 동안 통계학을 배우고 가르쳐 오면서 통계학의 중요한 개념들을 어떻게 하면 다른 사람들에게 쉽게 설명할 수 있을까에 대해 나름대로 고심해 왔으며, 이런 목적으로 통계학 원론을 쓰게 되었다. 따라서 본 저서의 집필과정에서 고려한 원칙은 다음과 같이 말할 수 있다.

1. 기초적인 통계학 분석에서 반드시 알아야 하는 통계학의 기본 원리들에 근거했으며, 통계학의 초보과정에서 꼭 필요하지 않다고 판단되는 부분은 과감하게 삭제했다.
2. 가능한 한 복잡한 수식을 배제하고 기본 원리들을 말로써 표현하고자 했다.
3. 모든 중요한 이론이나 설명을 상자 안에 간결하게 정리해 책을 읽어가는 과정에서 중요한 개념들을 쉽게 파악할 수 있도록 했다.
4. 중요한 이론이나 설명마다 반드시 하나 이상의 '예'를 제시해 실제 자료분석에 있어 이론의 응용을 이해할 수 있도록 했다.
5. 특히 통계분석에서 가장 중요하면서도 이해하기 힘든 이론인 가설검정 부분에 일반 통계학 서적보다 많은 지면을 할애해 가설검정 과정에 대한 설명을 단계별로 실시했으며, 다양한 '예'를 제시해 통계적 가설검정을 올바르게

이해할 수 있도록 했다.

6. 각 장의 끝에는 가능한 한 그 장에 수록된 내용을 모두 복습할 수 있도록 충분한 연습문제를 수록했으며, 특히 연습문제의 홀수와 짝수는 동일한 유형으로 부록에는 연습문제 홀수의 해답을 수록했다.

위에 제시된 원칙하에서 책의 구성은 크게 다음과 같이 5개 부분으로 나눌 수 있다.

첫째 부분은 제1장에서 3장까지로, 통계학에 대한 기본적인 이해와 함께 통계분석의 기초가 되는 자료의 요약방법을 설명했다.

둘째 부분은 제4장에서 7장까지로, 통계이론의 기초인 확률이론과 기본적인 확률분포를 설명했다.

셋째 부분은 제8장과 9장으로, 통계적 추론인 추정과 가설검정을 설명했다.

넷째 부분은 제10장에서 12장까지로, 자료분석에서 가장 기초적 분석방법인 회귀분석, 분산분석, 그리고 범주형 자료분석 방법을 설명했다. 마지막으로 제13장에서는 통계분석에서 자료에 주어지는 기본적인 조건을 완화하는 경우에 많이 이용되는 비모수 검정방법을 설명했다.

본 저서를 대학 또는 전문대학의 통계학개론 강의에서 교재로 사용할 경우 한 학기에 전 과정을 다루기는 어려울 것으로 사료된다. 이런 경우를 고려해 후에 다루어도 통계학에 대한 기본적 이해에는 지장을 주지 않을 장이나 절에 *로 표시했으므로, 이를 참고해 강의 진도계획을 세울 수 있을 것이다. 이렇게 *로 표시된 부분은 좀 더 고급의 통계학 과정에서 다루어도 무방하다.

특히 본 저서를 저술하는 데 있어서 고려한 사항은 고등학교 졸업 수준의 기초적 수학 지식이 있는 독자들이 스스로 통계학 이론을 이해할 수 있도록 설명하는 것이었다. 따라서 통계학을 독학하고자 하는 경우에도 *표시가 없는 부분들은 이해하는 데 큰 어려움이 없을 것으로 생각된다. 독자들이 통계학을 좀더 쉽게 이해하는 데 본 저서가 도움이 될 수 있다면 저자의 큰 보람이 될 것이며, 본 저서의 여러 가지 미숙한 점들은 앞으로 계속 연구해 보완할 것을 약속드린다.

끝으로 이 책을 쓰는 과정에서 무언의 격려를 해준 아내와 두 아이들, 많은 조언을 아끼지 않으신 중앙대학교의 선배 · 동료 교수님들, 대학원생들, 어려운 여건에서도 이 책을 출판할 수 있도록 협조해 주신 율곡출판사의 박기남 사장님과 편집해 주신 여러분께 심심한 감사를 드린다.

1991년 12월 20일

흑석동에서

저자 李 鎔 九

차 례

Introduction to **Statistics**
Tenth Edition
Contents

3장 확률

Introduction to Statistics ch. three

4장 확률변수와 확률분포

Introduction to Statistics ch. four

5장 이산형 확률분포

Introduction to Statistics ch. five

6장 연속형 확률분포

Introduction to Statistics ch. six

7장 확률표본과 추정

Introduction to Statistics ch. seven

8장 가설검정

Introduction to Statistics ch. eight

9장 회귀분석과 상관분석

Introduction to **Statistics**
ch. nine

10장 분산분석

Introduction to Statistics ch. ten

11장 범주형 자료분석

Introduction to Statistics ch. eleven

[부록]

INTRODUCTION TO STATISTICS

통계학의 개요

Introduction to **Statistics**
ch. one

1

오늘날 우리들은 어떤 현상에 대한 합리적인 판단의 근거로 각종 통계를 활용하고 있다. 여기에서 통계란 분석하고자 하는 현상으로부터 관측한 자료를 요약 · 정리한 결과이다. 통계학은 이와 같은 통계를 구해 주어진 현상에 대한 정보를 얻고 그 현상에 대해 과학적인 판단을 하는 과정을 연구하는 학문이다.

인간은 옛날부터 어제와 오늘의 여러 가지 현상들을 분석하고 내일을 대비해서 살아왔다. 특히, 오늘날에는 다양한 정보 · 통신수단의 발달로 지역사회 나아가 전 세계의 여러 가지 현상에 대한 정보가 신속하게 전달되고 있다. 따라서 개인이나 국가는 관련된 여러 가지 정보를 수집해 현재의 상황을 분석하고 미래를 예측하고자 노력하고 있다. 특정한 사회에서 어떤 현상에 대한 정보를 조사하는 통계적인 방법을 사회조사라 한다. 이와 같은 사회조사는 정부에서 정책을 결정하거나 기업에서 마케팅전략을 수립하는 경우, 그리고 각종 선거에서 각 후보별 득표율과 투표율 등을 예측하는 데 널리 이용되고 있다.

본 장에서는 먼저 통계에 대한 기초적인 이해와 통계학의 기본 원리에 대해 설명하고, 사회조사를 실시하는 전반적인 과정과 언론 등에 보도되는 사회조사 결과를 올바르게 이해하는 방법 등에 대해 설명한다.

1.1 통계

Introduction to **Statistics,** ch. one

오늘날은 정보화시대라 일컬어진다. 우리는 외출 전 휴대전화 앱으로 미세먼지 정도를 체크하고, 약국에 마스크 여분이 있는지를 확인할 수 있다. 이렇듯이 일상생활에서 보다 합리적인 판단을 하기 위한 방법으로 각종 통계를 접하며 살고 있다. 우리가 일상적으로 접하는 통계는 매일 발표되는 일기예보와 물가, 실업률, GNP 등과 같은 경제통계, 각 정당에 대한 선호도 조사나 가족법 개정에 대한 의식조사와 같은 사회조사 분석통계, 그리고 새로 개발된 암치료제의 임상실험 결과와 같은 실험결과 분석통계 등 다양한 형태를 갖고 있다.

그러면 이렇게 다양한 형태로 존재하는 **통계**(statistic)를 어떻게 정의할 수 있을까?

통계

통계란 특정 집단을 대상으로 한 조사나 실험에 의해 구한 결과에 대한 요약된 형태의 표현이다.

어떤 현상에 대한 정보를 얻기 위하여 조사를 실시하는 경우 우선 자료를 수집한다. 그런데 수집된 자료 그 자체는 일반적으로 방대하기 때문에 직접적으로 어떤 정보를 얻기가 불가능한 경우가 많다. 이 경우 자료들이 갖고 있는 의미를 잘 파악할 수 있는 방법으로 자료들을 정리 · 요약할 수 있으면 이 자료들이 갖고 있는 정보를 쉽게 파악할 수 있다. 예를 들면 2020년 11월 3일에 실시된 미국의 제46대 대통령 선거결과에서 유권자 개개인의 투표행위에 대한 전국적인 자료는 그 자체가 너무 방대하기 때문에 직접적으로 어떤 정보를 얻는 것이 불가능하다. 그러나 이를 전국적 투표율, 각 지역별 투표율과 당선된 대통령에 투표한 유권자들을 성별 · 연령별 · 인종별로 정리한 통계를 활용하면 선거결과에 대한 비교적 정확한 정보를 얻을 수 있다. [표 1-1]에는 2020년 11월 실시된 미국의 제46대 대통령 선거에서 당선된 대통령에 투표한 유권자들의 성별 · 연령별 · 인종별 분포와 일부 주별 투표율이 정리되어 있다. 이와 같은 통계를 이용하여 후보자들의 특성과 각 지역의 투표율에 대한 정보를 쉽게 이해할 수 있다.

표 1-1 2020년 미국의 제46대 대통령 선거결과 (단위 : 명, %)

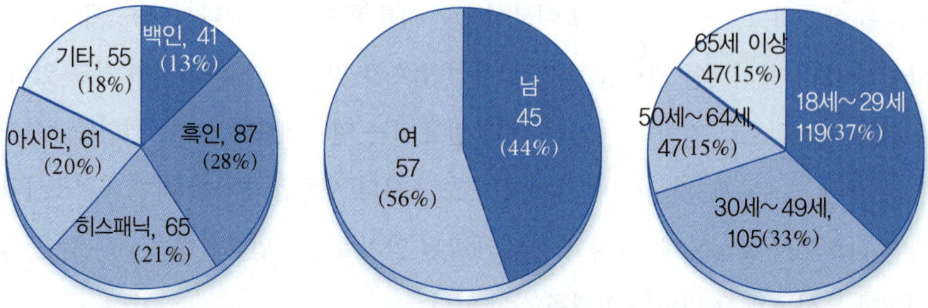

구분	조 바이든(민주당)	도널드 트럼프(공화당)
워싱턴 DC	92.15	5.4
앨라배마	36.57	62.03
알래스카	42.77	52.83
애리조나	49.36	49.06
캘리포니아	63.48	34.32
플로리다	47.86	51.22
조지아	49.50	49.26
하와이	63.73	34.27
캔자스	41.56	56.21
켄터키	36.15	62.09
루이지애나	39.85	58.46
미시간	50.62	47.84
미시시피	41.06	57.60
네바다	50.06	47.67
뉴욕	60.86	37.75
위스콘신	49.45	48.82
전국	51.36	46.86

이와 같이 많은 자료를 요약해 통계를 구하는 과정에서는 단순화에 따른 필연적인 정보의 손실이 발생한다. 많은 정보의 손실을 수반하는 통계는 통계로서의 가치가 없다. 따라서 통계를 구할 때에는 정보의 손실을 최소화할 수 있도록 주의해야 한다.

각종 운동경기에서도 많은 통계를 접하게 된다. 일례로 야구경기에서 타자가

그림 1-1 야구선수와 타율

타석에 서면 해설자는 그 선수의 타율과 좋아하는 투구에 대해 말한다. 즉, A라는 선수가 타석에 섰을 때 '저 선수의 평균타율은 3할이며, 강속구에 강하다' 라고 해설자가 말했다고 하자. 여기에서 '타율 3할' 과 '강속구에 강하다' 라는 표현을 통계라 할 수 있다. 타율 3할이라는 것은 그 선수가 경기 중 계산된 타석 열 번 중 세 번은 안타를 때렸다는 것을 의미하며, '강속구에 강하다' 라는 것은 그 선수가 과거에 변화구보다는 강속구에 더 많은 안타를 때렸다는 것을 의미한다. 위의 두 통계와 그 선수에 대한 과거의 모든 타석 자료가 동시에 주어진다면 관중들은 무엇을 선호할까? 물론 '강속구에 강하다' 라는 통계는 정보의 손실을 어느 정도 수반한다. 그러나 일반 관중들은 더 이상의 정보에 대한 흥미를 갖지 않는다고 할 수 있기 때문에 이 정도의 정보손실은 받아들일 수 있다고 할 수 있다. 즉, 통계를 구하는 과정에서 발생되는 정보의 손실과 그 통계의 중요성을 비교해 정보의 손실이 받아들일 수 있는 수준인가를 판단해야 한다.

이와 같이 자료를 요약하는 기초적인 통계를 **기술통계**(descriptive statistic)라 한다. 기술통계는 평균, 표준편차, 중위수, 최빈값, % 등과 같이 숫자로 표현하는 방법과 막대그림표, 원그림표, 꺾은선 그림표 등과 같이 그림으로 표현하는 방법이 있다.

이러한 통계가 이용되는 분야는 물가지수, 주가지수 등 각종 지수와 산업의 생산 및 고용을 측정하는 경제통계, 인구의 출생, 결혼, 사망 등을 측정하는 인구통계,

각종 농산물의 생산과 소비를 측정하는 농업통계, 미세먼지 오염도 측정과 같은 실험통계 등 다양하다. 오늘날에는 개인이나 국가 모두가 각종 통계정보에 의해 사회와 국가, 나아가 이 세계의 흐름을 파악하고 또 그에 대한 합리적인 대처를 해나가고 있다고 할 수 있다. 오늘날 흔히 말하는 '정보의 홍수' 라는 표현에서 정보를 통계와 이를 통계학적으로 분석한 결과라고 할 수 있을 정도로 통계는 인간생활에서 합리적인 판단의 근거로 매우 중요하다.

1.2 통계학과 통계분석

Introduction to **Statistics,** ch. one

오늘날 우리 생활에서 통계학이 응용되는 분야가 매우 다양하기 때문에 **통계학**(statistics)을 한마디로 정의하는 것은 쉽지 않다. 그러나 통계학에서 일반적으로 연구하는 방법을 중심으로 통계학에 대한 학문적 정의를 해보기로 한다.

즉, 통계학이란 불확실한 현상을 대상으로 하는 학문이다.

그렇다면 우리가 매일매일의 생활에서 확실하게 알고 있는 것은 무엇인가? 내일의 날씨는 어떨까? 현재 우리나라의 제반 경제상황은 어떤가? 지금 타고 있는 자동차가 사고날 가능성은 얼마일까? 또는 수돗물은 먹어도 괜찮은가? 등 우리는 일상생활과 관련 있는 거의 모든 현상에 대해 정확한 정보를 갖고 있지 못하다.

통계학

통계학(statistics)이란 불확실한 현상을 대상으로 자료를 수집하고 정리해 이 자료가 수집된 대상에 대한 적절한 모형을 설정하고 추정(estimation), 검정(testing) 및 예측(forecasting)을 하는 학문이다.

통계학은 이와 같이 불확실한 현상을 분석해 합리적인 의사결정을 할 수 있도록 하는 기초과학의 한 분야라고 할 수 있다. 그런데 통계학은 불확실한 현상을 대상으로 하므로 자료의 수집과 정리, 모형의 설정, 그리고 추론(추정, 검정 및 예측) 과정에서 모두 객관적이고 믿을 수 있는 분석방법이 이용되어야 가치 있는 정보를 얻을 수 있다. 사회현상이 다양한 만큼 이를 분석하는 통계분석 방법 또한 다양하다. 따라서 다양한 분석방법들에 대한 이해를 하고자 하는 것이 통계학을 배우는 기본이라 할 수 있다.

통계학은 크게 수리통계학과 응용통계학으로 분류된다. 수리통계학은 확률론, 추론 등 통계학에서 논의되는 기본적인 이론을 다루는 학문분야이고, 응용통계학은 수리통계학에서 정립된 이론을 바탕으로 실제 자료 분석에 응용하는 방법을 연구하는 학문이다. 응용통계학 분야로는 자료의 수집과정에서 표본추출 방법을 다루는 표본론과 자료분석 방법에 따른 회귀분석, 분산분석, 범주형 자료분석, 시계열분석, 다변량분석 등 여러 가지가 있다.

이와 같은 수리통계학과 응용통계학에서 정리된 이론을 이용해 실제 자료로부터 유용한 정보를 구하는 과정을 통계분석이라 한다. 즉, 통계분석은 어떤 현상에 대해 자료를 수집하고 정리한 후 통계적 모형을 이용해 그 현상에 대한 정보를 구하는 과정이다. 이와 같은 통계분석에는 다음과 같은 5개의 단계가 있다.

(1) 자료의 수집 단계

통계분석의 출발은 분석하고자 하는 대상집단에서 분석목적에 적절한 자료를 수집하는 것이다. 통계분석은 수집된 자료가 대상집단의 특성을 잘 대표하고 있다는 전제하에서 실시한다. 따라서 수집된 자료가 대상집단의 특성을 잘 대표하지 못한다면 아무리 훌륭한 통계분석 방법을 이용해도 대상집단에 대해 정확한 정보를 얻을 수 없다. 따라서 대상집단의 특성을 잘 대표하도록 자료를 수집하는 것이 통계분석에서 가장 중요한 요소라 할 수 있다. 자료수집 방법은 분석대상 집단의 형태에 따라 다른데, 일반적으로 대상집단의 일부를 표본으로 추출해 조사하는 표본조사와 대상집단의 일부에 처리를 가한 후에 반응을 관측하는 실험이 있다.

(2) 수집된 자료의 요약 · 정리 단계

수집된 자료를 이용한 1차 정보는 수집된 자료의 요약 · 정리를 통해 구한다. 자료의 요약 · 정리 방법은 그래프를 이용하는 방법과 숫자를 이용하는 방법이 있다. 그래프를 이용하는 방법으로는 이산형 자료인 경우 막대그림표(bar chart), 원그림표(pie chart) 등이 있고, 연속형 자료인 경우 히스토그램(histogram), 줄기와 잎 그림(stem and leaf plot), 상자그림(box plot), 바이올린 그림(violin plot), 산포도그림(scatter plolt) 등이 있다. 또한 자료의 숫자 요약방법은 중심위치를 측정하는 평균(mean), 중위수(median), 최빈값(mode) 등이 있고, 자료의 흩어진 정도를 측정하는 분산(variance), 범위(range) 등이 있다.

(3) 모수의 추정 단계

통계분석에서는 대상집단을 **모집단**(population)이라 하고, 모집단의 특성을 나타내는 값을 **모수**(parameter)라 한다. 예를 들면 "우리나라 초등학교 1학년 학생들의 키" 에 대해 조사하고자 할 때 우리나라 초등학교 1학년 학생 모두가 모집단이 되며, 모수는 이 학생들의 키의 분포에서 특징을 나타내는 키의 평균과 분산이다. 이와 같이 모집단의 특성값이 평균(mean)과 분산(variance)인 경우는 모집단에서 자료(키)의 분포가 정규분포를 따른다는 것을 가정한 결과이다. 통계분석에서 모집단의 평균은 모평균(population mean), 분산은 모분산(population variance)이라고 정의한다.

일반적으로 이와 같은 모집단의 모수들은 알려져 있지 않으며, 표본조사나 실험을 통한 자료수집에 의해 모수들을 추정(estimation)한다. 표본조사나 실험을 통한 자료수집에서 "자료의 숫자를 요약한 값" 을 통계량(statistic)이라 하고, 통계량 중에서 모수를 추정하는 값을 추정량(estimator)이라 정의한다. 또한 구체적인 표본에 의해 관측된 통계량의 값을 통계치(statistic)라 하고, 추정량의 값을 추정치(estimate)라 한다. 초등학생들의 키를 조사하는 예에서 초등학교 학생 전체의 평균 키인 모평균을 μ라 할 때 10명의 키를 조사한 결과가 $(X_1, X_2, \cdots, X_{10})$이라 하면 합 $\sum_{i=1}^{10} X_i$는 통계량, 평균 $\overline{X} = \frac{1}{10}\sum_{i=1}^{10} X_i$는 모평균 μ의 추정량이라 정의한다. 또한 구체적인 표본관측 결과 $\sum_{i=1}^{10} X_i = 1,420\text{cm}$, $\overline{X} = 142\text{cm}$가 구해졌다면, 1,420cm는 통계치, 142cm는 모평균 μ의 추정치라 정의한다. 이와 같이 자료수집을 통해 알려져 있지 않은 모집단의 모수를 추정한다.

(4) 검정 단계

모집단의 모수에 대해 추정을 한 후에는 모집단에 대해 어떤 가설(hypothesis)을 설정한 후 그 가설의 타당성 여부를 검정한다. 이를 **가설검정**(Testing Hypothesis)이라 하는데, 가설검정은 모집단에 대해 두 개의 서로 다른 가설을 설정한 후 수집된 자료를 이용해 두 개의 가설 중 하나를 선택하는 과정이다. 이와 같은 가설검정은 모수적 방법과 비모수적 방법으로 구분할 수 있다. 가설검정의 모수적 방법은 모집단의 자료가 정규분포와 같은 특정 분포를 따른다는 전제하에 그 분포의 모수가 특정 값인가를 검정하는 방법이다. 반면에 비모수적 검정은 모집단의 자료에 대한 분포를 가정하지 않고 자료의 형태에 대해 검정을 실시하는 방법이다.

(5) 모형분석 단계

관측된 자료가 특정 형태의 모형으로부터 관측되었다고 가정한 후 그 모형을 추정하는 단계이다. 일반적으로 여러 개의 변수가 관찰된 경우 변수들 사이의 관계 또는 한 변수의 변화과정 등을 모형을 이용해 분석한다. 일반적인 통계분석 방법이 여기에 해당하는데, 자료의 형태에 따라 회귀분석, 분산분석, 범주형 자료분석, 시계열분석 등 다양한 형태의 분석방법들이 있다. 예를 들어 회귀분석은 원인을 측정하는 설명변수(explanatory variable)와 결과를 관측하는 반응변수(response variable) 사이의 관계식을 구해 설명변수가 반응변수를 어느 정도 설명할 수 있는가를 분석한다. 이 경우 설명변수는 하나 이상 주어지고 반응변수는 하나만 주어지는데, 설명변수와 반응변수 모두 연속형 자료여야 한다. 이와 같은 모형분석에는 자료의 형태(연속형/이산형)와 자료들 사이의 관계(설명변수/반응변수 관계 또는 대등한 관계)에 따라 다양한 분석방법이 존재한다.

통계분석은 위에 설명한 5가지 단계에서 관측된 자료와 얻고자 하는 정보의 형태에 따라 적절한 분석을 실시하는 것이다. 이와 같은 통계분석 과정에서 주의해야 할 사항은 대상집단의 자료 형태에 대해 항상 기본 가정을 설정하고 분석을 실시해야 한다는 것이다. 이와 같은 기본 가정은 각각의 분석방법에 따라 다르다. 따라서 통계분석을 실시하고자 하는 경우에는 분석과정에 주어진 기본 가정이 무엇인가를 확인하고 자료가 그 가정을 잘 따르는가를 관찰해야 한다. 또한 통계분석은 자료의 형태와 분석목적에 따라 적용되는 분석방법이 다르므로 자료의 형태와 분석목적(즉, 구하고자 하는 정보의 형태)에 따라 최선의 분석방법이 무엇인가를 판단해야 한다. 결론적으로 통계분석을 배우는 경우에는 각각의 통계분석 과정이 어떤 형태의 자료를 대상으로 어떤 정보를 구하고자 하는가에 대해 이해하고자 노력해야 한다.

1.3 생활 속의 통계

오늘날에는 신문, TV, 라디오 등과 같은 대중전달 매체의 발달로 많은 정보를 신속하게 접할 수 있다. 이와 같은 대중매체의 발달과 함께 컴퓨터를 이용한 신속·정확한 자료처리에 의해 사회와 국가의 현상 파악뿐만 아니라 세계의 흐름을 한눈에 파악할 수 있게 되었다. 이와 같은 사회의 흐름을 파악하기 위해 인간생활과 관계되는 사회, 경제, 정치 등의 현상에 대한 다양한 사회조사를 실시하고 있다. 사회조사에는 한 지역이나 국가의 경제 또는 사회적 현상 등을 측정하는 **사회통계조사**(social survey)와 어떤 특정한 사회·정치적 현상에 대해 지역주민 또는 국민들의 의견을 조사하는 **여론조사**(poll)가 있다.

사회통계조사에는 현재 통계청에서 조사해 월별, 분기별, 연도별로 발표하는 각종 경제 · 사회지표들과 보건복지부에서 조사해 발표하는 인구 및 후생복지 관련 지표, 그리고 농수산부에서 발표하는 농업, 임업, 어업 관련 통계 등이 있다. 기타 사회조사기관에서 조사해 발표하는 사회통계의 예를 들면 출퇴근 시 이용하는 교통수단별 비율과 같은 것들이 있다.

여론조사란 사회에서 발생한 특정 사건에 대해 국민들이 어떻게 생각하고 있는가를 조사하는 것이다. 각종 선거에 앞서서 실시되는 선거 관련 여론조사가 대표적인 예라 할 수 있다.

이와 같은 조사결과들은 개인이나 국가가 현실상황을 분석하고 정책을 결정하거나 내일을 예측하는 기초 자료로 이용되고 있다. 예를 들어 정부에서 대학의 기여입학제에 대한 국민들의 여론을 조사한 후 부정적인 반응이 높기 때문에 이의 실시를 유보한 것은 여론조사 결과를 정책 결정에 이용한 예이다.

1.4 여론조사

Introduction to **Statistics,** ch. one

여론조사란 정치 · 경제 · 사회적으로 발생한 특정 사건이나 현상에 대해 국민들이 어떤 생각을 갖고 있는지를 조사하는 방법이다. 여기에서 여론이란 특정 집단에 속한 사람들의 '대중의 의견'이라 할 수 있다. 이와 같은 여론은 실체를 구체적으로 볼 수 없으며, 시간의 흐름에 따라 변하기 때문에 어느 누구도 정확하게 파악할 수 없다.

또한 여론조사를 이용해 각종 선거결과를 사전에 예측할 수 있다. 서양, 특히 미국에서는 대통령 선거를 비롯한 선거결과를 사전에 예측하고자 한다. 우리나라에서도 1987년 제13대 대통령 선거를 한국갤럽에서 여론조사를 실시해 투표일 오후 6시에 각 후보별 예상 득표율을 발표한 이후 선거 관련 여론조사가 매우 활발히 시행되고 있다.

[표 1-2]에는 제16, 17, 18, 19, 20대 대통령 선거 당시 한국갤럽에서 실시한 여론조사에 의한 각 후보별 예상 득표율과 실제 득표율이 각각 주어져 있다. 이 결

과에 의할 때 여론조사에 의한 선거결과 예측이 신뢰할 수 있음을 알 수 있다.

표 1-2 한국갤럽의 대통령 선거 예상 득표율과 실제 득표율

제16대 대통령 선거(2002년) (단위 : %)

후보자 / 득표율	노무현	이회창	권영길	기타 후보
실제 선거결과	48.9	46.6	3.9	0.6
한국갤럽의 예측	46.8	48.5	3.9	0.6
한국갤럽의 예측(D-1일)	48.2	46.4	4.7	0.6

제17대 대통령 선거(2007년) (단위 : %)

후보자 / 득표율	이명박	정동영	이회창	문국현	기타 후보
실제 선거결과	48.7	26.1	15.1	5.8	4.3
한국갤럽의 예측	51.3	25.1	13.5	6.1	4.0

제18대 대통령 선거(2012년) (단위 : %)

후보자 / 득표율	박근혜	문재인	기타 후보
실제 선거결과	51.6	48.0	0.5
한국갤럽의 예측	50.2	49.4	0.4

제19대 대통령 선거(2017년) (단위 : %)

후보자 / 득표율	문재인	홍준표	안철수	기타 후보
실제 선거결과	41.09	24.04	21.42	0.51
한국갤럽의 예측	43.1	22.3	19.6	0.3

제20대 대통령 선거(2022년) (단위 : %)

후보자 / 득표율	이재명	윤석렬	심상정	기타 후보
실제 선거결과	47.83	48.56	2.37	1.19
한국갤럽의 예측	43	44	3	9

출처 : 한국갤럽

여론이란 어떤 현상에 대해 사람들의 의견을 정리하는 것을 말한다. 그런데 사람들의 의견이란 그 현상과 관련된 특정 사건이 발생한다던가 또는 시간의 흐름에 따라 변한다. 제20대 대통령 선거에는 안철수 전 후보의 사퇴 선언과 이후 윤석열 · 안철수 회동 등 여러 사건과 쟁점이 있었다. 선거기간 중 여론조사 흐름에서는 윤석열

그림 1-2 제20대 대선 여론조사 추이(한국갤럽)

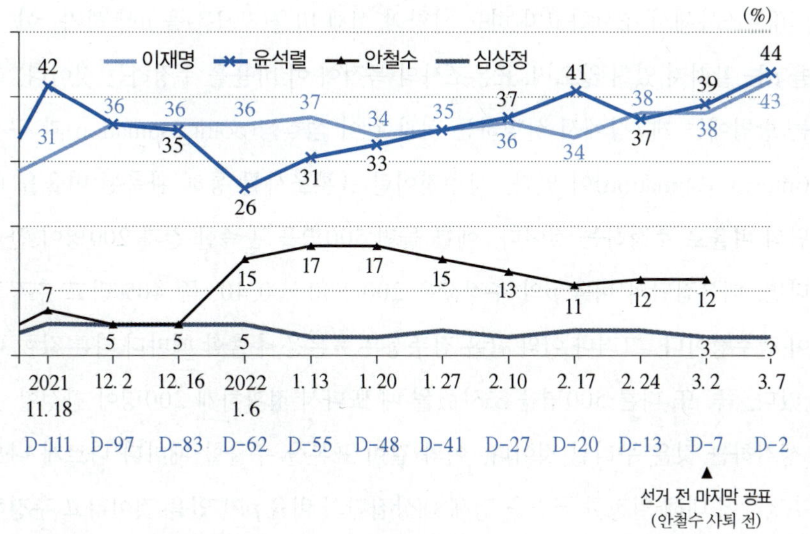

후보와 이재명 후보 간에 치열한 경합이 벌어졌고, 1% 차이로 윤석열 후보가 당선에 이르렀다. 1%로 매우 근소한 차이였으나 한국갤럽의 D-2 예측과 출구조사 예측 모두에서 대통령 당선자를 정확히 맞추어 여론조사의 공신력을 확인할 수 있었다.

1.5 비율 추정과 최대허용오차

Introduction to **Statistics,** ch. one

여론조사에서 어떤 사항에 대한 비율을 추정해 발표하는 경우 '95% 신뢰수준하에서 최대허용오차는 몇 %이다'와 같이 발표하는 것을 볼 수 있다. 이와 같은 95% 신뢰수준하에서의 최대허용오차란 (추정비율) ± (최대허용오차) 사이에 실제 비율이 있을 가능성을 95% 정도 신뢰할 수 있다는 주장이다. 예를 들어 어떤 사항에 대한 조사에서 찬성률이 45%이고 95% 신뢰수준하에서의 최대허용오차가 3.1%라고 하자. 이 경우 이 사항에 대한 실제 찬성률이 45 ± 3.1(%), 즉 41.9 ~ 48.1% 사이에 있을 가능성을 95% 신뢰할 수 있다는 것을 의미한다. 이와 같이 실제 비율에 대한 추정에서 신뢰구간을 정하는 데 이용하는 것이 최대허용오차이다.

여기에서는 비율추정에서 최대허용오차를 구하는 방법에 대해 알아보기로 한다. 표본조사에서 조사하고자 하는 사항의 실제 비율(찬성률)을 p라 하자. 이 실제 비율 p는 알려져 있지 않으며, 표본조사의 목적이 이 비율을 추정하는 것이다. 추정하는 방법에는 제7장에서 설명하는 것과 같이 **점추정**(point estimation)과 **구간추정**(interval estimation)이 있다. 점추정이란 표본조사를 통해 관측된 비율을 대상집단의 비율로 추정하는 것이다. 예를 들면 500명을 관측한 결과 200명이 찬성을 했다면, 대상집단의 비율 p의 추정값은 200/500 = 0.40, 즉 40%라고 추정하는 것이 점추정이다. 그러나 이와 같은 점추정은 표본을 추출할 때마다 다른 값이 나올 수 있다. 즉, 또 다른 500명을 조사했을 때 또다시 정확하게 200명이 찬성할 것으로 생각하는 것은 무리일 것이다. 이와 같이 표본을 추출할 때마다 다르게 나오는 점추정값에 대해 일정한 구간을 정해 대상집단의 비율 p가 있을 것이라고 추정하는 것이 구간추정이다. 구간추정은 표본조사에서 구한 추정치 $\hat{p}$를 중심으로 일정한 오차값 이내에 모비율 p가 있을 것으로 추정한다. 예를 들면 표본의 크기가 n개인 경우 95% 신뢰수준하에서 모비율 p에 대한 추정의 허용오차는 $\pm 1.96\sqrt{\frac{p(1-p)}{n}}$와 같이 구한다. 위 값에서 1.96은 95% 신뢰수준하에서의 신뢰계수라고 하는데, 표준정규분포로부터 구하는 값이다.

위 값을 구하는 과정은 제7장의 구간추정에서 다루게 되는데, 신뢰구간(confidence interval)과 이항분포(binormal distribution)의 개념에 의해 구한다. 문제는 이 식에서 p를 알 수 없다는 사실이다. 이의 해결방법으로 p의 가능한 값, 즉 $0 < p < 1$에서 $1.96\sqrt{\frac{p(1-p)}{n}}$의 최대값을 구하며, 이것을 95% 신뢰수준하에서의 최대허용오차라 한다. $1.96\sqrt{\frac{p(1-p)}{n}}$의 최대값은 $p(1-p)$가 최대인 경우에 구할 수 있으며, $p(1-p)$의 최대값은 $p=\frac{1}{2}$일 때 0.25를 쉽게 구할 수 있다. 따라서 95% 신뢰수준하에서 최대허용오차는 $\pm 1.96\sqrt{\frac{0.25}{1{,}000}}$이다. 즉, 표본의 크기 n의 함수이다. 예를 들어 표본의 크기 n이 1,000인 경우 95% 신뢰수준하에서의 최대허용오차는 다음과 같다.

$$1.96\sqrt{\frac{0.25}{1{,}000}} = 0.03099\,(3.1\%)$$

여론조사 결과의 발표에서 표본의 크기가 1,000일 때 95% 신뢰수준하에서의 최대허용오차가 항상 ±3.1%로 주어진 것은 앞의 식에 의해 구한 값이다. [표 1-5]에는 $n = 100$, 500, 1,000, 1,500에 대한 95% 신뢰수준하에서의 최대허용오차가 주어져 있다.

표 1-3 95% 신뢰수준하에서의 최대허용오차

표본의 크기	최대허용오차(%)
100	9.8
500	4.4
1,000	3.1
1,500	2.5

이와 같은 최대허용오차에 대한 구체적인 이해는 제8장에서 설명하는 모비율 p에 대한 신뢰구간 부분을 참고하기 바란다.

연습문제

01. 다음과 같은 경제통계를 산출하는 방법에 대해 조사하라.

(a) 기온　　(b) 강수량

(c) 일조시간　　(d) 열대야 일수

02. 신문이나 잡지에 보도된 스포츠 통계를 조사하고, 그 의미를 설명하라.

03. 일기예보에서 "전국적으로 미세먼지 농도가 '매우 나쁨' 수준을 보일 것이다"라는 말이 무엇을 의미하는지 설명하라.

04. 한 여론조사기관에서는 2022년 3월에 실시되는 대통령 선거에서의 각 후보별 예상 득표율을 조사하고자 한다. 조사기간은 2022년 3월 1일~3월 8일로 8일간으로 한정되어 있다고 한다.

(a) 조사대상 집단은 무엇인가?

(b) 4명의 후보(갑, 을, 병, 정)가 있다고 가정할 때 이 4명의 후보에 대한 지지율을 조사할 수 있는 설문지를 작성하라.

(c) 조사기간을 고려할 때 가장 적절한 조사방법은 무엇인가? 이유를 설명하라.

(d) 위 (c)에서 선택한 방법으로 실제 조사를 실시하는 과정을 설명하라.

05. 통계청에서는 2021년도 우리나라 자동차사고 건수가 10,000건이었는데, 2022년도에는 50,000건이 발생했다고 발표했다.

(a) 이 발표에 의할 때 우리나라에서 자동차 운전이 2021년도보다 2022년도에 5배 정도 위험해졌다고 할 수 있는가? 타당한 이유를 제시하라.

(b) 만약에 위의 통계가 자동차 운전의 위험도를 측정하는 적절한 통계가 아니라면, 위험도를 측정할 수 있는 다른 통계를 구하는 방법을 설명하라.

06. 우리나라에서는 현재 선거 전에 여론조사를 실시해 각 후보별 예상 득표율을 발표하는 것이 법으로 금지되어 있다. 미국과 같이 대통령 후보에 대한 예상 득표율을 선거 전에 발표하는 경우에 발생될 수 있는 문제점들은 무엇인가?

07. 모 라디오 방송국에서는 한 달 동안 방송국에 접수된 우편물의 수를 매월 말일마다 집계해 금주의 라디오 방송 청취율 순위를 발표한다. 이와 같은 여론조사에 의한 인기순위 발표에서 생각될 수 있는 문제점들은 무엇인가? 또한 그 이유는 무엇인가?

08. 한 여론조사기관에서는 우리나라의 유권자 1,000명을 대상으로 제20대 대통령 선거의 공정성 문제에 대한 여론조사를 실시했다. 1,000명 중에서 600명이 제20대 대통령 선거가 공정하게 치루어졌다고 응답했을 때,

(a) 제20대 대통령 선거의 공정성에 대한 우리나라 유권자들의 긍정적인 응답 비율(찬성 비율) p에 대한 95% 신뢰수준하에서의 최대허용오차를 구하라.

(b) 95% 신뢰수준하에서 실제 비율이 어느 구간 안에 있다고 생각할 수 있는가?

(c) 위 (b)의 결과에 의할 때 과반수의 국민들이 제20대 대통령 선거가 공정하게 치루어졌다는 데 동의한다고 할 수 있는가? 그 이유는?

09. 한 여론조사에서 95% 신뢰도에서 최대허용오차가 4%일 때 최소 몇 명 정도를 표본으로 조사해야 하는가?

2.1 통계분석과 자료수집

2.2 표본조사

2.3 자료의 그래프적 표현

2.4 자료의 숫자 요약

2.5 상자그림

2.6 실험

2.7 측정

2.8 엑셀 실습

2.9 R 연습

자료의 표현과 측정

Introduction to **Statistics**
ch. two

2

통계분석이란 특정 대상집단에 대해 자료를 수집하고 정리한 후 그 자료를 이용해 대상집단에 대한 추론(추정, 검정 및 예측)을 하는 과정이라고 할 수 있다. 따라서 아무리 훌륭한 통계분석 방법을 이용해 통계분석을 실시해도 수집된 자료가 대상집단의 특성을 잘 대표하지 못한다면 분석결과는 아무 의미가 없게 된다. 이와 같이 자료수집은 통계분석에서 매우 중요한 과제이다. 자료의 수집방법으로는 표본조사와 실험이 있는데, 본 장에서는 자료의 수집방법과 수집된 자료의 측정방법에 대해 설명한다. 또한 통계분석의 기초라 할 수 있는 자료의 요약방법인 그림과 그래프를 이용한 표현방법과 자료의 숫자 요약방법인 기술통계에 대해 설명한다. 본 장 이후에 **랜덤**(random)이란 용어를 자주 사용하게 된다. 랜덤이란 말은 일반적으로 '임의로'란 말로 번역되고 있는데, 이 용어의 의미는 표본을 추출하거나 실험에서 실험대상자들을 여러 개의 실험집단으로 나눌 때 결정과정이 고의적이지 않다는 것을 의미한다. 예를 들면 **랜덤표본**이란 표본이 추출되는 대상집단의 모든 원소들이 표본으로 추출될 가능성이 모두 동일하도록 표본을 추출하는 것을 말하며, 실험단위의 랜덤배치란 실험대상자들을 각 실험집단에 임의로 배치하는 것을 말한다. 또한 특정 확률변수값이 랜덤하게 나타난다는 것은 그 확률변수의 값이 주어진 확률분포조건하에서 어떤 값이 나타날지 예측할 수 없다는 것을 의미한다. 이 장에서는 본격적으로 미세먼지 빅데이터를 다뤄보기 전, 통계적 이론을 습득해 보기로 한다.

2.1 통계분석과 자료수집

통계분석(statistical analysis)이란 특정한 집단을 대상으로 자료를 수집해 대상집단에 대한 정보를 구하고, 적절한 통계분석 방법을 이용해 의사결정(통계용어로 **통계적 추론**(statistical inference)이라 한다)을 하는 과정을 말한다. 여기에서 대상집단에 대한 정보란 자료를 요약 · 정리한 결과로, 숫자 또는 그림으로 정리된 각종 통계를 의미한다. 또한 통계적 추론이란 수집된 자료를 이용해 대상집단(통계용어로 모집단(population)이라 한다)에 대해 의사결정을 하는 것인데, "대상집단의 특성값(모수)이 무엇일까?"를 추측하는 **추정**(estimation)과 대상집단에 대해 특정한 가설을 설정한 후 그 가설의 채택 여부를 결정하는 **가설검정**(hypothesis test)이 있다. 이와 같이 통계분석은 '수집된 자료'를 이용하므로 자료(data)는 대상집단의 특성을 잘 대표하도록 수집되어야 한다. 수집된 자료가 대상집단의 특성을 잘 대표하지 못한다면 아무리 훌륭한 통계분석 방법을 적용해도 분석결과는 대상집단의 특성을 파악하는 데 성공하지 못할 것이다.

다음 두 사례를 통해 통계분석과 자료수집에 대해 생각해 보기로 한다.

〈사례 1〉 한 여론조사기관에서 2023년 7월에 국회에서 발의한 경제자유구역의 지정 및 운영 법안에 대한 국민들의 지지율을 조사했다.

〈사례 2〉 한 제약회사에서 새로 개발된 AIDS 치료제의 효과를 분석하는 실험을 실시했다.

〈사례 1〉에서 구하고자 하는 정보는 '경제자유구역의 지정 및 운영 법안에 대한 우리나라 국민들의 지지율'이다. 여기에서 우리나라 국민이란 투표권을 가진 사람들이라고 생각할 수 있으므로 대상집단은 '우리나라 유권자'들이라 할 수 있고, 특성값(모수)은 '지지율'이라 할 수 있다. 이와 같이 전국의 유권자들을 대상으로 정보를 얻고자 하는 경우 전국의 유권자 모두를 조사하는 것은 불가능하다. 따라서 유권자들 중에서 일부를 표본으로 추출해 조사를 실시한다. 예를 들어 유권자 1,000명을 조사한 결과 450명이 경제자유구역의 지정 및 운영 법안을 지지했다면,

경제자유구역의 지정 및 운영 법안에 대한 유권자들의 지지율은 45%라고 할 수 있다. 이와 같이 대상집단의 일부를 표본으로 추출해 대상집단의 특성을 파악하는 자료수집 방법을 표본조사라 한다. 표본조사에서 주의해야 할 사항은 표본이 대상집단을 잘 대표할 수 있도록 추출되어야 한다는 것이다. 즉, 출신지역, 성별, 직업, 학력 등 주어진 문제(경제자유구역의 지정 및 운영 법안)에 대해 서로 다른 의견을 가질 수 있는 여러 가지 요인들을 고려해 표본을 추출해야 한다.

〈사례 2〉는 새로 개발된 AIDS 치료제의 효과를 살펴보는 것으로, 이 경우에는 다음과 같이 두 방법으로 자료를 수집할 수 있다.

① AIDS에 감염된 환자 20명을 임의로 선발해 새로 개발된 치료제를 투약한 후 시간의 흐름에 따른 치료효과를 측정한다.
② AIDS에 감염된 환자 20명을 랜덤하게 10명씩 두 집단으로 나눈 후 한 집단에는 새로 개발된 치료제를 투약하고, 다른 집단에는 치료제를 투약하지 않은 채 시간의 흐름에 따른 두 집단의 반응을 비교한다.

위에 주어진 두 가지 실험방법은 경우에 따라 적절하게 이용할 수 있는데, 이와 같이 대상집단(AIDS에 감염된 환자 모두)의 일부에 특정한 처리(치료약 투여)를 가하고 결과를 관측해 자료를 수집하는 방법을 **실험**(experiment)이라 한다.

자료의 수집방법은 위에 설명한 표본추출과 실험이 대표적이라 할 수 있다. 본 장에서는 두 자료 수집방법을 이용해 어떻게 하면 대표성을 갖는 자료를 수집할 수 있는가에 대해 알아보고, 또한 수집된 자료의 측정방법에 대해 설명한다.

2.2 표본조사

어떤 대상집단에 대한 정보를 얻고자 하는 경우의 조사방법으로는 그 집단의 구성원 모두를 조사하는 방법과 대상집단의 일부를 표본으로 선택해 조사하는 방법이 있다.

대상집단 모두를 조사하는 방법을 **총조사**(census)라 하며, 통계청에서 매 5년마다 실시하는 '인구 및 주택 총조사'가 그 대표적인 예이다. 그러나 이러한 총조사는 많은 시간과 비용이 소요되므로 대부분의 조사는 **표본조사**를 실시한다. 표본조사란 대상집단의 일부를 관측해 그 대상집단 전체에 대한 정보를 구하는 과정을 말하며, 총조사에 비해 시간과 비용을 절약할 수 있을 뿐만 아니라 소수정예의 잘 훈련된 조사요원에 의한 조사를 실시하므로 경우에 따라서는 총조사보다 더욱 정확한 결과를 얻을 수 있다. 또한 새로 개발된 자동차의 안전성 실험 등 현실적으로 전체 대상집단에 대한 자료를 얻을 수 없는 경우가 있기 때문에 표본조사는 자료를 얻기 위한 매우 유용한 방법이라 할 수 있다.

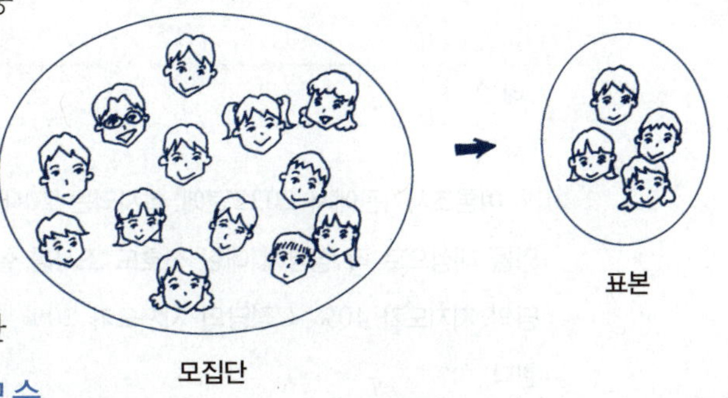

표본조사에서는 몇 가지 용어를 사용한다. 조사하고자 하는 대상집단 전체를 **모집단**(population), 모집단을 구성하는 개체를 **원소**(element), 조사하기 위해 뽑은 모집단의 일부 원소들을 **표본**(sample)이라 한다. 또한 표본관측에 의해 구하고자 하는 정보를 **모수**(parameter)라 한다. 2.1절의 〈사례 1〉에서의 모집단은 '전국의 유권자', 원소는 '유권자 개개인', 표본은 '조사대상자로 뽑힌 유권자 1,000명'이다. 또한 추정하고자 하는 모수는 '경제자유구역의 지정 및 운영 법안에 대한 지지율'이다.

표본조사에서 이용되는 용어

모집단(population) : 조사하고자 하는 대상집단 전체

원소(element) : 모집단을 구성하는 구성원소

표본(sample) : 조사하기 위해 뽑힌 모집단의 일부

모수(parameter) : 표본관측에 의해 구하고자 하는 모집단의 특성값

2.2.1 표본조사의 유의사항

표본조사는 모집단의 일부를 관측해 모집단 전체에 대한 통계적 추론을 유도하게 되므로 보다 정확한 추론을 구하기 위해서는 몇 가지 유의해야 될 사항이 있다. 그중에서 가장 중요한 사항은 모집단을 잘 대표할 수 있도록 표본을 추출하는 것이다. 만약에 표본이 조사자가 고의적으로 또는 다른 이유로 인해 한쪽에 편향되게 뽑힌다면 그 표본은 모집단을 대표한다고 볼 수 없으며, 그 표본으로부터 얻어진 정보는 모집단에 대한 올바른 추론을 유도할 수 없게 된다. 다음 예를 이용해 표본조사 시 고려해야 될 문제들을 생각해 보자.

예 2-1

여론조사기관에서 2022년에 실시되는 20대 대통령 선거를 앞두고 전국의 유권자 1,000명을 대상으로 각 정당에 대한 선호도 조사를 실시했다. 그 결과 A정당의 지지도가 30%, B정당의 지지도가 40%, C정당의 지지도가 20%, 지지하는 정당이 없다가 10%로 조사되었다고 한다.

이러한 조사는 일반적으로 볼 수 있는 경우이며, 이때 참고해야 할 사항을 제시하면 다음과 같다.

1. 표본이 합리적으로 추출되었는가의 문제이다.

우리나라의 총유권자 약 5,180만 명 중에서 1,000명을 표본으로 추출했을 때 과연 이 표본이 모집단(총유권자집단)을 잘 대표할 수 있는가의 문제이다. 즉, 연령계층별, 출신지역별, 성별, 학력별, 직업별, 기타 사회계층별로 정당에 대한 선호도가 차이가 있을 수 있는데, 표본을 추출할 때 이러한 여러 가지 요인들을 합리적으로 고려해 표본을 추출해야 한다. 예를 들어 전체 유권자 중에서 20대가 40%를 차지한다면 표본에서도 20대의 비율이 40% 정도가 되는 것이 바람직하다.

2. 질문의 형식이 특정 사항을 선호하도록 유도하여서는 안 된다.

극단적으로 위의 예에서 A정당에 대한 선호도를 우선 물어보고, A정당을 싫어하는 사람에 한해 B, C정당에 대한 선호도를 조사하는 경우와 A, B, C정당을 모두 같이 놓고 가장 좋아하는 정당을 선택하도록 하는 경우에는 서로 다른 결과를 얻을 수 있다.

3. 조사방법에 따라서도 조사결과에 차이가 있을 수 있다.

요즘 많이 이용되는 조사방법으로는 조사자가 피조사자를 직접 만나서 조사하는 면접조사뿐만 아니라 우편조사, 전화조사 등이 있다. 우편조사는 일반적으로 회신이 없는 무응답이 많이 발생한다. 이때 무응답의 처리가 매우 중요한데, 특히 무응답자가 어떤 특정 성향을 가질 때에는 조사결과의 해석에 주의해야 한다.

즉, 우편조사에서 1,000명에게 설문지를 보냈는데, 800명이 응답했고 그중에서 300명이 A정당을 지지했다고 할 때 A정당의 지지도는 $\frac{300}{800} \times 100 = 37.5\%$라고 볼 수 있다. 그러나 만약 무응답자 200명이 A정당 또는 모든 정당들에 대해 혐오감을 갖기 때문에 고의로 응답을 하지 않았다면 A정당의 지지도는 $\frac{200}{1,000} \times 100 = 20\%$로 봐야 할 것이다. 전화조사에서는 조사시간의 선택에 주의해야 한다. 이를테면 낮시간 동안에 전화를 하면 대부분의 가정에서는 주부들이 전화를 받게 되어 직장에 다니는 사람의 의견이 배제된 편향된 의견을 얻기 쉽다.

4. 표본조사 시점에 대한 고려를 해야 한다.

여론은 특정 사안에 대한 사람들의 의견이라 할 수 있다. 이와 같은 여론은 시간의 흐름에 따라 변하는 속성을 갖고 있다. 특히 어떤 사건이 발생한 경우에는 단시간에 큰 변화가 일어난다.

5. 표본조사 결과를 이해할 때 나타난 결과에 대해 절대적인 신뢰를 해서는 안 된다.

즉, 5,180만 명의 유권자 모두를 조사했을 때 A정당의 지지율이 30%이고, B정당의 지지율이 40%라면 A정당의 지지율이 B정당의 지지율보다 정확하게 10% 낮다고 주장할 수 있다. 그러나 위와 같이 1,000명을 조사한 경우, 두 정당의 지지율의 차이가 10%라면 이 10%의 차이가 통계적으로 유의한가를 분석해야 한다. 이는 뒤에서 설명하는 유의성 검정 문제인데, 만약 두 정당의 지지율에 대한 차이인 10%가 통계적으로 유의하지 않다고 판단되는 경우에는 위의 10%의 차이에 의해 정당 간의 선호도를 비교할 수 없다.

표본조사는 모집단의 일부를 관측해 모집단 전체에 대한 어떤 결론을 유도하고자 하는 것이므로 앞에 제시된 여러 가지 주의사항을 고려해야 한다. 따라서 표본조사가 합리적이고 객관적으로 시행되었는가를 판단하기 위해 표본조사 결과를 읽을 때 다음과 같은 사항들이 주어졌는가를 봐야 한다.

표본조사 결과 발표 시에 포함되어야 할 사항

모집단의 정의, 표본의 크기, 조사방법(면접조사, 우편조사, 전화조사 등), 조사기간, 표본추출 방법이와 같은 사항들은 표본조사 결과의 신뢰성을 측정하는 데 중요한 판단기준이 된다. 따라서 조사결과를 분석할 때 위의 사항들을 관찰해 조사결과의 신뢰성을 측정한다.

2.2.2 표본추출 방법

표본조사에서 가장 중요한 사항은 모집단을 잘 대표할 수 있도록 표본을 추출하는 것이다. 표본을 추출하는 방법에는 여러 가지가 있는데, 여기에서는 기본적인 표본추출 방법에 대한 간단한 설명만 하고자 한다.

(1) 단순랜덤추출법(simple random sampling)

만약 모집단이 N개의 원소로 되어 있고, 그중에서 n개($n \le N$)의 표본을 추출한다고 하자. 이때 n개의 표본이 추출될 가능성을 동일하게 해주는 표본추출 방법을 단순확률추출법(simple random sampling)이라 하고, 이때 얻어진 표본을 단순확률표본(simple random sample)이라 한다.

단순확률표본들은 난수표를 이용해 뽑을 수 있다. 난수표는 정수들의 집합으로 이루어진 표로, 결과적으로 10개의 정수(0~9) 모두를 거의 동일한 비율로 포함하며 숫자들을 생성할 때 어떠한 경향도 띠지 않도록 하는 표이다.

그림 2-1 단순랜덤추출법

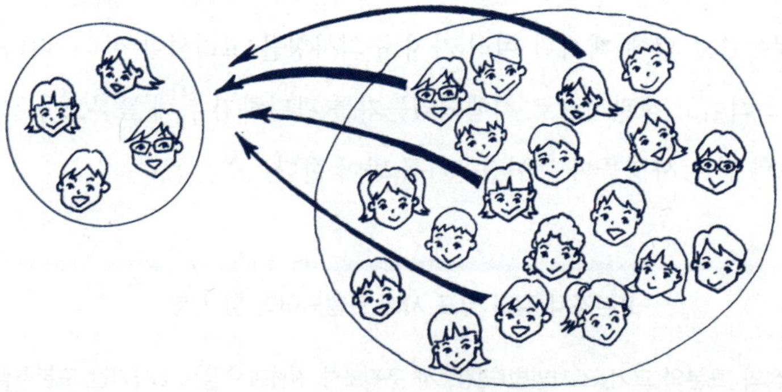

예 2-2

한 대학교 노서관에 10,000권의 책이 보관되어 있다. 그중 100권을 단순랜덤추출법으로 추출하고자 한다. 이 경우 10,000권의 책에 일련번호 1, 2, …, 10,000을 부여한 후 난수표의 첫 번째 열에서 마지막 한 자리 숫자를 지우고 나머지를 읽으면, 처음은 1,048, 그 다음은 2,236, 2,413, 4,216, 3,757, 7,792, 9,956 등임을 알 수 있다. 이렇게 해서 100개의 네 자리 숫자들로 이루어진 확률표본을 얻는다. 만약 같은 난수가 두 번 발생하면, 두 번째 난수는 무시하고 다른 숫자로 대체한다.

(2) 계통추출법(systematic sampling)

표본추출의 과정이 단순하고 편리해 널리 사용되는 추출방법으로 계통추출법(systematic sampling)이 있다. 모집단의 처음 k개 단위들 중 하나를 랜덤하게 출발점으로 정한 다음, 이후 그 점으로부터 매 k번째 떨어진 간격에 위치하는 단위들을 표본으로 추출하는 방법이다.

그림 2-2 계통추출법

예 2-3

〈예 2-2〉의 경우에서 10,000개의 번호를 $\frac{10,000}{100}$ = 100개씩 100개의 구간으로 다음과 같이 나눈 후에 첫 구간에서 임의로 하나의 번호를 추출하고 각 구간에서 그 번호와 동일한 위치에 있는 번호를 계속해 표본으로 추출하는 방법이 계통추출법이다.

$$\underbrace{1, 2, \cdots, 100}_{\text{제1구간}},\ \underbrace{101, 102, \cdots, 200}_{\text{제2구간}}, \cdots,\ \underbrace{9{,}901, \cdots, 10{,}000}_{\text{제100구간}}$$

예를 들어 첫 구간에서 51번이 선택되었다면 51, 151, 251, 351, ⋯, 9,951과 같이 100번(구간의 크기)씩 띄어 표본을 추출하는 방법으로, 처음 100개 번호 중 하나만 선택되면 다음의 추출번호들이 자동으로 결정되므로 표본선택 과정이 단순랜덤추출법보다 간단하다.

공업에서 품질관리를 위한 샘플링 검사를 할 때도 계통추출법을 주로 사용한다. 생산되는 부품들 중 매 50개째 부품만을 선택해 검사하는 것을 예로 들 수 있다. 작업자의 작업수행 능력을 평가하는 경우라면, 작업 능력은 작업 시간대에 따라 달라질 수 있으므로 검사계획을 세울 때 하루 중 몇 가지의 시간대를 계통추출한 후 그 시간마다 가서 작업수행 능력을 평가하도록 할 수 있다.

계통추출법에서 k를 어떻게 결정하면 될까? 모집단 크기 N을 알고 있다면 먼저 대략적인 표본의 크기 n을 정한 후 거기에 따라 k를 정해 주면 된다. 예를 들어 모집단의 크기가 $N = 15{,}000$이고, 표본의 크기가 $n = 100$이라면 k를 150 이하로 잡으면 된다. $k = 150$으로 하면 정확하게 100개의 표본단위를 추출할 수 있다. 반면 $k < 150$이면 표본의 크기가 100보다 커진다.

일반적으로 모집단 크기 N, 표본 크기 n인 계통표본에서는 k를 $\frac{N}{n}$ 이하가 되도록 정해 준다($k \le \frac{N}{n}$). 〈예 2-3〉에서는 $k \le \frac{15{,}000}{100}$, 즉 $k \le 150$이었다.

(3) 집락추출법(cluster random sampling)

집락추출법은 모집단이 몇 개의 집단이 결합된 형태로 구성되어 있고, 각 집단 내부에서는 원소들에게 일련번호를 부여할 수 있는 경우에 이용되는 표본추출 방법이다. 각 집단을 집락(cluster)이라 하며, 표본추출 과정은 일부 집락을 랜덤으로 선택하고 선택된 각 집락 내에서 표본을 임의로 선택하는 방법이다. 모집단이 7개의 집락으로 되어 있고, 그중 2개의 집락을 추출한 후 각 집락에서 단순랜덤추출법으로 표본을 추출하는 과정이 [그림 2-3]에 주어져 있다.

집락추출에서 가장 먼저 해야 할 일은 적절한 집락을 정하는 것이다. 집락 내의 조사단위들은 종종 서로 가까이 있으므로 유사한 특성을 갖게 된다. 그러나 한 집

그림 2-3 집락추출법

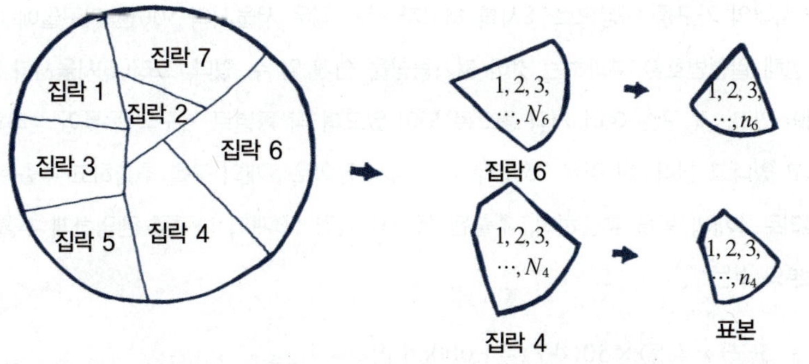

락 내의 조사단위들이 아주 다른 경우도 있는데, 이때는 몇 개의 큰 집락을 포함하고 있는 표본이 평균과 같은 모집단 모수에 대한 아주 좋은 추정값을 제공한다.

예를 들어 동일한 생산라인들로부터 나온 부품상자들로 집락을 구성한다고 하자. 만약 모든 라인들이 거의 비슷한 불량률을 갖는다면, 각 집락 내의 부품들은 전체적으로 품질에 관해서 모집단과 비슷한 정도의 변동을 갖게 된다. 이러한 상황에서는 한두 개의 집락으로부터 불량률을 추정해도 좋은 추정값을 얻을 수 있다.

한편, 학군 조정안을 찬성하는 가구 비율을 추정하기 위해서 가구들로 구성된 집락을 고려해 보자. 이 경우 한 지역에 있는 대부분의 가구들은 자신들의 학군에 만족해서 학군 조정안에 찬성하지 않을 수 있는 반면, 다른 지역에 있는 대부분의 가구들은 그들의 학군에 만족하지 않아서 학군 조정을 강력히 희망할 수도 있다. 적은 수의 표본 학군은 이들 그룹 가운데 한두 개를 빠뜨릴 수 있으므로 아주 나쁜 추정값을 제공하게 된다. 그러므로 작은 규모의 집락을 많이 추출함으로써 더 많은 정보를 얻을 수 있다.

적절한 집락 크기를 선정하는 문제에서, 변동을 관리하는 데는 작은 규모의 집락을 많이 추출하는 것이 유리한 반면, 경제적으로는 큰 규모의 집락을 적게 추출하는 것이 유리하므로 집락의 규모와 집락 수 간의 균형이 이루어져야 한다. 그런데 이러한 결정을 하는 데 바람직한 규칙이 늘 있는 것은 아니다. 그러므로 각각의 문제에 따라 연구되어야 하지만, 예비조사를 통해 다양한 규모의 집락을 고려한다면 연구자들이 옳은 방향을 찾는 데 도움이 될 것이다.

예 2-4

서울 시내의 가구를 대상으로 조사를 하고자 하는 경우 서울시의 500만 가구들에 대한 목록을 작성해 일련번호를 부과하는 것이 불가능함을 쉽게 알 수 있다. 그러나 서울시가 25개의 구로 되어 있고, 각 구는 여러 개의 동으로 되어 있으며 각 동별로 가구의 목록이 정리되어 있음을 알고 있다고 한다. 이 경우 25개의 구 중에서 임의로 5개의 구를 추출하고 추출된 각 구에서 임의로 4개의 동을 추출하며, 추출된 동에서 각각 50개의 가구를 랜덤하게 추출한다면 전체 표본의 수는

$$5(\text{구}) \times 4(\text{동}) \times 50(\text{가구}) = 1{,}000(\text{가구})$$

가 된다. 이와 같이 자연적인 집락단위를 이용해 표본을 추출하는 방법을 집락추출법이라 한다. 여기에서는 '구'와 '동'의 2단계 집락추출 과정을 실시했으므로 2단계 집락추출법이라 한다.

(4) 층화추출법(stratified random sampling)

층화추출법은 모집단이 상당히 이질적인 원소들로 구성되어 있을 때 표본이 각 계층을 고루 대표할 수 있도록 표본을 추출하는 방법이다. 즉, 모집단을 서로 겹치지 않는 층들(strata)로 나누고 각 층에서 단순확률표본을 추출하는 방법이다.

일례로 서울 시내 학원들의 연평균 매출액을 조사하고자 하는 경우에 서울 시내 학원이 과목별로 종합학원 50개, 국어학원 500개, 수학학원 1,000개, 영어학원 6,000개 등 총 7,550개가 있다고 하자. 이 중에서 400개의 학원을 표본으로 추출해 조사하고자 할 때 전체 7,550개의 학원 중에서 종합학원 및 영어학원이 7,000개(약 93%)이므로 단순랜덤추출법으로 표본을 추출하는 경우 거의 모든 표본이 종합학원 및 영어학원들에서 추출되어 전체 학원들의 연평균 매출액 추정이 실제보다 낮게 평가될 수 있다. 이러한 경우에 전체 학원들을 크기에 따라 4개의 층으로 구분하고 각 층에 일정 수의 표본을 할당해 각층 내부에서 할당된 수의 표본을 랜덤하게 추출하는 방법이 층화추출법이다. 각 층에 할당되는 표본의 수를 결정하는 방법에는 여러 가지가 있으나 가장 기본적인 방법은 각 층의 크기에 비례해 표본의 수를 할당하는 것으로, 위의 예에서는 다음과 같이 할당된다.

$$\text{종합학원} : \frac{50}{7,550} \times 400 \fallingdotseq 3\text{개}$$

$$\text{국어학원} : \frac{500}{7,550} \times 400 \fallingdotseq 26\text{개}$$

$$\text{수학학원} : \frac{1,000}{7,550} \times 400 \fallingdotseq 53\text{개}$$

$$\text{영어학원} : \frac{6,000}{7,550} \times 400 \fallingdotseq 318\text{개}$$

단순확률추출법 대신 층화확률추출법을 이용하는 근본적인 이유를 요약하면 다음과 같다.

1. 표본의 크기가 같은 경우 층화는 단순확률표본보다 추정오차의 한계를 작게 할 수 있다. 특히 층 내의 관측값들이 동질적인 경우에는 더욱 그렇다.
2. 모집단 조사단위들을 서로 편리한 그룹으로 묶음으로써 조사 시 관측비용을 절감할 수 있다.
3. 모집단 내의 부그룹들에 대한 모수 추정값을 따로 구할 수 있다.

그림 2-4 층화추출법

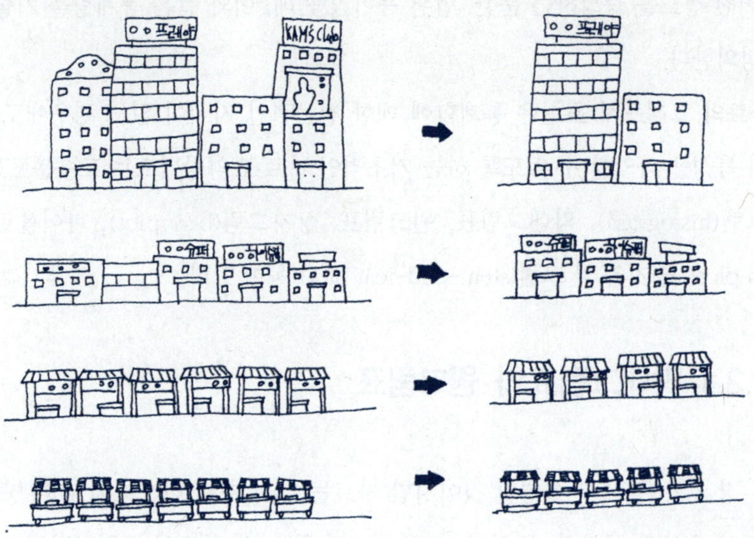

앞에서와 같은 층화의 세 가지 이유는 모집단을 층화할 것인지의 여부와 층을 어떻게 정의할 것인가를 결정하고자 할 때 반드시 고려해야 한다. 앞의 예제의 경우 학생들을 대상으로 여론조사를 하기 위해 표본을 추출하는 것이라면 학생들을 학년이나 거주지별로 층화해서 주사하는 것이 효율적이다. 왜냐하면 각 학년별 · 거주지별 학원 선호 확률을 구할 수 있기 때문이다.

2.3 자료의 그래프적 표현

Introduction to **Statistics,** ch. two

통계분석이란 '불확실한 현상'을 분석하는 학문이다. 이와 같은 불확실한 현상을 분석하는 과정에서의 처음 단계는 자료의 수집이며, 자료의 수집 다음 단계는 수집된 자료로부터 기초적인 정보를 얻는 것이다. 기초적인 정보는 자료의 요약 · 정리를 통해 얻어지는데, 자료를 요약하는 방법에는 그림과 그래프를 이용하는 방법과 숫자를 이용하는 방법 등이 있다. 그림을 이용한 자료의 요약방법으로는 막대그림표, 원그림표, 히스토그램, 줄기와 잎 그림, 상자그림 등이 있다. 또한 숫자를 이용한 자료의 요약방법으로는 중심위치를 측정하는 평균, 중위수, 최빈값 등과 자료의 흩어진 정도를 측정하는 분산, 범위 등이 있는데, 이와 같은 통계량을 기술통계라고 정의한다.

자료의 그래프적 표현은 통계학에 대한 전문적인 지식이 없는 경우에도 쉽게 자료의 특성을 파악할 수 있도록 하는 기초적인 자료 요약방법으로 도수분포표, 히스토그램(histogram), 막대그림표, 원그림표, 상자그림(box plot), 바이올린그림(Violin plot), 줄기와 잎 그림(stem-and-leaf plot) 등이 있다.

2.3.1 막대그림표와 원그림표

본 장 2.7.3절에서 설명할 것이지만 자료는 질적 자료(이산형 자료)와 양적 자료(연속형 자료)로 구분할 수 있다. 그림을 이용한 질적 자료의 표현방법에는 **막대그림표**(bar chart)와 **원그림표**(pie chart)가 있다. 막대그림표란 질적 자료에서 각 범주에 속한 관측도수를 막대 형태로 표현하는 방법으로, 막대의 크기에 의해 상대적인 도수의 크기를 비교할 수 있다.

원그림표는 각 범주의 관측도수의 상대적인 크기를 원을 분할한 형태로 표현하는 방법으로 파이(pie)를 분할하는 형태와 비슷하다고 해서 파이그림(pie chart)이

그림 2-5 전공과 직업의 일치도

〈교육 정도별 일치도〉

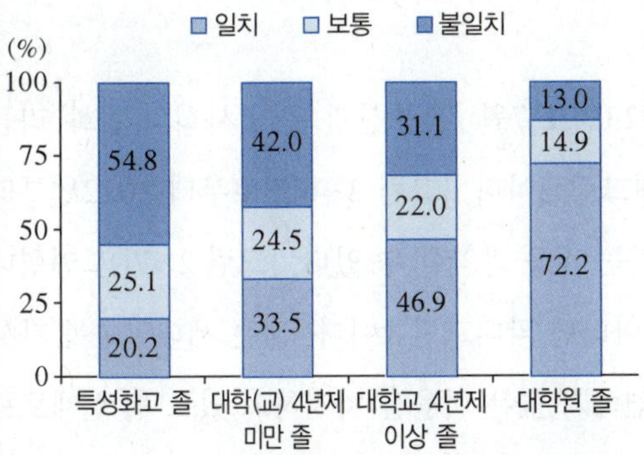

〈직업별 일치도〉

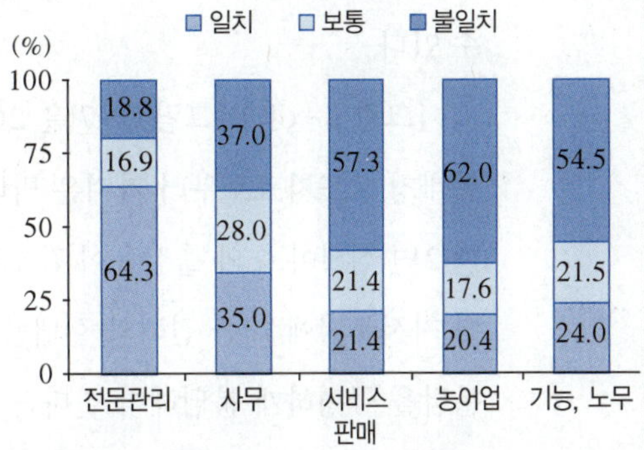

〈전공과 직업의 일치도〉

(단위 : %)

	계	일치	매우 일치	일치 하는 편	보통	불일치	관계가 없는 편	전혀 관계 없음
2020년	100.0	37.2	16.2	21.1	24.7	38.0	22.6	15.4
2022년	**100.0**	**36.8**	**16.7**	**20.1**	**23.4**	**39.8**	**23.4**	**16.5**
남자	100.0	37.6	15.1	22.5	23.7	38.7	22.7	16.0
여자	100.0	35.8	18.5	17.3	23.1	41.1	24.1	17.0
특성화고 졸	100.0	20.2	6.0	14.1	25.1	54.8	31.4	23.4
대학(교)(4년제 미만) 졸	100.0	33.5	15.6	18.0	24.5	42.0	24.8	17.2
대학교(4년제 이상) 졸	100.0	46.9	22.6	24.2	22.0	31.1	18.6	12.6
대학원 졸	100.0	72.2	41.2	31.0	14.9	13.0	8.4	4.6
전문관리	100.0	64.3	37.1	27.2	16.9	18.8	11.4	7.3
사무	100.0	35.0	11.6	23.4	28.0	37.0	22.3	14.7
서비스 판매	100.0	21.4	8.0	23.3	21.4	57.3	30.1	27.2
농어업	100.0	20.4	5.5	14.9	17.6	62.0	39.7	22.2
기능, 노무	100.0	24.0	7.3	16.7	21.5	54.5	30.1	24.4

자료 : 통계청.

라 부르기도 한다.

[그림 2-5]는 2022년도에 통계청에서 전국 약 19,000 표본 가구를 대상으로 만 13세 이상 가구원 36,000여 명을 조사한 사회조사결과의 일부를 발췌한 것이다. 위 두 개 그림은 각각 교육 정도별 일치도, 직업별 일치도를 그림 아래의 데이터를 적용해 막대그림표로 요약한 것이다. [그림 2-5]의 위 왼쪽 막대그래프를 통해 교육 정도별 직업 일치도가 증가하는 것을 쉽게 눈으로 파악할 수 있다. 또한 오른쪽 막대그래프를 통해 업종별 직업 일치도 역시 쉽게 파악할 수 있다. 이렇게 막대그래프를 활용하면 [그림 2-5] 아래의 데이터로부터 정보 특성을 보다 쉽게 파악할 수 있다.

[그림 2-6]과 [그림 2-7]은 2023년도 7월 "저출산과 우리 사회의 변화" 라는 통계청 보도자료로부터 가져온 막대그림표이다. [그림 2-6]으로부터 2012년부터 매 2년 신생아 수와 출산율이 감소하는 것을 파악할 수 있다. [그림 2-7]은 연령대별 가사분담에 대한 견해와 실태를 나타낸 막대그림표이다. 젊은 세대일수록 가사분담을 공평하게 분담해야 한다는 견해가 높은 비율을 차지하고 있으며, 실제로도 젊은 층일수록 공평하게 가사분담을 하는 비율이 높게 나타났다.

그림 2-6 출생아 수 및 합계출산율

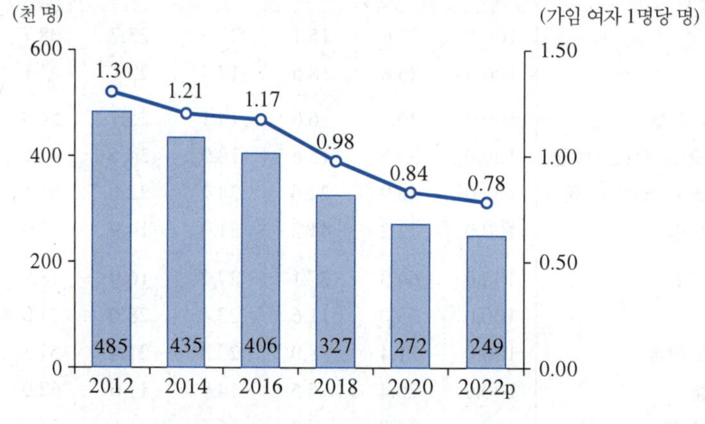

자료 : 통계청.

그림 2-7 연령대별 가사분담에 대한 견해 및 가사분담 실태

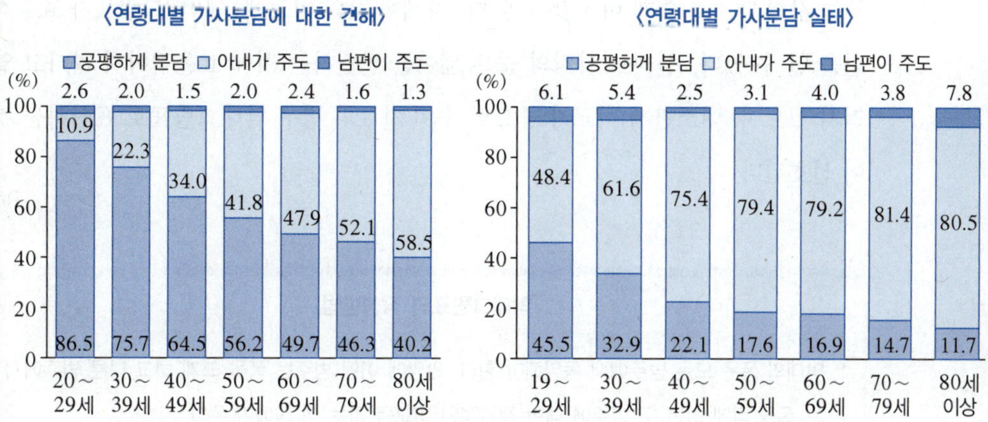

자료 : 통계청.

원그림표는 데이터를 시각적으로 좋게 시각화시켜 주기는 하지만 자세한 값의 비교에는 추천되지 않는다. [그림 2-8]은 한 가구가 한 달에 소비한 사과, 오렌지, 바나나의 수량이 24, 26, 29개라고 할 때, 같은 정보를 각각 원그림표(왼쪽)와 막대

그림 2-8 원그림표가 안 좋은 경우

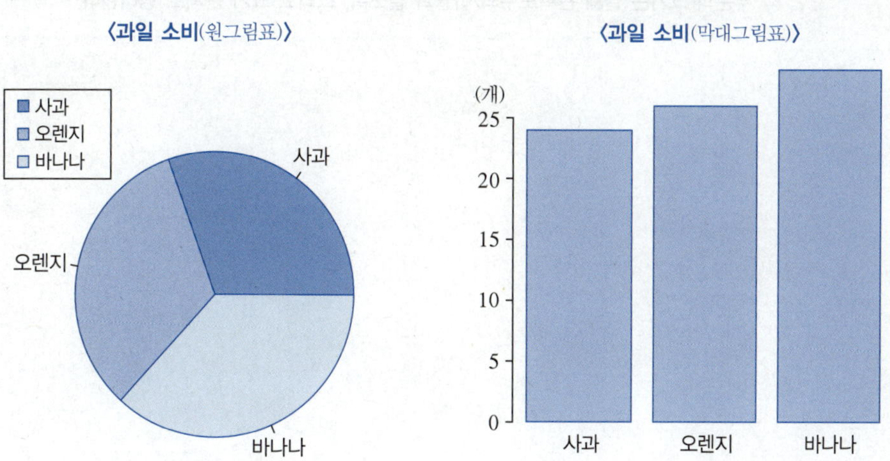

그림표(오른쪽)로 나타낸 것이다. 원그림표가 시각적으로 멋지기는 하지만 사과, 오렌지, 바나나 사이에 대소관계를 눈으로 비교하기는 쉽지 않다. 반면, 막대그림표는 값의 대소를 쉽게 비교할 수 있다. 자세한 값의 비교에는 막대그림표가 효율적임을 알 수 있다. 실제로 사람의 눈은 넓이를 판단하는 것에 효율적이지 않다고 알려져 있으며, 대소관계 비교가 중요한 수치 자료의 경우 막대그림표로 표현하는 것이 선호된다.

막대그림표의 작성방법

1. 막대의 폭은 모든 범주에서 동일해야 한다. 만약에 어떤 범주는 폭을 크게 하고 다른 범주에서는 폭을 작게 하면 두 범주에 대한 객관적인 비교를 하는 데 장애가 된다.
2. 막대의 크기는 그 범주에 속한 관측도수의 크기에 비례해야 한다. 예를 들면 10%가 관측된 범주의 막대 크기는 20%가 관측된 범주의 막대 크기의 $\frac{1}{2}$이어야 한다.
3. 막대의 모양은 자료를 의미할 수 있는 것으로 하는 것이 좋다. 예를 들면 자동차에 대한 조사를 할 때 자동차를 쌓아 놓은 모양으로 막대를 나타내면 이해에 도움이 된다.

원그림표의 작성방법

1. 적절한 수의 범주를 선택한다. 너무 많은 수의 범주를 선택하면 원그림표의 이해가 어렵게 된다.
2. 각 부분의 크기는 실제 관측도수의 비율과 같도록, 그리고 크기 순서로 정리한다.

2.3.2 도수분포표와 히스토그램

도수분포표는 숫자로 관측된 양적 자료(연속형 자료)를 일정한 구간으로 나눈 후 각 구간에 속한 개수들의 수를 도수로 나타낸 표이며, 히스토그램(histogram)은 도수분포표에서 각 구간의 관측도수를 기둥 형태로 표현해 그 크기를 비교할 수 있도록 하는 자료의 요약방법이다.

히스토그램과 막대그래프의 차이는 히스토그램은 연속형 자료에서 사용하며, 막대그림표는 범주형 자료에서 사용한다는 것이다.

[표 2-1]은 서울 시내의 100일 동안의 대기 중 미세먼지 함량(㎍/m³)을 조사한 표이다.

표 2-1 100일 동안의 대기 중 미세먼지 함량 (단위 : ㎍/m³)

36.3	41.0	36.9	37.1	44.9	36.8	30.0	37.2	42.1	36.7
32.7	37.3	41.2	36.6	32.9	36.5	33.2	37.4	37.5	33.6
40.5	36.5	37.6	33.9	40.2	36.4	37.7	37.7	40.0	34.2
36.2	37.9	36.0	37.9	35.9	38.2	38.3	35.7	35.6	35.1
38.5	39.0	35.5	34.8	38.6	39.4	35.3	34.4	38.8	39.7
36.3	36.8	32.5	36.4	40.5	36.6	36.1	38.2	38.4	39.3
41.0	31.8	37.3	33.1	37.0	37.6	37.0	38.7	39.0	35.8
37.0	37.2	40.7	37.4	37.1	37.8	35.9	35.6	36.7	34.5
37.1	40.3	36.7	37.0	33.9	40.1	38.0	35.2	34.8	39.5
39.9	36.9	32.9	33.8	39.8	34.0	36.8	35.0	38.1	36.9

[표 2-1]의 자료를 이용해 도수분포표와 히스토그램을 작성한 것이 [표 2-2]와 [그림 2-9]에 주어져 있다. 이러한 도수분포표와 히스토그램에 의해 자료에 대한 기초적인 정보를 얻을 수 있다.

표 2-2 100일 동안의 미세먼지 함량에 대한 도수분포표

측정구간	도수	상대도수
29.95 ~ 31.45	1	.01
31.45 ~ 32.95	5	.05
32.95 ~ 34.45	9	.09
34.45 ~ 35.95	14	.14
35.95 ~ 37.45	33	.33
37.45 ~ 38.95	18	.18
38.95 ~ 40.45	12	.12
40.45 ~ 41.95	6	.06
41.95 ~ 43.45	1	.01
43.45 ~ 44.95	1	.01
총계	100	1.00

그림 2-9 100일 동안의 미세먼지 함량에 대한 히스토그램

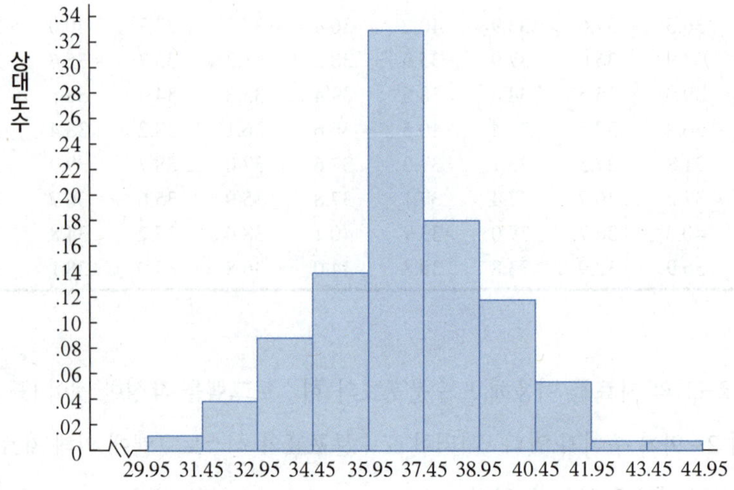

히스토그램은 관측값의 수가 증가함에 따라 소구간의 크기를 작게 하면 자료의 보다 정확한 표현이 가능하다. 소구간의 크기가 매우 작은 경우 상대도수에 의한 히스토그램은 연속곡선과 거의 유사하게 표현할 수 있는데, [그림 2-10]에 있는 세 개의 서로 다른 히스토그램을 비교해 보면 자료의 크기에 따른 히스토그램의 변화를 알 수 있다.

그림 2-10 자료의 크기에 따른 히스토그램

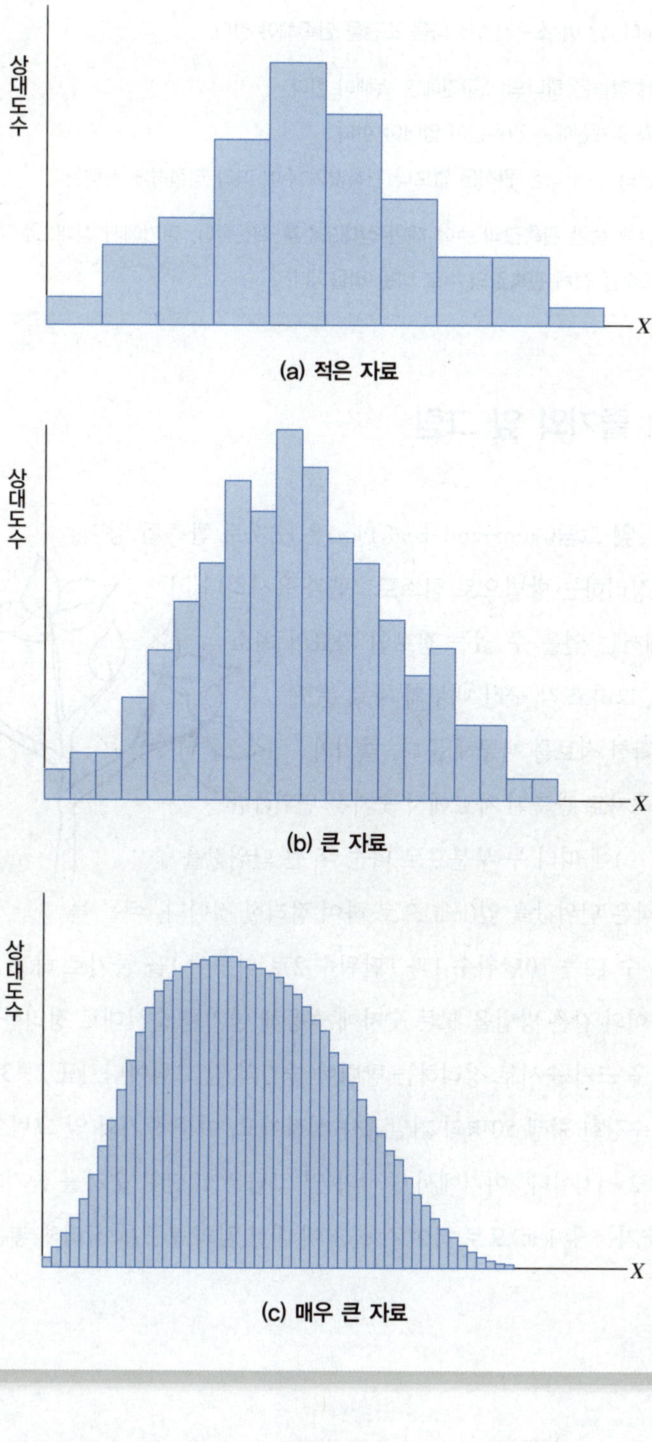

도수분포표와 히스토그램의 작성방법

1. 관측값 중에서 가장 작은 값과 가장 큰 값을 찾아내 두 값 사이의 구간을 5~20개의 소구간으로 나눈다. 단 이 소구간들은 다음 조건을 만족해야 한다.
   (a) 각 관측값들은 하나의 소구간에만 속해야 한다.
   (b) 구간의 경계선에는 관측값이 없어야 한다.
   (c) 소구간의 수에 대한 원칙은 없으나 관측값의 수에 따라 적절하게 선택한다.
2. 각 소구간에 속한 관측값의 수에 대한 상대도수를 계산한다. 여기에서 상대도수란 각 소구간의 관측도수를 전체 관측값의 수로 나눈 비율이다.

2.3.3 줄기와 잎 그림

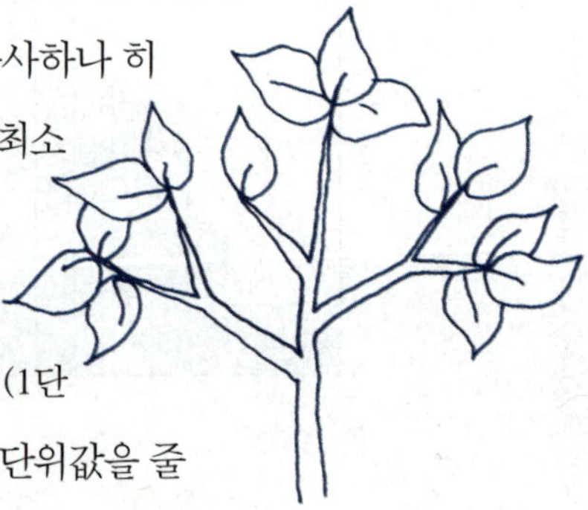

줄기와 잎 그림(Stem-and-Leaf Plot)은 숫자로 관측된 양적 자료를 정리하는 방법으로 히스토그램과 유사하나 히스토그램에서는 얻을 수 없는 정보인 자료의 최소값, 최대값, 그리고 각 구간 내부의 자료 분포에 대한 정확한 정보를 제공해 준다. 줄기와 잎 그림은 숫자로 관측된 자료에서 숫자를 단위(1단위, 10단위, …)에 따라 두 부분으로 나눈 후 큰 단위값을 줄기(stem), 작은 단위값을 잎(leaf)으로 하여 정리한 것이다. 예를 들어 두 자리 수 12는 10단위수 1과 1단위수 2로 나누어 1을 줄기로 하고 2를 잎으로 정리한다. 이와 같은 방법을 모든 숫자에 적용해 줄기를 순서대로 정리한 후 각 줄기에 속한 잎을 크기 순서로 정리하는 방법이 줄기와 잎 그림이다. [표 2-3]은 한 통계학 과목을 수강한 학생 50명의 기말고사 성적이고, 이를 줄기와 잎 그림으로 표현한 것이 [그림 2-11]이다. 여기에서 줄기와 잎 그림은 10단위 숫자를 줄기(stem)로 하고 1단위 숫자를 잎(leaf)으로 하여 각 줄기에 대한 잎의 분포를 정리해 놓은 것이다.

표 2-3 통계학 과목 수강생의 기말고사 성적

65	62	73	85	65	46	36	49	81	76
60	44	43	72	21	33	83	46	64	49
12	74	91	78	60	48	24	62	54	97
69	31	89	96	96	97	86	88	85	61
95	54	85	89	51	77	81	72	47	35

[그림 2-11]에서 청색 선은 히스토그램으로 그렸을 때의 분포를 나타내는데, 히스토그램이 각 구간 내 자료의 형태에 대한 정보를 제공하지 못하는 데 비해 줄기와 잎 그림은 자료의 요약에 따른 정보의 손실이 전혀 없다. 즉, [그림 2-11]에서 최소점수는 12점이고 최대점수는 97점이며, 80점대가 10명으로 가장 많이 분포되어 있는 것 등과 같이 각 점수대별 분포와 구체적인 점수를 쉽게 파악할 수 있다. 또한 줄기와 잎 그림을 이용하면 다음 절에서 설명하는 각종 순서통계량(최소값, 최대값, 중위수, 사분위수 등)을 쉽게 구할 수 있다.

그림 2-11 통계학 과목 수강생의 기말고사 성적의 줄기와 잎 그림

도수	줄기(stem)	잎(leaf)
1	1	2
2	2	1 4
4	3	1 3 5 6
8	4	3 4 6 6 7 8 9 9
3	5	1 4 4
9	6	0 0 1 2 2 4 5 5 9
7	7	2 2 3 4 6 7 8
10	8	1 1 3 5 5 5 6 8 9 9
6	9	1 5 6 6 7 7

줄기와 잎 그림의 작성방법

1. 관측값의 숫자 단위(1단위, 10단위, 100단위, …)를 이용해 숫자를 두 부분으로 나누어 앞부분은 줄기로, 그리고 뒷부분은 잎으로 한다.
2. 줄기의 숫자를 작은 것부터 크기 순서에 따라 열(columnize)로 나열한다.
3. 각 관측값을 그 숫자가 속한 위치의 줄기에 맞추어 잎 부분을 기록한다.
4. 만약 각 줄기에 너무 많은 관측값이 주어지면 각 줄기에 두 줄을 할당해 첫 줄에는 잎의 0, 1, 2, 3, 4를 기록하고, 둘째 줄에는 잎의 5, 6, 7, 8, 9를 기록한다.
5. 각 줄기 내의 잎의 값들은 작은 것부터 크기 순서로 정리한다.

2.4 자료의 숫자 요약

Introduction to **Statistics,** ch. two

자료의 기초적인 요약방법으로는 앞에서 설명한 그래프적 표현과 숫자에 의한 요약이 있다. 자료의 숫자 요약이란 자료의 관측값을 대표하는 통계량을 구해 자료의 특성을 파악하는 통계적 방법이다. 일반적으로 이용되는 중요한 통계량으로는 자료 분포의 중심 위치를 나타내는 평균(mean), 중위수(median)와 가장 많은 관측값이 있는 최빈값(mode), 그리고 관측값의 흩어진 정도를 측정하는 분산(variance)과 범위(range)가 있다.

2.4.1 기본 개념

숫자에 의한 자료의 요약은 자료를 변수로 표현해야 하므로 변수, 통계량 및 모수에 대한 설명을 필요로 한다. 본 절에서는 이들에 대한 개념을 간단하게 설명한다.

변수(variable) : 변수란 문자를 이용해 자료를 표현하는 방법으로 일반적으로 X, Y, Z와 같은 영문자로 표현한다.

모수(parameter) : 모수란 자료가 수집된 대상집단 전체, 즉 모집단을 대표하는 값으로 일반적으로 알려져 있지 않으며, 그리스 문자인 α. β. γ. μ. δ 등을 이용해 표현한다. 통계학의 중요한 영역이 이 모수에 대해 추정과 검정을 실시하는 것이다.

통계량(statistic) : 일반적으로 모집단의 모수는 알려져 있지 않다. 따라서 모집단의 일부를 표본으로 관측해 모수를 추정한다. 이와 같이 표본으로부터 얻은 자료의 대표값을 통계량이라 하며, 통계량 중에서 모수를 추정하는 값을 **추정량**(estimator)이라 한다.

예 2-5

중학교 재학생 1,000명을 모집단으로 하여 학생들의 키와 몸무게를 조사하고자 한다. 변수 X는 키를 나타내며, 변수 Y는 몸무게를 나타낸다고 할 때 1,000명 학생들의 키와 몸무게는 첨자(subscript)를 이용해 다음과 같이 표현할 수 있다.

키 : $X_1, X_2, X_3, \cdots, X_{1,000}$　　　몸무게 : $Y_1, Y_2, Y_3, \cdots, Y_{1,000}$

첨자 1, 2, ⋯, 1,000은 각각 학생들에게 1에서 1,000번까지 고유번호를 부여할 경우의 각 학생들을 나타낸다. 즉, X_1은 번호 1인 학생의 키를 의미하고, $Y_{1,000}$은 번호 1,000인 학생의 몸무게를 의미한다. 즉, X_i는 번호 i를 갖는 학생의 키를 의미하고, Y_j는 번호 j를 갖는 학생의 몸무게를 의미한다. 이 경우 모수는 모집단인 1,000명의 학생을 대상으로 하는 키와 몸무게의 대표값이라고 할 수 있다. 이를테면 1,000명의 키와 몸무게의 평균을 각각 μ_X와 μ_Y라고 할 때 두 모수는

$$\mu_X = \frac{1}{1,000}\sum_{i=1}^{1,000} X_i$$

$$\mu_Y = \frac{1}{1,000}\sum_{i=1}^{1,000} Y_i$$

와 같이 계산한다.

여기에서 X_i는 모집단의 평균을 나타낼 때 일반적으로 사용되는 문자이고, 첨자 X와 Y는 각각의 평균이 X와 Y의 평균임을 의미한다. 이와 같은 모집단의 평균을 **모평균**(population mean)이라 부른다.

1,000명 모두를 관측해 키와 몸무게를 조사하는 것이 불가능한 경우 모집단의 일부를 표본으로 추출해 조사하게 된다. 이를테면 100명을 표본으로 추출해 조사하는 경우 키와 몸무게를 변수로 표현하면 다음과 같다.

키 : $X_1, X_2, X_3, \cdots, X_{100}$　　　몸무게 : $Y_1, Y_2, Y_3, \cdots, Y_{100}$

이러한 표본으로부터 다음과 같이 여러 가지 다양한 통계량을 정의할 수 있다.

$$X_{(1)} = min\{X_1, X_2, \cdots, X_{100}\}$$
$$X_{(100)} = max\{X_1, X_2, \cdots, X_{100}\}$$
$$\overline{X} = \frac{1}{1{,}000}\sum_{i=1}^{1{,}000} X_i$$
$$\overline{Y} = \frac{1}{1{,}000}\sum_{i=1}^{1{,}000} Y_i$$

즉, $X_{(1)}$은 X의 100개의 표본값 중에서 최소값을 의미하고, $X_{(100)}$은 최대값을 의미한다. $\overline{X}$는 100개 표본값의 평균을 의미하며, 모평균 X의 추정량이라 한다.

2.4.2 자료의 숫자 요약(통계량)

관측된 자료의 숫자에 의한 요약은 자료를 대표하는 통계량의 계산이라 할 수 있다. 자료를 대표하는 통계량은 크게 자료의 중심을 측정하는 통계량과 자료의 흩어진 정도를 측정하는 통계량으로 구분할 수 있다.

(1) 자료의 중심을 측정하는 통계량

평균(mean ; $\overline{X}$) : 수량으로 관측된 자료의 중심을 측정하는 대표적인 통계량으로 (산술)평균이 있다. 평균은 관측값을 모두 합한 후에 관측도수의 수로 나눈 값으로 표본의 관측값을 $(X_1, X_2, \cdots, X_n)$으로 표현할 때,

$$\overline{X} = \frac{1}{n}\sum_{i=1}^{100} X_i$$

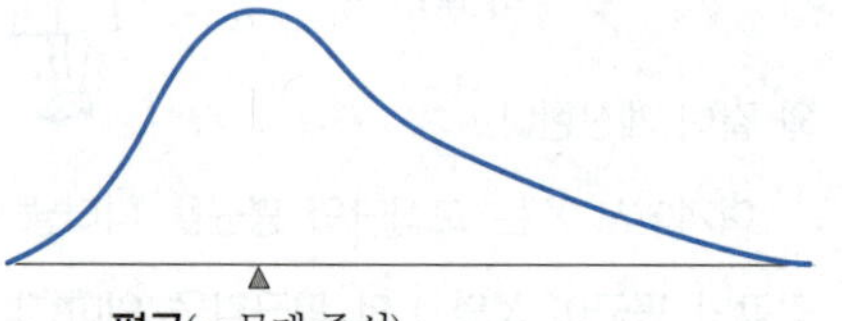

평균(= 무게 중심)

으로 구한다. 예를 들면 관측값 {2, 1, 5, 3}에서 평균은 $\overline{X} = \frac{1}{4}(2+1+5+3) = 2.75$이다.

중위수(median ; $\tilde{X}$) : 중위수는 관측값의 크기 순서를 이용해 자료의 중심을 측정하는 통계량으로, 자료를 크기 순서로 정리했을 때 가운데에 위치하는 관측값(즉, 분포에서 50% 점에 있는 관측값)을 의미한다. 예를 들면 7개 값 {5, 2, 8, 5, 6, 9, 7}에서 중위수는 위의 값을 크기 순서로 배열했을 때 {2, 5, 5, 6, 7, 8, 9} 가운데

위치인 4번째 관측값으로 6이 된다.

중위수를 구하는 방법

1. n이 홀수인 경우

$\left(\frac{n+1}{2}\right)$이 n개의 가운데 위치하므로 관측값 중에서 순서상 $\frac{n+1}{2}$번째 값이 중위수이다. 예를 들어 $n = 7$인 경우 $\left(\frac{7+1}{2}\right) = 4$이므로 관측값을 크기 순서로 나열했을 때 4번째 순서에 있는 값이 중위수이다.

2. n이 짝수인 경우

n이 짝수인 경우 가운데 위치는 $\frac{n}{2} + 0.5$가 된다. 이 경우에는 가운데 위치에 가장 가까운 값인 $\frac{n}{2}$번째 순서값과 $\frac{n}{2} + 1$번째 순서값을 구해 두 값의 평균을 중위수로 한다. 즉,

$$\tilde{X} = \frac{1}{2}\left(X_{\left(\frac{n}{2}\right)} + X_{\left(\frac{n}{2}+1\right)}\right)$$

이다.

예를 들어 $n = 10$인 경우 가운데 위치는 $\frac{10+1}{2} = 5.5$이며, 중위수는 $\frac{n}{2} = \frac{10}{2} = 5$번째 순서값과 $\frac{n}{2} + 1 = 6$번째 순서값의 평균이 된다.

평균과 중위수의 중요한 차이점은, 평균은 하나 또는 일부의 관측값의 크기에 의해 영향을 받으나 중위수는 가운데 순서에 위치한 값을 택하므로 소수의 크거나 작은 관측값에 의해 영향을 받지 않는다는 것이다. 따라서 경우에 따라서는 중위수가 평균보다 자료의 중심을 파악하는 보다 합리적인 방법일 수 있다. 예를 들면 한 기업체의 월급에 대한 조사를 하는데, 그 기업체가 생산직 근로자, 일반관리직, 중간관리직, 임원, 사장의 순서로 피라미드형으로 인적 구성이 되어 있다고 하자. 그 기업체의 평균월급은 월급 액수가 많은 소수의 임원과 사장의 월급 때문에 상대적으로 많은 것으로 조사될 수 있다. 그러나 중위수는 월급액이 가장 적은 경우의 생산직 근로자 월급부터 월급액이 가장 많은 사장의 월급까지 크기 순으로 정렬했을 때 순서상 가운데에 위치한 월급을 선택하게 되므로, 그 기업체의 월급 수준을 비교적 잘 대표한다고 할 수 있다.

예 2-6

다음과 같은 7개의 관측값에 대한 평균과 중위수를 계산해 보자.

$$\{5, 2, 8, 5, 6, 9, 7\}$$

[풀이]

평균 $\overline{X} = \frac{1}{7}(5+2+8+5+6+9+7) = \frac{42}{7} = 6$

중위수 $\tilde{X}$는 {2, 5, 5, 6, 7, 8, 9}의 가운데 위치인 4번째 값인 6이다. 한편 관측값 9가 90으로 바뀐 경우, 즉 자료가

$$\{5, 2, 8, 5, 6, 90, 7\}$$

인 경우 평균은

$$\overline{X} = \frac{1}{7}(5+2+8+5+6+7+90) = \frac{123}{7} \fallingdotseq 17.57$$

로 변하지만 중위수는

$$\tilde{X} = (\text{4번째 위치의 관측값}) = 6$$

으로 변함이 없다.

평균은 일반적으로 좌우대칭의 분포를 갖는 자료에서 중심을 측정하는 통계량이고, 중위수는 자료의 분포가 한쪽으로 편중되어 있는 경우에 중심을 측정하는 통계량으로 이용된다.

최빈값(mode ; M_0) : 자료의 중심을 나타내는 통계량으로 평균, 중위수와 함께 최빈값이 이용된다. 최빈값이란 관측도수가 가장 많은 값을 말하는데, 예를 들면 {5, 2, 8, 5, 7, 9, 7, 4, 3, 7}에서 2, 3, 4, 8, 9 등은 관측도수가 각각 1개이고, 5는 2개, 그리고 7은 3개이므로 최빈값은 7이다. 최빈값은 관측값의 수가 많은 자료를 분석하는 경우에 대표값으로 이용된다. 또한 도수분포표나 히스토그램에서는 도수가 가장 많은 구간을 찾은 다음 그 구간의 중심을 최빈값이라고 한다. 이러한 최빈값은 옷의 치수 측정이나 목의 크기의 분포에서 가장 많이 관측되는 값, 또는 시장에서 가장 많이 판매되는 라면의 종류를 파악하는 것 등과 같이 조사에서 빈도가 가장 많은 관측값에 관심이 있는 경우에 이용된다.

세 통계량의 특징

평균 :

1. 자료 관측값의 산술평균이다.
2. 각 자료에서 유일하게 구해진다.
3. 소수의 매우 크거나 작은 값에 의해 영향을 받는다.
4. 자료를 몇 개의 작은 집단으로 나누었을 때 각 집단의 평균의 평균은 전체 자료를 이용해 구한 평균과 같다.
5. 수량으로 관측된 자료에만 이용 가능하다.

중위수 :

1. 중앙위치의 값으로 관측값의 50%가 왼쪽에, 그리고 나머지 50%가 오른쪽에 존재한다.
2. 각 자료에서 유일하게 구해진다.
3. 소수의 매우 크거나 작은 값에 의해 영향을 받지 않는다.
4. 자료를 몇 개의 작은 집단으로 나누었을 때 각 집단의 중위수의 중위수는 전체 자료를 이용해 구한 중위수와 항상 일치하지는 않는다.
5. 수량으로 관측된 자료에만 이용 가능하다.

최빈값 :

1. 자료에서 관측빈도의 수가 가장 많은 값이다.
2. 각 자료에는 하나 이상의 최빈값이 있을 수 있다.
3. 소수의 극한값에 영향을 받지 않는다.
4. 자료를 몇 개의 작은 집단으로 나누었을 때 각 집단의 최빈값에 의해 전체의 최빈값을 유도할 수 없다.
5. 양적으로 측정된 자료와 질적으로 측정된 자료 모두에 이용 가능하다.

[그림 2-12]는 자료의 분포 모양에 따라 평균($\overline{X}$), 중위수($\tilde{X}$), 그리고 최빈값(M_0)의 위치가 어떻게 나타나는가를 보여준다.

그림 2-12 자료의 분포 모양에 따른 평균($\overline{X}$), 중위수($\tilde{X}$), 최빈값(M_0)의 위치

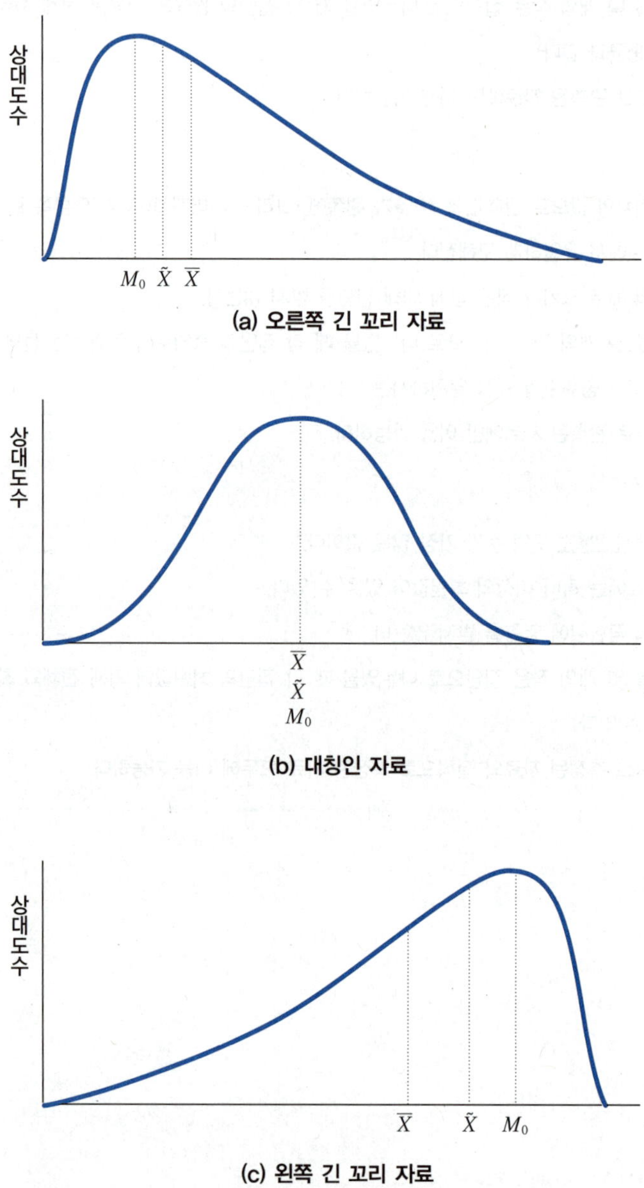

(2) 자료의 흩어진 정도를 측정하는 통계량

수집된 자료의 특성을 파악하는 대표값에는 자료의 중심을 측정하는 통계량과 함께 자료의 흩어진 정도(변화량 : variability)를 측정하는 통계량이 있다. 자료의 변화량의 측정은 자료가 어느 정도 중심에 집중되어 있는가를 측정해 중심의 대표성에 대한 평가와 함께 자료 분포의 구조적 특성을 파악할 수 있도록 해준다.

그림 2-13 동일한 평균, 중위수, 최빈값을 갖는 두 자료

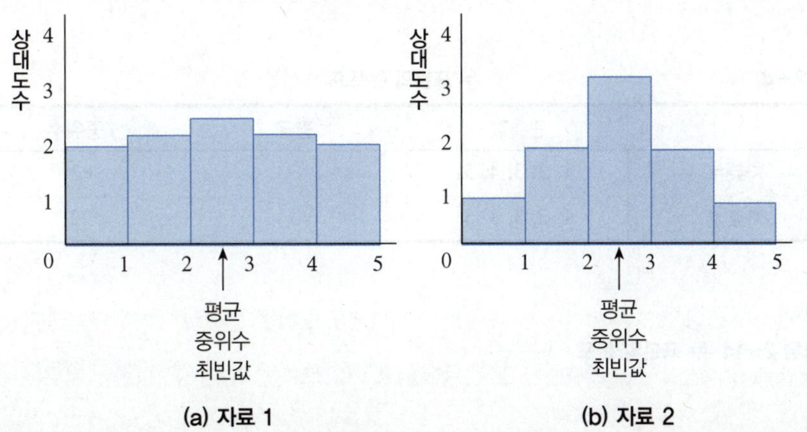

예를 들어 [그림 2-13]에서 〈자료 1〉과 〈자료 2〉는 모두 좌우대칭이고 평균, 중위수, 최빈값이 각각 일치하며, 두 자료집단이 모두 동일한 값을 갖는다. 그러나 〈자료 1〉은 거의 모든 구간에서 관측값들의 상대도수가 비슷하게 분포되어 있는 데 비해 〈자료 2〉는 중심에 집중적으로 분포되어 있음을 알 수 있다. 이 경우 중심에 대한 집중도를 고려하면 〈자료 2〉의 평균이 〈자료 1〉의 평균보다 중심을 나타내는 대표값으로서의 의미가 크다고 할 수 있다.

자료의 변화량을 측정하는 통계량에는 다음에 설명하는 **범위**(range)와 **분산**(variance)이 있다.

범위(range ; R) : 범위는 관측된 자료들 중에서 가장 큰 값과 가장 작은 값의 차이를 말하는데, 자료의 흩어진 정도를 측정하는 가장 간단한 통계량이라고 할 수 있다. 즉, 자료 $\{X_1, X_2, \cdots, X_n\}$ 중에서 가장 작은 값을 $X_{(1)}$, 가장 큰 값을 $X_{(n)}$이라 할 때 범위는

$$R = X_{(n)} - X_{(1)}$$

으로 구한다. 그러나 [표 2-4]와 [그림 2-14]에서 볼 수 있는 바와 같이 두 자료는 평균과 중위수가 모두 3으로 동일하며, 범위 $R=4$도 서로 동일하나 분포의 형태가 전혀 상이함을 알 수 있다.

표 2-4 두 표본의 분포표

	관측값	평균	중위수
자료 1	1, 2, 3, 4, 5	3	3
자료 2	1, 3, 3, 3, 5	3	3

그림 2-14 두 표본의 분포

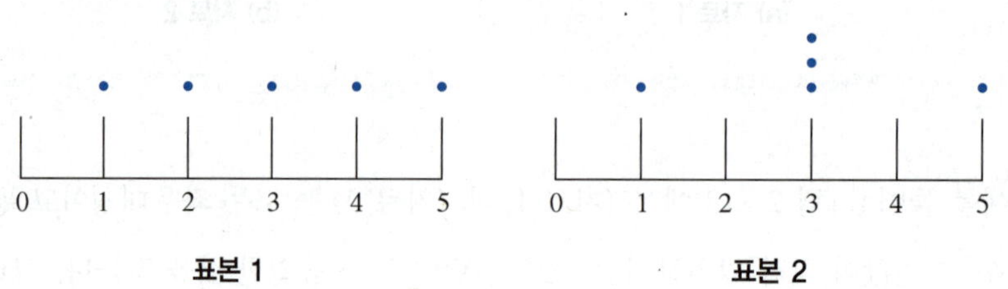

즉, 〈자료 1〉과 〈자료 2〉의 범위는 동일하나 〈자료 1〉이 〈자료 2〉에 비해 흩어진 정도가 더 크다고 판단할 수 있다. 이와 같이 범위는 쉽게 구할 수 있는 통계량이나 자료의 흩어진 정도에 대해 많은 정보를 제공하지 못하는 문제점이 있다.

분산(variance ; S^2) : 분산은 자료의 흩어진 정도를 측정하는, 가장 일반적으로 쓰이는 통계량이다. 자료집단을 $\{X_1, X_2, \cdots, X_n\}$이라 하고 평균을 $\overline{X} = \frac{1}{n}\sum_{i=1}^{n} X_i$라 할 때 평균과 각 관측값의 차이 $\{X_1 - \overline{X}, X_2 - \overline{X}, \cdots, X_n - \overline{X}\}$를 **편차**(deviation)라 한다.

편차의 합 $\sum_{i=1}^{n}(X_i - \overline{X})$은 항상 0이 되며, 이 편차를 이용해 자료의 흩어진 정도를 측정하는 통계량이 분산인데, 계산 공식은

$$S^2 = \frac{1}{n-1}\sum_{i=1}^{n}(X_i - \overline{X})^2$$

이다. 즉, 분산은 각 관측값의 편차를 제곱해 합한 후 $n - 1$(관측도수 $- 1$)로 나눈 값이다. 분산의 특징은 대부분의 관측값들이 평균에 가까이 있으면(편차가 작으면) 그 값이 작아지고, 대부분의 관측값들이 평균에서 멀리 떨어져 있으면 그 값이 커진다는 것이다.

[표 2-4]에 있는 두 자료의 분산을 구하면 다음과 같다.

〈자료 1〉 $S^2 = \frac{1}{4}\{(1-3)^2 + (2-3)^2 + (3-3)^2 + (4-3)^2 + (5-3)^2\}$

$= \frac{1}{4}\{4 + 1 + 0 + 1 + 4\}$

$= \frac{10}{4} = 2.5$

〈자료 2〉 $S^2 = \frac{1}{4}\{(1-3)^2 + (3-3)^2 + (3-3)^2 + (3-3)^2 + (5-3)^2\}$

$= \frac{1}{4}\{4 + 0 + 0 + 0 + 4\}$

$= \frac{8}{4} = 2$

즉, 〈자료 1〉의 분산이 〈자료 2〉의 분산보다 크며, 이는 〈자료 1〉의 흩어진 정도가 〈자료 2〉의 흩어진 정도보다 크다는 것을 의미한다.

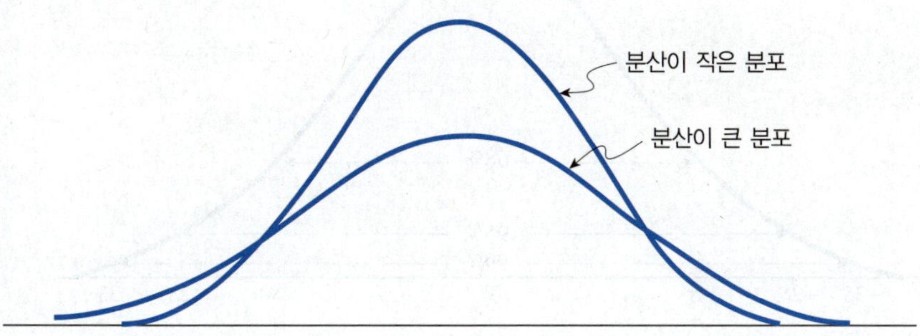

분산의 계산방법

자료가 n개의 관측값 $\{X_1, X_2, X_3, \cdots, X_n\}$으로 되어 있을 때 분산은 다음과 같이 구한다.

$$S^2 = \frac{1}{n-1}\sum_{i=1}^{n}(X_i - \overline{X})^2$$
$$= \frac{1}{n-1}\left\{\sum_{i=1}^{n}X_i^2 - \frac{1}{n}\left(\sum_{i=1}^{n}X_i\right)^2\right\}$$

표준편차(standard deviation ; S) : 표준편차는 분산의 양의 제곱근으로, 자료의 흩어진 정도를 표현하고자 할 때 분산 S^2 또는 표준편차 S를 이용한다. 표준편차 S는

$$S = \sqrt{S^2} = \sqrt{\frac{1}{n-1}\sum_{i=1}^{n}(X_i - \overline{X})}$$

으로 구한다.

표 2-5 평균을 중심으로 한 범위와 분포의 비율

범위	분포의 빈도비율
$\overline{X} \pm S$	68%
$\overline{X} \pm 2S$	95%
$\overline{X} \pm 3S$	99%

그림 2-15 평균을 중심으로 한 분포의 비율

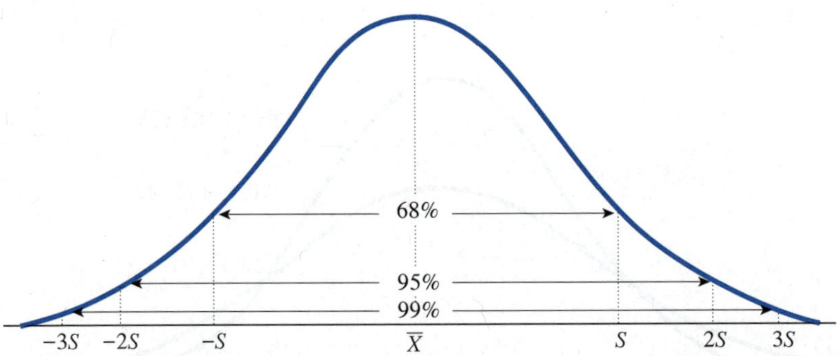

자료의 관측값의 수가 많으며 그 분포가 좌우대칭인 종 모양과 같은 경우 경험적으로 관측값들이 평균을 중심으로 [표 2-5] 또는 [그림 2-15]와 같이 분포되어 있다고 할 수 있다. [그림 2-15]와 같은 분포에서 평균과 표준편차에 의해 다음과 같은 주장을 할 수 있다.

예 2-7

2023년도 대입 모의수능시험을 1,000명을 대상으로 실시한 결과 평균이 200점, 표준편차가 15점이었다. 모의고사 성적의 분포가 좌우대칭인 종 모양과 같다고 할 때 경험적으로 다음과 같이 말할 수 있다.

(a) 200 ± 15점(185점~215점) 사이에 약 68%(680명 정도)가 있으며,

(b) 200 ± 30점(170점~230점) 사이에 약 95%(950명 정도)가 있고,

(c) 200 ± 45점(155점~245점) 사이에 약 99%(990명 정도)가 있다. 따라서 155점 이하나 245점 이상인 학생은 10명 내외라고 볼 수 있다.

예 2-8

다음 자료는 중학교 한 학년에서 30명의 학생을 추출해 조사한 용돈 액수이다(단위 : 천원). 평균, 중위수, 분산, 표준편차를 구하라.

26	28	30	37	33	30	29	39	49	31
38	36	33	24	34	40	29	41	40	29
35	44	32	45	35	26	42	36	37	35

[풀이]

(a) **중위수** : $X_{(15)} = X_{(16)} = 35$이므로

$$\tilde{X} = \frac{1}{2}(35 + 35) = 35$$

(b) **평균** : $\overline{X} = \frac{1}{30}\sum_{i=1}^{30} X_i = \frac{1{,}043}{30} = 34.77$

(c) **분산과 표준편차** :

$$S^2 = \frac{1}{n-1}\left(\sum_{i=1}^{n} X_i^2 - \frac{1}{n}\left(\sum_{i=1}^{n} X_i\right)^2\right)$$에서 $\sum X_i^2 = 37{,}331$, $\sum X_i = 1{,}043$이므로

$$S^2 = \frac{1}{29}(37{,}331 - 36{,}261.63)$$
$$= \frac{1{,}069.37}{29} = 36.87$$
$$S = \sqrt{S^2} = \sqrt{36.87} = 6.07$$이다.

(3) 순서를 이용하는 통계량

앞에서 관측값의 순서를 이용해 구하는 통계량인 중위수와 범위를 구하는 데 필요한 최소값 $X_{(1)}$과 최대값 $X_{(n)}$에 대해 알아보았다. 여기에서는 이들 세 통계량과 함께 5개의 중요한 순서통계량인 **아래사분위수**(lower quartile ; Q_1)와 **위사분위수**(upper quartile ; Q_3)에 대해 설명한다. 여기에서 중위수는 관측값의 50% 순서에 있는 값이고, 아래사분위수는 관측값의 25% 순서에 있는 값이며, 위사분위수는 관측값의 75% 순서에 있는 값이다.

〈예 2-8〉의 자료에서 중위수의 위치는 $\frac{30}{2}$과 $\frac{30}{2}+1$번째의 값, 즉 15번째와 16번째 관측값의 평균으로 $\tilde{X} = \frac{1}{2}(35+35) = 35$이다. 아래사분위수 Q_1은 중위수의 위치 $\frac{30+1}{2} = 15.5$에서 소수점을 제외한 값 15를 이용해 구하면 1, 2, 3, ⋯, 15의 중앙위치인 $\frac{15+1}{2} = 8$번째 값으로 30이며, 위사분위수 Q_3는 16부터 30 사이의 중앙위치인 $15 + \left(\frac{15+1}{2}\right) = 23$번째 위치의 값인 39이다.

중위수와 사분위수의 위치 결정 공식

n개의 관측값 $X_1, X_2, \cdots, X_n$이 작은 값으로부터 오름차순으로 정리되어 있을 때 중위수와 사분위수의 위치는 다음 공식에 의해 구한다.

$$\text{중위수의 위치} = \frac{n+1}{2}$$
$$Q_1\text{의 위치} = \frac{[\text{중위수 위치}]+1}{2}$$
$$Q_3\text{의 위치} = [\text{중위수 위치}] + \frac{[\text{중위수 위치}]+1}{2}$$

여기에서 대괄호 [ ]는 괄호 안의 숫자보다 같거나 작은 수 중에서 가장 큰 정수로, 괄호 안의 숫자에서 소수점을 제외한 값이다.

예를 들어 n이 90인 경우와 100인 경우에 중위수와 두 사분위수의 위치는 다음과 같다.

(a) n이 90인 경우

중위수의 위치 = $\dfrac{90+1}{2} = 45.5$

(즉, 중위수는 45번째 값과 46번째 값의 평균)

Q_1의 위치 = $\dfrac{[45.5]+1}{2} = \dfrac{45+1}{2} = 23$

Q_3의 위치 = $[45.5] + \dfrac{[45.5]+1}{2} = 45 + 23 = 68$

(b) n이 100인 경우

중위수의 위치 = $\dfrac{100+1}{2} = 50.5$

Q_1의 위치 = $\dfrac{[50.5]+1}{2} = \dfrac{50+1}{2} = 25.5$

Q_3의 위치 = $[50.5] + \dfrac{[50.5]+1}{2} = 50 + \dfrac{51}{2} = 75.5$

위사분위수 Q_3와 아래사분위수 Q_1의 차이 $Q_3 - Q_1$을 **사분위범위**(Inter-Quartile Range ; IQR)라 하며, 자료의 흩어진 정도를 측정하는 또 다른 통계량으로 이용된다.

예 2-9

[표 2-3]의 자료를 이용해 평균, 중위수, 최빈값, 분산, 범위, 최소값, 최대값, 아래사분위수, 위사분위수를 구하라.

[풀이]

[그림 2-11]에 의하면 최소값, 최대값, 범위, 최빈값은 다음과 같다.

최소값 = 12, 최대값 = 97,

범위 = 최대값 − 최소값 = 97 − 12 = 85

최빈값 = 85(관측도수 3개)

또한 n = 50이므로

중위수의 위치 = $\dfrac{50+1}{2} = 25.5$

Q_1의 위치 = $\dfrac{[25.5]+1}{2} = \dfrac{26}{2} = 13$

$$Q_3\text{의 위치} = [25.5] + \frac{[25.5]+1}{2} = 25 + 13 = 38$$

이다. 따라서 [그림 2-11]에 의해

$$Q_1 = 48,\ \tilde{X} = \frac{1}{2}(65+65) = 65$$

$$Q_3 = 85$$

이다. 또한 평균과 분산은 각각

$$\text{평균} : \overline{X} = \frac{1}{50}(12 + 21 + \cdots + 97) = \frac{1}{50} \times 3{,}237 + 64.74$$

$$\begin{aligned}\text{분산} : S^2 &= \frac{1}{49}\left\{\Sigma X_i^2 - \frac{1}{50}(\Sigma X_i)^2\right\} \\ &= \frac{1}{49}\left\{233{,}599.007 - \frac{1}{50} \times (3{,}237)^2\right\} \\ &= 490.523\end{aligned}$$

이다.

2.5 상자그림

Introduction to **Statistics,** ch. two

상자그림(Box Plot)이란 5가지 순서통계량(최소값, 아래사분위수, 중위수, 위사분위수, 최대값)을 이용해 자료를 요약 · 정리하는 그래프적 표현방법의 하나로, 줄기와 잎 그림과 함께 표현되는 경우가 많다.

〈예 2-9〉에서는 [표 2-3]에 주어진 자료에 대해 5가지 순서통계량을 구했는데

$$\text{최소값} = 12,\ Q_1 = 48,\ \text{중위수} = 65,\ Q_3 = 85,\ \text{최대값} = 97$$

이며, 이를 상자그림으로 표현하면 [그림 2-16]과 같다.

여기서 상자그림이란 Q_1과 Q_3를 연결하는 상자를 그리고 그 상자 안에 중위수를 나타내는 선을 그리며, 최소값과 Q_1, 그리고 Q_3와 최대값을 선으로 연결하는 표현방법이다. 즉, 상자그림이란 5개의 순서통계량의 위치를 관찰해 자료 분포의 특징을 분석하는 방법이다. [그림 2-16]에 의하면 최소값과 아래사분위수 사이의 폭이 위사

그림 2-16 [표 2-7] 자료의 상자그림

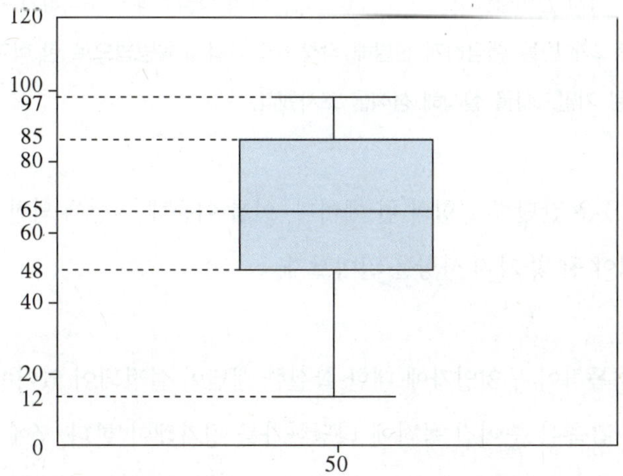

분위수와 최대값 사이의 폭보다 큰데, 이는 관측값이 위쪽에 밀집도가 높게 분포되어 있음을 의미한다. 또한 아래사분위수와 위사분위수로 만들어진 상자(가운데 50% 관측도수의 분포) 폭이 큰 편이며(다른 비교할 수 있는 상자그림이 있는 경우 상대적인 개념으로 설명한다), 상자 안에서 중위수의 위치는 아래사분위수에 가깝다. 즉, 가운데 50% 학생들의 성적만 고려하면 학생들의 성적이 아래쪽에 더 많이 분포되어 있다.

2.6 실험

통계분석에 필요한 자료(data)의 수집방법에는 2.2절에서 설명한 표본조사와 **실험**(experiment)이 있다. 표본조사는 대상집단의 일부를 추출해 어떤 현상을 관측 또는 조사해 자료를 수집하는 방법이고, 실험은 특정 목적하에서 실험대상에게 처리를 가한 후 그 결과를 관측해 자료를 수집하는 방법이다.

예 2-10

서로 다른 두 가지 강의방법(A : 주입식, B : 토론식)의 학습효과를 분석하기 위해 서울 시내 한 중학교 2학년 2개 반을 랜덤하게 선발해 각각 A와 B의 교육방법으로 한 학기 동안 강의를 실시한 후 동일한 기말고사를 실시해 성적을 조사했다.

〈예 2-10〉은 간단한 실험의 한 예이다. 이를 이용해 실험에 의한 자료수집 방법에서 고려해야 될 몇 가지 사항을 알아보자.

1. 실험의 목적이 무엇인가에 대한 확실한 개념이 설정되어 있어야 하며, 실험결과의 관측이 주어진 목적에 타당한가를 평가해야 한다. 〈예 2-10〉에서 실험의 목적은 두 가지 서로 다른 교육방법의 학습효과가 같은가 또는 서로 다른가, 나아가 어떤 방법이 더 효과적인가를 판단하는 것이다. 이 목적을 위해 관측된 자료가 학생들의 학기말 성적인데, 과연 학기말 성적이 서로 다른 강의방법을 비교하는 데 적절한가, 그리고 학기말시험의 형식은 어떤 방법이 가장 좋은가(일반적인 시험, 참고서 이용이 허락되는 시험, 구술시험 등), 또는 시험을 두 번 이상 실시하는 것이 합리적이지 않은가? 등에 대한 종합적인 고려를 해야 한다.
2. 실험단위들(개개 학생들)은 랜덤하게 각 반에 분포되어 있어야 한다. 만약에 선발된 중학교에서 우열반제도를 시행하고 있으며 공교롭게도 A에 배정된 반은 우수반이고 B에 배정된 반은 열등반이라면, 학기말시험 결과 A반의 성적이 B반의 성적보다 높은 경우에 이것이 강의방법의 효과 때문인지 또는 우열반에 의한 기본적인 학생들의 능력의 차이 때문인지를 구분할 수 없게 된다. 따라서 각 실험집단에 할당된 실험단위들은 모든 조건에서 고르게 분포되어 있어야만 실험에서 주어진 처리의 효과를 정확하게 파악할 수 있다. 실험결과인 학기말시험 성적에 영향을 미치는 요인들 중에서 실험으로 가해지는 처리(두 가지 학습방법) 이외의 요인들을 외생변수라 하는데, 이를테면 개개 학생들의 I.Q.를 생각할 수 있다. 실험에서는 모든 외생변수들이 각 집단에 유사하게 분포되도록 실험단위들을 배정해야 한다. 즉, 각 반 학생들의

I.Q.가 유사하도록 반이 편성되어 있어야 한다.

3. 실험대상자가 자기가 실험을 당하고 있다는 것을 아는 것이 실험결과에 영향을 미칠 수 있다면 이를 숨겨야 한다. 예를 들어 감기약의 효과를 분석하기 위해 감기환자에게 감기약을 투여하고 일정 시간이 지난 후에 회복 여부를 측정한다면, 그 환자는 자기가 감기약을 먹었다는 사실을 알기 때문에 심리적 효과에 의해 치료에 영향을 미칠 수 있다. 이 경우 감기환자 20명을 랜덤하게 10명씩 두 집단으로 나누고 한 집단에는 감기약을 투여하고 다른 집단에는 위약(감기약과 유사하게 보이나 아무 효과가 없는 유사약)을 투여한 후에 치료효과를 분석하면 보다 객관적인 감기약 치료효과를 분석할 수 있다.

이 실험에서는 환자가 자신이 복용한 약이 감기약인지 또는 위약인지를 아는 것이 치료효과에 영향을 미칠 수 있으며, 나아가 이 환자들을 관찰하는 의사가 특정 환자에게 투여된 약이 감기약인지 또는 위약인지를 알아도 치료결과의 측정에 영향을 미칠 수 있다. 이러한 실험에서 실험대상자가 자기에게 가해진 처리가 무엇인지를 모르도록 하는 실험을 **단일눈가림실험**(single blind experiment)이라 하고, 실험대상자뿐만 아니라 관찰자도 실험대상자에게 가해진 처리가 무엇인지 모르게 실시하는 실험을 **이중눈가림실험**(double blind experiment)이라 한다.

2.7 측정

표본조사나 실험은 통계분석을 하기 위해 자료를 수집하는 과정이다. 자료의 수집은 표본으로 추출된 원소들이나 실험단위로부터 주어진 목적에 적합하도록 관측하는 것인데, 여기에서는 자료를 얻는 방법인 측정(measurement)에 대해 생각해 보기로 한다. 여기에서 측정이란 일정한 기준에 의해 선택된 대상들을 구분하거나 우열의 비교 또는 숫자값으로 측정하는 것을 말한다. 즉, 사람을 대상으로 측정하는 경우 그 사람의 키, 몸무게, 나이 등 숫자로 표현하는 방법과 남자/여자 등과 같이 성별을 구분하는 방법, 그리고 두 사람을 비교해 누가 더 미남이다 등과 같이 비교하는 방법 등 자료의 측정에는 여러 가지 다양한 형태가 있다.

2.7.1 측정 시 유의사항

통계분석에서 자료를 측정하는 경우에는 우선 자료를 구하는 목적이 있어야 하며, 주어진 목적하에서 자료를 측정하고자 할 때 다음 사항들을 고려해야 한다.

1. 측정된 자료가 주어진 목적에 적합한가를 고려해야 한다. 예를 들면 인간의 지능지수에 대한 측정은 전통적으로 I.Q.검사를 통해 실시해 왔다. I.Q.검사는 주어진 문제들을 제한된 시간 내에 얼마나 정확하게 풀 수 있는가에 의해 지능을 숫자로 표현하는 측정방법이다. 그런데 인간의 복잡하고 다양한 지적 능력을 주어진 몇 장의 시험지에 의해 정확하게 숫자로 표현할 수 있는가에 대해 한 번쯤 생각해 볼 필요가 있지 않을까? 구체적으로 I.Q.가 각각 100, 120, 140인 세 사람이 있다고 할 때 I.Q.가 100인 사람이 140인 사람보다 지적 능력이 부족한지 또는 I.Q.가 100인 사람이 시험을 치르는 능력은 부족하지만 다른 비상한 능력을 갖고 있지는 않은가 등에 대해 생각해 볼 수 있다. 즉, I.Q.가 인간의 지능을 측정하는 적당한 측정방법인가에 대해 타당성을 인정할 수 있을 때 I.Q.를 이용한 지능검사의 측정이 가능하다고 할 수 있다.

2. 측정결과는 **편의**(bias)가 없어야 한다. 편의란 측정결과가 한쪽으로 일관되게 편향되어 나타나는 현상을 말한다. 예를 들어 한 저울이 항상 기준 무게보다 5% 정도 적게 측정된다면 그 저울은 편의가 있다고 한다.
3. 측정결과는 **신뢰성**(reliability)이 있어야 한다. 신뢰성이란 동일한 대상을 반복해서 측정할 때 측정결과들이 동일하거나 거의 같은 것을 말한다. 예를 들어 한 I.Q.검사에서 같은 사람을 반복해 검사했을 때 측정된 I.Q.가 80, 110, 135, 120 등과 같이 나타난다면 그 I.Q.검사는 신뢰성이 없다고 할 수 있다. 또한 한 저울로 무게를 반복해서 측정할 때 측정할 때마다 무게가 달라진다면 그 저울은 신뢰성이 없다고 할 수 있다.

2.7.2 측정의 척도

측정이란 대상들을 일정한 기준에 의해 관측하는 것으로, 관측하는 방법에 따라 수량적 측정과 질적 측정으로 나뉜다. 측정방법은 다음과 같이 네 가지로 구분할 수 있는데, 측정방법에 따라 자료의 형태가 다르며, 따라서 통계분석에서 적용되는 분석방법도 다르다.

(1) 명목척도(nominal scale)

측정대상이 어느 집단에 속하는지 분류하는 경우에 사용되는 척도이다.

〈예〉
- 성별(남, 여) 구분
- 출생지(서울시, 강원도, 경기도, …) 구분
- 직업(사무직, 농업, 공업, …) 구분

(2) 순서척도(서수척도 : ordinal scale)

측정대상의 특성의 서열관계를 관측하는 척도로 선택사항이 일정한 순서로 되어 있다.

〈예〉 ■ 한 상품에 대한 선호도 조사 질문

① 아주 좋아한다 ② 좋아한다

③ 그저그렇다 ④ 싫어한다

⑤ 아주 싫어한다

에서 관측된 자료

■ 학력조사(초등학교, 중학교, 고등학교, 대학 이상)

■ 연령조사(20대, 30대, 40대, 50대 이상)

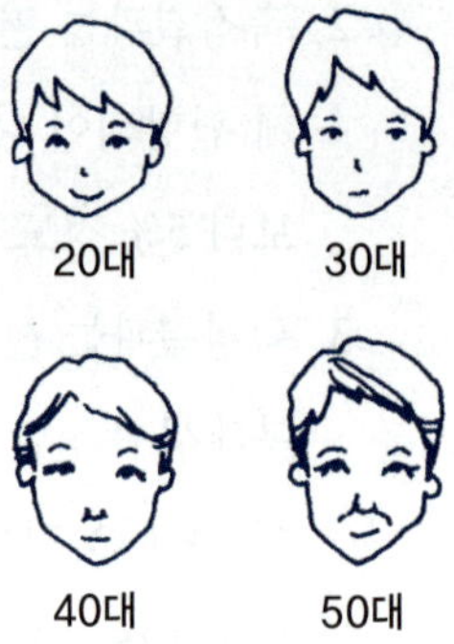

(3) 구간척도(interval scale)

측정대상이 갖고 있는 속성의 양을 측정하는 것으로, 측정결과가 숫자로 표현되나 해당 속성이 전혀 없는 상태인 절대적인 원점(absolute zero)이 존재하지 않는다. 따라서 두 관측값 사이의 비율은 별 의미가 없다. 온도, 지수 등의 측정방법이 구간척도에 해당된다.

〈예〉 온도의 측정을 섭씨(°C)와 화씨(°F)로 표현하면 다음과 같다.

섭씨	0°C	50°C	100°C
화씨	32°F	122°F	212°F

위의 표에서 섭씨 0°C는 온도가 없는 상태를 의미하지 않으며, 100°C는 50°C의 2배로 뜨겁다는 것을 의미하지 않는다. 섭씨를 화씨로 표현하면 0°C는 32°F가 되고, 100°C는 212°F, 50°C는 122°F가 되어 212/122 = 1.74로 두 배가 아닌 것을 알 수 있다.

(4) 비율척도(ratio scale)

구간척도가 갖는 특성에 더해 절대적인 원점이 존재하고 두 측정값의 비율이 의미가 있는 척도를 말한다. 무게, 키, 나이, 상품가격, 판매량 등 숫자로 관측되는 일반적인 자료의 측정이 비율척도에 해당된다.

〈예〉 무게의 측정에서 0g은 무게가 전혀 없는 상태를 말하고, 100g은 50g의 두 배에 해당된다.

2.7.3 자료의 형태

통계분석에서는 명목척도와 순서척도로 측정된 자료를 **질적 자료**(qualitative data), **범주형 자료**(categorical data) 또는 **이산형 자료**(discrete data)라 하고, 구간척도와 비율척도로 측정된 자료를 **양적 자료**(quantitative data) 또는 **연속형 자료**(continuous data)라 정의한다. 자료의 형태에 따라 적용되는 통계분석 방법이 다르므로 자료의 형태에 대한 이해가 통계분석의 기본이라 할 수 있다. 연속형 자료는 반드시 숫자로 관측되며 관측된 숫자의 크기가 의미를 갖는 자료를 말하며, 이산형 자료는 숫자로 표현해야 될 당위성이 없는 자료를 말한다. 예를 들어 성별 구분을 나타낼 때 일반적으로 1. 남자, 2. 여자와 같이 구분해 남자는 '1'로, 그리고 여자는 '2'로 코딩하는 경우가 있다. 여기에서 1과 2는 편의상 주어진 숫자이며, 1이 2보다(즉, 남자가 여자보다) 우수하다는 의미가 내포된 것은 아니다. 즉, 남자를 '0', 여자를 '1'로 표현하거나 남자를 'M', 여자를 'F'로 표현해도 기본적인 의미에는 아무런 차이가 없다. 이와 같이 숫자로 표현해야 될 당위성이 없거나 숫자로 표현된다 할지라도 그 숫자의 크기가 아무런 의미를 갖지 않는 자료를 이산형 자료라 한다.

2.8 엑셀 실습

Introduction to **Statistics,** ch. two

랜덤으로 주어진 자료를 이용해 최대값, 최소값, 평균 등의 통계량과 도수분포표, 히스토그램 등을 구한다.

(1) 자료 입력

그림과 같이 주어진 자료를 다음 그림과 같이 엑셀 워크시트에 입력한다.

	A	B	C	D	E
1	74	28	15	90	25
2	61	15	78	48	51
3	23	23	81	62	13
4	43	51	47	75	55
5	90	74	60	25	73
6	86	34	22	14	56
7	18	27	42	50	70
8	99	18	80	57	99
9	68	20	21	13	80
10	48	60	99	32	89

(2) 최대값(maximum) **: 함수 마법사를 사용해 최대값을 구한다.**

① 셀 B12를 선택하고 툴바(tool bar)에 위치한 함수 마법사 버튼을 다음의 그림과 같이 선택한다.

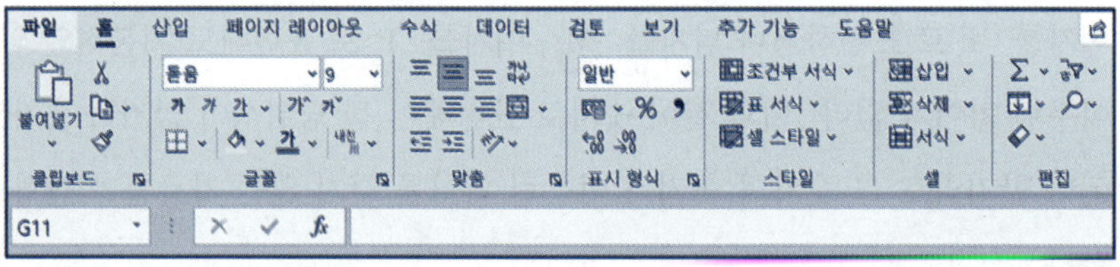

② 아래의 그림과 같이 함수 마법사 대화상자에서 통계범주의 MAX 함수를 선택하고 확인을 선택해 MAX 함수 입력상자를 불러들인다.

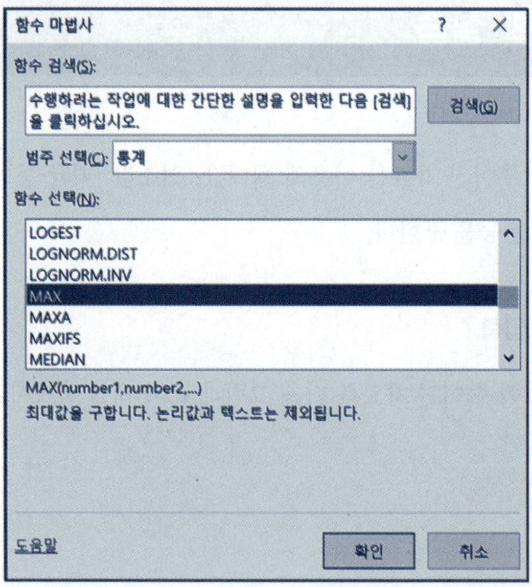

③ MAX 함수 입력상자에서 데이터 영역(A1:E10)을 다음과 같이 지정한다.

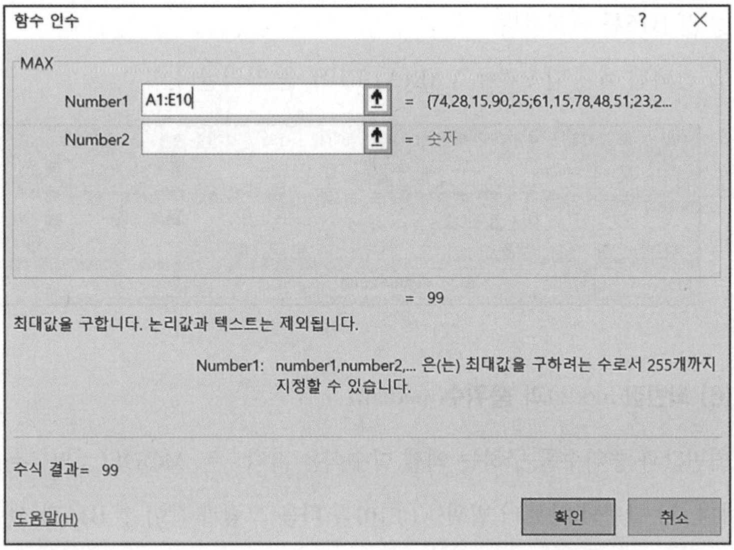

(3) 최소값(minimum) : 수식입력 창을 이용해 최소값을 구한다.

① 셀 B13을 선택한다.

② 수식입력 창에 다음의 그림과 같이 함수 '=min(A1:E10)'을 입력한다.

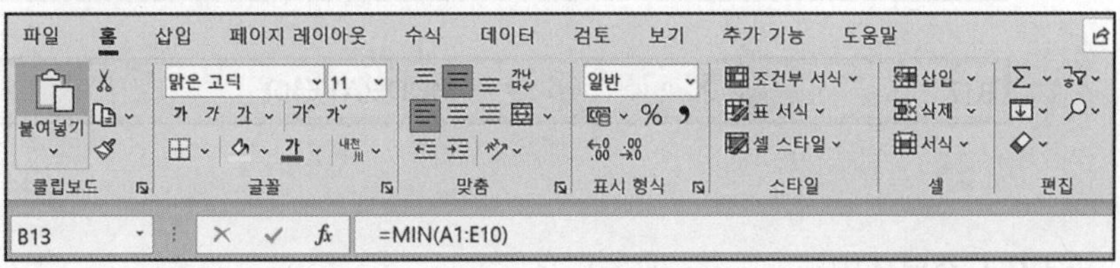

(4) 평균(mean) : 셀(cell)에 직접 함수를 입력하는 방법을 이용해 평균을 구한다.

① 셀 B14를 선택한다.

② 아래의 그림과 같이 커서를 셀 B14에 위치한 상태로 함수 '=AVERAGE(A1:E10)'을 입력한다.

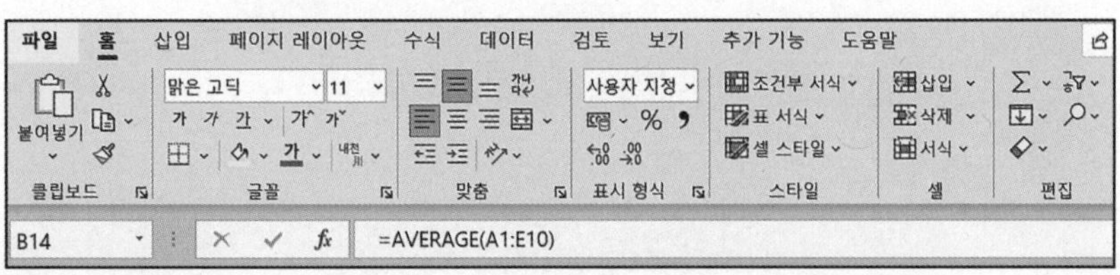

(5) 분산(variance) **: 엑셀 함수 '= VAR( )'를 이용해 분산을 구한다.**

① 셀 B15를 선택한다.

② 선택된 셀에 함수 '= VAR(A1:E10)'을 입력한다.

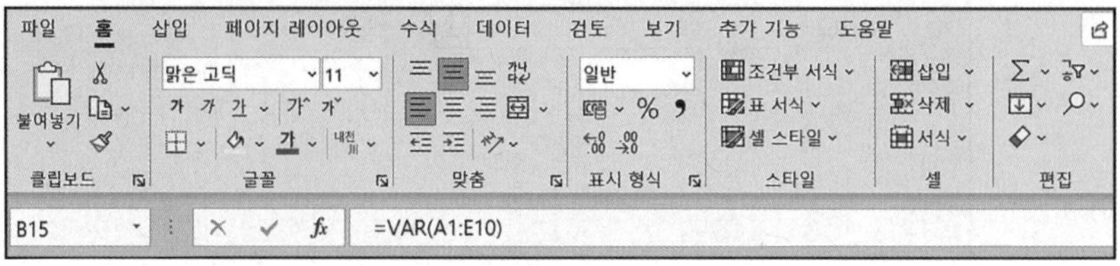

(6) 최빈값(mode)**과 중위수**(median)

최빈값과 중위수를 구하는 엑셀 함수식은 각각 '= MODE( )'와 '=MEDIAN( )'이다. 각 함수와 자료의 범위(A1:E10)를 다음 그림과 같이 셀 B16과 셀 B17에 입력해 최빈값과 중위수를 구한다.

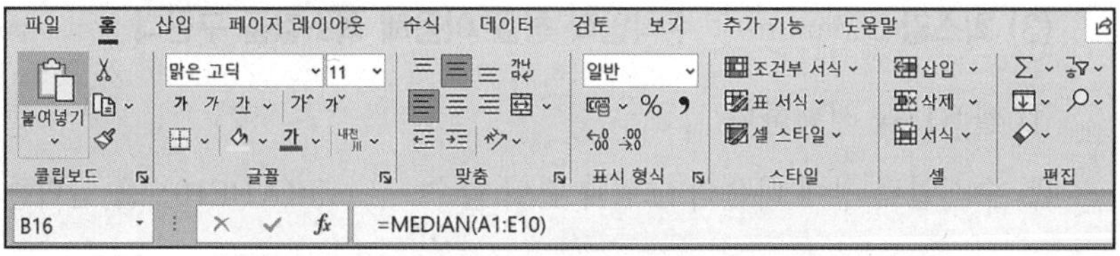

(7) 도수분포표(frequence table)

계급구간을 '12'로 하고 총 계급의 수를 8개로 하는 도수분포표를 구한다.

① 도수 열의 8개의 셀(B22~B29)을 전체 선택한다.

② 함수 마법사 버튼을 이용해 통계범주의 FREQUENCY 함수를 선택한다.

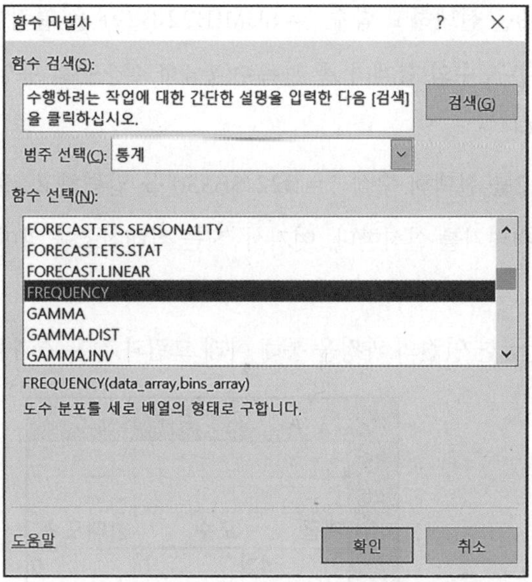

③ FREQUENCY 함수 입력상자에서 Data_array와 Bins_array를 다음 그림과 같이 지정하고 [Ctrl]-[Shift]-[Enter]키를 동시에 눌러 입력한다. Data_array는 데이터 영역(A1:E10)을 의미하며, Bins_array는 구간 참조의 영역(A22:A29)을 의미한다.

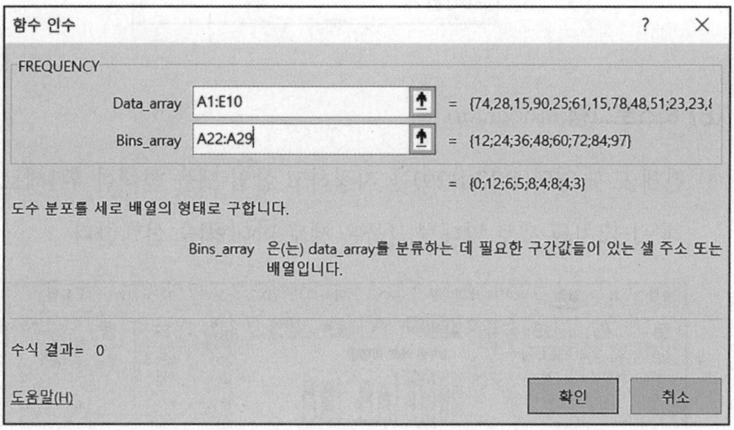

④ 셀 B30을 선택하고 함수 '=SUM(B22:B29)'을 입력한다. 해당 결과를 토대로 총 도수의 합계가 총 관측수(통계학 수강생)와 동일하다는 것을 확인할 수 있다.

⑤ 셀 C22를 선택해 수식 '=B22/$B$30'을 입력하고, 셀 C23에서 셀 C30까지 채워넣기를 실시한다. 여기서 '$'는 절대참조를 의미하는 명령어이다.

위에서 언급한 일련의 과정을 통해 아래 그림과 같은 결과들을 확인할 수 있다.

	A	B	C
19			
20			
21	계급	도수	상대도수
22	12	0	0
23	24	12	0.255319
24	36	6	0.12766
25	48	5	0.106383
26	60	8	0.170213
27	72	4	0.085106
28	84	8	0.170213
29	97	4	0.085106
30	합계	47	1

(8) 히스토그램(histogram)

① 전체 도수 영역(B22:B29)을 지정하고 삽입 탭을 선택한 후 [세로 막대형 그래프]-[2차원 세로 막대형]-[묶은 세로 막대형]을 선택한다.

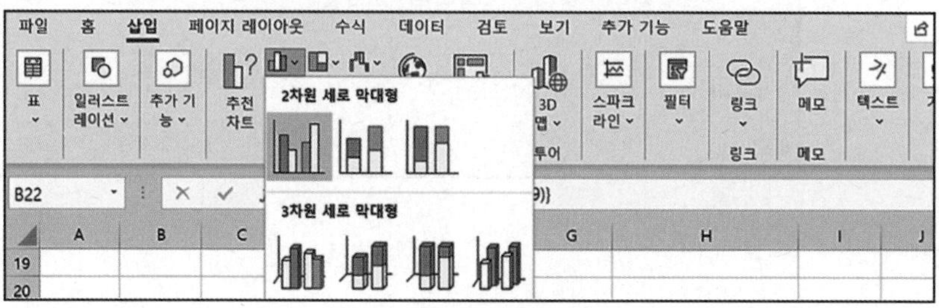

② 디자인 탭을 선택해 차트의 레이아웃을 정해 준다(임의로 지정).

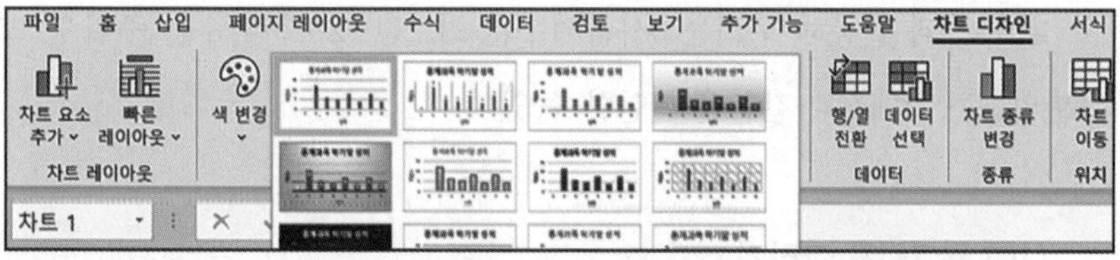

③ 차트의 제목과 X, Y축 제목을 각각 수정해 히스토그램을 완성한다.

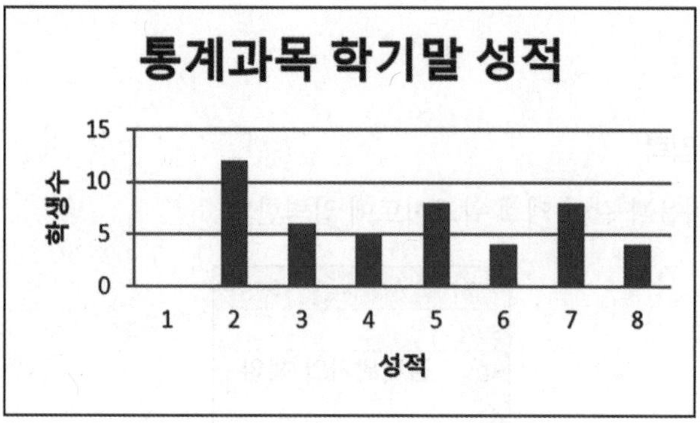

(9) 사분위수

사분위수를 구현하는 엑셀 함수는 '=QUARTILE( )' 이다.

① 셀 B33을 선택하고 아래의 그림과 같이 함수 '=QUARTILE($A$1:$E$10,0)' 을 입력한다.

	A	B	C	D
33	0사분위수	=QUARTILE($A$1:$E$10,0)		
34	1사분위수			
35	2사분위수			
36	3사분위수			
37	4사분위수			

② 셀 B34부터 셀 B37까지 셀 B33을 참조해 채워넣기를 하면 각 분위의 값들을 아래와 같이 확인할 수 있다.

	A	B	C	D
33	0사분위수	13		
34	1사분위수	25		
35	2사분위수	51		
36	3사분위수	74		
37	4사분위수	=QUARTILE($A$1:$E$10,4)		

위의 결과를 통해 우리는 0사분위수는 최소값, 2사분위수는 중위수, 그리고 4사분위수는 최대값과 같음을 확인할 수 있다.

(10) 원그림표 그리기

아래에 주어진 경제위기의 책임에 대한 그림을 엑셀을 이용해 원그림표로 그린다.

1) 자료 입력

자료를 다음과 같이 엑셀 워크시트에 입력한다.

	A	B
39		
40	경제위기의 책임	
41		
42	책임	%
43	정부	70
44	대기업	17
45	금융기관	8
46	근로자	3
47	모두	2
48	합계	100

2) 차트 그리기

자료부분인 A43~B47 부분을 선택한다.

	A	B
39		
40	경제위기의 책임	
41		
42	책임	%
43	정부	70
44	대기업	17
45	금융기관	8
46	근로자	3
47	모두	2
48	합계	100

삽입 탭을 선택하고 [원형]-[3차원 원형]을 선택한다.

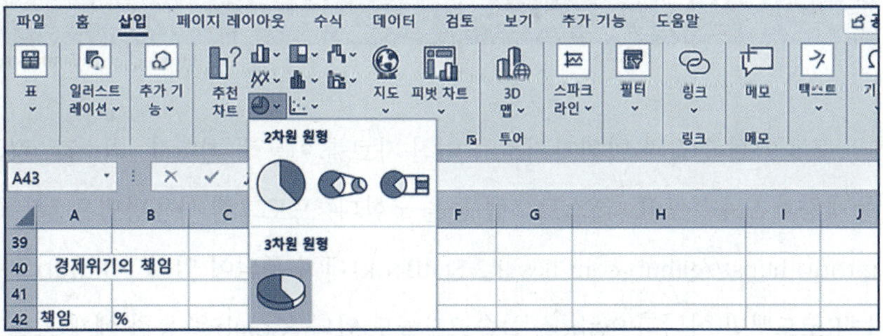

디자인 탭을 선택하면 다양한 레이아웃을 지정할 수 있다.

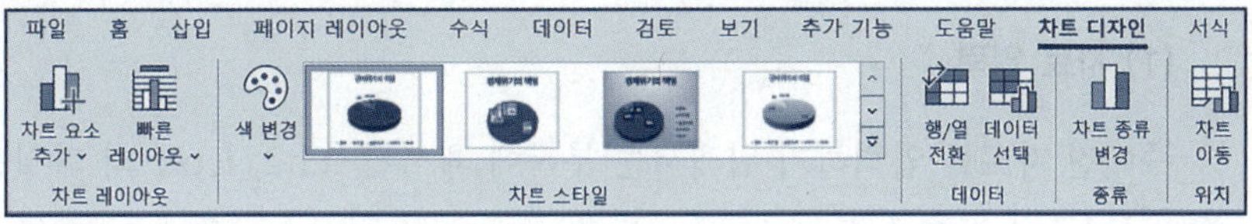

차트에 제목을 입력하여 원그림표를 완성한다.

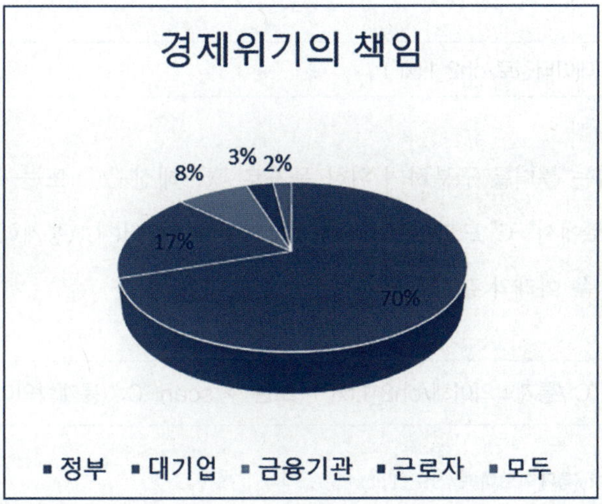

2.9 R 연습

Introduction to **Statistics,** ch. two

2.8 엑셀 연습과 마찬가지로 주어진 자료를 이용해 최대값, 최소값, 평균 등의 통계량과 도수분포표, 히스토그램 등을 구한다. 프로그램 사용방법은 〈부록 II〉 및 github(https://github.com/ikwak2/StatBook)에 수록되어 있다. Github 자료실에는 R코드뿐만 아니라 Python 실습코드들도 있다. Colab을 통한 예제 코드 실습에 대해서는 〈부록 III〉을 참고 바란다.

(1) 자료 입력

주어진 자료를 입력하기 위해서는 부록에 제시된 'ch2_1.txt' 의 파일을 사용하여 불러들여야 한다. 데이터 입력의 기본적인 명령문으로는 외부 txt 파일의 경우 scan 명령문을 사용한다. 이에 대한 명령문은 다음과 같다.

```
> scan("데이터경로/ch2_1.txt")
```

R에서는 폴더를 구분하기 위한 문자로 "\" 대신 "/" 또는 "//"을 사용한다. 데이터경로에서 "C" 드라이브의 "통계학의이해" 폴더("C:\통계학의이해\")에 파일이 있을 경우 아래와 같이 입력한다.

```
> scan("C:/통계학의이해/ch2_1.txt")  또는  > scan("C://통계학의이해//ch2_1.txt")
```

```
> scan("C:/통계학의이해/ch2_1.txt")
Read 50 items
 [1] 55 47 85 30 45 22 88 24 45 89 63 25 78 51 66 42 81 77 23 35 85 96 86 12
[28] 55 24 77 53 26 45 30 20 89 12 71 87 95 12 32 46 79 57 39 43 32 86 74
```

[Note] 중복되는 코드를 줄이기 위하여 "ch2_1"이라는 데이터명으로 ch2_1.txt 데이터를 대입하여 사용하도록 한다. 이때 "<-"라는 문자를 통하여 불러들인 자료를 "ch2_1"에 입력한다.

```
> ch2_1<-scan("C:/통계학의이해/ch2_1.txt")
```

(2) 최대값(maximum)

max 명령문을 사용해 최대값을 구한다.

```
> max(ch2_1)
```

```
> max(ch2_1)
[1] 96
```

(3) 최소값(minimum)

min 명령문을 사용해 최소값을 구한다.

```
> min(ch2_1)
```

```
> min(ch2_1)
[1] 6
```

(4) 평균(mean)

mean 명령문을 사용해 평균을 구한다.

```
> mean(ch2_1)
```

```
> mean(ch2_1)
[1] 53.18
```

(5) 분산(variance)

var 명령문을 사용해 분산을 구한다.

```
> var(ch2_1)
```

```
> var(ch2_1)
[1] 693.2527
```

(6) 최빈값(mode)과 중위수(median)

중위수는 한 개의 값으로만 산출되지만, 최빈값은 2개 이상의 값이 산출될 수 있다. R에서는 최빈값 명령문이 따로 존재하지 않으므로, 직접 적당한 함수를 작성하여 사용한다. 중위수는 median 명령문을 사용하여 구한다.

```
> table(ch2_1)[table(ch2_1)[1:length(unique(ch2_1))]==max(table(ch2_1))]
```

```
> table(ch2_1)[table(ch2_1)[1:length(unique(ch2_1))]==max(table(ch2_1))]
45
 4
```

※ 관측값의 수가 4개인 45가 최빈값임을 의미한다.

```
> median(ch2_1)
```

```
> median(ch2_1)
[1] 49
```

(7) 도수분포표(frequence table)

구간점 지정을 통하여 연속형 자료를 범주형으로 변환하여 나타낼 수 있다. cut 명령어와 table 명령어를 이용하여 분포표를 구할 수 있다.

```
> bins<-c(0, 12, 24, 36, 48, 60, 72, 84, 97)
# 0부터 97까지 나눈 구간점을 bins 데이터셋에 지정한다.
> class<-cut(ch2_1, breaks=bins)
# cut 명령문으로 자료의 소속구간을 지정하여 class에 저장한다. 이때 구간점은 bins
로 사용한다.
> table(class)
# 자료의 도수분포표를 출력한다.
> table(class)/length(ch2_1)
# 상대도수분포표를 출력한다.
# 아래와 같은 형태로 표현 가능하다.
> transform(table(class), Rel_Freq=prop.table(Freq))
```

```
> bins<-c(0, 12, 24, 36, 48, 60, 72, 84, 96)
> class<-cut(ch2_1, breaks=bins)
> table(class)
class
 (0,12] (12,24] (24,36] (36,48] (48,60] (60,72] (72,84] (84,96]
      4       5       7       9       5       3       7      10
> table(class)/length(ch2_1)
class
 (0,12] (12,24] (24,36] (36,48] (48,60] (60,72] (72,84] (84,96]
   0.08    0.10    0.14    0.18    0.10    0.06    0.14    0.20
> transform(table(class), Rel_Freq=prop.table(Freq))
    class Freq Rel_Freq
1  (0,12]    4     0.08
2 (12,24]    5     0.10
3 (24,36]    7     0.14
4 (36,48]    9     0.18
5 (48,60]    5     0.10
6 (60,72]    3     0.06
7 (72,84]    7     0.14
8 (84,96]   10     0.20
```

(8) 막대그림표(histogram)

hist 명령문을 사용하여 막대그림표를 그린다.

```
> hist(ch2_1)
# 위와 같이 구간점을 지정하지 않을 경우, R 내부에서 자동으로 지정되어 출력된다.
> hist(ch2_1, breaks=bins, main="Test Scores", xlab="Score")
# hist(데이터셋명, breaks=구분점, main="큰제목", xlab="X축 제목")
```

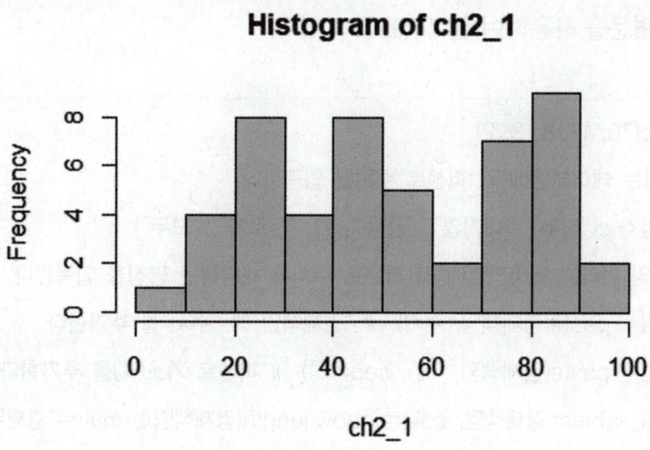

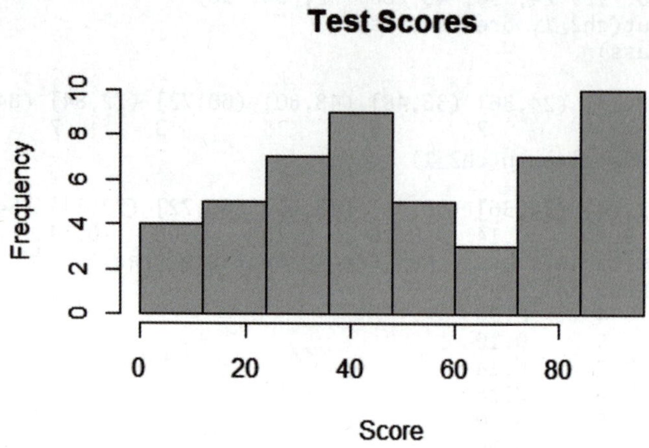

(9) 사분위수

summary 명령어로 요약표를 산출하여 사분위수 결과를 얻는다.

```
> summary(ch2_1)
```

```
> summary(ch2_1)
  Min. 1st Qu.  Median    Mean 3rd Qu.    Max.
  6.00   30.50   49.00   53.18   77.75   96.00
```

(10) 원그림표 그리기

pie 명령문을 사용하여 원그림표를 그린다.

```
> 수치<-c(70, 17, 8, 3, 2)
# "수치"라는 데이터명에 각 퍼센트 수치를 입력한다.
> 경제책임<-c("정부", "대기업", "금융기관", "근로자", "모두")
# "경제책임"이라는 데이터명에 각 퍼센트 수치에 해당하는 명칭을 입력한다.
> 경제책임<-paste(경제책임, 수치)  # "경제책임"에 "수치"를 추가한다.
> 경제책임<-paste(경제책임, "%", sep=" ")  # 퍼센트 기호(%)를 추가한다.
> pie(수치, labels=경제책임, col=rainbow(length(경제책임)), main="경제위기의 책
임")
# 원 그래프 추가
```

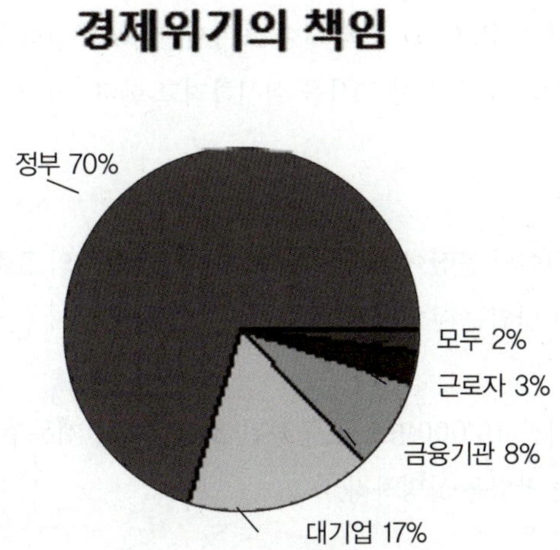

연습문제

01. 에어코리아에서 측정된 미세먼지(PM_{10})의 농도를 조사하는 실험에서의 모집단을 정의하고, 적절한 표본조사 방법을 제시하라.

02. 모집단을 조사할 때 전수조사 대신에 표본을 추출하여 조사하는 경우가 많은데 그 이유를 설명하라.

03. 모수와 통계량의 차이점을 설명하고 둘에 대한 예를 들어라.

04. 표본조사를 실시하는 이유에 대하여 예를 들어 설명하라.

05. 한 지역구민이 자기 지역을 대상으로 미세먼지 농도를 조사하고자 한다. 이 조사에서의 모집단과 원소를 정의하고, 가장 바람직한 표본추출 방법에 대해 설명하라.

06. 어떤 안건에 대한 의견을 알아보기 위하여 모집단을 몇 개의 그룹으로 나눈 후 각 그룹별로 임의로 표본을 추출하여 설문조사를 하고자 한다. 그룹을 나눌 때, 이 안건에 대하여 같은 그룹에 속하는 구성원들 간의 의견은 동질성이 높도록 하고 다른 그룹에 속하는 구성원들 간의 의견은 이질성이 높도록 할 때 사용하는 표본추출 방법은 무엇인가?

07. 우리나라 5개 시 A, B, C, D, E에 대한 초미세먼지($PM_{2.5}$)의 농도를 알아보기 위해 각 시에서 5개의 구를 뽑아 조사를 실시하려고 한다. 이 조사에서 모집단과 표본은 무엇인가?

08. 생산된 물통의 길이의 분산이 100cm라고 한다. 이 물통의 표준편차는 얼마인가? 또한 표준편차의 단위는 무엇인가?

09. 일련번호가 주어진 10,000명으로 구성된 모집단에서 계통추출법으로 100명의 표본을 추출하는 방법을 설명하라.

10. 표본조사 방법에는 면접조사, 우편조사, 전화조사가 있다. 각 조사방법에 대해 설명하고, 발생될 수 있는 문제점을 지적하라.

11. 총조사에 대한 표본조사의 장점을 설명하라.

12. 세 가지 종류의 사동차(현대 소나타, 쌍용 티볼리, 기아 K7)의 연비(km/l)를 비교하는 실험방법을 설명하라.

13. 다음 자료를 측정하는 척도가 무엇인가를 설명하라.

(a) 시청자들이 가장 좋아하는 TV 프로그램

(b) 한 마라톤 경기에서 선수들이 골인점에 도착한 순서

(c) 2023년 4월 미세먼지 농도

(d) 사람들이 거주하는 주거의 형태(단독주택, 연립주택, 아파트, …)

(e) 매년 판매되는 자동차의 수

14. 다음 자료들이 질적 자료인지 혹은 양적 자료인지를 구분하라.

(a) 탄산음료 소비자들이 선호하는 탄산음료의 상표

(b) 1,000명의 네티즌들이 가장 좋아하는 예능 프로그램의 이름

(c) 한 달 동안의 환전 거래량

(d) 시 · 도별로 일 년 동안의 폭염일 수

15. 조사대상자의 저축액을 파악하기 위한 다음 두 가지 형태의 설문에 대하여 답하라.

> a. 귀하의 작년 저축액(단위 : 백만원)은 얼마입니까?
> b. 귀하의 작년 저축액에 해당하는 번호에 ○표를 하여 주시오.
> 1) 5백만원 이하 2) 5백만원 이상 2천만원 이하 3) 2천만원 이상

(1) a와 b에 대한 응답결과의 측정척도를 서술하라.
(2) 조사자의 입장에서 a와 b 중 어느 것이 더 바람직한가? 그 이유를 서술하라.
(3) 응답자의 입장에서 응답률이 높은 형태의 설문은? 그 이유를 서술하라.

16. 측정이란 무엇인지 간략하게 설명하라.

17. 척도의 종류를 각각의 예를 들어 설명하라.

18. 양적 변수를 질적 변수로 변환하는 것이 가능한가 불가능한가? 반대로 질적 변수를 양적 변수로 변환하는 것은 가능한가? 불가능하다면 그 이유를 말하고, 가능하다면 변환시킬 수 있는 구체적인 예를 들어서 설명하라.

19. 강남구에서 42일 동안 측정한 미세먼지 농도 지수(단위 : $\mu g/m^3$)는 다음과 같다.

55.9	54.3	61.6	77.4	99.8	101.7
88.9	110.2	120.1	140.0	96.5	78.3
73.3	89.4	88.9	66.7	109.2	102.8
93.5	96.3	97.6	99.7	99.4	98.8
103.5	121.1	140.3	103.3	130.1	201.3
88.4	91.6	88.2	86.5	84.1	93.1
101.1	105.0	109.4	96.4	97.7	92.7

(a) 도수분포표를 구하라.
(b) (a)의 도수분포표를 이용해 히스토그램을 그려라.
(c) 미세먼지 농도가 100을 넘은 경우는 몇 %인가?

20. 50일 동안 서울시의 강수량이 다음과 같다.

2.1	4.4	2.7	32.3	9.9	9.0	2.0	6.6	3.9	1.6
14.7	9.6	16.7	7.4	8.2	19.2	5.9	4.3	3.3	1.2
4.1	18.4	0.2	6.1	13.5	7.4	0.2	8.3	0.3	1.3
14.1	1.0	80.2	2.4	18.0	8.7	24.0	1.4	8.2	5.8
1.6	3.5	11.4	18.0	26.7	3.7	12.6	23.1	5.6	0.4

(a) 도수분포표를 구하라.

(b) 히스토그램을 그려라.

(c) 강수량이 평균 강수량을 넘은 일수는?

21. 한 대학교의 5개 과에 등록한 학생들의 수가 다음 표와 같을 때 막대그림표와 원그림표를 그려라.

과	등록학생 수
수학과	50
영어영문학과	38
도목공학과	20
물리학과	40
통계학과	35

22. 다음 자료는 백화점의 고객 10명을 무작위로 선별하여 상품 구입 실적을 조사한 분포이다. 이 자료를 이용해 고객별 상품 구입 실적의 막대그림표와 원그림표를 그려라.

151	134	101	65	133	147	57	95	110

23. 대학생 60명의 시험성적을 측정한 결과가 다음과 같다.

3.04	3.34	3.09	2.99	2.36	3.41	3.27	2.64	3.03	2.86
3.18	3.17	3.01	3.02	2.37	2.55	3.50	3.25	3.39	2.87
3.14	2.82	3.45	3.25	2.85	3.21	2.80	2.97	3.26	3.45
2.82	3.24	3.63	3.34	3.11	2.49	2.53	3.13	2.52	3.14
3.12	2.46	2.94	3.32	2.90	2.71	3.52	3.27	3.12	3.10
3.21	3.54	3.09	3.23	3.15	2.51	2.74	3.24	3.01	3.23

(a) 계급의 수를 5로 하여 도수분포표와 히스토그램을 작성하라.

(b) 줄기의 개수가 10인 줄기와 잎 그림을 그려보아라.

24. 체중이 서로 비슷한 암수 어린 송아지를 각각 20마리씩 선별하여 새로 개발한 배합사료를 일정 기간 동안 먹인 뒤 체중의 증가량을 조사하였다. Excel을 사용하여 다음 질문에 답하라.

수컷	15.2	14.0	14.2	16.9	13.4	16.2	14.3	14.7	14.7	15.1
	16.0	14.1	16.6	15.4	14.5	14.5	15.4	15.3	15.0	15.4
암컷	13.4	13.3	14.1	12.2	15.3	13.6	13.3	14.1	9.8	13.2
	13.5	14.0	14.2	14.5	15.8	15.5	17.5	13.8	8.7	10.3

(a) 성별에 따라 각각 히스토그램을 그리고 자료의 분포 상태를 설명하라.

(b) 평균, 중앙값, 표준편차, 범위, 사분위범위를 각 성별로 구하라.

25. 다음 자료는 에어코리아에서 측정한 2019년 4월 2일 초미세먼지 농도이다.

19	15	16	18	23	23	19	16	13	19
25	27	16	19	20	19	15	16	21	20
14	16	16	16	23	21	20	18	18	22
23	13	13	17	17	14	14	11	11	17
10	22	20	19	23	21	23	17	19	22

(a) 줄기와 잎 그림을 그려라.

(b) 평균, 중위수, 최빈값을 구하라.

(c) 범위를 구하라.

(d) 아래사분위수와 위사분위수를 구하라.

26. 다음 각 자료의 평균, 중위수, 분산을 구하라.

(a) 2, 3, 5, 3, 2, 3, 4, 3, 5, 1, 2, 3, 4

(b) 53, 50, 43, 52, 50, 47, 62, 90, 50, 41

(c) 13, 15, 10, 30, 39, 29, 26, 23, 25, 36. 40, 41

27. 다음 자료는 한 마트의 아르바이트생 20명의 월급여를 조사한 결과이다.(단위 : 만원)

91	64	98	66	83	87	83	86	80	93
83	75	72	79	90	80	90	71	84	68

(a) 평균과 분산을 구하라.

(b) 중위수와 범위를 구하라.

(c) 최빈값을 구하라.

28. 다음 자료는 어느 오토바이 회사의 A오토바이 연비(km/l)를 구한 결과이다.

21.2	24.8	22.7	24.4	22.3	23.4
23.7	24.3	21.8	25.1	25.2	24.9

(a) 평균과 분산, 표준편차를 구하라.

(b) 중위수와 범위를 구하라.

29. 다음 자료는 통계학개론을 수강한 30명 학생들의 학기말 성적이다. 90점 이상은 A, 80～89점은 B, 70～79점은 C, 60～69점은 D, 59점 이하는 F를 주기로 하였다고 할 때, 아래 물음에 답하라.

83	91	88	82	81	84	62	93	50	63
96	68	73	80	97	95	91	38	82	72
88	83	78	93	69	78	91	87	84	91

(a) 학점구분(A, B, C, D, F)에 의한 %를 구하라.

(b) 학점구분에 의한 원그림표를 그려라.

(c) 평균과 중위수를 구하라.

(d) 범위, 아래사분위수, 위사분위수를 구하라.

(e) 상자그림을 그려라.

30. [연습문제 19]에 주어진 자료를 이용해 다음 질문에 답하라.

(a) 줄기와 잎 그림을 그려라.

(b) 평균(X), 중위수, 최빈값을 구하라.

(c) 범위, 표준편차(S)를 구하라.

(d) $\overline{X} \pm S$, $\overline{X} \pm 2S$, $\overline{X} \pm 3S$ 안에 있는 관측값의 수의 비율을 구하라.

(e) 상자그림을 그려라.

31. [연습문제 25]에 주어진 자료를 이용해 다음 질문에 답하라.

(a) 평균($\overline{X}$), 중위수, 사분위수를 구하라.

(b) 범위, 표준편차(S)를 구하라.

(c) $\overline{X} \pm S$, $\overline{X} \pm 2S$, $\overline{X} \pm 3S$ 안에 있는 관측값의 수의 비율을 구하라.

(d) 상자그림을 그려라.

32. 서울시 7월 미세먼지 농도는 평균이 6㎍/m³, 표준편차가 3㎍/m³이라고 한다. 서울시 미세먼지 농도의 분포가 좌우대칭인 종 모양과 같다고 할 때 인천시 미세먼지 농도에 대한 다음 물음에 답하라.

(a) 미세먼지 농도가 6㎍/m³ 이상일 날짜는 7월 한 달 중 며칠이라고 생각하는가?

(b) 미세먼지 농도가 3㎍/m³에서 9㎍/m³ 사이에 있을 날짜는 며칠이라고 생각하는가?

(c) 미세먼지 농도가 3㎍/m³에서 12㎍/m³ 사이에 있을 날짜는 며칠이라고 생각하는가?

(d) 미세먼지 농도가 3㎍/m³ 이하이거나 9㎍/m³ 이상일 날짜는 며칠이라고 생각하는가?

33. 사람의 맥박 수는 매 분당 평균 60회이고, 표준편차는 4.7이다. 이 분포가 종 모양의 분포를 따르면 분당 맥박 수가 55.5와 70 사이일 백분율은 얼마인가?

34. 100명의 대학생 몸무게의 평균과 분산은 각각 60과 30이다. 이 몸무게의 분포가 종 모양이라면 구간 30과 90 사이에는 몇 명이 포함되어 있는가? 구간 0과 120 사이에는 근사적으로 몇 명이 포함되어 있는가?

35. 도수분포가 비대칭이고 극단치들이 있을 때 보다 적절한 중심성향 척도는 무엇이라고 생각하는가?

36. 한 실험실에서 두 개의 식물 영양제 효과를 검사하기 위해 각각 40개의 화분에 동일한 식물을 심고, 20개의 화분에는 A영양제, 나머지 20개의 화분에는 B영양제를 사용한 후 100일 이후 식물의 길이(cm)를 측정하였다. Excel을 사용하여 다음 질문에 답하라.

A그룹	20.2	24.5	19.8	18.3	22.4	27.8	30.1	18.2	14.7	22.2
	18.7	24.3	26.3	31.2	19.9	22.2	29.2	26.3	28.2	25.4
B그룹	12.2	14.9	13.3	28.1	19.2	13.1	17.7	19.9	18.2	11.1
	16.1	22.4	26.2	21.1	18.9	19.5	11.9	29.3	26.2	28.2

(a) 그룹별로 각각의 히스토그램을 그리고 자료의 분포 상태를 설명하라.

(b) 평균, 중앙값, 표준편차, 범위, 사분위범위를 각 그룹별로 구하라.

37. 2022년 9월의 습도가 다음과 같다. R 프로그램을 이용하여 다음 물음에 답하여라.

63	80	83	85	67	83	51	58	73	66	
85	73	81	78	57	83	87	55	93	68	
77	97	58	34	82	75	81	92	59	49	55

(a) 도수분포표를 구하라.

(b) 히스토그램을 그려라.

(c) 평균, 분산, 중위수, 범위를 구하라.

(d) 원그림표를 그려라.

확률

Introduction to **Statistics**
ch. three

3

통계학은 불확실한 현상을 대상으로 하는 학문으로, 불확실한 현상에 대한 분석은 그 현상이 발생할 가능성을 이용한다. 이와 같이 어떤 현상이 일어날 가능성을 측정하는 척도를 **확률**(Probability)이라 한다. 확률은 0에서 1 사이의 값을 갖는다. 즉, 어떤 현상이 틀림없이 발생한다면 그 현상이 발생할 확률은 1이고, 그 현상이 발생할 가능성이 전혀 없다면 그 현상이 발생할 확률은 0이다. 예를 들어 인간이 150살 이상을 살 확률은 0이고, 일기예보에서 '내일 비 올 확률은 0.8이다' 라고 발표했다면, 현재의 기상조건에 의해 판단할 때 '내일 비가 올 가능성은 80%이다' 라고 이해할 수 있다. 본 장에서는 불확실한 현상을 분석하는 데 있어서 가능성을 측정하는 척도인 확률에 대한 기본적인 이론을 설명한다.

3.1 집합이론에 대한 기초

Introduction to **Statistics,** ch. three

확률은 **집합**(set)의 개념을 이용해 설명한다. 따라서 확률을 이해하기 위해서는 집합에 대한 기본적인 이해가 있어야 한다. 본 절에서는 집합의 기초적인 이론에 대해 설명한다.

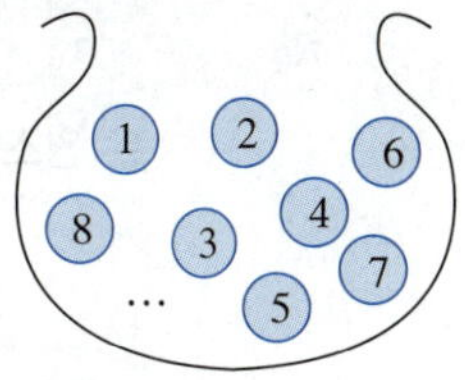

집합

집합(set)이란 '개념이 정확하게 정의된 원소들의 모임'을 의미한다. 집합에는 유한집합과 무한집합이 있는데, 유한집합은 원소들의 개수를 정확하게 셀 수 있는 집합을 말하고, 무한집합은 원소들의 개수가 무한이거나 셀 수 없는 경우의 집합을 말한다.

집합은 우선 그 집합에 속한 원소의 정확한 개념이 정의되어 있어야 한다. 이를테면 '대한민국의 성인으로 구성된 집합'이라고 할 때 대한민국의 성인에 대한 정의가 주어져야 한다. 즉, 어떤 사람이 있을 때 그 사람이 집합에 속하는지의 여부가 분명해야 한다. 예를 들어 대한민국의 성인을 '대한민국에 거주하는 한국 국적의 사람으로 2021년 10월 1일 현재 만 20세인 사람'이라고 정의하면, 어느 특정인이 그 집합에 속하는가에 대한 정확한 판단을 할 수 있다. 다음 예들을 통해 유한집합과 무한집합의 개념을 설명한다.

예 3-1

1에서 100까지의 정수의 집합

$$\{1, 2, 3, 4, \cdots, 100\}$$

은 원소의 개수가 100으로 유한하며 셀 수 있으므로 유한집합이다.

예 3-2

양의 정수의 집합

$$\{1, 2, 3, 4, \cdots\cdots\}$$

은 원소의 개수가 셀 수는 있으나 무한이므로 무한집합이다.

예 3-3

0에서 1 사이의 실수의 집합

$$\{X \mid 0 \le X \le 1\}$$

은 원소의 개수를 셀 수 없으므로 무한집합이다.

공집합

공집합(null set)이란 원소가 하나도 없는 집합을 말하며, "ϕ" 또는 { }으로 표현한다.

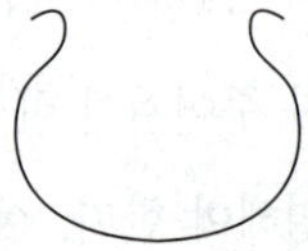

부분집합

집합 A의 모든 원소들이 집합 B의 원소이면 A는 B의 부분집합이라고 말하며,

$$A \subseteq B$$

로 표현한다.

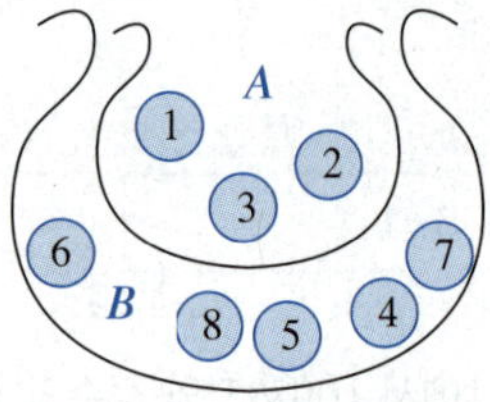

예 3-4

세 개의 서로 다른 집합 A, B, C가 $A = \{1, 2, 3\}$, $B = \{1, 2, 3, 4, 5\}$, $C = \{1, 2, 3, 4, 5, 6\}$이라고 할 때 A는 B의 부분집합이고, B는 C의 부분집합이다. A가 B의 부분집합이고, B가

C의 부분집합이면, 정의에 의해 A는 C의 부분집합이다. 즉, $A \subset B$이고 $B \subset C$이면, $A \subset C$이다. 정의에 의해 공집합 ϕ는 모든 집합의 부분집합이다.

상호배반집합

두 집합 A, B가 공통원소를 갖고 있지 않을 때, 즉 A의 모든 원소는 B에 속하지 않고 B의 모든 원소는 A에 속하지 않으면, A와 B는 상호배반집합(mutually exclusive sets)이라고 한다.

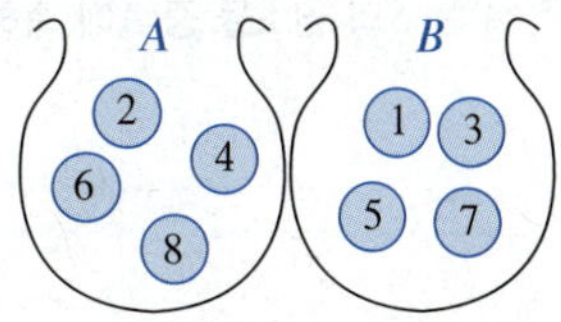

예 3-5

두 집합 A, B가 $A = \{1, 3, 5, 7\}$, $B = \{2, 4, 6, 8\}$이면 A와 B는 공통원소가 없으므로 상호배반집합이다.

차집합

두 집합 A, B에서 A에 속하나 B에는 속하지 않는 원소들로 이루어진 집합을 A에 대한 B의 차집합이라 하며,

$$A - B$$

로 표현한다.

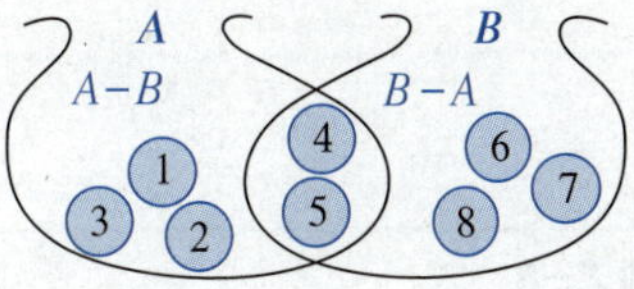

예 3-6

두 집합 A, B에서 $A = \{1, 2, 3, 4, 5\}$, $B = \{4, 5, 6, 7, 8\}$이라고 할 때 $A - B = \{1, 2, 3\}$이고, $B - A = \{6, 7, 8\}$이다.

여집합

집합 S의 부분집합 A에 있어서 S에 대한 A의 차집합을 A의 여집합(complement)이라 하고, A' 또는 A^C로 표현한다. 즉, A^C는 S의 원소들 중 A에 속하지 않는 원소들의 집합이다.

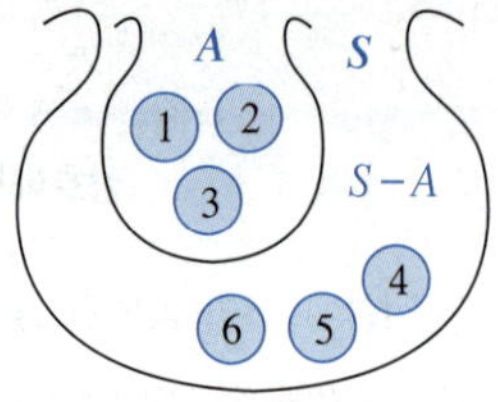

예 3-7

집합 $S = \{1, 2, 3, 4, 5, 6\}$, $A = \{1, 2, 3\}$이라고 할 때 S에 대한 A의 여집합은 $A^C = \{4, 5, 6\}$이다.

합집합과 교집합

두 집합 A, B의 합집합(union)은 A, B 중 어느 하나의 집합에라도 속한 원소들로 구성되는 집합을 말하며, $A \cup B$로 표현한다. A와 B의 교집합(intersection)은 A와 B 모두에 속한 원소들로 구성되며, $A \cap B$ 또는 AB로 표현한다.

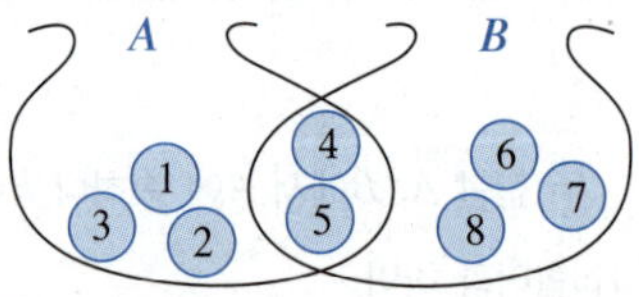

예 3-8

집합 A, B가 $A = \{1, 2, 3, 4, 5\}$, $B = \{4, 5, 6, 7, 8\}$이라고 할 때 $A \cup B = \{1, 2, 3, 4, 5, 6, 7, 8\}$, $AB = \{4, 5\}$이다.

3.2 표본공간과 사건

Introduction to **Statistics,** ch. three

확률이란 어떤 실험을 할 때 나타나는 결과의 가능성에 대한 관찰이라 할 수 있다. 여기서 실험이란 어떤 결과를 관찰하기 위한 일련의 잘 정리된 행위로, 실험을 반복해서 실시할 때 각 실험에서는 주어진 결과들 중 하나가 관측된다는 조건이 주어져 있다. 실험에 의해 나타날 수 있는 가능한 모든 결과들의 집합을 **표본공간**(sample space : Ω)이라 하고, 나타날 수 있는 개개의 결과들을 표본공간의 **원소**(element)라 한다. **사건**(event)이란 표본공간에 있는 몇 개의 원소들로 이루어진 표본공간의 부분집합이다.

표본공간(sample space : Ω)

실험에 의해 나타날 수 있는 실현 가능한 모든 결과들의 집합을 표본공간이라 하며, 개개의 결과들을 표본공간의 원소(element)라 한다.

예 3-9

다음의 각 실험에서 표본공간을 정의해 보자.

〈실험 1〉 동전 하나를 던지는 실험

$\Omega = \{H, T\}$, H : 앞면, T : 뒷면

앞면 뒷면

〈실험 2〉 동전 두 개를 동시에 던지는 실험

$\Omega = \{HH, HT, TH, TT\}$

앞의 값은 첫 번째 동전의 결과이고,

뒤의 값은 두 번째 동전의 결과이다.

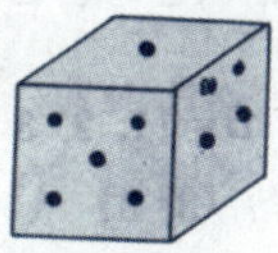
주사위

〈실험 3〉 주사위 1개를 던지는 실험

$\Omega = \{1, 2, 3, 4, 5, 6\}$

〈실험 4〉 새로 만들어진 전구가 끊어질 때까지 걸리는 시간을 관측하는 실험

$\Omega = \{X \mid 0 \le X\}$

사건(사상 : events)

사건이란 표본공간의 부분집합으로, 표본공간의 원소들 중 일부분으로 이루어진 집합이다.

표본공간은 〈예 3-9〉의 〈실험 1〉, 〈실험 2〉, 〈실험 3〉과 같이 이산점(discrete

points)들의 집합인 경우도 있고, 〈실험 4〉와 같이 연속된 실수값의 집합인 경우도 있다.

예 3-10

〈예 3-9〉에 있는 각각의 실험에 대한 표본공간에서 다음과 같은 사건을 정의해 보기로 한다.

〈실험 1〉 사건 A를 동전의 앞면이 나올 사건이라 한다면

$A = \{H\}$

이다.

〈실험 2〉 사건 A를 첫 동전이 앞면일 사건이라 하고, 사건 B를 두 동전 모두 뒷면이 나올 사건이라고 하면

$A = \{HH, HT\}$

$B = \{TT\}$

이다.

〈실험 3〉 사건 E를 나타난 결과가 짝수일 사건이라 한다면

$E = \{2, 4, 6\}$

이다.

〈실험 4〉 사건 E를 전구의 수명이 10시간 이내일 사건이라 한다면

$E = \{X \mid 0 \le X \le 10\}$

이다.

표본공간과 사건과의 관계는 집합이론에서 부분집합에 대한 정의로 설명될 수 있다. 즉, 〈예 3-9〉의 〈실험 1〉에서 표본공간은 $\Omega = \{H, T\}$이며, 가능한 모든 부분집합은

$$\phi, \{H\}, \{T\}, \{H, T\}$$

와 같이 4개이다. 이 네 개의 부분집합들이 주어진 실험에서 정의될 수 있는 모든 사건들이다. 이와 같은 부분집합의 계산에서는 ϕ(공집합)와 Ω(표본공간)를 항상 포

함시킨다.

〈예 3-9〉의 〈실험 2〉에서 가능한 모든 사건들은

$$\phi, \{HH\}, \{HT\}, \{TH\}, \{TT\}, \{HH, HT\}, \{HH, TH\}, \{HH, TT\},$$
$$\{HT, TH\}, \{HT, TT\}, \{TH, TT\}, \{HH, HT, TH\}, \{HH, HT, TT\},$$
$$\{HH, TH, TT\}, \{HT, TH, TT\}, \{HH, HT, TH, TT\}$$

와 같이 모두 16개이다. 이산형 원소를 갖는 집합에서 가능한 모든 부분집합의 수는 원소의 수가 n이라고 할 때 2^n개가 된다. 예를 들면 10개의 원소를 갖는 집합의 가능한 모든 부분집합의 수는 $2^{10} = 1,024$개이다.

그러나 〈실험 4〉와 같이 표본공간이 연속인 구간으로 정의되면 부분집합은 전체 구간에 대한 부분구간으로 표현된다. 따라서 부분집합의 수는 셀 수 없다.

사건들은 표본공간의 부분집합이므로 집합이론에서 이용되는 합집합, 교집합, 여집합의 개념을 표본공간과 사건에도 적용시킬 수 있다. 즉, 표본공간 Ω에 대한 사건 A, B가 있을 때 $A \cup B$, $A \cap B$, A^C 등은 각각 A와 B의 합사건, 곱사건, 그리고 A의 여사건이라 부르며, $A \cap B = AB = \phi$일 때 A와 B는 **상호배반사건**(mutually exclusive events)이라 정의한다.

예 3-11

〈예 3-9〉의 〈실험 2〉에서 사건 A, B, C를

$$A = \{HH, HT\}$$
$$B = \{TH, TT\}$$
$$C = \{HH, TT\}$$

라고 할 때

$$A \cup C = \{HH, HT, TT\}$$
$$A \cap C = \{HH\}$$
$$A \cap B = \phi$$

이므로 A와 B는 상호배반사건이다.

3.3 확률의 기초 개념

확률은 '가능성의 척도'를 측정하는 숫자로 0과 1 사이의 값으로 표현한다. 어떤 사건이 일어날 확률이 0이라는 것은 그 사건이 발생할 가능성이 전혀 없다는 것을 의미하며, 어떤 사건이 일어날 확률이 1이라는 것은 그 사건이 틀림없이 발생한다는 것을 의미한다.

예를 들어 고등학교 3학년인 한 학생이 A대학교 B학과에 지원하고자 할 때 담임선생님은 그 학생의 내신등급과 모의고사 성적 등을 고려해 그 학생의 합격가능성을 예측한다. 즉, '합격가능성이 높다' 또는 '합격가능성이 매우 낮다' 또는 보다 구체적으로 '합격가능성이 60%이다' 등과 같이 합격가능성을 확률로 표현한다. 이 경우 담임선생님의 판단은 과거 학생들의 지원결과와 그 학생의 성적을 비교해 그 학생의 합격가능성을 예측한 것이다. 확률은 이와 같이 특정한 현상이 발생할 가능성을 측정하는 척도이다.

다른 예로 일기예보를 들 수 있다. 요즘 일기예보에서는 다음날 비 올 가능성을 확률로 발표한다. 즉, '내일 비 올 가능성은 80%이다'라는 발표는, 현재의 모든 기상여건을 고려할 때 과거에 현재와 유사한 경우에는 80%(즉, 10번 중 8번) 확률로 그 다음날 비가 내렸으므로, 내일 비 올 가능성이 80% 정도일 것으로 판단된다는 것이다.

3.3.1 확률의 고전적 해석

확률의 고전적 해석은 '우연의 게임(games of chance)'으로부터 유래한다. 이는 각 사건이 일어날 가능성, 즉 확률은 시행하는 게임에서 본질적으로 파악할 수 있다는 것을 뜻한다. 예를 들어 동전을 던질 때 나타날 수 있는 면은 앞면(head)과 뒷면(tail)뿐이다. 각 경우가 나타날 가능성은 동일하므로 앞면 또는 뒷면이 나타날 가능성은 각각 $\frac{1}{2}$이라는 접근방법이다. 이 경우 각각의 사건에 대한 확률은 누구에 의해서도 동일한 값을 갖게 된다. 이러한 이유로 확률의 고전적 해석을 확률의 객관적 해석이라고도 한다. 예를 들어 '52장으로 된 트럼프 카드에서 임의로 한 장을 뽑을 때 에이스(ace)가 뽑힐 확률은 $\frac{4}{52}$(52장 중에서 에이스가 4장이므로)이다'와 같이 누구에 의해서나 동일한 값으로 계산되는 확률 계산방법을 확률의 고전적 해석이라 한다.

3.3.2 확률의 상대도수에 의한 해석

확률의 상대도수에 의한 해석은 확률의 실험적 접근에 의한 방법으로, 반복실험에 의해 나타난 결과의 표현이다. 즉, 어떤 실험을 무한히 반복했을 때 사건 A가 일어난 경우가 30%라면 사건 A가 발생될 확률은 30%라고 할 수 있다. 예를 들면 한 양궁선수가 활을 1,000번 쏘아서 과녁의 원을 900번 맞추었다면 '그 선수가 과녁의 원을 맞출 확률은 90%이다'라고 표현하는 방법이다. 동일한 실험을 무한히 반복할 때 한 사건에 대해 상대도수에 의해 계산된 확률은 고전적 의미의 확률에 접근한다고 할 수 있다. 이는 대수의 법칙(Law of Large Numbers)을 따른다고 볼 수 있다.

[그림 3-1]은 동전을 1,000번 반복해서 던졌을 때 각각의 던진 횟수에 대해 앞면이 나타난 횟수의 비율을 기록한 것으로, 던진 횟수가 많아질수록 그 비율이 $\frac{1}{2}$에 접근함을 알 수 있다.

그림 3-1 동전을 1,000번 던질 때 앞면의 상대도수

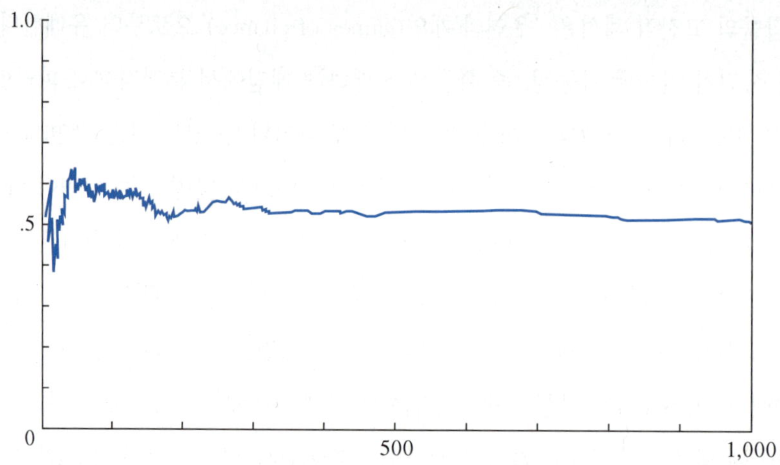

3.3.3 확률의 주관적 해석

확률의 고전적 해석은 관찰자의 주관이 전혀 없는 객관적 확률을 구한다는 것이며, 상대도수에 의한 접근방법도 실험을 객관적으로 동일하게 무한히 반복한다면 관찰자의 주관에 의존하지 않는 확률값을 구할 수 있다는 것이다. 그러나 앞에서 설명한 한 고등학생의 대학교 입학시험에서의 합격가능성에 대한 확률은 담임선생님과 본인, 그리고 학부모의 생각이 각각 다를 수 있다. 즉, 담임선생님은 합격

가능성을 40% 정도로 예상하지만 본인은 합격할 가능성이 90%라고 자신을 하며, 학부모는 그래도 합격할 가능성이 60%는 되지 않겠느냐라고 생각할 수 있다. 이와 같이 관찰자의 주관에 따라 다르게 측정될 수 있는 확률을 주관적 확률이라 하고, 이러한 접근방법을 확률의 주관적 해석이라 한다.

위의 세 가지 확률 개념은 확률을 구하는 대상에 따라 적절하게 이용해야 한다. 그런데 이론적으로 정리될 수 있는 확률 개념은 고전적 의미의 확률과 상대도수에 의한 확률로, 앞으로 제시되는 모든 과정에 대한 확률 개념은 이 두 가지 정의에 의한 확률을 의미한다.

3.4 확률

Introduction to **Statistics,** ch. three

확률(Probability)의 개념은 앞에서 설명한 바와 같이 세 가지가 있는데, 수학적 모형에 의한 확률은 이 중 고전적 의미의 확률, 즉 객관화된 확률의 정의를 따른다고 할 수 있다. 예를 들면 표본공간 Ω의 부분집합인 사건 E의 확률은 표본공간의 원소 개수에 대한 사건 E의 원소 개수의 비율로, 확률을 $P(E)$라고 할 때

$$P(E) = \frac{n(E)}{n(\Omega)}$$

여기에서 $n(\cdot)$은 집합 $\cdot$에 있는 원소의 수이다.

와 같이 정의한다.

예 3-12

주사위 1개를 던지는 실험에서 사건 E를 윗면이 짝수인 사건이라고 정의할 때 사건 E의 확률은 다음과 같이 정의한다.

$$\Omega = \{1, 2, 3, 4, 5, 6\}$$
$$E = \{2, 4, 6\}$$
$$P(E) = \frac{n(E)}{n(\Omega)} = \frac{3}{6} = \frac{1}{2}$$

이를 벤다이어그램(Venn diagram)을 이용해 표현하면 다음과 같다.

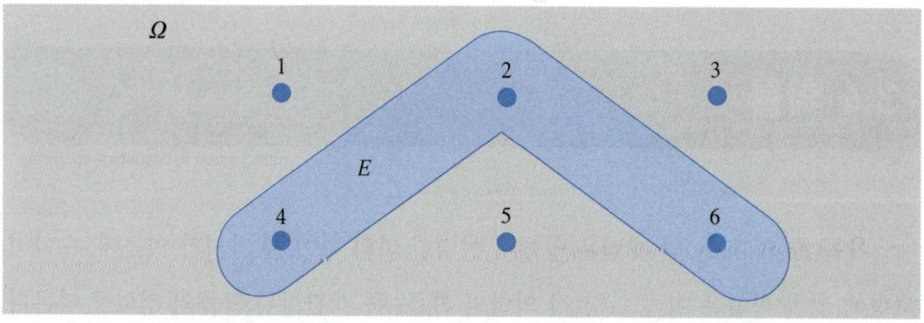

이러한 고전적 의미의 확률 개념에 대해 상대도수에 의한 확률의 정의로 접근하면 "주사위를 무한히 반복해서 던질 때 윗면이 짝수인 경우는 전체 시행횟수의 $\frac{1}{2}$에 가깝게 될 것이다"이며, 이를 수학적으로 표현하면 다음과 같다.

$$P(E) = \lim_{n \to \infty} \frac{n\text{번 시행에서 } E\text{의 원소가 나타난 횟수}}{n(\text{시행횟수})}$$
$$= \frac{n(E)}{n(\Omega)}$$

모든 확률값은 다음과 같은 세 가지 조건을 만족하며, 이 세 가지 조건을 **확률의 공리**라 한다.

확률의 공리(axioms of probability)

확률실험에서 Ω를 표본공간, E를 사건, ϕ를 공집합이라 할 때 $E \subset \Omega$, $\phi \subset \Omega$이며, 확률은 항상 다음 조건을 만족한다.

1. $0 \le P(E) \le 1$
2. $P(\Omega) = 1$, $P(\phi) = 0$
3. 모든 $i \ne j$에 대해 $E_i \cap E_j = \phi$이면, 즉 모든 $i \ne j$, $i, j = 1, 2, \cdots$에 대해 E_i와 E_j가 상호배반사건이면

$$P\left(\bigcup_{i=1}^{\infty} E_i\right) = P(E_1) + P(E_2) + \cdots$$
$$= \sum_{i=1}^{\infty} P(E_i)$$

이다.

〈공리 1〉은 모든 사건의 확률이 0과 1 사이에 존재한다는 것을 의미하고, 〈공리 2〉는 확률의 정의에 의해

$$P(\Omega) = \frac{\Omega\text{의 원소 수}}{\Omega\text{의 원소 수}} = 1$$
$$P(\phi) = \frac{\phi\text{의 원소 수}}{\Omega\text{의 원소 수}} = \frac{0}{\Omega\text{의 원소 수}} = 0$$

이 되는 것을 의미한다. 〈공리 3〉은 서로 배반인 사건들의 열 $\{E_1, E_2, E_3, \cdots\cdots\}$에서 합집합으로 이루어진 사건 $\bigcup_{i=1}^{\infty} E_i$의 확률 $P\left(\bigcup_{i=1}^{\infty} E_i\right)$는 개별 사건 확률의 합 $\sum_{i=1}^{\infty} P(E_i)$와 같다는 것을 의미한다.

예 3-13

주사위 1개를 던지는 실험에서 사건 A, B, C를

A : 눈금이 짝수인 사건

B : 눈금이 1 또는 3인 사건

C : 눈금이 1 또는 2인 사건

이라고 할 때 A, B, C는

$$A = \{2, 4, 6\}$$
$$B = \{1, 3\}$$
$$C = \{1, 2\}$$

가 되며, 확률의 정의에 의해

$$P(A) = \frac{3}{6} = \frac{1}{2}$$
$$P(B) = \frac{2}{6} = \frac{1}{3}$$
$$P(C) = \frac{2}{6} = \frac{1}{3}$$

이다.

세 사건 A, B, C에서 $A \cap B = \phi$이므로 A와 B는 상호배반이나 $A \cap C = \{2\}$, $B \cap C = \{1\}$이 되어 A와 C, 그리고 B와 C는 상호배반이 아니다. 따라서

$$\begin{aligned} P(A \cup B) &= P(\{1, 2, 3, 4, 6\}) = \frac{5}{6} \\ &= P(A) + P(B) \end{aligned}$$

가 되나

$$\begin{aligned} P(A \cup C) &= P(\{1, 2, 4, 6\}) = \frac{4}{6} = \frac{2}{3} \\ &\neq P(A) + P(C) = \frac{5}{6} \\ P(B \cup C) &= P(\{1, 2, 3\}) = \frac{3}{6} = \frac{1}{2} \\ &= P(B) + P(C) = \frac{2}{3} \end{aligned}$$

이다.

각 사건에 대한 확률은 기본적으로 앞의 세 공리에 의해 구할 수 있으며, 이를 이용해 다음과 같은 확률의 정리를 증명할 수 있다.

정리 3-1

E와 F를 표본공간 Ω에서의 사건이라 할 때, 다음이 성립한다.

(1) $P(E^c) = 1 - P(E)$

(2) $E \subset F$이면, $P(E) \leq P(F)$

(3) $P(E \cup F) = P(E) + P(F) - P(EF)$

[증명] ☞ 〈부록 Ⅳ〉

예 3-14

동전 세 개를 동시에 던지는 실험에서 세 사건 E, F, G를 각각 다음과 같이 정의할 때

E : 첫째 동전이 앞면이 나타나는 사건

F : 셋째 동전이 뒷면이 나타나는 사건

G : 세 동전 모두 앞면이 나타나는 사건

표본공간 Ω와 E, F, G는 다음과 같다.

$$\Omega = \{HHH, HHT, HTH, THH, HTT, THT, TTH, TTT\}$$
$$E = \{HHH, HHT, HTH, HTT\}$$
$$F = \{HHT, HTT, THT, TTT\}$$
$$G = \{HHH\}$$

여기에서

$$P(E) = P(F) = \frac{4}{8} = \frac{1}{2}\text{이고, } P(G) = \frac{1}{8}\text{이며,}$$
$$P(E \cap F) = P(\{HHT, HTT\}) = \frac{2}{8} = \frac{1}{4}$$

임을 알 수 있다.

$$P(E^C) = 1 - P(E) = \frac{1}{2}$$

또는

$$P(E^C) = P(\{THH, THT, TTH, TTT\}) = \frac{4}{8} = \frac{1}{2}$$

이며,

$$P(E \cup F) = P(E) + P(F) - P(EF)$$
$$= \frac{1}{2} + \frac{1}{2} - \frac{1}{4} = \frac{3}{4} \text{이다.}$$

3.5 조건부 확률과 독립성

Introduction to **Statistics,** ch. three

남학생 여학생

앞의 절에서는 각 사건의 확률과 사건들의 합사건, 곱사건, 여사건 등에 대한 확률 계산에 대해 알아보았다. 그러나 실험에서 유용한 정보가 주어진다면 주어진 정보를 이용해 그 정보가 주어진 조건하에서의 확률을 계산하는 것이 합리적인 경우가 있다. 예를 들어 남학생 50명과 여학생 50명이 있는 학급에서 [표 3-1]에 주어진 것과 같이 안경을 끼고 있는 학생이 남학생은 10명, 여학생은 20명이라고 하자.

표 3-1 학생 100명의 분포

성별 \ 안경	착용	미착용	계
남	10	40	50
여	20	30	50
계	30	70	100

임의로 한 명을 선택할 때 이 학생이 안경을 끼고 있을 확률은 $\frac{30}{100} = \frac{3}{10}$이다. 그러나 선택된 학생이 남학생이라는 사실을 사전에 알고 있다면 이 학생이 안경을 끼고 있을 확률은 $\frac{10}{50} = \frac{1}{5}$이라고 하는 것이 타당할 것이다. 조건부 확률이란 이와 같이 실험에서 사전정보를 확률 계산에 이용하는 방법이다.

조건부 확률(conditional probability)

사건 A가 주어졌을 때 사건 B의 조건부 확률은 $P(A) \neq 0$이라는 전제하에서 다음과 같이 정의한다.

$$P(B \mid A) = \frac{P(AB)}{P(A)}$$

사건 A와 B를 벤다이어그램으로 그리면

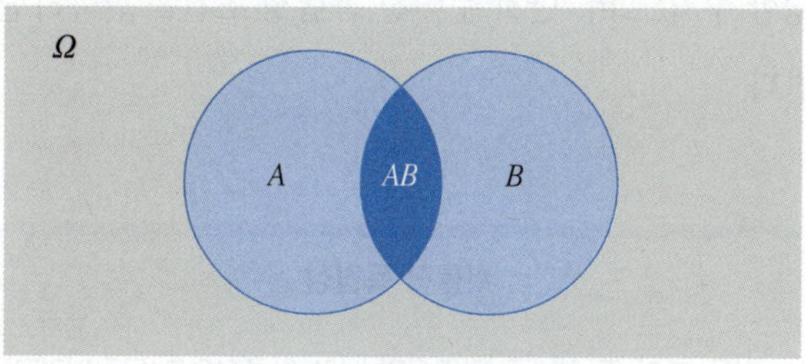

이 되므로

$$P(B \mid A) = \frac{P(AB)}{P(A)}$$

는 사건 A의 크기에 대한 곱사건 AB의 크기의 비율이라고 할 수 있다. 즉, $P(B \mid A)$는 실험에서 나타나는 결과를 A에 한정할 때 사건 B가 나타날 가능성을 측정하는 것이다.

예 3-15

[표 3-1]에서 M을 남학생 집합, F를 여학생 집합, 그리고 G를 안경을 낀 학생 집합이라고 정의하자. 한 학생을 선택했을 때 그 학생이 안경을 끼고 있다는 조건하에서 그 학생이 여학생일 확률은

$$P(F \mid G) = \frac{P(GF)}{P(G)} = \frac{20/100}{30/100} = \frac{20}{30} = \frac{2}{3}$$

이고, 그 학생이 남학생일 확률은

$$P(M \mid G) = \frac{P(MG)}{P(G)} = \frac{10}{30} = \frac{1}{3}$$

이다. 안경을 낀 학생은 모두 남학생이거나 여학생이므로

$$P(F \mid G) + P(M \mid G) = \frac{2}{3} + \frac{1}{3} = 1$$

이다.

두 사건이 있을 때 두 사건이 다음에 주어진 세 조건 중 하나를 만족하면 두 사건은 서로 확률적으로 독립이라고 정의한다. 여기에서 두 사건이 독립이라는 것은 직관적으로 설명할 수 없으며, 단지 주어진 독립성 조건을 만족하면 확률적으로 독립이라고 정의한다.

확률적 독립성

두 사건 A, B가 다음 조건 중 하나를 만족하면 서로 확률적으로 독립이라고 한다.

1. $P(AB) = P(A) \cdot P(B)$
2. $P(A \mid B) = P(A)$
3. $P(B \mid A) = P(B)$

실험에서 두 사건이 정의될 때 두 사건이 서로 확률적으로 독립인가를 판단하기 위해서는 위의 세 조건 중 하나를 만족하는가를 보면 된다. 위의 세 조건은 사실상 동일한 조건의 다른 표현일 뿐이다.

조건 1은 '두 사건 A, B의 교집합 확률이 각 사건의 확률의 곱과 같은 경우에 한해 두 사건 A, B가 서로 독립이다' 라는 의미이고, 조건 2는 '사건 B가 주어졌을 때 사건 A의 조건부 확률은 사건 A의 확률과 같다' 라는 의미인데, 이는 '표본공간에서 차지하는 A의 비율과 사건 B에서 차지하는 AB의 비율이 동일하다' 는 의미이다.

예 3-16

주사위 2개를 던지는 실험에서 표본공간은 다음과 같이 36개의 점으로 이루어진다.

(1, 1)	(1, 2)	(1, 3)	(1, 4)	(1, 5)	(1, 6)
(2, 1)	(2, 2)	(2, 3)	(2, 4)	(2, 5)	(2, 6)
(3, 1)	(3, 2)	(3, 3)	(3, 4)	(3, 5)	(3, 6)
(4, 1)	(4, 2)	(4, 3)	(4, 4)	(4, 5)	(4, 6)
(5, 1)	(5, 2)	(5, 3)	(5, 4)	(5, 5)	(5, 6)
(6, 1)	(6, 2)	(6, 3)	(6, 4)	(6, 5)	(6, 6)

사건 A, B, C를 각각

A = 첫 번째 주사위의 눈금이 1인 사건

B = 두 번째 주사위의 눈금이 2인 사건

C = 두 주사위 눈금의 합이 4인 사건

이라고 할 때 사건 A, B, C가 서로 독립인가를 알아보기로 한다.

$$A = \{(1, 1), (1, 2), (1, 3), (1, 4), (1, 5), (1, 6)\}$$

$$B = \{(1, 2), (2, 2), (3, 2), (4, 2), (5, 2), (6, 2)\}$$

$$C = \{(1, 3), (2, 2), (3, 1)\}$$

이므로

$$AB = \{(1, 2)\}$$

$$AC = \{(1, 3)\}$$

$$BC = \{(2, 2)\}$$

이며, 각 사건의 확률은

$$P(A) = P(B) = \frac{6}{36} = \frac{1}{6}$$

$$P(C) = \frac{3}{36} = \frac{1}{12}$$

$$P(AB) = P(AC) = P(BC) = \frac{1}{36}$$

이다.

$$P(AB) = \frac{1}{36} = \frac{1}{6} \cdot \frac{1}{6} = P(A) \cdot P(B)$$

이므로 조건 1에 의해 사건 A와 B는 서로 독립이고,

$$P(BC) = \frac{1}{36} \neq P(B) \cdot P(C) = \frac{1}{6} \cdot \frac{1}{12} = \frac{1}{72}$$

이므로 사건 B와 C는 서로 독립이 아니다.

두 사건이 서로 독립이라는 조건은 직관적으로 설명할 수 없으며, 단지 앞에 제시된 세 가지 조건 중 하나를 선택해 그 조건을 만족하는가를 계산해 독립성을 증명한다. 즉, 두 사건 A와 B가 왜 독립이 아닌가에 대해 논리적으로 설명할 수 없으며, 단지 '두 사건이 독립성의 조건을 만족하지 않으므로 두 사건은 독립이 아니다' 라고 설명할 수 있을 뿐이다. 이와 같은 독립을 확률적 독립이라고 표현한다.

두 사건이 서로 배반(mutually exclusive)이라는 조건과 두 사건이 서로 독립(mutually independent)이라는 조건은 혼동하기 쉽다. 두 사건 A, B가 서로 배반이라는 조건은 $AB = \phi$을 의미하므로 항상 $P(AB) = 0$이고, 두 사건 A, B가 독립이라는 조건은 $P(AB) = P(A) \cdot P(B)$이다. 따라서 $P(A)$ 또는 $P(B)$가 0이 아닌 한 두 사건이 상호배반이라는 조건과 두 사건이 상호독립이라는 조건은 동시에 만족할 수 없다.

3.6 베이즈 정리

Introduction to **Statistics,** ch. three

확률의 계산에서 한 사건이 일어났을 때 그 사건이 특정 조건하에서 일어났을 확률을 계산하고자 하는 경우가 있다. 예를 들어 한 공장에서 A, B, C 세 사람이 동일한 품목을 생산하며, 총생산량 중 50%는 A, 30%는 B, 20%는 C가 생산하는데, 출고된 제품 중 하나가 불량품으로 반품되어 왔을 때 그 불량품을 A가 생산했을 확률은 얼마인가?의 계산과 같은 경우이다. 만약 과거의 자료에 의해 A의 불량률이 5%, B의 불량률이 10%, C의 불량률이 4%라고 한다면, 반품된 불량품을 A가 생산했을 확률은 다음과 같이 구할 수 있다.

생산된 제품이 불량품일 사건을 D라고 할 때, 이 문제는 조건부 확률 $P(A \mid D)$의 계산으로 설명할 수 있으며, 조건부 확률의 정의에 의해

$$P(A \mid D) = \frac{P(AD)}{P(D)}$$

이다. A, B, C는 그 회사의 모든 제품을 생산하며, 불량품은 A, B, C에 의한 생산품의 일부이므로 이 관계를 벤다이어그램으로 표현하면 다음 그림과 같다.

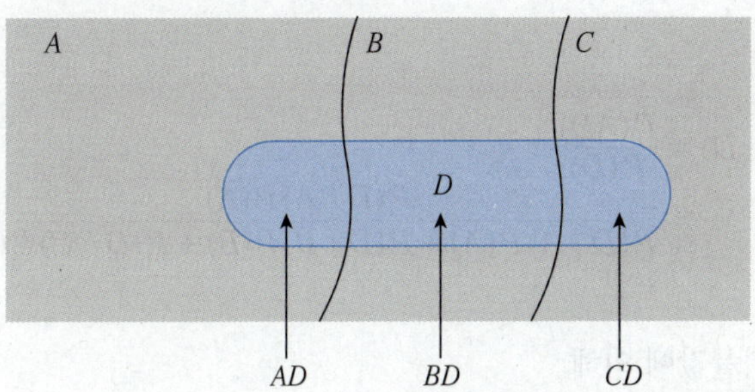

조건부 확률의 정의에 의해

$$P(D \mid A) = \frac{P(AD)}{P(A)}$$

이고, 이에 의해 교집합 AD의 확률은

$$P(AD) = P(D \mid A)P(A)$$

이다. 같은 방법으로 교집합 BD와 CD의 확률은

$$P(BD) = P(D \mid B)P(B)$$
$$P(CD) = P(D \mid C)P(C)$$

와 같다. 벤다이어그램에 의해

$$D = AD \cup BD \cup CD$$

이고, AD, BD, CD는 각각 상호배반임을 알 수 있다. 따라서 확률의 공리에 의해

$$\begin{aligned} P(D) &= P(AD \cup BD \cup CD) \\ &= P(AD) + P(BD) + P(CD) \\ &= P(D \mid A)P(A) + P(D \mid B)P(B) + P(D \mid C)P(C) \end{aligned}$$

가 되어

$$\begin{aligned} P(A \mid D) &= \frac{P(AD)}{P(D)} \\ &= \frac{P(D \mid A)P(A)}{P(D \mid A)P(A) + P(D \mid B)P(B) + P(D \mid C)P(C)} \end{aligned}$$

이다. 주어진 확률값에 의해

$$P(A) = 0.5,\ P(B) = 0.3,\ P(C) = 0.2$$
$$P(D \mid A) = 0.05,\ P(D \mid B) = 0.1,\ P(D \mid C) = 0.04$$

임을 알고 있으므로

$$\begin{aligned} P(A \mid D) &= \frac{0.05 \times 0.5}{0.05 \times 0.5 + 0.1 \times 0.3 + 0.04 \times 0.2} \\ &= \frac{0.025}{0.063} \approx 0.40 \end{aligned}$$

이다. 즉, 앞의 내용과 같은 조건하에서 반품된 불량품을 A가 생산했을 확률은 약 40%이다.

다음은 베이즈 정리의 한 예인데, 베이즈 정리는 아래와 같이 정의할 수 있다.

베이즈 정리(Bayes' theorem)

표본공간 Ω가 K개의 사건 열 $E_1, E_2, \cdots, E_K$에 의해 분할(partition)된다고 한다. 다른 사건 F가 일어났을 때 이 사건이 E_j에서 일어날 확률은 다음과 같이 계산한다.

$$P(E_j \mid F) = \frac{P(FE_j)}{P(F)} = \frac{P(FE_j)}{\sum_{i=1}^{k} P(FE_i)}$$

$$= \frac{P(F \mid E_j)P(E_j)}{\sum_{i=1}^{k} P(F \mid E_j)P(E_i)}$$

여기에서 분할(partition)이란 $E_1, E_2, \cdots, E_K$가 상호배반이며, $E_1 \cup E_2 \cup \cdots E_K = \Omega$임을 의미한다. $E_1, E_2, \cdots, E_K$와 F를 벤다이어그램으로 표현하면 다음과 같다.

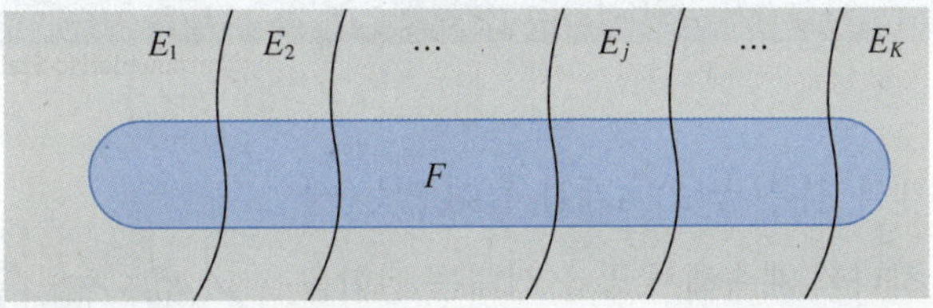

예 3-17

모 대학병원에서 독감의 감염 여부를 측정하기 위해 민감도가 가장 높은 분자진단검사를 실시했다. 임상실험 결과 조사대상자 중 실제로 독감에 감염된 사람의 비율은 10%이고, 독감에 감염되지 않은 사람의 비율은 90%라고 한다. 독감에 감염된 사람 중 분자진단검사 결과 양성(+)으로 나타나는 경우가 95%이고, 독감에 감염되지 않은 사람 중 분자진단검사 결과 양성으로 나타나는 경우가 10%라고 한다. 한 사람에게 분자진단검사를 실시한 결과 양성반응이 나타났다고 할 때 이 사람이 실제로 독감에 감염되었을 확률은 얼마인가?

[풀이]

독감에 감염된 사람의 집단을 E라 할 때 주어진 조건에 의해 다음 확률을 구할 수 있다.

$$P(E) = 0.1 \qquad P(E^c) = 0.9$$

$$P(+ \mid E) = 0.95 \qquad P(+ \mid E^c) = 0.1$$

따라서

$$\begin{aligned} P(E \mid +) &= \frac{P(E+)}{P(+)} = \frac{P(E+)}{P(E+) + P(E^c+)} \\ &= \frac{P(+ \mid E)P(E)}{P(+ \mid E)P(E) + P(+ \mid E^c)P(E^c)} \\ &= \frac{0.95 \times 0.1}{0.95 \times 0.1 + 0.1 \times 0.9} = \frac{0.095}{0.185} = 0.51 \end{aligned}$$

이다. 즉, 위의 조건하에서 분자진단검사 결과 양성인 경우에 실제로 독감에 감염되었을 가능성은 약 51% 정도라고 할 수 있다. 다시 말하면, 위와 같은 확률조건하에서는 분자진단검사 결과 양성반응이 나타난 사람들 중 49%는 실제로 독감에 감염되지 않았다고 볼 수 있다.

3.7 복원추출법과 비복원추출법

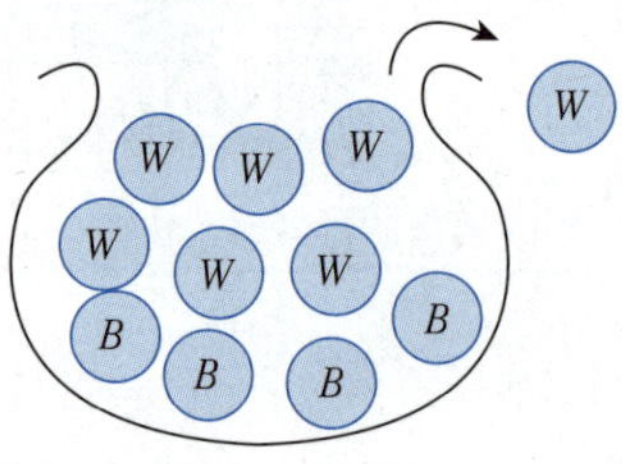

흰 공(W) 6개와 검은 공(B) 4개가 들어 있는 상자에서 한 번에 하나씩 계속해서 공을 꺼내는 실험을 실시하는 방법에는 다음과 같이 두 가지가 있다.

하나는 한 번 꺼냈던 공을 관찰한 후 다시 상자에 넣고 섞은 후 다음 공을 추출하는 방법이고, 다른 방법은 한 번 추출된 공은 다시 상자에 넣지 않고 다음 공을 추출하는 방법이다. 앞의 방법을 **복원추출법**(sampling with replacement)이라 하고, 뒤의 방법을 **비복원추출법**(sampling without replacement)이라 한다. 복원추출법은 각 시행의 사건이 서로

복원추출법과 비복원추출법

표본을 한 번에 하나씩 추출할 때 한 번 추출된 원소를 다음 표본추출 대상에 포함시키는 방법을 복원추출법이라 하고, 한 번 추출된 원소는 다음 표본추출 대상에서 제외시키는 방법을 비복원추출법이라 한다.

독립인 데 비해 비복원추출법에서는 각 시행의 사건이 서로 독립이 아니다.

위의 예와 같은 상태에서 공을 계속해서 2개를 꺼낼 경우 추출방법에 따른 확률은 다음과 같이 구한다.

(1) 복원추출법

처음 꺼낸 공이 흰 공일 확률은 $\frac{6}{10} = \frac{3}{5}$이고, 꺼낸 공을 다시 상자에 넣으므로 두 번째 꺼낸 공이 흰 공일 확률도 또한 $\frac{3}{5}$이다. 따라서 처음 두 공이 모두 흰 공일 확률은

$$
\begin{aligned}
&P(1^{st} = W,\ 2^{nd} = W) \\
&\quad = P(1^{st} = W) \cdot P(2^{nd} = W) = \frac{3}{5} \times \frac{3}{5} = \frac{9}{25}
\end{aligned}
$$

이다.

(2) 비복원추출법

처음 꺼낸 공이 흰 공일 확률은 $\frac{6}{10} = \frac{3}{5}$으로 복원추출법과 같으나 한 번 꺼낸 공은 다시 상자에 넣지 않으므로, 두 번째 시행에서 흰 공이 나올 확률은 처음 추출된 공에 따라서 달라진다. 즉, 처음에 꺼낸 공이 흰 공이라는 전제하에서 두 번째 꺼낸 공이 흰 공일 확률은 상자에 남은 9개의 공 중에서 5개가 흰 공이므로

$$P(2^{nd} = W \mid 1^{st} = W) = \frac{5}{9}$$

이고, 처음 꺼낸 공이 검은 공일 때 두 번째 꺼낸 공이 흰 공일 확률은 상자에 있는 9개의 공 중에서 6개가 흰 공이므로

$$P(2^{nd} = W \mid 1^{st} = B) = \frac{6}{9} = \frac{2}{3}$$

이다. 따라서 두 공 모두 흰 공일 확률은

$$P(1^{st}=W,\ 2^{nd}=W)=P(2^{nd}=W \mid 1^{st}=W)\,P(1^{st}=W)$$
$$=\frac{5}{9}\times\frac{3}{5}=\frac{1}{3}$$

이다.

그러면 비복원추출법에서 두 번째 추출된 공이 흰 공일 확률은 얼마일까? 두 번째 추출에서 흰 공이 추출되는 방법은 (첫 번째 흰 공, 두 번째 흰 공)과 (첫 번째 검은 공, 두 번째 흰 공)의 두 가지 경우의 결합으로 생각할 수 있으며, 두 경우는 상호 배반임을 알 수 있다. 따라서 두 번째 추출된 공이 흰 공일 확률은 위의 두 사건의 확률의 합으로 구할 수 있다. 이를 나무 그림으로 표현하면 아래와 같다.

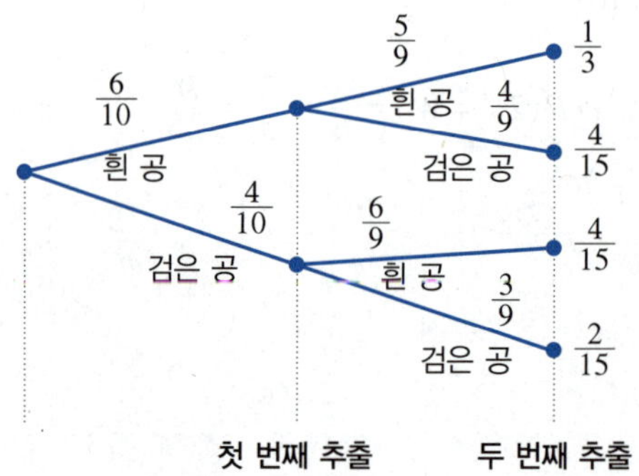

따라서 두 번째에 흰 공이 추출될 확률은

$$P(1^{st}=W,\ 2^{nd}=W)+P(1^{st}=B,\ 2^{nd}=W)$$
$$=\frac{1}{3}+\frac{4}{15}=\frac{9}{15}=\frac{3}{5}$$

이다. 이 확률은 복원추출법에서 두 번째로 추출된 공이 흰 공일 확률과 동일하다.

3.8 확률의 몇 가지 예

앞 절에서는 어떤 사건의 확률을 표본공간의 크기에 대한 그 사건의 크기 비율로 설명했지만 실험에 따라서는 표본공간 및 사건의 정의가 복잡한 경우가 있다. 여기에서는 경우의 수를 이용하는 몇 가지 특수한 확률 계산에 대해 설명한다. 경우의 수를 이용한 확률은 다음의 원리에 의해 구할 수 있다.

경우의 수에 의한 확률 계산 원리

경우의 수에 의한 실험에서 특정 조건을 만족하는 사건이 일어날 확률은 다음과 같이 구한다.

$$\text{확률} = \frac{\text{주어진 조건을 만족하는 경우의 수}}{\text{모든 가능한 경우의 수}}$$

경우의 수에 대한 계산은 **순열**(permutation)과 **조합**(combination)의 개념을 이용한다. 순열과 조합에 대한 개념을 간단히 설명하면 다음과 같다.

순열

n개의 서로 다른 개체가 있을 때 그중 r개를 선택해 일렬로 세우는 방법의 수는 $n!$로 표현하며, 다음과 같이 계산한다.

$${}_nP_r = n(n-1)(n-2)\cdots(n-r+1)$$

특히 n개 모두를 일렬로 세우는 방법의 수는 $n!$로 표현하며, 다음과 같이 계산한다.

$$n! = n(n-1)(n-2)\cdots 3 \cdot 2 \cdot 1$$

예 3-18

A, B, C, D, E 5개의 문자를 일렬로 세우는 방법은

$$5 = 5 \times 4 \times 3 \times 2 \times 1 = 120$$

가지이며, 5개 문자 중 임의로 3개를 추출해 일렬로 세우는 방법은

$$_5P_3 = 5 \times 4 \times 3 = 60$$

가지이다.

조합

n개의 서로 다른 개체 중 임의로 r개를 뽑는 방법의 수는 $_nC_r$ 또는 $\binom{n}{r}$로 표현하며, 다음과 같이 계산한다.

$$\binom{n}{r} = \frac{_nP_r}{r!} = \frac{n(n-1)(n-2)\cdots(n-r+1)}{r!}$$
$$= \frac{n!}{r!(n-r)!} = \binom{n}{n-r}$$

특히 $\binom{n}{0}$, $\binom{n}{n}$은 모두 1이다.

순열과 조합과의 관계는 $\binom{n}{r} = \frac{_nP_r}{r!}$에서 $_nP_r = \binom{n}{r} \times r!$에 의해 설명할 수 있다. $_nP_r$은 n개 중 r개를 추출해 일렬로 세우는 방법이며, 이 값은 n개 중 r개를 임의로 추출해$\binom{n}{r}$, 추출된 r개를 일렬로 세우는 방법 $r!$의 곱으로 $\binom{n}{r} \times r!$과 같다.

예 3-19

A, B, C, D, E 5개의 문자 중에서 3개를 임의로 추출하는 방법의 수는

$$\binom{5}{3} = \frac{_5P_3}{3!} = \frac{5 \times 4 \times 3}{3 \times 2 \times 1}$$
$$= 10$$

이다.

n개의 개체들을 일렬로 세우는 방법은 앞의 순열에서 설명한 바와 같이 $n = n(n-1)\cdots 2 \cdot 1$가지이다. 그러나 n개의 개체들 중에서 동일한 것들이 있으면 그 동일한 개체들 사이의 위치를 바꾸어도 변화가 없으므로 일렬로 세우는 경우의 수가 적어진다. 일례로 네 문자 A, A, B, B를 일렬로 세우는 방법은 $4! = 24$가지가 아니라 $AABB$, $ABAB$, $ABBA$, $BBAA$, $BABA$, $BAAB$ 등과 같이 모두 6가지이다. 이는 $\frac{4!}{2! \times 2!}$과 같이 구한 결과인데, 이와 같이 동일한 개체들이 있는 경우에 일렬로 세우는 경우의 수를 구하는 방법을 **중복순열**이라 한다.

중복순열

n개의 개체들 중 동일한 것이 각각 $n_1, n_2, \cdots, n_k$(단, $n = n_1 + n_2 + \cdots + n_k$)개가 있을 때 n개를 일렬로 세우는 경우의 수는 다음과 같다.

$$\frac{n!}{n_1! \times n_2! \times \cdots n_k!}$$

예 3-20

영어 단어 MISSIPPI에 있는 알파벳을 일렬로 세우는 경우의 수는

$$\frac{8!}{3! \times 2! \times 2! \times 1!} = 1,680$$

가지이다.

다음 예들은 몇 가지 경우의 수를 구하는 문제와 이들 경우의 수를 이용한 확률 계산방법을 설명한다.

예 3-21

다음 각각에 대한 경우의 수를 계산하라.

(a) 5명이 원테이블에 앉는 방법

(b) 5개의 구슬을 한 줄로 된 낚시줄에 끼우는 방법

(c) 5개의 구슬을 원형의 낚시줄에 끼우는 방법

[풀이]

(a) 5명이 원탁에 앉을 때

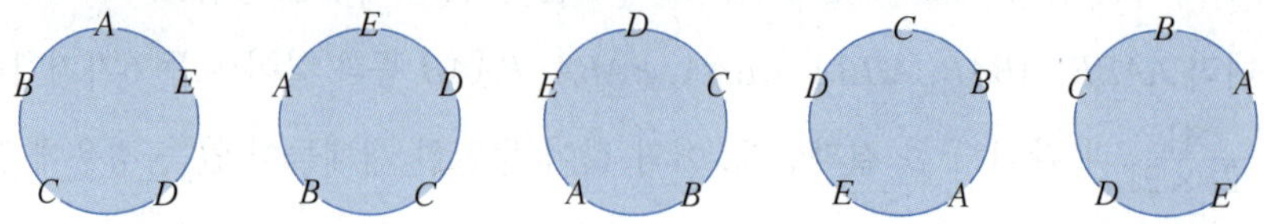

등은 앉은 순서가 $A-B-C-D-E$이므로 모두 동일한 경우로 생각해야 한다. 따라서 5명을 일렬로 세우는 방법은 모두 $5! = 120$가지이다. 그러나 이 5명이 원탁에 앉는 방법에서는 120가지 중 5가지씩이 동일한 순서이므로 5명이 원탁에 앉는 경우의 수는

$$\frac{5!}{5} = 4 = 24$$

이다.

(b) 구슬 5개를 일렬로 나열하는 경우의 수이므로

$$5 = 5 \times 4 \times 3 \times 2 \times 1 = 120$$

이다.

(c) 경우의 수는 문제 (a)의 경우와 같은 내용이지만, 구슬은 앞뒤로 뒤집어도 되므로 경우의 수는 $\frac{24}{2} = 12$가지이다.

예 3-22

4개의 서로 다른 공을 6개의 상자에 넣을 때 다음 조건을 만족하는 경우의 수를 계산하라.

(a) 아무 제약이 없는 경우

(b) 어떤 상자에도 두 개 이상의 공을 넣을 수 없는 경우

(c) 처음 상자에는 반드시 하나의 공을 넣어야 하는 경우

[풀이]

상자 :

공 :

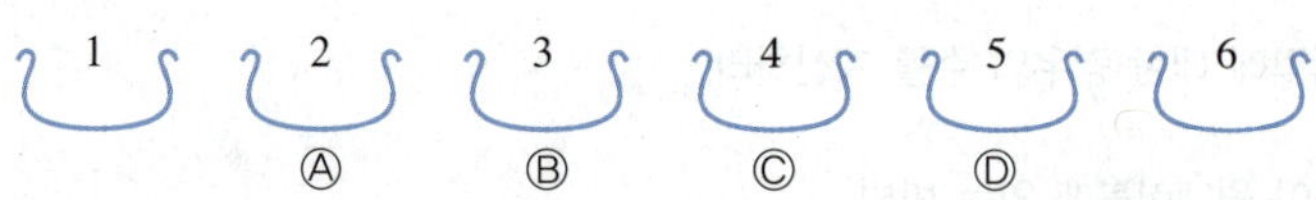

(a) 아무 제약 없이 공을 상자에 넣으므로 공 Ⓐ, Ⓑ, Ⓒ, Ⓓ는 각각 6개 상자 중 어디에든 넣을 수 있으며, 네 개의 공을 넣는 행위는 서로 독립이므로 경우의 수는

$$6 \times 6 \times 6 \times 6 = 6^4$$

이다.

(b) 이 방법은 6개의 상자 중 임의로 4개의 상자를 택한 후 이 4개의 상자 각각에 임의로 공을 한 개씩 넣는 방법이다. 6개의 상자 중 임의로 4개를 선택하는 경우의 수는 $\binom{6}{4}$이고, 이 네 개의 상자에 공을 하나씩 넣는 경우의 수는 4!이므로 조건을 만족하는 경우의 수는

$$\binom{6}{4} \times 4!$$

이다.

(c) 상자 1에는 반드시 하나의 공이 들어가야 되므로 첫 상자에 하나의 공을 넣은 후 나머지 3개의 공을 5개의 상자에 넣는 방법에는 아무 제약이 없다. 따라서 (a)의 방법을 이용해 3개의 공을 아무 제약 없이 5개의 상자에 넣는 경우의 수는 $5 \times 5 \times 5 = 5^3$이며, 첫 상자에 하나의 공을 넣는 방법은 Ⓐ, Ⓑ, Ⓒ, Ⓓ 네 개의 공 중 하나를 넣으므로 $\binom{4}{1} = 4$이다. 따라서 조건을 만족하는 경우의 수는

$$4 \times 5^3$$

이다.

예 3-23

9개의 사무실이 있다. 각각 2개의 사무실을 직접적으로 연결하기 위해 필요한 케이블의 수를 구하라.

[풀이]

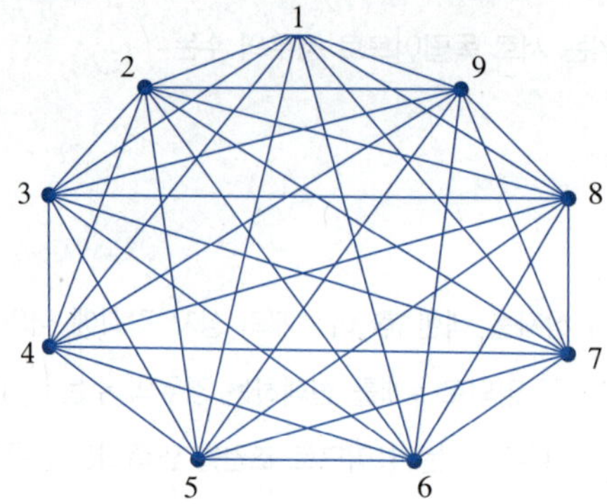

제1사무실 8개

제2사무실 7개

·

·

·

제8사무실 1개

총 $8+7+6+5+4+3+2+1=36$개

위에서는 다양한 상황에서의 경우의 수를 구하는 예를 제시했다. 다음에서는 이와 같은 경우의 수를 이용한 확률 계산을 다음 예들을 이용해 설명한다.

예 3-24

1년을 365일이라 할 때 한 모임에 참석한 6명의 생일이 모두 다를 확률은 얼마인가?

[풀이]

6명의 생일이 365일에 분포될 수 있는 모든 가능한 경우의 수는 〈예 3-22〉의 (a) 방법을 이용해 365^6이다. 6명의 생일이 모두 다른 경우의 수는

$$\binom{365}{6}\times 6 = {}_{365}P_6$$

이다.

따라서 확률 P는 다음과 같다.

$$P = \frac{\text{조건을 만족하는 경우의 수}}{\text{모든 가능한 경우의 수}} = \frac{{}_{365}P_6}{365^6}$$

예 3-25

8개의 잔 중 4개의 잔에는 펩시콜라, 그리고 나머지 4개의 잔에는 코카콜라가 들어 있다. 시음자가 이 중에서 코카콜라로 판단되는 4개의 잔을 선택하는 경우, 다음을 계산하라.

(a) 모든 가능한 경우의 수는 얼마인가?

(b) 시음자가 임의로 잔을 선택했을 경우 최소한 3개의 코카콜라를 정확하게 선택했을 확률은 얼마인가?

[풀이]

(a) 4개씩 동일한 8개의 문자($CCCCPPPP$)를 일렬로 세우는 경우의 수와 같으므로

$$\frac{8!}{4! \times 4!} = \binom{8}{4}$$

이다.

(b) 선택된 4개의 잔이 (3개의 코카콜라 + 1개의 펩시콜라) 또는 (4개 모두 코카콜라)인 경우의 확률이므로

$$P = \frac{\binom{4}{3} \times \binom{4}{1} + \binom{4}{4}}{\binom{8}{4}}$$ 이다.

예 3-26

10명의 노동자와 5명의 사용자가 있는 회사에서 4명으로 구성된 위원회를 만들 때 위원회가 다음과 같이 구성될 확률을 구하라.

(a) 노동자와 사용자가 각각 2명씩인 경우
(b) 각 집단에서 최소한 1명이 참석하는 경우
(c) 노동자 대표와 사용자 대표가 반드시 위원회에 포함되는 경우

[풀이]

모든 가능한 경우의 수는 15명 중 4명을 임의로 뽑는 방법이므로 $\binom{15}{4}$이다.

(a) 노동자와 사용자가 각각 2명씩 선발되는 경우의 수는 $\binom{10}{2} \times \binom{5}{2}$이므로

$$P = \frac{\binom{10}{2} \times \binom{5}{2}}{\binom{15}{4}}$$

이다.

(b) 각 집단에서 최소한 1명이 참석하는 경우의 확률은 1 − (위원회가 한 집단의 대표로만 구성되는 경우의 확률)이므로

$$P = 1 - \left(\frac{\binom{10}{4}}{\binom{15}{4}} + \frac{\binom{5}{4}}{\binom{15}{4}} \right)$$

$$= 1 - \frac{\binom{10}{4} + \binom{5}{4}}{\binom{15}{4}}$$

이다.

(c) 위원회의 구성이 노동자 대표, 사용자 대표, 그리고 나머지 2명은 기타 13명 중 임의로 선택할 수 있으므로 조건을 만족하는 경우의 수는 $\binom{13}{2}$이다. 따라서 확률은

$$P = \frac{\binom{13}{2} \times \binom{2}{2}}{\binom{15}{4}}$$

이다.

연습문제

01. 1에서 10까지의 정수로 이루어진 집합을 S라 할 때,

$$S = \{1, 2, 3, 4, 5, 6, 7, 8, 9, 10\}$$

S의 부분집합 A, B, C를 다음과 같이 정의하기로 한다.

$$A = \{2, 4, 6, 8, 10\}$$
$$B = \{1, 3, 5, 7, 9\}$$
$$C = \{1, 2, 3, 4, 5\}$$

(a) $A \cup C$, $A \cap C$를 구하라.

(b) A^C를 구하라.

(c) 세 부분집합 A, B, C 중 상호배반집합인 쌍을 구하라.

02. 6개의 그리스 문자 $\alpha, \beta, \gamma, \omega, \delta, \varepsilon$로 이루어진 집합을 S라 할 때,

$$S = \{\alpha, \beta, \gamma, \omega, \delta, \varepsilon\}$$

S의 부분집합 A, B, C를 다음과 같이 정의하기로 한다.

$$A = \{\alpha, \beta, \gamma\}$$
$$B = \{\alpha, \gamma, \delta\}$$
$$C = \{\omega, \varepsilon\}$$

(a) $A \cup B$, $A \cap B$, $A \cap C$, $A \cup C$를 구하라.
(b) C^C를 구하라.
(c) $A - B$를 구하라.
(d) 세 부분집합 A, B, C 중 상호배반집합인 쌍을 구하라.

03. 다음 각각의 실험에 대한 표본공간을 정의하라.

(a) 동전 하나를 앞면이 나올 때까지 반복해서 던지는 실험
(b) 50명이 있는 집단에서 담배 피우는 사람의 수를 파악하는 실험
(c) 우리나라 성인을 대상으로 살고 있는 지역구를 조사하는 실험
(d) 중학교 신입생의 체중을 측정하는 실험
(e) 씨름을 하는 두 선수 중 한 선수가 이길 때까지 걸리는 시간을 측정하는 실험
(f) 사격선수가 표적사격을 한 결과를 측정하는 실험(점수는 0, 1, 2, ⋯, 10점까지 임)
(g) 지하수 $1l$에 들어 있는 대장균의 수를 측정하는 실험
(h) 한 생산공장에서 생산된 선풍기 100개 중 불량품의 수를 측정하는 실험

04. 하나의 주사위를 던지는 실험에서 사건 E, F, G를 다음과 같이 정의했을 때,

E : 결과가 6이 아니다.
F : 결과가 짝수이다.
G : 결과가 3 이하이다.

다음 각 경우에 대한 결과들을 구하라.

(a) $E \cap G$ (b) $F \cup G$ (c) $E \cap G^C$
(d) $E \cap F$ (e) $E \cup F$

05. 동전 10원짜리와 100원짜리를 동시에 던지는 실험에서 표본공간 Ω는

$$\Omega = \{hH, hT, tH, tT\}$$

와 같다(표본공간에서 소문자 h, t는 10원짜리의 결과이고, 대문자 H, T는 100원짜리의 결과이다). 영문자 h, H는 앞면, t, T는 뒷면을 의미한다.

(a) 다음 각 사건들에 대한 결과를 구하라.

E : 두 동전 모두 앞면(head)인 사건
F : 적어도 하나의 동전은 앞면인 사건
G : 10원짜리 동전이 앞면인 사건

(b) 위의 (a)에 정의된 사건 E, F, G를 이용해 $E \cap F \cap G$, F^C, $E \cup G$, $E \cap F^C$를 구하라.

06. 바구니에 흰 공이 20개, 빨간 공이 25개, 파란 공이 20개, 노란 공이 25개, 갈색 공이 10개로 총 100개의 공이 담겨져 있다. 이렇게 총 100개의 공에서 임의로 10개의 공을 비복원추출하는 경우, 추출된 10개의 공 중에 빨간 공 2개와 노란 공 1개가 포함될 확률은 얼마인가?

07. 냉장고에 콜라, 사이다가 각각 5개씩 들어 있다. 5명의 어린이가 음료를 하나씩 선택할 경우 콜라가 적어도 2개 선택될 확률과 콜라가 많아야 2개 선택될 확률을 구하라.

08. 와인 맛을 감정하는 사람이 4가지 종류의 와인 A, B, C, D를 맛본 후에 맛의 순서를 부여하는 실험에 대한 다음 질문에 답하라.

(a) 표본공간 Ω를 구하라.
(b) 와인 맛을 감정하는 사람이 감정하는 능력 없이 임의로 순서를 부여할 때 A와인을 최고로 좋다고 순서를 부여할 확률은 얼마인가?
(c) 위 (b)와 같은 조건하에서 B보다는 C가 맛이 좋다고 판단할 확률은 얼마인가?

09. 남자 2명과 여자 2명인 4명의 기술자를 4개의 서로 다른 작업장에 배치하는 실험에서 다음 질문에 답하라.

(a) 표본공간 Ω를 구하라.

(b) 작업배치를 임의로 한다고 할 때 남자 2명이 모두 가장 열악한 작업환경 두 곳에 배치될 확률은 얼마인가?

(c) 가장 열악한 작업환경 두 곳에 남자 한 명과 여자 한 명이 각각 배치될 확률은 얼마인가?

10. 두 바둑선수 A, B가 바둑시합을 다섯 번 하는데, 각각의 선수가 이길 가능성이 동일하다고 한다.

(a) A선수가 3번 이상 이길 확률을 구하라.

(b) 어느 선수든 3번을 먼저 이기면 우승하며, 우승한 선수가 결정되면 경기가 끝난다고 할 때 A선수가 이길 확률은 얼마인가?

11. 주식투자자가 5개의 투자유망 종목 중 임의로 3개의 종목을 선정해 투자한다고 하자. 5개의 종목 중 2개의 종목이 1년 동안 투자이익을 가져다주었고 나머지 3개의 종목은 손해를 가져다주었을 때 투자자가 선택한 3종목 중 투자이익을 가져다준 두 종목이 포함되어 있을 확률을 구하라.

12. 한 퀴즈 게임에서 A가 10명의 최종 경쟁자 중 한 명이라고 한다. 10명의 최종 경쟁자 중 임의로 3명을 선발해 1등, 2등, 3등 상을 수여한다고 할 때 A가 상을 받을 확률은 얼마인가?

13. 세 사람 A, B, C가 가위, 바위, 보를 하는 게임에서 한 사람이 두 사람을 이기든지 (예를 들어 A가 바위를 낼 때 B와 C가 모두 가위를 내면 A가 이긴다) 또는 두 사람이 한 사람을 이기면(예를 들어 A가 바위를 낼 때 B와 C가 모두 보를 내면 A가 진다) 게임이 끝난다고 할 때, 다음 확률을 구하라.

(a) 처음 게임에서 A가 이길 확률

(b) 게임이 두 번만에 끝날 확률

14. 불편동전을 세 번 던지는 실험에서 두 사건 A, B를 다음과 같이 정의할 때, 다음 확률을 구하라.

A : {최소한 하나의 앞면이 나타나는 경우}
B : {앞면의 수가 홀수인 경우}

(a) $P(A)$, $P(B)$, $P(A^C)$
(b) $P(A \cup B)$, $P(A \cap B)$
(c) $P(A \mid B)$, $P(B \mid A)$
(d) $P(A \cup B) = P(A) + P(B) - P(A \cap B)$임을 확인하라.

15. 주사위 두 개를 던지는 실험에서 두 사건 A, B를 다음과 같이 정의할 때, 다음 확률을 구하라.

A : {두 주사위의 합이 짝수인 경우}
B : {첫째 주사위의 값이 4 이하인 경우}

(a) $P(A)$, $P(B)$, $P(B^C)$
(b) $P(A \cup B)$, $P(A \cap B)$
(c) $P(A \mid B)$, $P(B \mid A)$
(d) $P(A \cap B^C)$, $P(A^C \cap B)$

16. 사건 A, B가 서로 독립이고 $P(A) = 0.2$, $P(B) = 0.6$이다. 확률 $P(A \mid B)$, $P(B \mid A)$, $P(A \cap B)$, $P(A \cup B)$를 각각 구하라.

17. 새의 경우 한 특수한 유전인자가 나타날 확률이 10%라고 한다. 임의로 선택한 세 마리의 새를 관측했을 때 세 마리 모두에서 이 유전인자가 나타날 확률은 얼마인가?

18. 두 사람 A, B가 자동차 수리를 하는 정비공장을 이용하는 사람들 중 20%가 정비 결과에 불만을 가지며, 정비공 A가 수리한 경우에는 30% 사람들이 불만을 갖는다고 한다. 이 정비공장의 차량 수리는 A가 40%, B가 60%를 담당한다고 할 때, 다음 확률을 계산하라.

(a) 정비 결과에 불만을 갖는 사람의 자동차를 A가 정비했을 확률

(b) 정비 결과에 만족을 하는 사람의 자동차를 A가 정비했을 확률

19. 거짓말 탐지기 조사에서 피조사자가 성직하게 말히는 경우에는 10%의 양성반응이 나타나고, 거짓말을 하는 경우에는 95%의 양성반응이 나타난다. 한 범죄에 두 사람의 혐의자가 있으며, 두 사람 중 한 사람이 범인이나 두 사람 모두 범행을 부인한다고 할 때 거짓말 탐지기가 전혀 반대로 반응을 나타낼 확률을 구하라.(즉, 범인은 음성반응, 범인이 아닌 사람은 양성반응이 나타날 확률)

20. 땅콩버터에 대해 10%의 사람들이 알레르기 반응을 일으킨다고 한다. 한 식당에서 세 명이 땅콩버터를 먹었다고 할 때 최소한 한 사람이 알레르기 반응을 일으킬 확률을 구하라.

21. 어떤 공장에서 기계 A, B, C는 모두 같은 부품을 생산하는 기계이다. 각 기계가 생산해내는 부품의 불량률은 각각 2%, 1%, 3%이다. 그리고 이 공장의 총 부품들의 생산량 중에서 기계 A가 30%, 기계 B가 20%를, 그리고 기계 C가 50%를 생산한다. 어느 날 부품 중에서 임의로 선택한 부품 하나가 불량품이라고 할 때, 그 부품이 기계 B에 의해 생산된 것일 확률을 구하라.

22. 결핵 항체에 대한 반응검사를 할 경우 결핵에 걸린 사람들 중에서는 90%가 양성반응을 나타내며, 결핵에 걸리지 않은 사람도 10%의 사람이 양성반응을 나타낸다고 한다. 전 국민 중 1%의 사람들이 결핵에 감염되었다고 할 때 결핵 반응검사에서 양성반응을 나타낸 사람이 실제로 결핵에 걸렸을 확률은 얼마인가?

23. 4지 선택형 문제에서 한 학생이 정답을 알고 있을 확률이 0.8이고, 정답을 임의로 선택할 확률이 0.2이며, 정답을 임의로 선택할 때 정답을 맞출 확률이 0.25라고 한다. 그 학생이 정답을 맞추었다고 할 때 정답을 임의로 선택했을 확률은 얼마인가?

24. 한 전기시스템의 안전장치는 다음 그림과 같이 A, B가 병렬로 연결되어 있다.

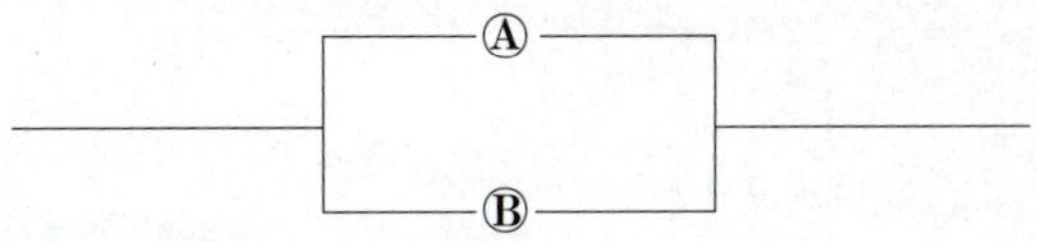

두 개의 안전장치가 연결되어 있을 확률은 A가 90%, B가 95%라고 한다. 두 개의 장치 중 하나만 연결되어 있어도 안전장치는 작동된다고 할 때 이 안전장치가 작동될 확률은 얼마인가?

25. 전체 사망자 중 20%의 사망원인은 위암인 것으로 알려져 있다. 사망한 위암 환자 중 70%가 헬리코박터균 보유자이고, 위암이 아닌 다른 암으로 사망한 사람 중 20%가 헬리코박터균 보유자로 밝혀졌다. 사망자 중 헬리코박터균 보유자의 비율은 얼마인가?

26. 한 학과의 졸업자 50명 중, 사회조사분석사 2급 소지자는 30명이고, 사회조사분석사 2급과 빅데이터분석기사 자격증 모두 있는 사람은 3명이다. 그렇다면 임의로 한 명을 선택했을 때 사회조사분석사 자격증만 소지하고 있는 학생의 확률은 얼마인가?

27. 한 스쿨버스가 정시에 A 정류장에 도착할 확률이 86%이고, 정시에 학교에 도착할 확률은 90%이며, 정시에 정류장과 학교에 도착할 확률은 70%라고 한다. 정시에 A 정류장에 도착했을 때 정시에 학교에 도착할 확률은 얼마인가?

28. 동전과 주사위를 하나씩 동시에 던질 때 동전은 뒷면이 나오고 주사위는 5가 나올 확률은 얼마인가?

INTRODUCTION TO STATISTICS

확률변수와 확률분포

Introduction to **Statistics**
ch. four

4

제 3장에서는 확률의 기본적인 개념에 대해 설명했다. 여기에서 확률이란 특정 사건이 일어날 가능성의 척도라고 정의했다. 따라서 특정 사건에 대해 실수값을 갖는 변수를 정의하면 특정 사건이 일어날 확률은 그 변수가 특정 값을 가질 확률로 표현될 수 있다. 이와 같이 특정 값이 나타날 가능성이 확률적으로 주어지는 변수를 확률변수라 한다. 본 장에서는 확률변수의 정의와 종류, 그리고 확률변수의 분포 형태와 이를 이용하는 평균과 분산의 계산 등에 대해 설명한다.

4.1 확률변수

Introduction to **Statistics,** ch. four

수의 개념은 상수(constant)와 변수(variable)로 구분할 수 있다. 상수란 1, 2, 3, … 등과 같이 정해진 특정 숫자값을 말하며, 변수란 어떤 숫자값을 가질 수 있는 것으로 X, Y 등과 같이 문자로 표현한다. 이를테면 식 $Y = X + 5$에서 X, Y가 변수인데, $X = 3$인 경우 $Y = 8$이 되고, $Y = 10$인 경우 $X = 5$가 된다. 즉, 변수 X와 Y 사이에는 Y가 X보다 5만큼 큰 관계를 갖는 것으로, X와 Y는 이 조건을 만족하는 모든 실수값을 가질 수 있다.

특히 **확률변수**(random variable)는 이러한 변수가 특정 값을 가질 가능성이 확률적으로 주어진 것이다. 확률은 제3장에서 설명한 바와 같이 실험에서 표본공간 상의 실현치에 정의되므로 확률변수는 다음과 같이 정의할 수 있다.

확률변수

확률변수란 실험의 표본공간으로부터 실수값으로의 변환함수이다. 따라서 확률변수가 특정 실수값을 가질 확률은 표본공간의 원소에 대한 확률로부터 유도된다.

예 4-1

동전 2개를 던지는 실험에서 표본공간은 다음과 같다.

$$\Omega = \{HH, HT, TH, TT\}$$

이 실험에서 각각의 원소들이 나타날 확률은 $\frac{1}{4}$이며, 확률변수 X를 'X = 앞면의 수'로 정의할 때 X의 가능한 값은

$$X\{HH\} = 2$$
$$X\{HT, TH\} = 1$$
$$X\{TT\} = 0$$

이므로 X의 각 값에 대한 확률은

$$P_r(X=2)=\frac{1}{4}$$
$$P_r(X=1)=\frac{1}{2}$$
$$P_r(X=0)=\frac{1}{4}$$

과 같이 구할 수 있다.

확률변수를 수학의 함수 개념으로 설명하면, '확률변수란 정의역(domain)이 표본공간이고 치역(range)이 실수값인 함수이다' 라고 할 수 있다. 따라서 확률변수 X는

$$X:\Omega \rightarrow R$$

으로 표현할 수 있으며, 〈예 4-1〉의 결과를 그림으로 표현하면 다음과 같다.

그림 4-1 표본공간의 원소와 확률변수

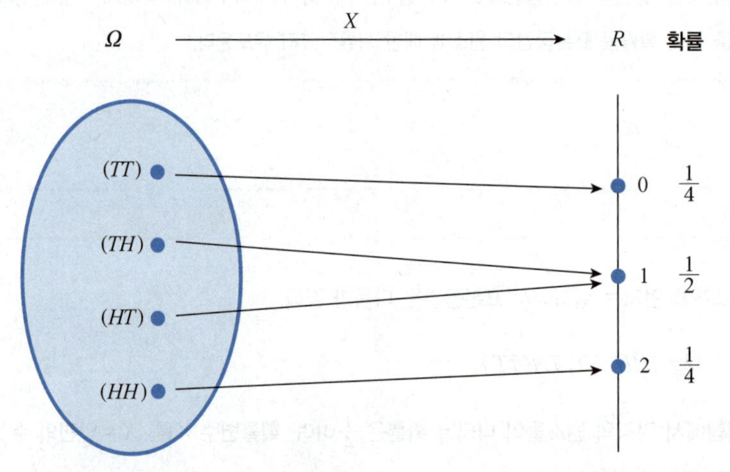

확률변수가 가질 수 있는 값의 영역은 모든 실수값이며, 특정 값에 대한 확률을 정리한 표를 확률분포표라 한다.

예 4-2

동전 3개를 던지는 실험에서 확률변수 X를 '$X \equiv$ 앞면의 수'라고 정의할 때 X의 확률분포표를 구하라.

[풀이]

동전 3개를 던지는 실험에서 표본공간은

$$\Omega = \{HHH, HHT, HTH, THH, HTT, THT, TTH, TTT\}$$

이므로 X의 가능한 값은 0, 1, 2, 3임을 알 수 있다.

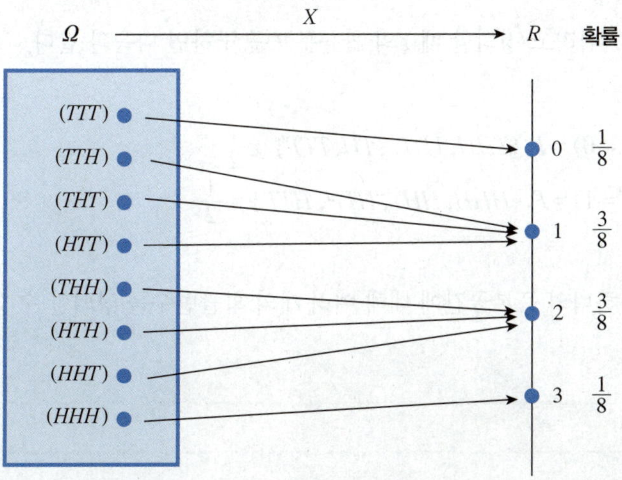

Ω는 8개의 원소로 되어 있으므로 각 원소의 확률은 $\frac{1}{8}$이다. 따라서 X의 각 값에 대한 확률은 다음과 같다.

$$P_r(X=0) = P_r\{TTT\} = \frac{1}{8}$$
$$P_r(X=1) = P_r\{TTH, THT, HTT\} = \frac{3}{8}$$
$$P_r(X=2) = P_r\{HHT, HTH, THH\} = \frac{3}{8}$$
$$P_r(X=3) = P_r\{HHH\} = \frac{1}{8}$$

X의 확률분포표

X	확률
0	1/8
1	3/8
2	3/8
3	1/8
합	1

확률변수 X는 정의에 의해 0, 1, 2, 3 이외의 실수값을 가질 수 없으므로 X의 확률분포에서 0, 1, 2, 3 이외의 값에 대한 확률은 0이다.

〈예 4-2〉의 실험에서 확률변수 Y를 '첫 동전이 앞면이면 $Y = 1$', '첫 동전이 뒷면이면 $Y = 0$' 이라고 정의할 때 Y의 확률분포를 구하면 다음과 같다.

$$P_r(Y=0) = P_r\{THH, THT, TTH, TTT\} = \frac{1}{2}$$
$$P_r(Y=1) = P_r\{HHH, HHT, HTH, HTT\} = \frac{1}{2}$$

이와 같이 하나의 표본공간에 대해 여러 개의 확률변수를 정의할 수 있다.

예 4-3

두 개의 주사위를 던지는 실험에서 확률변수 X를 'X = 두 주사위 눈금의 합' 이라고 정의할 때 X의 확률분포를 구하라.

[풀이]

두 개의 주사위를 던지는 실험에서 표본공간은 다음과 같이 36개의 원소로 이루어지며, 따라서 각 원소가 발생될 확률은 $\frac{1}{36}$이다.

첫째 주사위 \ 둘째 주사위	1	2	3	4	5	6
1	(1, 1)	(1, 2)	(1, 3)	(1, 4)	(1, 5)	(1, 6)
2	(2, 1)	(2, 2)	(2, 3)	(2, 4)	(2, 5)	(2, 6)
3	(3, 1)	(3, 2)	(3, 3)	(3, 4)	(3, 5)	(3, 6)
4	(4, 1)	(4, 2)	(4, 3)	(4, 4)	(4, 5)	(4, 6)
5	(5, 1)	(5, 2)	(5, 3)	(5, 4)	(5, 5)	(5, 6)
6	(6, 1)	(6, 2)	(6, 3)	(6, 4)	(6, 5)	(6, 6)

X의 가능한 값은 2, 3, 4, 5, 6, 7, 8, 9, 10, 11, 12이며, 앞의 표본공간에 의해 X의 각 값에 대한 확률이 다음과 같음을 알 수 있다.

X	2	3	4	5	6	7	8	9	10	11	12	합
확률	$\frac{1}{36}$	$\frac{2}{36}$	$\frac{3}{36}$	$\frac{4}{36}$	$\frac{5}{36}$	$\frac{6}{36}$	$\frac{5}{36}$	$\frac{4}{36}$	$\frac{3}{36}$	$\frac{2}{36}$	$\frac{1}{36}$	1

〈예 4-3〉의 실험에서 확률변수 Y를 'Y = 첫 번째 주사위 눈금 − 두 번째 주사위 눈금'이라고 정의할 때 Y의 가능한 값은 −5, −4, −3, −2, −1, 0, 1, 2, 3, 4, 5이며, Y의 각 값에 대한 확률은 다음과 같다.

Y	−5	−4	−3	−2	−1	0	1	2	3	4	5	합
확률	$\frac{1}{36}$	$\frac{2}{36}$	$\frac{3}{36}$	$\frac{4}{36}$	$\frac{5}{36}$	$\frac{6}{36}$	$\frac{5}{36}$	$\frac{4}{36}$	$\frac{3}{36}$	$\frac{2}{36}$	$\frac{1}{36}$	1

즉, X와 Y는 동일한 실험으로부터 정의된 서로 다른 확률변수지만 확률분포의 모양은 동일하다. 확률분포는 그림으로 표현할 수 있는데, Y의 확률분포 그림은 다음과 같다.

그림 4-2 Y의 확률분포 그림

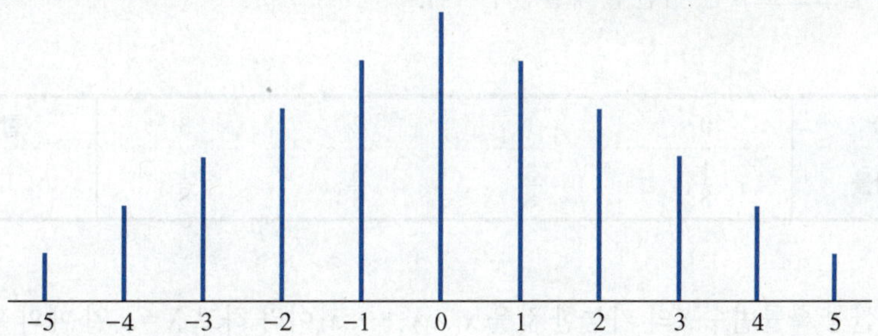

4.2 이산형 확률변수

확률변수의 정의에 의해 확률변수는 실수값에서 0이 아닌 확률을 가질 수 있다. 이러한 확률변수는 0이 아닌 확률을 갖는 실수값의 형태에 따라 **이산형 확률변수**(discrete random variable)와 **연속형 확률변수**(continuous random variable)로 구분된다.

여기에서 이산형 확률변수는 셀 수 있는 이산점에서 0이 아닌 확률을 갖는 확률변수이고, 연속형 확률변수는 특정한 실수 구간에서 0이 아닌 확률을 갖는 확률변수이다.

이산형 확률변수

이산형 확률변수란 0이 아닌 확률값을 갖는 실수값이 셀 수 있는 경우를 말한다. 즉, 이산점에서 0이 아닌 확률을 갖는 확률변수를 말한다.

〈예 4-3〉에서 확률변수 X는 2, 3, 4, 5, 6, 7, 8, 9, 10, 11, 12에서 0이 아닌 확률을 가지므로 이산형 확률변수이며, 〈예 4-2〉에서 확률변수 X의 확률분포가 다음과 같으므로 X는 이산형 확률변수이다.

Y	0	1	2	3	합
확률	$\frac{1}{8}$	$\frac{3}{8}$	$\frac{3}{8}$	$\frac{1}{8}$	1

이산형 확률변수 X의 가능한 값을 $x_1, x_2, \cdots, x_n$이라 하고 $X = x_i$일 때의 확률이 P_i라면,

$$P_r(X = x_i) = P_i,\ i = 1, 2, 3, \cdots, n$$

과 같이 표현하고, 다음 확률조건을 항상 만족한다.

이산형 확률변수의 확률조건

1. $0 \le P_i \le 1,\ i = 1, 2, \cdots, n$

   즉, 각 x_i가 나타날 확률은 0과 1 사이의 값을 갖는다.

2. $\sum_{i=1}^{n} P_i = 1$

   즉, 모든 가능한 경우의 확률의 합은 1이다.

이 조건을 확률분포표로 표현하면

X	x_1	x_2	x_3	$\cdots$	x_n	합
P_r	P_1	P_2	P_3	$\cdots$	P_n	1

(모든 $P_i \ge 0,\ i = 1, 2, \cdots, n$)

와 같다. 앞의 〈예 4-1〉 ~ 〈예 4-3〉에서 정의된 확률변수들은 모두 이산형 확률변수들로 앞의 조건을 만족함을 알 수 있다.

확률질량함수

이산형 확률변수는 이산점(discrete points)에서 0이 아닌 확률값을 가지며, 확률은

$$P_r(X = x_i) = P_i,\ i = 1, 2, \cdots, n$$

으로 표현한다. 이와 같이 각 이산점에서 확률의 크기를 표현하는 함수를 **확률질량함수**(probability mass function)라 한다.

4.3 연속형 확률변수

Introduction to **Statistics,** ch. four

연속형 확률변수는 사람 키의 분포라든가 대기질에 포함된 미세먼지 농도의 양, 그리고 새로 만들어진 전구가 수명이 다할 때까지 걸리는 시간 등 어느 지정된 구간에 있는 실수값 모두가 나타날 가능성이 있는 경우에 대해 정의된 확률변수이

다. 예를 들면 사람의 키는 10 ~ 220cm 사이에 분포되어 있고, 새로 만들어진 전구의 수명은 (0, ∞)시간 사이에 분포되어 있다.

연속형 확률변수

연속형 확률변수란 가능한 값이 실수의 어느 특정 구간 전체에 해당하는 확률변수를 말한다. 즉, 특정 실수 구간에서 0이 아닌 확률을 갖는 확률변수이다.

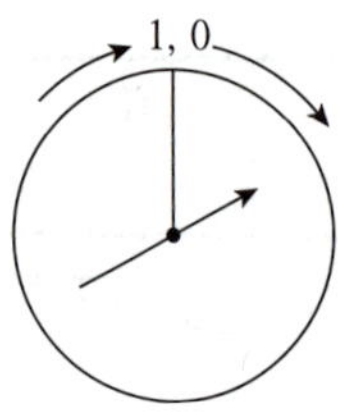

예를 들어 0에서 1까지의 눈금을 표시한 둥근 원판에 화살을 던져 이 화살이 맞는 눈금의 위치를 관측하는 실험을 생각해 보자. 이 화살이 맞는 위치는 구간 [0, 1] 사이에 있을 것이며, 화살을 랜덤하게 던지면 이 화살이 맞는 위치는 구간 [0, 1] 안에서 모두 동일한 가능성을 가질 것이다. 화살이 맞는 눈금의 위치를 확률변수 X라 할 때 X는 구간 [0, 1] 사이에 나타날 가능성이 동일하므로, X의 확률분포는 다음과 같이 표현할 수 있다.

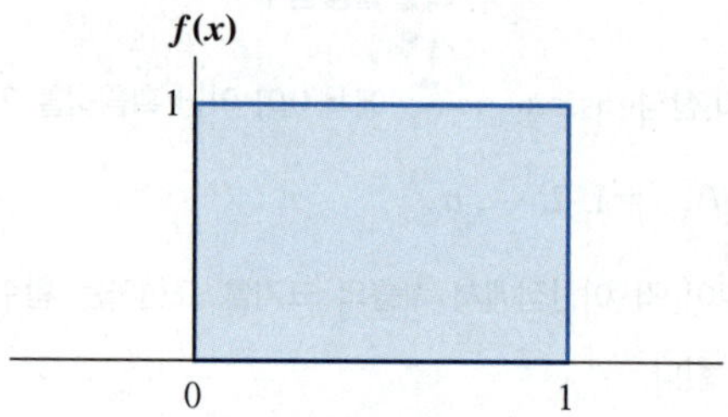

X의 확률분포

이산형 확률변수는 이산점에서 0이 아닌 확률을 가지므로 각 이산점에 대한 확률분포표를 구할 수 있으나, 연속형 확률변수는 특정한 실수 구간 내에서 0이 아닌 확률을 가지므로 이 구간에 대한 확률은 함수의 형태로 표현한다. 연속형 확률변수 X의 확률함수를 $f(x)$라 할 때 $f(x)$는 **확률밀도함수**(probability density function ; *p. d. f*)라 부르며, 다음 조건을 만족한다.

확률밀도함수의 조건

1. 모든 X값에 대해 $f(x) \geq 0$이다. 즉, X의 모든 실수값에 대해 확률밀도함수는 0 이상이다.
2. X의 모든 가능한 값의 확률은 적분 $\int_{-\infty}^{\infty} f(x)\,dx$으로 구하며, 이 값은 항상 1이다.
3. 구간 (a, b)의 확률은 $\int_a^b f(x)\,dx$이다. 즉, 구간 (a, b)에 대한 X의 확률은 그 구간에서 확률밀도함수 $f(x)$로 만들어지는 면적의 크기이다.

연속형 확률변수의 확률은 확률밀도함수 $f(x)$로 표현되는데, 이를 그림으로 표현하면 [그림 4-3]과 같다.

그림 4-3 연속형 확률변수의 확률분포

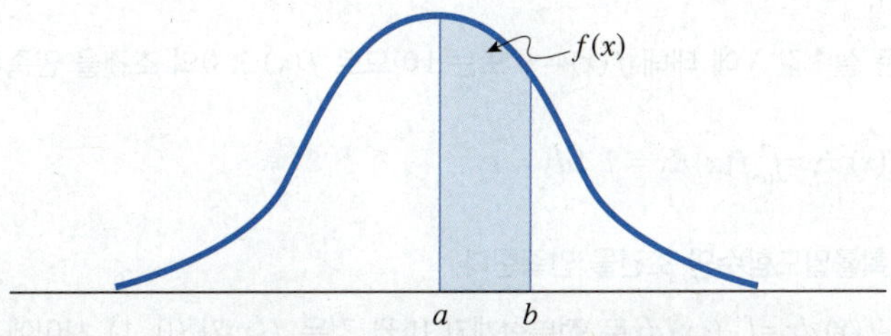

연속형 확률변수의 확률은 확률밀도함수 $f(x)$에 의해 구해진다. 즉, 모든 X의 실수값 x에 대해 $f(x) \geq 0$이고, X의 모든 실수값에 대한 확률은 $\int_{-\infty}^{\infty} f(x)\,dx = 1$이며, 특정 구간$(a, b)$에 대한 확률은 $\int_a^b f(x)\,dx$이다. 연속형 확률변수에서 특정 값이 나타날 확률은 얼마인가? 위의 조건 3에서 $X = a$의 확률은 $\int_a^a f(x)\,dx = 0$이다. 즉, 연속형 확률변수에서 특정 값이 나타날 확률은 0이다. 이는 전구 수명의 분포에서 전구의 수명이 정확하게 특정 시간, 이를테면 정확하게 10시간인 경우는 관찰하는 것이 거의 불가능하다는 것을 통해 이해할 수 있다.

예 4-4

확률변수 X가 0과 1 사이에서 균등한 분포를 가질 때 X의 확률밀도함수는

$$f(x) = \begin{cases} 1, & 0 \le x \le 1 \\ 0, & \text{다른 곳에서} \end{cases}$$

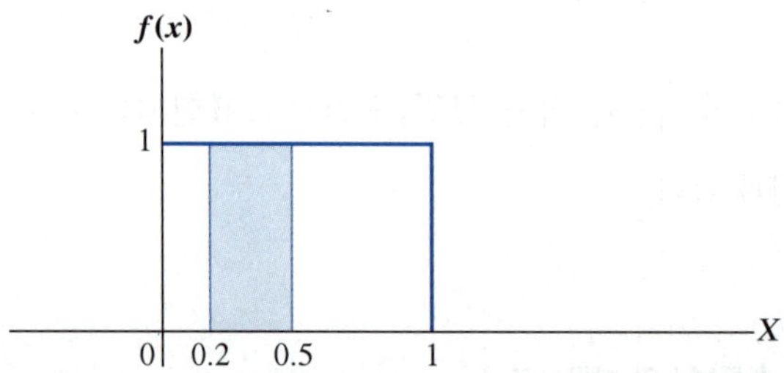

와 같이 표현한다.

여기에서 모든 실수값 X에 대해 $f(x) = 0$ 또는 1이므로 $f(x) \ge 0$의 조건을 만족하며,

$$\int_{-\infty}^{\infty} f(x)\,dx = \int_0^1 f(x)\,dx = \int_0^1 1dx = 1$$

이 되어 $f(x)$는 확률밀도함수의 조건을 만족한다.

적분에서 $\int_{-\infty}^{\infty} f(x)\,dx = \int_0^1 f(x)\,dx$로 적분한계가 바뀐 것은 $f(x)$가 (0, 1) 사이에서는 1이며, 기타 영역 $(-\infty, 0)$과 $(1, \infty)$에서는 0이기 때문이다. 이 확률분포에서 X가 0.2에서 0.5 사이의 값을 가질 확률은

$$P_r(0.2 \le X \le 0.5) = \int_{0.2}^{0.5} f(x)\,dx = \int_{0.2}^{0.5} 1dx = 0.3$$

이다.

예 4-5

확률변수 X의 확률밀도함수가 다음과 같을 때

$$f(x) = \begin{cases} e^{-x}, & x \ge 0 \\ 0, & x < 0 \end{cases}$$

$f(x)$를 그림으로 표현하면 다음 그림과 같다.

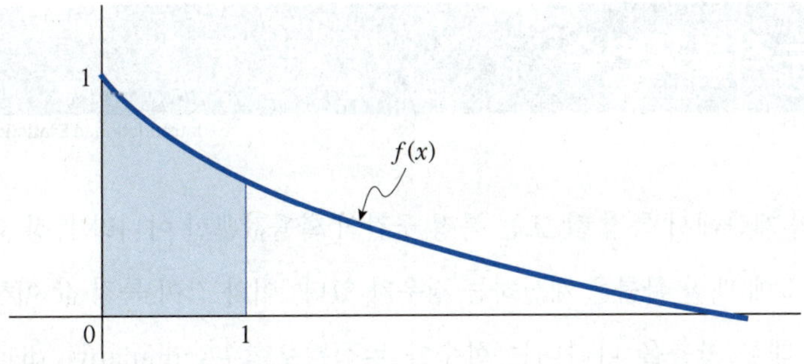

모든 x에 대해 $f(x) \geq 0$이고,

$$\int_{-\infty}^{\infty} f(x)\,dx = \int_0^{\infty} f(x)\,dx = \int_0^{\infty} e^{-x}dx = [-e^{-x}]_0^{\infty} = 1$$

이 되어 $f(x)$가 확률밀도함수의 조건을 만족함을 알 수 있다. 이 확률분포에서 0에서 1 사이의 확률은

$$P_r(0 \leq X \leq 1) = \int_0^1 f(x)\,dx = \int_0^1 e^{-x}dx = [-e^{-x}]_0^1 = 1 - e^{-1}$$

이다.

예 4-6

확률변수 X가 다음과 같은 확률밀도함수를 가질 때 상수 c를 구하라.

$$f(x) = \begin{cases} cx, & 0 \leq x \leq 3 \\ 0, & \text{다른 곳에서} \end{cases}$$

[풀이]

$$\int_{-\infty}^{\infty} f(x)\,dx = \int_0^3 f(x)\,dx = \int_0^3 cxdx = 1$$

이 되어야 하므로 $\left[\frac{1}{2}cx^2\right]_0^3 = 1 = 1$에서 $c = \frac{2}{9}$이다.

4.4 누적분포변수

Introduction to **Statistics,** ch. four

확률의 계산에서 특정 값 또는 특정 구간의 확률값뿐만 아니라 특정 값 이하의 모든 실수값에 대한 확률을 계산하는 경우가 있다. 이와 같이 특정 값 이하의 모든 실수값에 대한 확률을 나타내는 함수를 **누적분포함수**(cumulative distribution function ; $c.d.f$)라 하며, $F(a)$로 표현하고, 다음과 같은 관계식이 주어진다.

$$F(a) \equiv P_r(X \le a)$$

누적분포함수 $F_X(a)$에서 아래첨자 X는 확률변수 X에 대한 $c.d.f$임을 의미한다. 일반적으로 $c.d.f$를 구하는 확률변수에 대해 알고 있으므로 $c.d.f$는 X를 생략하고 $F(a)$로 표현한다.

누적분포함수

누적분포함수는 특정 값 a에 대해 확률변수 X가 $X \le a$인 모든 경우의 확률의 합으로,

$$P_r(X \le a) = F_X(a)$$

로 표현한다. 이산형 확률변수에서는

$$F_X(a) = \sum_{\substack{a \text{ 이하인} \\ \text{모든 } x_i}} P(X = x_i)$$

이고, 연속형 확률변수에서는

$$F_X(a) = \int_{-\infty}^{a} f(x)\,dx$$

이다.

4.4.1 이산형 확률변수의 누적분포함수

이산형 확률변수는 이산점에서 0이 아닌 확률을 가지므로 누적분포함수는 각 이산점에서 도약(jump)하는 계단함수(step function) 형태이다.

예 4-7

동전 3개를 던지는 실험에서 확률변수 X를 '$X \equiv$ 앞면의 수'라 정의할 때 X의 확률분포는 다음과 같다.

X	0	1	2	3	합
확률	$\frac{1}{8}$	$\frac{3}{8}$	$\frac{3}{8}$	$\frac{1}{8}$	1

이 확률분포의 누적분포함수는 다음과 같다.

x	$F(x) = P_r(X \le x)$
$x < 0$	0
$0 \le x < 1$	$\frac{1}{8}$
$1 \le x < 2$	$\frac{1}{2}$
$2 \le x < 3$	$\frac{7}{8}$
$x \ge 3$	1

즉,

$$P_r(X < 0) = 0$$
$$P_r(X < 1) = P_r(X = 0) = \frac{1}{8}$$
$$P_r(X < 2) = P_r(X = 0) + P_r(X = 1) = \frac{1}{2}$$
$$P_r(X < 3) = P_r(X = 0) + P_r(X = 1) + P_r(X = 2) = \frac{7}{8}$$
$$P_r(X \ge 3) = P_r(X = 0) + P_r(X = 1) + P_r(X = 2) + P_r(X = 3) = 1$$

이며, 이를 그림으로 표현하면 다음과 같다.

그림 4-4 X의 누적분포함수

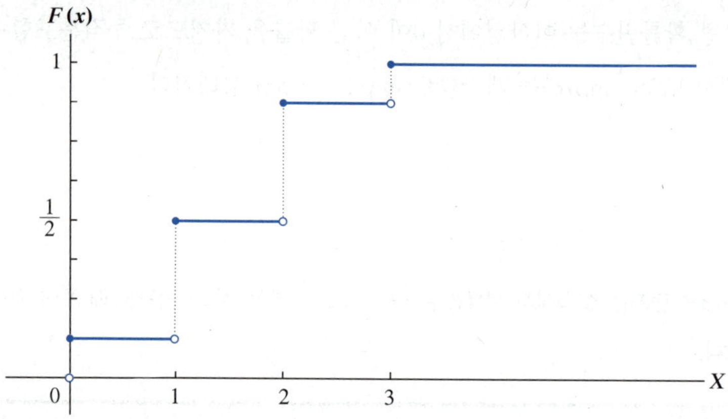

이산형 확률변수의 누적분포함수

이산형 확률변수 X가 이산점 $x_1 < x_2 < \cdots < x_n$에서 0이 아닌 확률을 가지며 $P_r(X = x_i) = P_i$, $i = 1, 2, \cdots, n$이라고 할 때 X의 누적분포함수는 다음과 같다.

1. $a < x_1$인 경우, $F(a) = 0$이다.
2. $a \geq x_1$인 경우, $F(a) = \sum_{x_i \leq a} P_i$이다.
3. $a \geq x_n$인 경우, $F(a) = \sum_{x_i \leq a} P_i = 1$이다.
4. $F(a)$는 X의 각 이산점 $x_1 < x_2 < \cdots < x_n$에서 P_i, $i = 1, 2, \cdots, n$만큼씩 도약하는 계단함수이다.

즉, 이산형 확률변수 X가 이산점 $x_1 < x_2 < \cdots < x_8$에서 확률 $P_r(X = x_i) = P_i$, $i = 1, 2, \cdots, 8$을 가질 때, X의 누적분포함수는 [그림 4-5]와 같이 표현할 수 있다.

그림 4-5 이산형 확률변수의 누적분포

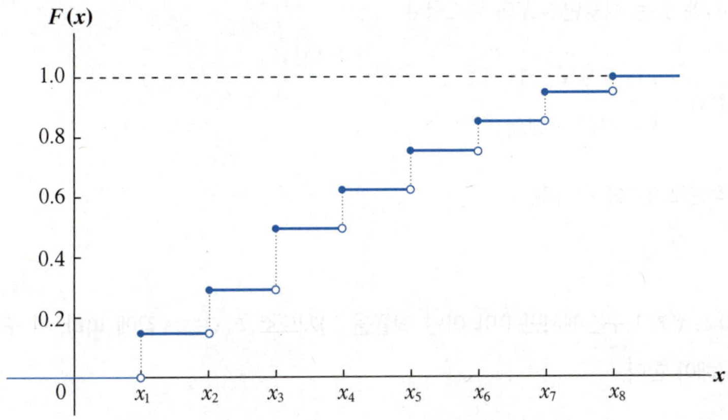

4.4.2 연속형 확률변수의 누적분포함수

연속형 확률변수에 대한 확률은 적분으로 구한다. 따라서 누적분포함수 $F(x)$는

$$F(x) = P_r(X \leq x) = \int_{-\infty}^{x} f(t)\,dt$$

이다. 확률변수 X의 확률밀도함수는 $f(x)$로 정의되었는데, 위의 누적분포함수식에서 피적분함수는 $f(x)$가 아닌 $f(t)$로 주어져 있다. 이는 정적분 $\int_a^b f(x)\,dx$의 값이 함수 f와 적분한계 a, b에 의해 결정되며 적분변수 x와는 관계가 없기 때문이다. 즉, 적분변수를 x 대신에 t, u 등을 사용해도 결과는 동일하다. $\int_a^b (x)\,dx = \int_a^b f(t)\,dt = \int_a^b f(u)\,du$이다. 위의 누적분포함수식에서는 적분한계 $\int_{-\infty}^{x}$에 x가 주어져 있으므로 혼동을 피하기 위해 적분변수를 x 대신 t로 사용했다. 피적분함수 $f(x)$가 $f(x) \geq 0$, '모든 x에 대해'의 조건을 만족하므로 $F(x)$는 감소하지 않는 연속함수(non-decreasing continuous function)이다. 또한 누적분포함수가 확률밀도함수의 적분에 의해 정의되므로 확률밀도함수는 누적분포함수의 미분으로 구할 수 있다. 즉,

$$f(x) = \frac{dF(x)}{dx}$$

이다.

예 4-8

〈예 4-4〉에 있는 확률변수 X의 분포함수

$$f(x) = \begin{cases} 1, & 0 \le x \le 1 \\ 0, & \text{다른 곳에서} \end{cases}$$

에 대한 누적분포함수를 구하라.

[풀이]

$f(x)$가 $0 \le x \le 1$ 구간에서만 0이 아닌 확률을 가지므로 $F(x)$는 x값에 따라 세 구간으로 나누어서 구해야 한다.

(a) $x < 0$인 경우

$$F(x) = \int_{-\infty}^{x} f(t)\,dt = \int_{-\infty}^{x} 0dt = 0$$

(b) $0 \le x < 1$인 경우

$$F(x) = \int_{-\infty}^{x} f(t)\,dt = \int_{0}^{x} 1dt = x$$

(c) $x \ge 1$인 경우

$$F(x) = \int_{-\infty}^{x} f(t)\,dt = \int_{0}^{1} f(t)\,dt = \int_{0}^{1} 1dt = 1$$

X의 확률분포와 누적분포함수를 그림으로 표현하면 [그림 4-6]과 같다.

그림 4-6 X의 확률분포와 누적분포

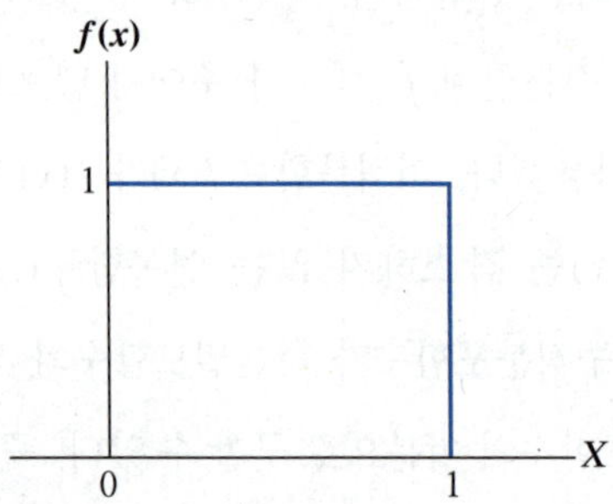

(a) X의 분포함수

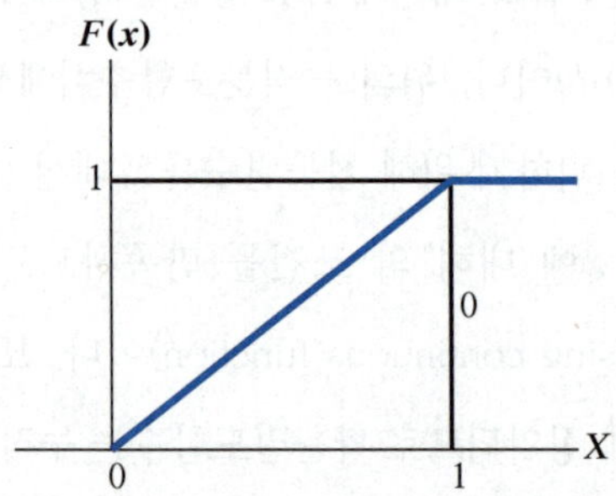

(b) X의 누적분포함수

예 4-9

〈예 4-5〉에 있는 확률변수 X의 분포함수

$$f(x) = \begin{cases} e^{-x}, & x \geq 0 \\ 0, & x < 0 \end{cases}$$

에 대한 누적분포함수를 구하라.

[풀이]

$f(x)$가 $x \geq 0$인 경우 0이 아닌 확률을 가지므로 $F(x)$는 다음과 같이 구할 수 있다.

(a) $x < 0$인 경우

$$F(x) = \int_{-\infty}^{x} f(t)\,dt = \int_{-\infty}^{x} 0\,dt = 0$$

(b) $x \geq 0$인 경우

$$F(x) = \int_{-\infty}^{x} f(t)\,dt = \int_{0}^{x} f(t)\,dt = \int_{0}^{x} e^{-t}\,dt = 1 - e^{-x}$$

X의 확률분포함수와 누적분포함수를 그림으로 표현하면 [그림 4-7]과 같다.

그림 4-7 X의 확률분포함수와 누적분포함수

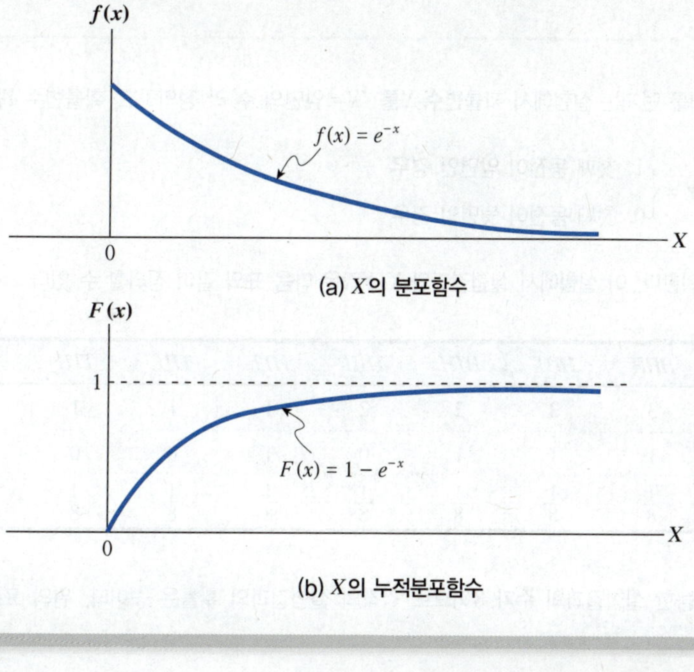

연속형 확률변수의 누적분포함수

연속형 확률변수 X의 확률분포함수를 $f(x)$라 할 때 X의 누적분포함수 $F(a)$는 다음과 같은 특성을 갖는다.

1. $F(-\infty) = \int_{-\infty}^{-\infty} f(x)\,dx = 0$
2. $F(a) = \int_{-\infty}^{a} f(x)\,dx$
3. $F(\infty) = \int_{-\infty}^{\infty} f(x)\,dx = 1$

4.5 두 확률변수의 분포

Introduction to **Statistics,** ch. four

지금까지는 하나의 확률변수의 확률분포에 대해 설명했다. 또한 하나의 확률변수의 확률분포는 평면상에 막대기(이산형 확률변수) 또는 함수그래프(연속형 확률변수)로 표현할 수 있음을 보았다. 이는 자연스럽게 두 확률변수의 경우로 확장할 수 있는데, 두 확률변수의 분포는 3차원 공간상에 표현한다.

예 4-10

동전 3개를 던지는 실험에서 확률변수 X를 'X = 앞면의 수'라 정의하고, 확률변수 Y를

$$Y = \begin{cases} 1, & \text{첫째 동전이 앞면인 경우} \\ 0, & \text{첫째 동전이 뒷면인 경우} \end{cases}$$

와 같이 정의한다. 이 실험에서 실험결과와 X, Y값은 다음 표와 같이 정리할 수 있다.

실험결과	HHH	HHT	HTH	THH	HTT	THT	TTH	TTT
X	3	2	2	2	1	1	1	0
Y	1	1	1	0	1	0	0	0
확률	$\frac{1}{8}$	$\frac{1}{8}$	$\frac{1}{8}$	$\frac{1}{8}$	$\frac{1}{8}$	$\frac{1}{8}$	$\frac{1}{8}$	$\frac{1}{8}$

모든 가능한 실험결과의 수가 8이므로 각각의 실험결과의 확률은 $\frac{1}{8}$이다. 위의 표에 의해

X, Y, (X, Y) 3개의 확률분포표가 다음의 표 (a), (b), (c)로 주어져 있다.

(a) X의 확률분포

X	확률
0	$\frac{1}{8}$
1	$\frac{3}{8}$
2	$\frac{3}{8}$
3	$\frac{1}{8}$
합	1

(b) Y의 확률분포

Y	확률
0	$\frac{1}{2}$
1	$\frac{1}{2}$
합	1

(c) (X, Y)의 확률분포

X \ Y	0	1	합
0	$\frac{1}{8}$	0	$\frac{1}{8}$
1	$\frac{2}{8}$	$\frac{1}{8}$	$\frac{3}{8}$
2	$\frac{1}{8}$	$\frac{2}{8}$	$\frac{3}{8}$
3	0	$\frac{1}{8}$	$\frac{1}{8}$
합	$\frac{1}{2}$	$\frac{1}{2}$	1

그림 4-8 (X, Y)의 결합확률분포 그림

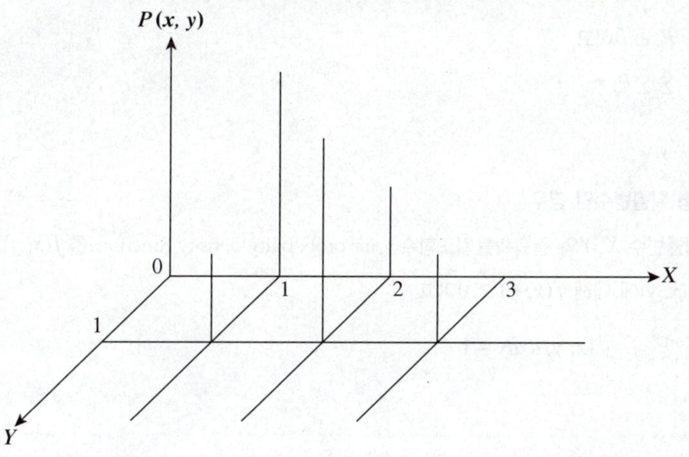

표 (c)를 X와 Y의 **결합확률분포**라 하며, 이 확률분포는 [그림 4-8]과 같이 3차원 공간상에 표현할 수 있다. 표 (c)에서 각 행의 모든 열에 대한 확률의 합은 표 (a)에 주어진 X의 확률분포와 같고, 각 열의 모든 행에 대한 확률의 합은 표 (b)에 주어진 Y의 확률분포와 같다. 이와 같이 두 확률변수의 결합분포로부터 구한 각각의 확률변수에 대한 분포를 **주변확률분포**(marginal probability distribution)라고 정의한다. 즉, 표 (a)는 확률변수 X의 주변확률분포이고, 표 (b)는 확률변수 Y의 주변확률분포이다.

두 확률변수의 결합확률분포로부터 각각의 확률변수에 대한 분포를 구할 수 있는데, 각각의 확률변수에 대한 분포를 **주변확률분포**(marginal probability distribution)라고 정의한다.

결합확률분포

두 확률변수 X, Y의 결합확률분포는 다음과 같이 정의된다.

1. 이산형 확률변수인 경우

확률변수 X의 가능한 값이 $x_1, \cdots, x_n$이고 확률변수 Y의 가능한 값이 $y_1, \cdots, y_m$이라면, (X, Y)의 결합확률분포는 다음과 같이 정의된다.

$$P_r(X = x_i, Y = y_j) = P_{ij},\ i = 1, 2, \cdots, n,\ j = 1, 2, \cdots, m$$

여기에서 함수 $P_r(X = x_i, Y = y_j) = P_{ij}$를 결합확률질량함수(joint probability mass function)라고 정의하며, 모든 (i, j)에 대해

$$P_{ij} \geq 0 \text{이고,}$$
$$\sum_{i=1}^{n}\sum_{j=1}^{m} P_{ij} = 1$$

이다.

2. 연속형 확률변수인 경우

두 확률변수 X, Y의 결합확률밀도함수(joint probability density function)를 $f(x, y)$라 정의할 때 모든 (x, y)에 대해 $f(x, y) \geq 0$이고,

$$\int_{-\infty}^{\infty}\int_{-\infty}^{\infty} f(x, y)\, dxdy = 1$$

이다.

주변확률분포의 정의

1. 이산형 확률분포

두 확률변수 X, Y의 결합분포에서

X의 가능한 값이 $(x_1, x_2, \cdots, x_n)$

Y의 가능한 값이 $(y_1, y_2, \cdots, y_m)$

이며, 결합확률분포가

$$P(X = x_i, Y = y_j) = P_{ij} (i = 1, 2, \cdots, n, \; j = 1, 2, \cdots, m)$$

이라 할 때 X와 Y의 주변확률분포는 각각 다음과 같이 구한다.

X의 주변확률분포 : $P(X = x_i) = \sum_{j=1}^{m} P_{ij} = P_{i1} + P_{i2} + \cdots + P_{im}$
$(i = 1, 2, \cdots, n)$

Y의 주변확률분포 : $P(Y = y_j) = \sum_{i=1}^{n} P_{ij} = P_{1j} + P_{2j} + \cdots + P_{nj}$
$(j = 1, 2, \cdots, m)$

2. 연속형 확률분포

두 확률변수 X, Y의 결합확률밀도함수를 $f(x, y)$라 할 때 X와 Y의 주변확률분포는 각각 다음과 같이 정의된다.

X의 주변확률분포 : $f(x) = \int_{-\infty}^{\infty} f(x, y)\, dy$

Y의 주변확률분포 : $f(y) = \int_{-\infty}^{\infty} f(x, y)\, dy$

연속형 확률분포에서는 주변확률분포함수를 주변확률밀도함수(marginal probability density function)라 부른다.

예 4-11

이산형 확률변수 X와 Y의 결합확률분포가 다음과 같을 때 X와 Y의 주변확률분포를 구하라.

X \ Y	1	2	3	합
2	$\frac{1}{12}$	$\frac{1}{6}$	$\frac{1}{12}$	$\frac{1}{3}$
3	$\frac{1}{6}$	0	$\frac{1}{6}$	$\frac{1}{3}$
4	0	$\frac{1}{3}$	0	$\frac{1}{3}$
합	$\frac{1}{4}$	$\frac{1}{2}$	$\frac{1}{4}$	1

[풀이]

위의 확률분포표에서 모든 (x, y)에 대한 확률값이 0 이상이고 확률의 전체 합이 1이므로, 결합확률분포의 조건을 만족함을 알 수 있다. X와 Y의 주변확률분포는 각각의 확률변수에서 각 값에 대한 확률의 합으로, 위의 결합확률분포표에서 확률의 열에 대한 합은 X의 주변확률분포이고, 행에 대한 합은 Y의 주변확률분포이다.

(a) X의 주변확률분포

X	2	3	4	합
확률	$\frac{1}{3}$	$\frac{1}{3}$	$\frac{1}{3}$	1

(b) Y의 주변확률분포

Y	1	2	3	합
확률	$\frac{1}{4}$	$\frac{1}{2}$	$\frac{1}{4}$	1

예 4-12

두 연속형 확률변수 X와 Y의 결합확률밀도함수가

$$f(x, y) = \begin{cases} 1, & 0 \le x \le 1, 0 \le y \le 1 \\ 0, & \text{다른 곳에서} \end{cases}$$

일 때, X와 Y의 주변확률분포함수를 구하라.

[풀이]

X와 Y의 결합확률분포함수를 그림으로 표현하면 [그림 4-9]와 같다. 즉, X, Y의 결합분포는 3차원 공간상에서 가로와 세로 높이가 모두 1인 정육면체이다. 따라서 그 체적(두 확률변수의 전체 확률)이 1이 됨을 알 수 있다. 전체 확률을 X, Y에 대한 적분을 이용해 구하면

$$\int_{-\infty}^{\infty}\int_{-\infty}^{\infty} f(x, y)\,dxdy = \int_0^1\int_0^1 1dxdy = \int_0^1\left[\int_0^1 1dx\right]dy = \int_0^1 1dy = 1$$

이 되어 [그림 4-9]의 정육면체의 체적과 같음을 알 수 있다. X와 Y의 주변확률분포는 결합확률분포함수를 상대 확률변수에 대해 적분함으로써 구할 수 있다. X의 주변확률분포함수는

$$f(x) = \int_0^1 f(x, y)\,dy = \int_0^1 1dy = 1$$

이고, Y의 주변확률분포함수는

그림 4-9 X, Y의 결합확률분포

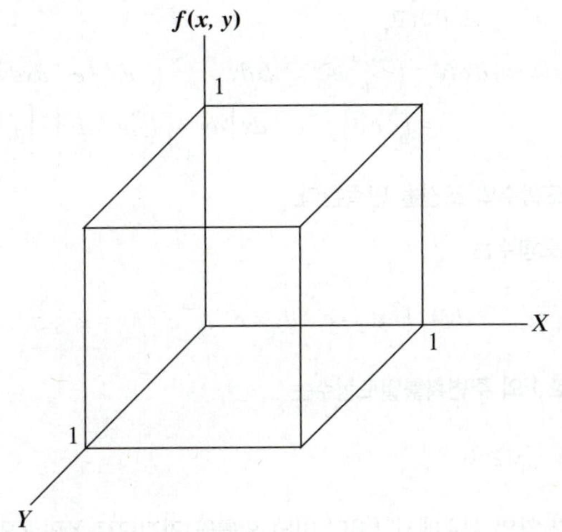

$$f(y) = \int_0^1 f(x, y)\, dx = \int_0^1 1 dx = 1$$

이다. X와 Y는 각각 0과 1 사이에서만 0이 아닌 확률을 가지므로, X와 Y의 주변확률분포는 다음과 같이 표현할 수 있다.

(a) X의 주변확률밀도함수

$$f(x) = \begin{cases} 1, & 0 \le x \le 1 \\ 0, & \text{다른 곳에서} \end{cases}$$

(b) Y의 주변확률밀도함수

$$f(y) = \begin{cases} 1, & 0 \le y \le 1 \\ 0, & \text{다른 곳에서} \end{cases}$$

예 4-13

두 연속형 확률변수 X와 Y의 결합확률밀도함수가

$$f(x, y) = \begin{cases} e^{-x-y}, & x \ge 0,\ y \ge 0 \\ 0, & \text{다른 곳에서} \end{cases}$$

일 때, X와 Y의 주변확률밀도함수를 구하라.

[풀이]

위의 결합확률밀도함수는 모든 (x, y)값에 대해

$$f(x, y) = e^{-x-y} \geq 0 \text{이고,}$$

$$\int_{-\infty}^{\infty}\int_{-\infty}^{\infty} f(x, y)\,dxdy = \int_{0}^{\infty}\int_{0}^{\infty} e^{-x-y}\,dxdy = \int_{0}^{\infty}\int_{0}^{\infty} e^{-x} \cdot e^{-y}\,dxdy$$
$$= \int_{0}^{\infty} e^{-y}\left[\int_{0}^{\infty} e^{-x}\,dx\right]dy = \left[\int_{0}^{\infty} e^{-x}\,dx\right] \cdot \left[\int_{0}^{\infty} e^{-y}\,dy\right] = 1$$

이므로 결합확률밀도함수의 조건을 만족한다.

X의 주변확률밀도함수는

$$f(x) = \int_{0}^{\infty} e^{-x-y}\,dy = \int_{0}^{\infty} e^{-x} \cdot e^{-y}\,dy = e^{-x}\int_{0}^{\infty} e^{-y}\,dy = e^{-x},\ x \geq 0$$

이고, 같은 방법으로 Y의 주변확률밀도함수는

$$f(y) = e^{-y},\ y \geq 0$$

이다. X와 Y는 각각 양의 실수에서만 0이 아닌 확률을 가지므로 X와 Y의 주변확률밀도함수는 각각 다음과 같이 표현할 수 있다.

(a) X의 **주변확률밀도함수**

$$f(x) = \begin{cases} e^{-x},\ x \geq 0 \\ 0,\ \text{다른 곳에서} \end{cases}$$

(b) Y의 **주변확률밀도함수**

$$f(y) = \begin{cases} e^{-y},\ y \geq 0 \\ 0,\ \text{다른 곳에서} \end{cases}$$

4.6 두 확률변수의 독립성

Introduction to **Statistics,** ch. four

두 확률변수 X와 Y는 결합확률분포가 각각의 확률변수에 대한 주변확률분포의 곱으로 표현될 수 있을 때 서로 확률적으로 독립이라고 한다.

두 확률변수의 독립성

1. 이산형 확률변수

두 이산형 확률변수 X, Y의 결합확률분포함수를 $P(X=x,\ Y=y)$라 하고, 각각의 주변분포함수를 $P(X=x)$, $P(Y=y)$라 할 때 모든 가능한 (x, y)값에 대해

$$P(X=x,\ Y=y)=P(X=x)\cdot P(Y=y)$$

일 경우에 한해 두 확률변수 X와 Y는 독립이다.

2. 연속형 확률변수

두 연속형 확률변수 X, Y의 결합확률밀도함수를 $f(x, y)$라 하고, $f(x)$와 $f(y)$를 각각 X와 Y의 주변확률밀도함수라 하면,

$$f(x, y)=f(x)\cdot f(y)$$

일 경우에 한해 두 확률변수 X와 Y는 독립이다.

예 4-14

<예 4-11>에 있는 확률분포표에서 두 이산형 확률변수 X와 Y가 독립인가를 증명하라.

[풀이]

$P(X=2,\ Y=1)=\frac{1}{12}$이고 $P(X=2)=\frac{1}{3}$, $P(Y=1)=\frac{1}{4}$이므로, $P(X=2,\ Y=1)=P(X=2)\cdot P(Y=1)$이다. 그러나 $P(X=3,\ Y=2)=0$인데 $P(X=3)=\frac{1}{3}$, $P(Y=2)=\frac{1}{2}$이므로, $P(X=3,\ Y=2)\neq P(X=3)\cdot P(Y=2)$가 되어 X와 Y는 독립이 아니다.

예 4-15

두 이산형 확률변수 X, Y의 결합확률분포가 다음과 같을 때, X와 Y가 독립인가를 증명하라.

X \ Y	1	2	합
1	$\frac{1}{12}$	$\frac{1}{6}$	$\frac{1}{4}$
2	$\frac{1}{9}$	$\frac{2}{9}$	$\frac{1}{3}$
3	$\frac{5}{36}$	$\frac{5}{18}$	$\frac{5}{12}$
합	$\frac{1}{3}$	$\frac{2}{3}$	1

[풀이]

$Y=1$인 경우의 세 확률값에 대해

$$P(X=1, Y=1)=\frac{1}{12}=P(X=1)\cdot P(Y=1)$$
$$P(X=2, Y=1)=\frac{1}{9}=P(X=2)\cdot P(Y=1)$$
$$P(X=3, Y=1)=\frac{5}{36}=P(X=3)\cdot P(Y=1)$$

이며, $Y=2$인 경우의 세 확률값에 대해서도 위와 같이

$$P(X=x, Y=y)=P(X=x)\cdot P(Y=y)$$

의 조건을 만족한다.

그러므로 정의에 의해 두 확률변수 X와 Y는 확률적으로 독립이다.

예 4-16

두 연속형 확률변수 X와 Y의 결합확률밀도함수가

$$f(x, y)=\begin{cases} e^{-x-y}, & x\ge 0,\ y\ge 0 \\ 0, & \text{다른 곳에서} \end{cases}$$

일 때, X와 Y가 서로 독립인가를 증명하라.

[풀이]

〈예 4-13〉에서 X와 Y의 주변확률밀도함수가 각각 $f(x)=e^{-x}$, $f(y)=e^{-y}$임을 구했으므로

$$f(x, y)=e^{-x-y}=e^{-x}\cdot e^{-y}=f(x)\cdot f(y)$$

이다. 따라서 두 확률변수 X와 Y는 확률적으로 독립이다.

4.7 평균, 분산과 공분산

Introduction to **Statistics,** ch. four

확률분포에서 분포의 특징을 측정하는 두 모수가 평균과 분산이다. 평균은 확률분포의 무게중심 위치를 말한다. 확률분포에서 평균의 위치에 삼각대를 놓으면 확률분포는 좌 · 우 어느 쪽으로도 기울지 않고 평형을 유지한다. 또한 분산은 확률분포의 흩어진 정도를 측정하는 모수이다. 따라서 특정 확률분포에서 분산이 크다는 것은 그 확률분포가 넓게 흩어져 있음을 의미하고, 분산이 작다는 것은 확률분포의 분포 폭이 좁다는 것을 의미한다. 공분산은 두 확률변수의 결합확률분포에서 두 확률변수 사이의 관계를 측정하는 모수이다. 그러나 공분산의 크기는 확률변수값의 측정단위에 의해 영향을 받는다. 공분산을 표준화해 두 확률변수 사이의 관계를 측정하는 모수를 상관계수라고 정의한다.

4.7.1 평균

기댓값(expected value) 또는 **평균**(mean, average)은 확률분포에서 분포의 무게중심을 말하며, 확률값을 가중치로 하는 확률변수의 가능한 값에 대한 가중평균(weighted average)이라 할 수 있다.

〈예 4-3〉에서 확률변수 X의 분포를 그림으로 표현하면 [그림 4-10]과 같으며, 여기에서 무게중심은 7이다. 이 값을 기댓값 또는 평균이라 한다.

그림 4-10 〈예 4-3〉의 확률변수 X의 분포

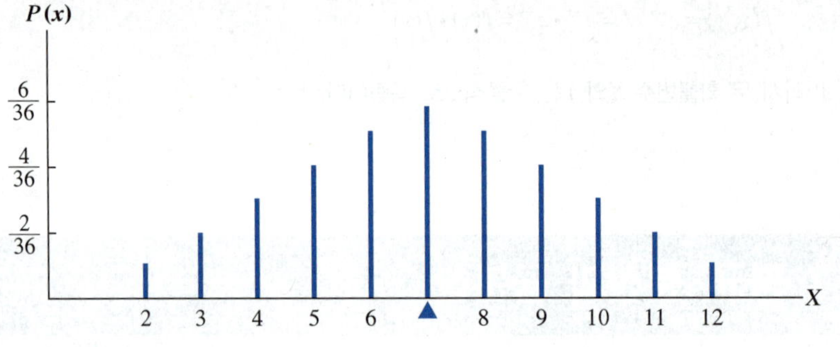

예 4-17

연속형 확률변수 X의 분포가,

$$f(x) = \begin{cases} 1, & 0 \le x \le 1 \\ 0, & \text{다른 곳에서} \end{cases}$$

일 때, X의 확률분포를 그림으로 표현하면 다음과 같고, 이 그림에서 무게중심이 $\frac{1}{2}$임을 알 수 있다.

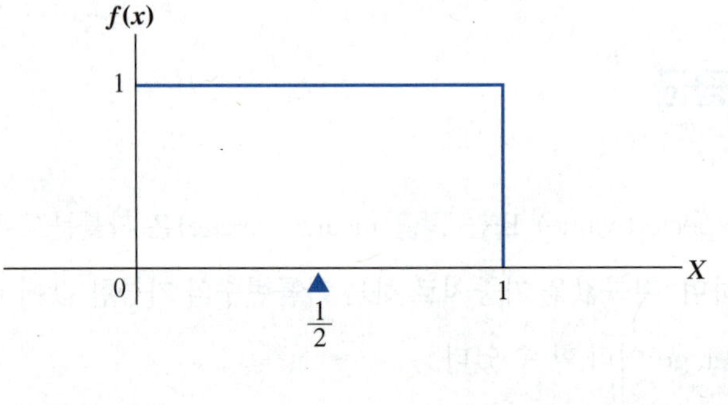

기댓값(expected value : 평균)

확률변수 X의 기댓값은 $E(X)$로 표현하며, 각각 다음과 같이 구한다.

1. 이산형 확률변수

이산형 확률변수 X의 가능한 값이 $(x_1, x_2, \cdots, x_n)$이며,

$$P(X = x_i) = P_i,\ i = 1, 2, \cdots, n$$

일 때 X의 기댓값 $E(X)$는

$$E(X) = \sum_{i=1}^{n} x_i P_i$$

이다.

2. 연속형 확률변수

연속형 확률변수 X의 확률밀도함수가 $f(x)$라면, X의 기댓값 $E(X)$는

$$E(X) = \int_{-\infty}^{\infty} x \cdot f(x)\,dx$$

이다.

〈예 4-3〉에서 확률변수 X의 기댓값은

$$\begin{aligned} E(X) = {} & 2 \times \frac{1}{36} + 3 \times \frac{2}{36} + 4 \times \frac{3}{36} + 5 \times \frac{4}{36} + 6 \times \frac{5}{36} + 7 \times \frac{6}{36} \\ & + 8 \times \frac{5}{36} + 9 \times \frac{4}{36} + 10 \times \frac{3}{36} + 11 \times \frac{2}{36} + 12 \times \frac{1}{36} = 7 \end{aligned}$$

이고, 〈예 4-17〉에서 확률변수 X의 기댓값은

$$\begin{aligned} E(X) &= \int_{-\infty}^{\infty} xf(x)\,dx = \int_0^1 xdx = \left[\frac{1}{2}x^2\right]_0^1 \\ &= \frac{1}{2} \end{aligned}$$

이 되어 확률분포의 그림에서 구한 무게중심과 동일함을 알 수 있다.

예 4-18

확률변수 X의 확률분포가 다음과 같을 때,

X	10	50	100	0	합
확률	$\frac{1}{5}$	$\frac{3}{10}$	$\frac{1}{50}$	$\frac{12}{25}$	1

X의 기댓값은 얼마인가?

[풀이]

$E(X)$는

$$\begin{aligned} E(X) &= 10 \times \frac{1}{5} + 50 \times \frac{3}{10} + 100 \times \frac{1}{50} + 0 \times \frac{12}{25} \\ &= 19 \end{aligned}$$

이다.

기댓값의 특성

X, Y를 확률변수, a, b를 상수라 할 때 기댓값은 항상 다음 조건을 만족한다.

1. $E(a) = a$
   즉, 상수의 기댓값은 상수 그 자체이다.
2. $E(aX + b) = aE(X) + b$
3. $E(aX + bY) = aE(X) + bE(Y)$

위의 특성들은 기댓값의 정의에 의해 증명할 수 있는데, 여기에서는 수학적 증명을 피하기 위해 간단한 예를 통해 증명한다.

특성 1에서 상수는 한 점에 고정된 값이므로, 그 값의 분포에서 무게중심은 그 자신일 수밖에 없다. 특성 2의 경우는 확률변수 X를 $aX + b$로 수평이동한 결과이므로 무게중심도 $E(X)$에서 $aE(X) + b$로 수평이동한다고 볼 수 있다. 일례로 확률변수 X의 분포가 다음과 같을 때

X	0	1	2	합
확률	$\frac{1}{4}$	$\frac{1}{2}$	$\frac{1}{4}$	1

X의 기댓값은

$$E(X) = 0 \times \frac{1}{4} + 1 \times \frac{1}{2} + 2 \times \frac{1}{4} = 1$$

이다. 확률변수 Y를 $Y = 2X + 3$이라 정의하면 Y의 분포는 다음과 같다.

Y	3	5	7	합
확률	$\frac{1}{4}$	$\frac{1}{2}$	$\frac{1}{4}$	1

Y의 기댓값은

$$E(Y) = 3 \times \frac{1}{4} + 5 \times \frac{1}{2} + 7 \times \frac{1}{4} = 5$$

이며, X와 Y의 관계식과 기댓값에 의해

$$E(Y) = 2E(X) + 3$$

임을 알 수 있다.

특성 3은 상수 a와 b를 제외할 때 $E(X+Y) = E(X) + E(Y)$가 되는데, 이는 두 확률변수 합의 기댓값이 각 확률변수 기댓값의 합과 같음을 의미한다. 다음 예를 통해 이를 증명해 보자.

예 4-19

두 확률변수 X와 Y의 분포가 다음과 같을 때, $E(X+Y)=E(X)+E(Y)$임을 보여라.

X \ Y	0	1	합
1	$\frac{1}{6}$	$\frac{1}{9}$	$\frac{5}{18}$
2	0	$\frac{2}{9}$	$\frac{2}{9}$
3	$\frac{1}{6}$	$\frac{1}{3}$	$\frac{1}{2}$
합	$\frac{1}{3}$	$\frac{2}{3}$	1

$$E(X)=1\times\frac{5}{18}+2\times\frac{2}{9}+3\times\frac{1}{2}=\frac{40}{18}$$
$$E(Y)=0\times\frac{1}{3}+1\times\frac{2}{3}=\frac{2}{3}$$
$$E(X)+E(Y)=\frac{40}{18}+\frac{2}{3}=\frac{52}{18}$$

확률변수 Z를 $Z=X+Y$로 정의하면 Z의 분포는 다음과 같으며,

Z	1	2	3	4	합
확률	$\frac{1}{6}$	$\frac{1}{9}$	$\frac{7}{18}$	$\frac{1}{3}$	1

$$E(Z)=1\times\frac{1}{6}+2\times\frac{1}{9}+3\times\frac{7}{18}+4\times\frac{1}{3}=\frac{52}{18}$$

이다. 따라서 $E(X+Y)=E(X)+E(Y)$임을 알 수 있다.

특성 3에 의할 때, $E(X-Y)=E(X)-E(Y)$이다. 즉, 두 확률변수의 차이의 기댓값은 각 확률변수의 기댓값의 차와 같다.

4.7.2 분산

분포의 특징을 측정하는 모수로서 평균과 함께 중요한 것이 분산이다. 평균이 확률분포의 무게중심인 데 비해 분산은 확률분포의 흩어진 정도를 측정하는 것으로, 평균이 같은 경우에도 분산의 크기에 따라 분포의 모양이 달라진다.

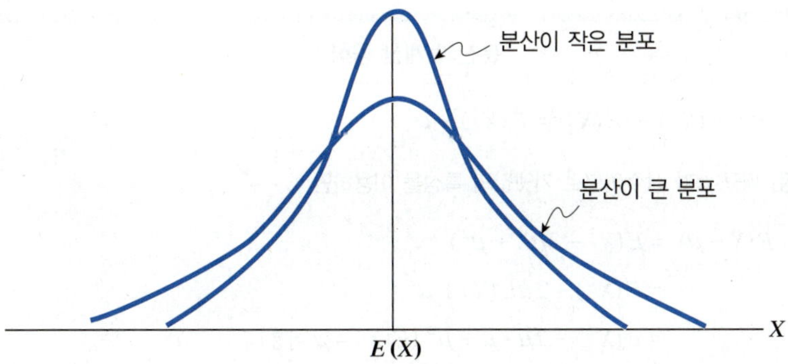

분산

확률변수 X의 분산(variance)은 $E(X) = \mu$라 할 때 X와 μ의 편차의 제곱, 즉 $(X - \mu)^2$의 기댓값으로 $Var(X)$ 또는 σ_X^2으로 표현되며,

$$\sigma_X^2 = E(X - \mu)^2$$

으로 구한다. 여기에서 확률변수 X를 나타낼 필요가 없는 경우에는 σ_X^2에서 X를 없애고 σ^2으로 표현한다. 분산의 양의 제곱근을 표준편차(standard deviation)라 하며, σ로 표현한다. 즉,

$$\sigma = \sqrt{\sigma^2}$$

이다.

σ^2은 X가 이산형 확률변수일 때 X의 가능한 값이 $(x_1, x_2, \cdots, x_n)$이고 $P(X = x_i) = P_i$라면,

$$\sigma^2 = E(X - \mu)^2 = \sum_{i=1}^{n}(x_i - \mu)^2 P_i \qquad (4.1)$$

이고, X가 연속형 확률변수이고 X의 확률밀도함수가 $f(x)$이면,

$$\sigma^2 = E(X - \mu)^2 = \int (x - \mu)^2 f(x)\, dx$$

이다. 그러나 분산은 위와 같이 직접적인 계산보다는 이 식으로부터 유도된 다음 공식을 이용해 계산하는 것이 간편하다.

분산의 계산 공식

$$\sigma^2 = E(X^2) - (E(X))^2 = E(X^2) - \mu^2$$

[유도과정] 평균 μ가 상수이므로 기댓값의 특성을 이용하면,

$$\begin{aligned} E(X-\mu)^2 &= E(X^2 - 2\mu X + \mu^2) \\ &= E(X^2) - 2\mu E(X) + \mu^2 \\ &= E(X^2) - 2\mu \cdot \mu + \mu^2 \ (E(X) = \mu \text{ 이용}) \\ &= E(X^2) - \mu^2 \end{aligned}$$

이다. 여기에서 $E(X^2)$의 계산은

$$\begin{aligned} E(X^2) &= \sum_{i=1}^{n} x_i^2 P_i, \quad X\text{가 이산형 확률변수} \\ &= \int x^2 f(x)\,dx, \quad X\text{가 연속형 확률변수} \end{aligned}$$

이다.

예 4-20

이산형 확률변수 X의 확률분포가 다음과 같을 때 X의 평균과 분산을 계산하라.

X	0	1	2	3	합
확률	$\frac{1}{8}$	$\frac{3}{8}$	$\frac{3}{8}$	$\frac{1}{8}$	1

[풀이]

$$\mu = E(X) = 0 \times \frac{1}{8} + 1 \times \frac{3}{8} + 2 \times \frac{3}{8} + 3 \times \frac{1}{8} = 1.5$$

$$\begin{aligned} E(X^2) &= \sum x_i^2 P_i \\ &= 0 \times \frac{1}{8} + 1 \times \frac{3}{8} + 4 \times \frac{3}{8} + 9 \times \frac{1}{8} \\ &= \frac{3+12+9}{8} = \frac{24}{8} = 3 \end{aligned}$$

$$\sigma^2 = E(X^2) - \mu^2 = 3 - 2.25 = 0.75$$

예 4-21

연속형 확률변수 X가 다음과 같은 확률밀도함수를 가질 때 X의 평균과 분산을 계산하라

$$f(x) = \begin{cases} \frac{1}{2}x, & 0 \le x \le 2 \\ 0, & \text{다른 곳에서} \end{cases}$$

[풀이]

$$\mu = E(X) = \int_{-\infty}^{\infty} xf(x)\,dx = \int_0^2 x \cdot \frac{1}{2}xdx = \frac{1}{2}\int_0^2 x^2\,dx$$
$$= \frac{1}{2}\left[\frac{1}{3}x^3\right]_0^2 = \frac{1}{2} \cdot \frac{8}{3} = \frac{4}{3}$$
$$E(X^2) = \int_0^2 x^2 f(x)\,dx = \int_0^2 x^2 \cdot \frac{1}{2}xdx = \frac{1}{2}\int_0^2 x^3\,dx$$
$$= \frac{1}{2}\left[\frac{1}{4}x^4\right]_0^2 = \frac{1}{2} \times \frac{1}{4} \times 16 = 2$$
$$\sigma^2 = E(X^2) - \mu^2 = 2 - \frac{16}{9} = \frac{2}{9}$$

4.7.3 공분산과 상관계수

공분산(covariance)은 두 확률변수 X, Y가 있을 때 각각의 확률변수와 그 확률변수 평균과의 편차, 즉 $(X-\mu_X)$와 $(Y-\mu_Y)$를 구한 후에 그 편차의 곱에 대한 기댓값으로 $E[(X-\mu_X)(Y-\mu_Y)]$로 정의된다. 이와 같은 공분산은 두 확률변수의 결합분포를 알고 있는 경우에 구할 수 있는 모수로, 두 변수 사이의 관계의 밀접도를 측정하는 상관계수(correlation coefficient)를 구하는 과정에서 계산되는 경우가 많다.

공분산

두 확률변수 X와 Y의 공분산(covariance)은 $\mathrm{Cov}(X, Y)$ 또는 σ_{XY}로 표현하며, 다음과 같이 계산한다.

$$\sigma_{XY} = E[(X-\mu_X)(Y-\mu_Y)]$$
$$= E(XY) - \mu_X \cdot \mu_Y$$

앞의 공분산 계산식은 다음 과정에 의해 유도된다.

$$
\begin{aligned}
E[(X-\mu_X)(Y-\mu_Y)] &= E(X\cdot Y - Y\mu_X - X\mu_Y + \mu_X\cdot\mu_Y) \\
&= E(XY) - \mu_X E(Y) - \mu_Y E(X) + \mu_X\cdot\mu_Y \\
&= E(XY) - \mu_X\cdot\mu_Y - \mu_Y\cdot\mu_X + \mu_X\cdot\mu_Y \\
&= E(XY) - \mu_X\cdot\mu_Y
\end{aligned}
$$

이 식에서 $E(XY)$는 다음과 같이 계산한다.

(a) 이산형 확률변수

X와 Y의 가능한 값이 각각 $(x_1, x_2, \cdots, x_n), (y_1, y_2, \cdots, y_m)$이고,

$$P(X=x_i, Y=y_i) = P_{ij},\ i=1, 2, \cdots, n,\ \ j=1, 2, \cdots, m$$

이라면,

$$E(XY) = \sum_{i=1}^{n}\sum_{j=1}^{m} x_i\cdot y_j\cdot P_{ij}$$

이다.

(b) 연속형 확률변수

두 연속형 확률변수 X와 Y의 결합확률밀도함수가 $f(x, y)$라고 할 때

$$E(XY) = \int\int x\cdot y\, f(x, y)\, dxdy$$

이다.

예 4-22

두 이산형 확률변수의 분포가 다음과 같을 때 X와 Y의 분산과 공분산을 구하라.

X \ Y	0	1	2	합
1	$\frac{1}{6}$	$\frac{1}{12}$	$\frac{1}{12}$	$\frac{1}{3}$
3	$\frac{1}{12}$	$\frac{1}{2}$	$\frac{1}{12}$	$\frac{2}{3}$
합	$\frac{1}{4}$	$\frac{7}{12}$	$\frac{1}{6}$	1

[풀이]

$$\mu_X = E(X) = 1 \times \frac{1}{3} + 3 \times \frac{2}{3} = \frac{7}{3}$$
$$\mu_Y = E(Y) = 0 \times \frac{1}{4} + 1 \times \frac{7}{12} + 2 \times \frac{1}{6} = \frac{11}{12}$$
$$E(X^2) = 1 \times \frac{1}{3} + 9 \times \frac{2}{3} = \frac{19}{3}$$
$$E(Y^2) = 0 \times \frac{1}{4} + 1 \times \frac{7}{12} + 4 \times \frac{1}{6} = \frac{15}{12} = \frac{5}{4}$$

따라서

$$\sigma_X^2 = E(X^2) - \mu_X^2 = \frac{19}{3} - \left(\frac{7}{3}\right)^2 = \frac{8}{9}$$
$$\sigma_Y^2 = E(Y^2) - \mu_Y^2 = \frac{5}{4} - \left(\frac{11}{12}\right)^2 = \frac{59}{144}$$

이다. $E(XY)$는 다음 표를 만들어 계산하는 것이 간단하다.

(x, y)	(1, 0)	(1, 1)	(1, 2)	(3, 0)	(3, 1)	(3, 2)
P_{ij}	$\frac{1}{6}$	$\frac{1}{12}$	$\frac{1}{12}$	$\frac{1}{12}$	$\frac{1}{2}$	$\frac{1}{12}$
$x_i \cdot y_j$	0	1	2	0	3	6
$x_i \cdot y_j \cdot P_{ij}$	0	$\frac{1}{12}$	$\frac{1}{6}$	0	$\frac{3}{2}$	$\frac{1}{2}$

$$\begin{aligned} E(XY) &= \sum\sum x_i \cdot y_j \cdot P_{ij} \\ &= 0 + \frac{1}{12} + \frac{1}{6} + 0 + \frac{3}{2} + \frac{1}{2} \\ &= \frac{9}{4} \end{aligned}$$

따라서 공분산은

$$\sigma_{XY} = E(XY) - \mu_X \cdot \mu_Y = \frac{9}{4} - \frac{7}{3} \times \frac{11}{12} = \frac{1}{9}$$

이다.

예 4-23

연속형 확률변수 X와 Y의 결합확률밀도함수가 다음과 같을 때 X, Y의 공분산을 구하라.

$$f(x, y) = \begin{cases} 1, & 0 \le x \le 1, 0 \le y \le 1 \\ 0, & \text{다른 곳에서} \end{cases}$$

[풀이]

X와 Y의 주변밀도함수는 각각

$$f(x) = \int f(x, y)\,dy = \int_0^1 1dy = 1, \quad 0 \le x \le 1$$
$$f(y) = \int f(x, y)\,dx = \int_0^1 1dx = 1, \quad 0 \le y \le 1$$

이다. 따라서

$$\mu_X = E(X) = \int_0^1 xf(x)\,dx = \int_0^1 xdx = \frac{1}{2}$$
$$\mu_Y = E(Y) = \int_0^1 yf(y)\,dy = \int_0^1 ydy = \frac{1}{2}$$

이다.

$$\begin{aligned} E(XY) &= \int\int x \cdot yf(x, y)\,dxdy \\ &= \int_0^1\int_0^1 x \cdot ydxdy = \int_0^1 y\left[\int_0^1 xdx\right]dy \\ &= \int_0^1 \frac{1}{2}\,ydy = \frac{1}{4} \end{aligned}$$

이므로 공분산은

$$\begin{aligned} \sigma_{XY} &= E(XY) - \mu_X \cdot \mu_Y \\ &= \frac{1}{4} - \frac{1}{2} \times \frac{1}{2} = 0 \end{aligned}$$

이다.

두 확률변수의 독립성과 공분산

두 확률변수 X, Y가 서로 독립이면 두 확률변수의 공분산은 0이다. 즉, $\sigma_{XY} = 0$이다. 그러나 두 확률변수의 공분산이 0이라고 할지라도 두 확률변수가 항상 독립인 것은 아니다.

두 확률변수 X, Y가 서로 독립인 경우에는 독립성의 정의에 의해

$$f(x,\ y) = f(x) \cdot f(y)$$

가 되며, 따라서

$$\begin{aligned} E(XY) &= \int\int x \cdot yf(x,\ y)\,dxdy \\ &= \int\int x \cdot yf(x) \cdot f(y)\,dxdy \\ &= \int xf(x)\,dx \cdot \int yf(y)\,dy \\ &= \mu_X \cdot \mu_Y \end{aligned}$$

가 되어 공분산은

$$\begin{aligned} \sigma_{XY} &= E(XY) - \mu_X \cdot \mu_Y \\ &= \mu_X \cdot \mu_Y - \mu_X \cdot \mu_Y \\ &= 0 \end{aligned}$$

이다. 반대인 경우는 다음과 같은 하나의 예로 증명할 수 있는데, 다음과 같은 확률분포를 갖는 두 이산형 확률변수 X와 Y는 $\sigma_{XY} = 0$이나 X와 Y는 서로 독립이 아니다.

X \ Y	0	1	2	합
1	$\frac{1}{4}$	0	$\frac{1}{4}$	$\frac{1}{2}$
3	$\frac{1}{12}$	$\frac{1}{3}$	$\frac{1}{12}$	$\frac{1}{2}$
합	$\frac{1}{3}$	$\frac{1}{3}$	$\frac{1}{3}$	1

[증명]

$$\mu_X = 1 \times \frac{1}{2} + 3 \times \frac{1}{2} = 2$$

$$\mu_Y = 0 \times \frac{1}{3} + 1 \times \frac{1}{3} + 2 \times \frac{1}{3} = 1$$

XY	0	1	2	3	6
확률	$\frac{1}{3}$	0	$\frac{1}{4}$	$\frac{1}{3}$	$\frac{1}{12}$

$$
\begin{aligned}
E(XY) &= 0 \times \frac{1}{3} + 1 \times 0 + 2 \times \frac{1}{4} + 3 \times \frac{1}{3} + 6 \times \frac{1}{12} \\
&= \frac{2}{4} + \frac{3}{3} + \frac{6}{12} \\
&= \frac{1}{2} + 1 + \frac{1}{2} = 2
\end{aligned}
$$

$$
\begin{aligned}
\therefore \sigma_{XY} &= E(XY) - \mu_X \cdot \mu_Y \\
&= 2 - 2 \times 1 \\
&= 0
\end{aligned}
$$

따라서 X와 Y의 공분산은 0이다. 그러나

$$P_r(X = 1,\ Y = 1) = 0$$

$$P_r(X = 1) = \frac{1}{2},\ P_r(Y = 1) = \frac{1}{3}$$

이므로

$$P_r(X = 1,\ Y = 1) \neq P_r(X = 1) \cdot P_r(Y = 1)$$

이다. 따라서 독립성 조건에 의해 두 확률변수 X와 Y는 독립이 아니다.

두 확률변수 X, Y의 분산과 공분산의 계산방법에 대해 설명했는데, 이와 같은 분산과 공분산을 이용해 두 변수 사이의 관계의 밀접도를 측정하는 것이 **상관계수**이다.

상관계수

두 확률변수 X와 Y에 대해 σ_X^2, σ_Y^2을 각각의 분산이라 하고, σ_{XY}를 X와 Y의 공분산이라 할 때 X와 Y의 상관계수(correlation coefficient)는 ρ로 표현하며,

$$\rho = \frac{\sigma_{XY}}{\sqrt{\sigma_X^2 \cdot \sigma_Y^2}} = \frac{\sigma_{XY}}{\sigma_X \cdot \sigma_Y}$$

으로 정의한다.

상관계수 ρ는 두 확률변수의 공분산 σ_{XY}를 각 확률변수 표준편차의 곱 $\sigma_X \cdot \sigma_Y$로 나눈 값으로, 항상 $-1 \le \rho \le 1$의 조건을 만족한다.

$\rho = 0$은 ρ의 계산에서 $\sigma_{XY} = 0$임을 의미하는데, 이는 X와 Y가 서로 독립인 경우에 구할 수 있으므로 X와 Y가 독립이면 $\rho = 0$이 됨을 알 수 있다. 즉, $\rho = 0$이라는 것은 X와 Y가 아무 상관관계가 없음을 의미한다. 다른 특수한 경우의 ρ값은 $\rho = 1$ (또는 $\rho = -1$)이다. 이는 ρ의 계산에서 $\sigma_{XY} = \sigma_X \cdot \sigma_Y$임을 의미하는 것으로, X와 Y의 관계에서 $Y = aX + b$(a, b는 상수, $a \neq 0$)와 같은 선형식으로 표현될 때 구해진다. 이 경우 $a > 0$이면 $\rho = 1$이고, $a < 0$이면 $\rho = -1$이다. 상관계수 ρ는 자료분석에서 두 확률변수 사이의 관계의 밀접도를 측정하는 값으로 이용되는데, 이에 대해서는 제9장에서 보다 자세하게 설명한다.

예 4-24

〈예 4-22〉에 있는 X, Y의 분포를 이용해 X와 Y의 상관계수를 구하라.

[풀이]

〈예 4-22〉에서 X와 Y의 분산, 공분산이 각각

$$\sigma_X^2 = \frac{8}{9}$$

$$\sigma_Y^2 = \frac{59}{144}$$

$$\sigma_{XY} = \frac{1}{9}$$

임을 구했으므로, 상관계수 ρ는

$$\rho = \frac{\sigma_{XY}}{\sqrt{\sigma_X^2 \cdot \sigma_Y^2}} = \frac{\frac{1}{9}}{\sqrt{\frac{8}{9} \times \frac{59}{144}}} = 0.184$$

이다.

4.8 엑셀 실습

(1) 상품권 금액의 평균과 분산

주어진 자료를 이용해 평균과 분산을 구한다.

어느 백화점에서 경품권 200장을 발매한 후 랜덤으로 추첨해 1등 10명에게는 100,000원, 2등 20명에게는 50,000원, 3등 40명에게는 10,000원 상당의 상품권을 지급한다고 할 때 상품권 한 장의 기대가치는 얼마인가?

1) 상품권 금액의 분포

① 상품권 금액을 X 라 할 때 각각의 확률을 다음과 같이 워크시트에 입력한다.

	A	B	C	D	E
1	x	100000	50000	10000	0
2	확률	0.05	0.1	0.2	0.65

② 셀 F1항을 선택한 후 레이블 '합계'를 입력하고, 셀 F2항을 선택하고 아래와 같은 함수를 입력하면 각 경우의 확률들의 합계를 구할 수 있다.

F2	fx	=SUM(B2:E2)

위의 과정을 통해 확률의 합계가 '1'임을 확인할 수 있다.

	A	B	C	D	E	F
1	x	100000	50000	10000	0	합계
2	확률	0.05	0.1	0.2	0.65	1

2) 상품권 금액의 기대가치 $E(X)$

① 셀 A4항을 선택하고 레이블 '기대가치'를 입력한다.

② 셀 B4항을 선택하고 다음의 함수식을 입력한다.

B4	fx	=B1*B2+C1*C2+D1*D2+E1*E2

3) 상품권 금액의 분산 σ^2

① 셀 A5항을 선택하고 레이블 '분산'을 입력한다.

② 셀 B5항을 선택하고 다음의 함수식을 입력한다.

```
B5 | fx | =B1^2*B2+C1^2*C2+D1^2*D2+E1^2*E2-B4^2
```

위의 과정을 통해 다음의 결과를 확인할 수 있다.

	A	B	C	D	E	F
1	x	100000	50000	10000	0	합계
2	확률	0.05	0.1	0.2	0.65	1
3						
4	기대가치	12000				
5	분산	626000000				

(2) 두 이산형 확률변수의 분산과 공분산 구하기

자료를 이용해 두 이산형 변수에 대한 분산과 공분산을 구한다.

1) 데이터 입력

자료를 다음과 같이 엑셀 워크시트에 입력한다.

	A	B	C	D	E
1	X \ Y	0	1	2	합계
2	1	0.084	0.167	0.083	0.334
3	3	0.083	0.083	0.5	0.666
4	합계	0.167	0.25	0.583	1

2) X와 Y의 평균

① 셀 A6항을 선택하고 레이블 '평균 X'를 입력한다.

② 셀 B6항을 선택하고 다음의 함수식을 입력한다.

```
B6 | fx | =A2*E2+A3*E3
```

③ 셀 A7항을 선택하고 레이블 '평균 Y'를 입력한다.

④ 셀 B7항을 선택하고 다음의 함수식을 입력한다.

B7	=B1*B4+C1*C4+D1*D4

3) X와 Y의 분산

① 셀 A8항을 선택하고 레이블 '분산 X'를 입력한다.

② 셀 B8항을 선택하고 다음의 함수식을 입력한다.

B8	=A2^2*E2+A3^2*E3-B6^2

③ 셀 A9항을 선택하고 레이블 '분산 Y'를 입력한다.

④ 셀 B9항을 선택하고 다음의 함수식을 입력한다.

B9	=B1^2*B4+C1^2*C4+D1^2*D4-B7^2

4) X와 Y의 공분산

① XY의 평균($E(XY)$)을 쉽게 산출하기 위해 셀 A11항부터 셀 G14항에 다음과 같이 입력한다.

	A	B	C	D	E	F	G
10							
11	(X,Y)	(1,0)	(1,1)	(1,2)	(3,0)	(3,1)	(3,2)
12	Pxy	0.084	0.167	0.083	0.083	0.083	0.5
13	XY	0	1	2	0	3	6
14	XY*Pxy	0	0.167	0.167	0	2.5	3

② 셀 A16항을 선택하고 레이블 '평균 XY'를 입력한다.

③ 셀 B16항을 선택하고 다음의 함수식을 입력한다.

B16	=B14+C14+D14+E14+F14+G14

④ 셀 A17항을 선택하고 레이블 '공분산'을 입력한다.

⑤ 셀 B17항을 선택하고 다음의 함수식을 입력한다.

B17	=B16-B6*B7

위의 과정을 통해 다음과 같은 결과를 확인할 수 있다.

	A	B	C	D	E	F	G
1	X \ Y	0	1	2	합계		
2	1	0.084	0.167	0.083	0.334		
3	3	0.083	0.083	0.5	0.666		
4	합계	0.167	0.25	0.583	1		
5							
6	평균X	2.332					
7	평균Y	1.416					
8	분산X	0.889776					
9	분산Y	0.576944					
10							
11	(X,Y)	(1,0)	(1,1)	(1,2)	(3,0)	(3,1)	(3,2)
12	Pxy	0.084	0.167	0.083	0.083	0.083	0.5
13	XY	0	1	2	0	3	6
14	XY*Pxy	0	0.167	0.167	0	2.5	3
15							
16	평균 XY	5.834					
17	공분산	2.531888					

4.9 R 연습

Introduction to **Statistics,** ch. four

(1) 상품권 금액의 평균과 분산

엑셀 실습 (1)에 주어진 자료를 이용해 상품권 금액의 기대가치와 분산을 구한다.

일반적으로 실제 데이터 수치 자료가 아닐 경우에는 프로그램의 코드를 이용하여 작성한다. 이때 사용되는 명령어로는 사칙연산 명령어로서 "+", "−", "×", "/"가 있으며, 합계로는 "sum"이 있다. a^b와 같이 거듭제곱에 대하여는 a^b(또는 a**b)와 같이 입력한다.

1) 상품권 금액의 분포

자료의 입력은 c(수치, …, 수치)로 한다. "<-"(또는 "=") 기호를 이용하여 지정된 변수(또는 데이터셋)에 입력한다.

```
# 데이터 입력
> x<-c(100000, 50000, 10000, 0)
> prob<-c(0.05, 0.1, 0.2, 0.65)
```

2) 상품권 금액의 기대가치 $E(X)$

"확률 × 금액"의 합으로 기대가치를 산출한다. 이때 "*"를 이용하여 각 수치들의 곱으로 된 데이터를 작성하며, "sum" 명령어를 사용하여 각 수치들의 총합을 구한다.

```
> mu<-sum(x*prob)
> mu
# 위와 같이 이산형 확률변수의 기댓값 구하는 식을 입력하여 기대가치를 산출한다.
```

```
> x<-c(100000, 50000, 10000, 0)
> prob<-c(0.05, 0.1, 0.2, 0.65)
> mu<-sum(x*prob)
> mu
[1] 12000
```

3) 상품권 금액의 분산 σ^2

전체 4개의 데이터를 p.167의 식 (4.1)에 제시된 분산 수식 $\sum_{i=1}^{4}(x_i-\mu)^2 \times prob_i$에 적용하면 분산을 구할 수 있다. $\sum_{i=1}^{4}(x_i-\mu)^2 \times prob_i$를 R에서 프로그램화하면 : "sum((x-mu)^2*prob)"의 명령어로 표현 가능하다.

```
> sigma2<-sum((x-mu)^2*prob)
> sigma2
# 위와 같이 이산형 확률변수의 분산 구하는 식을 입력하여 분산을 산출한다.
```

```
> sigma2<-sum((x-mu)^2*prob)
> sigma2
[1] 6.26e+08
```

(2) 두 이산형 확률변수의 분산과 공분산 구하기

엑셀 실습 (2) 자료를 이용해 두 이산형 변수에 대한 분산과 공분산을 구한다.

1) 데이터 입력

```
> data<-c(0.084, 0.167, 0.083, 0.334, 0.083, 0.083, 0.5, 0.666, 0.167, 0.25,
0.583, 1)
> mat<-matrix(data, nrow=3, byrow=TRUE)
# data에 입력된 수치들을 matrix 명령문을 사용하여 3개의 행을 가진(nrow=3) 행렬
로 전환한다.
# matrix(데이터셋명, nrow=지정 행의 수, byrow=TRUE/FALSE)
# byrow=TRUE(행 순으로 데이터를 채운다)/FALSE(열 순으로 데이터를 채운다,
default)
> rownames(mat)<-c("1", "3", "합계")
> colnames(mat)<-c("0", "1", "2", "합계")
# 행렬의 행의 이름(rownames(mat))과 열의 이름(colnames(mat))을 부여한다.
> mat
```

```
> data<-c(0.084, 0.167, 0.083, 0.334, 0.083, 0.083, 0.5, 0.666, 0.167, 0.25, 0.583, 1)
> mat<-matrix(data, nrow=3, byrow=TRUE)
> rownames(mat)<-c("1", "3", "합계")
> colnames(mat)<-c("0", "1", "2", "합계")
> mat
         0     1     2  합계
1    0.084 0.167 0.083 0.334
3    0.083 0.083 0.500 0.666
합계 0.167 0.250 0.583 1.000
```

2) X와 Y의 평균

평균, 분산, 공분산은 mat 행렬에서의 위치값을 지정하여 계산한다.

```
> mu_x<-1*mat[1,4]+3*mat[2,4]
> mu_y<-0*mat[3,1]+1*mat[3,2]+2*mat[3,3]
# 위와 같이 두 이산형 확률변수의 기댓값 구하는 식을 입력한다.
# mat[a,b]는 mat라는 행렬 데이터셋에서 a행, b열 데이터를 추출함을 의미한다.
> mu_x
> mu_y
```

```
> mu_x<-1*mat[1,4]+3*mat[2,4]
> mu_y<-0*mat[3,1]+1*mat[3,2]+2*mat[3,3]
> mu_x
[1] 2.332
> mu_y
[1] 1.416
```

3) X와 Y의 분산

```
> var_x<-1^2*mat[1,4]+3^2*mat[2,4]-mu_x^2
> var_y<-0^2*mat[3,1]+1^2*mat[3,2]+2^2*mat[3,3]-mu_y^2
# 위와 같이 두 이산형 확률변수의 분산 구하는 식을 입력한다.
> var_x
> var_y
```

```
> var_x<-1^2*mat[1,4]+3^2*mat[2,4]-mu_x^2
> var_y<-0^2*mat[3,1]+1^2*mat[3,2]+2^2*mat[3,3]-mu_y^2
> var_x
[1] 0.889776
> var_y
[1] 0.576944
```

4) X와 Y의 공분산

```
> p_xy<-c(0.167, 0.083, 0.083, 0.083, 0.5, 0.083)
> xy<-c(0, 1, 2, 0, 3, 6)
# XY의 평균을 산출하기 위하여 위와 같이 데이터를 입력한다.
> cov_xy<-sum(p_xy*xy)-(mu_x*mu_y)
# 위와 같이 공분산 구하는 식을 입력한다.
> cov_xy
```

```
> p_xy<-c(0.167, 0.083, 0.083, 0.083, 0.5, 0.083)
> xy<-c(0, 1, 2, 0, 3, 6)
> cov_xy<-sum(p_xy*xy)-(mu_x*mu_y)
> cov_xy
[1] -1.055112
```

연습문제

01. 확률변수 X의 확률분포가 다음과 같을 때,

X	0	1	2	3
확률	$\frac{1}{5}$	$\frac{2}{5}$	$\frac{1}{5}$	$\frac{1}{5}$

(a) X의 누적분포함수를 구하고, 이를 그림으로 표현하라.

(b) X의 평균 μ_X와 분산 σ_X^2을 구하라.

02. 확률변수 X의 확률분포가 다음과 같을 때,

X	-1	0	1
확률	$\frac{1}{4}$	$\frac{1}{4}$	$\frac{1}{2}$

(a) X의 누적분포함수를 구하고, 이를 그림으로 표현하라.

(b) X의 평균 μ_X와 분산 σ_X^2을 구하라.

03. 한 화장품 판매직원은 제품의 테스트를 한 고객 중에서 실제로 그 화장품을 구매하는 사람의 비율이 30%라고 한다. 어느 날 세 명의 고객에게 제품 테스트를 해 주었을 때(확률변수 X를 실제 계약을 체결한 사람의 수라 정의하자),

(a) X의 확률분포표를 구하라.

(b) X의 누적분포함수를 구하고, 이를 그림으로 표현하라.

(c) X의 평균 μ_X와 분산 σ_X^2을 구하라.

04. 다섯 개의 제품이 들어 있는 한 상자에 다른 회사의 제품이 두 개 들어 있다고 한다. 이 상자에서 세 개를 임의로 꺼내는 실험에서 확률변수 X를 세 개 중에 포함된 다른 회사의 제품의 수라 할 때,

(a) X의 확률분포표를 구하라.

(b) X의 누적분포함수를 구하고, 이를 그림으로 표현하라.

(c) X의 평균 μ_X와 분산 σ_X^2을 구하라.

05. 빨간색, 노란색 공이 들어 있는 상자에서 공을 두 번 꺼내는 실험에서 확률변수 Y를

$$Y = \begin{cases} 1, \text{ 두 공의 색깔이 모두 같은 경우} \\ 0, \text{ 위와 같지 않은 경우} \end{cases}$$

라 정의할 때,

(a) Y의 확률분포표를 구하라.

(b) Y의 평균 μ_Y와 분산 σ_Y^2을 구하라.

06. 확률변수 X의 확률분포가 다음과 같을 때,

X	0	1	2	3
확률	$\frac{1}{6}$	$\frac{1}{3}$	$\frac{1}{3}$	$\frac{1}{6}$

(a) X의 누적분포함수를 구하고, 이를 그림으로 표현하라.

(b) X의 평균 μ_X와 분산 σ_X^2을 구하라.

07. 확률변수 Y의 확률분포가 다음과 같을 때,

Y	−2	−1	0	1	2
확률	$\frac{1}{8}$	$\frac{3}{8}$	$\frac{1}{8}$	$\frac{1}{8}$	$\frac{1}{4}$

(a) Y의 누적분포함수를 구하고, 이를 그림으로 표현하라.

(b) Y의 평균 μ_Y와 분산 σ_Y^2을 구하라.

08. 확률변수 X가 $-2 < x < 2$ 사이에서 균등한 분포를 가질 때,

(a) X의 확률분포를 그림으로 표현하라.

(b) X의 평균 μ_X와 분산 σ_X^2을 구하라.

(c) X의 누적분포함수를 구하고, 이를 그림으로 표현하라.

(d) $|X| > \frac{1}{4}$이 주어졌을 때 $X > \frac{3}{4}$에 대한 조건부 확률을 구하라.

(e) $P\left(X^2 \le \frac{1}{4}\right)$을 계산하라.

(f) $P_r\left(X^2 \le y\right)$를 $0 < y < 1$에 대해 y의 함수로 표현하라.

(g) 확률변수 Y를 $Y \equiv X^2$으로 정의할 때, Y의 확률밀도함수를 구하라.

09. 확률변수 X의 확률밀도함수가 다음과 같을 때,

$$f(x) = \begin{cases} \frac{1}{6}x, & 0 \le x \le 3 \\ 0, & \text{다른 곳에서} \end{cases}$$

(a) X의 확률분포를 그림으로 표현하라.

(b) X의 평균 μ_X와 분산 σ_X^2을 구하라.

(c) X의 누적분포함수를 구하고, 이를 그림으로 표현하라.

(d) $P_r(X > 15)$을 계산하라.

(e) $X > 1$이 주어졌을 때 $X > \frac{3}{2}$에 대한 조건부 확률을 구하라.

(f) 확률변수 Y를 $Y \equiv X^2$으로 정의할 때 Y의 확률밀도함수를 구하라.

10. 확률변수 X의 확률밀도함수가 다음과 같을 때,

$$f(x) = \begin{cases} 6x(1-x), & 0 < x < 1 \\ 0, & \text{다른 곳에서} \end{cases}$$

(a) X의 확률분포를 그림으로 표현하라.

(b) X의 누적분포함수를 구하고, 이를 그림으로 표현하라.

(c) X의 평균 μ_X와 분산 σ_X^2을 구하라.

11. 확률변수 X의 누적분포함수$(c.d.f)$가 다음과 같을 때,

$$F(x) = \begin{cases} 0, & x < 0 \\ \sin x, & 0 \le x < \frac{\pi}{2} \\ 1, & x \ge \frac{\pi}{2} \end{cases}$$

(a) X의 확률밀도함수를 구하라.

(b) X의 평균 μ_X를 구하라.

12. 두 확률변수 X와 Y의 결합확률분포함수가 다음과 같을 때,

X \ Y	1	2	3
0	$\frac{1}{10}$	$\frac{1}{5}$	$\frac{1}{10}$
1	$\frac{1}{10}$	0	$\frac{1}{10}$
2	$\frac{1}{10}$	$\frac{1}{10}$	$\frac{1}{5}$

(a) X와 Y의 주변확률분포를 구하라.

(b) $E(X+Y)$를 구하라.

(c) $\mathrm{Cov}(X, Y)$를 구하라.

(d) X와 Y가 독립인가를 보여라.

13. 한 대학교 경제학과 졸업생들의 취업현황을 파악하고자 졸업생 200명을 무작위로 택하여 졸업한 지 1년 미만인지 여부와 직업 유 · 무를 조사하여 다음 표와 같은 정보를 얻었다.

졸업 후 기간	직업 있음	직업 없음	합계
1년 이상	130	20	150
1년 미만	30	20	50
합계	160	40	150

(a) 200명 중 임의로 택한 한 졸업생이 직업이 있다. 이 졸업생의 졸업 후 기간이 1년 미만일 확률은?

(b) 무작위로 택하여진 한 졸업생이 직업이 있으며, 졸업한 지 1년 미만일 확률은?

(c) (a)와 (b)의 답이 차이가 나는 이유를 설명하라.

(d) 직업이 있는 것과 졸업 후 기간이 1년 미만인 것이 통계적으로 독립인가?

14. 두 확률변수 X와 Y의 결합확률분포함수가 다음과 같을 때,

X \ Y	2	3	4
0	$\frac{1}{8}$	0	$\frac{1}{8}$
1	$\frac{1}{4}$	$\frac{1}{8}$	0
2	0	$\frac{1}{4}$	$\frac{1}{8}$

(a) X와 Y의 주변확률분포를 구하라.

(b) $E(X+Y)$를 구하라.

(c) $\mathrm{Cov}(X, Y)$를 구하라.

(d) X와 Y가 독립인가를 보여라.

15. 동전 세 개를 던지는 실험에서 확률변수 X는 '앞면의 수', 그리고 확률변수 Y는 '뒷면의 수'라 할 때,

(a) X와 Y의 결합확률분포함수를 구하라.

(b) X와 Y의 주변확률분포를 구하라.

(c) $E(X+Y)$와 $E(X-Y)$를 구하라.

16. 동전 세 개를 던지는 실험에서 확률변수 X는 '앞면의 수'를 나타내고, 확률변수 Y는

$$Y = \begin{cases} 1, & \text{첫째 동전이 앞면인 경우} \\ 0, & \text{첫째 동전이 앞면이 아닌 경우} \end{cases}$$

와 같다고 할 때,

(a) X와 Y의 결합확률분포함수를 구하라.

(b) X와 Y의 주변확률분포함수를 구하라.

(c) $E(X+Y)$와 $E(X-Y)$를 구하라.

(d) X와 Y의 분산을 구하라.

(e) X와 Y의 공분산을 구하라.

(f) X와 Y가 독립인가를 보여라.

17. 두 확률변수 X와 Y가 서로 독립이며 각각 (0, 1)에서 균등한 분포를 갖는다고 할 때,

(a) X와 Y의 결합확률분포함수를 구하라.

(b) $E(XY) = E(X) \cdot E(Y)$임을 보여라.

18. 대학생이 한 기업의 인적성검사에서 합격할 확률은 0.6이라고 한다. 이번 공채에서 10명의 학생이 인적성검사에 응시하였을 때, 많아야 2명이 시험에 합격할 확률을 구하라.

19. 한 투자에서 100만원의 이익이 있을 확률이 0.55, 50만원의 이익이 있을 확률이 0.20, 그리고 100만원의 손실이 있을 확률이 0.25라 할 때, 이 투자의 기대이익은 얼마인가?

20. X의 확률밀도함수가 다음과 같다.

$$f(x) = c\,(7x^2 - 3x)\,,\ 1 < x < 3$$

상수 c값과 X의 평균, 분산을 구하라.

21. 3이 나올 때까지 동전을 던지는 시행의 확률변수를 정의하고, 누적분포함수를 그려라.

INTRODUCTION TO STATISTICS

이산형 확률분포

Introduction to **Statistics**
ch. five

5

통계학의 이론은 확률에 근거해 설명되어지며, 모든 확률변수는 특정한 확률분포를 갖는다. 제4장에서 설명한 바와 같이 확률변수는 이산형 확률변수와 연속형 확률변수로 구분할 수 있는데, 본 장에서는 이 중 이산형 확률변수의 분포에 대해 설명한다.

5.1 확률분포와 모수

통계분석에서 자료를 수집하고 그 수집된 자료로부터 어떤 정보를 얻고자 하는 경우에는 항상 수집된 자료가 특정한 확률분포를 따른다고 가정한다. 확률분포는 크게 이산형 확률분포와 연속형 확률분포로 나누어지는데, 본 장에서는 이 중 이산형 확률분포에 대해 설명한다. 제6장에서는 연속형 확률분포에 대해 설명한다. 모든 확률분포는 그 분포의 모양을 결정하는 값이 있는데, 그 값을 **모수**(parameter)라 한다. 모수는 확률분포의 특성을 나타내는 값으로, 모든 확률분포는 모수에 의해 구체적인 모양이 결정된다. 따라서 확률분포에 대해 설명하고자 하는 경우에는 우선 그 확률분포의 모수가 무엇인가를 파악해야 한다. 수집된 자료가 특정 분포를 따른다고 할 때 그 분포의 모수는 일반적으로 알려져 있지 않은 값이다. 통계분석의 중요한 목적은 알려져 있지 않은 모수를 추정하거나 이 모수가 특정 값을 가질 것인가를 판단하는 검정을 하는 것이다.

5.2 베르누이 확률분포

베르누이 분포(Bernoulli distribution)란 **베르누이 시행**(Bernoulli trial)의 결과에 대한 확률분포를 말한다. 베르누이 시행이란 실험에서 결과가 둘 중의 하나로 나타나는 실험을 말하며, 다음과 같은 경우를 생각할 수 있다.

예 5-1

베르누이 시행의 예

(a) 동전 하나를 던지는 실험

결과 : 앞면(Head)/뒷면(Tail)

(b) 대학원에 지원한 한 학생의 시험결과

결과 : 합격/불합격

(c) 한 공장의 생산제품의 불량 여부

결과 : 합격품/불량품

(d) 활을 쏘아서 과녁 맞추기

결과 : 성공/실패

위의 예에 제시된 실험과 같이 실험에서 나타나는 결과가 둘 중 하나인 실험을 베르누이 시행이라 하며, 그중 하나(예를 들면 앞면, 합격, 성공 등)를 성공(success ; s)이라 하고 다른 하나를 실패(failure ; f)라 정의한다. 따라서 베르누이 시행은 실험의 결과가 s 또는 f인 확률실험이라 할 수 있으며, 표본공간은

$$\Omega = \{s, f\}$$

이다. 이 실험에서 결과가 s일 확률이 p라면, 확률의 기본 원리에 의해 실험결과가 f일 확률은 $1-p$이다.

베르누이 확률변수란 이와 같은 베르누이 시행에서 결과가 s이면 '1'이고, 결과가 f이면 '0'이라 정의된 확률변수를 말한다. 따라서 베르누이 확률변수 X의 확률분포는 다음과 같이 정의된다.

$$P_r(X=1) = p$$
$$P_r(X=0) = 1-p$$

확률의 기본 원리에 의해 $0 \le p \le 1$이어야 함을 알 수 있으며, 위의 확률분포를 하나의 식으로 표현하면

$$P_r(X=x) = p^x(1-p)^{1-x},\ x = 0, 1$$

이다. $q = 1-p$로 정의하면 베르누이 확률분포는

$$P_r(X=x)=p^x q^{1-x},\ x=0,1$$

과 같이 정의된다.

베르누이 확률변수

확률변수 X의 분포가 다음과 같을 때 X를 베르누이 확률변수라 하고 X~Bernoulli(p)로 정의한다.

$$P_r(X=x)=p^x(1-p)^{1-x},\ x=0,1$$

베르누이 분포의 모양은 확률 p의 값에 의해 결정되므로 이 분포의 모수는 p이다.

베르누이 확률분포의 평균과 분산은 공식에 의해 다음과 같이 구한다.

$$E(X)=\sum x_i p_i = 0\times(1-p)+1\times p = p$$
$$E(X^2)=\sum x_i^2 p_i = 0\times(1-p)+1\times p = p$$

따라서

$$\begin{aligned}\sigma_X^2 &= E(X^2)-[E(X)]^2 = p-p^2\\ &= p(1-p)\end{aligned}$$

이다. 즉, 베르누이 확률분포의 평균과 분산은

$$\mu_X = p$$
$$\sigma_X^2 = p(1-p)$$

이다.

5.3 이항분포

이항분포(binomial distribution)는 베르누이 시행을 독립적으로 n번 반복했을 때 나타나는 결과에서 성공(s)의 횟수에 대한 분포를 구하는 것으로, 다음 예를 통해 성공의 횟수에 대한 분포를 구해 보기로 한다.

예 5-2

성공(s)이 나타날 확률이 p이고, 실패(f)가 나타날 확률이 $1-p$인 베르누이 시행을 독립적으로 3번 반복 실시하는 실험에서 확률변수 X를 '성공의 횟수'라 정의할 때 X의 확률분포를 구하라.

[풀이]

실험에서 나타날 수 있는 모든 가능한 경우는 다음과 같이 8가지이며, 각 경우의 확률은 각 시행이 서로 독립적이므로 각 시행 결과들의 확률의 곱과 같다.

실험결과			X	확률
첫째,	둘째,	셋째		
s	s	s	3	p^3
s	s	f	2	$p^2(1-p)$
s	f	s	2	$p^2(1-p)$
f	s	s	2	$p^2(1-p)$
s	f	f	1	$p(1-p)^2$
f	s	f	1	$p(1-p)^2$
f	f	s	1	$p(1-p)^2$
f	f	f	0	$(1-p)^3$
합			1	

위의 표에 의해 X의 확률분포는 다음과 같음을 알 수 있다.

$$P_r(X=3)=p^3$$

$$P_r(X=2)=3p^2(1-p)$$
$$P_r(X=1)=3p(1-p)^2$$
$$P_r(X=0)-(1-p)^3$$

위의 식을 일반화해 n번 시행할 때 s가 k번 나올 확률은 다음과 같이 구한다. 실험결과가 k개의 s와 $(n-k)$개의 f로 나타났으므로 이 경우에 대한 확률은 $p^k q^{n-k}$, $q=1-p$가 되어야 함을 알 수 있다. 그러나 이와 같이 k개의 s와 $(n-k)$개의 f가 나타날 수 있는 경우의 수는

$$\underbrace{s, s, \cdots, s}_{k\text{개}},\ \underbrace{f, f, \cdots, f}_{(n-k)\text{개}}$$

와 같이 n개의 값을 섞어서 일렬로 세우는 경우의 수이므로 중복순열 계산방법에 의해

$$\frac{n!}{k!(n-k)!}$$

또는 $\binom{n}{k}$임을 알 수 있다. 따라서 n번 시행에서 성공(s)의 횟수가 k일 확률은

$$P_r(X=k)=\binom{n}{k}p^k q^{n-k},\ \ k=0, 1, 2, \cdots, n$$

이다. 특수한 경우로

$k=n$인 경우, 즉 n번 시행에서 모두 성공이 나올 확률은

$$P_r(X=n)=\binom{n}{n}p^n=p^n$$

이고, $k=0$, 즉 n번 시행에서 모두 실패가 나올 확률은

$$P_r(X=0)=\binom{n}{0}q^n=q^n$$

이다.

이항분포

성공의 확률이 p이고 실패의 확률이 $q\,(q = 1 - p)$인 베르누이 시행을 독립적으로 n번 반복했을 경우 나타나는 성공의 횟수를 확률변수 X라 할 때 X를 이항확률변수(binomial random variable)라 하고, $X \sim B(n,\ p)$로 정의하며, 확률분포는 다음과 같다.

$$P_r(X = k) = \binom{n}{k} p^k q^{n-k}, \quad k = 0,\ 1,\ 2,\ \cdots,\ n$$

이항분포에서 모수는 각 시행에서 성공이 나타날 확률 p와 시행횟수 n이다.

이항분포의 평균과 분산을 구하기 위해서는 $E(X)$와 $E(X^2)$을 구해야 하는데, 이는 다음 계산식에서 볼 수 있는 바와 같이 쉽지 않다.

$$E(X) = \sum_{k=0}^{n} k \cdot \binom{n}{k} p^k q^{n-k}$$

$$E(X^2) = \sum_{k=0}^{n} k^2 \cdot \binom{n}{k} p^k q^{n-k}$$

따라서 이항분포에 대한 평균 및 분산은 일반적으로 다음과 같은 n개의 서로 독립인 확률변수 합의 평균과 분산을 구하는 식을 이용해 구한다.

n개 독립인 확률변수의 합의 평균과 분산

$X_1,\ X_2,\ \cdots,\ X_n$이 서로 독립이며, 각각의 평균이 μ이고, 분산이 σ^2이라면, 이 확률변수들의 합 $X = \sum_{i=1}^{n} X_i$의 평균과 분산은 다음과 같다.

$$E(X) = n\mu$$

$$Var(X) = n\sigma^2$$

[증명] ☞ 〈부록 Ⅳ〉

즉, 위의 설명에 의해 n개의 서로 독립인 확률변수 $X_1,\ X_2,\ \cdots,\ X_n$의 합 $\sum_{i=1}^{n} X_i$의 평균과 분산이 각각의 확률변수의 평균과 분산의 합과 같음을 알 수 있다. 위의 설명을 이용하면 이항분포의 평균과 분산을 다음과 같이 유도할 수 있다. $X_1,\ X_2, \cdots,\ X_n$이 각각 서로 독립인 베르누이 확률변수이고, $P_r(X_i = 1) = p$, $P_r(X_i = 0) = q$, $i = 1, 2, \cdots, n$이라 할 때 이항확률변수 X는 $X = \sum_{i=1}^{n} X_i$라고 정의할 수 있다. 따라서 이항확률변수 X의 평균과 분산은 각각

$$E(X) = E\left(\sum_{i=1}^{n} X_i\right) = \sum_{i=1}^{n} E(X_i) = p + p + \cdots + p = np$$

$$Var(X) = Var\left(\sum_{i=1}^{n} X_i\right) = \sum_{i=1}^{n} Var(X_i) = pq + pq + \cdots + pq = npq$$

이다.

이항확률분포에서 확률의 계산은 〈부록 VI〉의 [표 1]에 의해 구할 수 있는데, 〈부록 VI〉의 [표 1]은

$$P_r(X \le a) = \sum_{x=0}^{a} P(x)$$

와 같이 표본의 수 $n = 5, 10, 15, 20, 25$인 경우에 성공 확률이 p인 이항확률변수 X의 값 a까지의 누적확률을 제시해 준다.

예 5-3

한 축구선수가 패널티킥을 차면 10번 중 3번을 성공한다고 한다. 축구선수가 어느 경기에서 10회 패널티킥을 찼을 때 성공 또는 실패라고 한다. 이 선수가 찬 패널티킥의 성공 수의 분포를 구하고, 패널티킥를 정확하게 3번 성공할 확률과 4번 이하로 실패할 확률, 그리고 이 선수가 친 패널티킥 수에 대한 평균과 분산을 구하라.

[풀이]

확률변수 X를 '이 선수가 찬 패널티킥 수'로 정의할 때 $X \sim B(10, 0.3)$이므로 X의 확률분포함수는

$$P_r(X = k) = \binom{10}{k}(0.3)^k(0.7)^{10-k},\ k = 0, 1, 2, \cdots, 10$$

이다. 정확하게 3개의 패널티킥을 성공할 확률은

$$P_r(X = 3) = \binom{10}{3}(0.3)^3(0.7)^7$$

인데, 〈부록 VI〉의 [표 1]을 이용하면

$$\begin{aligned} P_r(X=3) &= P_r(X \le 3) - P_r(X \le 2) \\ &= 0.650 - 0.383 \\ &= 0.267 \end{aligned}$$

이며, 패널티킥을 4번 이하로 실패할 확률은 〈부록 VI〉의 [표 1]에 의해

$$P_r(X \le 4) = 0.850$$

이다. 패널티킥의 성공횟수의 평균과 분산은 각각

$$E(X) = np = 10 \times 0.3 = 3$$
$$Var(X) = npq = 10 \times 0.3 \times 0.7 = 2.1$$

이다.

예 5-4

제품 한 상자에 정확하게 1%의 불량품이 들어 있다고 한다. 이 상자에서 10개의 제품을 임의로 관찰해 불량품이 2개 이상인 경우에는 이 상자를 폐기처분한다고 할 때, 이 상자가 폐기처분될 확률을 구하라.

[풀이]

확률변수 X가 10개의 관찰치 중 불량품의 수를 나타낸다고 할 때 각 관찰치가 불량품일 확률은 0.01이므로 X의 확률분포는

$$P_r(X=k) = \binom{10}{k}(0.01)^k(0.99)^{10-k},\ k = 0, 1, 2, \cdots, 10$$

이다. 이 상자가 폐기될 확률은

$$\begin{aligned} P_r(X \ge 2) &= 1 - P_r(X < 2) \\ &= 1 - P_r(X \le 1) \end{aligned}$$

이며, 〈부록 VI〉의 [표 1]에 의해

$$P_r(X \ge 2) = 1 - P_r(X \le 1) = 1 - 0.996 = 0.004$$

이다.

예 5-5

어느 가게에 오후 5시부터 7시 사이에 들어오는 손님들 중 30%가 소품목 계산대를 이용한다. 5명의 손님을 랜덤하게 선택했을 때, 다음 확률을 구하라.

a. 소품목 계산대를 이용하는 손님이 2명일 확률

b. 소품목 계산대를 이용하는 손님이 1명 이하일 확률

[풀이]

확률변수 X를 5명의 손님 중 소품목 계산대를 이용하는 손님의 수라 할 때 들어오는 손님이 소품목 계산대를 이용할 확률은 0.3이므로 X의 확률분포는

$$P_r(X=k)=\binom{5}{k}(0.3)^k(0.7)^{5-k},\ k=0,\ 1,\ 2,\ \cdots,\ 5$$

이다.

〈부록 VI〉의 [표 1]을 이용해 각각의 확률을 구하면 다음과 같다.

a. 소품목 계산대를 이용하는 손님이 2명일 확률

$$P_r(X=2)=P_r(X\le 2)-P_r(X\le 1)=0.837-0.528=0.309$$

b. 소품목 계산대를 이용하는 손님이 1명 이하일 확률

$$P_r(X\le 1)=0.528$$

이다.

이항분포는 성공확률 p가 0.5이면 평균 μ을 중심으로 좌우대칭인 분포를 가지며, p와 n의 크기에 따라 모양이 결정된다. 세 가지 경우에 대한 이항분포의 그림이 [그림 5-1]에 주어져 있다.

그림 5-1 이항분포의 확률

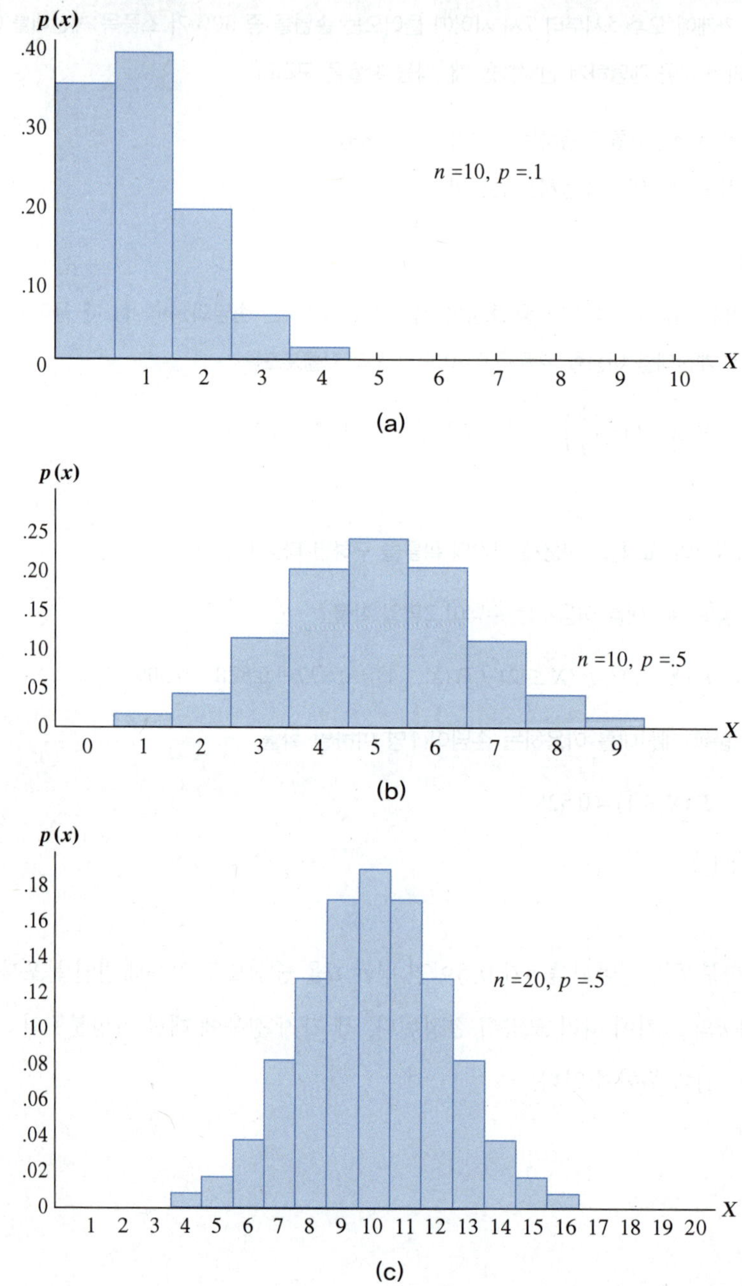

5.4 기하분포

기하분포(geometric distribution)도 또한 베르누이 시행으로부터 유도된 확률분포이다. 기하분포는 매번 시행에서 성공의 확률이 p인 베르누이 시행을 독립적으로 반복하여 실시할 때 첫 성공이 나타날 때까지의 실행횟수에 대한 확률분포이다. 확률변수 X가 위의 조건에 의한 기하분포를 따를 때 $X=k$일 확률은 $(k-1)$번 실패 후에 첫 성공이 나타날 확률이므로, $q=1-p$라 할 때

$$
\begin{aligned}
P_r(X=k) &= \underbrace{q \cdot q \cdot \cdots \cdot q}_{(k-1)\text{개}} \cdot p \\
&= q^{k-1} \cdot p, \quad k = 1, 2, 3, \cdots
\end{aligned}
$$

이다.

기하분포

매번 시행에서 성공이 나올 확률이 p이고 실패가 나올 확률이 $q=1-p$인 베르누이 시행을 독립적으로 반복 실시할 경우 확률변수 X가 첫 성공이 나올 때까지의 시행횟수라고 하면, X는 기하분포를 따르며 X~Geometric(p)로 표현하고, 확률은 다음과 같이 계산한다.

$$P_r(X=k) = q^{k-1} \cdot p, \quad k = 1, 2, 3, \cdots$$

여기에서 X의 가능한 값은 모든 양의 정수이며, 기하분포의 모수는 성공의 확률 p이다.

예 5-6

매주 A백화점에서 발매해 주말에 추첨하는 상품권에서 당첨될 확률이 30%라고 한다. 한 사람이 당첨될 때까지 매주 하나씩 복권을 계속 산다고 할 때 이 사람이 5번째 주에 가서 처음 당첨될 확률은 얼마인가?

[풀이]

확률변수 X를 이 사람이 상품권에 처음 당첨될 때까지 상품권을 산 횟수로 정의하면 X의 분포는

$$P_r(X=k)=0.7^{k-1}\cdot 0.3,\ \ k=1,\ 2,\ 3,\ \cdots$$

이다. 따라서 5번째에 처음 당첨될 확률은

$$\begin{aligned} P_r(X=5) &= 0.7^4\times 0.3 \\ &= 0.072 \end{aligned}$$

이다.

기하분포의 평균과 분산의 계산에서

$$E(X)=\sum_{k=1}^{\infty}k\cdot q^{k-1}\cdot p$$
$$E(X^2)=\sum_{k=1}^{\infty}k^2\cdot q^{k-1}\cdot p$$

와 같으므로 X의 평균과 분산의 계산이 간단하지 않음을 알 수 있다. 이 값의 계산은 이 책의 수준을 벗어나므로 여기에서는 증명을 하지 않고 기하분포의 평균과 분산을 제시한다.

기하분포의 평균과 분산

$$E(X)=\frac{1}{p}$$
$$Var(X)=\frac{q}{p^2},\ \ p>0$$

예 5-7

주사위 1개를 6이 나올 때까지 던진다고 할 때 다음을 계산하라.

(a) 5번째에 6이 나올 확률

(b) 6이 나올 때까지의 평균실행횟수

[풀이]

확률변수 X를 주사위를 던져서 6이 처음 나오기 전까지의 던진 횟수라고 할 때 매번 시행에서 6이 나올 확률은 $\frac{1}{6}$이므로 $X \sim \text{Geometric}\left(\frac{1}{6}\right)$이다. 따라서

(a) 5번째에 6이 나올 확률은

$$P_r(X=5)=q^4 p=\left(\frac{5}{6}\right)^4 \cdot \frac{1}{6}$$

(b) 6이 나올 때까지의 평균실행횟수는

$$E(X)=\frac{1}{p}=\frac{1}{\frac{1}{6}}=6$$

이다.

*5.5 다항분포

Introduction to **Statistics,** ch. five

이항분포는 실험에서 나타날 가능성이 두 개인 경우에 대한 확률분포인데, 이는 자연스럽게 나타날 가능성이 세 개 이상인 경우로 확장할 수 있다. 예를 들어 한 공장에서 세 사람 A, B, C가 제품을 생산하는데, A가 전체 생산량의 50%, B가 30%, C가 20%를 생산한다고 할 때 출고된 제품 50개 중에서 A가 20개, B가 20개, 그리고 C가 10개 생산했을 확률의 계산과 같은 것이다. 여기에서 제품은 A, B, C 세 사람에 의해 생산되므로 한 제품을 A가 생산했을 확률은 $P_A=0.5$, B가 생산했을 확률은 $P_B=0.3$, C가 생산했을 확률은 $P_C=0.2$가 되며, 중복순열 계산 공식에 의해 50개가 20 : 20 : 10으로 분포될 경우의 수는

$$\frac{50!}{20!\ 20!\ 10!}$$

이다. 따라서 출고된 제품 50개를 A와 B가 각각 20개씩, 그리고 C가 10개 생산했을 확률은

$$P_r(A=20,\ B=20,\ C=10)=\frac{50!}{20!\ 20!\ 10!}(0.5)^{20}(0.3)^{20}(0.2)^{10}$$

이다. 이와 같이 가능한 결과가 세 개 이상인 실험을 n번 반복했을 때 각 결과가 특정 수만큼 나타날 확률을 구하는 분포를 **다항분포**(multinomial distribution)라 한다.

다항분포

각 실험의 실현치가 k개 범주 중 하나이며, 각 범주가 나타날 확률이 $p_1,\ p_2,\ \cdots,\ p_k$인 확률실험에서 실험을 n번 반복했을 때 각 범주의 관측치를 확률변수 $X_1,\ X_2,\ \cdots,\ X_k$로 표현하면, $X_1=x_1,\ X_2=x_2,\ \cdots,\ X_k=x_k$가 관측될 확률을 측정하는 분포를 다항분포라 하며, 확률은

$$P_r(X_1=x_1,\ X_2=x_2,\ \cdots,\ X_k=x_k)=\frac{n!}{x_1!\,x_2!\cdots x_k!}\cdot p_1^{x_1}\cdot p_2^{x_2}\cdot\cdots\cdot p_k^{x_k}$$

이다. 여기에서

$$n=\sum_{i=1}^{k}x_i$$

이며,

$$p_1+p_2+\cdots+p_k=1$$

이다.

관측도수	x_1	x_2	x_3	$\cdots$	x_k
확 률	p_1	p_2	p_3	$\cdots$	p_k
범 주	1	2	3	$\cdots$	k

예 5-8

한 조사의 결과는 1, 2, 3, 4로 표현되는 4가지 번호 중 하나로 나타나며, 각각의 번호가 나타날 확률이 순서대로 $\frac{1}{10}$, $\frac{2}{10}$, $\frac{3}{10}$, $\frac{4}{10}$라고 한다. 이 실험에서 관측한 20개의 값 중 각

속성의 관측치가 3, 4, 5, 8일 확률을 구하라.

[풀이]

X_1, X_2, X_3, X_4를 각각의 속성이 관측된 수를 의미하는 확률변수라 할 때 각각의 속성이 나타날 확률이 $\frac{1}{10}, \frac{2}{10}, \frac{3}{10}, \frac{4}{10}$이므로

$$P_r(X_1=3,\ X_2=4,\ X_3=5,\ X_4=8)$$
$$=\frac{20!}{3!\,4!\,5!\,8!}\left(\frac{1}{10}\right)^3\left(\frac{2}{10}\right)^4\left(\frac{3}{10}\right)^5\left(\frac{4}{10}\right)^8$$

이다.

5.6 포아송분포

Introduction to **Statistics,** ch. five

한 사무실에 걸려오는 전화 횟수의 분포를 생각해 보자. 과거의 경험에 의할 때 이 사무실에 오전 9시부터 10시 사이에 평균 5회의 전화가 걸려온다면, 오전 9시에서 10시 사이에 걸려오는 전화의 횟수의 분포는 어떤 모양을 가질까? 걸려오는 전화의 횟수는 0에서부터 5까지 가능하며, 그 분포는 평균 가까이가 가장 많이 나타나는 모양을 가질 것으로 생각할 수 있다. 이와 같이 특정 시간 또는 구간에 어떤 사건이 적은 수로 발생하는 경우 그 사건의 발생횟수를 측정하는 확률분포를 **포아송분포**(Poisson distribution)라 한다.

포아송분포

단위구간 내에서 어떤 사건이 평균 μ회 발생한다고 할 때 그 구간 내에서 발생되는 사건의 수의 분포를 포아송분포라 한다. 확률변수 X를 사건의 발생횟수라 할 때 X~Poisson(μ)로 표현하며, 사건이 k번 발생될 확률은

$$P_r(X=k)=\frac{\mu^k}{k!}e^{-\mu},\ k=0,\ 1,\ 2,\cdots$$

이다. 여기에서 e는 자연대수(log)의 밑수로 $e=2.71828\cdots\cdots$이다.

포아송분포는 주어진 단위시간, 거리, 영역 등에서 어떤 사건이 발생되는 횟수를 측정하는 확률변수로, 다음과 같은 적용사례를 생각할 수 있다.

1. 특정 지역에서 제한된 시간 내에 발생되는 교통사고 수의 분포
2. 10분 안에 백화점에 도착하는 고객의 수의 분포
3. 특정 시간에 고속도로 톨게이트를 지나는 외제차량 수의 분포
4. 자동생산라인에서 특정 시간에 발생되는 불량품 수의 분포

예 5-9

최근 올림픽도로에서는 하루 평균 5건의 교통사고가 발생한다. 교통사고의 발생횟수가 포아송분포를 따른다고 할 때 어느 날 교통사고가 전혀 일어나지 않을 확률은 얼마인가? 또 교통사고가 3번 이상 일어날 확률은 얼마인가?

[풀이]

확률변수 X가 하루에 발생되는 교통사고의 횟수를 나타낸다고 하면, 하루에 발생되는 교통사고의 횟수가 평균 5회이므로 X~Poisson(5)이며,

$$P_r(X=k)=\frac{5^k}{k!}e^{-5}$$

이다. 따라서 교통사고가 전혀 발생되지 않을 확률은

$$P_r(X=0)=\frac{5^0}{0!}e^{-5}=e^{-5}\approx 0.00674$$

이고, 3회 이상 발생될 확률은

$$P_r(X \geq 3) = 1 - P_r(X < 3)$$
$$= 1 - \{P_r(X=0) + P_r(X=1) + P_r(X=2)\}$$
$$= 1 - 0.1247$$
$$= 0.8753$$

이다.

표 5-1 **포아송분포표**(〈부록 VI〉의 [표 2]의 일부)

c \ μ	4.4	4.6	4.0	5.0	5.2	5.4	5.6	5.8	6.0	6.2	6.4
0	.012	.010	.008	.007	.006	.005	.004	.003	.002	.002	.002
1	.066	.056	.048	.040	.034	.025	.024	.021	.017	.015	.012
2	.185	.153	.143	.125	.109	.095	.082	.072	.062	.054	.046
3	.359	.326	.294	.265	.238	.213	.191	.170	.151	.134	.119
4	.551	.513	.476	.440	.406	.373	.342	.313	.285	.259	.235
5	.720	.686	.651	.616	.581	.546	.512	.478	.446	.414	.384
6	.844	.818	.791	.762	.732	.702	.670	.638	.606	.574	.542
7	.921	.905	.887	.867	.845	.822	.797	.771	.744	.715	.687
8	.964	.955	.944	.932	.918	.903	.886	.867	.847	.826	.803
9	.985	.980	.975	.968	.960	.951	.941	.929	.916	.902	.886
10	.994	.992	.990	.986	.982	.977	.972	.965	.957	.949	.939
11	.998	.997	.996	.995	.993	.990	.988	.984	.980	.975	.969
12	.999	.999	.999	.998	.997	.996	.995	.993	.991	.989	.986
13	1.000	1.000	1.000	.999	.999	.999	.998	.997	.996	.995	.994
14				1.000	1.000	1.000	.999	.999	.999	.998	.997
15							1.000	1.000	.999	.999	.999
16									1.000	1.000	1.000

〈부록 VI〉의 [표 2]에는 포아송분포에 대한 누적확률분포표가 주어져 있는데, 그 일부가 [표 5-1]에 주어져 있다. 〈부록 VI〉의 [표 2]는 포아송분포에서 각각의 평균값 μ에 대한 확률변수 X의 c까지의 누적확률

$$P(X \leq c) = \sum_{k=0}^{c} \frac{\mu^k}{k!} e^{-\mu}$$

의 값을 계산한 표이다. [표 5-1]에서 $\mu = 5.0$인 경우

$$P_r(X \leq 0) = P_r(X=0) = 0.007$$
$$P_r(X \leq 1) = P_r(X=0) + P_r(X=1) = 0.040$$
$$P_r(X \leq 2) = P_r(X=0) + P_r(X=1) + P_r(X=2) = 0.125$$

이다. [표 5-1]에 의해 위의 〈예 5-9〉에 주어진 확률을 계산하면 $\mu = 5.0$의 열에 의해

$$P_r(X = 0) = 0.007$$

$$\begin{aligned} P_r(X \geq 3) &= 1 - P_r(X < 3) \\ &= 1 - P_r(X \leq 2) \\ &= 1 - 0.125 = 0.875 \end{aligned}$$

가 되어 위의 예에서 구한 값과 거의 동일함을 알 수 있다.

예 5-10

한 고객이 하루 동안 사용한 체크카드의 횟수는 평균 3번이다. 특정 시간에 고객이 체크카드를 3번 이상 사용할 확률은 얼마인가?

[풀이]

확률변수 X가 카드 사용횟수를 나타낼 때 X~Poisson(3)이며, 〈부록 VI〉의 [표 2]에 의해 $\mu = 3.0$일 때

$$P_r(X \geq 2) = 1 - P_r(X \leq 1) = 1 - 0.199 = 0.801$$

이다.

포아송분포의 평균과 분산

확률변수 X가 평균 μ인 포아송분포를 따를 때 X의 평균과 분산은 다음과 같이 동일하다.

$$E(X) = \mu$$

$$Var(X) = \mu$$

5.7 엑셀 실습

Introduction to **Statistics,** ch. five

(1) 이항분포 확률 구하기

한 투표 용지함에 'ㅇ', '×' 라고 적힌 용지들이 들어 있고, 투표함에서 용지를 하나 뽑을 때 'ㅇ'를 뽑을 확률은 0.4라고 한다. 어떤 사람이 투표함에서 10개의 용지

를 뽑았을 때 이 사람이 'ㅇ' 를 3번 뽑을 확률은 얼마인가?

1) 자료 입력

문제에서 예시된 기초 자료를 워크시트에 다음과 같이 입력한다.

	A	B
1	p	0.4
2	n	10
3	x	3

2) 이항분포 확률값

① 셀 A5항을 선택한다.

② 함수 마법사 버튼을 눌러 함수 마법사 창을 불러들이고, [통계]-[BINOM.DIST] 옵션을 다음 그림과 같이 선택한 후 확인을 클릭한다.

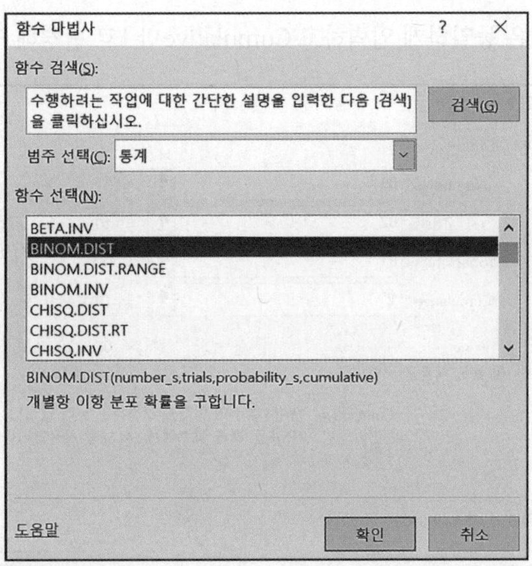

③ 'BINOM.DIST' 함수 옵션지정 창에서 Number_s는 성공횟수(X)를 의미하고, Trial은 전체 시행횟수(n)를 의미하며, Probability_s는 성공확률(p)을 의미한다. Cumulative는 0을 입력하고 누적확률이 아닌 $X=3$의 확률을 구한다. X, n, 그리고 p를 다음의 그림과 같이 지정하고 확인을 클릭한다.

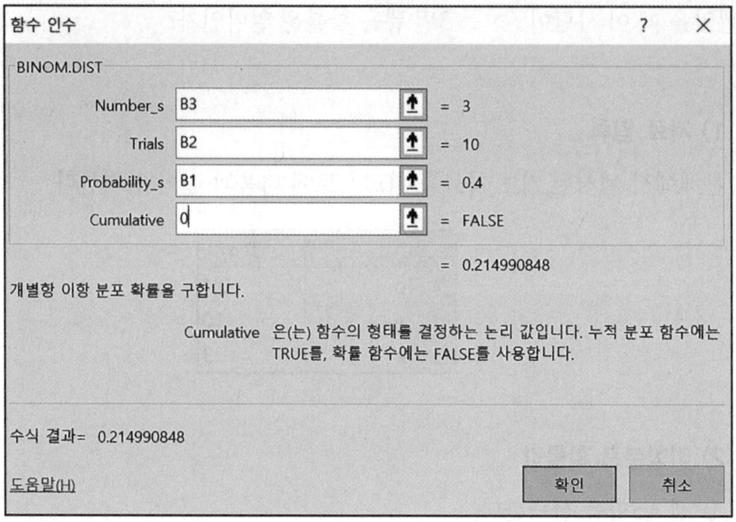

④ 셀 A6항을 선택한다.

⑤ $X=3$까지의 누적확률을 구하기 위해 BINOM.DIST 함수 옵션지정 창에서 다른 것은 동일하게 입력하고 Cumulative만 1로 변경해 누적확률을 구한다.

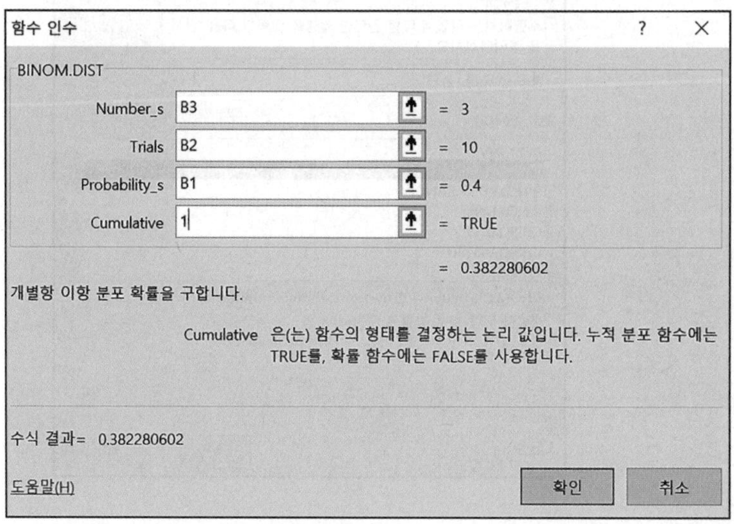

위의 과정을 통해 문제에서 예시한 조건하에서 정확하게 'ㅇ'가 적힌 용지를 3번 뽑을 확률은 약 '0.214' 이고, X = 3까지의 누적확률은 약 '0.382' 임을 알 수 있다.

5	0.214991	정확하게 'O'가 적힌 용지를 3번 뽑을 확률
6	0.382281	X=3 까지의 누적확률

(2) 포아송확률 분포

어느 사무실에 있는 전화기는 한 시간에 3번 벨이 울린다고 한다. 전화벨이 울리는 횟수가 포아송분포를 따른다고 할 때 어느 시간대에 전화벨이 전혀 울리지 않을 확률을 구한다.

① 셀 A1항을 선택한다.

② 함수 마법사 버튼을 눌러 함수 마법사 창을 불러들인 후 [통계]-[POISSON.DIST] 옵션을 다음의 그림과 같이 선택하고 확인을 클릭한다.

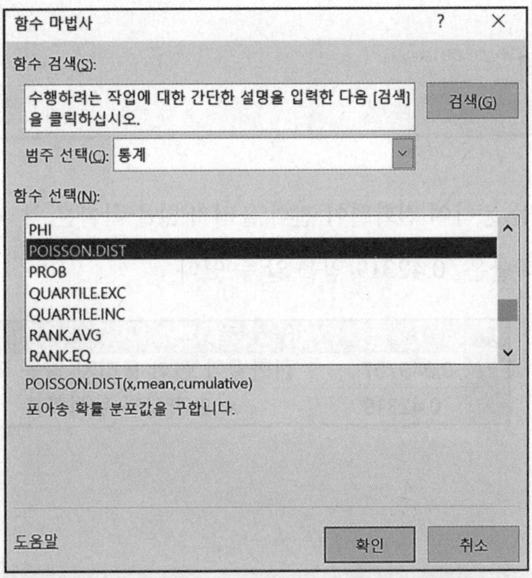

③ 문제에서 예시된 바와 같이 사건의 수를 '0'으로 평균(기댓값)을 '3'으로 아래의 그림과 같이 지정한다.

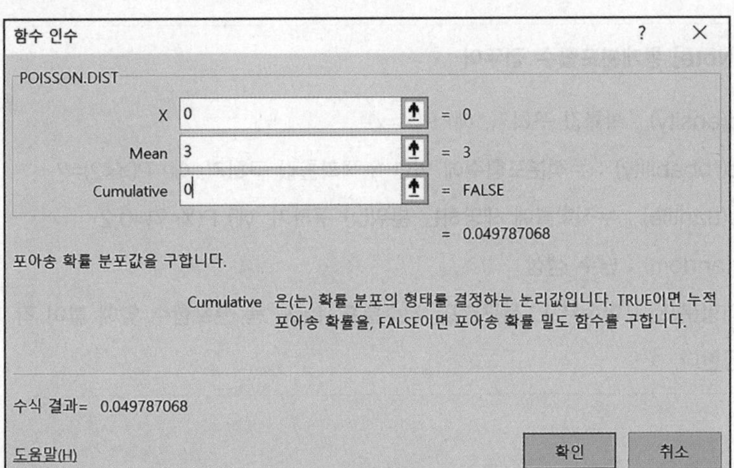

④ 포아송분포에서 $X = 2$까지의 누적확률은 다음과 같이 구한다.

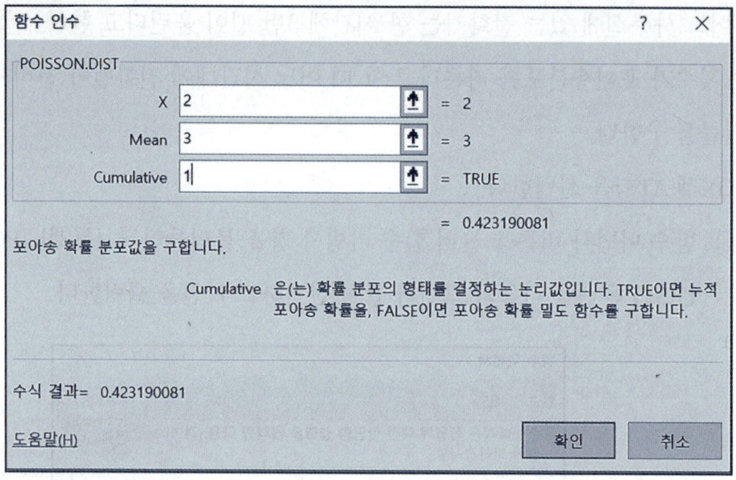

위의 과정을 통하여 전화벨이 전혀 울리지 않을 확률은 약 '0.049787' 이고, $X =$ 2까지의 누적확률은 '0.42319' 임을 알 수 있다.

	A	B
1	0.049787	전화벨이 전혀 울리지 않을 확률
2	0.42319	X=2 까지의 누적확률

5.8 R 연습

Introduction to **Statistics,** ch. five

[Note] 통계분포함수 접두어

d(ensity) : 확률값 구하기. 예) P(X=x)

p(robability) : 누적분포함수에 의한 누적확률값 구하기. 예) P(X<2)=?

q(uantile) : 누적확률에 해당하는 분위(x) 구하기. 예) P(X<?]=0.2

r(andom) : 난수 생성.

이항분포, 포아송분포, 정규분포, 지수분포, t분포 등 분포함수 앞에 붙어 각 기능을 제공한다.

(1) 이항분포 확률 구하기

pbinom 명령문을 사용하여 이항분포 확률값을 구한다. pbinom은 binomial의 줄임말인 binom과 접두어 p가 결합된 형태로 이항분포의 누적분포함수에 의한 누적확률값을 구하는 명령어이다. dbinom은 binomial의 줄임말인 binom과 접두어 d가 결합된 형태로 특정 지점의 확률을 구하는 명령어이다.

〈예 5-3〉에 있는 자료를 이용하여 패널티킥을 정확하게 3번 성공할 확률과 4번 성공할 확률을 구한다.

```
> pbinom(4, size=10, prob=0.3)  #X<=4일 확률
# 이항분포의 누적확률값을 구하는 pbinom 명령문을 사용한다.
# pbinom(성공횟수, size=총 시행횟수, prob=베르누이 시행의 성공확률)
> pbinom(3, size=10, prob=0.3)-pbinom(2, size=10, prob=0.3) #X=3일 확률
# pbinom은 누적확률값을 구하는 명령어로 위와 같은 식으로 P(X=3)값을 구할 수 있다.
> dbinom(3, size=10, prob=0.3)
# 이항분포의 각 개별 확률값을 구하는 dbinom 명령문을 사용하여 위와 같은 결과값을 얻을 수 있다.
```

```
> pbinom(4, size=10, prob=0.3)     #X<=4일 확률
[1] 0.8497317
> pbinom(3, size=10, prob=0.3)-pbinom(2, size=10, prob=0.3)  #X<=3일 확률
[1] 0.2668279
> dbinom(3, size=10, prob=0.3)
[1] 0.2668279
```

(2) 포아송분포 확률 구하기

ppois 명령문을 사용하여 포아송분포 확률값을 구한다. 위의 pbinom과 마찬가지로 poisson의 줄임말인 pois와 접두어 p가 결합된 명령문이다.

〈예 5-9〉에 있는 자료를 이용하여 어느 날 교통사고가 전혀 일어나지 않을 확률과 3번 이상 일어날 확률을 구한다.

```
> ppois(0, lambda=5)  #X=0일 확률
# 포아송분포의 누적확률값을 나타내는 ppois 명령문을 사용한다.
# ppois(사건 횟수, lambda=단위시간당 평균 사건 발생 확률)
# dpois(0, lambda=5)를 이용하여 같은 결과값을 얻을 수 있다.
> 1-ppois(2, lambda=5)  #X>=3일 확률
```

```
> ppois(0, lambda=5)        #X=0일 확률
[1] 0.006737947
> 1-ppois(2, lambda=5)    #X>=3일 확률
[1] 0.875348
```

연습문제

01. 확률변수 X가 이항분포 $B(n, p)$를 따를 때 다음 각 경우에 대한 확률을 구하라.

(a) $n = 4, p = 0.5, X = 2$ (b) $n = 3, p = 0.1, X = 3$

(c) $n = 2, p = 0.3, X = 0$ (d) $n = 4, p = 0.4, X = 3$

(e) $n = 3, p = 0.3, X = 1$ (f) $n = 2, p = 0.3, X = 1$

02. 확률변수 X가 이항분포 $B(n, p)$를 따를 때 〈부록 VI〉의 [표 1]을 이용해 다음 각 확률을 구하라.

(a) $P_r(X = 2), n = 10, p = 0.1$ (b) $P_r(X = 8), n = 10, p = 0.1$

(c) $P_r(X \leq 5), n = 15, p = 0.4$ (d) $P_r(X > 1), n = 5, p = 0.5$

(e) $P_r(X < 10), n = 25, p = 0.8$ (f) $P_r(X \geq 10), n = 15, p = 0.9$

(g) $P_r(X = 2), n = 20, p = 0.6$ (h) $P_r(X = 10), n = 20, p = 0.6$

03. 확률변수 X가 다음과 같은 모수를 갖는 이항분포를 따른다고 할 때 X의 평균과 분산을 구하라.

(a) $n = 20, p = 0.2$ (b) $n = 20, p = 0.8$

(c) $n = 100, p = 0.5$ (d) $n = 100, p = 0.2$

(e) $n = 50, p = 0.2$ (f) $n = 500, p = 0.01$

04. 확률변수 X가 이항분포 $B(10, 0.5)$를 따른다고 할 때,

(a) 평균 μ, 분산 σ^2, 그리고 표준편차 σ를 구하라.

(b) 〈부록 VI〉의 [표 1]을 이용해 $X = 0, 1, 2, \cdots, 10$에 대한 확률분포표를 구하고, 이를 그림으로 표현하라.

(c) (b)의 그림에 $\mu \pm 2\sigma$ 구간을 표시하고, X가 그 구간 안에 있을 확률을 구하라.

05. 이항분포($B(n, p)$)하는 확률변수 X의 평균이 16이고 표준편차가 $2\sqrt{2}$라면 n의 값은 얼마인가?

06. 한 화장품 회사 제품의 시장점유율이 20%라 할 때 소비자 중 임의로 10명을 뽑았을 경우 이 중 2명이 이 회사의 제품을 사용할 확률을 구하라.

07. 한 야구선수가 안타를 칠 확률이 30%라고 할 때 이 야구선수가 세 번째 시도에서 안타를 칠 확률은 얼마인가?

08. 한 병원의 외과 수술팀이 수술에서 85%의 성공률을 기록하고 있다고 할 때,

(a) 10명의 환자를 수술할 때 수술이 성공할 환자 수의 기댓값은 얼마인가?

(b) 10명의 환자를 수술할 때 최소한 8명의 환자 수술이 성공할 확률은 얼마인가?

(c) 처음 세 환자의 수술이 성공하고 네 번째 환자의 수술이 실패할 확률은 얼마인가?

09. 한 영어학원에서 매일 실시하는 영단어 시험에서 20%의 학생들이 Fail 점수를 받는다고 한다. 30명이 있는 A반에서 Fail 점수를 받을 학생들 수의 평균과 분산을 구하여라.

10. 한 군사시설 주위에 4개의 레이더 장치가 있는데, 각각의 레이더 장치의 작동은 서로 독립이며, 각 레이더 장치가 이상한 물체의 접근을 감지할 확률은 0.9라고 한다. 이상한 물체가 접근할 때 최소한 한 대 이상의 레이더가 감지할 확률은 얼마인가?

11. 확률변수 X가 기하분포 Geometric(p)를 따른다고 할 때 다음 각 경우에 대한 확률, 평균과 분산을 구하라.

(a) $X = 5,\ p = 0.2$　　(b) $X = 3,\ p = 0.6$

(c) $p = 0.5$　　(d) $p = 0.7$

12. 한 공장에서 생산된 블루투스 마우스의 불량률이 25%라고 한다. 이 공장에서 생산된 마우스를 무작위로 골라 테스트 할 때, 네 번째로 고른 마우스가 처음으로 컴퓨터와 연결이 안 될 확률은 얼마인가?

13. 한 양궁선수가 10점을 맞출 확률이 0.8이라고 할 때 이 선수가 네 번째 시도에서 표적을 처음 맞출 확률은 얼마인가?

14. 확률변수 X가 세 개의 가능한 경우가 있는 다항분포 Multinomial(n ; p_1, p_2, p_3)를 따를 때 다음 각 경우의 확률을 구하라.

(a) $P_r(X_1 = 2,\ X_2 = 3,\ X_3 = 5),\ n = 10,\ p_1 = p_2 = p_3 = \frac{1}{3}$

(b) $P_r(X_1 = 0,\ X_2 = 2,\ X_3 = 3),\ n = 5,\ p_1 = 0.1,\ p_2 = 0.4,\ p_3 = 0.5$

(c) $P_r(X_1 = 2,\ X_2 = 1,\ X_3 = 2),\ n = 5,\ p_1 = 0.4,\ p_2 = 0.2,\ p_3 = 0.4$

(d) $P_r(X_1 = 4,\ X_2 = 4,\ X_3 = 2),\ n = 10,\ p_1 = 0.4,\ p_2 = 0.3,\ p_3 = 0.3$

15. 빨간 공이 20개, 파란 공이 30개 노란 공이 50개 들어 있는 상자가 있다. 이 상자에서 복원추출로 공을 10번 뽑을 때 빨간 공이 5개, 파란 공이 3개, 노란 공이 2개 나올 확률을 구하라.

16. 확률변수 X가 포아송분포 Poisson(μ)를 따를 때 다음 각 경우의 확률을 구하라.

(a) $P_r(X = 0),\ \mu = 3$　　(b) $P_r(X = 5),\ \mu = 2$

(c) $P_r(X \geq 3),\ \mu = 4$

17. 한 컴퓨터 수리회사에 수리하러 오는 의뢰인의 수는 시간당 평균 3명인 포아송분포를 따른다. 어느 특정 시간에 수리하러 오는 사람의 수가 다음과 같을 확률을 구하라.

(a) 수리하러 오는 사람이 한 명도 없을 확률

(b) 정확하게 5명이 수리하러 올 확률

(c) 한 명 이하가 수리하러 올 확률

18. 한 사무실에 매 시간당 걸려오는 전화의 횟수는 포아송분포를 따르며, 매 시간당 평균 20회의 전화가 걸려온다. 특정한 5분 사이에 전화가 한 번도 걸려오지 않을 확률을 구하라.

19. 한 버스 정류장에서 시간당 평균 5대의 버스가 지나가는 포아송분포를 따른다고 할 때 특정 시간에 지나가는 버스의 수가 한 대도 없을 확률은 얼마인가?

20. 한 회사원은 매주 동행복권을 10장씩 산다고 한다. 만약 복권에 당첨될 확률이 3%라면, 다음 주에 복권이 당첨될 확률은 얼마인가?

21. 한 방송국에서 방영하는 드라마의 시청률이 45%라고 한다. 오늘 지나가는 대학생 50명을 무작위로 추출하여 드라마 시청 여부를 물어보았을 때 20명이 시청하였을 확률은 얼마인가?

INTRODUCTION TO STATISTICS

연속형 확률분포

Introduction to **Statistics**
ch. six

이산형 확률분포가 셀 수 있는 이산점에서 0이 아닌 확률을 갖는 확률분포인 데 비해 연속형 확률분포는 특정한 실수 구간에서 0이 아닌 확률을 갖는 확률분포를 말하며, 확률분포의 형태는 그 구간에서 정의된 확률밀도함수에 의해 결정된다. 이러한 연속형 확률분포의 대표적인 것으로 균등분포(uniform distribution), 정규분포(normal distribution), 지수분포(exponential distribution) 등이 있으며, 정규분포로부터 유도된 t분포(t-distribution), χ^2분포(f^2-distribution), F분포(F-distribution) 등이 있다. 본 장에서는 균등분포, 정규분포, 지수분포 등 대표적인 연속형 확률분포의 정의와 특성, 그리고 확률 계산 과정과 응용방법 등에 대해 설명한다.

6.1 균등분포

Introduction to **Statistics,** ch. six

균등분포(uniform distribution)는 연속형 분포에서 가장 단순한 분포 형태로, 특정 구간 내의 값들이 나타날 가능성이 균등한 분포를 말한다. 예를 들면 L교수가 학교에 출근하는 시간이 오전 9시에서 10시 사이이며, 그 시간 동안 특정 시간에 출근할 가능성이 동일하다고 할 때 확률변수 X를 'L교수의 출근시간' 이라고 정의하면 X는 9시에서 10시 사이에 균등한 확률분포를 가지며, 이를 그림으로 표현하면 다음과 같다.

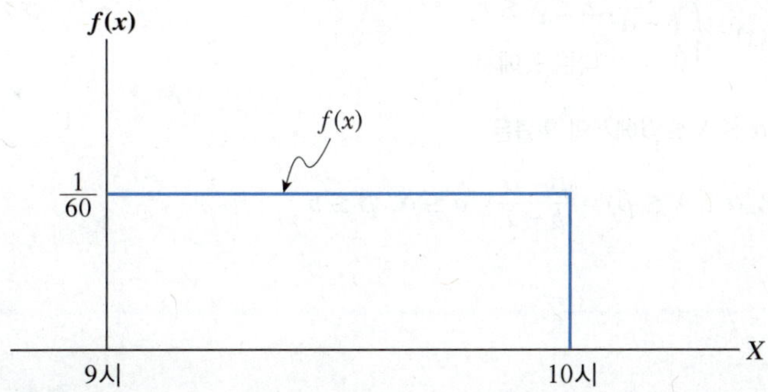

이 경우 확률밀도함수 $f(x)$의 결정에는 전체 확률(즉, $f(x)$와 x에 의해 만들어지는 구간의 면적)이 1이어야 된다는 확률의 공리를 이용한다. 즉, 균등분포인 경우에는 확률밀도함수 $f(x)$가 상수이어야 하므로 확률분포 형태가 직사각형인데, 가로의 길이가 60(분으로 계산하는 경우)이면 세로의 길이, 즉 $f(x)$는 $\frac{1}{60}$이어야 한다. 만약 가로 길이의 단위를 시간으로 하면 가로 길이가 1이 되므로 세로 길이, 즉 $f(x)$도 1이 되며, 이 경우의 확률밀도함수와 분포의 그림은 다음과 같다.

$$f(x) = \begin{cases} 1, & 0 \le x \le 1 \\ 0, & \text{다른 곳에서} \end{cases}$$

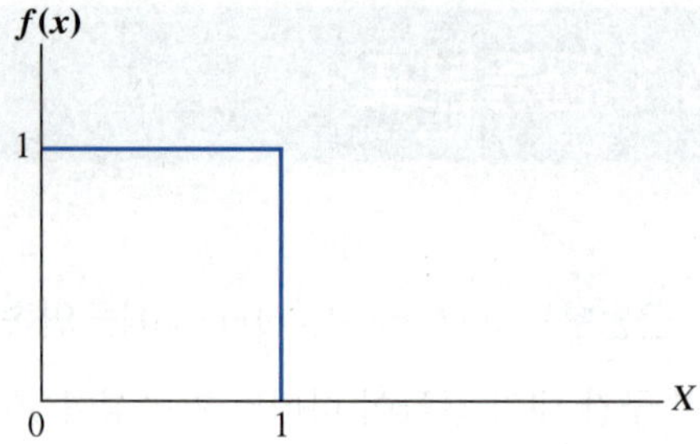

균등분포

연속형 확률변수 X가 실수 구간 $[a, b]$에 나타날 가능성이 균등할 때, X는 균등분포를 따른다고 하며 $X \sim U(a, b)$로 표현한다. X의 확률밀도함수는

$$f(x) = \begin{cases} \dfrac{1}{b-a}, & a \le X \le b \\ 0, & \text{다른 곳에서} \end{cases}$$

이며, 구간 $\alpha \le X \le \beta$에서의 확률은

$$P_r(\alpha \le X \le \beta) = \frac{\beta - \alpha}{b - a}, \quad a \le \alpha, \ \beta \le b$$

이다.

예 6-1

원에 0에서 1까지의 눈금이 표시되어 있고, 가운데 축에 화살이 있다. 이 화살을 돌려서 나오는 눈금의 위치를 측정하는 실험에서 이 화살이 $\frac{1}{2}$과 $\frac{3}{4}$ 사이에서 멈출 확률을 계산하라.

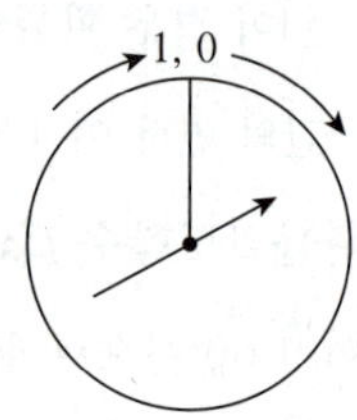

[풀이]

확률변수 X를 '화살이 멈춘 위치'라고 할 때 화살이 0과 1 사이에서 멈출 가능성이 균등하게 나타나므로 X의 확률밀도함수는

$$f(x) = 1, \ 0 \le x \le 1$$

이다. 따라서 $P_r\left(\frac{1}{2} \le X \le \frac{3}{4}\right) = \left(\frac{3}{4} - \frac{1}{2}\right) = \frac{1}{4}$이며, 이를 그림으로 표현하면 오른쪽 그림과 같다.

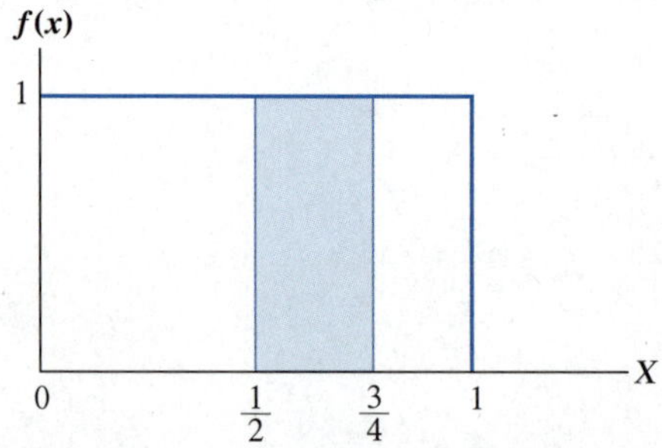

예 6-2

확률변수 Y가 구간 [5, 10]에서 균등한 분포를 가질 때 $6 \leq Y \leq 7$의 확률을 계산하라.

[풀이]

Y의 확률밀도함수가

$$f(y) = \frac{1}{10-5} = \frac{1}{5},\ 5 \leq y \leq 10$$

이므로, $P_r(6 \leq Y \leq 7) = \frac{1}{5} \times 1 = \frac{1}{5}$이다.

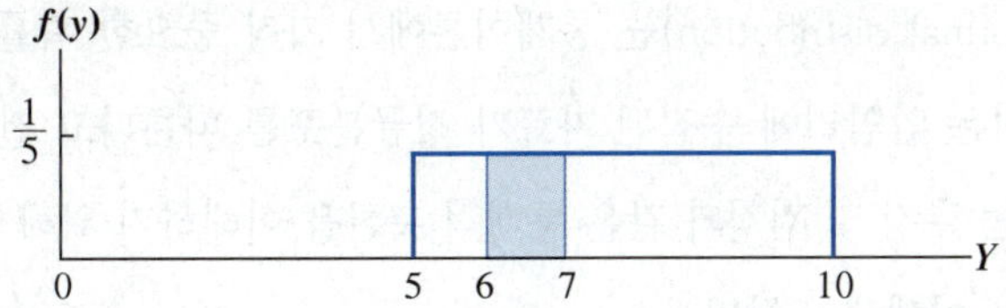

균등분포의 평균과 분산

$X \sim U(a, b)$라고 할 때

$$E(X) = \frac{b+a}{2}$$
$$Var(X) = \frac{1}{12}(b-a)^2$$

이다.

[증명] ☞ 〈부록 Ⅳ〉

즉, $X \sim U(0, 1)$인 경우

$$E(X) = \frac{1+0}{2} = \frac{1}{2}$$
$$Var(X) = \frac{1}{12}(1-0)^2 = \frac{1}{12}$$

이고, $X \sim U(5, 10)$인 경우

$$E(X) = \frac{10+5}{2} = 7.5$$

$$Var(X) = \frac{1}{12}(10-5)^2 = \frac{25}{12}$$

이다.

6.2 정규분포

Introduction to **Statistics,** ch. six

정규분포(normal distribution)는 통계이론에서 가장 중요한 확률분포이다. 대부분의 통계분석은 암암리에 수집된 자료가 정규분포를 따른다고 전제한다. 따라서 다음에 나오는 추정 및 검정과 같은 통계적 추론을 이해하기 위해서는 정규분포에 대해 정확하게 이해해야 한다.

정규분포란 가능한 값이 $(-\infty, \infty)$ 사이의 모든 실수값이며, 분포의 형태가 [그림 6-1]과 같이 종 모양(bell shape)인 분포를 말한다.

그림 6-1 정규분포

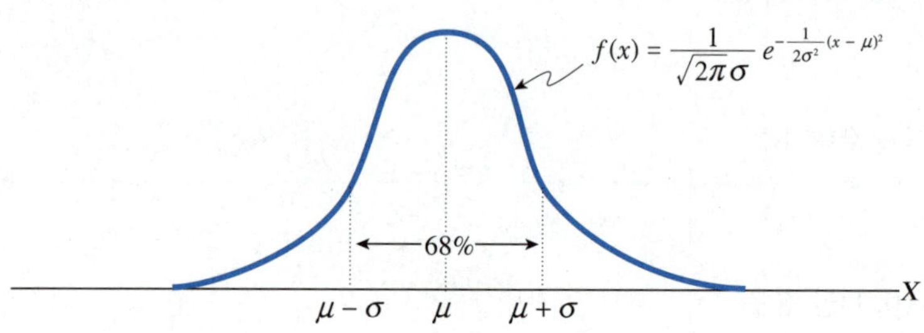

[그림 6-1]에서 볼 수 있는 바와 같이 정규분포는 분포의 중심이 가장 높으며, 이 중심을 축으로 좌우대칭인 형태를 갖고 있다. 정규분포의 특성은 중심축의 위치와 분포가 중심축을 중심으로 하여 흩어진 정도이다. 이 두 가지 특성은 각각 분포의 평균(μ)과 분산(σ^2)에 의해 결정된다. 따라서 평균(μ)과 분산(σ^2)을 정규분포의 모수라 한다. 제2장의 2.4절에서 설명한 바와 같이 분산 σ^2의 양의 제곱근 $\sigma = \sqrt{\sigma^2}$

을 표준편차라 정의한다.

정규분포

정규분포란 분포의 형태가 종을 엎어 놓은 모양인 분포를 말하며, 분포의 형태는 평균(μ)과 분산(σ^2)에 의해 결정된다. 확률변수 X가 평균 μ와 분산 σ^2을 갖는 정규분포를 따른다면

$$X \sim N(\mu, \sigma^2)$$

이라고 표현하며, X의 확률밀도함수는

$$f(x) = \frac{1}{\sqrt{2\pi}\sigma} e^{-\frac{1}{2\sigma^2}(x-\mu)^2}, \quad -\infty < x < \infty$$

이다. 여기에서 e는 자연대수의 밑수로

$$e = 2.71828\cdots\cdots$$

이다.

평균과 분산의 여러 값에 대한 정규분포 그림을 보면 다음과 같다.

[그림 6-2]~[그림 6-4]에 의하면 정규분포에서 평균 μ는 중심의 위치를, 그리고 분산 σ^2은 분포의 흩어진 정도를 측정한다. 분산의 값이 클수록 분포가 평균을 중심으로 넓게 흩어지며, 분산의 값이 작을수록 분포의 형태가 평균에 집중되어 있음을 알 수 있다.

그림 6-2 평균이 다르고 분산이 같은 정규분포

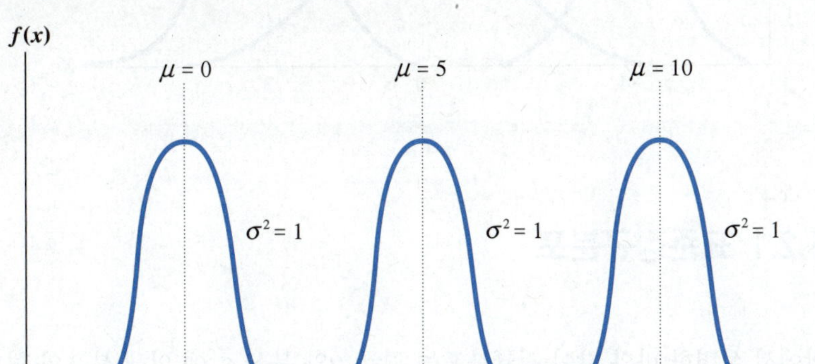

그림 6-3 평균은 같으나 분산이 다른 정규분포

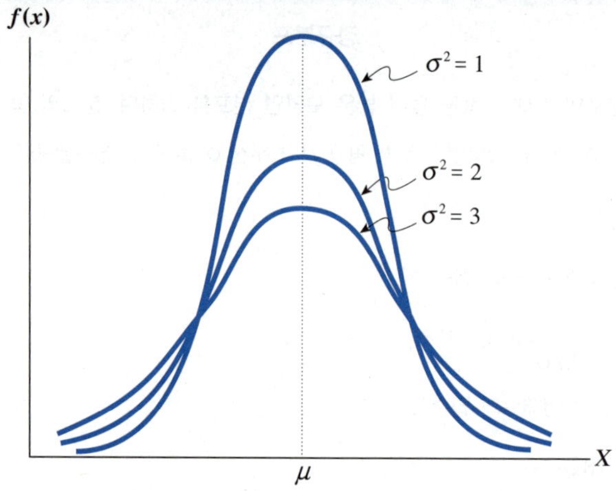

그림 6-4 평균과 분산이 각각 다른 경우의 정규분포

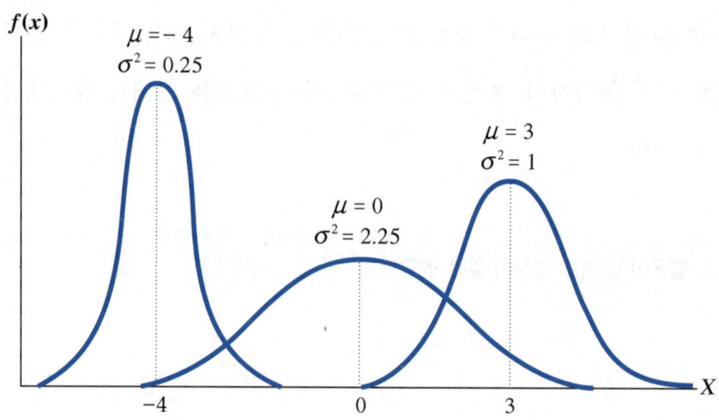

6.2.1 표준정규분포

앞에서 설명한 바와 같이 정규분포는 평균 μ와 분산 σ^2에 의해 분포의 형태가 결정되며, 평균이 0이고 분산이 1인 정규분포를 **표준정규분포**(standard normal distribution)라 한다.

표준정규분포

확률변수 Z가 평균이 0이고 분산이 1인 정규분포를 따를 때 Z는 표준정규분포를 따른다고 하며, $Z \sim N(0, 1)$으로 표현한다. Z의 확률밀도함수는

$$f(z) = \frac{1}{\sqrt{2\pi}} e^{-\frac{1}{2}z^2}, \quad -\infty < z < \infty$$

이다.

표준정규분포의 형태는 [그림 6-5]와 같으며, 중심 0에서부터 양의 값 z까지의 확률 $P_r(0 \le Z \le z)$은 〈부록 VI〉의 [표 3]에 주어져 있다.

그림 6-5 표준정규분포

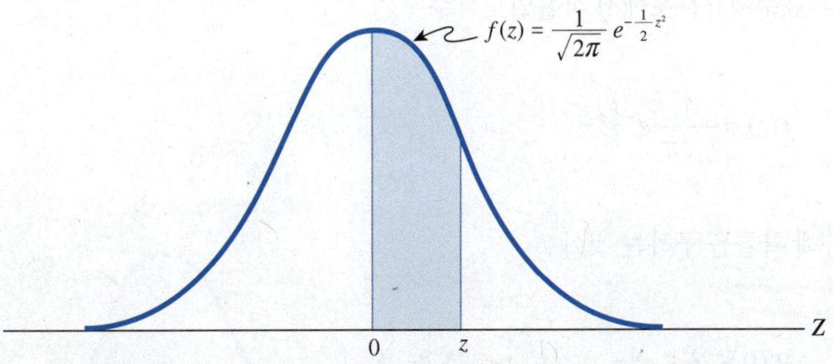

표 6-1 표준정규분포표(〈부록 VI〉의 [표 3]의 일부)

z	.00	.01	.02	.03	.04	.05	.06	.07	.08	.09
0.0	.0000	.0040	.0080	.0120	.0160	.0199	.0239	.0279	.0319	.0359
0.1	.0398	.0438	.0478	.0517	.0557	.0596	.0636	.0675	.0714	.0753
0.2	.0793	.0832	.0871	.0910	.0948	.0987	.1026	.1064	.1103	.1141
0.3	.1179	.1217	.1255	.1293	.1331	.1368	.1406	.1443	.1480	.1517
0.4	.1554	.1591	.1628	.1664	.1700	.1736	.1772	.1808	.1844	.1879
0.5	.1915	.1950	.1985	.2019	.2054	.2088	.2123	.2157	.2190	.2224
0.6	.2257	.2291	.2324	.2357	.2389	.2422	.2454	.2486	.2517	.2549
0.7	.2580	.2611	.2642	.2673	.2704	.2734	.2764	.2794	.2823	.2852

0.8	.2881	.2910	.2939	.2967	.2995	.3023	.3051	.3078	.3106	.3133
0.9	.3159	.3186	.3212	.3238	.3264	.3289	.3315	.3340	.3365	.3389
1.0	.3413	.3438	.3461	.3485	.3508	.3531	.3554	.3577	.3599	.3621
1.1	.3643	.3665	.3686	.3708	.3729	.3749	.3770	.3790	.3810	.3830
1.2	.3849	.3869	.3888	.3907	.3925	.3944	.3962	.3980	.3997	.4015
1.3	.4032	.4049	.4066	.4082	.4099	.4115	.4131	.4147	.4162	.4177
→ 1.4	.4192	.4207	.4222	.4236	.4251	.4265	.4279	.4292	.4306	.4319
1.5	.4332	.4345	.4357	.4370	.4382	.4394	.4406	.4418	.4429	.4441

〈부록 VI〉의 [표 3] 일부가 [표 6-1]에 주어져 있는데, 표준정규분포에서 특정 구간의 확률을 구하고자 할 때 이 표를 이용한다. [표 6-1]에서 Z값은 세로로 소수점 첫째 자릿수까지 주어져 있고, 가로로 소수점 둘째 자릿수가 주어져 있다. 예를 들면 $P_r(0 \leq Z \leq 1.45)$의 값이 [표 6-1]에 표시되어 있다.

[표 6-1]은 표준정규분포에서 주어진 구간에 대한 확률 $P_r(0 \leq Z \leq z)$을 계산한 표로, 표준정규분포에서 확률밀도함수

$$f(z) = \frac{1}{\sqrt{2\pi}} e^{-\frac{1}{2}z^2}$$

을 이용해 확률을 구하는 것이

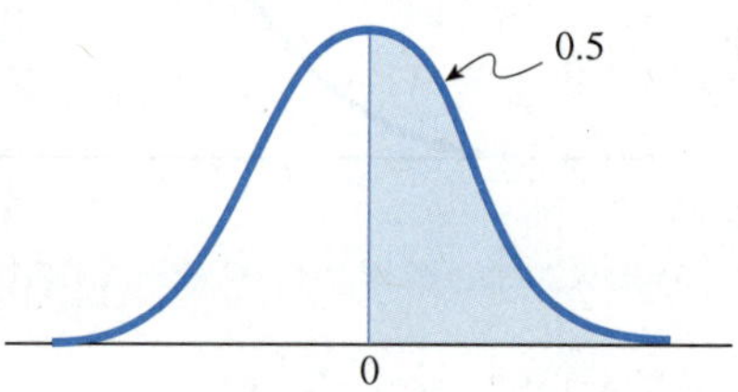

$$P_r(0 \leq Z \leq z) = \int_0^z \frac{1}{\sqrt{2\pi}} e^{-\frac{1}{2}x^2} dx$$

와 같이 쉽지 않으므로 위의 표를 이용해 확률을 계산하게 된다.

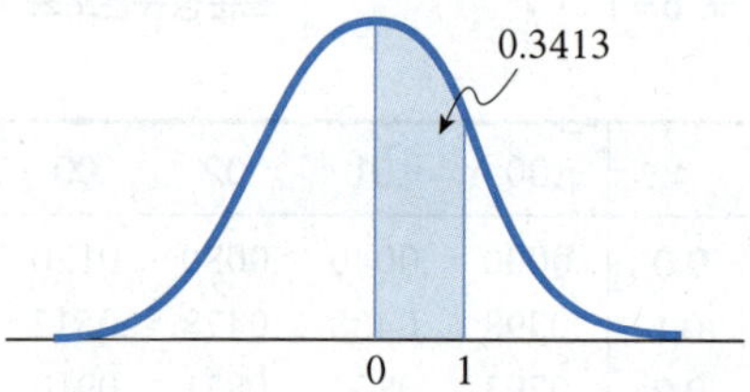

정규분포의 특성에 의해

$$P_r(Z \geq 0.0) = 0.5$$

이며, [표 6-1]을 이용해 다음 확률을 구할 수 있다.

$$P_r(0 \le Z \le 1.0) = 0.3413$$

$$P_r(-1.0 \le Z \le 1.0) = 0.3413 \times 2$$
$$= 0.6826$$

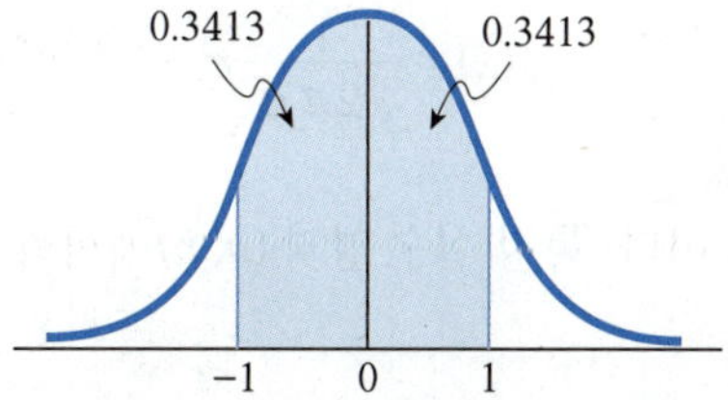

좀더 일반적인 경우로 〈부록 VI〉의 [표 3]에 의해 다음 확률을 구할 수 있다.

$$P_r(-1 \le Z \le 1.96) = P_r(-1 \le Z \le 0)$$
$$+ P_r(0 \le Z \le 1.96)$$
$$= P_r(0 \le Z \le 1) + P_r(0 \le Z \le 1.96)$$
$$= 0.3413 + 0.4750$$
$$= 0.8163$$

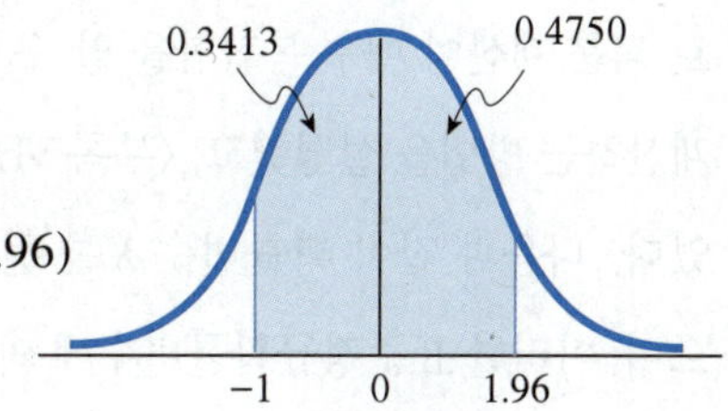

$$P_r(Z \le -1.96) = P_r(Z \ge 1.96)$$
$$= 0.5 - P_r(0 \le Z \le 1.96)$$
$$= 0.5 - 0.4750$$
$$= 0.025$$

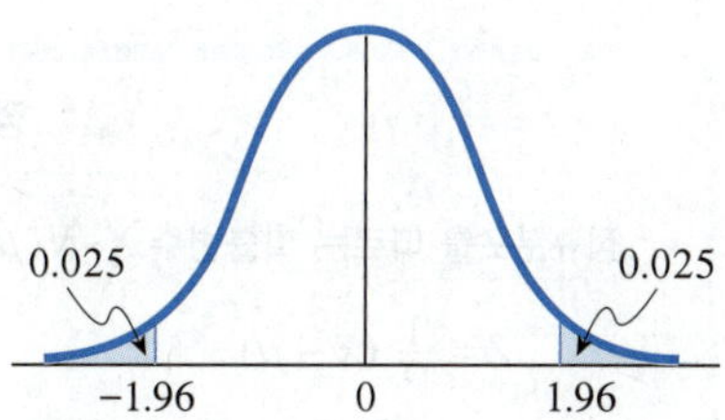

6.2.2 정규분포의 확률 계산

확률변수 X가 평균이 μ이고 분산이 σ^2인 정규분포를 따를 때 X의 확률밀도함수는

$$f(x) = \frac{1}{\sqrt{2\pi}\sigma} e^{-\frac{1}{2\sigma^2}(x-\mu)^2}$$

이다. 특정 실수 영역 (a, b)에서의 확률은

$$\begin{aligned} P_r(a \le X \le b) &= \int_a^b f(x)\,dx \\ &= \int_a^b \frac{1}{\sqrt{2\pi}\sigma} e^{-\frac{1}{2\sigma^2}(x-\mu)^2}\,dx \end{aligned}$$

로 적분 계산이 매우 복잡함을 알 수 있다. 앞의 절에서 표준정규분포에 대한 확률을 계산하는 방법을 설명했고, 〈부록 Ⅵ〉 의 [표 3]에 표준정규분포의 확률값이 제시되어 있다. 다음과 같이 확률변수 X를 선형변환하면 표준정규확률변수를 유도할 수 있으며, 이러한 표준정규확률변수에 의해 X의 특정 구간에 대한 확률을 구할 수 있다.

정규분포의 표준화

정규분포를 따르는 확률변수 $X \sim N(\mu, \sigma^2)$에서

$$Z = \frac{1}{\sigma}(X - \mu)$$

로 정의하면 $Z \sim N(0, 1)$이다.

[증명] ☞ 〈부록 Ⅳ〉

즉, 확률변수 X가 평균 μ이고 분산 σ^2인 정규분포를 따를 때 X에서 평균을 뺀 $(X-\mu)$를 표준편차로 나누면$\left(\frac{X-\mu}{\sigma}\right)$ 표준정규분포를 따르는 확률변수가 된다. 위의 표준화 공식을 이용해 정규분포를 따르는 확률변수에서 특정 구간의 확률을 구할 수 있다. 예를 들어 확률변수 X가 $X \sim N(\mu, \sigma^2)$일 때 X가 a에서 b 사이에 있을 확률은

$$\begin{aligned} &P_r(a \le X \le b) \\ &\quad = P_r\left(\frac{a-\mu}{\sigma} \le \frac{X-\mu}{\sigma} \le \frac{b-\mu}{\sigma}\right) \\ &\quad = P_r\left(\frac{a-\mu}{\sigma} \le Z \le \frac{b-\mu}{\sigma}\right) \end{aligned}$$

와 같이 변환한 후에 표준정규분포표를 이용해 구한다.

즉, X가 각각 평균 μ를 중심으로 σ, 2σ, 3σ의 편차를 가질 확률은

$$\begin{aligned} &P_r(\mu-\sigma \le X \le \mu+\sigma) \\ &\quad = P_r(-\sigma \le X-\mu \le \sigma) \\ &\quad = P_r\left(-1 \le \frac{X-\mu}{\sigma} \le 1\right) \\ &\quad = P_r(-1 \le Z \le 1) \end{aligned}$$

이고,

$$\begin{aligned} &P_r(\mu-2\sigma \le X \le \mu+2\sigma) \\ &\quad = P_r(-2\sigma \le X-\mu \le 2\sigma) \\ &\quad = P_r\left(-2 \le \frac{X-\mu}{\sigma} \le 2\right) \\ &\quad = P_r(-2 \le Z \le 2) \end{aligned}$$

이며, 같은 방법으로

$$\begin{aligned} &P_r(\mu-3\sigma \le X \le \mu+3\sigma) \\ &\quad = P_r(-3 \le Z \le 3) \end{aligned}$$

이다. 이를 그림으로 표현하면 [그림 6-6]과 같다.

그림 6-6 $X \sim N(\mu, \sigma^2)$과 $Z \sim N(0, 1)$의 비교

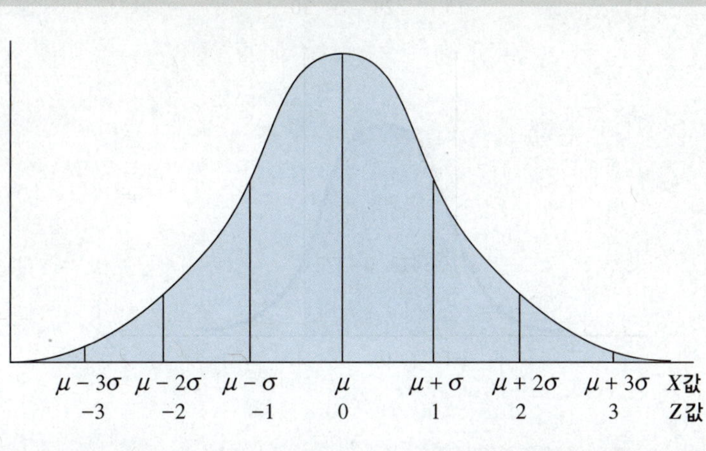

예 6-3

확률변수 X가 $X \sim N(20, 25)$일 때 X가 15에서 30 사이에 있을 확률을 계산하라.

[풀이]

$\mu = 20,\ \sigma = \sqrt{25} = 5$이므로

$$
\begin{aligned}
&P_r(15 \le X \le 30) \\
&\quad = P_r\left(\frac{15-20}{5} \le \frac{X-\mu}{\sigma} \le \frac{30-20}{5}\right) \\
&\quad = P_r(-1 \le Z \le 2) \\
&\quad = P_r(-1 \le Z \le 0) + P_r(0 \le Z \le 2) \\
&\quad = P_r(0 \le Z \le 1) + P_r(0 \le Z \le 2)
\end{aligned}
$$

이다. 따라서 〈부록 VI〉의 [표 3]에 의해

$$
\begin{aligned}
&P_r(15 \le X \le 30) \\
&\quad = 0.3413 + 0.4772 \\
&\quad = 0.8185
\end{aligned}
$$

이며, 이를 그림으로 표현하면 다음 그림과 같다.

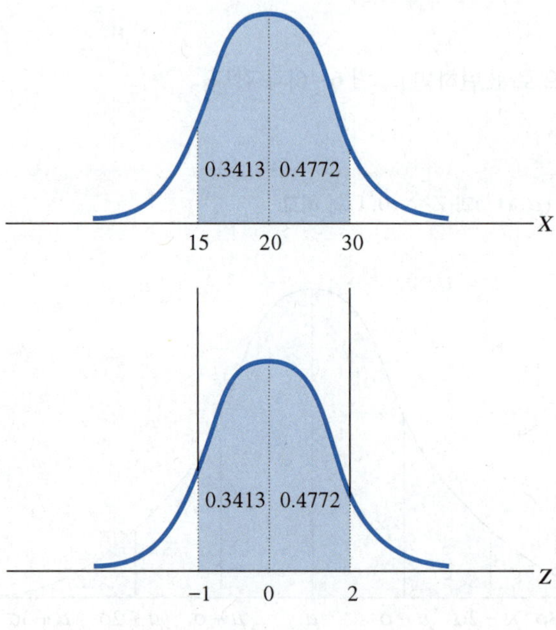

예 6-4

2022년도 대학입학 수능시험의 성적은 평균이 200점이고 표준편차가 20점인 정규분포를 따른다고 한다. 수능시험을 치른 한 학생을 임의로 선택했을 때 다음 각각의 확률을 구하라.

(a) 그 학생의 성적이 200점 이상일 확률

(b) 그 학생의 성적이 164점에서 240점 사이에 있을 확률

(c) 그 학생의 성적이 240점 이상일 확률

(d) 그 학생의 성적이 170점 이하이거나 240점 이상일 확률

[풀이]

확률변수 X를 선택된 학생의 수능시험 성적이라 할 때 $X \sim N(200, 20^2)$임을 알 수 있으며, 〈부록 VI〉의 [표 3]을 이용해 다음과 같이 확률을 구할 수 있다.

(a) $P_r(X \geq 200) = P_r\left(\dfrac{X-\mu}{\sigma} \geq \dfrac{200-200}{20}\right)$

$= P_r(Z \geq 0) = 0.5$

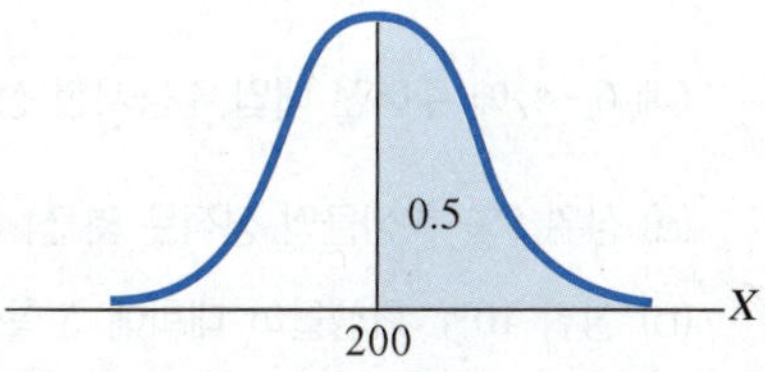

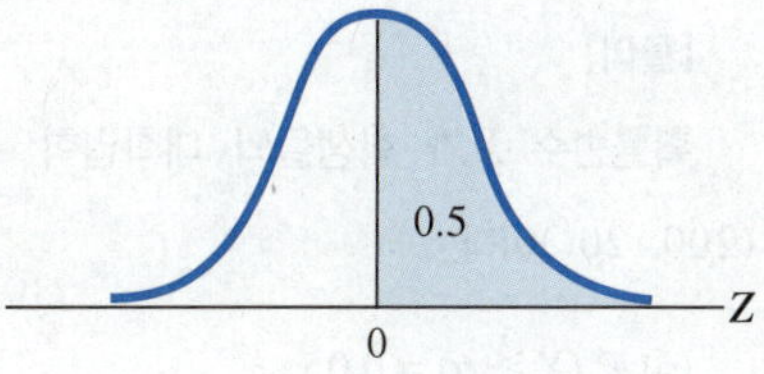

(b) $P_r(164 \leq X \leq 240)$

$= P_r\left(\dfrac{164-200}{20} \leq \dfrac{X-\mu}{\sigma} \leq \dfrac{240-200}{20}\right)$

$= P_r(-1.8 \leq Z \leq 2.0)$

$= P_r(-1.8 \leq Z \leq 0.0) + P_r(0 \leq Z \leq 2)$

$= 0.4641 + 0.4772 = 0.9413$

(c) $P_r(X \geq 240)$

$= P_r\left(\dfrac{X-\mu}{\sigma} \geq \dfrac{240-200}{20}\right)$

$= P_r(Z \geq 2) = 0.5 - P_r(0 \leq Z \leq 2)$

$= 0.5 - 0.4772 = 0.0228$

(d) $P_r(X \leq 170) + P_r(X \geq 240)$

$= P_r\left(\dfrac{X-\mu}{\sigma} \leq \dfrac{170-200}{20}\right) + P_r\left(\dfrac{X-\mu}{\sigma} \geq \dfrac{240-200}{20}\right)$

$= P_r(Z \leq -1.5) + P_r(Z \geq 2)$

$= \{0.5 - P_r(0 \leq Z \leq 1.5)\} + \{0.5 - P_r(0 \leq Z \leq 2)\}$

$= (0.5 - 0.4332) + (0.5 - 0.4772)$

$= 0.0668 + 0.0228 = 0.0896$

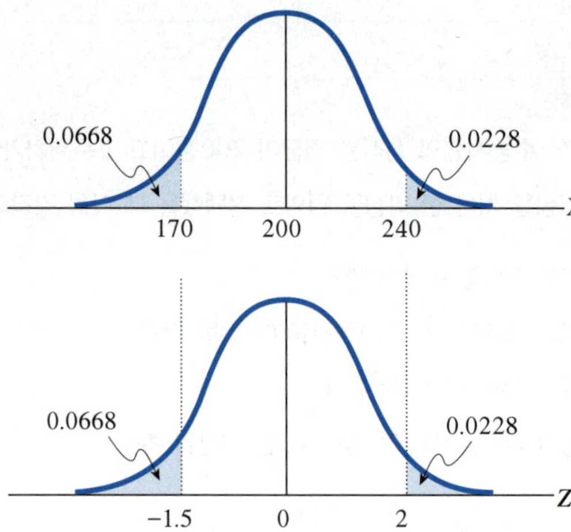

예 6-5

〈예 6-4〉에 주어진 대입 수능시험 성적의 분포에 대해 다음을 구하라.

(a) 상위 5% 학생들의 성적은 몇 점 이상인가?

(b) 상위 40% 학생들이 대학에 진학한다고 할 때 몇 점 이상인 학생들이 대학에 진학한다고 할 수 있는가?

[풀이]

확률변수 X가 학생들의 대학입학 수능시험 성적을 나타내는 확률변수라 할 때 $X \sim N(200,\ 20^2)$이다.

(a) $P_r(X \geq a) = 0.05$

이므로 표준화 공식을 이용해

$$P_r\left(\frac{X-\mu}{\sigma} \geq \frac{a-\mu}{\sigma}\right) = 0.05$$

$$P_r\left(Z \geq \frac{a-\mu}{\sigma}\right) = 0.05$$

이다. 〈부록 VI〉의 [표 3]에서 보간법을 이용하면

$$\frac{a-\mu}{\sigma} = 1.645$$

이다. $\mu = 200$, $\sigma = 20$이므로

$$a = 1.645 \times 20 + 200 = 232.9$$

이다. 즉, 상위 5% 학생들은 약 233점 이상이라고 할 수 있다.

(b) $P_r(X \geq b) = 0.40$

이므로 표준화 공식을 이용해

$$P_r\left(\frac{X-\mu}{\sigma} \geq \frac{b-200}{20}\right) = 0.40$$

$$P_r\left(Z \geq \frac{b-200}{20}\right) = 0.40$$

이다. 〈부록 VI〉의 [표 3]에서 보간법을 이용하면

$$\frac{b-200}{20} = 0.252$$

이다. 따라서

$$b = 200 + 0.252 \times 20 = 205.04$$

이다. 즉, 약 205점 이상인 학생들이 대학에 진학한다고 할 수 있다.

예 6-6

확률변수 Z가 표준정규분포를 따를 때 다음 구간의 확률을 구하라.

(a) $P_r(-1.645 \leq Z \leq 1.645)$

(b) $P_r(-1.96 \leq Z \leq 1.96)$

(c) $P_r(-2.57 \leq Z \leq 2.57)$

[풀이]

〈부록 VI〉의 [표 3]은 Z값의 소수점 둘째 자릿수까지의 확률을 계산했으므로, (a)의 경우 보간법을 이용해 확률을 구하면 다음과 같다.

(a) $P_r(-1.645 \leq Z \leq 1.645) = 0.90$

(b) $P_r(-1.96 \leq Z \leq 1.96) = 0.95$

(c) $P_r(-2.57 \leq Z \leq 2.57) = 0.99$

위의 세 확률구간을 그림으로 표현하면 [그림 6-7]과 같은데, 표준정규분포에서 위의 세 확률구간은 모수에 대한 추론에서 매우 중요하게 이용된다.

그림 6-7 $N(0, 1)$의 세 구간과 확률

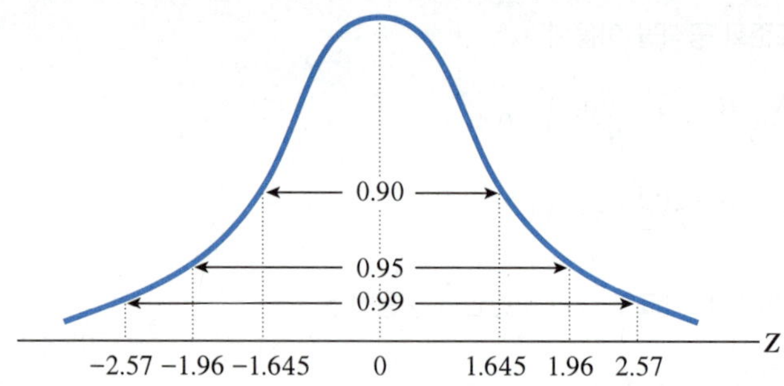

*6.3 지수분포

지수분포(exponential distribution)란 어떤 사건이 포아송분포에 의해 발생될 때 지정된 시점으로부터 이 사건이 처음 발생될 때까지 걸린 시간을 측정하는 확률분포이다. 예를 들어 어떤 사건이 단위구간에서 평균 λ를 갖는 포아송분포를 따른다면 t구간에서는 평균이 λt가 되고, 확률변수 X가 t구간에서 발생되는 사건의 수를 나타낸다고 할 때 X는 평균이 λt인 포아송분포를 따르며,

$$P_r(X=k)=\frac{(\lambda t)^k}{k!}e^{-\lambda t},\ \ k=0,1,2,3,\cdots\cdots$$

이다. 확률변수 X가 지정된 시간($t=0$)부터 처음 사건이 발생될 때까지의 걸린 시간을 측정한다면, $t>0$에 대해 $T\geq t$일 확률은 위의 확률변수 X가 $(0, t)$ 구간에서 발생되지 않을 확률과 같으므로

$$\begin{aligned}P_r(T\geq t)&=P_r(X=0)\\&=e^{-\lambda t},\ \ t>0\end{aligned}$$

이다. 확률변수 T의 누적분포함수($c.d.f$)는

$$\begin{aligned}F_T(t)&=P_r(T\leq t)\\&=1-P_r(T\geq t)\\&=1-e^{-\lambda t}\end{aligned}$$

이고, 따라서 T의 확률밀도함수는

$$\begin{aligned}f_T(t)&=\frac{d}{dt}F_T(t)=\frac{d}{dt}(1-e^{-\lambda t})\\&=\lambda e^{-\lambda t},\ \ t>0\end{aligned}$$

이다.

이러한 확률변수 T의 분포를 지수분포라 하며, 분포의 형태는 [그림 6-8]과 같다. 지수분포의 형태는 λ값에 의해 결정된다. 따라서 지수분포의 모수는 λ이다.

그림 6-8 지수분포

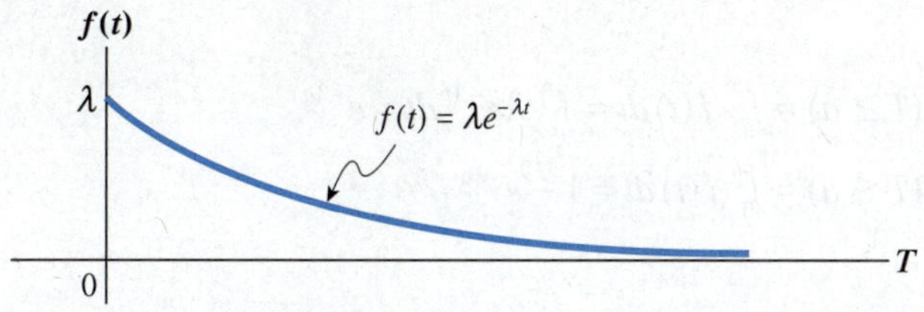

지수분포

확률변수 T가 다음과 같은 확률밀도함수를 가질 때 T는 모수 λ를 갖는 지수분포를 따른다고 하며, T~Exponential (λ)로 표현한다.

$$f_T(t) = \lambda e^{-\lambda t},\ \ t > 0$$

지수분포에서 λt는 포아송분포 t단위구간에서 발생되는 사건의 평균횟수이므로, λ는 t단위구간의 평균으로부터 단위구간(unit interval)의 평균을 계산해 구할 수 있다. 즉, t단위구간의 평균을 $\lambda t = \mu$라 할 때 $\lambda = \frac{\mu}{t}$이다.

그림 6-9 지수분포

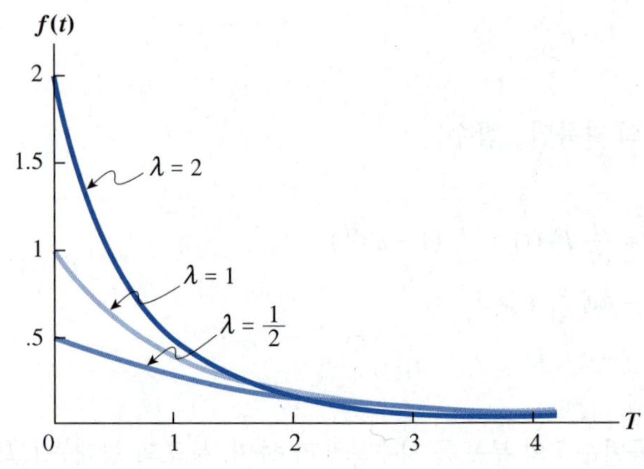

$\lambda = \frac{1}{2}$, 1, 2인 경우에 대한 지수분포의 그림이 [그림 6-9]에 주어져 있으며, 앞에서 설명한 바와 같이 특정 값 a에 대해

$$P_r(T \geq a) = \int_a^{\infty} f(t)\,dt = \int_a^{\infty} \lambda e^{-\lambda t}\,dt = e^{-\lambda a}$$

$$P_r(T \leq a) = \int_0^{a} f(t)\,dt = 1 - e^{-\lambda a}$$

이다.

예 6-7

한 사무실에는 전화가 평균 10분에 5번꼴로 걸려온다. 이 사무실에 전화가 한 번 걸려온 때부터 다음 전화가 걸려올 때까지 걸린 시간을 분으로 측정하는 확률분포를 구하라.

[풀이]

전화가 평균 10분에 5번꼴로 걸려오므로 1분을 단위로 할 때는 평균적으로 1분에 0.5번꼴로 걸려온다고 할 수 있다. 따라서 $\lambda = 0.5$가 되며, 전화가 한 번 걸려온 후에 다음 전화가 걸려올 때까지 걸린 시간은 $\lambda = 0.5$인 지수분포를 따른다. 따라서 확률밀도함수는

$$f(t) = 0.5e^{-0.5t}, \ t > 0$$

이다.

예 6-8

〈예 6-7〉에서 전화가 한 번 걸려온 후에 다음 전화가 걸려올 때까지 걸린 시간이 5분 이내일 확률과 2분 이상일 확률을 구하라.

[풀이]

다음 전화가 걸려올 때까지 걸린 시간이 5분 이내일 확률은

$$\begin{aligned} P_r(T \le 5) &= \int_0^5 0.5e^{-0.5t}\,dt \\ &= 1 - e^{-0.5 \times 5} \\ &= 1 - e^{-2.5} \\ &= 1 - 0.08208 \\ &= 0.918 \end{aligned}$$

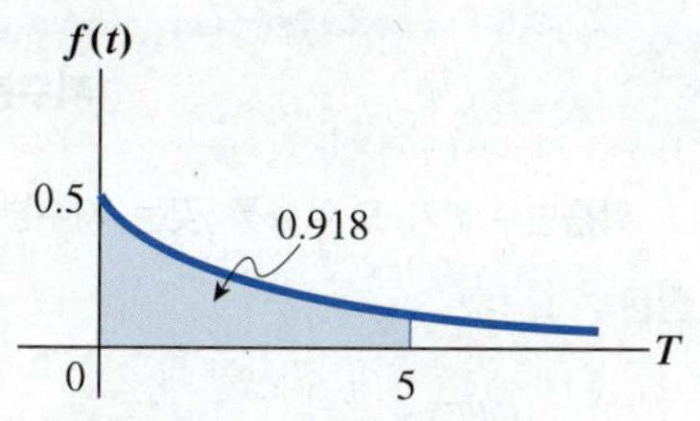

이고, 다음 전화가 걸려올 때까지 걸린 시간이 2분 이상일 확률은

$$\begin{aligned} P_r(T \ge 2) &= 1 - P_r(T \le 2) \\ &= 1 - \int_0^2 0.5e^{-0.5t}\,dt \\ &= e^{-0.5 \times 2} \\ &= e^{-1} \\ &= 0.3679 \end{aligned}$$

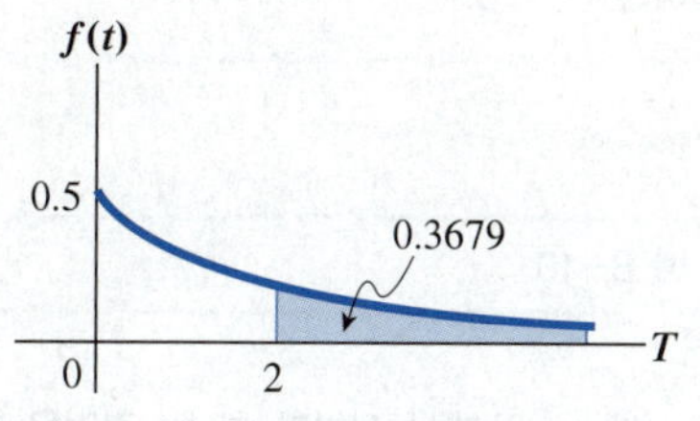

이다.

예 6-9

한 공장의 자동화 기계는 평균 1시간에 3번씩 고장을 일으킨다. 기계가 고장나서 고친 후에 다시 고장이 발생될 때까지 걸리는 시간을 측정하는 분포를 구하고, 2시간 이내에는 고장나지 않을 확률을 구하라.

[풀이]

시간의 기본 단위를 시간(hour)으로 할 때 $\lambda t = 3$에서 $t = 1$이므로 $\lambda = 3$이다. 한 번 고장이 난 후에 다음 고장이 발생될 때까지 걸리는 시간을 나타내는 확률변수를 T라 할 때 T는 평균이 3인 지수분포를 따르며,

$$f_T(t) = 3e^{-3t},\ t > 0$$

이다. 한 번 고장이 난 후에 2시간 이내에는 다시 고장이 발생되지 않을 확률은

$$\begin{aligned} P_r(T \geq 2) &= 1 - P_r(T \leq 2) \\ &= 1 - \int_0^2 3e^{-3t}\, dt \\ &= 1 - [1 - e^{-6}] \\ &= e^{-6} \\ &= 0.00248 \end{aligned}$$

이다.

지수분포의 평균과 분산

확률변수 T가 모수 λ를 갖는 지수분포를 따를 때 T~Exponential(λ)라면 T의 평균과 분산은

$$E(T) = \frac{1}{\lambda}$$
$$Var(T) = \frac{1}{\lambda^2}$$

이다.

예 6-10

〈예 6-7〉에서 전화가 한 번 걸려온 후에 다음 전화가 걸려올 때까지의 평균시간은 얼마인가?

[풀이]

〈예 6-7〉에서 $\lambda = 0.5$이므로

$$E(T) = \frac{1}{\lambda} = \frac{1}{0.5} = 2$$

이다. 즉, 전화가 한 번 걸려온 후에 다음 전화가 걸려올 때까지 걸리는 평균시간은 2분이다.

예 6-11

〈예 6-9〉에서 자동화 기계가 한 번 고장난 후에 다시 고장날 때까지 걸리는 시간의 평균은 얼마인가?

[풀이]

〈예 6-9〉에서 $\lambda = 3$이므로

$$E(T) = \frac{1}{\lambda} = \frac{1}{3}$$

이다. 즉, 기계가 한 번 고장난 후에 다시 고장날 때까지 걸리는 시간은 $\frac{1}{3}$시간, 즉 20분이다.

6.4 이항분포의 근사확률

Introduction to **Statistics,** ch. six

제5장의 5.3절에서 이항분포에 대해 설명했다. 그런데 실제 문제에서는 n이

큰 경우 이항분포의 확률 계산이 쉽지 않다. 이를테면 $X \sim B(100, 0.3)$이라 할 때 $P_r(X \geq 40)$을 구하는 문제를 생각해 보자. 이 경우

$$
\begin{aligned}
P_r(X \geq 40) &= P_r(X = 40) + P_r(X = 41) + \cdots + P_r(X = 100) \\
&= \sum_{k=40}^{100} P_r(X = k) \\
&= \sum_{k=40}^{100} \binom{100}{k} (0.3)^k (0.7)^{100-k}
\end{aligned}
$$

이므로 직접 확률을 구하기가 쉽지 않다. 이항분포에서 n이 작은 경우에는 〈부록 VI〉의 [표 1]을 이용해 확률을 구할 수 있으나, 위의 경우와 같이 n이 큰 경우에는 p의 값의 크기에 따라 표준정규분포 또는 포아송분포를 이용해 근사확률을 구한다.

6.4.1 이항분포의 정규근사

확률변수 X가 모수 n과 p를 갖는 이항분포를 따를 때 $X \sim B(n, p)$라고 표현하며, X의 평균과 분산은 각각

$$
\begin{aligned}
&E(X) = np \\
&Var(X) = npq, \quad q = 1 - p
\end{aligned}
$$

임을 알고 있다. 이러한 이항분포에서 n이 크고 p가 $\frac{1}{2}$에 가까운 경우 X의 분포는 평균 np와 분산 npq를 갖는 정규분포와 근사적으로 동일하다고 할 수 있으며, X에 대한 확률은 $N(np, npq)$를 이용해 근사적으로 구할 수 있다.

$p = \frac{1}{2}$인 경우 n = 10, 20, 50에 대한 이항분포와 각각에 대응하는 정규분포의 그림이 [그림 6-10]에 주어져 있다. 막대그림표는 이항분포를, 그리고 곡선은 정규분포를 나타내는데, n이 커질수록 이항분포와 정규분포의 차이가 적어짐을 알 수 있다.

정규분포를 이용해 이항분포에 대한 근사확률을 구하는 경우 이항분포는 이산형이고 정규분포는 연속형이므로 확률 계산에서 약간의 조정을 하는 것이 필요하다. 예를 들면 $X \sim B\left(10, \frac{1}{2}\right)$이라 할 때 $X = 5$일 확률은

그림 6-10 정규분포와 이항분포의 비교

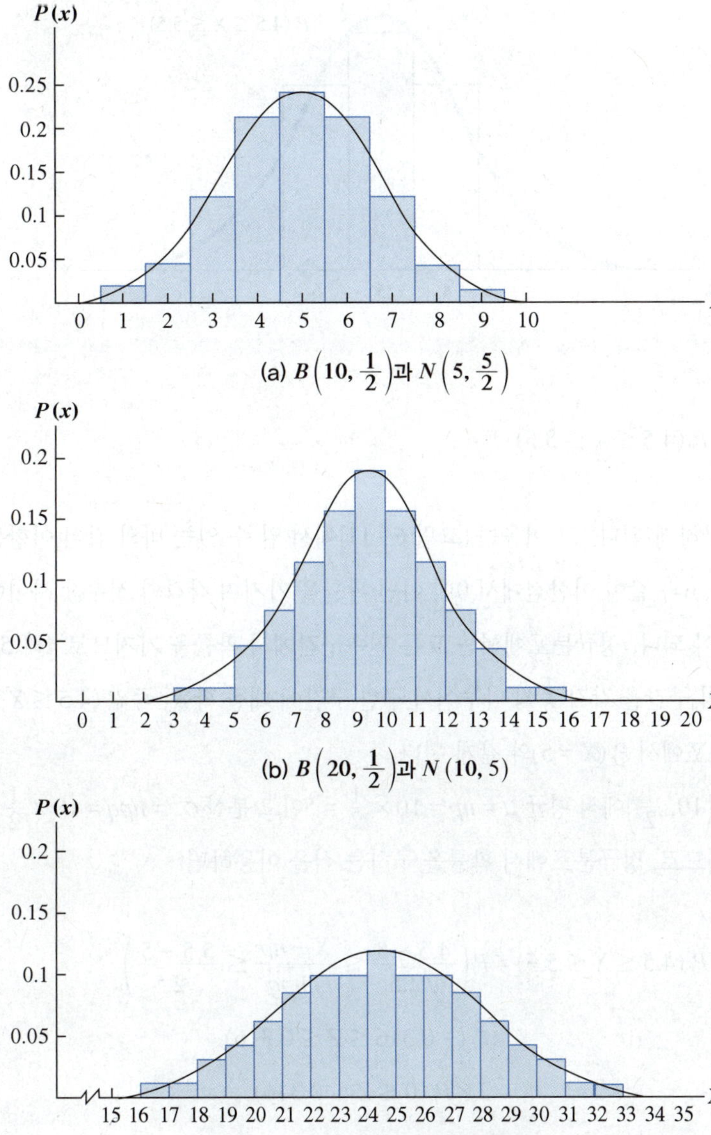

(a) $B\left(10, \frac{1}{2}\right)$과 $N\left(5, \frac{5}{2}\right)$

(b) $B\left(20, \frac{1}{2}\right)$과 $N(10, 5)$

(c) $B\left(50, \frac{1}{2}\right)$과 $N\left(25, \frac{25}{2}\right)$

$$P_r(X=5) = \binom{10}{5}\left(\frac{1}{2}\right)^5\left(\frac{1}{2}\right)^5 = 0.246$$

이며, 정규분포를 이용해 이 확률의 근사확률을 구하고자 할 때에는

그림 6-11 이항분포의 정규근사확률

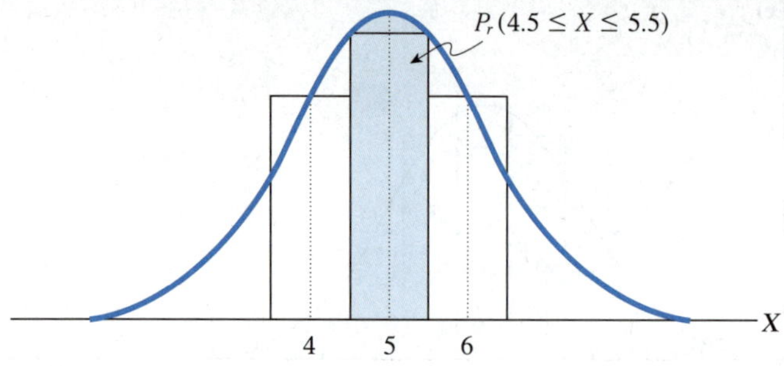

$$P_r(4.5 \le X \le 5.5)$$

와 같이 구하게 된다. 그 이유는 [그림 6-11]에서 알 수 있는 바와 같이 이항분포에서는 4, 5, 6과 같이 이산점에서 0이 아닌 확률을 가지며 각각의 정수값 사이에서는 확률이 0이 되나, 정규분포에서는 모든 연속구간에서 확률을 가지므로 4와 5, 그리고 5와 6의 구간을 각각 $\frac{1}{2}$씩 나누어서 구한 구간에 대한 확률, 즉 $P_r(4.5 \le X \le 5.5)$가 이항분포에서 $P_r(X=5)$와 같게 된다.

$X \sim B\left(10, \frac{1}{2}\right)$에서 평균 $\mu = np = 10 \times \frac{1}{2} = 5$이고 분산 $\sigma^2 = npq = 10 \times \frac{1}{2} \times \frac{1}{2} = \frac{5}{2} = 2.5$이므로, 정규분포에서 확률을 구하는 식을 이용하면

$$\begin{aligned} P_r(4.5 \le X \le 5.5) &= P_r\left(\frac{4.5-5}{\sqrt{2.5}} \le \frac{X-np}{\sqrt{npq}} \le \frac{5.5-5}{\sqrt{2.5}}\right) \\ &= P_r(-0.316 \le Z \le 0.316) \\ &= 2 \times P_r(0 \le Z \le 0.316) \\ &= 2 \times 0.1236 \\ &= 0.2472 \end{aligned}$$

가 되어 이항분포에서 구한 확률

$$P_r(X=5) = 0.246$$

과 거의 유사함을 알 수 있다.

또한 $P_r(X \geq 7)$을 정규분포를 이용해 근사확률을 구하고자 하는 경우 7은 구간에 포함되고 6은 포함되지 않으므로 7과 6 사이를 $\frac{1}{2}$로 나눈 값, 즉

$$\begin{aligned} P_r(X \geq 6.5) &= P_r\left(\frac{X-np}{\sqrt{npq}} \geq \frac{6.5-5}{\sqrt{2.5}}\right) \\ &= P_r(Z \geq 0.95) \\ &= 0.5 - P_r(0 \leq Z \leq 0.95) \\ &= 0.5 - 0.3289 \\ &= 0.1711 \end{aligned}$$

이 되며, $P_r(2 \leq X \leq 8)$을 구하고자 하는 경우에는 양쪽에서 구간에 포함된 값과 포함되지 않은 값 사이를 $\frac{1}{2}$로 나누어서 구한 구간의 확률

$$\begin{aligned} P_r(1.5 \leq X \leq 8.5) &= P_r\left(\frac{1.5-5}{\sqrt{2.5}} \leq \frac{X-np}{\sqrt{npq}} \leq \frac{8.5-5}{\sqrt{2.5}}\right) \\ &= P_r(-2.21 \leq Z \leq 2.21) \\ &= 2 \times P_r(0 \leq Z \leq 2.21) \\ &= 2 \times 0.4864 \\ &= 0.9728 \end{aligned}$$

이다. 위에서와 같이 정규분포를 이용해 이항분포의 근사확률을 구하는 경우에 0.5를 조정하는 것을 이산확률분포의 확률을 연속형 확률분포를 이용해 구하는 데 따르는 수정이라 하여 **연속수정**(continuity correction)이라 한다.

이항분포에 대한 정규근사확률이 얼마나 정확한가를 알아보기 위해 $B\left(10, \frac{1}{2}\right)$과 $N\left(5, \frac{5}{2}\right)$에서 각각의 X값에 대한 확률을 구한 결과가 [표 6-2]에 주어져 있는데, $p = \frac{1}{2}$인 경우에는 $n = 10$일지라도 정규근사확률이 이항분포의 확률과 거의 동일함을 알 수 있다.

표 6-2 $B\left(10, \frac{1}{2}\right)$과 $N\left(5, \frac{5}{2}\right)$의 비교

$B\left(10, \frac{1}{2}\right)$		$N\left(5, \frac{5}{2}\right)$		
X	확률(A)	X	확률(B)	$A-B$
0	0.001	$-0.5 \le X \le 0.5$	0.00196	−0.00096
1	0.01	$0.5 \le X \le 1.5$	0.01122	−0.00122
2	0.044	$1.5 \le X \le 2.5$	0.04349	0.00051
3	0.117	$2.5 \le X \le 3.5$	0.11447	0.00253
4	0.205	$3.5 \le X \le 4.5$	0.20452	0.00048
5	0.246	$4.5 \le X \le 5.5$	0.24818	−0.00218
6	0.205	$5.5 \le X \le 6.5$	0.20452	0.00048
7	0.117	$6.5 \le X \le 7.5$	0.11447	0.00253
8	0.044	$7.5 \le X \le 8.5$	0.04349	0.00051
9	0.01	$8.5 \le X \le 9.5$	0.01122	−0.00122
10	0.001	$9.5 \le X \le 10.5$	0.00196	−0.00096

정규분포를 이용해 이항분포의 확률을 구하는 몇 가지 예를 들면 다음과 같다.

예 6-12

주사위를 100번 던지는 실험에서 짝수의 눈금이 60회 이상 나타날 확률을 구하라.

[풀이]

매번 실행에서 짝수가 나타날 확률은 $\frac{1}{2}$이므로, 확률변수 X를 100번 던지는 실험에서 나타날 짝수 눈금의 수라 할 때 $X \sim B\left(100, \frac{1}{2}\right)$이다. X의 평균과 분산은 각각

$$E(X) = np = 100 \times \frac{1}{2} = 50$$
$$Var(X) = npq = 100 \times \frac{1}{2} \times \frac{1}{2} = 25$$

이므로, $P_r(X \ge 60)$을 정규분포를 이용해 근사확률을 구하면

$$\begin{aligned} P_r(X \ge 60) &= P_r\left(\frac{X - np}{\sqrt{npq}} \ge \frac{59.5 - 50}{\sqrt{25}}\right) \\ &= P_r\left(Z \ge \frac{9.5}{5}\right) \\ &= P_r(Z \ge 1.9) \\ &= 0.5 - P_r(0 \le Z \le 1.9) \end{aligned}$$

$$= 0.5 - 0.4713$$
$$= 0.0287$$

이다.

예 6-13

서울 시민 중 30%의 사람들이 A정당을 지지한다고 한다. 한 모임에 모인 50명의 서울 시민 중

(a) A정당을 지지하는 사람이 20명 이상일 확률
(b) A정당을 지지하는 사람이 5명 이내일 확률
(c) A정당을 지지하는 사람이 10명에서 20명 사이에 있을 확률을 구하라.

[풀이]

확률변수 X가 모임에 모인 사람 중 A정당을 지지하는 사람의 수라 할 때 $X \sim B(50,\ 0.3)$임을 알 수 있으며, X의 평균과 분산은 각각

$$E(X) = 50 \times 0.3 = 15$$
$$Var(X) = 50 \times 0.3 \times 0.7 = 10.5$$

이다. 위의 각 확률을 정규분포 $N(15,\ 10.5)$를 이용해 근사확률을 구하면 다음과 같다.

(a) $P_r(X \geq 20) = P_r(X \geq 19.5)$

$$= P_r\left(\frac{X - np}{\sqrt{npq}} \geq \frac{19.5 - 15}{\sqrt{10.5}}\right)$$
$$= P_r(Z \geq 1.39)$$
$$= 0.5 - P_r(0 \leq Z \leq 1.39)$$
$$= 0.5 - 0.4177$$
$$= 0.0823$$

(b) $P_r(X \leq 5) = P_r(X \leq 5.5)$

$$= P_r\left(\frac{X - np}{\sqrt{npq}} \geq \frac{5.5 - 15}{\sqrt{10.5}}\right)$$
$$= P_r(Z \leq -2.93)$$
$$= P_r(Z \geq 2.93)$$
$$= 0.5 - P_r(0 \leq Z \leq 2.93)$$
$$= 0.5 - 0.4983$$

$$= 0.0017$$

(c) $P_r(10 \le X \le 20) = P_r(9.5 \le X \le 20.5)$

$$= P_r\left(\frac{9.5-15}{\sqrt{10.5}} \le \frac{X-np}{\sqrt{npq}} \le \frac{20.5-15}{\sqrt{10.5}}\right)$$

$$= P_r(-1.70 \le Z \le 1.70)$$

$$= P_r(-1.70 \le Z \le 0) + P_r(0 \le Z \le 1.70)$$

$$= P_r(0 \le Z \le 1.70) + P_r(0 \le Z \le 1.70)$$

$$= 0.4554 + 0.4554$$

$$= 0.9108$$

*6.4.2 이항분포의 포아송근사

이항분포 $B(n, p)$에서 n이 크고 p가 $\frac{1}{2}$에 가까운 경우에는 정규분포를 이용해 근사확률을 구할 수 있으나, p가 아주 작거나 아주 큰 경우에는 정규분포를 이용한 근사확률의 계산은 많은 오차를 갖게 된다. 일례로 $n = 20$이고 $p = 0.05$인 이항분포 $B(20, 0.05)$의 확률이 [그림 6-12]에 주어졌는데, 이 분포는 오른쪽으로 긴 꼬리를 갖는 분포로 좌우대칭인 정규분포와는 다르다.

이와 같이 이항분포 $B(n, p)$에서 n이 크고 p가 작은 경우의 확률은 포아송분포

그림 6-12 $B(20, 0.05)$의 분포

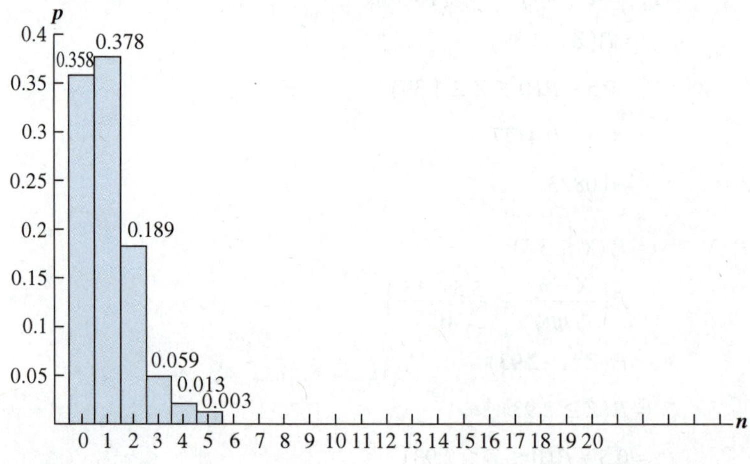

를 이용해 근사적으로 구할 수 있다. 포아송분포에서는 평균 μ가 모수이고 이항분포 $B(n, p)$에서는 평균이 np이므로, $X \sim B(n, p)$는 $X \sim Poisson(np)$를 이용해 근사확률을 구한다.

예 6-14

이동표적을 맞추는 사격의 경우 매번 시행에서 표적을 맞추는 확률이 0.05라고 한다. 이를 100번 시행할 때 다음 확률을 구하라.

(a) 표적을 5번 이상 맞출 확률

(b) 표적을 3번 이내로 맞출 확률

[풀이]

확률변수 X를 100번 시행에서 표적을 맞춘 횟수라 할 때 $X \sim B(100, 0.05)$이다.

$$E(X) = 100 \times 0.05 = 5$$

이므로 X에 대한 확률은 Poisson(5)를 이용해 구할 수 있으며, 〈부록 VI〉의 [표 2]에 의해 확률을 다음과 같이 구할 수 있다.

(a) $P_r(X \geq 5) = 1 - P_r(X \leq 4)$
$= 1 - 0.440$
$= 0.560$

(b) $P_r(X \leq 3) = P_r(X = 0) + P_r(X = 1) + P_r(X = 2) + P_r(X = 3)$
$= 0.265$

이항분포 $B(n, p)$에서 n이 크고 p가 1에 가까운 경우에도 포아송분포를 이용해 근사확률을 구할 수 있다. 이 경우에는 $q = 1 - p$라 할 때 $p + q = 1$이므로, p가 1에 가까울 때 q가 0에 가깝다는 성질을 이용해 확률변수 0과 1의 역할을 바꾸어서 확률을 구해야 한다. 예를 들어 위의 〈예 6-14〉에서 매번 시행할 경우 표적을 맞출 확률이 0.99라 할 때 확률변수 X를 '100회 시행에서 표적을 맞추지 못한 횟수'라 정의하면 $X \sim B(100, 0.01)$이 되며, 이 경우 '성공' 확률은 0.01이므로

$$E(X) = 100 \times 0.01 = 1$$

이 되어 X의 확률은 Poisson(1)에 의해 근사적으로 구할 수 있다.

6.5 엑셀 실습

Introduction to **Statistics,** ch. six

(1) 정규분포 확률 구하기

〈예 6-3〉에서 확률변수 X가 $X \sim N(20, 25)$일 때 X가 15에서 25 사이에 있을 확률을 엑셀을 이용해 계산한다. 엑셀에서 정규분포의 확률값을 산출하는 데 사용되는 함수는 다음과 같다.

$$= \text{NORMDIST}(X, \mu, \sigma, \text{logicvalue})$$

위의 함수식에서 'X'는 관측값을 의미하고, 'μ'와 'σ'는 각각 평균과 표준편차 값을 의미한다. 'LogicValue'는 '1(true)'과 '0(false)'의 값으로 정의되며, '1'일 때는 누적정규분포 확률값을, '0'일 때는 정규분포 확률값을 각각 계산한다.

정규분포의 확률을 산출하기 위해 필요한 평균과 분산 같은 기초 자료를 워크시트에 다음의 그림과 같이 입력한다.

	A	B	C
1	평균	μ	20
2	표준편차	σ	5

1) 확률의 계산

① 셀 A4항을 선택한다.

② 수식입력 창에 아래와 같은 수식을 입력한다.

```
A4 | =NORMDIST(25,C1,C2,1)-NORMDIST(15,C1,C2,1)
```

위의 과정에 의해 $P(15 \le X \le 25)$가 '0.682689' 임을 확인할 수 있다.

	A	B	C	D	E
1	평균	μ	20		
2	표준편차	σ	5		
3					
4	0.682689	P(15≤X≤25)=P(X≤25)-P(X≤15) 의 값			

위 확률을 다음과 같이 구할 수도 있다.

③ 함수 마법사 창에서 [통계]-[NORM.DIST]를 선택하고 확인을 클릭한다.

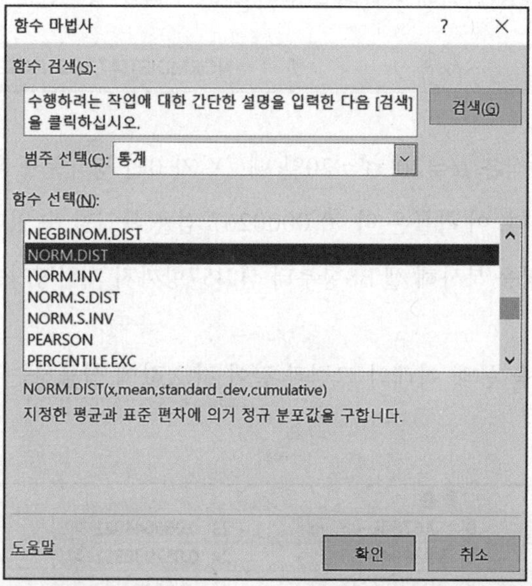

이 결과 다음과 같은 창이 나오면 $X=25$, Mean = 20, Standard_dev = 5, Cumulative = 1 등을 입력한다. 여기에서 Cumulative = 1은 누적확률을 의미한다.

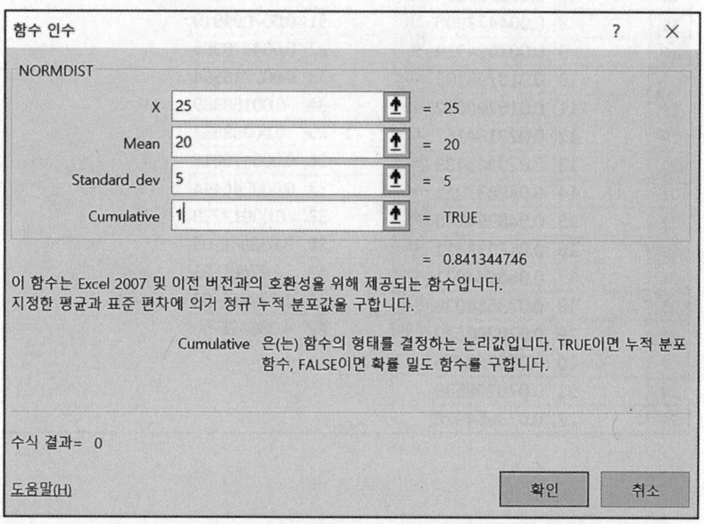

이 결과 $N(20, 25)$에서 $X = 25$까지의 누적확률은 0.84134임을 알 수 있다.

2) 정규분포 곡선 그리기

① 셀 A6항을 선택해 레이블 'X'를 입력하고, 셀 B6항을 선택해 레이블 '확률'을 입력한다.

② 셀 A7항부터 셀 A57항까지 정수 '0'부터 '50'까지 채워넣기를 한다.

③ 셀 B7항을 선택해 다음의 그림과 같은 수식을 입력한다.

```
B7  ×  ✓  fx  =NORMDIST(A7,$C$1,$C$2,0)
```

위의 수식은 $\mu = 20$, $\sigma = 20$일 때 'X'가 0인 정규분포 확률을 계산하기 위한 것이며, 이 확률은 약 '0.0000267'임을 확인할 수 있다.

④ 셀 B7항을 복사해 셀 B8항부터 셀 B57항까지 채워넣기를 한다.

위의 과정을 통해 아래의 그림과 같이 각 X값에 상응하는 정규분포 확률값을 얻을 수 있다.

6	X	확률						
7	0	2.6766E-05	30	23	0.066644921	50	43	2.02817E-06
8	1	5.83894E-05	31	24	0.057938311	51	44	7.9226E-07
9	2	0.00012238	32	25	0.048394145	52	45	2.97344E-07
10	3	0.000246444	33	26	0.038837211	53	46	1.07221E-07
11	4	0.000476818	34	27	0.029945493	54	47	3.71472E-08
12	5	0.00088637	35	28	0.022184167	55	48	1.23652E-08
13	6	0.00158309	36	29	0.015790032	56	49	3.95464E-09
14	7	0.002716594	37	30	0.010798193	57	50	1.21518E-09
15	8	0.004478906	38	31	0.007094919			
16	9	0.007094919	39	32	0.004478906			
17	10	0.010798193	40	33	0.002716594			
18	11	0.015790032	41	34	0.00158309			
19	12	0.022184167	42	35	0.00088637			
20	13	0.029945493	43	36	0.000476818			
21	14	0.038837211	44	37	0.000246444			
22	15	0.048394145	45	38	0.00012238			
23	16	0.057938311	46	39	5.83894E-05			
24	17	0.066644921	47	40	2.6766E-05			
25	18	0.073654028	48	41	1.17886E-05			
26	19	0.078208539	49	42	4.98849E-06			
27	20	0.079788456						
28	21	0.078208539						
29	22	0.073654028						

⑤ 셀 B7항부터 셀 B57항까지 선택한 후 삽입 탭을 클릭한다. [꺾은선형]–[2차원 꺾은선형]–[꺾은선형]을 선택한다.

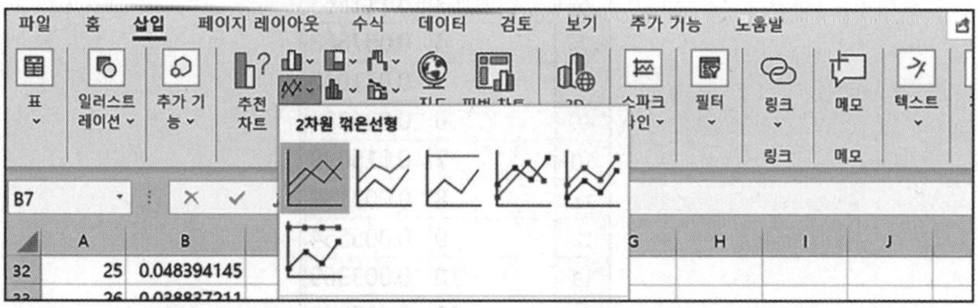

⑥ 만들어진 차트가 정규곡선임을 확인한다.

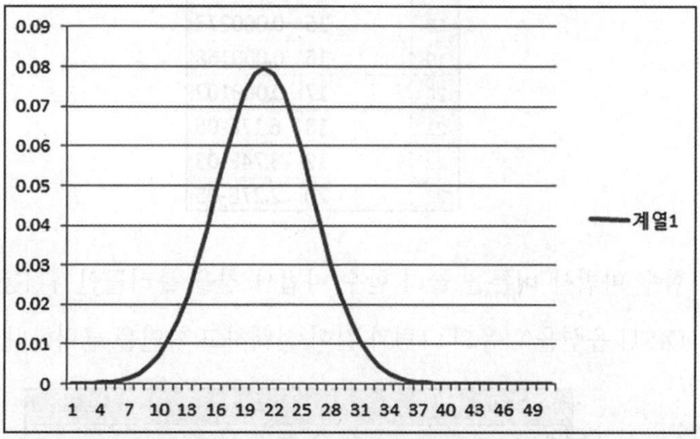

(2) 지수분포의 확률 계산

〈예 6–7〉의 자료를 이용해 지수분포에서 확률을 계산하는 방법을 알아본다.

1) 지수분포 확률 구하기

① 셀 A1항을 선택하고 레이블 'lambda'를 입력하며, 셀 B1항에 앞서 예시된 람다값 '0.5'를 아래의 그림과 같이 입력한다.

	A	B
1	lambda	0.5

② 셀 A3항부터 셀 B23항까지 다음의 확률표를 작성해 입력하고 셀 B4항을 선택한다.

3	X	확률
4	1	0.303265
5	2	0.18394
6	3	0.111565
7	4	0.067668
8	5	0.041042
9	6	0.024894
10	7	0.015099
11	8	0.009158
12	9	0.005554
13	10	0.003369
14	11	0.002043
15	12	0.001239
16	13	0.000752
17	14	0.000456
18	15	0.000277
19	16	0.000168
20	17	0.000102
21	18	6.17E-05
22	19	3.74E-05
23	20	2.27E-05

③ 함수 마법사 버튼을 눌러 함수 마법사 창을 불러들인 후 [통계]-[EXPON.DIST] 옵션을 다음의 그림과 같이 선택하고 확인을 클릭한다.

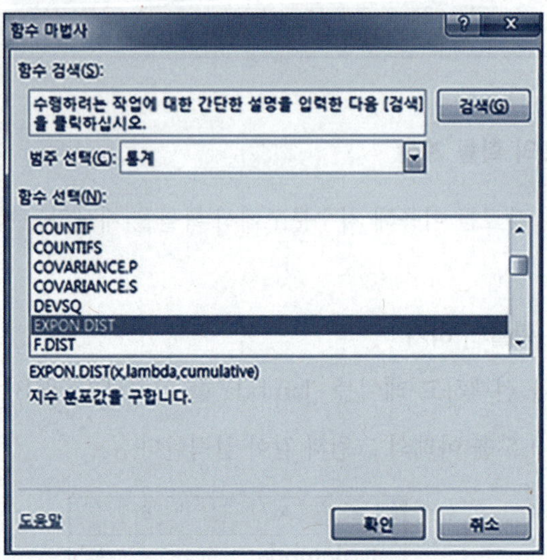

④ 문제에서 예시된 바와 같이 X와 λ값을 다음 그림과 같이 지정하고 확인 버튼을 누른다. 여기에서 누적(Cumulative) 옵션은 'false(0)'로 입력한다.

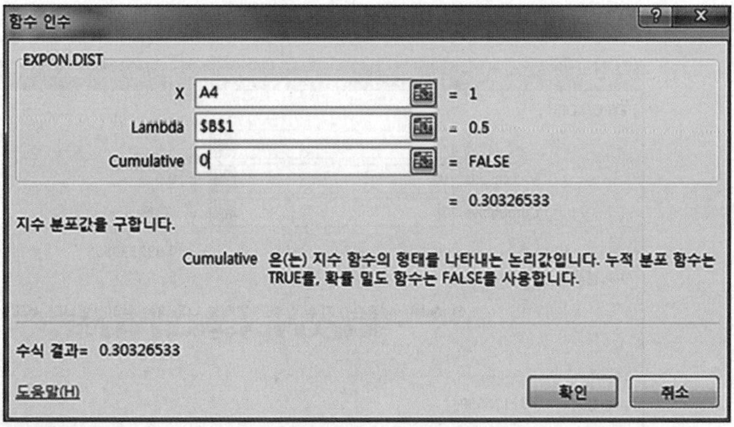

⑤ 산출된 $X = 1$인 경우의 지수분포 확률값을 선택하고 셀 B23항까지 채워넣기를 실시한다. 주의할 점은 Lambda값은 20개의 경우에서 변화하지 않는 상수값이므로 아래의 그림과 같이 '절대참조' ($)를 이용해야 한다는 것이다.

위의 과정을 통해 다음의 그림과 같은 지수분포 확률값들을 확인할 수 있다.

	A	B
1	lambda	0.5
2		
3	X	확률
4	1	0.303265
5	2	0.18394
6	3	0.111565
7	4	0.067668
8	5	0.041042
9	6	0.024894
10	7	0.015099
11	8	0.009158
12	9	0.005554
13	10	0.003369
14	11	0.002043
15	12	0.001239
16	13	0.000752
17	14	0.000456
18	15	0.000277
19	16	0.000168
20	17	0.000102
21	18	6.17E-05
22	19	3.74E-05
23	20	2.27E-05

⑥ 지수분포에서 누적확률 구하기

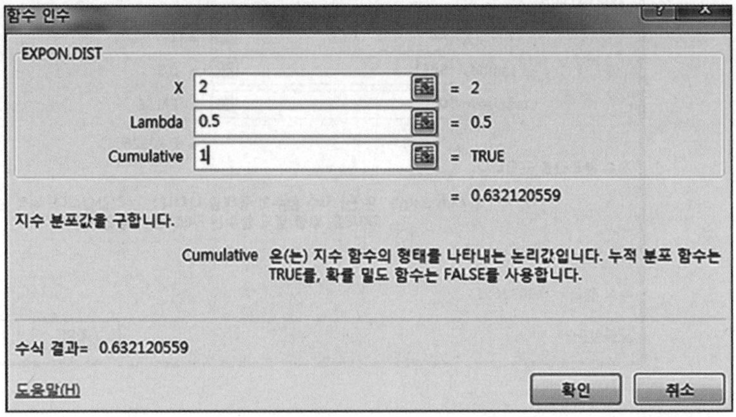

위 [EXPON.DIST] 그림에서 다음과 같이 Cumulative = 1로 지정하면 누적확률을 구할 수 있다. 그림에서 나타난 것과 같이 $\lambda = 0.5$인 지수분포에서 $X = 2$ 이하의 누적확률은 0.6321임을 알 수 있다.

2) 지수분포 확률곡선 그리기

① 앞에서 산출된 지수분포 확률값(B4~B23)들을 선택하고 삽입 탭을 선택하여 그래프를 그린다.

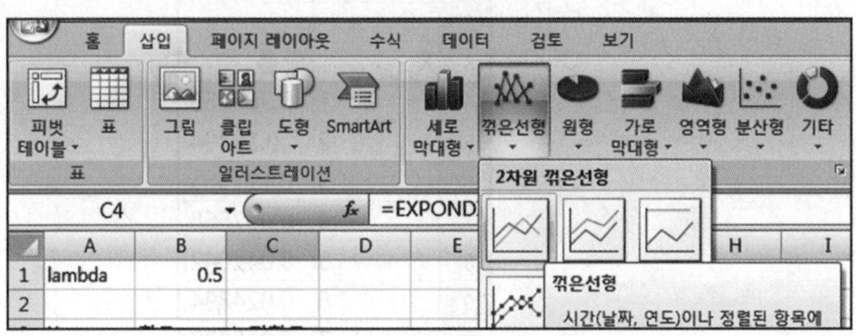

위의 결과로 다음과 같은 지수분포 그래프를 확인할 수 있다.

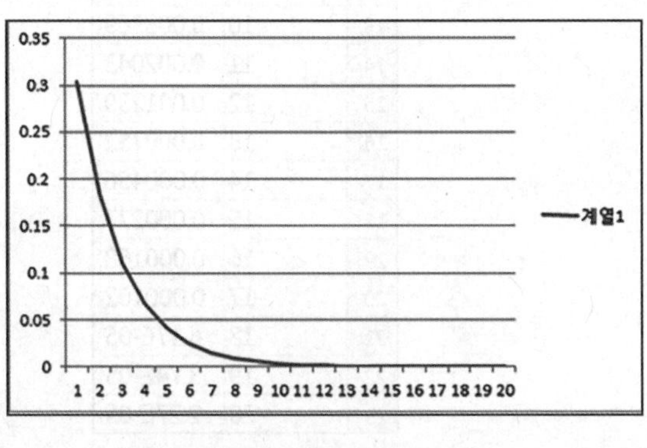

6.6 R 연습

[Note] 통계분포함수 접두어

d(ensity) : 확률값 구하기. 예) P(X=x)

p(robability) : 누적분포함수에 의한 누적확률값 구하기. 예) P(X<2)=?

q(uantile) : 누적확률에 해당하는 분위(x) 구하기. 예) P(X<?]=0.2

r(andom) : 난수 생성.

이항분포, 포아송분포, 정규분포, 지수분포, t분포 등 분포함수 앞에 붙어 각 기능을 제공한다.

(1) 정규분포 확률 구하기

〈예 6-3〉에서 확률변수 X가 $X \sim N(20,25)$일 때 X가 15에서 30 사이일 확률을 R을 이용하여 구한다.

1) 확률의 계산

pnorm 명령문을 사용하여 정규분포 확률값을 구한다. 5장과 마찬가지로 pnorm은 normal 분포의 줄임말로 norm과 접두어 p가 붙은 명령어이다.

```
> pnorm(30, mean=20, sd=5)-pnorm(15, mean=20, sd=5)
# 정규분포의 누적확률값을 구하는 pnorm 명령문을 사용한다.
# pnorm(x, mean=평균, sd=표준편차)
```

```
> pnorm(30, mean=20, sd=5)-pnorm(15, mean=20, sd=5)
[1] 0.8185946
```

2) 정규분포 확률곡선 그리기

plot 명령문을 사용하여 정규분포 그래프를 그린다.

```
> x<-seq(1, 40)
# x 데이터셋에 1에서 40까지의 정수를 대입한다.
> y<-dnorm(x, mean=20, sd=5)
# y 데이터셋에서는 dnorm을 이용하여 x값에 상응하는 평균이 20이고 표준편차가 5
인 정규분포 확률값을 산출한다.
> plot(x, y, type="l", main="Normal Distribution")
# plot(x축 데이터, y축 데이터, type=선의 종류, main="큰제목")
> abline(v=20, col="red", lty=2)
# abline(v=수직선 위치 지정, col=선의 색깔, lty=선의 종류)
# abline은 좌표에 직선을 그리는 명령어로, v(수직선), h(수평선)를 이용하여 아래와
같이 보조선을 추가할 수 있다.
```

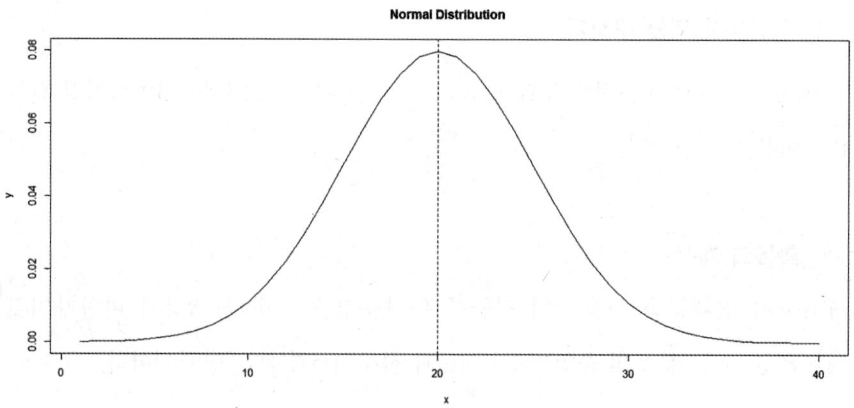

(2) 지수분포 확률 구하기

〈예 6-8〉에서 전화가 한 번 걸려온 후에 다음 전화가 걸려올 때까지 걸린 시간이 5분 이내일 확률과 2분 이상일 확률은 구한다.

1) 확률의 계산

pexp 명령문을 사용하여 지수분포 확률값을 구한다. pexp는 지수분포(exponential 분포)의 줄임말로 exp와 접두어 p가 붙은 명령어이다.

```
> pexp(5, rate=0.5)  #X<=5일 확률
> 1-pexp(2, rate=0.5)  #X>=2일 확률
# 지수분포의 누적확률값을 나타내는 pexp 명령문을 사용한다.
# pexp(x, rate=단위시간당 평균 사건 발생 비율)
```

```
> pexp(5, rate=0.5)  #X<=5일 확률
[1] 0.917915
> 1-pexp(2, rate=0.5)  #X>=2일 확률
[1] 0.3678794
```

2) 지수분포 확률곡선 그리기

plot 명령문을 사용하여 지수분포 그래프를 그린다.

```
> x<-seq(1, 20)
# x 데이터셋에 1에서 20까지의 정수를 대입한다.
> y<-dexp(x, 0.5)
# y 데이터셋에서는 dexp를 이용하여 x값에 상응하는 평균 발생 값이 0.5인 지수분포의 확률값을 산출한다.
> plot(x, y, type="l", main="Exponential Distribution")
```

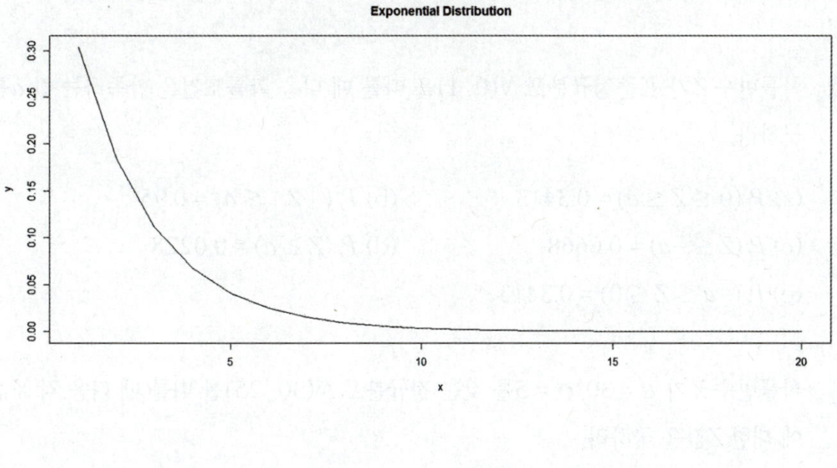

연습문제

01. 확률변수 X가 −1과 1 사이에서 균등분포 $U(-1, 1)$을 따를 때 다음 질문에 답하라.

(a) X의 확률밀도함수를 구하고, 이를 그림으로 표현하라.

(b) $\{-0.5 \le X \le 0.5\}$의 확률은 얼마인가?

(c) $\{0.5 \le X \le 1.0\}$의 확률은 얼마인가?

(d) $\{X \le 0\}$의 확률은 얼마인가?

02. 한 회사의 통근버스는 아침 8시부터 8시 30분 사이에 정류장 A에 도착한다. 이 버스가 8시부터 8시 30분 사이의 특정 시간에 이 정류장에 도착할 가능성이 모두 동일하다면, 통근버스가 8시 10분 이전에 정류장 A에 도착할 가능성은 얼마인가?

03. 확률변수 Z가 표준정규분포 $N(0, 1)$을 따를 때 〈부록 VI〉의 [표 3]을 이용해 다음 확률을 구하라.

(a) $P_r(Z \ge 2.00)$　　(b) $P_r(Z \le -1.90)$

(c) $P_r(-1.00 \le Z \le 0.0)$　　(d) $P_r(-1.5 \le Z \le 1.5)$

(e) $P_r(Z \ge 2.5$ 또는 $Z \le -2.5)$　　(f) $P_r(Z \ge 2.0$ 또는 $Z \le 1.5)$

04. 확률변수 Z가 표준정규분포 $N(0, 1)$을 따를 때 다음 확률조건을 만족하는 값 a를 구하라.

(a) $P_r(0 \le Z \le a) = 0.3413$　　(b) $P_r(|Z| \le a) = 0.95$

(c) $P_r(Z \le -a) = 0.0668$　　(d) $P_r(Z \ge a) = 0.0228$

(e) $P_r(-a \le Z \le 0) = 0.3413$

05. 확률변수 X가 $\mu = 30$, $\sigma = 5$를 갖는 정규분포 $N(30, 25)$를 따를 때 다음 각 X값에 대한 Z값을 구하라.

(a) $X = 25$　　(b) $X = 30$　　(c) $X = 37.5$

(d) $X = 10$　　(e) $X = 50$　　(f) $X = 32$

06. 확률변수 X가 $\mu = 20, \sigma = 4$인 정규분포 $N(20, 16)$을 따를 때 $X = 30$에 대한 표준정규분포의 Z값은 얼마인가?

07. 확률변수 X가 $\mu = 10, \sigma = 2$인 정규분포 $N(10, 4)$를 따를 때 다음 각 확률조건을 만족하는 a를 구하라.

(a) $P_r(X \geq a) = 0.5$ (b) $P_r(X \leq a) = 0.025$

(c) $P_r(X \geq a) = 0.10$ (d) $P_r(X \geq a) = 0.95$

08. 확률변수 X가 $\mu = 50, \sigma = 10$인 정규분포 $N(50, 100)$을 따를 때 다음 각 경우에 대한 확률을 구하라.

(a) $P_r(X \leq 50)$ (b) $P_r(X \leq 35.6)$

(c) $P_r(40.7 \leq X \leq 75.8)$ (d) $P_r(22.9 \leq X \leq 33.2)$

(e) $P_r(X \geq 25.3)$ (f) $P_r(X \leq 25.3)$

09. 확률변수 X가 $\mu = 40, \sigma = 9$인 정규분포 $N(40, 81)$을 따를 때 다음 각 확률조건을 만족하는 a를 구하라.

(a) $P_r(X \geq a) = 0.5$ (b) $P_r(X \leq a) = 0.025$

(c) $P_r(X \geq a) = 0.10$ (d) $P_r(X \geq a) = 0.95$

10. 한 회사에서 생산된 전구의 수명이 평균이 700시간이고 표준편차가 50시간인 정규분포를 따른다고 할 때,

(a) 이 회사에서 생산된 한 전구의 수명이 800시간 이상일 확률은 얼마인가?

(b) 이 회사에서 생산된 한 전구가 650시간 이전에 끊어질 확률은 얼마인가?

(c) 이 회사에서 생산된 전구들 중에서 40%가 몇 시간 이상 끊어지지 않는다고 할 수 있는가?

11. 한 음식점의 일별 매상액은 평균이 53만원이고 표준편차가 12만원인 정규분포에 근사하다고 한다.

(a) 어느 날 이 음식점의 매상액이 70만원 이상일 확률은 얼마인가?

(b) 이 음식점은 매일매일 최소한 30만원 이상의 매상이 있어야 이윤이 남는다고 할 때 어느 특정한 날에 이윤이 남지 않을 확률은 얼마인가?

12. 어느 반 학생들의 통계학 시험 성적은 평균점수가 72점이고 표준편차가 9점인 정규분포에 근사한 분포를 갖는다. 학생들 중에서 상위 5%만이 A학점을 받는다고 할 때 A학점을 받기 위한 최저점수는 얼마인가?

13. 한 회사에서 생산된 세탁기의 수명은 평균이 3.1년이고 표준편차가 1.2년인 정규분포에 근사한 분포를 갖는다. 이 세탁기의 보증기간이 1년이라 할 때 판매된 하나의 세탁기가 보증기간 내에 고장날 확률은 얼마인가?

14. 총무처에서 실시하는 사법고시를 치른 사람들의 성적은 평균이 50점이고 표준편차가 8점인 정규분포에 근사한 분포를 갖는다. 합격 커트라인이 70점이라 할 때 응시생 중에서 몇 %의 사람이 합격했다고 할 수 있는가?

15. 2023학년도 대학입학 수능시험 성적은 평균이 200점이고 표준편차가 20점인 정규분포에 근사한 분포를 갖는다고 할 때,

(a) 240점 이상인 학생의 비율은 얼마인가?
(b) 한 학생이 220점을 받았다고 할 때 이 학생은 상위 몇 %에 속하나?
(c) 180점에서 240점 사이에 있는 학생의 비율은 얼마인가?

16. 우리나라 20세 전후 남자들의 1분당 맥박 수는 평균이 72번이고 표준편차가 9.7번인 정규분포에 근사한 분포를 갖는다. 군입대 신체검사에서 1분당 맥박 수가 55 이하이거나 90 이상인 경우에는 보충역에 편입된다고 할 때 신체검사를 받은 사람 중에서 맥박 수에 의해 보충역에 편입되는 사람의 비율은 얼마인가?

17. 한 통계학과의 수리통계학 기말고사 점수가 평균이 60이고, 표준편차가 10인 정규분포를 따른다고 한다. 어떤 학생의 점수가 50점이라면, 이 학생보다 더 높은 점수를 받은 학생들의 비율은 얼마인가?

18. 한 회사원이 집에서 회사까지 출근하는 데 걸리는 시간은 평균이 한 시간이고 표준편차가 0.3시간인 정규분포에 근사한 분포를 갖는다고 할 때,

(a) 이 사람이 회사에 출근하는 데 걸린 시간이 한 시간 반 이상일 확률은 얼마인가?
(b) 회사의 업무가 오전 9시에 시작된다고 할 때 이 사람이 집에서 7시 40분에 출

발했다면 이 사람이 회사에 지각할 확률은 얼마인가?

19. 확률변수 X가 $\lambda = 2$인 지수분포 Exponential (2)를 따를 때,

(a) X의 평균과 분산을 구하라.

(b) X가 3 이상일 확률은 얼마인가?

(c) X가 1 이하일 확률은 얼마인가?

20. 확률변수 X가 $\lambda = 0.5$인 지수분포 Exponential (0.5)를 따를 때,

(a) X의 평균과 분산을 구하라.

(b) X가 1 이상일 확률은 얼마인가?

(c) X가 2 이하일 확률은 얼마인가?

21. 한 낚시꾼이 낚시를 하는데 고기가 평균 한 시간에 두 마리가 잡힌다고 한다.

(a) 한 번 고기를 잡은 후에 다음 고기를 잡을 때까지 걸리는 평균시간은 얼마인가?

(b) 한 번 고기를 잡은 후에 두 시간 동안 전혀 고기를 잡지 못할 확률은 얼마인가?

(c) 한 번 고기를 잡은 후에 30분 만에 다시 고기를 잡을 확률은 얼마인가?

22. 한 지역에서 교통경찰관이 교통법규를 위반하는 차량을 평균 10분에 두 대씩 적발한다고 한다.

(a) 이 교통경찰관이 교통법규 위반차량을 적발한 뒤에 다음 교통법규 위반차량을 적발하는 데까지 걸리는 평균시간은 얼마인가?

(b) 한 번 교통법규 위반차량을 적발한 뒤에 10분 동안 교통법규 위반차량을 적발하지 못할 확률은 얼마인가?

(c) 한 번 교통법규 위반차량을 적발한 뒤에 2분 만에 다시 교통법규 위반차량을 적발한 확률은 얼마인가?

23. 확률변수 X가 $n = 100$, $p = 0.4$인 이항분포 $B(100, 0.4)$를 따를 때 다음 각 경우의 확률을 구하라.

(a) $P_r(X \geq 40)$

(b) $P_r(X \leq 50)$

(c) $P_r(30 \leq X \leq 50)$

(d) $P_r(X \geq 80)$

(e) $P_r(X \leq 20)$

(f) $P_r(35 \leq X \leq 45)$

24. 확률변수 X가 $n=20$, $p=0.5$인 이항분포 $B(20, 0.5)$를 따를 때 다음 각 경우의 확률을 구하라.

(a) $P_r(X=10)$　　(b) $P_r(5 \le X \le 15)$

(c) $P_r(9 \le X \le 10)$　　(d) $P_r(X \ge 15)$

25. 확률변수 X가 $n=25$, $p=0.4$인 이항분포 $B(25, 0.4)$를 따를 때 $P_r(8 \le X \le 11)$을

(a) 〈부록 VI〉의 [표 1]에 있는 이항확률분포표를 이용해 구하라.

(b) 이항분포에 대한 정규근사를 이용해 구하라.

26. 확률변수 X가 $n=25$, $p=0.2$인 이항분포 $B(25, 0.2)$를 따를 때 $P_r(X \le 4)$를

(a) 〈부록 VI〉의 [표 1]에 있는 이항확률분포표를 이용해 구하라.

(b) 이항분포에 대한 정규근사를 이용해 구하라.

27. 한 자동차 외판원은 판매상담한 사람 중에서 30%의 사람들이 실제로 자동차를 구입한다고 한다. 어느 한 달 동안에 100명과 판매상담을 했다고 할 때 최소한 20명 이상의 고객이 자동차를 구매할 확률은 얼마인가?

28. 서울시의 교통난 해소를 위한 승용차 짝 · 홀수 운행을 찬성하는 사람의 비율이 60%라고 한다. 어느 모임에 모인 200명의 사람들을 대상으로 짝 · 홀수 운행에 대한 찬성 여부를 조사한다고 할 때 100명 이상의 사람들이 찬성할 확률은 얼마인가?

29. 어느 회사에 걸려오는 전화 중 30%는 장거리 전화라고 한다. 어느 날 걸려온 100회의 전화 중 장거리 전화가 25회 이하일 확률은 얼마인가?

30. 어느 회사에서 100명의 대학졸업 신입사원을 뽑는데 500명의 대학졸업자가 응시했다. A대학 졸업생 50명이 이 회사에 응시했다고 할 때 신입사원 선발이 랜덤하게 결정된다면 A대학 졸업생 중에서 합격자가 4명 이내일 확률은 얼마인가? 또 10명 이상일 확률은 얼마인가?

31. 어느 한 사무실에 걸려오는 전화 중 1%는 잘못 걸려온 전화라고 한다. 어느 날 이 사무실에 걸려온 100회의 전화 중 잘못 걸려온 전화의 수가 2번 이상일 확률은 얼마인가? 이항분포에 대한 포아송근사를 이용해 구하라.

32. 어느 사격선수가 표적을 맞추지 못할 확률이 0.48%라고 한다. 어느 사격대회에서 이 선수가 500회의 사격을 실시했다고 할 때 표적을 맞추지 못한 경우가 2회 이내일 확률은 얼마인가? 이항분포에 대한 포아송근사를 이용해 구하라.

33. 공정한 주사위 1개를 30번 던진다고 하자. 이 실험에서 2가 나오는 횟수를 X라 하고, 정규근사를 이용하여 $P(X > 3)$의 근사값을 구하려 할 때 연속성 수정을 고려한 근사식은 무엇인가?

34. 어떤 주사위를 1,000번 던졌을 때 4라는 숫자가 많아야 320번 나올 확률을 연속성 수정을 이용하여 구하라.

INTRODUCTION TO STATISTICS

확률표본과 추정

Introduction to **Statistics**
ch. seven

7

통계분석이란 불확실한 현상을 대상으로 자료를 수집한 후 대상집단에 대해 추정, 검정 및 예측을 하는 학문이라고 정의했다. 제2장에서는 자료의 수집과 정리 방법에 대해 설명했고, 제3장에서 제6장까지는 통계분석에 이용되는 확률분포 모형에 대해 설명했다. 다음 단계는 수집된 자료와 확률분포 모형을 이용해 대상집단(모집단)의 특성값(모수)을 추정하는 과정이다. 모수에 대한 추정은 수집된 자료에 근거한 통계량을 이용하며, "모수가 특정 값일 것이다"라고 추정하는 점추정과 "모수가 특정 구간 안에 있을 것이다"라고 추정하는 구간추정이 있다. 특히 모수를 추정하는 통계량을 추정량이라 정의하는데, 추정량은 중심극한정리에 의해 표본이 클 때 근사적으로 정규분포를 따른다. 본 장에서는 모집단의 특성값(모수)을 추정하는 방법과 추정량의 성질, 그리고 추정 및 검정에서 많이 이용되는 t분포와 x^2분포 등에 대해 설명한 후 실제 미세먼지 데이터를 통해 개념을 이해해 보도록 한다.

7.1 확률표본과 통계량

Introduction to **Statistics,** ch. seven

7.1.1 확률표본

제5장과 제6장에서는 여러 가지 형태의 확률분포에 대해 설명했으며, 각각의 확률분포에 분포의 형태를 결정하는 모수(parameter)가 있음도 알았다. 확률표본이란 특정한 확률분포로부터 독립적으로 반복해서 표본을 추출하는 것으로, 각각의 관찰값들은 서로 독립이며 동일한 분포를 갖는다. 한 예로 20,000명의 학생이 있는 C대학교 학생들의 키 분포가 평균이 168cm이고 분산이 25cm인 정규분포 $N(168, 25)$를 따른다고 할 때, 학생 10명을 랜덤하게 추출해 키를 측정하는 문제를 생각해 보자. 확률변수 X가 '학생들의 키'를 나타낸다고 할 때 표본으로 추출된 10명의 학생의 키는

$$\{X_1, X_2, X_3, X_4, X_5, X_6, X_7, X_8, X_{10}\}$$

과 같이 10개의 확률변수로 나타낼 수 있다. 여기에서 X_1이 '처음 추출된 학생의 키'라 할 때 X_1의 값은 처음 추출된 학생의 키가 얼마인가에 따라 그 값을 달리하는 확률변수이다. 따라서 X_1의 분포는 전체 학생의 분포와 같은

$$X_1 \sim N(168, 25)$$

이다. 이는 X_1(처음 추출된 학생의 키)이 표본을 반복해서 추출할 때마다 다른 값을 가질 수 있다는 것을 의미한다. 또한 $X_2, \cdots, X_{10}$에 대해서도 각 값은 표본을 반복해 추출할 때마다 다른 값을 가질 수 있으므로, $X_1, \cdots, X_{10}$의 분포는 다음과 같이 표현할 수 있다.

$$X_i \sim N(168, 25),\ i = 1, 2, \cdots, 10$$

일례로 두 개의 서로 다른 표본이 [표 7-1]과 같이 추출되었다면 〈표본 1〉에서는 $X_1 = 165$이나 〈표본 2〉에서는 $X_1 = 180$이다.

표 7-1 **두 확률표본**

표본 \ 관측값	X_1	X_2	X_3	X_4	X_5	X_6	X_7	X_8	X_9	X_{10}
표본 1	165	173	159	183	171	169	165	173	149	177
표본 2	180	144	163	172	185	172	166	174	170	165

위의 예에서 가능한 표본의 수는 20,000명에서 10명을 추출하는 방법의 수와 같다. 이는 조합 공식에 의해 $\binom{20,000}{10}$과 같이 무수히 많으며, 각각의 표본에서 처음 관측한 학생의 키를 X_1이라고 하면 X_1의 가능한 값은 $\binom{20,000}{10}$개일 것이다.

따라서 X_1의 분포는 $\binom{20,000}{10}$개의 X_1값의 분포를 의미하는데, 이 값의 분포는 X_1이 추출된 모집단의 분포

$$X \sim N(168, 25)$$

와 같다고 볼 수 있다. 이 이론은 $X_2, \cdots, X_{10}$에도 동일하게 적용할 수 있으며, $X_1, \cdots, X_{10}$이 서로 독립적으로 추출되었으므로 $X_1, X_2, \cdots, X_{10}$의 분포는 서로 독립이며

$$X_i \sim N(168, 25),\ i = 1, 2, \cdots, 10$$

임을 증명할 수 있다.

확률표본

확률변수 X가 특정 확률분포를 따른다고 할 때, 이 확률분포로부터 각각 독립적으로 관측된 n개의 표본을 확률표본(random sample)이라 한다. 이 표본을 $(X_1, X_2, \cdots, X_n)$이라 할 때 $X_1, X_2, \cdots, X_n$은 확률변수로 상호독립이며, 각각은 X와 동일한 분포를 갖는다.

예 7-1

동전을 던지는 실험에서 확률변수 X가 동전의 앞면이 나오면 1, 뒷면이 나오면 0인 값을 갖는 확률변수라고 한다. 이 실험을 10회 실시하는 경우를 한 표본으로 해 $X_1, X_2, \cdots, X_{10}$을 매회 실시한 결과를 나타내는 확률변수라 할 때 세 번 반복실험한 결과가 다음과 같다고 하자. 아래 표에 의할 때 10개의 관측값을 나타내는 확률변수 $X_1, X_2, \cdots, X_{10}$은 표본을 추출할 때마다 다르게 나타남을 알 수 있다. 확률변수 X가

$$P_r(X=1)=P_r(X=0)=\frac{1}{2}$$

이므로 각각의 표본에서 i번째 관측값 X_i의 확률은

$$P_r(X_i=1)=P_r(X_i=0)=\frac{1}{2},\quad i=1,2,\cdots,10$$

이다.

관측값 / 표본	X_1	X_2	X_3	X_4	X_5	X_6	X_7	X_8	X_9	X_{10}
표본 1	1	0	0	0	1	1	0	0	1	0
표본 2	0	0	1	1	1	0	1	0	0	1
표본 3	0	1	1	0	0	0	1	0	1	0

예 7-2

확률변수 X가 $N(0, 1)$인 분포를 따른다고 할 때 이 확률분포로부터 n개의 관측값으로 된 확률표본을 추출한다고 한다. 각 관측값을 확률변수 $X_1, X_2, \cdots, X_n$으로 표현하면 $X_1, X_2, \cdots, X_n$은 서로 독립이며, 각각의 확률분포는

$$X_i \sim N(0,1),\quad i=1,2,\cdots,n$$

을 따른다.

7.1.2 모수와 통계량

모수(parameter)의 개념은 표본이론과 확률분포에서 그 설명이 조금 다르나 본질적인 의미는 동일하다. 즉, 표본이론에서 모수란 **모집단**(population)의 특성을 나

타내는 숫자값으로, 일반적인 표본이론의 목적은 표본을 이용해 이 모수에 대한 추론(추정 및 검정)을 실시하는 것이다. 확률분포이론에서 모수는 각각의 확률분포에서 그 분포의 형태를 결정하는 숫자값으로, 각각의 확률분포(이를테면 이항분포, 포아송분포, 정규분포 등)에는 항상 특정한 형태의 모수가 주어져야 한다.

이를테면 확률변수 X가 평균 μ와 분산 σ^2을 갖는 정규분포 $N(\mu, \sigma^2)$을 따를 때 X의 분포 형태는 μ와 σ^2의 크기에 의해 결정되므로 μ와 σ^2은 정규분포의 모수이다. 여기에서 μ는 모든 실수값이 가능하나 σ^2은 양의 실수값($\sigma^2 > 0$)이어야 한다. 다른 예로 확률변수 Y가 성공의 확률이 p인 실험을 반복해 n번 실행했을 때 나타난 성공의 횟수를 나타낸다면 $Y \sim B(n, p)$이며, 이 경우 시행횟수 n과 성공확률 p가 Y의 확률분포의 형태를 결정하므로 n과 p가 이항분포의 모수이다. 여기에서 n은 모든 양의 정수가 될 수 있으며, p는 $0 \le p \le 1$을 만족해야 한다.

그러나 일반적으로 모수의 구체적인 값은 알려져 있지 않으며, 이 알려져 있지 않은 모수에 대해 추정 및 검정을 실시하는 것이 통계분석의 중요한 과제이다. 알려져 있지 않은 모수에 대해 추정 및 검정을 실시하고자 할 때 대상집단으로부터 확률표본을 추출하는데, n개의 원소로 된 확률표본을

$$(X_1, X_2, \cdots, X_n)$$

이라 할 경우 제2장에서 설명한 바와 같이 이 확률표본으로부터 다음과 같이 다양한 형태의 **통계량**(statistic)을 정의할 수 있다.

예 7-3

확률표본$(X_1, X_2, \cdots, X_n)$에 근거한 통계량

(a) $X_{(1)} = min(X_1, X_2, \cdots, X_n)$: 최소값

(b) $\overline{X} = \frac{1}{n}\sum_{i=1}^{n} X_i$: 표본평균

(c) $X_{(n)} = max(X_1, X_2, \cdots, X_n)$: 최대값

(d) $\tilde{X} = median(X_1, X_2, \cdots, X_n)$: 중위수

(e) $S^2 = \frac{1}{n-1}\sum_{i=1}^{n}(X_i - \overline{X})^2$: 표본분산

확률표본 $(X_1, X_2, \cdots, X_n)$으로부터 위의 〈예 7-3〉에 주어진 통계량뿐만 아니라 수없이 많은 통계량을 정의할 수 있다. 확률표본의 각 원소 $X_1, X_2, \cdots, X_n$이 확률변수이므로 이 확률변수들의 함수로 정의된 통계량도 또한 확률변수이다. 통계량이 확률변수라는 것은 각각의 표본에 따라 구해지는 통계량의 값이 확률분포를 갖는다는 것을 의미한다. 이를테면 $n = 10$인 경우에 대한 확률표본 결과인 [표 7-1]에서 각각의 통계량이 〈표본 1〉에서는

$$X_{(1)} = 149$$
$$\overline{X} = 168.4$$
$$\tilde{X} = \frac{1}{2}(169 + 171) = 170$$
$$X_{(10)} = 183$$

이며, 〈표본 2〉에서는

$$X_{(1)} = 144$$
$$\overline{X} = 169.1$$
$$\tilde{X} = \frac{1}{2}(170 + 172) = 171$$
$$X_{(10)} = 185$$

이다. 모든 가능한 표본의 수 $\binom{20,000}{10}$에서 각각의 표본에 대한 위의 통계량들을 구할 수 있으며, 이에 의해 통계량이 특정한 형태의 확률분포를 따른다는 것을 알 수 있다.

이와 같은 통계량 중 모수를 추정하는 통계량을 **추정량**(estimator)이라 하며, 구체적인 표본에 근거해 구한 추정량의 값을 **추정치**(estimate)라 한다. [표 7-1]에 근거한 자료에서 표본평균 $\overline{X}$를 모평균 μ의 추정량이라 할 때 〈표본 1〉에서

$\overline{X}=168.4$이므로 〈표본 1〉에 근거한 μ의 추정치는 168.4이고, 〈표본 2〉에서 $\overline{X}=169.1$이므로 〈표본 2〉에 근거한 μ의 추정치는 169.1이다.

일반적으로 확률표본은 $(X_1, X_2, \cdots, X_n)$과 같이 대문자 X로 표현하며, 이 확률표본의 함수인 추정량도 $\overline{X}$, $X_{(1)}$ 등과 같이 대문자로 표현해 이 변수들이 확률변수임을 나타낸다. 반면에 구체적인 표본에 의해 구한 값은 $(x_1, x_2, \cdots, x_n)$, $\bar{x}$, $x_{(1)}$ 등과 같이 소문자 x를 사용해 이 값들이 실제 표본에 근거한 구체적인 값임을 나타낸다.

[표 7-1]의 〈표본 1〉에서 $x_1=165$, $x_2=173$, $x_3=159$, $x_4=183$, $x_5=171$, $x_6=169$, $x_7=165$, $x_8=173$, $x_9=149$, $x_{10}=177$이며, 추정치들은 $x_{(1)}=149$, $\bar{x}=168.4$, $\tilde{x}=170$, $x_{(10)}=183$과 같이 표현할 수 있다.

7.2 중심극한정리

Introduction to **Statistics,** ch. seven

많은 양의 자료를 수집해 요약 · 정리하는 과정에서 가장 많이 이용되는 통계량이 평균(mean)과 분산(variance)이다. 모수가 평균과 분산인 확률분포는 정규분포이므로 자료의 요약된 통계량으로 평균과 분산을 구한다는 것은 수집된 자료가 정규분포로부터 추출되었음을 암암리에 암시함을 의미한다. 자료가 관찰된 모집단의 분포가 실제로 정규분포가 아닌 경우에도 본 절에서 설명하는 **중심극한정리**(central limit theorem)에 의해 정규확률분포를 이용한 추정량의 근사확률을 구할 수 있다. 따라서 모든 형태의 자료에서 평균과 분산은 중요한 의미를 갖는다.

중심극한정리란 평균이 μ이고 분산이 σ^2인 확률분포로부터 크기가 n인 확률표본$(X_1, X_2, \cdots, X_n)$을 관측할 때 표본평균 $\overline{X}=\frac{1}{n}\sum_{i=1}^{n}X_i$는 n이 커질수록 정규분포에 가까운 분포를 가지며, 이 경우 $\overline{X}$의 평균과 분산은 각각

$$E(\overline{X})=\mu$$

$$Var(\overline{X})=\frac{1}{n}\sigma^2$$

과 같다는 주장이다. 이 정리에 대한 증명은 수리통계학이론에 주어져 있으며, 여

기에서는 다음과 같은 예를 통해 실증적으로 이를 증명해 보고자 한다.

예 7-4

확률변수 X가 균등분포 $U(0, 1)$을 따른다고 할 때 $X \sim U(0,1)$이며, X는 0과 1 사이에서 균등한 분포를 갖는 연속형 확률변수이다.

그림 7-1 X의 확률분포

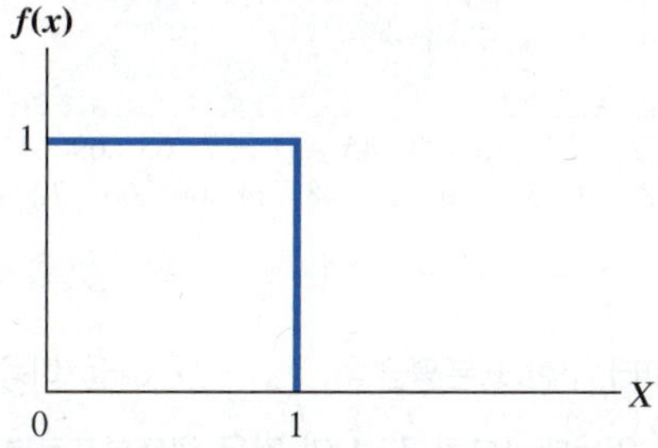

표 7-2 $U(0, 1)$에서 추출된 크기 11의 표본 10개

표본	관측값											$\bar{x}$
1	.217	.786	.757	.125	.139	.919	.506	.771	.138	.516	.419	0.481
2	.303	.703	.812	.650	.848	.392	.988	.469	.632	.012	.065	0.534
3	.383	.547	.383	.584	.098	.676	.091	.535	.256	.163	.390	0.373
4	.218	.376	.248	.606	.610	.055	.095	.311	.086	.165	.665	0.304
5	.144	.069	.485	.739	.491	.054	.953	.179	.865	.429	.648	0.460
6	.426	.563	.186	.896	.628	.075	.283	.549	.295	.522	.674	0.463
7	.643	.828	.465	.672	.074	.300	.319	.254	.708	.384	.534	0.471
8	.616	.049	.324	.700	.803	.399	.557	.975	.569	.023	.072	0.462
9	.093	.835	.534	.212	.201	.041	.889	.728	.466	.142	.574	0.429
10	.957	.253	.983	.904	.696	.766	.880	.485	.035	.881	.732	0.688

이러한 확률분포로부터 크기 $n=11$인 확률표본을 1,000개 추출하는 실험을 실시한다. 1,000개 표본 중 처음 10개의 표본이 [표 7-2]에 주어져 있는데, 각 표본의 평균을 $\bar{x}_1$, $\bar{x}_2$, $\bar{x}_3$, …, $\bar{x}_{10}$이라 할 때 [표 7-2]에 의해 처음 10개 표본의 평균들은 각각 $\bar{x}_1 = 0.481$, $\bar{x}_2 = 0.534$,

$\bar{x}_3 = 0.373$, $\bar{x}_4 = 0.304$, $\bar{x}_5 = 0.460$, $\bar{x}_6 = 0.463$, $\bar{x}_7 = 0.471$, $\bar{x}_8 = 0.462$, $\bar{x}_9 = 0.429$, $\bar{x}_{10} = 0.688$임을 알 수 있다.

그림 7-2 $\overline{X}$의 히스토그램

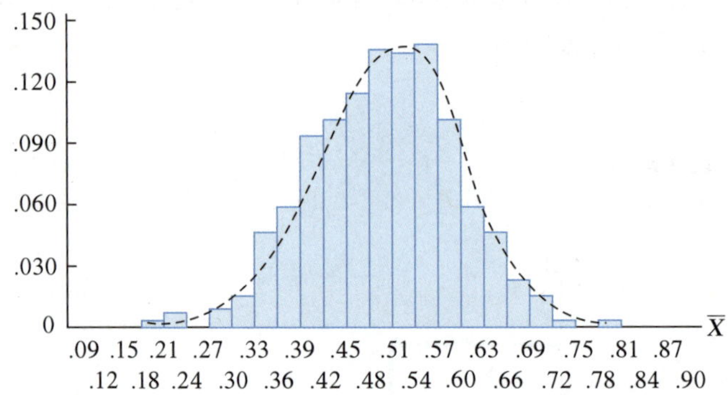

1,000개의 표본으로부터 구한 표본평균 $\bar{x}_1, \bar{x}_2, \cdots, \bar{x}_{1,000}$을 이용해 히스토그램을 그린 결과가 [그림 7-2]에 주어져 있는데, [그림 7-1]과 같은 균등분포로부터 구한 표본평균의 분포가 정규분포와 근사한 분포를 갖게 됨을 알 수 있다. $X \sim U(0,1)$에서 $E(X) = \frac{1}{2}$, $Var(X) = \frac{1}{12}$이므로 $n = 11$인 경우에 표본평균 $\overline{X}$의 평균과 분산은 각각

$$E(\overline{X}) = E(X) = \frac{1}{2}$$
$$Var(\overline{X}) = \frac{1}{n} Var(X) = \frac{1}{11} \cdot \frac{1}{12} = \frac{1}{132}$$

임을 알 수 있다.

즉, 표본평균 $\overline{X}$는 근사적으로 $N\left(\frac{1}{2}, \frac{1}{132}\right)$을 따른다고 할 수 있다.

예 7-5

주사위를 던지는 실험에서 각각의 표본의 크기를 5로 하고, 이와 같은 실험을 100회 반복한 실험결과가 [표 7-3]에 주어져 있다. 이 실험은 가능한 값이 {1, 2, 3, 4, 5, 6}인 모집단에서 반복을 허용하면서 5개의 값을 랜덤하게 추출하는 과정을 100회 반복한 실험결과를 모아 놓은 것과 같으며, 따라서 각 표본의 크기는 5이고, 표본의 개수는 100이다. [표 7-3]을 보면 첫째 표본은 (3, 5, 1, 3, 2)이고, 둘째 표본은 (3, 1, 1, 4, 6)이며, 100번째 표본은 (2, 4, 3, 4, 6)이다. 주사위를 던지는 실험에서 {1, 2, 3, 4, 5, 6}이 나타날 확률은 각각 $\frac{1}{6}$로 동일하므로 모집단의 분포는 [그림 7-3]과 같이 이산형 분포로 표현할 수 있다.

그림 7-3 주사위 던지는 실험의 모집단 분포

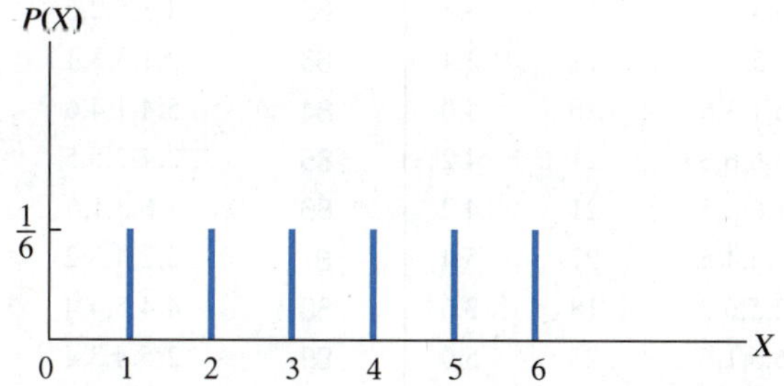

표 7-3 주사위 던지는 실험의 결과

표본번호	표본관측값	$\sum_{i=1}^{5} X_i$	$\overline{X}$	표본번호	표본관측값	$\sum_{i=1}^{5} X_i$	$\overline{X}$
1	3,5,1,3,2	14	2.8	34	1,1,5,6,3	16	3.2
2	3,1,1,4,6	15	3.0	35	2,6,1,6,2	17	3.4
3	1,3,1,6,1	12	2.4	36	2,4,3,1,3	13	2.6
4	4,5,3,3,2	17	3.4	37	1,5,1,5,2	14	2.8
5	3,1,3,5,2	14	2.8	38	6,6,5,3,3	23	4.6
6	2,4,4,2,4	16	3.2	39	3,3,5,2,1	14	2.8
7	4,2,5,5,3	19	3.8	40	2,6,6,6,5	25	5.0
8	3,5,5,5,5	23	4.6	41	5,5,2,3,4	19	3.8
9	6,5,5,1,6	23	4.6	42	6,4,1,6,2	19	3.8
10	5,1,6,1,6	19	3.8	43	2,5,3,1,4	15	3.0
11	1,1,1,5,3	11	2.2	44	4,2,3,2,1	12	2.4
12	3,4,2,4,4	17	3.4	45	4,4,5,4,4	21	4.2
13	2,6,1,5,4	18	3.6	46	5,4,5,5,4	23	4.6
14	6,3,4,2,5	20	4.0	47	6,6,6,2,1	21	4.2
15	2,6,2,1,5	16	3.2	48	2,1,5,5,4	17	3.4
16	1,5,1,2,5	14	2.8	49	6,4,3,1,5	19	3.8
17	3,5,1,1,2	12	2.4	50	4,4,4,4,4	20	4.0
18	3,2,4,3,5	17	3.4	51	2,3,5,3,2	15	3.0
19	5,1,6,3,1	16	3.2	52	1,1,1,2,4	9	1.8
20	1,6,4,4,1	16	3.2	53	2,6,3,4,5	20	4.0
21	6,4,2,3,5	20	4.0	54	1,2,2,1,1	7	1.4
22	1,3,5,4,1	14	2.8	55	2,4,4,6,2	18	3.6
23	2,6,5,2,6	21	4.2	56	3,2,5,4,5	19	3.8
24	3,5,1,3,5	17	3.4	57	2,4,2,4,5	17	3.4
25	5,2,4,4,3	18	3.6	58	5,5,4,3,2	19	3.8
26	6,1,1,1,6	15	3.0	59	5,4,4,6,3	22	4.4
27	1,4,1,2,6	14	2.8	60	3,2,5,3,1	14	2.8
28	3,1,2,1,5	12	2.4	61	2,1,4,1,3	11	2.2

29	1,5,5,4,5	20	4.0	62	4,1,1,5,2	13	2.6
30	4,5,3,5,2	19	3.8	63	2,3,1,2,3	11	2.2
31	4,1,6,1,1	13	2.6	64	2,3,3,2,6	16	3.2
32	3,6,4,1,2	16	3.2	65	4,3,5,2,6	20	4.0
33	3,5,5,2,2	17	3.4	66	3,1,3,3,4	14	2.8
67	4,6,1,3,6	20	4.0	84	5,4,1,4,6	20	4.0
68	2,4,6,6,3	21	4.2	85	2,4,2,5,5	18	3.6
69	4,1,6,5,5	21	4.2	86	1,6,3,1,6	17	3.4
70	6,6,6,4,5	27	5.4	87	2,2,4,3,2	13	2.6
71	2,2,5,6,3	18	3.6	88	4,4,5,4,4	21	4.2
72	6,6,6,1,6	25	5.0	89	2,5,4,3,4	18	3.6
73	4,4,4,3,1	16	3.2	90	5,1,6,4,3	19	3.8
74	4,4,5,4,2	19	3.8	91	5,2,5,6,3	21	4.2
75	4,5,4,1,4	18	3.6	92	6,4,1,2,1	14	2.8
76	5,3,2,3,4	17	3.4	93	6,3,1,5,2	17	3.4
77	1,3,3,1,5	13	2.6	94	1,3,6,4,2	16	3.2
78	4,1,5,5,3	18	3.6	95	6,1,4,2,2	15	3.0
79	4,5,6,5,4	24	4.8	96	1,1,2,3,1	8	1.6
80	1,5,3,4,2	15	3.0	97	6,2,5,1,6	20	4.0
81	4,3,4,6,3	20	4.0	98	3,1,1,4,1	10	2.0
82	5,4,2,1,6	18	3.6	99	5,2,1,6,1	15	3.0
83	1,3,2,2,5	13	2.6	100	2,4,3,4,6	19	3.8

[표 7-3]에는 각각의 표본에 대한 관측값의 합 $\sum_{i=1}^{5} X_i$와 표본평균 $\overline{X} = \frac{1}{5}\sum_{i=1}^{5} X_i$가 주어져 있으며, $\overline{X}$의 값을 이용한 히스토그램은 [그림 7-4]에 주어져 있다.

그림 7-4 $\overline{X}$의 히스토그램

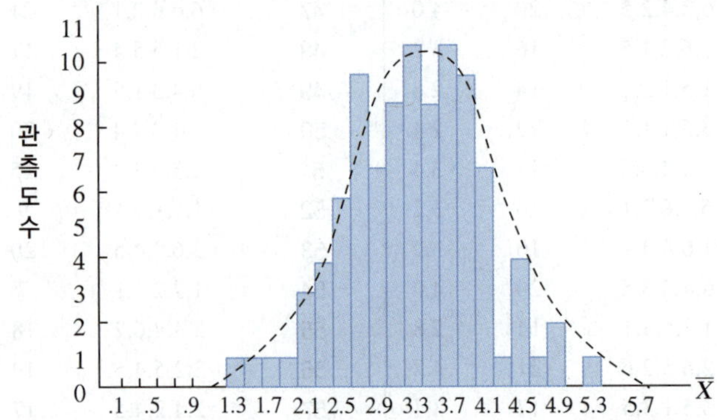

모집단의 분포가 [그림 7-3]에서 주어진 것과 같이 6개의 이산점에서 균등한 분포를 갖는 경우에도, 5개의 관찰값으로 이루어진 100개 표본의 평균들의 분포는 [그림 7-4]에서 볼 수 있는 바와 같이 중심 부근의 관측도수가 상대적으로 많게 되어 정규분포와 유사하게 됨을 볼 수 있다.

〈예 7-5〉에서 각 표본의 관측값의 수가 5인데, 만약에 이 관측값의 수가 무한히 커진다면 100개의 표본에 의해서도 표본평균들의 분포가 정규분포에 더욱 근사한 분포를 갖게 될 것이며, 이와 같이 표본관측값의 수가 무한히 클 때 표본평균의 분포가 정규분포에 근사한다는 주장이 중심극한정리이다.

중심극한정리

평균이 μ이고 분산이 σ^2인 확률분포로부터 크기가 n인 확률표본 $(X_1, X_2, \cdots, X_n)$을 추출할 때, 표본평균 $\overline{X} = \frac{1}{n}\Sigma X_i$는 n이 클수록 평균이 μ이고 분산이 $\frac{\sigma^2}{n}$인 정규분포와 근사한 분포를 갖는다. 즉, $\overline{X}$의 분포는

$$\overline{X} \sim N\left(\mu, \frac{\sigma^2}{n}\right)$$

과 같이 표현한다. 만약에 확률표본 $(X_1, X_2, \cdots, X_n)$이 평균 μ와 분산 σ^2을 갖는 정규분포에서 추출되었다면, 표본평균 $\overline{X}$의 분포는 n의 크기에 관계없이 평균 μ와 분산 $\frac{\sigma^2}{n}$을 갖는 정규분포를 따른다. 즉, $\overline{X}$의 분포는

$$\overline{X} \sim N\left(\mu, \frac{\sigma^2}{n}\right)$$

이다.

[증명] ☞ 〈부록 Ⅳ〉

중심극한정리에 의하면, $(X_1, \cdots, X_n)$이 평균 μ와 분산 σ^2을 갖는 분포로부터 관측한 크기 n인 표본이라 할 때 표본평균 $\overline{X}$는, 평균은 X의 평균인 μ와 같고 분산은 X의 분산을 표본의 크기로 나눈 값인 $\frac{\sigma^2}{n}$을 갖는 정규분포 모양을 갖는다. 즉, $\overline{X}$의 분포는 X의 분포와 중심은 같으나 분산은 작아지며, 분포의 모양은 X의 분포와 관계없이 표본의 수 n이 커질수록 정규분포 모양을 갖는다. 이를 X의 분포가 정규분포인 경우와 균등분포인 경우로 나누어 그림으로 표현하면 [그림 7-5]와 같다.

그림 7-5 X와 $\overline{X}$의 분포 모형

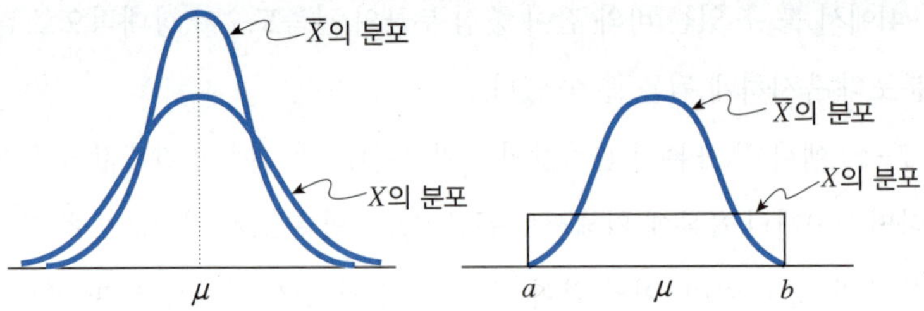

(a) $X \sim N(\mu, \sigma^2)$인 경우　　(b) $X \sim U(a, b)$인 경우

이와 같은 중심극한정리에 대해서는 〈예 7-4〉와 〈예 7-5〉에서 경험적으로 설명했다. 이를 다른 예로 설명해 보기로 한다.

어느 한 대학교 학생 20,000명의 키 분포에 대해 생각해 보자. 이 대학교 학생들의 키는 가장 작은 학생이 140cm이고 가장 큰 학생이 200cm이며, 평균은 168cm, 분산은 25cm라고 한다. 이 학교에서 임의로 100명의 학생들을 선발해 키를 조사할 때 이 100명 학생들의 키의 평균 $\overline{X}$는 어떤 분포를 따를까?

우선 생각할 수 있는 것은 이 100명의 학생들의 키의 평균 $\overline{X}$는(140cm인 학생이 100명 이상이 아닌 한) 최소한 140cm보다는 크고 200cm보다는 작을 수밖에 없다는 사실이다. 따라서 $\overline{X}$의 분포의 폭은 X의 분포(모든 학생들의 키 분포)의 폭에 비해 작아질 수밖에 없다. 즉, $\overline{X}$의 분산은 X의 분산보다 작아진다. 또한 이와 같은 크기 100인 표본을 반복해 표본으로 선발해 키를 측정할 때 표본평균 $\overline{X}$의 분포의 중심은 모집단의 평균 $\mu = 168$cm와 같다고 생각할 수 있다. 그리고 표본평균 $\overline{X}$는 전체 평균 μ 가까이에서 가장 많이 관측된다고 이해할 수 있다. 즉, 표본을 반복해 추출할 때 표본평균 $\overline{X}$는 140cm 가까이나 200cm 가까이의 값을 가질 가능성이 적은 반면에 168cm(= μ) 가까이의 값을 가질 가능성이 상대적으로 크다.

이를 종합해 보면 $\overline{X}$의 분포는 중심이 모평균 μ이고, 분포의 폭이 줄어들며($\overline{X}$의 분산 = $\frac{\sigma^2}{n}$), 분포의 모양은 중심에서 가장 많은 관측값을 갖는 정규분포 모양이 된다.

7.3 점추정

Introduction to **Statistics,** ch. seven

모집단의 특성을 나타내는 값인 모수는 일반적으로 알려져 있지 않으며, 표본추출에 의해 이 미지의 모수를 추정하게 된다. **추정**(estimation)에는 **점추정**(point estimation)과 **구간추정**(interval estimation)이 있는데, 본 절에서는 '모수가 특정 값일 것이다' 라고 추정하는 점추정에 대해 설명한다. 점추정이란 확률표본의 정보를 이용해 모수에 대한 특정 값을 지정하는 것을 말하는데, 7.2절에서 설명한 바와 같이 표본으로부터 구한 통계량 중 모집단의 모수를 추정하는 통계량을 **추정량**(estimator)이라 하고, 특정 표본으로부터 구한 추정량의 구체적인 값을 **추정치**(estimate)라 한다.

추정량은 여러 가지 형식으로 정의될 수 있다. 예를 들면 $(X_1, X_2, \cdots, X_n)$을 평균이 μ인 어떤 확률분포로부터 구한 확률표본이라 할 때 모집단의 평균(모평균) μ의 추정량으로 생각할 수 있는 통계량은 다음과 같이 여러 가지가 있다.

모평균 μ의 추정량으로 생각할 수 있는 통계량

표본평균 $\overline{X} = \frac{1}{n}\sum_{i=1}^{n} X_i$

표본중위수 $\tilde{X} = X\left(\frac{n+1}{2}\right)$, n이 홀수인 경우

최소값 $X_{(1)} = min(X_1, \cdots, X_n)$

최대값 $X_{(n)} = max(X_1, \cdots, X_n)$

최소값과 최대값의 평균 $M = \frac{1}{2}(X_{(1)} + X_{(n)})$

위에 제시된 5개의 추정량 이외에도 모평균 μ의 추정량으로 고려할 수 있는 통계량은 무수히 많다. 이러한 추정량에 대해서는 다음 두 가지 사항을 고려해야 한다.

첫째, 추정량은 확률표본 $(X_1, X_2, \cdots, X_n)$에 있는 확률변수 $X_1, \cdots, X_n$의 함수

이므로 추정량도 또한 확률변수이다. 따라서 추정량도 특정한 확률분포를 갖는다.

둘째, 특정 모수에 대한 여러 가지 추정량 중 가장 바람직한 추정량을 선택해야 한다. 가장 바람직한 추정량이란 추정량의 분포에서 분포의 중심이 추정하고자 하는 모수이고, 분포의 흩어진 정도(분산)가 작은 추정량을 말한다.

여러 가지 다양한 추정량 중 분포의 중심이 모수인 추정량을 **불편추정량**(unbiased estimator)이라 하고, 분산이 가장 작은 추정량을 **최소분산추정량**(minimum variance estimator)이라 한다. 위의 두 조건을 모두 만족하는 추정량을 **최소분산불편추정량**(minimum variance unbiased estimator)이라 하며, 추정량을 구할 때는 항상 최소분산불편추정량을 구하는 것이 바람직하다. 이는 사격에서 총을 선택하는 방법과 같다고 할 수 있는데, 한 사람의 명사수가 4개의 서로 다른 총으로 사격을 실시한 결과가 [그림 7-6]과 같을 때 어느 총이 가장 좋은지 생각해 보기로 한다.

그림 7-6 4개 총에 의한 사격 결과

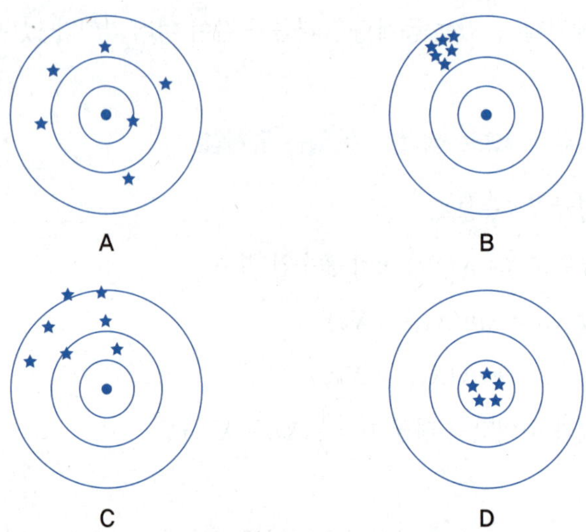

[그림 7-6]에 주어진 4개 총의 사격결과에 의할 때 총 D를 선택하는 것이 당연하다. 왜냐하면 일반적으로 사격에서는 목표물을 한 번에 정확하게 맞추어야 하는

데, 총 D만이 사격결과가 표적의 중심에 모여 있으므로 한 번 사격으로 목표물을 맞출 가능성이 가장 크기 때문이다. 여기에서 각각의 총 A, B, C, D는 4개의 서로 다른 추정량이라 할 수 있고, 표적에 있는 각각의 점들은 반복해 추출된 표본으로부터 구한 모수의 추정치라 할 수 있다. 실제 표본관측을 통해 모수를 추정하는 경우 하나의 표본에 근거해 추정을 하게 되므로, 추정치들이 모두 모수 가까이에 분포되어 있는 추정량 D를 가장 좋은 추정량이라고 한다. 여기에서 표본이란 n개의 표본관측값 $(X_1, X_2, \cdots, X_n)$ 집단을 말하며, 모집단의 원소 수를 N이라 할 때 크기 n의 표본을 추출하는 방법은 모두 $\binom{N}{n}$가지이다. 즉, 모집단으로부터 뽑을 수 있는 크기 n인 표본의 수는 무한히 많으나 실제로 뽑는 표본은 하나이다. 그 하나의 표본으로부터 모수에 대한 추정치를 구하게 되므로 추정치들이 모수에 가장 가까이 분포되어 있는 추정량이 가장 좋다.

[그림 7-6]에서 추정량 A는 중심은 모수에 있으나 분산이 큰 추정량이고, B는 분산은 작으나 중심이 모수에 있지 않은 추정량이며, C는 중심도 모수에 있지 않고 분산도 큰 추정량이다. 그러나 D는 중심도 모수에 있고 분산도 가장 작은 추정량이다.

예 7-6

30명이 있는 한 학급의 학기말고사 성적이 다음 표와 같을 때 이 학급에서 임의로 크기 5인 표본을 추출해 이 학급의 평균성적을 추정하는 방법에 대해 알아본다.

표 7-4 30명 학급의 학기말고사 성적

65	62	73	85	65	46	36	49	81	76
60	44	43	72	21	33	83	46	77	44
91	78	60	48	24	62	54	97	69	31

30개의 값으로부터 5개를 추출하는 표본의 가능한 수는 $\binom{30}{5} = 142,506$가지이다. 30명 전체의 평균성적(모평균)을 추정하는 5가지 추정량을 10개의 표본에 근거해 구한 추정치와 추정치의 평균 및 분산은 [표 7-5]에 주어져 있다.

모평균(μ)의 추정량

$$\overline{X} = \frac{1}{5}(X_1 + X_2 + X_3 + X_4 + X_5)$$

$$\tilde{X} = X_{\left(\frac{5+1}{2}\right)} = X_{(3)}$$

$$X_{(1)} = min(X_1, X_2, X_3, X_4, X_5)$$

$$X_{(5)} = max(X_1, X_2, X_3, X_4, X_5)$$

$$M = \frac{1}{2}(X_{(1)} + X_{(5)})$$

표 7-5 10개 표본과 각각의 표본으로부터 구한 추정치

표본번호	표본관찰값	$\overline{X}$	$\tilde{X}$	$X_{(1)}$	$X_{(5)}$	M
1	65 44 60 48 72	57.8	60	44	72	58
2	73 44 60 21 97	59	50	21	97	59
3	85 72 81 97 31	73.2	81	31	97	64
4	46 91 78 48 24	57.4	48	24	91	57.5
5	91 78 60 48 24	60.2	60	24	91	57.5
6	62 54 97 69 31	62.6	62	31	97	64
7	33 83 46 77 44	56.6	46	33	83	58
8	46 36 49 81 76	57.0	49	36	81	58.5
9	36 43 60 85 72	59.2	60	35	85	60.5
10	65 60 91 62 44	64.4	62	44	91	67.5
평균		60.8	58.8	32.4	88.5	61.6
분산		24.95	99.51	63.38	67.39	12.25

[표 7-4]에 있는 자료는 모집단의 크기가 30으로 모평균이 $\mu = 59.17$임을 구할 수 있다. [표 7-5]에 주어진 바와 같이 크기 5인 표본 10개에 근거한 추정량의 분포에서 $\overline{X}$의 평균은 60.8이고, $\tilde{X}$의 평균은 58.8로 모집단 평균 $\mu = 59.17$에 가까우나 $\overline{X}$의 분산은 22.46인 데 비해 $\tilde{X}$의 분산은 88.68로 $\overline{X}$의 분산이 상대적으로 작음을 알 수 있다. 추정량들에 대한 정확한 비교는 모든 가능한 표본의 수인 $\binom{30}{10}$ = 142, 506개의 표본에 근거한 추정량의 분포를 이용해야 하나 위와 같이 10개 표본에 의할 때도 표본평균 $\overline{X}$가 다른 추정량에 비해 평균이 모수에 가깝고 분산이 작음을 알 수 있다. 실제로 표본평균 $\overline{X}$가 모평균 μ의 최소분산불편추정량임은 이론적으로 증명되어 있는데, 이에 대한 설명은 보다 전문적인 통계학이론 서적을 참고하기 바란다.

모분산의 추정량

모집단의 모수 중 가장 중요한 것은 모평균 μ와 모분산 σ^2이다. 앞에서 모평균의 추정량에 대해 설명했는데, 추정량의 기본 성질과 최소분산불편추정량의 정의는 모든 모수에 대해 동일하므로 모분산에 대해서는 대표적인 추정량에 대해 설명한다. $(X_1, X_2, \cdots, X_n)$을 평균 μ와 분산 σ^2을 갖는 모집단으로부터의 확률표본이라 할 때 모분산 σ^2의 추정량은 4.7.2절에 정의된 분산 계산식과 비슷하지만, 평균의 추정치를 사용하게 되므로 불편추정량을 만들어주기 위해 n 대신 $n-1$로 나누어

$$S^2 = \frac{1}{n-1}\sum_{i=1}^{n}(X_i - \overline{X})^2$$

으로 정의한다. S^2을 표본분산이라 하며, S^2의 양의 제곱근 $S = \sqrt{S^2}$을 표본 표준편차라 하는데, S^2은 σ^2의 불편추정량이나 최소분산을 갖는 추정량은 아니며, 최소분산을 갖는 σ^2의 추정량은

$$S^{*2} = \frac{1}{n}\sum_{i=1}^{n}(X_i - \overline{X})^2$$

이다.

일반적으로 통계분석에서는 $S^2 = \frac{1}{n-1}\sum_{i=1}^{n}(X_i - \overline{X})^2$을 모분산 σ^2의 추정량으로 이용하고 있다. 여기에서는 S^2을 σ^2의 추정량으로 정의해 사용한다.

[표 7-5]에 주어진 자료의 〈표본 1〉은 관측값이 (65, 44, 60, 48, 72)이므로 표본분산 S^2은 다음과 같이 구한다.

$$\overline{X} = \frac{1}{5}(65 + 44 + 60 + 48 + 72) = 57.8$$

$$X_1 - \overline{X} = 65 - 57.8 = 7.2$$

$$X_2 - \overline{X} = 44 - 57.8 = -13.8$$

$$X_3 - \overline{X} = 60 - 57.8 = 2.2$$

$$X_4 - \overline{X} = 48 - 57.8 = -9.8$$

$$X_5 - \overline{X} = 72 - 57.8 = 14.2$$

$$S^2 = \frac{1}{4}[(7.2)^2 + (-13.8)^2 + (2.2)^2 + (-9.8)^2 + (14.2)^2]$$

$$= \frac{1}{4} \times 544.8 = 136.2$$

모비율 p의 추정량

자료분석에서 특정 법안에 대한 찬성비율이라든가 또는 지지율, 취업률 등 모집단의 비율 P를 추정하는 경우가 있다. 이러한 경우에 이용되는 확률분포가 이항분포인데, 여기에서는 이항분포에서 모비율 P의 추정방법에 대해 설명한다. n명을 표본으로 추출해 위와 같은 조사를 실시한다고 할 때 표본은 $(X_1, X_2, \cdots, X_n)$과 같이 표현할 수 있으며, X_i, $i=1, 2, \cdots, n$은 특정 안건에 대한 찬성/반대 중 하나를 나타내는 확률변수이므로 이항확률변수의 정의에 의해

$$X_i = \begin{cases} 1, i\text{번째 사람이 찬성인 경우} \\ 0, i\text{번째 사람이 반대인 경우} \end{cases}$$

와 같이 표현할 수 있다. 통계량 X를

$$X = \sum_{i=1}^{n} X_i$$

와 같이 정의하면 X는 '표본으로 추출된 n명 중 찬성하는 사람의 수'를 의미하므로, 전체 모집단에서의 찬성률 P의 추정량 $\hat{P}$는

$$\hat{P} = \frac{\text{찬성하는 사람의 수}}{\text{표본의 수}} = \frac{X}{n}$$

와 같이 정의할 수 있다. $\hat{P}$의 평균과 분산은 각각

$$E(\hat{P}) = P$$
$$Var(\hat{P}) = \frac{1}{n} P(1-P)$$

이며, n이 클 때 중심극한정리에 의해

$$\hat{P} \sim N\left(N, \frac{P(1-P)}{n}\right)$$

와 같이 정규분포를 따른다고 할 수 있다.

예 7-7

어느 음식점에서 신메뉴를 개발해 이 메뉴에 대한 선호도를 조사하기로 하였다. 고객 500명을 임의 추출해 조사한 결과 400명이 신메뉴를 선호한다고 대답했다. 이 경우 신메뉴에 대한 선호도의 추정치는

$$\hat{P} = \frac{400}{500} = \frac{4}{5} = 0.8$$

이라 할 수 있다.

7.4 t분포와 χ^2분포

Introduction to **Statistics,** ch. seven

통계자료의 분석에서 대부분의 경우 모집단의 분포는 평균 μ와 분산 σ^2을 갖는 정규분포 $N(\mu, \sigma^2)$을 따른다고 가정을 하고 모평균 μ와 모분산 σ^2에 대한 추정 및 검정을 실시한다. 모집단의 분포가 정규분포가 아닌 경우에도 중심극한정리에 의해 표본평균 $\overline{X}$는 표본의 크기 n이 클 때 평균 μ와 분산 $\frac{\sigma^2}{n}$을 갖는 정규분포를 따른다고 한다. 이와 같이 정규분포는 통계자료 분석에서 가장 중요한 분포라 할 수 있다. 정규모집단(정규분포를 따르는 모집단)에서 추출된 표본과 관련된 분포로 t분포, χ^2분포, 그리고 F분포가 있는데, 여기에서는 t분포와 χ^2분포에 대해 설명하고, F분포는 제8장에서 설명한다.

7.4.1 t분포

평균 μ와 분산 σ^2을 갖는 정규모집단 $N(\mu, \sigma^2)$으로부터 크기 n인 표본 $(X_1, X_2, \cdots, X_n)$을 추출했을 때 표본평균과 표본분산은 각각

$$\overline{X} = \frac{1}{n}\sum_{i=1}^{n} X_i,\ S^2 = \frac{1}{n-1}\sum_{i=1}^{n}(X_i - \overline{X})^2$$

으로 정의한다. 모집단의 분포가 정규분포를 따르므로 $\overline{X}$의 분포는 평균 μ와 분산 $\frac{\sigma^2}{n}$을 갖는 정규분포를 따른다. 따라서 $\overline{X}$의 분포는

$$\overline{X} \sim N\left(\mu, \frac{\sigma^2}{n}\right)$$

와 같이 표현할 수 있다. $\overline{X}$의 분산 $\frac{\sigma^2}{n}$의 양의 제곱근 $\frac{\sigma}{\sqrt{n}}$을 $\overline{X}$의 **표준오차**(standard error)라 정의하며, $\overline{X}$의 평균과 표준오차를 이용한 표준화 공식에 의해

$$Z = \frac{\overline{X} - \mu}{\sigma / \sqrt{n}} \sim N(0, 1)$$

와 같이 표준정규확률변수 Z를 정의한다. 이 표준정규확률변수 Z를 이용해 모수 μ에 대한 추정 및 검정과 같은 추론을 실시한다. 이 경우 제기되는 문제는 모평균 μ와 함께 모분산 σ^2도 모수로서 대부분의 경우 알려져 있지 않으며, 따라서 현실적으로 μ에 대한 추론에서 Z를 실제로 구할 수 없다는 사실이다. 이 경우 위의 Z를 구하는 식에서 모표준편차 σ 대신에 이 값의 추정량인 표본표준편차 S를 사용해 식을 유도하는데, 이와 같이 유도된 값을 T라 할 때 T는

$$T = \frac{\overline{X} - \mu}{S / \sqrt{n}}$$

와 같이 정의한다. 이와 같이 정의된 T값은 확률변수로, 이 확률변수 T의 분포를 t 분포라 한다. t분포의 형태는 표본의 수 n에 따라 달라지며, 표본의 수 n이 클수록 표준정규분포에 접근하고, 일반적으로 n이 30 이상인 경우 T값의 분포는 표준정규분포를 따른다고 생각한다. 일례로서 $n=6$인 경우의 t분포와 표준정규분포 그림이 [그림 7-7]에 주어져 있다.

그림 7-7 표준정규분포와 $n=6$일 때의 t분포

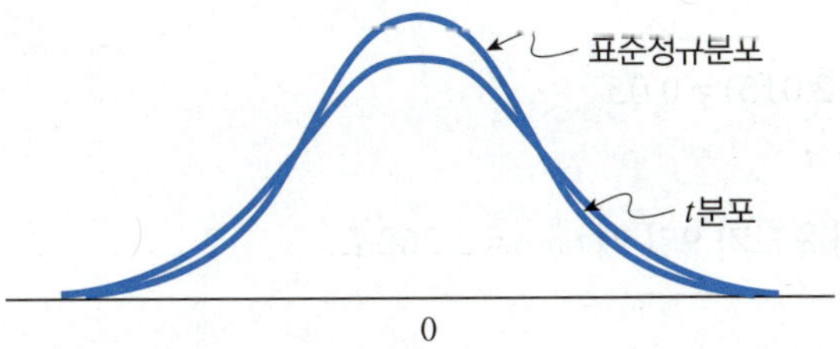

t분포

$(X_1, X_2, \cdots, X_n)$을 $N(\mu, \sigma^2)$으로부터의 확률표본이라 할 때 확률변수 T를

$$T = \frac{\overline{X}-\mu}{S/\sqrt{n}}, \text{ 여기에서 } \overline{X} = \frac{1}{n}\sum_{i=1}^{n} X_i,\ S^2 = \frac{1}{n-1}\sum_{i=1}^{n}(X_i - \overline{X})^2$$

으로 정의하면, T는 자유도($d.f.$)가 $n-1$인 t분포를 따르며 $T \sim t(n-1)$로 표현한다.

이 t분포는 스튜던트(Student)라는 필명을 가진 영국의 수학자 W. S. Gosset에 의해 제시되었는데, 그의 필명을 따라 스튜던트의 t분포(Student' s t-distribution)라 부르기도 한다. t분포의 모수는 자유도(degree of freedom ; $d.f.$)라 불리는 '표본의 수 - 1(즉, $n-1$)' 인데, 여기에서 '자유도' 란 개념은 T값을 유도하는 과정에 이용된 표본분산 S^2의 확률분포와 연계된 개념으로, $S^2 = \frac{1}{n-1}\sum_{i=1}^{n}(X_i - \overline{X})^2$에서 편차 제곱합 $\sum_{i=1}^{n}(X_i - \overline{X})^2$을 나눈 값($n-1$)을 S^2의 자유도라 생각하면 된다.

자유도에 대한 다른 설명은 n개 관측값의 합이 K라 할 때, 즉 $\sum_{i=1}^{n} X_i = K$라 할 때 $(X_1, X_2, \cdots, X_n)$ 중에서 임의의 $n-1$개 값은 어떠한 값도 가질 수 있으나 마지막 1개 값은 합 $\sum_{i=1}^{n} X_i$이 K가 되기 위해 다른 $n-1$개 값에 종속될 수밖에 없다는 논리에서 $\sum_{i=1}^{n} X_i$의 자유도는 $n-1$이라는 것이다.

t분포는 자유도 $n-1$에 따라 분포의 형태가 다르다. 〈부록 VI〉의 [표 4]에는 각각의 자유도에 따른 t분포의 확률값이 주어져 있다. 또한 각각의 자유도에서 확률 α에 대한

$$P_r(T \geq t_\alpha) = \alpha$$

가 되는 t_α 값이 주어져 있는데, [표 4]의 일부가 [표 7-6]에 주어져 있다. [표 7-6]에서 자유도가 5일 때 $t_{0.05} = 2.015$인데, 이는

$$P_r(T \geq 2.015) = 0.05$$

임을 의미하며, 자유도가 9일 때 $t_{0.025} = 2.262$로

$$P_r(T \geq 2.262) = 0.025$$

임을 의미한다. 또한 자유도가 30 이상인 경우는 inf.로 표현되어 있는데, 이 경우는 표준정규분포와 동일하며, 확률은

$$P_r(T \geq 1.645) = 0.05$$
$$P_r(T \geq 1.96) = 0.025$$

와 같다.

표 7-6 ***t* 분포표**(〈부록 VI〉의 [표 4]의 일부)

d.f.	$t_{.100}$	$t_{.050}$	$t_{.025}$	$t_{.010}$	$t_{.005}$	*d.f.*
1	3,078	6.314	12.706	31.821	63.657	1
2	1.886	2.920	4.303	6.965	9.925	2
3	1.638	2.353	3.182	4.541	5.841	3
4	1.533	2.132	2.776	3.747	4.604	4
5	1.476	2.015	2.571	3.365	4.032	5
6	1.440	1.943	2.447	3.143	3.707	6
7	1.415	1.895	3.365	2.998	3.499	7
8	1.397	1.860	2.306	2.896	3.355	8
9	1.383	1.833	2.262	2.821	3.250	9
⋮	⋮	⋮	⋮	⋮	⋮	⋮
26	1.315	1.706	2.056	2.479	2.779	26
27	1.314	1.703	2.052	2.473	2.771	27
28	1.313	1.701	2.048	2.467	2.763	28
29	1.311	1.699	2.045	2.462	2.756	29
inf.	1.282	1.645	1.960	2.326	2.576	inf.

[표 7-6]의 t분포표에서 확률 α와 t_α의 관계를 그림으로 표현하면 [그림 7-8]과 같다.

그림 7-8 t분포표의 확률 계산

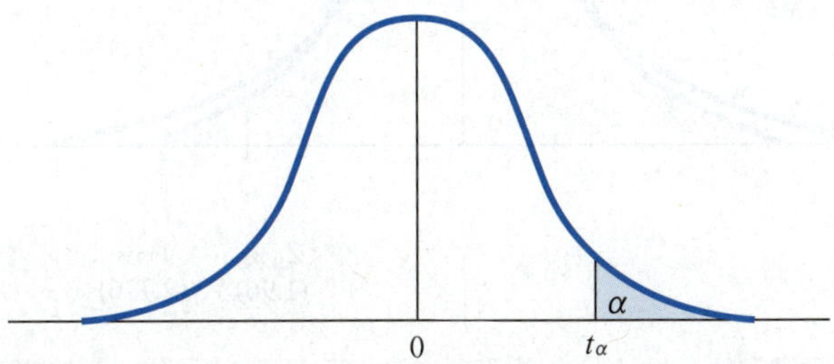

예 7-8

자유도($d.f.$)가 6인 t분포표에서 꼬리부분의 확률이 0.1, 0.05, 0.025, 0.01인 t값은 [표 7-6]에 의해 다음과 같이 구한다.

$$P_r(T \geq 1.44) = 0.10$$
$$P_r(T \geq 1.943) = 0.05$$
$$P_r(T \geq 2.447) = 0.025$$
$$P_r(T \geq 3.143) = 0.01$$

표준정규분포와 t분포를 비교한 그림이 [그림 7-9]에 주어져 있다. 표준정규분포에서는 〈부록 VI〉의 [표 3]에 의해 $P_r(Z \geq 1.96) = 0.025$이고, 자유도가 4인 t분포에서는 〈부록 VI〉의 [표 4]에 의해 $P_r(T \geq 2.776) = 0.025$가 된다.

[그림 7-9]에 그려진 바와 같이 t분포가 표준정규분포보다 꼬리부분의 확률이 조금 더 큰 것을 알 수 있다.

그림 7-9 표준정규분포와 $d.f. = 4$인 t분포의 비교

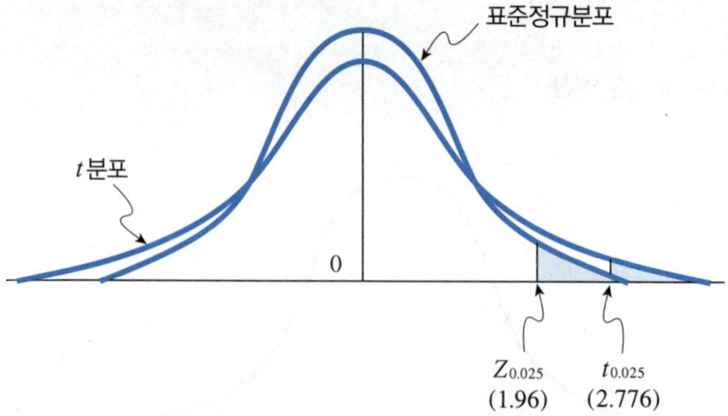

7.4.2 χ^2분포

정규분포로부터 유도된 확률분포로 t분포와 함께 중요한 것이 χ^2분포이다. t분포는 모평균의 추정량인 표본평균 $\overline{X}$의 분포를 구하는 데 이용되는 데 비해 χ^2 분포는 모분산의 추정량인 표본분산 S^2의 분포를 구하는 데 이용된다. χ^2분포에 대해 수리통계학에서는 '확률변수 Z가 표준정규분포를 따를 때 Z^2은 자유도가 1인 χ^2분포를 따르고, 확률변수 Z_1, Z_2, $\cdots$, Z_n이 서로 독립으로 표준정규분포를 따를 때 $X^2 = \sum_{i=1}^{n} Z_i^2$으로 정의하면 X^2은 자유도가 n인 χ^2분포를 따른다' 라고 정의하며, 확률변수 X^2가 자유도 n을 갖는 χ^2분포를 따르면

$$X^2 \sim \chi^2_{(n)}$$

과 같이 표현한다.

확률변수 X가 $N(\mu, \sigma^2)$을 따를 때

$$Y = \frac{X - \mu}{\sigma} \sim N(0, 1)$$

이므로,

$$Y^2 = \frac{(X-\mu)^2}{\sigma^2} \sim \chi^2_{(1)}$$

이며, 확률변수 $X_1, X_2, \cdots, X_n$이 서로 독립으로 모두 $N(\mu, \sigma^2)$인 분포를 따르면

$$Y_i = \frac{X_i - \mu}{\sigma} \sim N(0,1),\ i = 1,\ 2,\ \cdots,\ n$$

이므로,

$$\sum_{i=1}^{n} Y_i^2 = \sum_{i=1}^{n}\left(\frac{X_i-\mu}{\sigma}\right)^2 = \frac{1}{\sigma^2}\sum_{i=1}^{n}(X_i-\mu)^2 \sim \chi^2_{(n)}$$

이다. 또한 $(X_1,\ X_2,\ \cdots,\ X_n)$을 $N(\mu, \sigma^2)$으로부터의 확률표본이라 할 때 표본평균 $\overline{X}$의 분포는

$$\overline{X} \sim N\left(\mu, \frac{\sigma^2}{n}\right)$$

이므로,

$$Y = \frac{\overline{X}-\mu}{\sigma/\sqrt{n}} \sim N(0,1)$$

이고, 따라서

$$Y^2 = \frac{(\overline{X}-\mu)^2}{\sigma^2/n} \sim \chi^2_{(1)}$$

이다.

χ^2분포

확률변수 $Z_1,\ Z_2,\ \cdots,\ Z_n$이 서로 독립적으로 표준정규분포 $N(0,\ 1)$을 따를 때 $Z_1,\ Z_2,\ \cdots,\ Z_n$의 제곱합 $\sum_{i=1}^{n} Z_i^2$은 자유도가 n인 χ^2분포를 따른다. 자유도가 n인 χ^2분포의 평균과 분산은 다음과 같다. 즉, $X^2 \sim \chi^2_{(n)}$일 때

$$E(X^2) = n$$
$$Var(X^2) = 2n$$

이다.

앞에 설명된 χ^2분포에 대한 정의는 수리통계학에서 주어지는 것이며, 통계자료 분석에서 χ^2분포는 표본분산 S^2의 분포로 모분산 σ^2에 대한 추론에 이용된다. 예를 들어 $(X_1, X_2, \cdots, X_n)$을 정규모집단 $N(\mu, \sigma^2)$으로부터의 확률표본이라 하고, 표본분산을 $S^2 = \frac{1}{n-1}\sum_{i=1}^{n}(X_i - \overline{X})^2$으로 정의할 때 확률변수 X^2을

$$X^2 = \frac{(n-1)S^2}{\sigma^2} = \frac{\sum_{i=1}^{n}(X_i - \overline{X})^2}{\sigma^2}$$

과 같이 정의하면 X^2은 자유도(*d.f.*)가 $n-1$인 χ^2분포를 따른다. 이에 대한 증명은 χ^2분포의 정의를 이용해 할 수 있는데, 여기에서는 생략하기로 한다. 다만 정규모집단에서 추출된 n개의 확률표본으로부터 구한 표본분산의 함수인 X^2은 $\chi^2_{(n-1)}$을 따르며, 이 분포가 모분산 σ^2에 대한 추론에 이용된다는 사실을 기억하면 충분하다. χ^2분포가 정규분포나 t분포와 다른 점은 정규분포와 t분포는 가능한 값의 영역이 $-\infty$에서 ∞까지의 모든 실수 구간인 데 비해 χ^2분포는 양의 실수에서만 정의된다는 것이다. 이는 χ^2분포가 정규분포 확률변수의 제곱합에 의해 정의되기 때문이다.

위에 설명된 바와 같이 χ^2분포는 자유도가 모수이다. 따라서 자유도의 크기에 따라 분포의 형태가 달라진다. [그림 7-10]에는 몇 개의 자유도에 따른 χ^2분포의

그림 7-10 χ^2분포

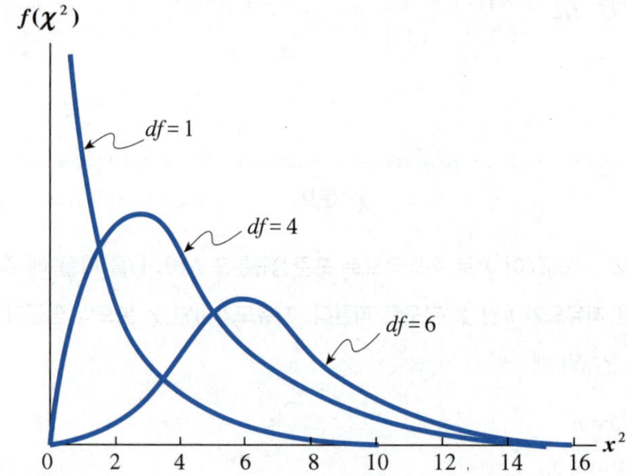

그림이 주어져 있는데, χ^2분포도 자유도가 클수록 정규분포와 근사한 분포 형태를 갖는다.

〈부록 Ⅵ〉의 [표 5]에는 각각의 자유도에 따른 χ^2분포의 확률이 주어져 있다. t분포와 같이 χ^2_α은 χ^2분포에서 그 값 이상의 확률이 α인 값으로

$$P_r(X^2 \geq \chi^2_\alpha) = \alpha$$

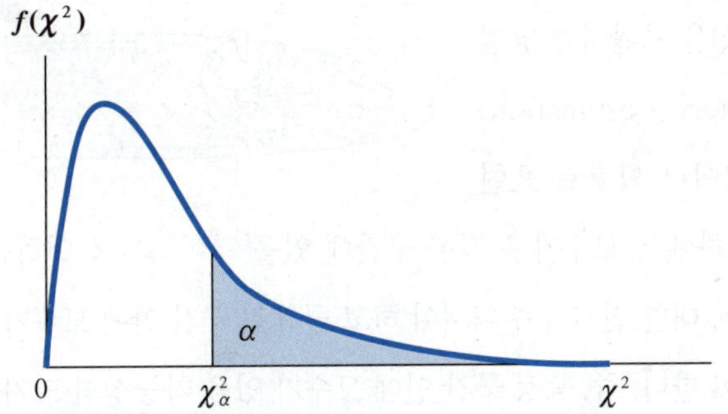

와 같이 표현할 수 있다. 즉, $\chi^2_{0.995}$란 χ^2분포에서 그 값 이상의 확률이 99.5%인 점의 위치를 의미한다. 〈부록 Ⅵ〉의 [표 5]에서 자유도가 5인 경우

$$P_r(X^2 \geq 1.145476) = 0.95$$
$$P_r(X^2 \geq 11.0705) = 0.05$$

임을 알 수 있고, 자유도가 19인 경우

$$P_r(X^2 \geq 6.84398) = 0.995$$
$$P_r(X^2 \geq 27.2036) = 0.100$$

과 같이 구할 수 있다.

7.5 구간추정

점추정은 "모수가 특정한 값일 것이다"라고 선언하는 것으로, 사실상 추정이 얼마나 정확한가를 판단하기가 불가능하다. 이러한 점추정의 정확성을 보완하는 방법이 **구간추정**(interval estimation)이다. 구간추정이란 확률로 표현된 믿음의 정도하에서 모수가 특정한 구간에 있을 것이라고 선언하는 것으로, 항상 추정량의 분포에 대한 전제가 주어져야 하고 구해진 구간 안에 모수가 있을 가능성의 크기가 주어져야 한다. 즉, 특정 구간 안에 모수가 있을 가능성의 크기는 구간의 크기에 비례하는데, 구간이 클수록 그 구간 안에 모수가 있을 가능성이 큰 것은 자명한 사실이다. 이 가능성의 크기를 **신뢰수준**(confidence level)이라 하며, 일반적으로 신뢰수준은 90%, 95%, 또는 99%의 확률을 이용하는 경우가 많다. 각각의 신뢰수준하에서 모수가 존재할 것이라고 구한 구간을 **신뢰구간**(confidence interval)이라 한다.

7.5.1 모평균 μ의 신뢰구간

앞 절에서 우리는 $(X_1, X_2, \cdots, X_n)$을 $N(\mu, \sigma^2)$으로부터의 확률표본이라 할 때 모평균 μ의 점추정량이 표본평균 $\overline{X}$임을 알았다. 모평균에 대한 신뢰구간은 $\overline{X}$의 분포를 이용해 구하는데, 모분산 σ^2이 알려져 있는 경우와 알려져 있지 않은 경우를 구분해 다음과 같이 신뢰구간을 구한다.

(1) 모분산 σ^2이 알려져 있는 경우

모분산 σ^2이 알려져 있는 경우 표본평균 $\overline{X}$의 분포는

$$\overline{X} \sim N\left(\mu, \frac{\sigma^2}{n}\right)$$

과 같이 정규분포를 따르며, 정규분포의 표준화 공식에 의해

$$\frac{\overline{X}-\mu}{\sigma/\sqrt{n}} \sim N(0,1)$$

임을 알 수 있다.

95% 신뢰구간(즉, 95% 신뢰수준하에서의 신뢰구간)을 구하고자 하는 경우 〈부록 VI〉의 [표 3]에 의해

$$P_r(-1.96 \le Z \le 1.96) = 0.95$$

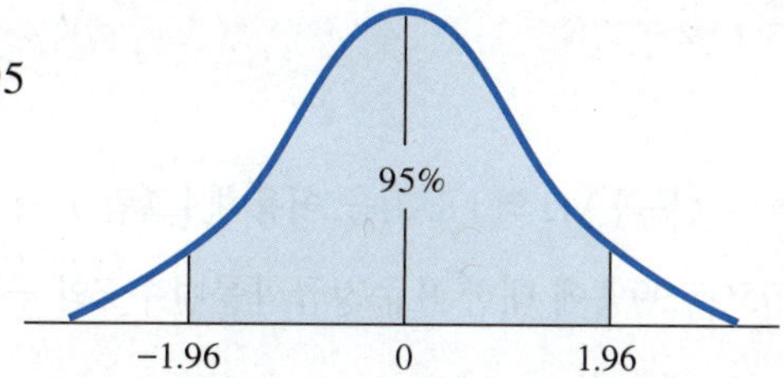

임을 알고 있다.

$$\frac{\overline{X}-\mu}{\sigma/\sqrt{n}}$$

이 표준정규분포를 따르므로

위의 식에 Z 대신 $\frac{\overline{X}-\mu}{\sigma/\sqrt{n}}$을 대입해 다음과 같이 정리할 수 있다.

$$P_r\left(-1.96 \le \frac{\overline{X}-\mu}{\sigma/\sqrt{n}} \le 1.96\right) = 0.95$$

이 식을 μ에 대해 정리하면 다음과 같다.

$$P_r\left(-1.96\frac{\sigma}{\sqrt{n}} \le \overline{X}-\mu \le 1.96\frac{\sigma}{\sqrt{n}}\right) = 0.95$$

$$P_r\left(\overline{X}-1.96\frac{\sigma}{\sqrt{n}} \le \mu \le \overline{X}+1.96\frac{\sigma}{\sqrt{n}}\right) = 0.95$$

즉, 모평균 μ가 구간 $\left(\overline{X}-1.96\frac{\sigma}{\sqrt{n}}, \overline{X}+1.96\frac{\sigma}{\sqrt{n}}\right)$ 안에 있을 가능성이 95%임을 알 수 있는데, 여기에서 구간 $\left(\overline{X}-1.96\frac{\sigma}{\sqrt{n}}, \overline{X}+1.96\frac{\sigma}{\sqrt{n}}\right)$을 모평균 μ에 대한 95% 신

뢰구간이라 한다.

그림 7-11 표준정규분포의 확률구간

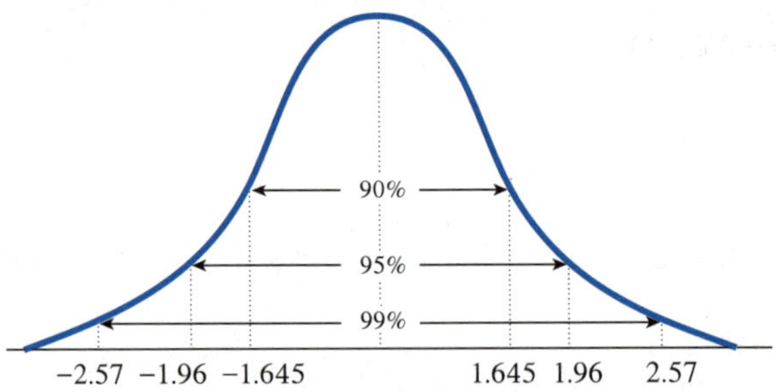

〈부록 VI〉의 [표 3]을 이용해 [그림 7-11]에 표현된 바와 같이 신뢰수준 90%, 95%, 99%에 대한 표준정규확률변수 Z의 구간이 다음과 같음을 알 수 있다.

$$P_r(-1.645 \leq Z \leq 1.645) = 0.90$$

$$P_r(-1.96 \leq Z \leq 1.96) = 0.95$$

$$P_r(-2.57 \leq Z \leq 2.57) = 0.99$$

위의 표준정규분포 구간을 모평균 μ의 신뢰구간을 구하는 공식에 적용하면, μ의 90% 신뢰구간은

$$\left(\overline{X} - 1.645\frac{\sigma}{\sqrt{n}}, \overline{X} + 1.645\frac{\sigma}{\sqrt{n}}\right)$$

이고, μ의 99% 신뢰구간은

$$\left(\overline{X} - 2.57\frac{\sigma}{\sqrt{n}}, \overline{X} + 2.57\frac{\sigma}{\sqrt{n}}\right)$$

임을 알 수 있다. 여기에서 각각의 신뢰수준에 따른 신뢰구간은 표준오차 $\frac{\sigma}{\sqrt{n}}$ 앞의

계수만 서로 다름을 알 수 있는데, 1.645, 1.96, 2.57 등을 각각 90%, 95%, 99% 신뢰수준하에서의 **신뢰계수**(confidence coefficient)라 한다.

신뢰구간의 정확한 의미를 이해하기 위해서는 추정하고자 하는 모수가 확률변수(random variable)가 아닌 고정된 상수(constant)임을 알아야 한다. μ가 고정된 상수이므로 μ에 대한 95% 신뢰구간의 의미는 크기가 동일한 100개의 서로 다른 표본에 의해 동일한 공식으로 100개의 신뢰구간을 구했을 때 그중에서 95개의 구간이 모평균 μ를 포함한다고 생각된다는 것이다. 이를 그림으로 표현하면 [그림 7-12]와 같은데, [그림 7-12]에서 각 표본으로부터 구한 신뢰구간의 폭은

$$\left(\overline{X}+1.96\frac{\sigma}{\sqrt{n}}\right)-\left(\overline{X}-1.96\frac{\sigma}{\sqrt{n}}\right)=1.96\frac{2\sigma}{\sqrt{n}}$$

와 같이 모든 표본에 대해 동일하다. 따라서 100개의 서로 다른 표본에 의한 신뢰구간은 동일한 폭의 구간이 구간의 중심 $\overline{X}$에 따라 좌우로 이동해 나타남을 알 수 있다. 이렇게 구해진 구간 100개 중에서 μ를 포함하고 있는 구간이 95개일 것으로 추정하는 것이 95% 신뢰구간의 의미이다. [그림 7-12]에 주어진 15개의 신뢰구간 중에서는 모평균 μ를 포함하고 있는 것이 13개, 포함하지 않는 것이 2개이다.

그림 7-12 서로 다른 표본에 의한 모평균 μ의 신뢰구간

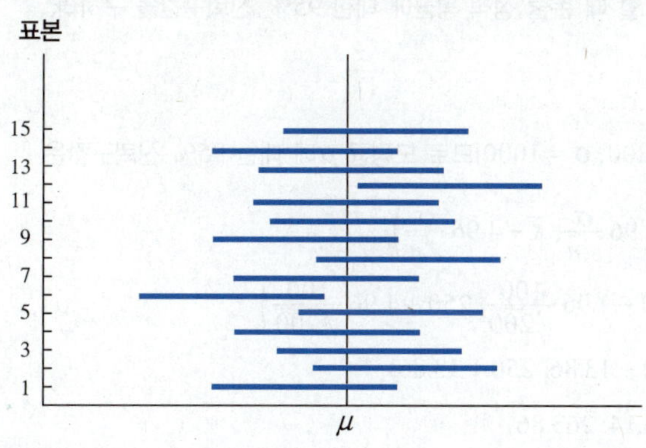

예 7-9

100명의 사람들에 대해 혈중 콜레스테롤 수준을 측정한 결과 평균 245.69를 얻었다. 콜레스테롤 수준은 정규분포를 따르며 모표준편차가 $\sigma = 46.02$라 할 때 모집단의 콜레스테롤 수준의 평균에 대한 95% 신뢰구간을 구하라.

[풀이]

모평균 μ의 95% 신뢰구간은

$$\left(\overline{X} - 1.96\frac{\sigma}{\sqrt{n}}, \overline{X} + 1.96\frac{\sigma}{\sqrt{n}}\right)$$

이고, $\overline{X} = 245.69$, $n = 100$, $\sigma = 46.02$이므로 μ에 대한 95% 신뢰구간은

$$\left(245.69 - 1.96\frac{46.02}{\sqrt{100}}, 245.69 + 1.96\frac{46.02}{\sqrt{100}}\right)$$
$$= (245.69 - 9.02, 245.69 + 9.02)$$
$$= (236.67, 254.71)$$

이다.

예 7-10

한 대학교 수시 입학생의 논술 성적을 추정하기 위해 임의로 200명의 학생을 추출해 조사한 결과, 표본평균 250점을 구하였다. 그 대학교 수시 입학생의 논술 성적의 표준편차가 $\sigma = 100$점이라고 할 때 논술 성적 평균에 대한 95% 신뢰구간을 구하라.

[풀이]

$\overline{X} = 250$, $n = 200$, $\sigma = 100$이므로 모평균 μ에 대한 95% 신뢰구간은

$$\left(\overline{X} - 1.96\frac{\sigma}{\sqrt{n}}, \overline{X} + 1.96\frac{\sigma}{\sqrt{n}}\right)$$
$$= \left(250 - 1.96\frac{100}{\sqrt{200}}, 250 + 1.96\frac{100}{\sqrt{200}}\right)$$
$$= (250 - 13.86, 250 + 13.86)$$
$$= (236.14, 263.86)$$

이다.

(2) 모분산 σ^2이 알려져 있지 않은 경우

$(X_1, X_2, \cdots, X_n)$을 평균 μ와 분산 σ^2을 갖는 정규분포인 $N(\mu, \sigma^2)$으로부터의 확률표본이라 할 때 표본평균 $\overline{X}$의 분포는

$$\overline{X} \sim N\left(\mu, \frac{\sigma^2}{n}\right)$$

이며, 정규확률분포의 표준화 공식에 의해

$$\frac{\overline{X}-\mu}{\sigma/\sqrt{n}} \sim N(0,1)$$

이다. 따라서 μ에 대한 95% 신뢰구간은

$$\left(\overline{X} - 1.96\frac{\sigma}{\sqrt{n}}, \overline{X} + 1.96\frac{\sigma}{\sqrt{n}}\right)$$

임을 알고 있다. 그러나 이러한 신뢰구간을 구하는 데 있어서의 문제점은 모표준편차 σ도 모평균 μ와 같이 모수이기 때문에 일반적으로 알려져 있지 않다는 사실이다. 이러한 경우의 해결방법으로 모표준편차 σ의 추정량인 표본표준편차 $S = \sqrt{S^2}$을 σ 대신 사용할 수 있는데, 이 경우 통계량

$$T = \frac{\overline{X}-\mu}{S/\sqrt{n}}$$

은 표준정규분포 $N(0, 1)$가 아닌 자유도($d.f.$)가 $n-1$인 t분포를 따른다. t분포는 '표본관측치의 수 -1, 즉 $(n-1)$'로 계산되는 자유도에 따라 분포의 형태가 결정되며, 〈부록 VI〉의 [표 4]에 t분포표가 주어져 있다. 신뢰구간을 구하는 경우 주어진 신뢰수준하에서의 신뢰계수를 t분포표를 이용해 구하고, 이 신뢰계수에 의해 신뢰구간을 구하는데, 이를테면 표본의 수 n이 10인 경우 자유도는 $n-1=9$이며, 〈부록 VI〉의 [표 4]에 의해

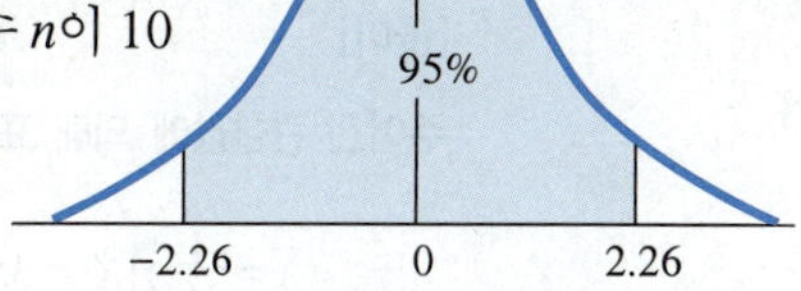

$d.f.$ = 9인 t분포

$$P_r(-2.26 \le T \le 2.26) = 0.95$$

임을 알 수 있다.

위 식의 T에 $\frac{\overline{X}-\mu}{S/\sqrt{n}}$를 대입하면

$$P_r\left(-2.26 \le \frac{\overline{X}-\mu}{S/\sqrt{n}} \le 2.26\right) = 0.95$$

$$P_r\left(\overline{X}-2.26\frac{S}{\sqrt{n}} \le \mu \le \overline{X}+2.26\frac{S}{\sqrt{n}}\right) = 0.95$$

이므로, $n = 10$인 경우 μ의 95% 신뢰구간은

$$\left(\overline{X}-2.26\frac{S}{\sqrt{n}}, \overline{X}+2.26\frac{S}{\sqrt{n}}\right)$$

이다. 그러나 자유도가 30 이상인 경우에는 t분포가 표준정규분포와 근사적으로 동일하다고 할 수 있으므로 자유도가 30 이상인 경우에는 앞에 설명한 σ^2이 알려져 있는 경우의 신뢰구간을 구하는 것과 같이 〈부록 VI〉의 [표 3]에 있는 표준정규분포표를 이용해 신뢰구간을 구한다. 즉, $n \ge 31$인 경우에는

$$\frac{\overline{X}-\mu}{S/\sqrt{n}} \dot{\sim} N > (0,1)$$

이라 할 수 있다.

예 7-11

10마리의 쥐가 미로를 통과하는 데 걸린 시간이 다음과 같다(단위 : 초).

(32, 38, 42, 29, 30, 37, 33, 40, 37, 35)

쥐가 미로를 통과하는 데 걸리는 평균시간의 95% 신뢰구간을 구하라.

[풀이]

주어진 관찰값에 의해 표본평균과 표본표준편차는

$$\overline{X} = \frac{1}{10}\sum_{i=1}^{10} X_i = 35.3$$

$$S = \sqrt{\frac{1}{9}\sum_{i=1}^{10}(X_i - \overline{X})^2} = 4.27$$

이다. 〈부록 VI〉의 [표 4]에서 자유도가 $10-1=9$인 t분포에서

$$P_r(-2.26 \leq T \leq 2.26) = 0.95$$

이므로, μ의 95% 신뢰구간은

$$\begin{aligned}
&\left(\overline{X} - 2.26\frac{S}{\sqrt{n}}, \overline{X} + 2.26\frac{S}{\sqrt{n}}\right)\\
&= \left(35.3 - 2.26\frac{4.27}{\sqrt{10}}, 35.3 + 2.26\frac{4.27}{\sqrt{10}}\right)\\
&= (35.3 - 3.0517, 35.3 + 3.0517)\\
&= (32.2483, 38.3517)
\end{aligned}$$

이다.

예 7-12

산성비는 공해에 기인한다고 알려져 있으며, 오늘날에는 점차적으로 비의 산도가 높아지고 있다 한다. 보통 비는 pH값이 5.7(pH는 0이 산성이고, 14가 알칼리성임)이라고 하는데, 40개의 장소에서 빗물을 수거해 pH를 측정한 결과 $\overline{X} = 3.7$과 $S = 1.2$를 얻었다. 빗물의 pH 평균에 대한 95%와 99% 신뢰구간을 구하라. 이 결과에 의할 때 우리는 무엇을 알 수 있는가?

[풀이]

이 문제에서 $n=40$으로 $n > 30$이므로, 모표준편차 대신에 표본표준편차를 이용해도 표준정규분포에 의해 신뢰구간을 구할 수 있다. 즉,

$$\frac{\overline{X} - \mu}{S/\sqrt{n}} \sim N(0,1)$$

이므로 μ의 95% 신뢰구간은

$$\begin{aligned}
&\left(\overline{X} - 1.96\frac{S}{\sqrt{n}}, \overline{X} + 1.96\frac{S}{\sqrt{n}}\right)\\
&= \left(3.7 - 1.96\frac{1.2}{\sqrt{40}}, 3.7 + 1.96\frac{1.2}{\sqrt{40}}\right)\\
&= (3.33, 4.07)
\end{aligned}$$

이고, μ의 99% 신뢰구간은

$$\left(\overline{X} - 2.57\frac{S}{\sqrt{n}}, \overline{X} + 2.57\frac{S}{\sqrt{n}}\right)$$

$$= \left(3.7 - 2.57\frac{1.2}{\sqrt{40}},\ 3.7 + 2.57\frac{1.2}{\sqrt{40}}\right)$$
$$= (3.21, 4.19)$$

이다. 즉, 주어진 표본자료에 의할 때 오늘날 내리는 비의 평균 pH값은 99%의 믿음하에서 구간 (3.21, 4.19) 사이에 있다고 확신할 수 있으며, 이 값은 보통 내리는 비의 pH값 5.7보다 현저하게 낮으므로 오늘날 내리는 비는 산성비라고 주장할 수 있다.

모평균 μ의 신뢰구간

$(1-\alpha)\times 100\%$ 신뢰수준하에서 모평균 μ의 신뢰구간은 다음과 같다.

1. 모분산 σ^2이 알려져 있는 경우

$$\left(\overline{X} - Z_{\alpha/2}\cdot\frac{\sigma}{\sqrt{n}},\ \overline{X} + Z_{\alpha/2}\cdot\frac{\sigma}{\sqrt{n}}\right)$$

2. 모분산 σ^2이 알려져 있지 않은 경우

(a) $n > 30$인 경우

$$\left(\overline{X} - Z_{\alpha/2}\cdot\frac{S}{\sqrt{n}},\ \overline{X} + Z_{\alpha/2}\cdot\frac{S}{\sqrt{n}}\right)$$

(b) $n \le 30$인 경우

$$\left(\overline{X} - t_{\alpha/2}\cdot\frac{S}{\sqrt{n}},\ \overline{X} + t_{\alpha/2}\cdot\frac{S}{\sqrt{n}}\right)$$

여기에서 $Z_{\alpha/2}$는 $N(0,1)$에서

$$P_r(Z \ge Z_{\alpha/2}) = \frac{\alpha}{2}$$

인 값이고, $t_{\alpha/2}$는 자유도가 $n-1$인 t분포에서

$$P_r(T \ge t_{\alpha/2}) = \frac{\alpha}{2}$$

인 값을 말한다.

7.5.2 모비율 P의 신뢰구간

확률변수 X가 이항분포를 따를 때 $X \sim B(n, P)$라 하면, 모비율 P의 추정량 $\hat{P}$는

$$\hat{P} = \frac{X}{n}$$

이다. 제5장의 5.3절을 참고하면 $\hat{P}$의 평균과 분산은 각각

$$E(\hat{P}) = P$$
$$Var(\hat{P}) = \frac{P(1-P)}{n}$$

와 같이 계산되며, 따라서 중심극한정리에 의해

$$\frac{\hat{P}-P}{\sqrt{\frac{P(1-P)}{n}}} \dot{\sim} N(0,1)$$

이 됨을 알 수 있다. P에 대한 신뢰구간은 위에 주어진 중심극한정리에 의한 표준정규분포를 이용해 구한다. $N(0, 1)$에서

$$P_r(-1.96 \le Z \le 1.96) = 0.95$$

이므로,

$$P_r\left(-1.96 \le \frac{\hat{P}-P}{\sqrt{\frac{P(1-P)}{n}}} \le 1.96\right) = 0.95$$

에 의해 P에 대한 95% 신뢰구간은

$$\left(\hat{P} - 1.96\sqrt{\frac{P(1-P)}{n}}, \hat{P} + 1.96\sqrt{\frac{P(1-P)}{n}}\right)$$

가 되는데, $\hat{P}$의 표준오차인 $\sqrt{\frac{P(1-P)}{n}}$에 모수 P가 있으므로 이를 P의 추정량인 $\hat{P}$로 대치해 구한다. 따라서 모비율 P의 95% 신뢰구간은

$$\left(\hat{P} - 1.96\sqrt{\frac{\hat{P}(1-\hat{P})}{n}}, \hat{P} + 1.96\sqrt{\frac{\hat{P}(1-\hat{P})}{n}}\right)$$

이다.

예 7-13

2018년 6월에 실시된 지방선거에서 선거일 하루 전에 1,000명을 대상으로 한 후보에 대한 지지율을 조사한 결과 540명이 그 후보를 지지한다고 말했다. 그 후보가 과반수의 표를 얻을 수 있는가를 설명하라.

[풀이]

그 후보에 대한 지지율의 추정치가 $\frac{540}{1,000} = 0.54$이므로, 그 후보에 대한 지지율 P의 95% 신뢰구간은

$$\begin{aligned}&\left(\hat{P} - 1.96\sqrt{\frac{\hat{P}(1-\hat{P})}{n}},\ \hat{P} + 1.96\sqrt{\frac{\hat{P}(1-\hat{P})}{n}}\right)\\ &= \left(0.54 - 1.96\sqrt{\frac{0.54 \times 0.46}{1,000}}, 0.54 + 1.96\sqrt{\frac{0.54 \times 0.46}{1,000}}\right)\\ &= (0.51, 0.57)\end{aligned}$$

이다. 따라서 95%의 신뢰수준하에서 그 후보에 대한 지지율의 범위가 51%에서 57% 사이에 있다고 믿을 수 있으므로, 그 후보는 과반수의 표를 얻을 수 있을 것으로 생각된다.

7.5.3 모분산 σ^2의 신뢰구간

$(X_1, X_2, \cdots, X_n)$을 $N(\mu, \sigma^2)$으로부터의 확률표본이라 할 때 7.4절에서 표본분산 S^2의 분포는 자유도가 $n-1$인 χ^2 분포, 즉

$$\frac{(n-1)S^2}{\sigma^2} \sim \chi^2_{(n-1)}$$

이라고 했다. χ^2 분포에서 각각의 자유도에 대한 확률분포가 〈부록 VI〉의 [표 5]에 주어져 있는데, 이를테면 $d.f. = 5$인 경우 $\chi^2_{0.975} = 0.831211$이고 $\chi^2_{0.025} = 12.8325$이다.

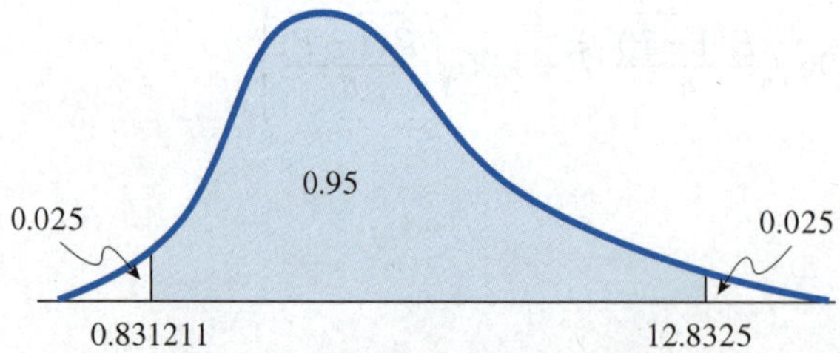

따라서 $d.f.=5$인 경우

$$P_r(0.831211 \le \chi^2 \le 12.8325) = 0.95$$

이므로, χ^2에 $\frac{(n-1)S^2}{\sigma^2} = \frac{5S^2}{\sigma^2}$을 대입하면

$$P_r = \left(0.831311 \le \frac{5S^2}{\sigma^2} \le 12.8325\right) = 0.95$$

$$P_r\left(\frac{5S^2}{12.8325} \le \sigma^2 \le \frac{5S^2}{0.831211}\right) = 0.95$$

가 되어 $d.f.=5$인 경우 σ^2에 대한 95% 신뢰구간은

$$\left(\frac{5S^2}{12.8325}, \frac{5S^2}{0.831211}\right)$$

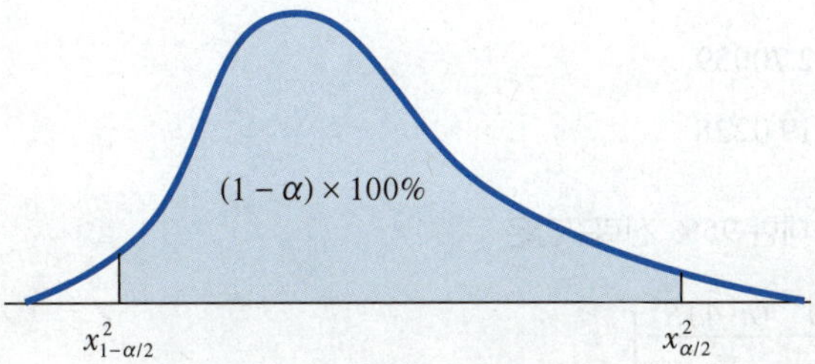

이다. 일반적으로 σ^2에 대한 $(1-\alpha)\times 100\%$ 신뢰구간은 주어진 자유도($d.f.$)하에서 $\chi^2_{1-\alpha/2}$와 $\chi^2_{\alpha/2}$를 구한 후

$$P_r = (\chi^2_{1-\alpha/2} \le \chi^2 \le \chi^2_{\alpha/2}) = 1-\alpha$$

$$P_r = \left(x^2_{1-\alpha/2} \le \frac{(n-1)S^2}{\sigma^2} \le x^2_{\alpha/2}\right) = 1-\alpha$$

$$P_r = \left(\frac{(n-1)S^2}{x^2_{\alpha/2}} \le \sigma^2 \le \frac{(n-1)S^2}{x^2_{1-\alpha/2}}\right) = 1-\alpha$$

에 의해

$$\left(\frac{(n-1)S^2}{x^2_{\alpha/2}}, \frac{(n-1)S^2}{x^2_{1-\alpha/2}}\right)$$

과 같이 구한다.

예 7-14

한 학생이 야구공을 10번 던졌을 때의 결과가 다음과 같다(단위 : m).

68.2, 57.3, 62.6, 58.9, 67.4, 55.2, 63.5, 61.2, 59.2, 64.5

이 학생이 야구공을 던지는 거리의 분산에 대한 95% 신뢰구간을 구하라.

[풀이]

주어진 자료에서 표본평균과 표본분산은 각각

$$\overline{X} = 61.8$$
$$S^2 = 18.05$$

이다. $n = 10$이므로 $d.f. = n - 1 = 9$이며, 〈부록 VI〉의 [표 5]에 의해 $d.f. = 9$일 때

$$\chi^2_{0.975} = 2.70039$$
$$\chi^2_{0.025} = 19.0228$$

이다. 따라서 σ^2에 대한 95% 신뢰구간은

$$\left(\frac{(n-1)S^2}{x^2_{0.025}}, \frac{(n-1)S^2}{x^2_{0.975}}\right)$$

에 의해

$$\left(\frac{9 \times 18.05}{19.0228}, \frac{9 \times 18.05}{2.70039}\right)$$
$$\left(\frac{162.45}{19.0228}, \frac{162.45}{2.70039}\right)$$
$$(8.54, 60.16)$$

이다.

7.6 엑셀 실습

Introduction to **Statistics,** ch. seven

(1) t분포의 확률 구하기

자유도가 5인 t분포에서 $t \geq 2.015$의 확률은 다음과 같이 구할 수 있다. T.DIST는 좌측 스튜던트 t-분포값, T.DIST.2T는 양측 스튜던트 t-분포값, T.DIST.RT는 우측 스튜던트 t-분포값을 구할 수 있다. 우측 스튜던트 t-분포값이므로, 함수 마법사 창에서 [통계]-[T.DIST.RT]를 선택하고 확인을 클릭한다.

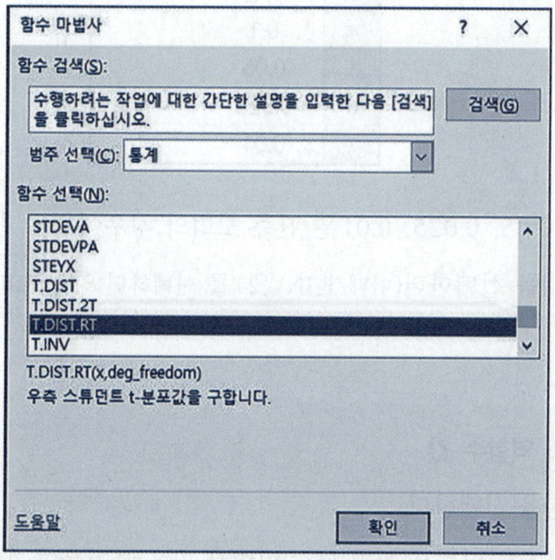

다음과 같은 창이 나타나면 $X = 2.015$, Deg_freedom = 5을 입력한다.

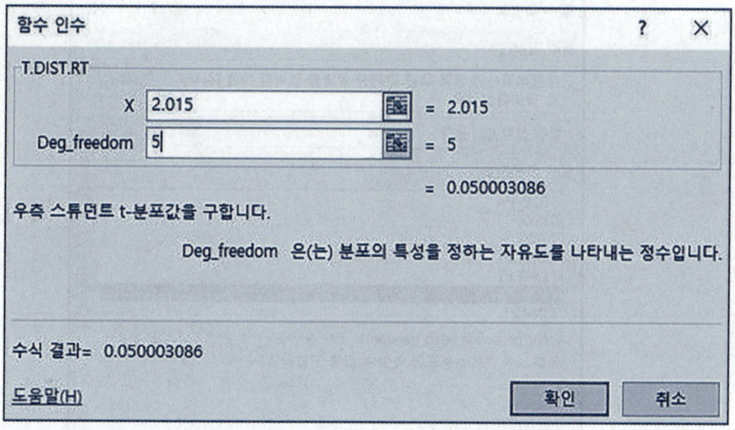

(2) 〈예 7-8〉에서 자유도($d.f.$)가 6인 t분포에서 꼬리부분의 확률이 0.1, 0.05, 0.025, 0.01인 t값을 엑셀을 이용해 계산하기

1) 자료 입력

셀 A1항부터 셀 B7항까지 문제에서 예시된 자유도 값과 다음의 그림과 같은 확률값들을 워크시트에 입력한다.

	A	B
1	자유도	6
2		
3	확률	X
4	0.1	
5	0.05	
6	0.025	
7	0.01	

확률 0.1, 0.05, 0.025, 0.01은 단측 꼬리의 경우이므로 함수 마법사 창에서 [통계]-[T.INV]를 선택한다(이때 T.INV.2T를 선택하면 양측 꼬리의 확률값을 계산할 수 있다).

2) t분포의 역함수 값

① 셀 B4항을 선택한다.

② 함수 마법사 버튼을 눌러 함수 마법사 창을 불러들인 후 [통계]-[TINV] 옵션을 다음의 그림과 같이 선택하고 확인을 클릭한다.

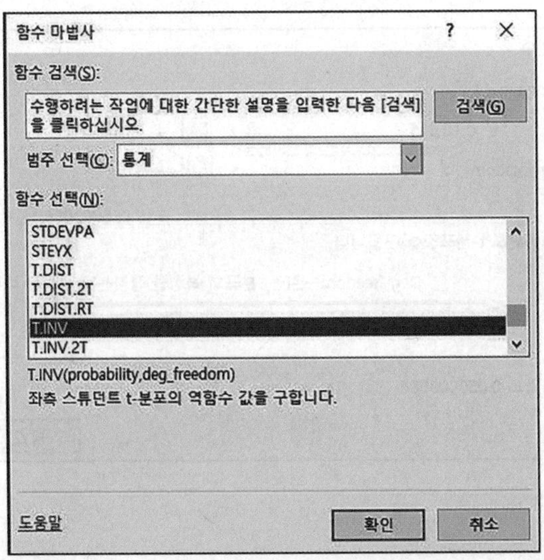

③ 앞의 문제에서 예시된 바와 같이 확률값과 자유도를 다음 그림과 같이 지정하고 확인을 클릭한다.

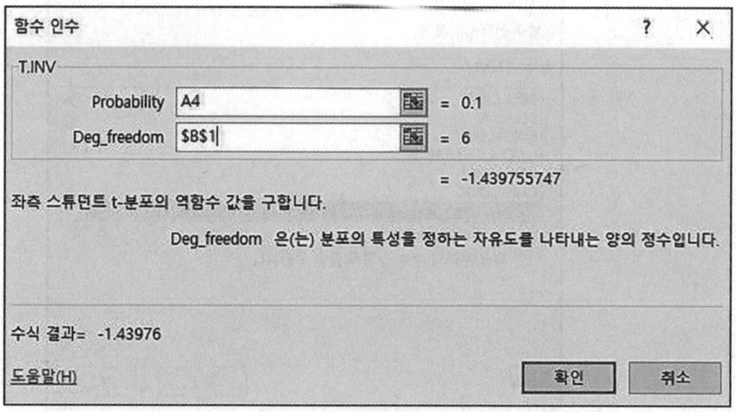

④ 셀 B4항을 선택한 상태에서 셀 B7항까지 채워넣기를 실시한다. 이때 자유도는 아래의 그림과 같이 절대참조를 해야 한다.

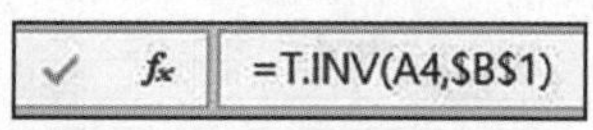

⑤ 좌측검정을 실시해 음수값으로 나온 X값들을 (−1)을 곱해 주어 양수값으로 변환해 준다.

	A	B	C
1	자유도	6	
2			
3	확률	X	X'
4	0.1	-1.43976	=(-1)*B4
5	0.05	-1.94318	1.94318
6	0.025	-2.44691	2.44691
7	0.01	-3.14267	3.14267

위의 과정을 통해 각 확률값에 대한 X값들을 다음과 같이 확인할 수 있다.

(3) χ^2분포에서 확률 구하기

자유도가 5인 χ^2분포에서 $X \geq 11.0705$의 확률은 다음과 같이 구한다.

[함수 마법사]-[CHISQ.DIST.RT]를 택하고 확인을 클릭한다.

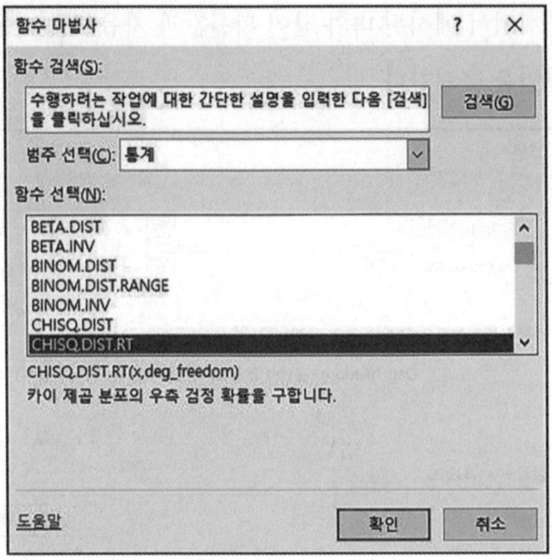

다음 그림이 나타나면 $X = 11.0705$, Deg = 5를 입력하고 확인을 클릭한다.

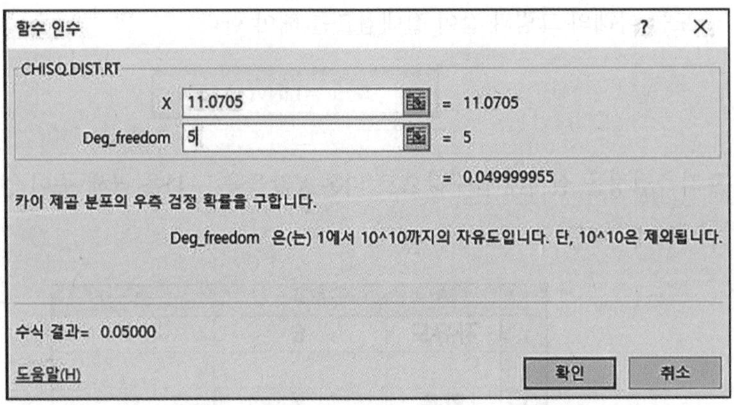

이 결과 자유도가 5인 χ^2분포에서 $P_r(X \geq 11.0705) = 0.04999 \approx 0.05$임을 알 수 있다.

(4) 정규분포에서 신뢰구간 구하기

〈예 7-9〉에 주어진 자료를 이용해 모평균에 대한 95% 신뢰구간을 구한다.

함수 마법사에서 [통계]-[CONFIDENCE.NORM]을 지정하고 확인을 클릭한다.

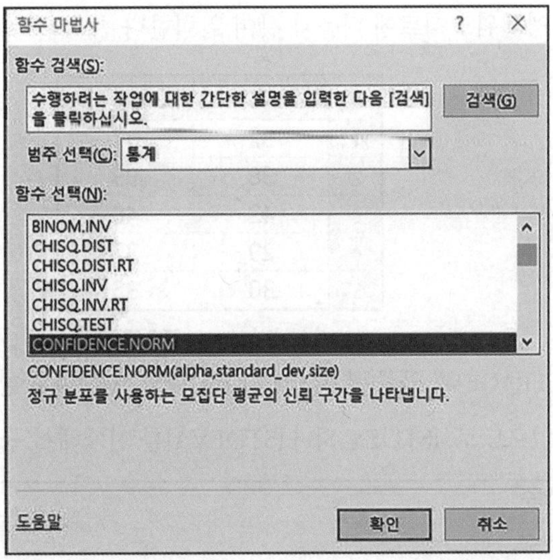

다음 그림이 나오면 Alpha=0.05(95%신뢰수준), Standard_dev = 46.02, Size = 100 등과 같이 입력한다.

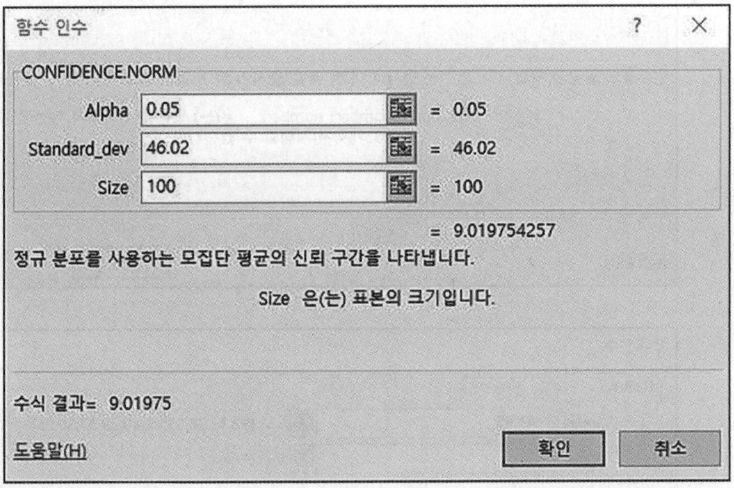

결과인 9.0197은 〈예 7-9〉에서 볼 수 있는 바와 같이 95% 신뢰수준하에서의 오차한계이다. 따라서 신뢰구간은 표본평균(245.69) ± 9.0197이다.

(5) *t* 분포에서 신뢰구간 구하기

〈예 7-11〉에 주어진 자료를 이용해 95% 신뢰수준하에서의 신뢰구간을 구한다.

① 자료를 엑셀워크시트에 다음과 같이 입력한다.

	A	B
1	32	37
2	38	33
3	42	40
4	29	37
5	30	35

② 평균(AVERAGE)과 표준편차(STDEV)를 다음과 같이 구한다. 표준편차는 논리값이 없으므로, [STDEV.S]나 [STDEVA]를 선택해서 구한다.

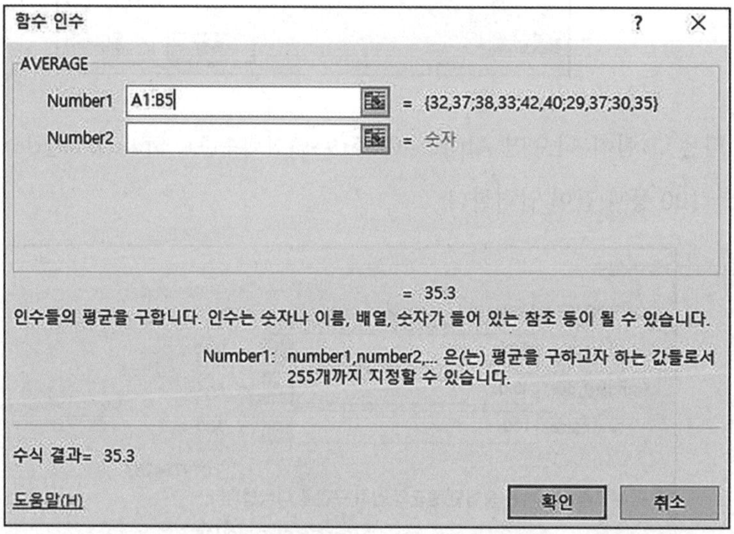

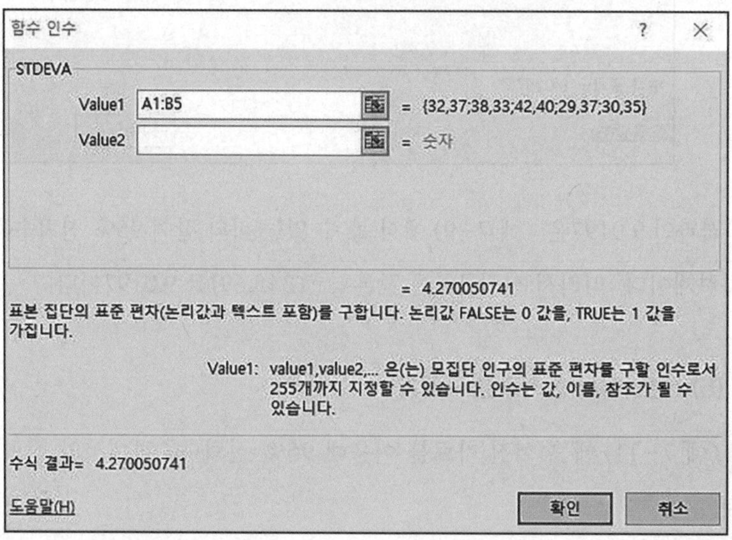

③ 자유도가 9인 t분포에서 95% 신뢰수준하에서의 신뢰계수를 다음과 같이 구한다.

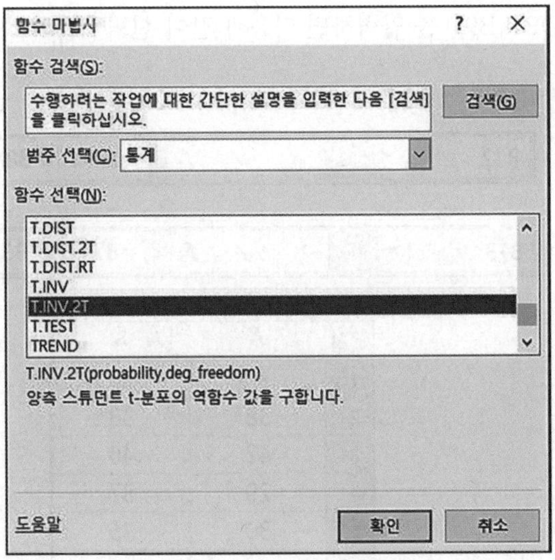

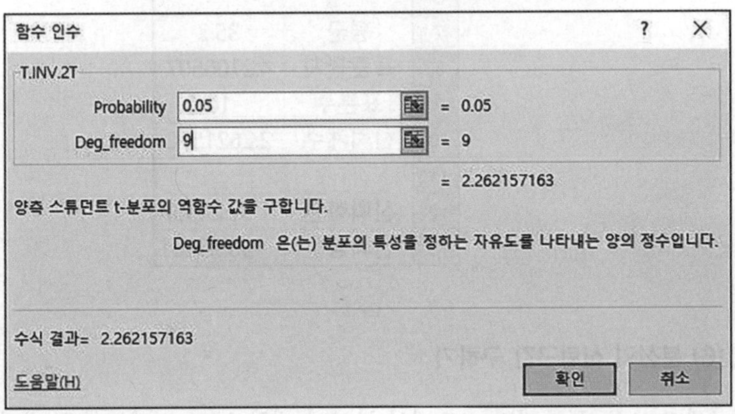

즉, 신뢰계수가 2.262임을 알 수 있다. 이 결과들을 다음과 같이 정리한 후에 신뢰구간을 구한다.

	A	B
1	32	37
2	38	33
3	42	40
4	29	37
5	30	35
6		
7	평균	35.3
8	표준편차	4.2700507
9	표본수	10
10	신뢰계수	2.2621572

④ A12와 A13에 각각 신뢰하한과 신뢰상한을 입력한 후 B12의 수식입력 창에 '=B7−B10∗B8/SQRT(B9)' 를, 그리고 B13의 수식입력 창에 '=B7+B10∗B8/SQRT(B9)' 를 입력하면 다음과 같이 신뢰구간의 하한과 상한을 구할 수 있다.

B12	fx	=B7-B10*B8/SQRT(B9)

B13	fx	=B7+B10*B8/SQRT(B9)

	A	B
1	32	37
2	38	33
3	42	40
4	29	37
5	30	35
6		
7	평균	35.3
8	표준편차	4.2700507
9	표본수	10
10	신뢰계수	2.2621572
11		
12	신뢰하한	32.24539
13	신뢰상한	38.35461

(6) 분산의 신뢰구간 구하기

〈예 7−14〉에 주어진 자료에서 분산에 대한 95% 신뢰구간을 엑셀을 이용해 구한다.

1) 자료 입력

① 한 학생이 야구공을 10번 던졌을 경우의 결과를 데이터 영역(A1:C3)을 지정해 다음의 그림과 같이 워크시트에 입력한다.

	A	B	C
1	68.2	57.2	62.6
2	58.9	67.4	55.2
3	63.5	61.2	59.2
4	64.5		

② A6항에서 A16항에 걸쳐 아래의 그림과 같은 레이블을 입력한다.

6	표본수	
7	표본분산	
8	신뢰수준	0.95
9		
10	유의수준	
11	자유도	
12	t-L	
13	t-R	
14		
15	하한	
16	상한	

2) 표본수

① 셀 B6항을 선택한다.

② 수식입력 창에 함수 '=COUNT( )' 와 데이터 영역을 다음의 그림과 같이 입력한다.

위의 과정을 통해 우리는 표본수가 10회임을 알 수 있다.

3) 표본분산

① 셀 B7항을 선택한다.

② 엑셀 함수에서 분산을 산출하는 함수는 '=VAR( )' 이다. 이 함수와 데이터 영역을 수식입력 창을 통해 다음과 같이 지정한다.

실험의 표본분산은 '18.15433' 임을 확인할 수 있다.

4) 유의수준과 자유도

① 문제에서 예시된 바와 같이 신뢰수준이 95%이므로 셀 B8항을 선택하고 다음 그림과 같이 0.95를 입력한다.

6	표본수	10
7	표본분산	18.15433
8	신뢰수준	0.95

② 유의수준은 '1' 에서 신뢰수준을 감한 값과 같다. 셀 B10항을 선택하고 다음과 같은 수식 '= 1 – B8' 을 입력한다.

③ 자유도는 전체 표본수(B6)에서 '1' 을 감한 값과 동일하므로, 역시 셀 B11항을 선택하고 수식 '= B6 – 1' 을 입력한다.

5) 카이제곱분포에서 하한(t_L)과 상한(t_R) 값

① 셀 B12항을 선택한다.

② 함수 마법사 버튼을 눌러 함수 마법사 창을 불러들인 후 [통계]–[CHINQ.INV] 옵션을 다음의 그림과 같이 선택하고 확인을 클릭한다.

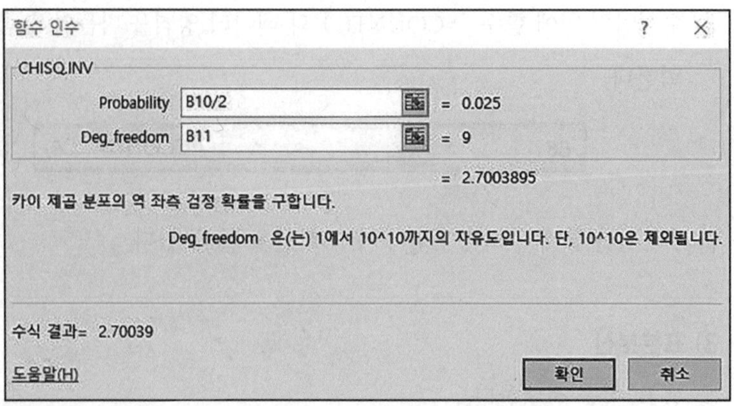

③ 셀 B13항을 선택한다.

④ 함수 마법사 버튼을 눌러 함수 마법사 창을 불러들인 후 [통계]–[CHINQ.INV.RT] 옵션을 다음의 그림과 같이 선택하고 확인을 클릭한다.

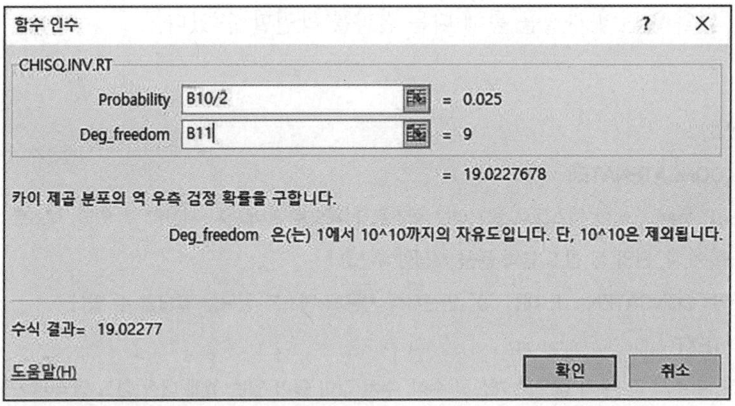

위의 과정을 통해 카이제곱분포에서 하한값(t_L)이 '2.70039'이고 상한값(t_R)이 '19.0227'임을 확인할 수 있다.

6) 신뢰구간의 상한과 하한

① 셀 B15항과 B16항을 이전에 배운 방법을 이용해 구한 후 신뢰 상한과 하한을 입력한다.

B15 | =B11*(B7)/B13

B16 | =B11*B7/B12

② 셀 A18항을 선택하고 다음의 수식을 수식입력 창에 입력한다.

A18 | =CONCATENATE(TEXT(B15,"##.###"),"<=m<=",TEXT(B16,"##.###"))

6	표본수	10
7	표본분산	18.15433
8	신뢰수준	0.95
9		
10	유의수준	0.05
11	자유도	9
12	t-L	2.70039
13	t-R	19.02277
14		
15	하한	8.5891
16	상한	60.506
17		
18	8.589<=m<=60.506	

위의 일련의 과정을 통해 다음 결과를 확인할 수 있다.

[참고]

㉠ **CONCATENATE**(text1, text2, ⋯)

text1, text2, ⋯ 한 텍스트로 합치려는 텍스트 항목으로 30개까지 지정할 수 있다. 텍스트 항목에는 텍스트, 숫자, 단일 셀 참조 영역 등을 지정할 수 있다.

주의 : CONCATENATE 대신 "&" 연산자를 사용해 텍스트 항목을 결합할 수 있다.

㉡ **TEXT**(value, format-text)

Value 수치 값, 수치 값으로 계산될 수식, 수치 값이 들어 있는 셀에 대한 참조 영역이다.

Format-text 셀 서식 대화상자의 표시 형식 탭에 있는 범주 상자의 텍스트 표시 형식이다.

Format-text에 별표(*)는 포함될 수 없고, 일반 표시 형식은 사용할 수 없다.

주의 : 서식 메뉴의 셀 명령에 있는 표시 형식 탭에서 셀 서식을 정하면 값은 변경되지 않고 서식만 변경된다. TEXT 함수를 사용하면 값이 서식이 지정된 텍스트로 바뀌고, 그 결과는 더 이상 숫자로 계산되지 않는다.

7.7 R 연습

Introduction to **Statistics,** ch. seven

(1) t분포 확률 구하기

pt 명령문을 사용해 t분포 확률값을 구한다. pt는 t분포의 누적확률분포이다. 자유도가 5인 t분포에서 $T \geq 2.015$의 확률을 구한다.

```
> 1-pt(2.015, df=5) # P(T≥2.015)
# pt(t, df=자유도)
```

```
> 1-pt(2.015, df=5) # P(T≥2.015)
[1] 0.05000309
```

(2) t값 구하기

qt 명령문을 사용해 t분포의 역함수 값을 구한다.

〈예 7-8〉에서 자유도가 6인 t분포에서 꼬리부분의 확률이 0.1, 0.05, 0.025,

0.01인 t값을 구한다.

```
> qt(1-0.1, df=6)
# qt(누적확률값, df=자유도)
# P(T≥t)=0.1인 t값을 구하는 문제로, 누적확률값이 1-0.1인 t값을 구한다. 나머지 확률도 위와 같이 구한다.
> qt(1-0.05, df=6)
> qt(1-0.025, df=6)
> qt(1-0.01, df=6)
```

```
> qt(1-0.1, df=6) # qt(누적확률값, df=자유도)
[1] 1.439756
> qt(1-0.05, df=6)
[1] 1.94318
> qt(1-0.025, df=6)
[1] 2.446912
> qt(1-0.01, df=6)
[1] 3.142668
```

(3) 분포 확률 구하기

pchisq 명령문을 사용해 분포 확률값을 구한다.

```
> 1-pchisq(11.0705, df=5) # P(X≥11.0705)
# pchisq(x, df=자유도)
```

```
> 1-pchisq(11.0705, df=5) # P(X≥11.0705)
[1] 0.04999996
```

(4) 정규분포에서 신뢰구간 구하기

〈예 7-9〉에 주어진 자료에서 모평균에 대한 95% 신뢰구간을 구하기 위해 다음과 같은 연산식을 만들어준다. 모평균에 대한 신뢰계수를 구하기 위해 qnorm 명령문을 이용한다.

```
> n<-100  # n에 총 샘플 수를 지정한다.
> m<-245.69 # m에 모평균을 지정한다.
> s<-46.02 # s에 모표준편차를 지정한다.
> alpha<-0.05 # alpha에 해당 알파값을 지정한다.
> error<-qnorm(1-alpha/2, 0, 1)*s/sqrt(n)
# qnorm 명령문을 이용해 신뢰계수를 구하고, 표본오차를 구해 곱한 값을 error라고
지정한다.
> upper<-m+error  # upper에 error값을 더한 신뢰구간 상한값을 지정한다.
> lower<-m-error  # lower에 error값을 뺀 신뢰구간 하한값을 지정한다.
> confi<-c(lower, upper)  # 하한값과 상한값을 묶어 신뢰구간을 만든다.
> confi
```

```
> n<-100  # n에 총 샘플수를 지정한다.
> m<-245.69  # m에 모평균을 지정한다.
> s<-46.02  # s에 모표준편차를 지정한다.
> alpha<-0.05  # alpha에 해당 알파값을 지정한다.
> error<-qnorm(1-alpha/2, 0, 1)*s/sqrt(n)
> upper<-m+error  # upper에 error값을 더한 신뢰구간 상한값을 지정한다.
> lower<-m-error  # lower에 error값을 뺀 신뢰구간 하한값을 지정한다.
> confi<-c(lower, upper)  # 하한값과 상한값을 묶어 신뢰구간을 만든다.
> confi
[1] 236.6702 254.7098
```

(5) *t* 분포에서 신뢰구간 구하기

〈예 7-11〉에 주어진 자료에서 표본평균에 대한 95% 신뢰구간을 구하기 위해 다음과 같은 연산식을 만들어준다. 표본평균에 대한 신뢰계수를 구하기 위해 qt 명령문을 이용한다.

```
> time<-c(32,38,42,29,30,37,33,40,37,35)  # time이라는 데이터셋에 데이터를 입
력한다.
> n<-length(time)  # length 명령문을 이용해 time 데이터셋의 데이터 개수를 센다.
> m<-mean(time)  # 표본평균을 구한다.
> s<-sd(time)  # 표본표준편차를 구한다.
> alpha<-0.05  # alpha에 해당 알파값을 지정한다.
> error<-qt(1-alpha/2, df=n-1)*s/sqrt(n)
# qt 명령문을 이용해 신뢰계수를 구하고, 표본오차를 구해 곱한 값을 error라고 지
```

정한다.

표본평균의 신뢰구간은 t분포를 이용하므로 신뢰계수를 구할 때, 자유도를 n-1로 지정해야 함을 유의한다.

> upper<-m+error # 신뢰구간 상한값을 지정한다.

> lower<-m-error # 신뢰구간 하한값을 지정한다.

> confi<-c(lower, upper) # 하한값과 상한값을 묶어 신뢰구간을 만든다.

> confi

```
> time<-c(32,38,42,29,30,37,33,40,37,35)  # time이라는 데이터셋에 데이터를 입력한다.
> n<-length(time)  # length 명령문을 이용하여 time 데이터셋의 데이터 개수를 센다.
> m<-mean(time)  # 표본평균을 구한다.
> s<-sd(time)  # 표본표준편차를 구한다.
> alpha<-0.05  # alpha에 해당 알파값을 지정한다.
> error<-qt(1-alpha/2, df=n-1)*s/sqrt(n)
> upper<-m+error  # 신뢰구간 상한값을 지정한다.
> lower<-m-error  # 신뢰구간 하한값을 지정한다.
> confi<-c(lower, upper)  # 하한값과 상한값을 묶어 신뢰구간을 만든다.
> confi
[1] 32.24539 38.35461
```

(6) 분산의 신뢰구간 구하기

〈예 7-14〉에 주어진 자료에서 분산에 대한 95% 신뢰구간을 구하기 위해 다음과 같은 연산식을 만들어준다. 분산에 대한 신뢰계수를 구하기 위해 qchisq 명령문을 이용한다.

> distance<-c(68.2,57.3,62.6,58.9,67.4,55.2,63.5,61.2,59.2,64.5) # 데이터를 입력한다.

> n<-length(distance) # 데이터의 개수를 센다.

> m<-mean(distance) # 표본평균을 구한다.

> s2<-var(distance) # 표본분산을 구한다.

> alpha<-0.05 # alpha에 해당 알파값을 지정한다.

> chi_u<-qchisq(1-alpha/2,df=n-1) # qchisq 명령문을 이용해 $\chi^2_{1-\alpha/2}$값을 구한다.

> chi_l<-qchisq(alpha/2,df=n-1) # qchisq 명령문을 이용해 $\chi^2_{\alpha/2}$값을 구한다.

> upper<-((n-1)*s2)/chi_l # 다음과 같은 수식을 만들어 신뢰구간 상한값을 지정한다.

> lower<-((n-1)*s2)/chi_u # 다음과 같은 수식을 만들어 신뢰구간 하한값을 지정한다.

> confi<-c(lower, upper) # 하한값과 상한값을 묶어 신뢰구간을 만든다.

```
> distance<-c(68.2,57.3,62.6,58.9,67.4,55.2,63.5,61.2,59.2,64.5)  # 데이터를 입력한다.
> n<-length(distance)  # 데이터의 개수를 센다.
> m<-mean(distance)  # 표본평균을 구한다.
> s2<-var(distance)  # 표본분산을 구한다.
> alpha<-0.05  # alpha에 해당 알파값을 지정한다.
> chi_u<-qchisq(1-alpha/2,df=n-1)  # qchisq 명령문을 이용하여 값을 구한다.
> chi_l<-qchisq(alpha/2,df=n-1)  # qchisq 명령문을 이용하여 값을 구한다.
> upper<-((n-1)*s2)/chi_l  # 다음과 같은 수식을 만들어 신뢰구간 상한값을 지정한다.
> lower<-((n-1)*s2)/chi_u  # 다음과 같은 수식을 만들어 신뢰구간 하한값을 지정한다.
> confi<-c(lower, upper)  # 하한값과 상한값을 묶어 신뢰구간을 만든다.
> confi
[1]  8.541344 60.169098
```

연습문제

01. 다섯 개의 값 {1, 2, 3, 4, 5}에서 세 개의 원소로 이루어진 표본을 추출하는 경우

(a) 표본을 비복원으로 추출할 때 가능한 표본의 수는 몇 개인가?

(b) 모집단 {1, 2, 3, 4, 5}의 평균 μ, 분산 σ^2, 그리고 표준편차 σ를 구하라.

(c) (a)에서 구한 모든 가능한 표본들을 모두 나열하고, 각 표본에서 평균 $\overline{X}$, 중위수 $\tilde{X}$, 그리고 최소값 $X_{(1)}$을 구하라.

(d) (c)에서 구한 통계량 $\overline{X}$, $\tilde{X}$, $X_{(1)}$의 값들을 이용해 각각의 통계량에 대한 평균, 분산, 표준오차를 구하라.

(e) 세 통계량 $\overline{X}$, $\tilde{X}$, $X_{(1)}$ 중에서 μ의 불편추정량은 어느 것인가?

(f) 세 통계량 $\overline{X}$, $\tilde{X}$, $X_{(1)}$ 중에서 최소분산을 갖는 통계량은 어느 것인가?

02. 여섯 개의 값 {1, 2, 3, 4, 5, 6}에서 네 개의 원소로 이루어진 표본을 추출하는 경우

(a) 표본을 비복원으로 추출할 때 가능한 표본의 수는 몇 개인가?

(b) 모집단 {1, 2, 3, 4, 5, 6}의 평균 μ와 분산 σ^2, 그리고 표준편차 σ를 구하라.

(c) (a)에서 구한 모든 가능한 표본들을 모두 나열하고, 각 표본에서 평균 $\overline{X}$, 중위수 $\tilde{X}$, 그리고 최대값 $X_{(4)}$를 구하라.

(d) (c)에서 구한 통계량 $\overline{X}$, $\tilde{X}$, $X_{(4)}$의 값들을 이용해 각각의 통계량에 대한 평균, 분산, 표준오차를 구하라.

(e) 세 통계량 $\overline{X}$, $\tilde{X}$, $X_{(4)}$ 중에서 μ의 불편추정량은 어느 것인가?

(f) 세 통계량 $\overline{X}$, $\tilde{X}$, $X_{(4)}$ 중에서 최소분산을 갖는 통계량은 어느 것인가?

03. $\overline{X}$가 $\mu = 50$, $\sigma = 2$인 확률분포로부터 추출된 50개 관측값의 표본평균이라 할 때 다음 값을 구하라.

(a) $P_r(\overline{X} > 51)$

(b) $P_r(|\overline{X} - 50| < 0.05)$

(c) $P_r(\overline{X} < K) = 0.05$인 K값

(d) $P_r(|\overline{X} - 50| < K) = 0.95$인 K값

04. $\overline{X}$가 $\mu = 30$, $\sigma = 10$인 확률분포로부터 추출된 100개 관측값의 표본평균이라 할 때 다음 값을 구하라.

(a) $P_r(\overline{X} < 32)$

(b) $P_r(|\overline{X}| > 31)$

(c) $P_r(|\overline{X} - 30| < 1)$

(d) $P_r(\overline{X} > K) = 0.975$인 K값

(e) $P_r(|\overline{X} - 30| > K) = 0.10$인 K값

05. 한 야구선수의 타율이 60%라고 한다. 이 선수에게 100회를 투고 시 안타 횟수의 비율을 $\hat{P}$라 할 때 다음 확률을 구하라.

(a) $P_r(\hat{P} \geq 0.61)$

(b) $P_r(0.58 \leq \hat{P} \leq 0.61)$

(c) $P_r(\hat{P} \leq 0.60)$

(d) $P_r(|\hat{P} - 0.60| \geq 0.01)$

06. 새로 개발한 알약을 섭취할 때 약물 효과가 50%다. 100명을 대상으로 한 임상시험에서 약물 효과를 보인 사람들의 비율을 $\hat{P}$라고 할 때 다음 확률을 구하라.

(a) $P_r(\hat{P} \geq 0.52)$

(b) $P_r(\hat{P} \leq 0.49)$

(c) $P_r(\hat{P} \geq 0.48)$

(d) $P_r(|\hat{P} - 0.50| \leq 0.02)$

07. 노후화된 에어컨 필터 교체시기를 점검하기 위해 에어컨 250대를 무작위로 랜덤 추출했다. 실제 에어컨 필터 중 30%가 교체되어야 한다면, 랜덤 추출한 결과에서 교체필터 비율이 25%에서 35%일 확률은 얼마인가?

08. 확률변수 X가 다음 각각의 자유도($d.f.$)를 갖는 t분포를 따를 때 〈부록 VI〉의 [표 4]를 참고해 다음 각각의 경우에 대한 값을 구하라.

(a) $df = 12$, $P_r(X \leq 1.782)$
(b) $df = 20$, $P_r(-2.086 \leq X \leq 2.086)$
(c) $df = 15$, $P_r(X \leq -2.602)$
(d) $df = 19$, $P_r(X \geq 2.093)$
(e) $df = 15$, $P_r(X \geq K) = 0.025$인 K값
(f) $df = 10$, $P_r(X \leq -K) = 0.100$인 K값

09. 모평균 $\mu = 10$인 정규모집단으로부터 10개의 관측값을 표본으로 추출해 조사한 결과 표본평균과 표본표준편차가 각각 $\overline{X} = 12$, $S = 5$였다.

(a) T값을 구하라.
(b) 〈부록 VI〉의 [표 4]를 이용해 이 T값 이상이 나타날 확률의 근사값을 구하라.

10. 확률변수 X^2이 다음 각각의 자유도($d.f.$)를 갖는 χ^2분포를 따를 때 〈부록 VI〉의 [표 5]를 참고해 다음 각 경우에 대한 확률을 구하라.

(a) $df = 10$, $P_r(X^2 \geq 3.24697)$
(b) $df = 10$, $P_r(X^2 \geq 20.4831)$
(c) $df = 15$, $P_r(X^2 \leq 24.9958)$
(d) $df = 15$, $P_r(X^2 \leq 6.26214)$
(e) $df = 15$, $P_r(6.26214 \leq X^2 \leq 27.4884)$
(f) $df = 12$, $P_r(5.22603 \leq X^2 \leq 21.0261)$

11. 모평균과 모분산이 각각 $\mu = 50$, $\sigma^2 = 25$인 정규모집단으로부터 10개의 표본을 관측한 결과 표본평균과 표본분산이 각각 $\overline{X} = 51$, $S^2 = 38$과 같이 구해졌다.

(a) 표본분산 S^2의 분포에 대한 χ^2값을 구하라.
(b) 〈부록 VI〉의 [표 5]를 이용해 이 χ^2값 이상이 나타날 확률의 근사값을 구하라.

12. 한 정규모집단으로부터 관측한 10개 표본값의 평균이 $\overline{X} = 50$이었다. 이 모집단의 모분산이 $\sigma^2 = 25$임을 알고 있을 때 모평균 μ에 대한 95% 신뢰구간을 구하라.

13. 서울 시내 미세먼지 농도를 측정하기 위해 100개의 행정동들을 임의로 선발해 미세먼지 농도를 측정한 결과 평균과 분산이 각각 $\overline{X}=70$, $S^2=30$이었다. 서울 시내 미세먼지 평균 농도에 대한 95% 신뢰구간을 구하라. 또한 99% 신뢰구간을 구하라.

14. 고등학생 한 달 사교육비를 파악하기 위해 50명의 학부모를 임의로 선발해 사교육비를 조사한 결과 평균과 분산이 각각 $\overline{X}=450,000$원, $S^2=200,000$원이었다. 우리나라 한 달 사교육비가 정규분포를 따른다고 할 때 한 달 사교육비에 대한 95% 신뢰구간을 구하라. 또한 90% 신뢰구간을 구하라.

15. 낙동강에 있는 녹조 조사를 위해 남조류 세포수를 측정했다. 낙동강 50개 지역으로부터 물을 임의로 취수해 남조류 수를 측정한 결과 물 1ml당 남조류 수의 평균과 분산이 각각 $\overline{X}=150$, $S^2=100$이었다. 낙동강 물 1ml당 남조류 수의 평균에 대한 95% 신뢰구간을 구하라. 또한 99% 신뢰구간을 구하라.

16. 한 화장품 회사 제품의 화장품 용량이 10ml라고 표시되어 있다. 소비자 보호원에서는 이 화장품 용량이 표시된 용량과 동일한가를 판단하기 위해 화장품 열 개를 표본으로 추출해 조사한 결과 다음과 같은 결과를 구했다.

9.5	9.7	10.2	9.5	8.7	9.4	10.3	10.0	9.9	10.9

(a) 표본결과를 이용해 화장품 용량의 95% 신뢰구간을 구하라.

(b) (a)의 결과에 의할 때 화장품 용량이 10ml라는 화장품 회사의 주장을 받아들일 수 있는가?

17. 지난 여름에 16일 동안 서울지역의 최고 미세먼지 농도(단위 : ㎍/m³)를 측정한 결과가 다음과 같다.

30	28	36	34	32	35	29	30
33	37	30	28	33	34	28	36

서울지역 여름의 일별 최고 미세먼지 농도가 정규분포를 따른다고 할 때 최고 미세먼지 농도의 평균에 대한 95% 신뢰구간을 구하라.

18. 어떤 지역의 필라테스 A학원과 필라테스 B학원을 다니는 고객의 나이는 분산이 각각 48과 50인 정규분포를 따른다고 한다. 필라테스 A학원을 다니는 회원 중 12명, 필라테스 B학원을 다니는 회원 중 10명을 임의추출하였을 때 나이의 표본평균은 각각 40과 34이며, 두 표본은 서로 독립이다. 필라테스 A학원을 다니는 회원의 평균나이를 μ_A, 필라테스 B학원을 다니는 회원의 평균나이를 μ_B라 할 때 $\mu_A - \mu_B$에 대한 95% 신뢰구간은?

19. 동작구의 미세먼지 농도는 평균이 65㎍/m^{3}이고 표준편차가 15㎍/m^{3}인 정규분포를 따른다고 한다. 동작구에서 임의추출한 n개의 동의 평균 미세먼지 농도가 60 ㎍/m^{3}보다 클 확률이 0.95 이상이 되도록 하는 최소표본크기 n은 무엇인가?

20. 한 대통령 후보자가 자신에 대한 지지도를 조사하기 위해 국민 100명을 임의로 추출해 조사한 결과 49명이 지지한다고 응답했다.

(a) 이 후보에 대한 지지율의 95% 신뢰구간을 구하라.

(b) 대통령 후보가 두 사람만 출마한다고 할 때 (a)의 결과에 의해 위의 후보가 당선될 가능성이 있는가를 판단하라.

21. 한 여론조사기관에서 수술실 CCTV 설치 의무화에 대한 내용으로 찬성 여부를 조사한 결과 200명의 조사대상자 중 110명이 찬성한다고 응답했다.

(a) 위의 조사결과를 이용해 CCTV 설치 의무화에 대한 전체 국민의 찬성률에 대한 95% 신뢰구간을 구하라.

(b) (a)의 결과에 의할 때 우리나라 국민 중 과반수가 CCTV 의무 설치안을 찬성한다고 볼 수 있는가?

22. [연습문제 16]에 주어진 자료를 이용해 모분산 σ^2에 대한 95% 신뢰구간을 구하라.

23. [연습문제 17]에 주어진 자료를 이용해 모분산 σ^2에 대한 95% 신뢰구간을 구하라.

INTRODUCTION TO STATISTICS

가설검정

Introduction to **Statistics**
ch. eight

8

통계적 추론은 표본관찰을 통해 모집단의 특성에 대한 어떤 결론을 유도하는 통계적 분석방법이라 할 수 있으며, 추정(estimation)과 가설검정(testing hypothesis)으로 나누어 생각할 수 있다. 추정은 표본관찰을 통해 모집단의 모수가 어떤 특정한 값이라고 추측하거나(점추정) 모수가 어떤 특정한 구간 안에 있을 가능성을 제시하는(구간추정) 통계적 분석방법이다. 반면에 가설검정은 모집단의 특성에 대한 어떤 가설을 설정한 뒤 표본관찰을 통해 그 가설의 채택 여부를 결정하는 통계적 분석방법으로, 실제 자료분석에서 가장 중요한 통계이론이다. 본 장에서는 가설검정에 대한 기본적인 개념과 일반적으로 이용되는 모집단의 모수에 대한 검정과정에 대해 설명한 후 미세먼지 데이터를 이용한 연습문제와 예제들을 이용해 개념을 적용해 보도록 한다.

8.1 가설검정의 기초 개념

가설검정이란 모집단에 대해 어떤 가설을 설정한 뒤 표본관찰을 통해 그 가설의 채택 여부를 결정하는 분석방법이다. 넓은 의미에서 가설은 '모집단이 평균 0인 정규분포를 따른다' 등과 같이 모집단의 전반적인 특성에 대해 설정할 수 있으나, 일반적으로 통계분석에서는 모집단의 모수에 대해 관심이 있으므로 가설은 모수에 대해 설정한다. 예를 들어 다음과 같은 3가지 문제에 대한 통계적 추론에 대해 생각해 보자.

[문제 1] 2010년도 초등학교 1학년 입학생의 평균신장은 140cm였다. 2020년도 초등학교 입학생의 평균신장이 증가했다고 할 수 있는가?

[문제 2] 서울의 강남지역과 강북지역 대기의 미세먼지 농도가 같은가?

[문제 3] 새로운 방법으로 제작된 자동차 타이어의 평균수명이 재래식 방법으로 제작된 타이어보다 더 길다고 할 수 있는가?

위와 같은 문제들에 대해 통계적 결론을 유도하는 과정을 가설검정이라 하며, 각각의 문제에 대한 접근방법은 다음과 같다.

[문제 1]의 경우는 "2020년도 초등학교 1학년 입학생의 평균신장이 2010년도 초등학교 입학생의 신장에 비해 증가했다고 할 수 있는가?"의 문제로, 이를 수리적으로 표현하면

μ = 2020년도 초등학교 1학년 입학생의 평균신장

이라 할 때 $\mu = 140$인가?(즉, 2010년도 평균신장과 같은가?) 또는 $\mu > 140$인가?(즉, 2010년도 평균신장에 비해 증가했는가?)를 알고자 하는 것이다. 이 문제에 대한 답을 구하기 위해서는 2020년도 초등학교 입학생 중 일부를 '랜덤하게' 표본으로 추출

해 신장을 조사해야 한다. 예를 들어 500명의 학생들을 랜덤하게 선발해 신장을 조사한 결과 표본평균 $\overline{X}$와 표본분산 S^2을 구했다면, 이 두 통계량을 이용해 2020년도 초등학교 1학년 신입생의 신장이 2010년도와 같이 140cm라 할 수 있는지 또는 2010년도보다는 증가했다고 할 수 있는지를 판단한다.

[문제 2]의 경우에는 서울의 강남지역과 강북지역 대기의 미세먼지 농도를 비교하기 위해 두 지역에서 각각 10개의 동을 '랜덤하게' 선발해 동일한 측정을 실시한 후 그 측정에 의해 두 집단의 미세먼지 농도를 비교할 수 있다.

이 경우 비교의 초점은 "강남지역과 강북지역 대기의 미세먼지 평균농도가 같은가? 또는 다른가?" 인데, 이를 수리적으로 표현하면

μ_1 = 강남지역 전체의 평균 미세먼지 농도

μ_2 = 강북지역 전체의 평균 미세먼지 농도

이라 할 때 각 지역에서 표본으로 추출된 미세먼지 평균농도가 $\mu_1 = \mu_2$인가? 또는 $\mu_1 \neq \mu_2$인가를 알고자 하는 것이다.

[문제 3]의 경우에는 두 제조방법에 의해 제조된 타이어의 수명을 비교하는 문제로, 우선 과거의 기존 제조방법으로 제조된 타이어 n_1개와 새로운 제조방법에 의해 제조된 타이어 n_2개를 '랜덤하게' 표본으로 추출해 동일한 차종을 이용해 타이어의 수명을 조사한다. 이렇게 조사된 표본결과를 이용해 "새로운 제조방법에 의해 만들어진 타이어의 수명이 더 긴가? 또는 두 제조방법에 차이가 없는가?" 를 결정하게 되는데, 이를 수리적으로 표현하면

μ_1 = 기존 제조방법에 의해 만들어진 타이어의 평균수명

μ_2 = 새로운 제조방법에 의해 만들어진 타이어의 평균수명

이라 할 때 표본관측에 의해 "$\mu_1 = \mu_2$인가? 또는 $\mu_1 < \mu_2$인가?" 를 결정하는 것이다.

앞의 세 문제 모두 표본관측을 통해 모집단의 모수에 대해 어떤 결론을 유도하는 가설검정의 문제인데, 표본추출에서 표본이 '랜덤하게' 선택되어야 함은 당연하다. 예를 들어 [문제 2]의 경우 강남지역에서 가장 미세먼지가 심한 곳 10곳을 선

발하고 강북지역에서 가장 미세먼지가 적은 곳 10곳을 선발해 비교한다면, 전반적으로 강남지역의 미세먼지가 적은 경우에도 검정 결과는 강북지역의 미세먼지가 적다고 판단될 수 있다.

8.1.1 가설의 설정

가설검정에서 가장 기본적인 사항은 검정하고자 하는 모집단의 모수에 대해 가설을 설정하는 것이다. **가설**(hypothesis)은 항상 **귀무가설**(null hypothesis ; H_0)과 **대립가설**(alternative hypothesis ; H_1)의 2가지로 설정한다. 가설검정은 표본관찰 또는 실험을 통해 귀무가설(H_0)과 대립가설(H_1) 중 하나를 선택하는 과정이라 할 수 있다. 두 가설 H_0와 H_1은 각각의 경우에 따라 결정되는데, 모수에 대한 가설 중 '항상 간단하고 구체적인 표현'을 귀무가설로 설정한다.

[문제 1]의 경우 "$\mu = 140$인가? 또는 $\mu > 140$인가?"를 판단하고자 하므로 H_0와 H_1은 각각

$H_0 : \mu = 140$(2020년도 초등학교 1학년 학생의 평균신장은 140cm이다.)

$H_1 : \mu > 140$(2020년도 초등학교 1학년 학생의 평균신장은 140cm보다 크다.)

와 같이 설정하고,

[문제 2]의 경우 "$\mu_1 = \mu_2$인가? 또는 $\mu_1 \neq \mu_2$인가?"를 판단하고자 하므로 H_0와 H_1은 각각

$H_0 : \mu_1 = \mu_2$(강남지역과 강북지역 대기의 평균 미세먼지 농도는 같다.)

$H_1 : \mu_1 \neq \mu_2$(강남지역과 강북지역 대기의 평균 미세먼지 농도는 같지 않다.)

와 같이 설정하며,

[문제 3]의 경우 "$\mu_1 = \mu_2$인가? 또는 $\mu_1 < \mu_2$인가?"를 판단하고자 하므로 H_0와 H_1은 각각

$H_0 : \mu_1 = \mu_2$(기존 방법으로 제조된 타이어와 새로운 방법으로 제조된 타이어의 평균수명은 동일하다.)

$H_1 : \mu_1 < \mu_2$(새로운 방법으로 제조된 타이어의 평균수명이 더 길다.)

와 같이 설정한다.

가설검정이란 두 가설 H_0와 H_1 중 하나를 선택하는 과정이므로, H_0을 채택(accept)하면 H_1을 기각(reject)하게 되고 H_0을 기각하면 H_1을 채택하게 된다. 따라서 가설검정은 '두 가설 중에서 간단한 표현인 귀무가설 H_0을 채택하든지 또는 기각하는 과정' 이라고 이해할 수 있다.

가설의 설정

가설검정에서 가설은 귀무가설(H_0)과 대립가설(H_1)로 설정한다. 귀무가설은 "모수가 특정한 값이다" 또는 "두 모수의 값이 같다" 등과 같이 간단하고 구체적인 경우를 지정하며, 대립가설은 "모수가 특정한 값이 아니다" 또는 "한 모수의 값이 다른 모수의 값보다 크다" 또는 "두 모수의 값이 다르다" 등과 같이 모수에 대한 관심의 영역 중에서 귀무가설로 지정되지 않은 모든 경우를 포괄적으로 지정한다.

8.1.2 검정통계량

가설검정은 모수에 대한 가설을 설정한 후 표본관찰을 통해 검정에 필요한 통계량을 구한다. 이와 같이 검정에 이용되는 통계량을 검정통계량(test statistic ; $T(X)$)이라 하는데, 검정통계량의 분포는 항상 가설에서 주어지는 모수를 갖는 분포를 따른다. 예를 들어 앞의 [문제 1]에서 $(X_1, X_2, \cdots, X_{500})$을 표본으로 추출된 초등학교 1학년 학생들의 신장이라 할 때 표본평균과 표본분산은 각각

$$\overline{X} = \frac{1}{n}\sum_{i=1}^{n} X_i$$

$$S^2 = \frac{1}{n-1}\sum_{i=1}^{n}(X_i - \overline{X})^2, \quad n = 500$$

과 같으며, 여기에서 가설 $H_0 : \mu = 140$와 $H_1 : \mu > 140$에 대한 검정통계량은 표본평균 $\overline{X}$이다. $\overline{X}$의 분포는 모집단 분포가 $N(\mu, \sigma^2)$이라 할 때

$$\overline{X} \sim N\left(\mu, \frac{\sigma^2}{n}\right)$$

이며, 표준화 공식에 의해

$$\frac{\overline{X} - \mu}{\sigma / \sqrt{n}} \sim N(0, 1)$$

이다. 가설검정이란 귀무가설이 옳다는 전제하에 검정통계량의 값을 구한 후 이 값이 나타날 가능성의 크기에 의해 귀무가설의 채택 여부를 결정하는 것이다. 다시 말하면, 모평균 μ가 귀무가설에서 주어진 특정 값 μ_0라 할 때 검정통계량

$$T(X) = \frac{\overline{X} - \mu_0}{\sigma / \sqrt{n}}$$

의 값이 표준정규분포에서 나타날 가능성의 크기에 의해 귀무가설의 채택 여부를 결정한다.

위의 문제에서 표본평균과 표본분산이 각각

$$\overline{X} = 145$$
$$S^2 = 100$$

이라 할 때 모분산 σ^2을 알지 못하므로 σ^2을 표본분산 S^2으로 대치하면 검정통계량은

$$T = \frac{\overline{X} - \mu}{S / \sqrt{n}} \sim t_{n-1}, \quad n = 500$$

으로, 자유도가 $n - 1 = 499$인 t분포를 따른다.

자유도 499는 30보다 크므로 앞의 T값은 근사적으로 표준정규분포 $N(0, 1)$을

따른다고 할 수 있다. 귀무가설에서 $\mu = 140$로 주어져 있으므로, 귀무가설하에서 검정통계량의 값은

$$T = \frac{\overline{X} - \mu_0}{S/\sqrt{n}} = \frac{145 - 140}{10/\sqrt{500}} = \frac{5}{0.4427} = 11.18$$

이 된다. 이 값은 귀무가설이 옳다는 전제하에 구한 검정통계량의 값인데, 이 T값은 표준정규분포를 따름을 알고 있다. 표준정규분포에서 위의 T값 11.18이 나타날 가능성이 거의 0과 같음을 알 수 있는데, 이에 근거해 귀무가설의 채택 여부를 다음과 같이 결정한다. 귀무가설이 옳다는 전제하에 '즉, 모평균이 $\mu = 140$이라는 가정하에' 구한 검정통계량의 분포에 의할 때 표본관측에 의한 값 $T = 11.18$은 나타날 가능성이 거의 없는 값이다. 즉, 실제로 $\mu = 140$이 옳다면 표본관측에 의한 표본평균 $\overline{X} = 145$는 나타날 수 없는 값이다. 그러나 실제 관측에서 이 값이 나타났다는 사실은 확률변수 X에 주어진 전제조건(즉, X분포의 평균이 $\mu = 140$이다)이 잘못되었다는 증거이다. 따라서 귀무가설 $H_0 : \mu = 140$은 받아들일 수 없다.

즉, 가설검정에서는 귀무가설이 옳다는 전제하에서 표본관찰에 의해 구한 검정통계량의 값이 나타날 가능성이 크면 귀무가설을 채택하고 가능성이 작으면 귀무가설을 기각하게 되는데, '가능성이 크다' 또는 '가능성이 작다'의 판단기준이 다음에 설명하는 **유의수준**이다.

> **검정통계량**
>
> 검정통계량이란 가설검정에서 관찰된 표본으로부터 구하는 통계량으로, 분포가 가설에서 주어지는 모수에 의존한다. 귀무가설이 옳다는 전제하에 구한 검정통계량의 값이 나타날 가능성이 크면 귀무가설을 채택하고, 나타날 가능성이 작으면 귀무가설을 기각한다.

8.1.3 유의수준과 기각역

가설검정은 항상 귀무가설이 옳다는 전제하에서 검정통계량의 분포를 구하고, 실제 표본관측으로부터 구한 검정통계량의 값이 나타날 가능성에 의해 귀무가설의

채택 여부를 결정한다. 앞에서 설명한 바와 같이 검정통계량이 나타날 가능성이 큰 경우에는 귀무가설을 채택하고 나타날 가능성이 작은 경우에는 귀무가설을 기각하게 되는데, 여기에서 가능성이 '크다' 또는 '작다'의 판단기준을 **유의수준**(significance level ; α)이라 한다. 유의수준 α는 일반적으로 1%, 5%, 10% 등을 이용한다. 예를 들어 한 검정에서 유의수준 α를 5%로 정한다면, 귀무가설하에서 구한 검정통계량의 값이 나타날 가능성이 5% 이하이면 귀무가설을 기각하고 5% 이상이면 귀무가설을 채택하게 된다. 다시 말하면 나타날 가능성이 5% 이하일 때 '가능성이 작다'라고 판단한다는 것이다. 따라서 유의수준이란 귀무가설을 기각하게 되는 확률의 크기로, '귀무가설이 옳은데도 불구하고 이를 기각하는 확률의 크기'로 정의하기도 한다.

기각역(critical region ; C)이란 귀무가설이 옳다는 전제하에서 구한 검정통계량의 분포에서 확률이 유의수준 α인 부분을 말한다. 검정통계량이 나타날 가능성이 유의수준 α보다 작은 경우에 귀무가설을 기각한다는 것은 곧 검정통계량의 값이 기각역에 속하면 귀무가설을 기각한다는 것과 같은 의미이다. 즉, 기각역이란 검정통계량 분포의 일부 영역으로, 귀무가설이 옳다는 전제하에서 검정통계량이 기각역에 속할 확률이 유의수준 α인 영역이다.

유의수준과 기각역

유의수준 α란 귀무가설이 옳은데도 불구하고 이를 기각하는 확률의 크기를 말하며, 검정통계량을 구하는 것과는 무관하게 검정을 실시하는 사람의 판단에 따라 결정한다. 기각역이란 가설검정에서 유의수준 α가 정해졌을 때 검정통계량의 분포에서 이 유의수준의 크기에 해당하는 영역을 말하는데, 검정통계량의 분포에서 이 영역의 위치는 대립가설의 형태에 따라 다르다. 기각역 C와 유의수준 α의 관계는 다음과 같이 표현할 수 있다. 즉, 유의수준 α는 귀무가설하에서 검정통계량이 기각역 C에 속할 확률이다.

$$P_r(T(X) \in C \mid H_0) = \alpha$$

8.1.4 대립가설과 기각역

검정통계량의 분포에서는 유의수준 α에 의해 기각역의 크기가 결정되며, 기각역의 위치는 대립가설 H_1의 형태에 의해 결정된다. 대립가설의 형태는 가설검정의 목적에 의해 결정되는데, 가설검정은 대립가설의 형태에 따라 양측검정과 단측검정으로 나누어지고, 단측검정은 다시 왼쪽 단측검정과 오른쪽 단측검정으로 분류된다. 여기에서 양측검정이란 귀무가설이 "모수가 특정 값이다" 라고 할 때 대립가설이 "모수가 특정 값이 아니다" 라고 주어지는 경우로

$H_0 : \mu = \mu_0$; μ_0은 고정된 상수

$H_1 : \mu \neq \mu_0$

과 같이 표현할 수 있다. 왼쪽 단측검정은 위와 동일한 귀무가설 H_0에 대해 대립가설 H_1이 "모수가 μ_0보다 작다" 로 주어지는 경우로

$H_0 : \mu = \mu_0$

$H_1 : \mu < \mu_0$

과 같이 표현할 수 있고, 오른쪽 단측검정은 위와 동일한 귀무가설 H_0에 대해 대립가설 H_1이 "모수가 μ_0보다 크다" 로 주어지는 경우로

$H_0 : \mu = \mu_0$

$H_1 : \mu > \mu_0$

과 같이 표현할 수 있다. 두 모집단 모평균의 동일성 검정에서도 귀무가설 $H_0 : \mu_1 = \mu_2$에 대해 다음과 같이 세 가지 경우를 정의할 수 있다.

양측검정 $H_1 : \mu_1 \neq \mu_2$

왼쪽 단측검정 $H_1 : \mu_1 < \mu_2$

오른쪽 단측검정 $H_1 : \mu_1 > \mu_2$

앞에 주어진 [문제 1]~[문제 3]에서 [문제 2]는 양측검정이고, [문제 1]과 [문제 3]은 오른쪽 단측검정에 해당된다.

이와 같이 대립가설의 형태에 따라 세 가지 서로 다른 검정을 정의할 수 있는데, 각각의 검정에서 기각역 C는 유의수준 α가 주어졌을 때 검정통계량 $T(X)$의 분포에서 다음과 같이 결정된다.

양측검정 : $C = \{T(X) \le -C_1$ 또는 $T(X) \ge C_1\}$

왼쪽 단측검정 : $C = \{T(X) \le C_2\}$

오른쪽 단측검정 : $C = \{T(X) \ge C_3\}$

위에 정의된 기각역에서 C_1, C_2, C_3의 값은 귀무가설하에서

$$P_r(T(X) \in C) = \alpha$$

에 의해 결정된다.

예를 들면 유의수준 $\alpha = 0.05$인 경우 검정통계량의 분포가 n이 클 때

$$T(X) = \frac{\overline{X} - \mu_0}{S/\sqrt{n}} \sim N(0, 1)$$

이라면, 표준정규분포에서

$$P_r(Z \ge 1.96) = P_r(Z \le -1.96) = 0.025$$
$$P_r(Z \ge 1.645) = P_r(Z \le -1.645) = 0.05$$

에 의해 기각역은 [그림 8-1]과 같이 표현할 수 있다.

그림 8-1 대립가설과 기각역, $\alpha = 0.05$

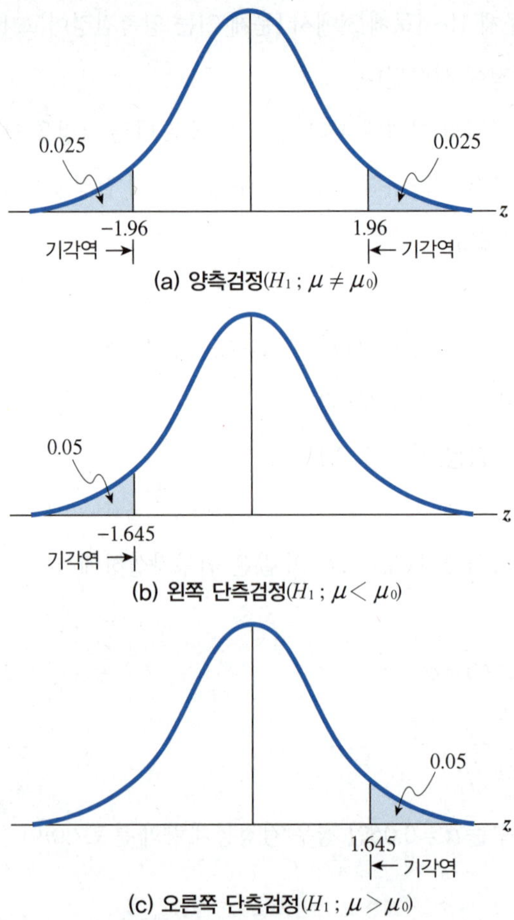

가설검정 단계

앞에서 설명한 가설검정 과정을 단계적으로 설명하면 다음과 같다.

단계 1. 검정하고자 하는 목적에 따라 귀무가설 H_0과 대립가설 H_1을 설정한다.

단계 2. 검정통계량을 구하고, 그 통계량의 분포를 구한다.

단계 3. 유의수준을 결정하고, 검정통계량의 분포에서 가설의 형태에 따라 유의수준에 해당하는 기각역을 설정한다.

단계 4. 귀무가설이 옳다는 전제하에 표본관찰에 의한 검정통계량의 값을 구한다.

단계 5. 단계 4에서 구한 검정통계량의 값이 기각역에 속하는가를 판단해 기각역에 속하면 귀무가설 H_0을 기각하고, 기각역에 속하지 않으면 귀무가설 H_0을 채택한다.

8.1.5 제1종 오류(α)와 제2종 오류(β)

가설검정에서는 두 가지 가설 H_0과 H_1을 설정하고 표본관찰을 통해 둘 중 하나를 채택하게 된다. 이와 같은 가설검정 과정에서는 다음과 같은 두 가지 오류(error)가 발생될 수 있다. 첫째는 귀무가설 H_0이 옳은데도 불구하고 H_0을 기각하게 되는 오류이고, 두 번째는 귀무가설 H_0이 옳지 않은데도 H_0을 채택하는 오류(즉, 대립가설이 옳은데도 귀무가설을 채택하는 오류)이다.

처음 오류의 크기, 즉 H_0이 옳은데도 불구하고 H_0을 기각하는 오류가 나타날 확률을 **제1종 오류**(type I error)의 크기라 하며, 이는 앞에서 정의된 유의수준 α와 같다. 두 번째 오류가 나타날 확률을 **제2종 오류**(type II error)의 크기라 하며, 이를 β로 표현한다. 가설검정에서는 두 가지 오류가 모두 작은 경우가 바람직하다. 기각역의 크기를 작게 하면 제1종 오류는 작아지나 제2종 오류는 커지며, 기각역을 크게 하면 제2종 오류는 작아지나 제1종 오류가 커진다. 따라서 가설검정에서는 제1종 오류 α의 크기를 0.1, 0.05, 0.01 등으로 고정시킨 뒤 제2종 오류 β가 최소가 되도록 기각역을 설정한다. 가설검정의 판정과 오류와의 관계는 [표 8-1]과 같다.

표 8-1 가설검정 결과와 오류

정확한 사실 \ 가설검정 결과	H_0이 사실이라고 판정	H_0이 사실이 아니라고 판정
H_0이 사실임	옳은 결정	제1종 오류(α)
H_0이 사실이 아님	제2종 오류(β)	옳은 결정

8.2 단일집단의 모평균 μ의 검정(t검정)

Introduction to **Statistics,** ch. eight

가설검정의 응용에서 한 모집단의 모평균 μ가 특정 값인가에 대한 검정을 실시하는 경우가 있다. 예를 들어 과거 10년 동안 초등학교 신입생의 평균신장이 증가했는가를 알아본다고 하자. 10년 전의 조사에 의해 초등학교 신입생의 평균신장이

140cm였다는 사실을 알고 있을 때 현재 초등학교 신입생의 평균신장이 10년 전보다 증가했는가를 알아보기 위해 현재의 초등학교 신입생 중 일부를 표본으로 추출해 가설검정을 실시한다. 이 경우 μ를 현재 초등학교 신입생의 평균신장이라 하면, H_0과 H_1은 각각

$$H_0 : \mu = 140\text{cm}$$
$$H_1 : \mu > 140\text{cm}$$

이다. 즉, 이 문제에서는 가설검정을 통해 현재 초등학교 신입생의 평균신장이 10년 전과 같은가 또는 증가했는가를 알고자 하며, 10년 전보다 키가 작아진 경우는 고려의 대상에 있지 않다는 것을 의미한다.

위의 예에서와 같은 단일집단의 모평균 μ에 대한 검정은 모집단의 분포가 평균 μ와 분산 σ^2을 갖는 정규분포 $N(\mu, \sigma^2)$을 따른다는 것을 전제한다고 할 수 있다. 검정을 하기 위해 추출한 표본을 $(X_1, X_2, \cdots, X_n)$이라 할 때 $(X_1, X_2, \cdots, X_n)$은 $N(\mu, \sigma^2)$으로부터의 확률표본이며, 모평균 μ에 대한 검정과정은 다음과 같다.

검정과정

(1) 가설의 설정

H_0과 H_1을 각각 다음과 같이 설정한다.

$$H_0 : \mu = \mu_0$$
$$H_1 : \mu \neq \mu_0 \text{ 또는 } \mu < \mu_0 \text{ 또는 } \mu > \mu_0$$

여기에서 μ_0은 구체적으로 주어지는 특정한 값이며, H_1에 주어지는 세 가지 서로 다른 가설은 가설검정에서 알고자 하는 목적에 따라 결정된다.

즉, 가설검정에 의해 알고자 하는 바가 "모집단의 평균이 μ_0과 같은가 또는 다른가" 인 경우에는 $H_1 : \mu \neq \mu_0$이고, "모집단의 평균이 μ_0과 같은가 또는 μ_0보다 작은가" 인 경우에는 $H_1 : \mu < \mu_0$이며, "모집단의 평균이 μ_0과 같은가 또는 μ_0보다 큰가" 인 경우에는 $H_1 : \mu > \mu_0$이다.

(2) 검정통계량과 분포

표본평균 $\overline{X}$와 표본분산 S^2을 각각

$$\overline{X} = \frac{1}{n}\sum_{i=1}^{n} X_i$$
$$S^2 = \frac{1}{n-1}\sum_{i=1}^{n}(X_i - \overline{X})^2$$

이라 할 때 검정통계량은 $\overline{X}$이며, 표준화한 $\overline{X}$의 분포는 다음과 같다.

(a) 모분산 σ^2이 알려져 있는 경우

$$T(X) = \frac{\overline{X} - \mu}{\sigma / \sqrt{n}} \sim N(0, 1)$$

(b) 모분산 σ^2이 알려져 있지 않은 경우

(i) $n > 30$이면

$$T(X) = \frac{\overline{X} - \mu}{S / \sqrt{n}} \dot{\sim} N(0, 1)$$

(ii) $n \leq 30$이면

$$T(X) = \frac{\overline{X} - \mu}{S / \sqrt{n}} \sim t_{n-1}$$

모분산 σ^2이 알려져 있는 경우와 σ^2이 알려져 있지 않으나 표본의 수 n이 30 이상이면 검정통계량의 분포가 근사적으로 표준정규분포를 따르므로 표준정규분포를 이용해 검정을 실시하고, 모분산 σ^2이 알려져 있지 않고 표본의 수 n이 30 이하이면 자유도가 $n-1$인 t분포를 이용해 검정을 실시한다. 이 검정에서 검정통계량 $T(X)$가 자유도 $n-1$인 t분포를 따르므로 t검정이라 한다.

(3) 검정

유의수준 α를 정하고 검정의 종류(단측검정, 양측검정)에 따라 기각역을 설정한다. 귀무가설하에서 구한 검정통계량의 값, 즉

$$T(X) = \frac{\overline{X} - \mu_0}{\sigma / \sqrt{n}},\ \sigma^2\text{이 알려져 있는 경우}$$

$$T(X) = \frac{\overline{X} - \mu_0}{S / \sqrt{n}},\ \sigma^2\text{이 알려져 있지 않는 경우}$$

를 구해 이 값이 기각역에 속하면 H_0을 기각하고, 기각역에 속하지 않으면 H_0을 채택한다.

예 8-1

2020년 우리나라 서울의 평균 미세먼지 농도는 140㎍/m³였다. 지난 10년간 서울의 평균 미세먼지 농도가 증가했는가를 알아보기 위해 2020년 중 100일을 '랜덤하게' 추출해 조사한 결과 미세먼지 농도의 평균과 표준편차가 각각 $\overline{X} = 145$㎍/m³, $S = 20$㎍/m³였다. 지난 10년간 서울의 평균 미세먼지 농도가 증가했다고 볼 수 있는가를 검정하라.

[풀이]

(1) **가설의 설정** : 지난 10년 동안 평균 미세먼지 농도가 증가했는가를 검정하고자 하므로, 가설은

$$H_0 : \mu = 140$$
$$H_1 : \mu > 140$$

과 같이 설정한다.

(2) **검정통계량과 분포** : 귀무가설하에서의 검정통계량은

$$T(X) = \frac{\overline{X} - \mu_0}{S / \sqrt{n}} = \frac{145 - 140}{20 / \sqrt{100}} = 2.5$$

이며, $n = 100 > 30$이므로 $T(X)$의 분포는

$$T(X) \sim N(0, 1)$$

이라 할 수 있다.

(3) **검정** : 유의수준 $\alpha = 0.05$인 경우 표준정규분포에서 $P_r(Z > 1.645) = 0.05$이므로 기각역은 오른쪽 그림의 파란색 음영 부분과 같다.

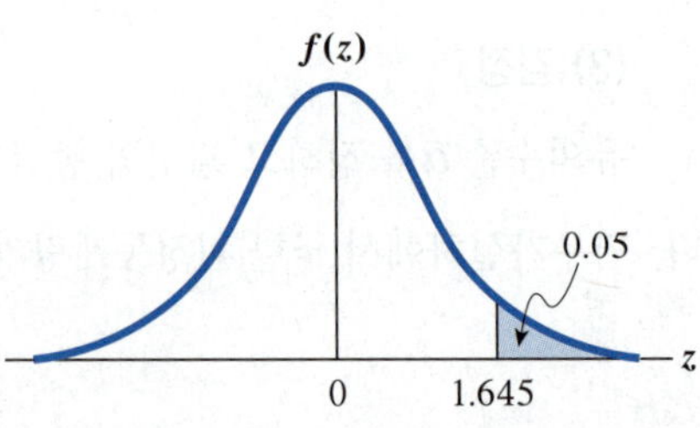

$T(X) = 2.5$는 기각역에 속하므로 귀무가설 H_0은 기각된다. 즉, 유의수준 5%하에서 결정할 때 지난 10년 동안 서울의 평균 미세먼지 농도는 증가했다고 볼 수 있다.

예 8-2

한 미세먼지 앱에서 서울의 초미세먼지 농도는 1μg/m^{3}라고 표시되어 있다. 한국환경공단에서는 초미세먼지 농도가 정확하게 표시되어 있는가를 알아보기 위해 시중의 앱에서 '랜덤하게' 서울의 10개 구를 추출해 초미세먼지 농도를 조사한 결과, 다음과 같은 자료를 얻었다. 이 앱에 표시되어 있는 초미세먼지 농도가 10μg/m^{3}라고 주장할 수 있는가를 검정하라.

(10.8, 12.2, 9.5, 10.3, 8.6, 8.3, 9.5, 10.0, 11.5, 10.1)

[풀이]

(1) **가설의 설정** : 초미세먼지 농도의 평균이 10μg/m^{3}인가 또는 그렇지 않은가 알고자 하므로 H_0과 H_1은 각각

$$H_0 : \mu = 10\mu\text{g/m}^3$$
$$H_1 : \mu \neq 10\mu\text{g/m}^3$$

와 같다.

(2) **검정통계량과 그 분포** : 주어진 10개의 자료로부터 $\overline{X} = 10.08$, $S = 12.07$을 구할 수 있으며, 따라서 귀무가설하에서의 검정통계량 값은

$$T(X) = \frac{\overline{X} - \mu_0}{S/\sqrt{n}} = \frac{10.08 - 10}{12.07/\sqrt{10}} = 0.021$$

이다.

표본의 크기 $n = 10 < 30$이므로 검정통계량 $T(X)$는 자유도가 $n - 1 = 9$인 t분포를 따른다.

(3) **검정** : 유의수준 $\alpha = 0.05$라 할 때 〈부록 Ⅵ〉의 [표 4]에 의해 $d.f. = 9$인 경우

$$P_r(-2.26 \le t \le 2.26) = 0.95$$

임을 알 수 있다.

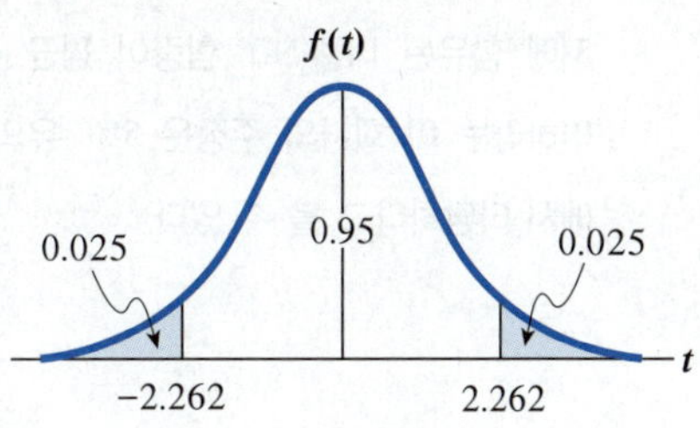

$d.f. = 9$인 t분포

따라서 기각역은 오른쪽 그림의 파란색 음영 부분이며, 귀무가설하에서의 검정통계량 값 $T(X) = 0.021$은 기각역에 속하지

않으므로 귀무가설은 기각되지 않는다. 즉, 5%의 잘못 판단할 가능성을 전제로 할 때 서울 초미세먼지 농도의 평균은 $10\mu g/m^3$라고 볼 수 있다.

예 8-3

한 대기질을 조사하는 회사는 현재 서울 대기의 초미세먼지에 함유된 니켈(Ni) 함량이 평균 $4ng/m^3$ 이하라고 주장하였다. 그 주장이 사실인가를 알아보기 위해 25개의 구를 '랜덤하게' 선택해 분석한 결과 $\overline{X} = 3.90ng/m^3$과 $S = 0.14ng/m^3$을 얻었다. 이 회사의 주장이 타당한가를 검정하라.

[풀이]

(1) **가설의 설정** : 초미세먼지에 함유된 니켈(Ni) 함량이 평균 $4ng/m^3$ 이하인가에 관심이 있으므로 H_0과 H_1은 각각

$$H_0 : \mu = 4ng/m^3$$

$$H_1 : \mu < 4ng/m^3$$

과 같다.

(2) **검정통계량과 분포** : 귀무가설하에서 검정통계량은

$$T(X) = \frac{\overline{X} - \mu_0}{S/\sqrt{n}} = \frac{3.90 - 4.0}{0.14/\sqrt{25}} = -3.57$$

이고, 표본의 수 $n = 25 < 30$이므로 $T(X)$는 자유도가 $n - 1 = 24$인 t분포를 따른다.

(3) **검정** : 유의수준 $\alpha = 0.05$라 할 때 〈부록 VI〉의 [표 4]에 의해 $d.f. = 24$인 t분포에서

$$P_r(t \leq -1.711) = 0.05$$

임을 알 수 있다. 따라서 기각역은 오른쪽 그림의 파란색 음영 부분이며, 귀무가설하에서의 검정통계량 값 $T(X) = -3.57$은 기각역에 포함되므로 H_0은 기각된다. 즉, 초미세먼지에 함유된 니켈(Ni) 함량이 평균 $4ng/m^3$ 이하라는 이 회사의 주장은 5% 유의수준하에서 타당하다고 볼 수 있다.

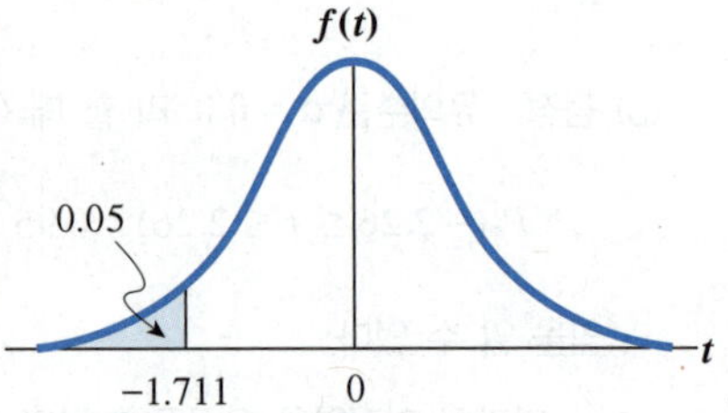

유의수준과 신뢰수준

가설검정에서 유의수준 α%는 구간추정에서 신뢰수준$(100-\alpha)$%와 동일한 의미를 갖는다. 이를테면 표준정규분포에서 95% 신뢰구간은

$$P_r(-1.96 \le Z \le 1.96) = 0.95$$

에 의해 구간 $(-1.96, 1.96)$임을 알 수 있는데, 표준정규분포를 이용하는 검정에서 5% 유의수준하에서의 기각역은 $(-\infty, -1.96)$과 $(1.96, \infty)$로 위의 95% 신뢰구간과 반대이다. 이와 같이 5% 유의수준하에서의 기각역은 95% 신뢰수준하에서의 신뢰구간과 반대의 의미를 갖는다. 따라서 유의수준 α%하에서의 검정은 $(100-\alpha)$%의 신뢰수준하에서의 검정이라고도 표현한다.

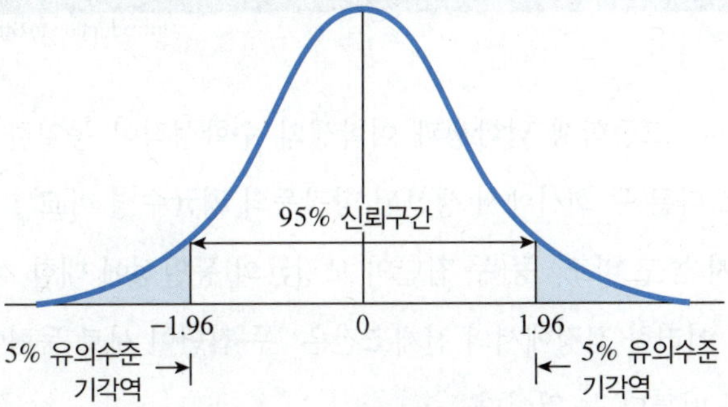

단일모평균 μ의 검정

1. 가설의 설정

(a) 양측검정 : $H_0 : \mu = \mu_0,\ H_1 : \mu \neq \mu_0$

(b) 단측검정 : $H_0 : \mu = \mu_0,\ H_1 : \mu > \mu_0$(또는 $\mu < \mu_0$)

2. 귀무가설하에서의 검정통계량과 분포

(a) σ^2을 아는 경우

$$T(X) = \frac{\overline{X} - \mu_0}{\sigma/\sqrt{n}} \sim N(0,1)$$

(b) σ^2을 모르는 경우

(i) $n > 30$일 때

$$T(X) = \frac{\overline{X} - \mu_0}{S/\sqrt{n}} \dot\sim N(0,1)$$

(ii) $n \leq 30$일 때

$$T(X) = \frac{\overline{X} - \mu_0}{S/\sqrt{n}} \sim t_{n-1}$$

3. 유의수준 α하에서의 기각역(표준정규분포를 이용하는 경우)

(a) 양측검정 : $C_\alpha = (-\infty, Z_{\alpha/2}) + (Z_{1-\alpha/2}, \infty)$

(b) 단측검정 : $C_\alpha = (Z_{1-\alpha}, \infty)$

8.3 두 집단 모평균의 동일성에 대한 검정(t검정)

Introduction to **Statistics,** ch. eight

자료분석에서 '고등학생 남학생과 여학생의 수학성적이 동일한가에 대한 비교' 라든가 '서로 다른 두 회사에서 생산된 형광등의 평균수명 비교', '서울과 제주의 평균 미세먼지 농도 비교' 등 두 집단의 모평균의 동일성에 대한 검정을 실시하는 경우가 있다. 이러한 검정에서의 전제조건은 '두 집단이 서로 독립이며, 두 집단 모두 정규분포를 따른다' 는 것이다.

예를 들면 고등학교 남녀 학생들의 수능시험 성적이 차이가 있는가를 검정하고자 할 때 남학생 집단의 성적은 평균 μ_1과 분산 σ_1^2을 갖는 정규분포를 따르고, 여학생 집단의 성적은 평균 μ_2와 분산 σ_2^2을 갖는 정규분포를 따르며, 두 집단의 성적분포는 서로 독립이라고 전제할 수 있다. 이 경우 두 집단의 모평균이 동일한가($\mu_1 = \mu_2$)에 대한 검정을 실시하기 위해 남학생 n_1명과 여학생 n_2명을 '랜덤하게' 선발해 성적을 측정하고, 그 표본결과에 의해 검정을 실시할 수 있다.

일반적으로 두 집단이 서로 독립이며 각 집단의 평균과 분산이 각각 (μ_1, σ_1^2)과 (μ_2, σ_2^2)인 정규분포를 따를 때 두 모평균의 동일성($\mu_1 = \mu_2$)에 대한 검정은 각 집단에서 '랜덤하게' n_1과 n_2개의 표본을 추출해 실시한다.

즉, 각 집단에서 '랜덤하게' n_1과 n_2개의 표본을 추출했을 때 각 표본의 평균과 분산을 각각 $(\overline{X}_1, S_1^2)$과 $(\overline{X}_2, S_2^2)$으로 표현하면 두 집단의 모수와 통계량은 [표 8-2]와 같이 정리할 수 있으며, 또한 [그림 8-2]와 같이 표현할 수 있다.

그림 8-2 두 모집단과 표본

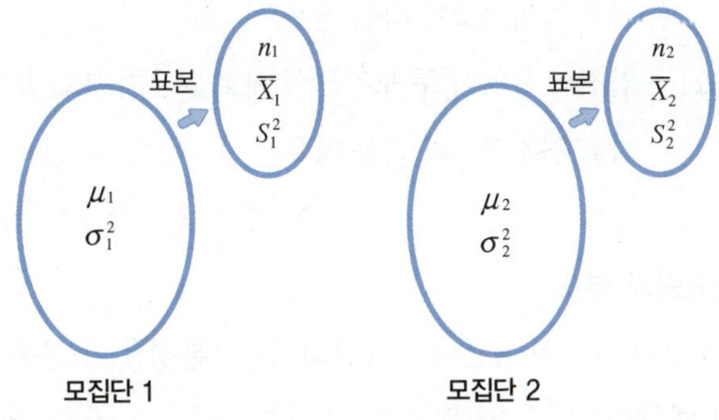

표 8-2 두 독립집단의 모수와 통계량

모수와 통계량 / 집단	모수		표본의 크기	통계량	
	모평균	모분산		표본평균	표본분산
집단 1	μ_1	σ_1^2	n_1	$\overline{X}_1$	S_1^2
집단 2	μ_2	σ_2^2	n_2	$\overline{X}_2$	S_2^2

이와 같은 독립표본에 의한 두 모집단 평균의 동일성에 대한 검정과정은 다음과 같이 정리할 수 있다.

검정과정

(1) 가설의 설정

두 모집단 평균의 동일성에 대한 검정이므로 H_0과 H_1을 각각 다음과 같이 설정한다.

$$H_0 : \mu_1 = \mu_2 \ (즉, \mu_1 - \mu_2 = 0)$$

$$H_1 : \mu_1 \neq \mu_2 \ 또는\ \mu_1 < \mu_2 \ 또는\ \mu_1 > \mu_2$$

대립가설 H_1은 위에 제시된 3개 중 하나를 선택하는데, 각각은 검정의 목적에 따라 다음과 같이 선택된다.

(a) $\mu_1 \neq \mu_2$: 검정의 목적이 두 모평균이 같은가 또는 다른가인 경우

(b) $\mu_1 < \mu_2$: 검정의 목적이 두 모평균이 서로 같은가 또는 μ_2가 μ_1보다 큰가를 결정하고자 하는 경우

(c) $\mu_1 > \mu_2$: 검정의 목적이 두 모평균이 서로 같은가 또는 μ_1이 μ_2보다 큰가를 결정하고자 하는 경우

(2) 검정통계량과 분포

두 집단으로부터 추출된 표본에서 표본의 수, 표본평균, 표본분산을 각각 다음과 같이 표현할 때

	표본의 수	표본평균	표본분산
집단 1	n_1	$\overline{X}_1$	S_1^2
집단 2	n_2	$\overline{X}_2$	S_2^2

두 집단이 서로 독립이며 각각 정규분포를 따르므로 표본평균 $\overline{X}_1$과 $\overline{X}_2$의 분포는 각각 독립적으로

$$\overline{X}_1 \sim N(\mu_1, \frac{\sigma_1^2}{n_1})$$
$$\overline{X}_2 \sim N(\mu_2, \frac{\sigma_2^2}{n_2})$$

이다. 두 개의 독립인 정규확률변수의 차이, 즉 $\overline{X}_1 - \overline{X}_2$는 평균 $\mu_1 - \mu_2$와 분산 $\frac{\sigma_1^2}{n_1} + \frac{\sigma_2^2}{n_2}$을 갖는 정규분포를 따른다. (증명 ☞ [부록 IV])

따라서

$$\overline{X}_1 - \overline{X}_2 \sim N(\mu_1 - \mu_2, \frac{\sigma_1^2}{n_1} + \frac{\sigma_2^2}{n_2})$$

이 되며, 정규분포의 표준화 공식에 의해

$$T(X) = \frac{\overline{X}_1 - \overline{X}_2 - (\mu_1 - \mu_2)}{\sqrt{\frac{\sigma_1^2}{n_1} + \frac{\sigma_2^2}{n_2}}} \sim N(0, 1)$$

이다. 두 집단의 모분산 σ_1^2과 σ_2^2이 알려져 있는 경우 귀무가설($\mu_1 = \mu_2$)하에서 검정통계량의 값과 그 분포는

$$T(X) = \frac{\overline{X}_1 - \overline{X}_2}{\sqrt{\frac{\sigma_1^2}{n_1} + \frac{\sigma_2^2}{n_2}}} \sim N(0,1)$$

이 되는데, 일반적으로 모분산 σ_1^2과 σ_2^2은 알려져 있지 않으며 σ_1^2과 σ_2^2의 조건에 따라 다음과 같이 검정통계량을 구한다.

(a) $\sigma_1^2 = \sigma_2^2$인 경우(즉, 두 집단의 모분산이 동일하다고 전제할 수 있는 경우)

$\sigma_1^2 = \sigma_2^2 = \sigma^2$이라 할 때 두 표본의 분산 S_1^2과 S_2^2은 모두 σ^2의 추정량이다. 따라서 σ^2의 추정량을 S_p^2이라 할 때 S_p^2은 다음과 같이 S_1^2과 S_2^2의 가중평균을 이용해 구한다.

$$S_p^2 = \frac{(n_1 - 1)S_1^2 + (n_2 - 1)S_2^2}{(n_1 - 1) + (n_2 - 1)} = \frac{(n_1 - 1)S_1^2 + (n_2 - 1)S_2^2}{n_1 + n_2 - 2}$$

위에 주어진 검정통계량 $T(X)$의 식에서

$$T(X) = \frac{\overline{X}_1 - \overline{X}_2 - (\mu_1 - \mu_2)}{\sigma\sqrt{\frac{1}{n_1} + \frac{1}{n_2}}}$$

이므로, σ의 추정량 $S_p = \sqrt{S_p^2}$을 σ에 대입하면

$$T(X) = \frac{\overline{X}_1 - \overline{X}_2 - (\mu_1 - \mu_2)}{S_p\sqrt{\frac{1}{n_1} + \frac{1}{n_2}}}$$

이고, $T(X)$의 분포는 다음과 같이 결정된다.

(i) n_1과 n_2가 큰 경우($n_1 + n_2 > 30$) : 근사정규분포를 이용

$$T(X) = \frac{\overline{X}_1 - \overline{X}_2 - (\mu_1 - \mu_2)}{S_p\sqrt{\frac{1}{n_1} + \frac{1}{n_2}}} \dot{\sim} N(0,1)$$

(ii) n_1과 n_2가 작은 경우($n_1 + n_2 \leq 30$)

$$T(X) = \frac{\overline{X}_1 - \overline{X}_2 - (\mu_1 - \mu_2)}{S_p\sqrt{\frac{1}{n_1} + \frac{1}{n_2}}} \sim t_{n_1+n_2-2}$$

앞의 (i)과 (ii)의 경우 모두 귀무가설($\mu_1 = \mu_2$)하에서의 검정통계량 값은

$$T(X) = \frac{\overline{X}_1 - \overline{X}_2}{S_p\sqrt{\frac{1}{n_1} + \frac{1}{n_2}}}$$

이다.

이 검정에서 검정통계량 $T(X)$가 자유도 $n_1 + n_2 - 2$인 t분포를 따르므로 t검정이라 한다.

(b) $\sigma_1^2 \neq \sigma_2^2$인 경우(즉, 두 집단의 모분산이 동일하다고 전제할 수 없는 경우)

$\sigma_1^2 \neq \sigma_2^2$인 경우에는 일반적인 t검정을 이용할 수 없다. 이 경우에 대한 검정은 검정과정이 매우 복잡하므로 생략하기로 한다. 단, n_1과 n_2가 매우 큰 경우에는 다음과 같이 검정통계량을 유도할 수 있다.

n_1과 n_2가 적당히 클 때 모분산 σ_1^2과 σ_2^2을 각각의 추정량 S_1^2과 S_2^2으로 대치하고 중심극한정리를 이용하면

$$T(X) = \frac{\overline{X}_1 - \overline{X}_2 - (\mu_1 - \mu_2)}{\sqrt{\frac{S_1^2}{n_1} + \frac{S_2^2}{n_2}}} \dot{\sim} N(0, 1)$$

이 된다. 이 경우 귀무가설($\mu_1 = \mu_2$)하에서 검정통계량의 값은

$$T(X) = \frac{\overline{X}_1 - \overline{X}_2}{\sqrt{\frac{S_1^2}{n_1} + \frac{S_2^2}{n_2}}}$$

따라서 두 집단의 모평균의 동일성($\mu_1 = \mu_2$)에 대한 t검정을 실시하는 경우에 두 집단의 분산의 동일성($\sigma_1^2 = \sigma_2^2$)에 대한 검정을 먼저 실시해 $\sigma_1^2 = \sigma_2^2$을 받아들일 수 있는 경우에 한해 일반적인 t검정을 실시한다.

(3) 검정

각각의 경우에 검정통계량과 그 분포를 알고 있으므로 유의수준(α ; 0.01, 0.05, 0.10 등)과 검정의 종류에 따라 기각역을 설정한 후에 귀무가설하에서의 검정통계량 값이 기각역에 속하면 H_0을 기각하고 속하지 않으면 H_0을 채택한다.

예 8-4

서울과 제주의 3월 미세먼지 농도의 평균에 차이가 있는가를 알아보기 위해 각 지역에서 100개의 장소를 선별해 미세먼지를 측정해 다음과 같은 결과를 얻었다.

서울 : $\overline{X}_1 = 82\mu g/m^3 \quad S_1 = 20\mu g/m^3$

제주 : $\overline{X}_2 = 78\mu g/m^3 \quad S_2 = 18\mu g/m^3$

두 집단의 모분산이 동일하다고 할 때 두 지역의 미세먼지 농도의 평균에 차이가 있는지를 검정하라.

[풀이]

(1) **가설의 설정** : 서울지역의 평균 미세먼지 농도를 μ_1, 제주지역의 평균 미세먼지 농도를 μ_2라고 할 때 두 집단의 평균농도가 동일한가에 대한 검정을 하고자 하므로 양측검정이라고 할 수 있다.

$H_0 : \mu_1 = \mu_2$

$H_1 : \mu_1 \neq \mu_2$

(2) **검정통계량과 분포** : $\sigma_1^2 = \sigma_2^2$이므로

$$S_P^2 = \frac{(n_1-1)S_1^2 + (n_2-1)S_2^2}{n_1+n_2-2} = \frac{99 \times 400 + 99 \times 324}{100+100-2} = 362$$

$$S_P = \sqrt{S_P^2} = 19.026$$

이다. 따라서 귀무가설하에서 검정통계량의 값은

$$T(X) = \frac{\overline{X_1} - \overline{X_2}}{S_P\sqrt{\frac{1}{n_1} + \frac{1}{n_2}}} = \frac{82-78}{19.026\sqrt{\frac{1}{100} + \frac{1}{100}}}$$

$$= \frac{4}{2.6907} = 1.487$$

이 되며, $n_1 + n_2 = 200 > 30$이므로 $T(X) \sim N(0, 1)$이라 할 수 있다.

(3) **검정** : 양측검정에서 유의수준 $\alpha = 0.05$에 대한 표준정규분포의 기각역은 오른쪽 그림의 파란색 음영 부분이고, $T(X) = 1.487$은 이 기각역에 속하지 않으므로 귀무가설은 기각되지 않는다. 즉, 위의 표본관측 결과에 의할 때 남녀 고등학생들의 평균성적은 유의수준 5%하에서 동일하다고 할 수 있다.

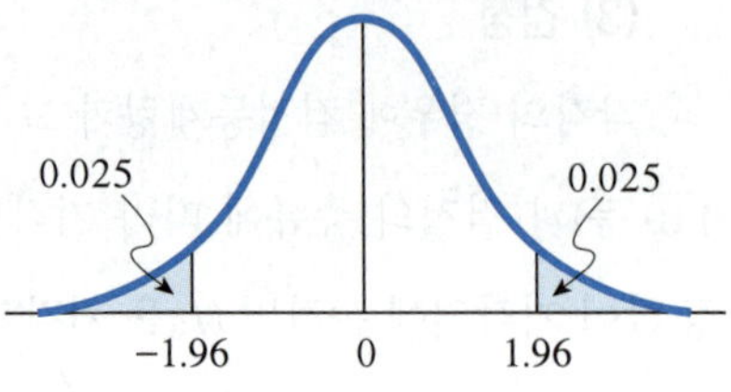

앞의 〈예 8-4〉와 같이 표본의 크기가 동일한 경우($n_1 = n_2 = n$)에는 S_P^2과 $T(X)$를 다음과 같이 간단하게 구할 수 있다.

$$S_P^2 = \frac{1}{2}(S_1^2 + S_2^2)$$

$$T(X) = \frac{\overline{X}_1 - \overline{X}_2}{S_P\sqrt{\frac{2}{n}}}$$

예 8-5

두 가지 서로 다른 체중조절약의 체중조절 효과를 분석하기 위해 각각 40명씩 1년간 임상실험한 결과 다음과 같은 자료를 얻었다.

체중조절약 Ⅰ의 체중조절 효과가 체중조절약 Ⅱ의 효과보다 더 크다고 볼 수 있는지를 5% 유의수준으로 검정하라.

체중조절약	표본크기	표본평균(체중평균감소량)	표본분산
Ⅰ	40	10kg	4.3kg
Ⅱ	40	8kg	5.7kg

[풀이]

체중조절약 Ⅰ과 Ⅱ의 체중조절 효과의 평균과 분산을 각각

체중조절약 Ⅰ : μ_1, σ_1^2 **체중조절약** Ⅱ : μ_2, σ_2^2

이라 할 때 검정은 다음과 같이 실시한다.

(1) **가설의 설정** : 체중조절약 Ⅰ의 효과가 더 큰가(즉, μ_1이 μ_2보다 더 큰가)를 알고자 하므로 단측검정이며, H_0과 H_1은 각각 다음과 같이 설정된다.

$$H_0 : \mu_1 = \mu_2$$

$$H_1 : \mu_1 > \mu_2$$

(2) **검정통계량과 분포** : $\sigma_1^2 = \sigma_2^2$이라는 소건이 주어지지 않았으므로 귀무가설하에서의 검정통계량은

$$T(X) = \frac{\overline{X}_1 - \overline{X}_2}{\sqrt{\frac{S_1^2}{n_1} + \frac{S_2^2}{n_2}}} = \frac{10 - 8}{\sqrt{\frac{4.3}{40} + \frac{5.7}{40}}} = \frac{2}{0.5} = 4.0$$

이며, $n_1 + n_2 = 80(> 30)$이 충분히 크다고 볼 수 있으므로 $T(X) \sim N(0, 1)$을 따른다고 할 수 있다.

(3) **검정** : 5% 유의수준하에서 오른쪽 단측검정에 대한 표준정규분포의 기각역은 오른쪽 그림의 파란색 음영 부분과 같으며, $T(X) = 4.0$이 기각역에 속하므로 귀무가설은 기각된다. 즉, 체중조절약 I의 효과가 더 크다고 볼 수 있다.

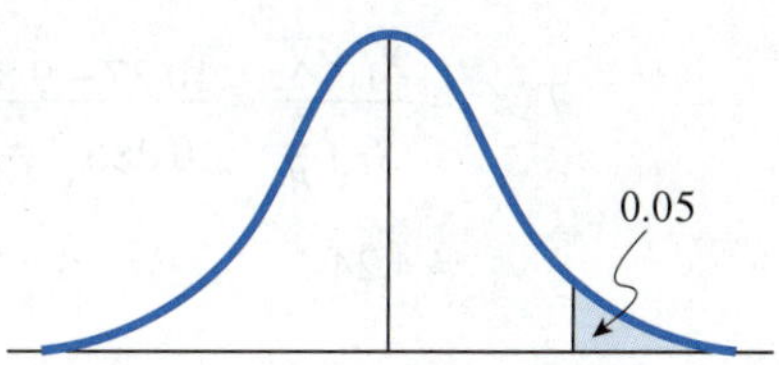

예 8-6

두 종류의 서로 다른 공기청정기의 성능을 비교하기 위해 각 공기청정기 10대를 동일한 건물의 방에 설치한 후 방 안의 미세먼지 농도를 관측한 결과가 다음과 같다.

공기청정기 1	10.2	10.5	10.3	10.8	9.8	10.6	10.7	10.2	10.0	10.6
공기청정기 2	9.8	9.6	10.1	10.2	9.7	9.5	9.6	10.1	9.8	9.9

두 공기청정기를 설치한 후 방 안의 미세먼지 농도의 분포는 동일한 분산 σ^2을 가지며 정규분포를 따른다고 할 때 두 공기청정기의 성능이 동일한가에 대한 검정을 유의수준 5%하에서 실시하라.

[풀이]

(1) **가설의 설정** : 두 공기청정기의 성능이 동일한가를 알고자 하므로 양측검정이며, H_0과 H_1은 각각 다음과 같이 설정한다.

$$H_0 : \mu_1 = \mu_2$$

$$H_1 : \mu_1 \neq \mu_2$$

(2) **검정통계량과 분포** : 두 집단으로부터의 표본에 의해

$$n_1 = 10,\ \overline{X}_1 = 10.37,\ S_1^2 = 0.105$$
$$n_2 = 10,\ \overline{X}_2 = 9.83,\ S_2^2 = 0.058$$

을 구할 수 있고, $n_1 = n_2 = 10$이고 두 집단의 모분산이 동일하므로

$$S_P^2 = \frac{S_1^2 + S_2^2}{2} = \frac{0.105 + 0.058}{2}$$
$$= 0.0815$$
$$S_P = \sqrt{S_P^2} = 0.285$$

이다. 따라서 귀무가설하에서 검정통계량의 값은

$$T(X) = \frac{\overline{X}_1 - \overline{X}_2}{S_P\sqrt{\frac{2}{n}}} = \frac{10.37 - 9.83}{0.285\sqrt{\frac{2}{10}}}$$
$$= 4.24$$

이며, $T(X)$는 자유도가 $n_1 + n_2 - 2 = 18$인 t분포를 따른다.

(3) **검정** : 유의수준 5%하에서 양측검정에 대한 $t_{(18)}$ 분포의 기각역은 〈부록 VI〉의 [표 4]에 의해 오른쪽 그림의 파란색 음영 부분과 같다. $T(X) = 4.24$가 기각역에 속하므로 귀무가설은 기각된다. 즉, 두 공기청정기의 성능이 동일하다고 볼 수 없다.

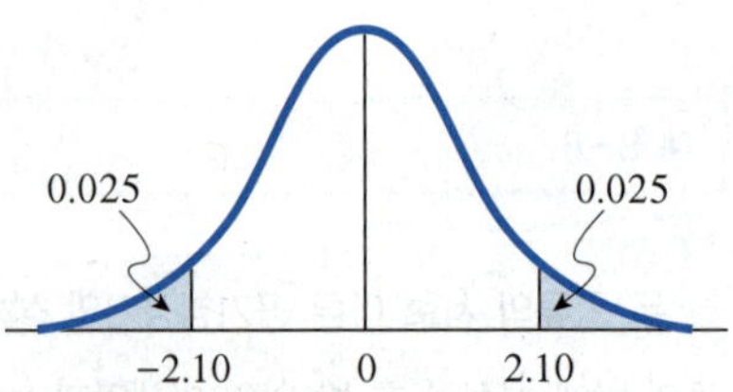

두 집단의 모평균의 동일성에 대한 검정

1. 가설의 설정

(a) 양측검정 : $H_0 : \mu_1 = \mu_2,\ H_1 : \mu_1 \neq \mu_2$

(b) 단측검정 : $H_0 : \mu_1 = \mu_2,\ H_1 : \mu_1 > \mu_2$ (또는 $\mu_1 < \mu_2$)

2. 귀무가설하에서의 검정통계량 값과 분포

(a) σ_1^2과 σ_2^2이 알려져 있는 경우

$$T(X) = \frac{\overline{X}_1 - \overline{X}_2}{\sqrt{\frac{\sigma_1^2}{n_1} + \frac{\sigma_2^2}{n_2}}} \sim N(0, 1)$$

(b) σ_1^2과 σ_2^2이 알려져 있지 않는 경우

(i) $\sigma_1^2=\sigma_2^2$인 경우

$$T(X)=\frac{\overline{X_1}-\overline{X_2}}{S_P\sqrt{\frac{1}{n_1}+\frac{1}{n_2}}},\ S_P=\sqrt{\frac{(n_1-1)S_1^2+(n_2-1)S_2^2}{n_1+n_2-2}}$$

$T(X)\sim N(0,1)$, $n_1+n_2>30$인 경우

$T(X)\sim t_{n_1+n_2-2}$, $n_1+n_2\leq 30$인 경우

(ii) $\sigma_1^2\neq\sigma_2^2$인 경우

$$T(X)=\frac{\overline{X}_1-\overline{X}_2}{\sqrt{\frac{S_1^2}{n_1}+\frac{S_2^2}{n_2}}}$$

이며, $T(X)$의 분포는 $n_1+n_2>30$일 때

$$T(X)\sim N(0,1)$$

이다.

8.4 짝진표본의 모평균에 대한 검정(쌍의 t검정)

Introduction to **Statistics,** ch. eight

두 집단의 모평균의 동일성에 대한 검정은 앞의 절에서 설명한 바와 같이 각 집단으로부터의 독립적인 표본관찰 결과에 의해 실시한다. 그러나 경우에 따라서는 두 모집단의 평균에 차이가 있는가를 검정할 때 **짝진표본**(pairwise sample)을 이용해 검정하는 것이 바람직할 수 있다. 예를 들면 심리학에서 성장환경이 어린이의 지능 발달에 영향을 미치는가를 조사하고자 할 때, 우선 생각할 수 있는 검정방법은 성장환경이 좋은 지역의 어린이 n_1명과 성장환경이 좋지 않은 지역의 어린이 n_2명을 임의로 선발해 동일한 지능검사를 실시한 뒤 지능검사 결과에 차이가 있는가를 분석해 검정을 실시하는 것이다. 그러나 이와 같은 검정방법에서 생각할 수 있는 문제점은 지능검사의 결과에 대한 요인이 단순히 성장환경의 차이인가에 대한 의문이다. 즉, 지능이 부모로부터의 유전적 요인에 의해서도 영향을 받는다면 두 집단의 어린이들의 지능의 차이는 성장환경과 유전적 요인이 복합적으로 작용해 나타난 결과이므로 단순히 성장환경의 차이에 의한 결과라고 특징지을 수 없다. 이 문제에

대한 바람직한 접근방법은 일란성 쌍둥이 n쌍을 선택해 일정 기간 동안 각 쌍둥이 중 하나는 좋은 생활환경에서, 그리고 다른 하나는 좋지 않은 생활환경하에서 생활하도록 한 후에 지능검사를 실시해 두 생활환경의 효과를 비교하는 것이다. 이는 유전적 요인의 효과를 제거할 수 있는 방법이라 할 수 있다. 또한 어떤 치료약의 효과를 보고자 할 때 투약 전의 특성과 투약 후의 특성을 검사해 그 특성의 차이가 유의한가를 검정하는 문제 등과 같이 경우에 따라서는 모평균의 동일성에 대한 검정을 실시하고자 하는 경우 짝진표본을 이용해야 하는 경우가 있다.

검정방법

n개의 짝진표본 관찰값이 [표 8-3]과 같이 주어져 있다고 할 때 각 쌍에서 두값의 차이 $d_i = x_i - y_i$, $i = 1, 2 \cdots, n$을 구할 수 있다.

표 8-3 짝진표본의 관찰값

쌍번호	1	2	3	4	…	n
X	x_1	x_2	x_3	x_4	…	x_n
Y	y_1	y_2	y_3	y_4	…	y_n
D	d_1	d_2	d_3	d_4	…	d_n

위와 같이 관찰된 짝진표본에 의한 두 집단의 모평균의 동일성에 대한 검정은 각각의 쌍으로부터 $d_1, d_2, \cdots, d_n$을 구한 후 두 집단으로부터의 관찰값$(x_1, y_1), \cdots, (x_n, y_n)$은 검정과정에서 이용하지 않는다.

(1) 가설의 설정

확률변수 X, Y, D로 표현되는 세 집단의 모평균을 각각 μ_X, μ_Y, μ_D라 할 때 X와 Y 집단의 모평균의 동일성에 대한 검정은

$$H_0 : \mu_X = \mu_Y$$

$$H_1 : \mu_X \neq \mu_Y \text{ 또는 } \mu_X > \mu_Y \text{ 또는 } \mu_X < \mu_Y$$

이다. 그러나 $D = X - Y$이므로 $\mu_D = \mu_X - \mu_Y$가 되어,

$\mu_X = \mu_Y$는 $\mu_D = 0$와 같고, 따라서

$\mu_X \neq \mu_Y$는 $\mu_D \neq 0$와

$\mu_X > \mu_Y$는 $\mu_D > 0$와

$\mu_X < \mu_Y$는 $\mu_D < 0$와

각각 같게 된다. 따라서 짝진표본에 의한 두 집단의 모평균의 동일성에 대한 검정에서 가설은 다음과 같이 설정한다.

$$H_0 : \mu_D = 0$$
$$H_1 : \mu_D \neq 0 \text{ 또는 } \mu_D > 0 \text{ 또는 } \mu_D < 0$$

(2) 검정통계량과 분포

각각의 표본관찰로부터 구한 $d_1, d_2, \cdots, d_n$의 표본평균과 표본분산을 각각

$$\overline{d} = \frac{1}{n}\sum_{i=1}^{n} d_i$$
$$S_d^2 = \frac{1}{n-1}\sum_{i=1}^{n}(d_i - \overline{d})^2$$

이라 할 때, 검정통계량과 그 분포는 단일모평균에 대한 검정과 동일하다.

즉, 검정통계량은

$$T(X) = \frac{\overline{d} - \mu_0}{S_d / \sqrt{n}}$$

이며, 이 통계량은 자유도가 $n-1$인 t분포를 따른다. 귀무가설($\mu_D = 0$)하에서 검정통계량의 값은

$$T(X) = \frac{\overline{d}}{S_d / \sqrt{n}}$$

이며, 검정과정에서 이 값의 분포는 표본쌍의 수 n에 따라 다음과 같다.

(a) $n > 30$인 경우

$$T(X) = \frac{\bar{d}}{S_d / \sqrt{n}} \dot{\sim} N(0,1)$$

(b) $n \le 30$인 경우

$$T(X) = \frac{\bar{d}}{S_d / \sqrt{n}} \sim t_{n-1}$$

(3) 검정

유의수준 α를 결정한 뒤 표본의 크기 n에 따른 $T(X)$의 분포에서 검정의 종류에 따라 기각역을 설정하고, $T(X)$의 값이 기각역에 속하면 귀무가설을 기각한다.

예 8-7

두 종류 타이어(A, B)의 성능을 비교하기 위해 5대의 자동차를 임의로 선발해 각 자동차의 뒷바퀴 중 한쪽에는 A타이어를, 그리고 다른 한쪽에는 B타이어를 끼우고 500km를 주행한 뒤 타이어의 마모 상태를 조사한 결과가 [표 8-4]에 주어져 있다. 두 타이어의 마모율에 차이가 있는가를 유의수준 5%하에서 검정하라.

표 8-4 두 타이어의 마모율

자동차	타이어 A	타이어 B	$D=A-B$
1	10.6	10.2	0.4
2	9.4	9.8	−0.4
3	12.3	11.8	0.5
4	9.7	9.1	0.6
5	8.3	8.8	−0.5

[풀이]

(1) **가설의 설정** : 두 타이어의 마모율이 동일한가에 대한 검정이므로 A, B, D의 모평균을 각각 μ_A, μ_B, μ_D라 할 때 H_0과 H_1은 각각 다음과 같이 설정할 수 있다.

$H_0 : \mu_D = 0$ (즉, $\mu_A = \mu_B$)

$H_1 : \mu_D \neq 0$ (즉, $\mu_A \neq \mu_B$)

(2) **검정통계량과 분포** : [표 8-4]의 자료에 의해 D의 표본평균과 표본표준편차는 각각

$$\bar{d} = 0.12, \ S_d = 0.5263$$

이므로, 귀무가설($\mu_D = 0$) 하에서의 검정통계량 값은

$$T(X) = \frac{\bar{d}}{S_d/\sqrt{n}} = \frac{0.12}{0.5263/\sqrt{5}} = 0.510$$

이다. 쌍의 크기 $n = 5 \leq 30$이므로 $T(X)$는 자유도가 $n-1=4$인 t분포를 따른다.

(3) **검정** : 유의수준 5%하에서 자유도가 4인 t분포의 양측검정에 대한 기각역은 〈부록 VI〉의 [표 4]에 의해 오른쪽 그림의 파란색 음영 부분과 같다. 귀무가설하에서의 검정통계량 값 $T(X) = 0.510$은 기각역에 속하지 않으므로 귀무가설은 기각되지 않는다. 즉, 5% 유의수준하에서 두 타이어의 성능은 동일하다고 할 수 있다.

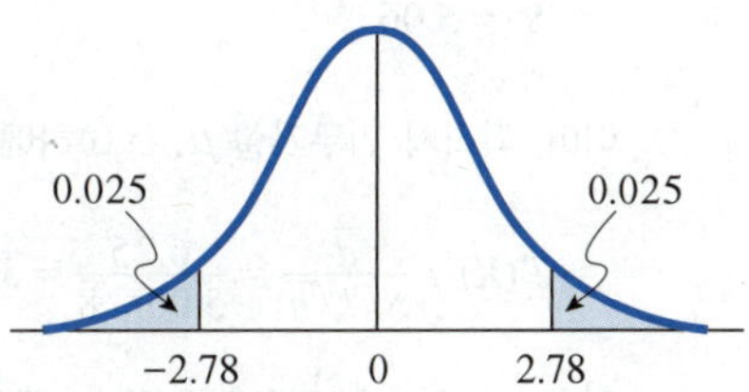

예 8-8

여덟 명이 한 다이어트 프로그램에 한 달 동안 참석했는데, 처음 시작할 때와 한 달 후 다이어트 프로그램이 끝났을 때 측정한 체중이 [표 8-5]와 같다. 다이어트 프로그램이 체중을 줄이는 효과가 있는지를 5% 유의수준하에서 검정하라.

표 8-5 다이어트 프로그램 참가자의 체중값

사람	처음 체중(A)	한 달 후 체중(B)	$D = A - B$
1	110	95	15
2	95	91	4
3	87	85	2
4	105	98	7
5	70	68	2
6	123	110	13
7	77	74	3
8	99	95	4

[풀이]

(1) **가설의 설정** : 다이어트 프로그램이 끝난 후 체중이 줄어들었는지의 여부에 관심이 있으

므로 H_0과 H_1은 각각 다음과 같이 설정할 수 있다.

$$H_0 : \mu_D = 0 \ (즉, \mu_A = \mu_B)$$

$$H_1 : \mu_D > 0 \ (즉, \mu_A > \mu_B)$$

(2) **검정통계량과 분포** : [표 8-5]에 주어진 자료에 의해 D의 표본평균과 표본표준편차는 각각

$$\bar{d} = 6.25$$

$$S_d = 5.06$$

이며, 따라서 귀무가설($\mu_D = 0$)하에서의 검정통계량 값은

$$T(X) = \frac{\bar{d}}{S_d / \sqrt{n}} = \frac{6.25}{5.06/\sqrt{8}} = 3.491$$

이다. $n = 8 < 30$이므로 $T(X)$는 자유도가 $n-1=7$인 t분포를 따른다.

(3) **검정** : 5% 유의수준하에서 자유도가 7인 t분포의 오른쪽 단측검정에 대한 기각역은 〈부록 VI〉의 [표 4]에 의해 오른쪽 그림의 파란색 음영 부분과 같다. 귀무가설하에서의 검정통계량 값 $T(X) = 3.901$이 기각역에 속하므로 귀무가설은 기각된다. 즉, 다이어트 프로그램이 체중을 줄이는 효과가 있다고 할 수 있다.

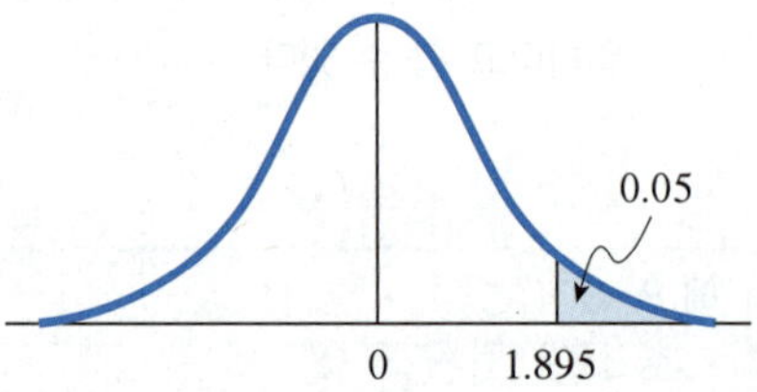

짝진표본의 모평균에 대한 검정

n개의 쌍 $(x_1, y_1), (x_2, y_2), \cdots, (x_n, y_n)$으로 관측된 표본에서 $d_i = x_i - y_i$, $i = 1, 2, \cdots, n$이라 할 때 두 집단 평균 μ_X, μ_Y의 동일성에 대한 검정은 $\mu_D = \mu_X - \mu_Y$이므로 다음과 같이 실시한다.

1. 가설의 설정

(a) 양측검정 : $H_0 : \mu_D = 0$, $H_1 : \mu_D \neq 0$

(b) 단측검정 : $H_0 : \mu_D = 0$, $H_1 : \mu_D > 0$ (또는 $\mu_D < 0$)

2. 검정통계량과 분포

$$\bar{d} = \frac{1}{n}\sum_{i=1}^{n} d_i,$$

$$S_d^2 = \frac{1}{n-1}\sum_{i=1}^{n}(d_i - \bar{d})^2$$

이라고 할 때 귀무가설하에서 검정통계량의 값은

$$T(X) = \frac{\overline{d}}{S_d / \sqrt{n}}$$

이고, $T(X)$의 분포는

$T(X) \sim N(0, 1)$, $n > 30$인 경우,

$T(X) \sim t_{n-1}$, $\quad n \leq 30$인 경우

이다.

3. 검정

검정통계량 $T(X)$의 분포에서 가설의 종류(단측검정 또는 양측검정)와 유의수준 α에 의해 기각역을 설정한다. 귀무가설하에서의 검정통계량 값 $T(X)$가 기각역에 속하면 귀무가설을 기각하고, 기각역에 속하지 않으면 귀무가설을 채택한다.

8.5 모비율 P에 대한 검정

Introduction to **Statistics,** ch. eight

모집단의 특성이 비율 P인 경우 이 비율에 대한 검정을 실시할 수 있다. 예를 들어 "광역의회 선거에서 투표율이 50% 이상이 될 것인가?" 또는 "새로 개발된 제품에 대해 남자와 여자의 선호도가 동일한가?" 등 많은 경우에 모집단의 비율에 대한 검정을 생각할 수 있다. 이와 같이 모비율 P에 대한 검정에서 기본적으로 전제가 되는 확률분포는 이항분포이며, 검정의 과정은 모평균 μ에 대한 검정과 동일하다.

8.5.1 단일모비율 P에 대한 검정

하나의 모집단에서 모비율 P가 특정 값과 같은가에 대한 검정은 단일모평균 μ에 대한 검정과정과 동일하다. 차이점은 단일모평균 μ에 대한 검정은 모분산 σ^2을 모를 때 표본의 크기 n에 의해 표준정규분포 $N(0, 1)$ 또는 자유도가 $n-1$인 t분포를 이용해 검정하는 데 비해 모비율 P에 대한 검정은 표본의 크기 n에 관계없이 항상 표준정규분포를 이용해 검정을 실시한다는 것이다.

검정과정

모집단의 비율 P가 특정 값 P_0와 같은가에 대한 검정에서 표본비율을 $\hat{P}$라 할 때 검정과정은 다음과 같이 설명할 수 있다.

(1) 가설의 설정

검정하고자 하는 목적에 따라 가설을 다음과 같이 설정한다.

$$H_0 : P = P_0$$

$$H_1 : P \neq P_0 \text{ 또는 } P > P_0 \text{ 또는 } P < P_0$$

(2) 검정통계량과 분포

표본비율 $\hat{P}$는 근사적으로 평균 P와 분산 $\dfrac{P(1-P)}{n}$를 갖는 정규분포를 따르므로

$$\hat{P} \dot{\sim} N\left(P, \frac{P(1-P)}{n}\right)$$

이며, 중심극한정리에 의해 검정통계량과 검정통계량의 분포는

$$T(X) = \frac{\hat{P} - P}{\sqrt{\dfrac{P(1-P)}{n}}} \dot{\sim} N(0,1)$$

과 같다. 따라서 귀무가설($P = P_0$)하에서 검정통계량의 값은

$$T(X) = \frac{\hat{P} - P_0}{\sqrt{\dfrac{P_0(1-P_0)}{n}}}$$

이며, $T(X)$는 근사적으로 표준정규분포 $N(0, 1)$을 따른다.

(3) 검정

귀무가설하에서의 검정통계량 $T(X)$가 $N(0, 1)$을 따르므로 표준정규분포에서 유의수준 α와 검정의 종류(양측검정, 단측검정)에 따라 기각역을 구하고, $T(X)$가 기

각역에 속하면 H_0을 기각하고 기각역에 속하지 않으면 H_0을 채택한다.

예 8-9

한 전구회사에서는 자기 회사 제품의 불량률이 5% 이하라고 주장했다. 그 주장이 사실인가를 알아보기 위해 그 회사 제품의 전구 300개를 임의로 선택해 조사한 결과 10개가 불량품임을 발견했다. 그 회사의 주장이 타당하다고 볼 수 있는가를 유의수준 5%하에서 검정하라.

[풀이]

(1) **가설의 설정** : 모비율 P가 0.05 이하인 경우에 관심이 있으므로 H_0과 H_1은 각각 다음과 같이 설정한다.

$$H_0 : P = 0.05$$
$$H_1 : P < 0.05$$

(2) **검정통계량과 분포** : 모비율 P의 추정량인 $\hat{P}$의 값은

$$\hat{P} = \frac{10}{300} = \frac{1}{30} = 0.033$$

이므로,

귀무가설하에서의 검정통계량 값은

$$T(X) = \frac{\hat{P} - P_0}{\sqrt{\dfrac{P_0(1 - P_0)}{n}}} = \frac{0.033 - 0.05}{\sqrt{\dfrac{0.05 \times 0.95}{300}}} = -1.35$$

이고, $T(X)$는 근사적으로 $N(0, 1)$을 따른다.

(3) **검정** : 유의수준 $\alpha = 0.05$일 때 왼쪽 단측 검정에 대한 $N(0, 1)$에서의 기각역은 〈부록 Ⅵ〉의 [표 3]에 의해 오른쪽 그림의 파란색 음영 부분과 같다. 검정통계량의 값 $T(X) = -1.35$가 기각역에 속하지 않으므로 귀무가설은 기각되지 않는다. 즉, 위에 주어진 표본관측 결과에 의할 때 이 회사 제품의 불량률은 5%보다 적다고 할 수 없다.

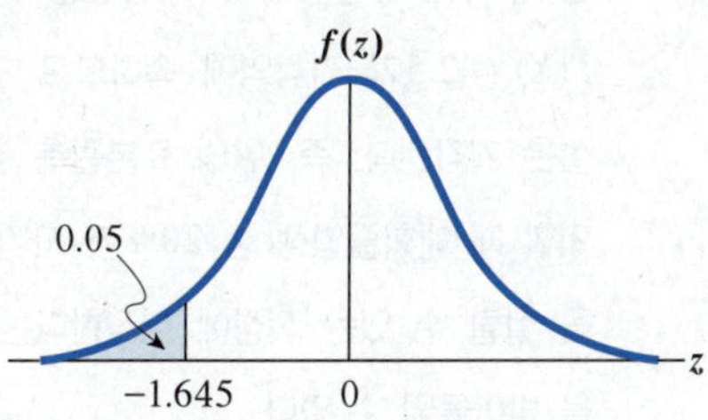

예 8-10

최근 한 조사기관에서는 대학졸업자 중 약 20%가 자신의 전공을 살릴 수 있는 직장에 입사한다고 발표했다. 이 발표가 사실인가를 알아보기 위해 400명의 대학졸업자를 임의로 선발해 조사한 결과 100명이 전공을 살릴 수 있는 직장에서 일하고 있음을 알 수 있었다. 조사기관의 발표가 타당한가를 5% 유의수준하에서 검정하라.

[풀이]

(1) **가설의 설정** : 모비율 P가 20%인가 또는 그와 상당히 다른가에 대해 관심이 있으므로 H_0과 H_1은 각각 다음과 같이 설정할 수 있다.

$$H_0 : P = 0.20$$
$$H_1 : P \neq 0.20$$

(2) **검정통계량과 분포** : 표본비율 $\hat{P}$는

$$\hat{P} = \frac{100}{400} = 0.25$$

이므로, 귀무가설($P = 0.20$)하에서 검정통계량의 값은

$$T(X) = \frac{\hat{P} - P_0}{\sqrt{\frac{P_0(1 - P_0)}{n}}} = \frac{0.25 - 0.20}{\sqrt{\frac{0.20 \times 0.80}{400}}} = 2.5$$

이고, $T(X) \sim N(0, 1)$을 따른다.

(3) **검정** : 유의수준 5%하에서 양측검정에 대한 $N(0, 1)$의 기각역은 〈부록 VI〉의 [표 3]에 의해 오른쪽 그림의 파란색 음영 부분과 같다. 귀무가설하에서의 검정통계량 값 $T(X) = 2.5$가 기각역에 속하므로 귀무가설은 기각된다. 즉, 위의 표본관측 결과에 의할 때 대학졸업생 중 20%가 자기 전공을 살릴 수 있는 직장에 취직한다는 주장을 받아들일 수 없다.

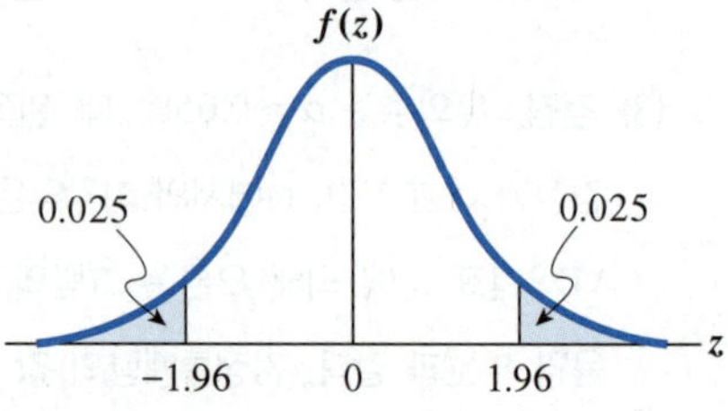

단일모비율 P의 검정

난일모집딘의 특성의 비율 P에 대한 검정에서 n개의 표본을 관찰한 결과 모집단의 특성을 만족하는 경우가 X개라 할 때 모비율 P가 특정 값 P_0와 같은가에 대한 검정과정은 다음과 같다.

1. 가설의 설정

(a) 양측검정 : $H_0 : P = P_0,\ H_1 : P \neq P_0$

(b) 단측검정 : $H_0 : P = P_0,\ H_1 : P > P_0$ (또는 $P < P_0$)

2. 귀무가설하에서의 검정통계량 값과 분포

$\hat{P} = \dfrac{X}{n}$라 할 때 귀무가설하에서 검정통계량의 값은

$$T(X) = \frac{\hat{P} - P_0}{\sqrt{\dfrac{P_0(1 - P_0)}{n}}}$$

이고, $T(X)$는 근사적으로 표준정규분포 $N(0, 1)$을 따른다.

3. 검정

검정의 종류(단측검정 또는 양측검정)와 유의수준 α에 따라 기각역을 구하고, $T(X)$가 기각역에 속하면 H_0을 기각하고 기각역에 속하지 않으면 H_0을 채택한다.

8.5.2 두 모비율의 동일성에 대한 검정

두 모집단의 모비율 P_1과 P_2의 동일성에 대한 검정은 두 모집단의 모평균 μ_1과 μ_2의 동일성에 대한 검정과 유사하다. 즉, 집단 1과 집단 2의 특성이 비율이며 각 집단의 모비율이 각각 P_1과 P_2라 할 때, 각 집단에서 각각 크기 n_1과 n_2인 표본을 임의로 추출해 조사한 결과 특성을 만족하는 표본의 수가 X_1과 X_2라 하면 모비율 P_1과 P_2의 추정량을 각각 $\hat{P}_1$과 $\hat{P}_2$라고 할 때

$$\hat{P}_1 = \frac{X_1}{n_1},\ \hat{P}_2 = \frac{X_2}{n_2}$$

이다. $\hat{P}_1$과 $\hat{P}_2$는 서로 독립이며 근사적으로

$$\hat{P}_1 \sim N\left(P_1, \frac{P_1(1 - P_1)}{n_1}\right)$$

$$\hat{P}_2 \dot{\sim} N\left(P_2, \frac{P_2(1-P_2)}{n_2}\right)$$

임을 알 수 있다. $\hat{P}_1$와 $\hat{P}_2$의 분포가 서로 독립이므로

$$\hat{P}_1 - \hat{P}_2 \dot{\sim} N\left(P_1 - P_2, \frac{P_1(1-P_1)}{n_1} + \frac{P_2(1-P_2)}{n_2}\right)$$

이고, 중심극한정리에 의해

$$\frac{\hat{P}_1 - \hat{P}_2 - (P_1 - P_2)}{\sqrt{\frac{P_1(1-P_1)}{n_1} + \frac{P_2(1-P_2)}{n_2}}} \dot{\sim} N(0,1)$$

임을 알 수 있다. 위의 과정을 이용해 두 모비율 P_1과 P_2의 동일성에 대한 검정을 실시할 수 있는데, 검정과정은 다음과 같다.

검정과정

(1) 가설의 설정

두 모비율 P_1과 P_2의 동일성에 대한 검정이므로 검정의 목적에 따라 H_0과 H_1은 각각 다음과 같이 설정할 수 있다.

$H_0 : P_1 = P_2$

$H_1 : P_1 \neq P_2$ 또는 $P_1 > P_2$ 또는 $P_1 < P_2$

(2) 검정통계량과 분포

두 모비율의 추정량을 각각 $\hat{P}_1$와 $\hat{P}_2$라 할 때 검정통계량은

$$T(X) = \frac{\hat{P}_1 - \hat{P}_2 - (P_1 - P_2)}{\sqrt{\frac{P_1(1-P_1)}{n_1} + \frac{P_2(1-P_2)}{n_2}}}$$

이며, $T(X) \dot{\sim} N(0,1)$이다. 따라서 귀무가설($P_1 = P_2$)하에서의 검정통계량 값은 다음과 같이 구한다. 귀무가설하에서 $P_1 = P_2$이므로 분자의 $P_1 - P_2 = 0$이다.

$P_1 = P_2 = P$라 할 때 P의 추정량은

$$\hat{P} = \frac{X_1 + X_2}{n_1 + n_2}$$

이며, 이 값을 $T(X)$의 분모에 대입하면

$$T(X) = \frac{\hat{P}_1 - \hat{P}_2}{\sqrt{\hat{P}(1-\hat{P})\left(\frac{1}{n_1} + \frac{1}{n_2}\right)}}$$

이다.

(3) 검정

귀무가설하에서의 검정통계량 $T(X)$가 근사적으로 표준정규분포를 따르므로, $N(0, 1)$에서 유의수준 α의 크기와 검정의 종류(단측검정 또는 양측검정)에 따라 기각역을 설정하고, $T(X)$가 기각역에 속하면 H_0을 기각한다.

예 8-11

한 공장에서 두 대의 기계 A, B가 동일한 제품을 생산한다. 두 기계에 의한 생산품의 불량률이 동일한가를 알아보기 위해 각각의 기계로부터 생산된 제품 중에서 임의로 50개씩을 표본으로 추출해 조사한 결과, 기계 A의 생산품 중에서는 9개의 불량품이 관측되었고 기계 B의 생산품에서는 5개의 불량품이 관측되었다. 두 기계의 불량률이 동일한가에 대한 검정을 유의수준 5%하에서 실시하라.

[풀이]

(1) **가설의 설정** : 기계 A의 불량률을 P_1, 기계 B의 불량률을 P_2라 할 때 두 기계의 불량률이 동일한가에 대한 검정을 실시하고자 하므로 H_0과 H_1은 각각 다음과 같이 설정할 수 있다.

$$H_0 : P_1 = P_2$$

$$H_1 : P_1 \neq P_2$$

(2) **검정통계량과 분포** : 두 기계의 불량률 추정량 $\hat{P}_1$과 $\hat{P}_2$는 각각 표본관측 결과에 의해

$$\hat{P}_1 = \frac{X_1}{n_1} = \frac{9}{50} = 0.18$$

$$\hat{P}_2 = \frac{X_2}{n_2} = \frac{5}{50} = 0.10$$

임을 알 수 있으며, 표본 전체의 불량률 $\hat{P}$는

$$\hat{P} = \frac{X_1 + X_2}{n_1 + n_2} = \frac{9+5}{50+50} = \frac{14}{100} = 0.14$$

이다. 따라서 귀무가설($P_1 = P_2$) 하에서 검정통계량의 값 $T(X)$는

$$T(X) = \frac{\hat{P}_1 - \hat{P}_2}{\sqrt{\hat{P}(1-\hat{P})\left(\frac{1}{n_1} + \frac{1}{n_2}\right)}} = \frac{0.18 - 0.10}{\sqrt{0.14 \times 0.86\left(\frac{1}{50} + \frac{1}{50}\right)}} = \frac{0.08}{0.0694} = 1.15$$

이며, $T(X) \sim N(0, 1)$을 따른다.

(3) **검정** : 유의수준 $\alpha = 0.05$하에서 양측검정에 대한 표준정규분포의 기각역은 오른쪽 그림의 파란색 음영 부분과 같다. $T(X) = 1.15$가 기각역에 속하지 않으므로 귀무가설은 기각되지 않는다. 즉, 위의 표본관측 결과에 의할 때 두 기계의 불량률은 동일하다고 할 수 있다.

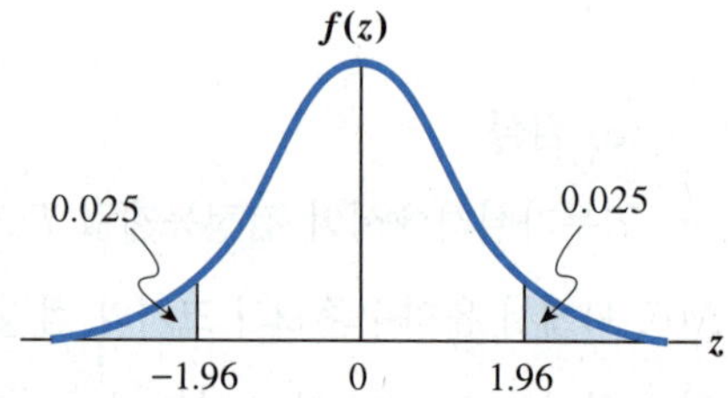

두 모비율의 동일성에 대한 검정

1. 가설의 설정

(a) 양측검정 : $H_0 : P_1 = P_2,\ H_1 : P_1 \neq P_2$

(b) 단측검정 : $H_0 : P_1 = P_2,\ H_1 : P_1 < P_2$ (또는 $P_1 > P_2$)

2. 검정통계량과 분포

$$\hat{P}_1 = \frac{X_1}{n_1},\ \hat{P}_2 = \frac{X_2}{n_2},\ \hat{P} = \frac{X_1 + X_2}{n_1 + n_2}$$

라 할 때 귀무가설하에서의 검정통계량 값 $T(X)$는

$$T(X) = \frac{\hat{P}_1 - \hat{P}_2}{\sqrt{\hat{P}(1-\hat{P})\left(\frac{1}{n_1} + \frac{1}{n_2}\right)}}$$

이고, $T(X) \sim N(0, 1)$이다.

3. 검정

검정의 종류(단측검정 또는 양측검정)와 유의수준 α에 따라 $N(0, 1)$에서 기각역을 구하고, $T(X)$가 기각역에 속하면 H_0을 기각하고 기각역에 속하지 않으면 H_0을 채택한다.

8.6 단일집단의 모분산 σ^2에 대한 검정(χ^2검정)

Introduction to **Statistics,** ch. eight

단일정규모집단의 모분산 σ^2에 대한 검정은 모분산 σ^2이 어떤 특정 값 σ_0^2과 같은가에 대한 검정이라 할 수 있다. 예를 들어 시중에 판매되는 저울은 동일한 무게의 추를 반복해서 측정할 때 발생되는 오차의 허용한계가 정해져 있다고 하자. 시중에 판매되는 저울이 합격품이 되기 위해서는 반복측정의 분산이 특정 값 σ_0^2보다 작아야 된다고 할 때, 반복측정의 결과에 의해 $\sigma^2 = \sigma_0^2$에 대한 $\sigma^2 < \sigma_0^2$의 검정을 실시할 수 있다. 이와 같은 단일집단의 모분산에 대한 검정에서 검정통계량은 표본분산 S^2을 이용한다. 표본분산 S^2을

$$S^2 = \frac{1}{n-1}\sum_{i=1}^{n}(X_i - \overline{X})^2$$

이라 할 때 제7장의 7.4절에서 $\dfrac{(n-1)S^2}{\sigma^2}$은 자유도가 $n-1$인 χ^2분포를 따른다는 사실을 설명했다. 모분산 σ^2에 대한 검정은 검정통계량이 표본분산 S^2이며, 이 검정통계량이 χ^2분포를 따른다는 것을 제외하고는 단일모평균 μ에 대한 검정과 동일하다. 각 검정과정을 설명하면 다음과 같다.

검정과정

(1) 가설의 설정

검정의 목적에 따라 H_0과 H_1은 각각 다음과 같이 설정할 수 있다.

$$H_0 : \sigma^2 = \sigma_0^2$$

$$H_1 : \sigma^2 \neq \sigma_0^2 \text{ 또는 } \sigma^2 > \sigma_0^2 \text{ 또는 } \sigma^2 < \sigma_0^2$$

(2) 검정통계량과 분포

S^2을 n개의 표본 $(X_1, \cdots, X_n)$으로부터 구한 표본분산이라 할 때,

$$\frac{(n-1)S^2}{\sigma_0^2} \sim \chi^2_{(n-1)}$$

이다. 따라서 귀무가설($\sigma^2 = \sigma_0^2$)하에서의 검정통계량 값 $T(X)$는

$$T(X) = \frac{(n-1)S^2}{\sigma_0^2}$$

이며, $T(X) \sim \chi^2_{(n-1)}$이다.

이 검정에서 검정통계량 $T(X)$가 자유도 $n-1$인 χ^2분포를 따르므로 χ^2검정이라 한다.

(3) 검정

검정의 종류(단측검정 또는 양측검정)와 유의수준 α의 크기에 따라 〈부록 VI〉의 [표 5]를 이용해 기각역을 설정하고, $T(X)$가 기각역에 속하면 귀무가설을 기각한다.

예 8-12

미세먼지를 측정하는 시스템에서 채워지는 미세먼지 농도의 분산이 $1\mu g/m^3$ 이하여야만 시스템이 안정적이라 할 수 있다. 품질관리 책임자가 미세먼지 농도 자료 10개를 임의로 추출해 미세먼지 농도의 양을 측정한 결과 표본분산 $S^2 = 0.16$을 구했다. 이 시스템의 분산이 $1\mu g/m^3$ 이하인가를 유의수준 5%하에서 검정하라.

[풀이]

(1) **가설의 설정** : 관심의 초점이 모분산 σ^2의 값이 $1\mu g/m^3$ 이하인가이므로 H_0과 H_1은 각각 다음과 같이 설정할 수 있다.

$$H_0 : \sigma^2 = 1$$
$$H_1 : \sigma^2 < 1$$

(2) **검정통계량과 분포** : $n = 10$에 근거한 표본분산이 $S^2 = 0.16\mu g/m^3$이므로, 귀무가설($\sigma^2 = 1\mu g$)하에서의 검정통계량 값은

$$T(X) = \frac{(n-1)S^2}{\sigma^2} = \frac{9 \times 0.16}{1} = 1.44$$

이며, $T(X)$는 자유도가 $n-1=9$인 χ^2분포를 따른다.

(3) **검정** : 〈부록 VI〉의 [표 5]에서 $d.f.=9$일 때 $P_r(\chi^2 > 3.32511) = 0.9500$이므로, 유의수준 $\alpha = 0.05$일 때 왼쪽 단측검정의 기각역은 오른쪽 그림의 파란색 음영 부분과 같다. $T(X) = 1.44$는 기각역에 속하므로 귀무가설은 기각된다. 즉, 위의 표본관찰 결과에 의할 때 5% 유의수준하에서 미세먼지 농도의 분산은 1㎍/m³ 이하라고 할 수 있다.

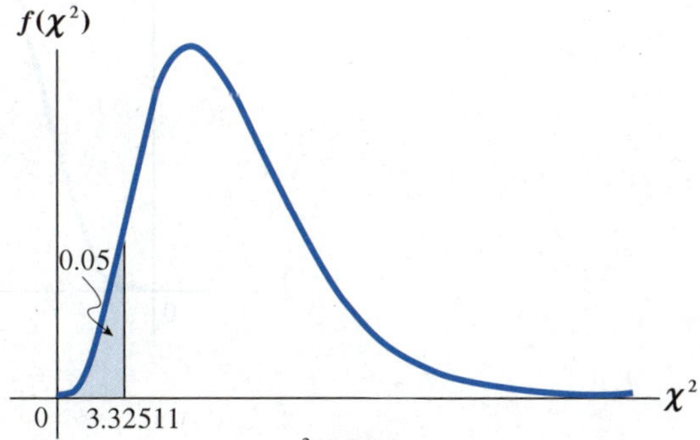

χ^2의 분포

예 8-13

유리병 뚜껑의 지름은 표준편차가 0.6mm 이하여야만 유리병에 맞는다. 15개의 뚜껑을 임의로 조사한 결과 표준편차가 0.65mm였다. 이 자료에 의할 때 병뚜껑 지름의 표준편차가 0.6 이상이라고 판단할 수 있는지 유의수준 1%하에서 검정하라.

[풀이]

(1) **가설의 설정** : 모분산 σ^2이 $0.6^2 = 0.36$ 이상인가 또는 그렇지 않은가를 검정하고자 하므로 H_0과 H_1은 각각 다음과 같이 설정할 수 있다.

$$H_0 : \sigma^2 = 0.36$$
$$H_1 : \sigma^2 > 0.36$$

(2) **검정통계량과 분포** : $n=15$에 근거한 표본분산이 $S^2 = 0.65^2 = 0.4225$이므로, 귀무가설 하에서의 검정통계량 값은

$$T(X) = \frac{(n-1)S^2}{\sigma^2} = \frac{14 \times 0.4225}{0.36} = 16.43$$

이며, $T(X)$는 자유도가 $n-1=14$인 χ^2분포를 따른다.

(3) **검정** : 〈부록 VI〉의 [표 5]에서 $d.f.=14$일 때 $P_r(\chi^2 \geq 29.1413) = 0.01$이므로 $\alpha = 0.01$일 때의 오른쪽 단측검정의 기각역은 다음 그림의 파란색 음영 부분과 같다.
$T(X) = 16.43$이 기각역에 속하지 않으므로 귀무가설은 기각되지 않는다. 즉, 위의 표본관찰 결과에 의할 때 1% 유의수준하에서 뚜껑 지름의 표준편차가 0.6mm보다 크다고

볼 수 없다.

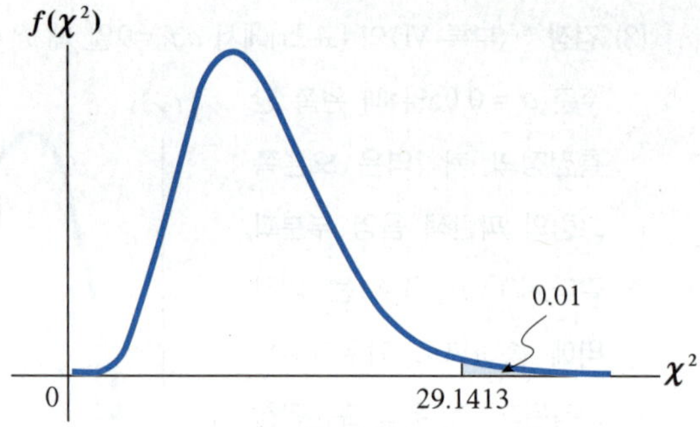

$\chi^2_{(14)}$의 분포

단일집단의 모분산 σ^2에 대한 검정

1. 가설의 설정

(a) 양측검정 : $H_0 : \sigma^2 = \sigma_0^2,\ H_1 : \sigma^2 \neq \sigma_0^2$

(b) 단측검정 : $H_0 : \sigma^2 = \sigma_0^2,\ H_1 : \sigma^2 > \sigma_0^2$ (또는 $\sigma^2 < \sigma_0^2$)

2. 검정통계량과 분포

$$T(X) = \frac{(n-1)S^2}{\sigma^2}$$

$$T(X) \sim \chi^2_{(n-1)}$$

3. 검정

$\chi^2_{(n-1)}$에서 검정의 종류(단측검정 또는 양측검정)와 유의수준 α에 따라 기각역을 설정하고, $T(X)$가 기각역에 속하면 귀무가설을 기각한다.

8.7 두 모분산의 동일성($\sigma_1^2 = \sigma_2^2$)에 대한 검정(F검정)

Introduction to **Statistics,** ch. eight

두 모평균의 동일성($\mu_1 = \mu_2$)에 대한 검정에서 두 집단의 모분산이 동일한 경우($\sigma_1^2 = \sigma_2^2$)와 동일하지 않은 경우($\sigma_1^2 \neq \sigma_2^2$) 검정통계량의 형태가 서로 다름을 알 수 있다. 즉, 두 모분산의 동일성($\sigma_1^2 = \sigma_2^2$)에 대한 검정은 두 모평균의 동일성에 대한 검정에 앞서 실시해야 한다. 뿐만 아니라 다른 경우, 즉 두 생산공정의 안정성 비교라든가 또는 두 교수의 채점에서의 변이도를 비교하는 경우 등 두 모분산의 동일성에 대한 검정은 다양하게 이용될 수 있다.

8.7.1 F분포

두 모분산의 동일성에 대한 검정에서 검정통계량은 F분포를 따른다. 여기에서는 F분포에 대한 설명과 함께 F분포와 두 분산의 동일성 검정과의 관계에 대해 설명한다. F분포는 두 개의 독립인 χ^2분포의 비율에 의해 정의되는 확률분포이다. 예를 들면 두 확률변수 X_1과 X_2가 서로 독립이며 각각 자유도가 v_1과 v_2를 갖는 χ^2 분포를 따를 때, 즉

$$X_1 \sim \chi^2_{(v1)}$$
$$X_2 \sim \chi^2_{(v2)}$$

이면, 다음과 같이 정의된 확률변수 F는

$$F = \frac{X_1/v_1}{X_2/v_2}$$

자유도가 (v_1, v_2)인 F분포를 따르며,

$$F \sim F_{(v_1,\ v_2)}$$

와 같이 표현한다. 즉, 확률변수 F는 두 개의 독립인 χ^2 확률변수를 각각의 자유도로 나눈 후에 비율을 취해 구한 확률변수이다. F분포의 모수는 두 χ^2분포의 자유도이며, 분자의 자유도 v_1을 앞에 쓰고 분모의 자유도 v_2를 뒤에 쓴다. F분포는 비대칭형이며, 분포의 형태는 분자의 자유도 v_1과 분모의 자유도 v_2에 의해 결정된다.

F_a값을

$$P_r(F > F_a) = \alpha$$

와 같이 정의할 때, 〈부록 VI〉의 [표 6]에는 여러 가지 v_1과 v_2값에 $\alpha = 0.05$와 $\alpha = 0.01$에 대한 F_a값을 제시하는데, [표 8-6]에는 $\alpha = 0.05$에 대한 〈부록 VI〉의 [표 6]

의 일부가 주어져 있다.

표 8-6 **F 분포표, $\alpha = 0.05$**

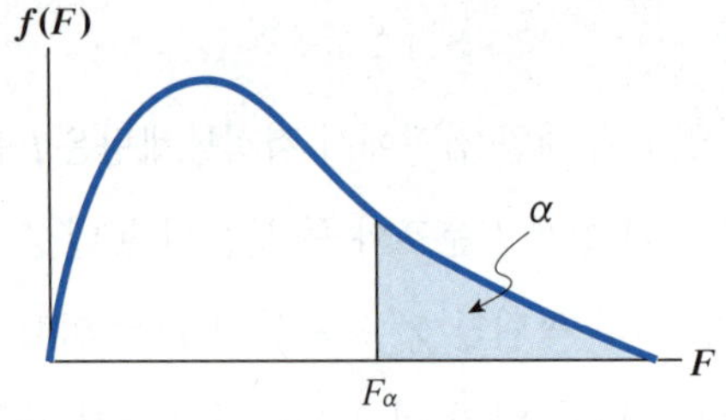

분자의 자유도

v_1 / v_2	1	2	3	4	5	6	7	8	9…	60	120	∞	v_1 / v_2
1	161.4	199.5	215.7	224.6	230.2	234.0	236.8	238.9	240.5	252.2	253.3	254.3	1
2	18.51	19.00	19.16	19.25	19.30	19.33	19.35	19.37	19.38	19.48	19.49	19.50	2
3	10.13	9.55	9.28	9.12	9.01	8.94	8.89	8.85	8.81	8.57	8.55	8.53	3
4	7.71	6.94	6.59	6.39	6.26	6.16	6.09	6.04	6.00	5.69	5.66	5.63	4
5	6.61	5.79	5.41	5.19	5.05	4.95	4.88	4.82	4.77	4.43	4.40	4.36	5
6	5.99	5.14	4.76	4.53	4.39	4.28	4.21	4.15	4.10	3.74	3.70	3.67	6
7	5.59	4.74	4.35	4.12	3.97	3.87	3.79	3.73	3.68	3.30	3.27	3.23	7
8	5.32	4.46	4.07	3.84	3.69	3.58	3.50	3.44	3.39	3.01	2.97	2.93	8
9	5.12	4.26	3.86	3.63	3.48	3.37	3.29	3.23	3.18	2.79	2.75	2.71	9
⋮	⋮	⋮	⋮	⋮	⋮	⋮	⋮	⋮	⋮	⋮	⋮	⋮	⋮
15	4.54	3.68	3.29	3.06	2.90	2.79	2.71	2.64	2.59	2.16	2.11	2.07	15
16	4.49	3.63	3.24	3.01	2.85	2.74	2.66	2.59	2.54	2.11	2.06	2.01	16
17	4.45	3.59	3.20	2.96	2.81	2.70	2.61	2.55	2.49	2.06	2.01	1.96	17
18	4.41	3.55	3.16	2.93	2.77	2.66	2.58	2.51	2.46	2.02	1.97	1.92	18
19	4.38	3.52	3.13	2.90	2.74	2.63	2.54	2.48	2.42	1.98	1.93	1.88	19
⋮	⋮	⋮	⋮	⋮	⋮	⋮	⋮	⋮	⋮	⋮	⋮	⋮	⋮

[표 8-6]에 의할 때 $v_1 = 7$이고 $v_2 = 9$인 경우 $F_{0.05} = 3.29$이다. 즉, $F_{(7,\ 9)}$에서

$$P_r(F > F_\alpha) = 0.05$$

이며, 이를 그림으로 표현하면 [그림 8-3]과 같다.

그림 8-3 $F_{(7,\ 9)}$**의 분포,** $\alpha = 0.05$

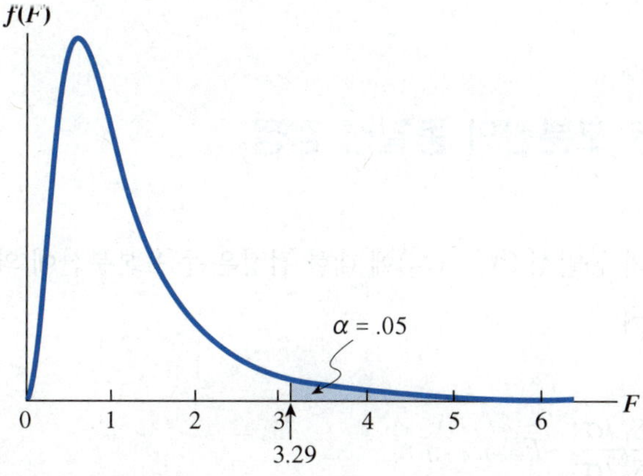

두 모분산의 동일성에 대한 검정은 두 모집단의 분포가 서로 독립인 정규분포를 따른다는 것을 전제로 한다. 두 모집단의 분포를 각각 $N(\mu_1, \sigma_1^2)$과 $N(\mu_2, \sigma_2^2)$이라 할 때, 두 모집단에서 각각 n_1개와 n_2개의 표본을 임의로 추출해 구한 표본분산을 각각 S_1^2과 S_2^2이라 하면 S_1^2과 S_2^2은 서로 독립이며, 각각 다음과 같이 χ^2분포를 따른다.

$$\frac{(n_1-1)S_1^2}{\sigma_1^2} \sim \chi^2_{(n_1-1)}$$

$$\frac{(n_2-1)S_2^2}{\sigma_2^2} \sim \chi^2_{(n_2-1)}$$

각각의 확률변수를 자유도 $n_1 - 1$과 $n_2 - 1$로 나눈 후에 비율을 취한 통계량을 F라 하면 F는

$$F = \frac{\dfrac{(n_1-1)S_1^2}{\sigma_1^2} / (n_1-1)}{\dfrac{(n_2-1)S_2^2}{\sigma_2^2} / (n_2-1)} = \frac{S_1^2/\sigma_1^2}{S_2^2/\sigma_2^2}$$

이 되며, F분포의 정의에 의해 통계량 F는 자유도가 $(n_1 - 1,\ n_2 - 1)$인 F분포를 따른다. 즉, 위와 같이 정의된 확률변수 F는

$$F \sim F_{(n_1-1,\ n_2-1)}$$

이다.

8.7.2 두 모분산의 동일성 검정

두 모분산의 동일성 $(\sigma_1^2 = \sigma_2^2)$에 대한 검정은 두 표본분산에 의해 정의된 확률 변수 F의 분포가

$$F = \frac{S_1^2/\sigma_1^2}{S_2^2/\sigma_2^2} \sim F_{(n_1-1,\ n_2-1)}$$

와 같이 $F_{(n_1-1,\ n_2-1)}$을 따른다는 사실을 이용하는 것 이외에는 다른 경우에 대한 검정 과정과 유사하다.

검정과정

(1) 가설의 설정

귀무가설과 대립가설의 설정에서 H_0은 항상 $\sigma_1^2 = \sigma_2^2$이며, H_1은 $\sigma_1^2 \neq \sigma_2^2$ 또는 $\sigma_1^2 > \sigma_2^2$이다. 즉, 단측검정에서 대립가설 $\sigma_1^2 < \sigma_2^2$은 고려하지 않는다. 그 이유는 F분포의 정의에서 $F \sim F_{(n_1-1, n_2-1)}$이면 분모와 분자를 바꾼 값 $\frac{1}{F}$의 분포는 $\frac{1}{F} \sim F_{(n_2-1,\ n_1-1)}$과 같이 분자와 분모의 자유도가 바뀐 F분포가 된다. 따라서 두 모분산의 동일성에 대한 검정에서는 두 표본분산 S_1^2과 S_2^2 중에서 항상 큰 값을 분자에 두기 때문에 $\sigma_1^2 \geq \sigma_2^2$인 것을 전제로 하며, $\sigma_1^2 < \sigma_2^2$인 경우는 고려하지 않는다. 즉, H_0과 H_1은 각각 다음과 같이 설정할 수 있다.

$$H_0 : \sigma_1^2 = \sigma_2^2$$
$$H_1 : \sigma_1^2 \neq \sigma_2^2 \text{ 또는 } \sigma_1^2 > \sigma_2^2$$

(2) 검정통계량과 분포

두 표본분산에 의한 통계량 F는

$$F = \frac{S_1^2/\sigma_1^2}{S_2^2/\sigma_2^2} \sim F_{(n_1-1,\ n_2-1)}$$

이므로 귀무가설 ($\sigma_1^2 = \sigma_2^2$)하에서의 검정통계량 값은

$$F = \frac{S_1^2}{S_2^2}$$

이며, F는 자유도가 $(n_1 - 1, n_2 - 1)$인 F분포를 따른다.

(3) 검정

가설의 형태(단측검정 또는 양측검정)와 유의수준 α에 의해 〈부록 VI〉의 [표 5]를 이용한 기각역을 설정하고, 검정통계량이 기각역에 속하면 귀무가설을 기각한다. 유의수준의 결정에서 단측검정(H_1 : $\sigma_1^2 > \sigma_2^2$)인 경우에는 표의 α값이 곧 유의수준이나, 양측검정인 경우에는 2α가 유의수준이다. 일례로 $\nu_1 = \nu_2 = 10$인 경우 $F_{0.05} = 2.98$이므로 오른쪽 그림과 같이

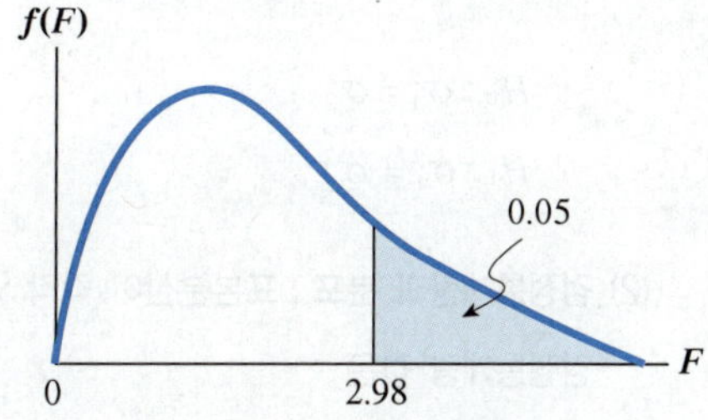

$F_{(10,\ 10)}$의 분포

$$P_r(F > 2.98) = 0.05$$

이다. 따라서 양측검정(H_1 : $\sigma_1^2 \neq \sigma_2^2$)인 경우 F값이 2.98보다 클 때 귀무가설을 기각한다면 이는 한쪽의 기각역의 크기가 0.05이므로, 양쪽을 동시에 고려할 때 기각역의 크기, 곧 유의수준은 $0.05 \times 2 = 0.10$이다.

예 8-14

서울과 경기지역의 미세먼지 농도는 유사한 것이 바람직하다고 한다. 두 공급원으로부터 공급된 미세먼지 농도가 동일한 형태의 분포를 갖는가를 보기 위해 조사한 결과가 다음 표와 같다.

통계 \ 공급원	서울지역	경기지역
표본의 수(n)	13	18
표본평균($\overline{X}$)	4.21μg/m³	4.18μg/m³
표본분산(S^2)	0.049μg/m³	0.019μg/m³

이 통계자료에 의할 때 두 공급원에 의해 공급되는 미세먼지 농도의 분산이 같다고 볼 수 있는지를 10% 유의수준하에서 검정하라.

[풀이]

(1) **가설의 설정** : 공급원 1에 의해 공급된 미세먼지 농도의 분산을 σ_1^2, 공급원 2에 의해 공급된 미세먼지 농도의 분산을 σ_2^2이라 하면, 두 모분산이 동일한가를 검정하고자 하므로 H_0과 H_1은 각각 다음과 같이 설정할 수 있다.

$$H_0 : \sigma_1^2 = \sigma_2^2$$
$$H_1 : \sigma_1^2 \neq \sigma_2^2$$

(2) **검정통계량과 분포** : 표본분산이 각각 $S_1^2 = 0.049$와 $S_2^2 = 0.019$이므로 귀무가설하에서의 검정통계량 값은

$$F = \frac{S_1^2}{S_2^2} = \frac{0.049}{0.019} = 2.58$$

이며, F는 자유도가 $(n_1 - 1, n_2 - 1) = (12, 17)$인 F분포를 따른다. 즉,

$$F \sim F_{(12,\ 17)}$$

이다.

(3) **검정** : 양측검정이므로 $\alpha = 0.10$일 때의 기각역은 〈부록 VI〉의 [표 6]에서 $\alpha = 0.05$인 표에서 구할 수 있다. $v_1 = 12$, $v_2 = 17$일 때 $F_{0.05} = 2.38$이므로, 한쪽 기각역은 오른쪽 그림의 파란색 음영 부분과 같다. 검정

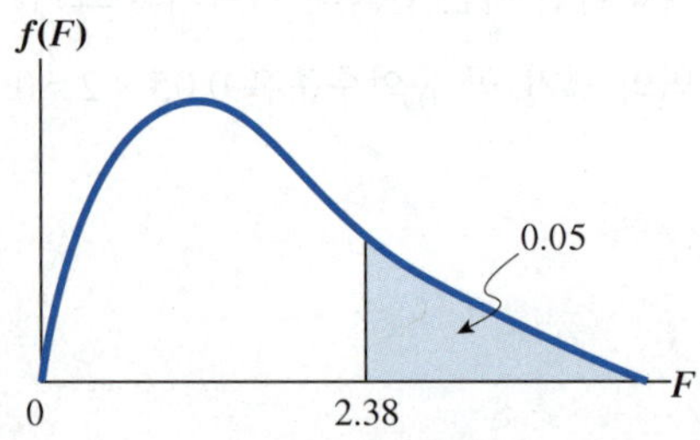

$F_{(12,\ 17)}$의 분포

통계량의 값 $F = 2.58$은 기각역에 속하므로 귀무가설은 기각된다. 즉, 10% 유의수준하에서 두 집단의 모분산이 동일하다고 볼 수 없다.

예 8-15

주식투자자가 투자종목을 설정하는데 두 종목의 주식을 고려한다고 하자. 주식 1은 주식 2에 비해 가격이 높은데, 일일 가격의 변화량이 주식 2보다 크기 때문에 위험한 투자라고 판단된다. 과연 주식 1의 일일 가격 변화량이 주식 2의 변화량보다 큰가를 분석하기 위해 두 주식의 일일 가격 변화량을 25일 동안 관찰한 결과 다음과 같은 통계를 구했다.

통계 \ 주식	주식 1	주식 2
표본의 수(n)	25	25
표본평균($\overline{X}$)	250	125
표본분산(S^2)	76	46

이 통계를 이용해 주식 1의 분산이 주식 2의 분산보다 큰가를 유의수준 5%하에서 검정하라.

[풀이]

(1) 가설의 설정

σ_1^2 =주식 1의 가격의 분산

σ_2^2 =주식 2의 가격의 분산

이라 할 때 $\sigma_1^2 > \sigma_2^2$인가를 검정하고자 하므로, H_0와 H_1은 각각 다음과 같이 설정할 수 있다.

$$H_0 : \sigma_1^2 = \sigma_2^2$$

$$H_1 : \sigma_1^2 > \sigma_2^2$$

(2) 검정통계량과 분포 : $S_1^2 = 76$, $S_2^2 = 46$이므로 귀무가설하에서 검정통계량 값은

$$F = \frac{S_1^2}{S_2^2} = \frac{76}{46} = 1.652$$

이고, $F \sim F_{(24,\ 24)}$를 따른다.

(3) **검정** : 〈부록 VI〉의 [표 6]에서 $v_1 = v_2 = 24$일 때 $F_{0.05} = 1.98$이므로, 단측검정에서 $\alpha = 0.05$일 때의 기각역은 오른쪽 그림의 파란색 음영 부분과 같다. 검정통계량의 값 $F = 1.652$는 기각역에 속하지 않으므로 귀무가설은 기각되지 않는다. 즉, 5% 유의수준하에서 두 주식의 분산은 동일하다고 볼 수 있다.

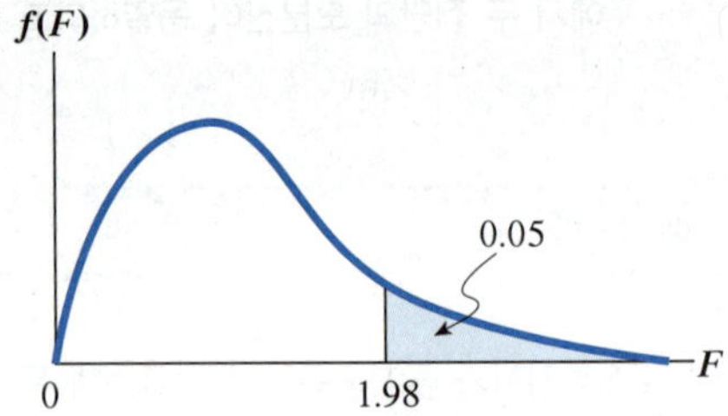

$F_{(24,\ 24)}$의 분포

두 모분산의 동일성 검정

1. 가설의 설정

(a) 양측검정 : $H_0 : \sigma_1^2 = \sigma_2^2$, $H_1 : \sigma_1^2 \neq \sigma_2^2$

(b) 단측검정 : $H_0 : \sigma_1^2 = \sigma_2^2$, $H_1 : \sigma_1^2 > \sigma_2^2$

2. 검정통계량과 분포

$$F = \frac{S_1^2}{S_2^2} \sim F_{(n_1-1,\ n_2-1)}$$

3. 검정

〈부록 VI〉의 [표 5]에서 단측검정인 경우에는 유의수준을 α, 양측검정인 경우에는 유의수준을 2α로 해 기각역을 설정한 후 검정통계량이 기각역에 속하면 귀무가설을 기각한다.

8.8 유의수준과 P값

Introduction to **Statistics,** ch. eight

앞의 절에서 여러 가지 모수에 대한 가설검정에 대해 설명했다. 가설검정이란 기본적으로 귀무가설의 채택 여부를 결정하는 것으로, 귀무가설하에서(즉, 귀무가설이 옳다는 전제하에서) 구한 검정통계량의 값이 통계적으로 거의 나타날 수 없는 값이라면 이는 귀무가설이 옳지 않다는 증거이며, 보통 나타날 수 있는 값이라면 이는 귀무가설을 기각할 수 없다는 증거가 될 것이다. 즉, 가설검정이란 귀무가설하에서 구한 검정통계량 값의 희귀성에 의해 귀무가설의 채택 여부를 결정하는 것인데, 이

희귀성이 어느 정도일 때 귀무가설을 기각할 것인가를 판단하는 기준이 유의수준 α이다. 귀무가설하에서 구한 검정통계량의 값이 나타날 가능성(확률)이 α보다 작으면 희귀한 경우로 판단해 귀무가설을 기각하고, α보다 크면 있을 수 있는 경우로 판단해 귀무가설을 채택한다. 유의수준 α로는 0.01, 0.05, 0.10 등의 값을 많이 이용하나 어떤 획일적인 규칙에 의해 결정되는 것이 아니라 그때그때의 상황에 맞게 채택된다. 따라서 모든 가설검정에서 귀무가설의 채택 여부를 결정하는 경우에는 유의수준이 항상 제시되어야 한다.

다음 예와 같은 가설검정 문제를 생각해 보자.

예 8-16

$H_0 : \mu_1 = \mu_2$, $H_1 : \mu_1 \neq \mu_2$의 검정에서 검정통계량의 값이 $T(X) = 2.05$이며 $T(X) \sim N(0, 1)$이라 할 때 귀무가설은 기각될 수 있는가?

[풀이]

정답은 "예"와 "아니오" 모두 맞다. 이 검정은 양측검정이므로 표준정규분포표에 의해 유의수준 α와 기각역은 다음과 같은 관계가 있으며,

$$\alpha = 0.05 \Leftrightarrow \text{기각역} : \ |T(X)| > 1.96$$

$$\alpha = 0.01 \Leftrightarrow \text{기각역} : \ |T(X)| > 2.57$$

이를 그림으로 표현하면 [그림 8-4]와 같다.

그림 8-4 $N(0, 1)$의 확률분포

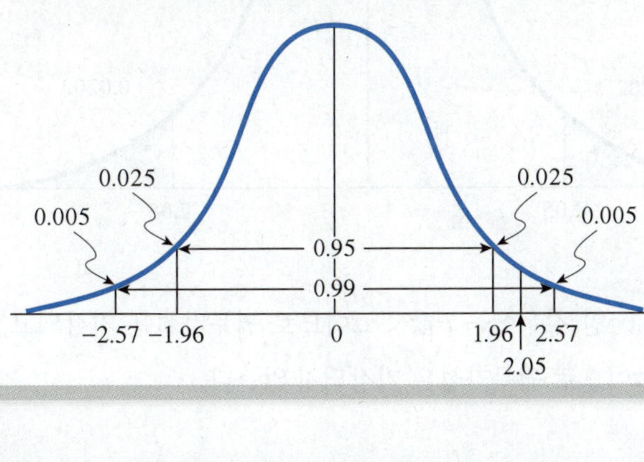

따라서 $\alpha = 0.05$인 경우에는 귀무가설이 기각되지만, $\alpha = 0.01$인 경우에는 귀무가설이 기각되지 않는다.

앞의 〈예 8-16〉에서와 같이 귀무가설의 기각 여부는 유의수준 α와 직접적인 관련이 있으며, 동일한 검정통계량의 경우에도 유의수준의 크기에 따라 귀무가설을 기각할 수도 있고 기각하지 않을 수도 있다. 따라서 통계패키지를 이용해 가설검정을 실시하는 경우에는 귀무가설의 채택 여부가 아니라 다음과 같이 정의되는 P값(P-value)이 주어진다.

즉, P값이란 귀무가설하에서 검정통계량의 값이 나타날 가능성을 측정하는 확률로, 귀무가설의 채택 여부를 결정하는 기준인 유의수준 α와는 직접적인 관계가 있다. 만약 검정에서 P값이 α보다 작으면 귀무가설하에서 그 검정통계량의 값이 나타날 가능성이 희귀하다고 판단되므로 귀무가설은 기각되며, P값이 α보다 크면 귀무가설하에서 그 검정통계량의 값이 나타날 가능성이 크다고 판단되므로 귀무가설은 기각되지 않는다. 예를 들어 〈예 8-16〉에서 귀무가설하에서의 검정통계량 값은 $T(X) = 2.05$이고 양측검정이므로, 표준정규분포표를 이용해 P값은

$$P\text{값} = P_r(\,|\,T(X)\,|\, \geq 2.05) = 0.0404$$

임을 알 수 있다.

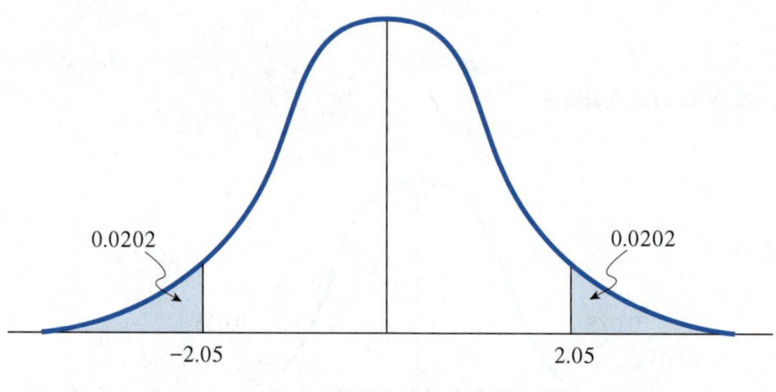

따라서 $\alpha = 0.05$인 경우에는 P값 $< \alpha$이므로 귀무가설은 기각되고, $\alpha = 0.01$인 경우에는 P값 $> \alpha$이므로 귀무가설은 기각되지 않는다.

P값과 유의수준

가설검정에서 P값과 유의수준 α는 다음과 같은 관계가 있다.

P값 $\geq \alpha$: 귀무가설 채택, P값 $< \alpha$: 귀무가설 기각

P값

P값이란 귀무가설이 옳다는 전제하에서 검정통계량의 값이 나타날 가능성을 측정하는 확률로, $T(X)$를 귀무가설하에서 구한 검정통계량의 값이라 할 때 대립가설의 형태에 따라 다음과 같이 구한다.

1. **양측검정**($H_1 : \mu_1 \neq \mu_2$) P값 $= P_r(\,|\,T(X)\,| \geq t(x))$

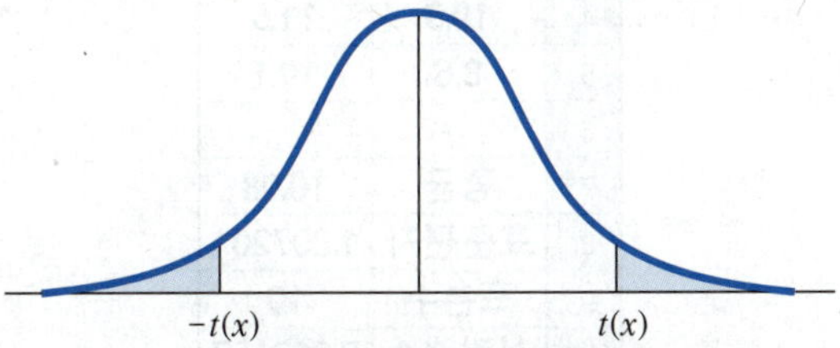

검정통계량 $T(X)$의 분포

2. **왼쪽 단측검정**($H_1 : \mu_1 < \mu_2$) P값 $= P_r(T(X) \leq -t(x))$

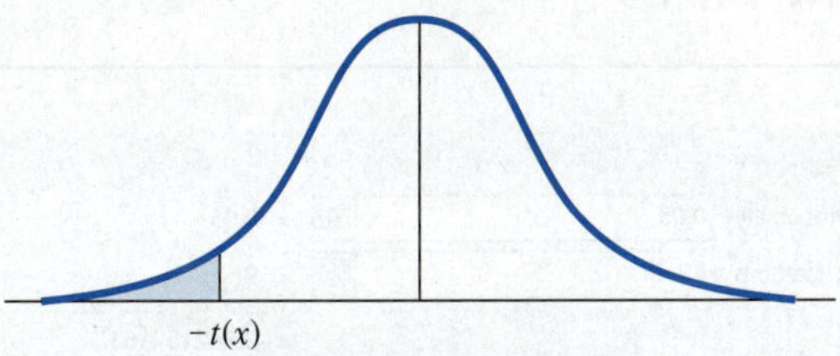

검정통계량 $T(X)$의 분포

3. **오른쪽 단측검정**($H_1 : \mu_1 > \mu_2$) P값 $= P_r(T(X) \geq t(x))$

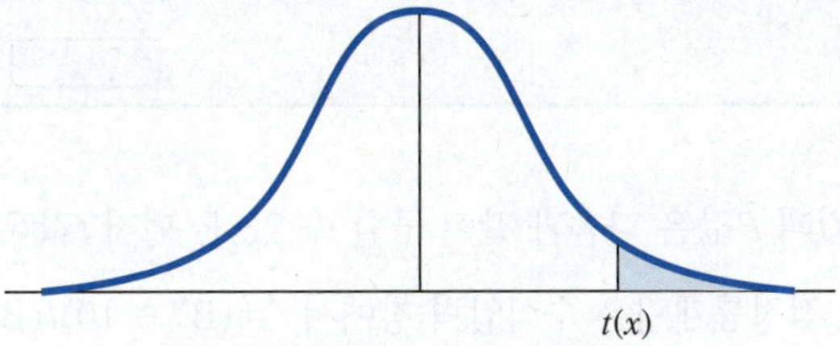

검정통계량 $T(X)$의 분포

8.9 엑셀 실습

Introduction to **Statistics,** ch. eight

(1) 〈예 8-2〉의 단일집단 t 검정 과정

1) 자료 입력과 평균, 표준편차 구하기

제7장의 엑셀 실습과정을 이용해 다음과 같은 결과를 구한다.

	A	B
1	10.8	8.3
2	12.2	9.5
3	9.5	10.0
4	10.3	11.5
5	8.6	10.1
6		
7	평균	10.08
8	표준편차	1.207201
9	표본수	10
10	신뢰계수	2.262157

위 그림에서 신뢰계수는 B10칸을 선택한 후 수식입력 창에 '=T.INV.2T (0.05,9)' 를 입력해 구한다.

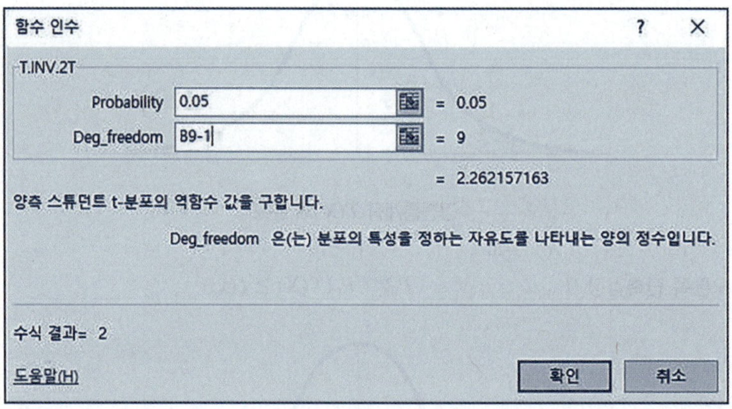

검정 결과 t값과 P값은 다음과 같이 구할 수 있다. 먼저 t값은 $H_0 : \mu = 10$이고 양측검정이므로, 검정통계량은 수식입력 창에서 '= (B7 – 10)/(B8/SQRT(B9))' 과 같이 구한다. P값은 함수 마법사 창의 T.DIST.2T 함수를 이용해 구한다.

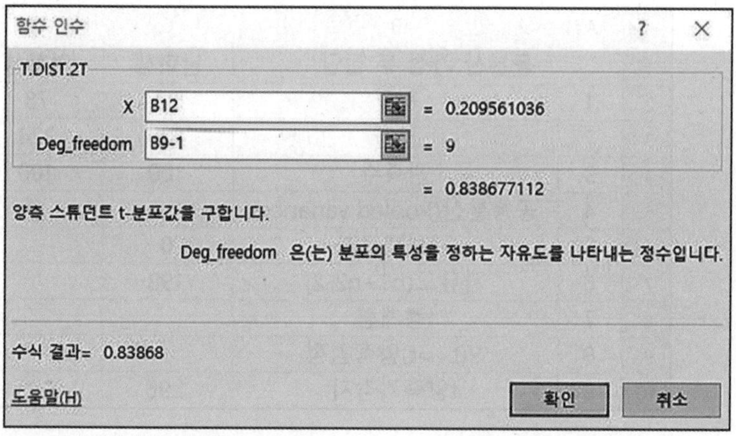

(2) 예시를 이용한 두 모집단 t 검정 과정

주어진 자료를 이용해 실습을 진행한다.

서울 시내 남녀 고등학생들의 학력수준에 차이가 있는가를 알아보기 위해 남녀 고등학생 각각 100명씩을 임의로 선발한 뒤 학력고사를 실시해 다음과 같은 결과를 얻었다.

남학생 : $\overline{X_1} = 82$점 $S_1 = 20$점

여학생 : $\overline{X_2} = 78$점 $S_2 = 18$점

두 집단의 모분산이 동일하다고 할 때 남녀 학생들의 학력고사 성적이 차이가 있는지를 검정하라.

1) 기초 자료 입력

표본평균, 분산, 그리고 t 검정의 양측기각치 등과 같은 각 집단의 기초 자료들을 워크시트에 다음의 그림과 같이 입력한다.

	A	B	C	D
1		등분산 가정 두 집단	남학생	여학생
2	1	평균	82	78
3	2	분산	400	324
4	3	관측수	100	100
5	4	공통분산(Pooled variance)		
6	5	가설평균차	0	
7	6	자유도(n1+n2-2)	198	
8	7	t통계량		
9	8	P(t<=t)양측검정		
10	9	t양측기각치	1.96	

2) 공통분산(pooled variance)

① 셀 C5항을 선택한다.

② 수식입력 창에 아래 그림과 같은 함수식을 입력한다.

```
C5  =((C4-1)*C3+(D4-1)*D3)/(C4+D4-2)
```

위의 과정을 통해 남학생과 여학생 표본의 공통분산(s^2)이 '19' 임을 확인할 수 있다.

3) *t* 통계량

① 셀 C8항을 선택한다.

② 수식입력 창에 다음과 같은 함수식을 입력한다.

```
C8  =(C2-D2)/(C5*SQRT(1/C4+1/D4))
```

이 결과 t통계량의 값이 '0.078133' 임을 알 수 있다.

4) $p(t \le t)$ 양측검정 p값

① 셀 C9항을 선택한다.

② 수식입력 창에 아래와 같은 수식을 입력한다.

```
C9  =T.DIST.2T(C8,C7)
```

이 검정의 p값은 '0.937801' 임을 확인할 수 있다.

5) 결과 해석

① 앞에서 언급한 일련의 과정을 통해 다음의 그림과 같은 테이블을 완성할 수 있다.

	A	B	C	D
1		등분산 가정 두 집단	남학생	여학생
2	1	평균	82	78
3	2	분산	400	324
4	3	관측수	100	100
5	4	공통분산(Pooled variance)	362	
6	5	가설평균차	0	
7	6	자유도(n1+n2-2)	198	
8	7	t통계량	0.078133	
9	8	P(t<=t)양측검정	0.937801	
10	9	t양측기각치	1.96	

② 위의 테이블을 근거로 해서 다음과 같이 검정 결과를 해석할 수 있다. 기각역의 기준치는 '1.96' 이며, t통계량은 '0.078133' 이므로, 귀무가설은 기각되지 않는다. 즉, 위의 표본관측 결과에 의할 때 남녀 고등학생의 평균성적은 유의수준 5%하에서 동일하다고 할 수 있다.

(3) 〈예 8-7〉의 짝진표본의 t검정 과정

1) 자료 입력

데이터 영역(A1:B6)을 지정해 다음의 그림과 같이 워크시트에 입력한다.

	A	B
1	타이어A	타이어B
2	10.6	10.2
3	9.4	9.8
4	12.3	11.8
5	9.7	9.1
6	8.3	8.8

2) 분석도구를 이용한 *t* 검정 : 쌍체비교

① 데이터 탭을 선택한 후 데이터 분석을 클릭한다(데이터 분석이 창에 활성화되어 있지 않은 경우, EXCEL 옵션에서 [추가기능] – [데이터 분석도구 – VBA]를 클릭 후 하단의 이동 버튼을 누른다. 새로운 창에서 '분석 도구', '분석 도구 – VBA'를 체크한 후 확인 버튼을 누르면 된다).

② 통계 데이터 분석 창에서 '*t*–검정 : 쌍체비교'를 선택한다.

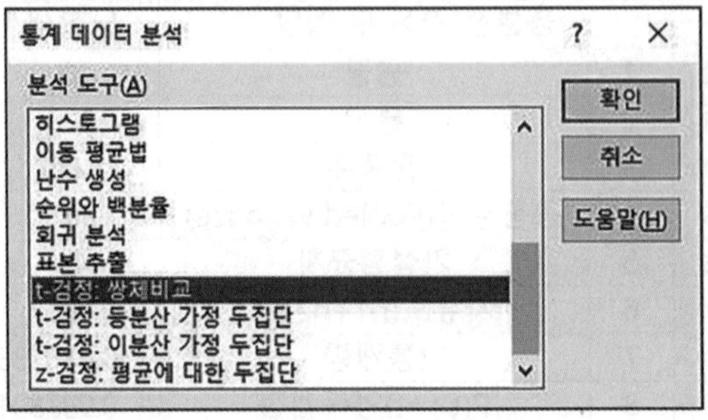

③ '*t*검정 : 쌍체비교' 창에서 변수 1과 변수 2의 입력 범위, 가설 평균차, 그리고 출력 범위를 다음 그림과 같이 지정한다.

가설 평균차는 앞의 가설 설정에서 두 평균이 동일하다고 가정했기 때문에 '0'으로 지정한다.

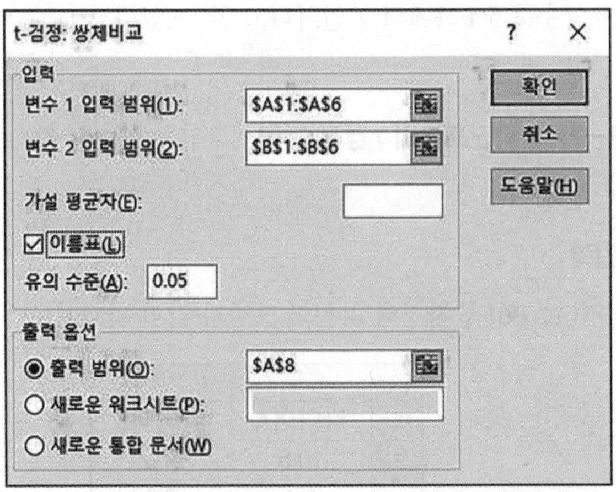

위의 과정을 통해 다음의 결과를 출력할 수 있다.

8	t-검정: 쌍체 비교		
9			
10		타이어A	타이어B
11	평균	10.06	9.94
12	분산	2.243	1.388
13	관측수	5	5
14	피어슨 상관 계수	0.9504378	
15	가설 평균차	0	
16	자유도	4	
17	t 통계량	0.5098311	
18	P(T<=t) 단측 검정	0.318506	
19	t 기각치 단측 검정	2.1318468	
20	P(T<=t) 양측 검정	0.6370119	
21	t 기각치 양측 검정	2.7764451	

3) 검정 결과

유의수준 5%하에서 자유도가 4인 t분포의 양측검정에 대한 기각역의 기준점은 '±2.7764'이나, 앞의 실험의 검정통계량인 '0.509'가 기각역 내에 속하지 않으므로 귀무가설은 기각되지 않는다. 즉, 5% 유의수준하에서 두 타이어의 성능은 동일하다고 볼 수 있다.

(4) 〈예 8-9〉의 모비율 P에 대한 검정과정

1) 기초 자료 입력

① 검정에 필요한 자료를 워크시트에 다음과 같이 입력한다.

	A	B	C
1	A1	표본수	300
2	A2	표본비율	0.03333
3	A3	가설비율	0.05
4	A4	유의수준	0.05
5	A5	표준편차	0.012593
6	A6	t-통계량	-1.3245
7	A7	표준오차	0.000726
8	A8	자유도	299

② 셀 D12항에 '=T.INV.2T(C4,C8)', 셀 E12항에 '=T.DIST.2T(ABS(C6), C8)', 셀 F12항에 '=IF(OR(C6<-ABS(D12),C6>ABS(D12)),"기각","채택")', 셀 D13항에 '=-T.INV(C4,C8)', 셀 E13항에 '=T.DIST.RT(C6, C8)', 셀 F13항에 '=IF(C6>D13,"기각","채택")', 셀 D14항에 '=T.INV(C4,C8)', 셀 E14항에 '=T.DIST(C6,C8,1)', 셀 F14항에 '=IF(C6<D14, "기각","채택")'을 입력한다.

	A	B	C	D	E	F
1	A1	표본수	300			
2	A2	표본비율	0.03333			
3	A3	가설비율	0.05			
4	A4	유의수준	0.05			
5	A5	표준편차	0.012593			
6	A6	t-통계량	-1.3245			
7	A7	표준오차	0.000726			
8	A8	자유도	299			
9						
10				A	B	C
11				임계치	P-값	판정
12	9	양측검정	CT	1.96793	0.186349	채택
13	10	우측검정	CR	1.649966	0.906826	채택
14	11	좌측검정	CL	-1.64997	0.093174	채택

2) 검정 결과

귀무가설하에서의 검정통계량 값 $T(X) = -1.325$는 기각역에 포함되지 않으므로 H_0은 기각되지 않는다. 즉, 앞에 주어진 표본관측 결과에 의할 때 그 회사 제품의 불량률이 5%보다 적다고 할 수 없다.

(5) 〈예 8-14〉의 두 모분산의 동일성 검정

1) 자료 입력

① 두 공급원으로부터의 미세먼지 농도 통계를 데이터 영역(A1:C4)을 지정해 다음의 그림과 같이 워크시트에 입력한다.

	A	B	C
1		공급원1	공급원2
2	표본수	13	18
3	표본평균	4.21	4.17
4	표본분산	0.049	0.019

② A2항에서 A11항까지 다음의 그림과 같은 레이블을 입력한다.

	A	B	C
1		공급원1	공급원2
2	표본수	13	18
3	표본평균	4.21	4.17
4	표본분산	0.049	0.019
5	자유도	12	17
6	유의수준	0.05	
7	F비		
8	P-값		
9	임계치		
10			
11	검정결과		

2) *F* 비

*F*비는 공급원 1에 의한 '미세먼지 농도' 의 분산에 대한 공급원 2에 의한 미세먼지 농도 분산의 비를 의미한다.

① 셀 B7항을 선택한다.

② 수식입력 창에 다음의 그림과 같은 함수식을 입력한다.

B7	▾	× ✓ *fx*	=B4/C4

3) *p* 값

① 셀 B8항을 선택한다.

② 수식입력 창에 다음의 그림과 같은 함수식을 입력한다.

B8	▾	× ✓ *fx*	=F.DIST.RT(B7,B5,C5)

함수식 '=F.DIST.RT(B7,B5,C5)' 는 *F*확률분포값을 구하는 함수식으로, 앞

에서는 미세먼지 농도 1과 미세먼지 농도 2의 분산비에 대한 F확률분포값을 산출한다.

4) 임계치

① 셀 B9항을 선택한다.

② 수식입력 창에 다음의 그림과 같은 함수식을 입력한다.

B9	× ✓ fx	=F.INV.RT(B6,B5,C5)

5) 검정 결과

① 셀 B11항을 선택한다.

② 수식입력 창에 아래의 그림과 같은 함수식을 입력한다.

B11	× ✓ fx	=IF(B9>B7,"채택","기각")

검정통계량인 F비 = '2.57'은 임계치보다 크기 때문에 기각역에 속한다. 따라서 귀무가설은 기각된다. 위의 과정들을 통해 다음과 같은 결과들을 확인할 수 있다. 즉, 10% 유의수준하에서 두 집단의 모분산이 동일하다고는 볼 수 없다.

	A	B	C
1		공급원1	공급원2
2	표본수	13	18
3	표본평균	4.21	4.17
4	표본분산	0.049	0.019
5	자유도	12	17
6	유의수준	0.05	
7	F비	2.578947	
8	P-값	0.03652	
9	임계치	2.380654	
10			
11	검정결과	기각	

[참고]

'F검정 : 두 모분산의 동일성에 대한 검정'을 실시하는 방법으로는 앞의 경우와 같이 사용자 정의 함수를 이용하는 방법과 [데이터]–[데이터 분석]에서 'F검정 : 분산에 대한 두 집단' 옵션을 사용하는 방법이 있다. 단, [데이터]–[데이터 분석] 옵션을 사용하려면 추가기능을 통해 인스톨을 해야 한다.

8.10 R 연습

Introduction to **Statistics,** ch. eight

(1) 〈예 8-2〉의 단일집단의 t 검정 과정

1) 자료 입력

```
> x1<-c(10.8,12.2,9.5,10.3,8.6,8.3,9.5,10,11.5,10.1)
> mean(x1)
> sd(x1)
> length(x1) #x1에 속한 원소의 개수 (=n)
```

```
> x1<-c(10.8,12.2,9.5,10.3,8.6,8.3,9.5,10,11.5,10.1)
> mean(x1)
[1] 10.08
> sd(x1)
[1] 1.207201
> length(x1)
[1] 10
```

x1에 검정에 필요한 기초 자료를 저장한다. 앞의 기본 함수들을 이용해 요약통계량을 구한다. length(x1)은 x1 자료의 길이로 표본 수 n에 해당한다.

2) 가설검정

```
> t.test(x1,mu=10)
```

```
> t.test(x1,mu=10)

        One Sample t-test

data:  x1
t = 0.20956, df = 9, p-value = 0.8387
alternative hypothesis: true mean is not equal to 10
95 percent confidence interval:
  9.216421 10.943579
sample estimates:
mean of x
    10.08
```

앞의 그림은 $H_0: \mu = 10$을 검정하기 위한 명령문과 결과이다. R에서 기본으로 제공되는 명령어 t.test를 이용하며, 자료, 귀무가설하의 μ, 검정의 종류를 순서대로 입력해 사용한다. 위 그림의 명령문 t.test(x1,mu=10)에서 x1은 자료, mu=10은 귀무가설하의 μ를 10으로 하겠다는 것을 의미한다. 대립가설의 종류를 따로 입력하지 않으면 기본값으로 양측검정을 시행하게 된다. 명령문을 입력하면 단일집단 t검정의 결과가 출력된다. data는 사용한 자료, t는 검정통계량의 값(t값), df는 자유도, p-value는 유의확률(p값)을 나타낸다.

$H_0: \mu = 10$에 대한 대립가설을 따로 지정하지 않았으므로 $H_1: \mu \neq 10$에 대한 검정을 시행했다.

3) 검정 결과

p-value가 0.8387로 유의수준 5%하에서 귀무가설을 기각하지 못한다. 즉, 위의 표본관측 결과에 의할 때 표본(x1)의 평균이 10이 아니라고 할 수 없다. 결과창에서 μ의 95% 신뢰구간과 표본평균도 함께 출력된다.

(2) 두 모집단 t검정 과정(두 모집단의 분산이 동일하지 않다고 전제할 수 있는 경우)

1) 자료 입력

```
> set.seed(1)
> A<-round(rnorm(100,70,10))
> B<-round(rnorm(100,80,15))
> A
> B
```

```
> set.seed(1)
> A<-round(rnorm(100,70,10))
> B<-round(rnorm(100,80,15))
> A
  [1] 64 72 62 86 73 62 75 77 76 67 85 74 64 48 81 70 70 79 78 76 79 78 71
 [24] 50 76 69 68 55 65 74 84 69 74 69 56 66 66 69 81 78 68 67 77 76 63 63
 [47] 74 78 69 79 74 64 73 59 84 90 66 60 76 69 94 70 77 70 63 72 52 85 72
 [70] 92 75 63 76 61 57 73 66 70 71 64 64 69 82 55 76 73 81 67 74 73 65 82
 [93] 82 77 86 76 57 64 58 65
```

```
> B
  [1]  71  81  66  82  70 107  91  94  86 105  70  73 101  70  77  74  75
 [18]  76  87  77  72 100  77  77  78  91  79  79  70  75  81  71  88  57
 [35]  85  57  75  72  70  79  51  98  55  73  63  69 111  80  61  55  87
 [52]  80  75  66  58  64  95  71  59 108  86  76  96  93  71 113  76  59
 [69]  78  83 115  82  87  79  75  79  92 111  95  98  62  95  83  58  88
 [86]  78 102  69  74  66  77  86  69  92  62  64 102  65  86  74
```

두 모집단의 모분산이 동일하지 않을 경우를 가정한 t검정의 예제를 위해 정규분포를 따르는 크기 100의 적당한 자료벡터를 2개 생성한다. 〈자료 A〉는 평균 70, 표준편차 10인 정규분포에서 랜덤하게 추출한 100개의 표본이고, 〈자료 B〉는 평균 80, 표준편차 15인 정규분포에서 랜덤하게 추출한 100개의 표본이다. 여기서 set.seed(1)은 랜덤하게 생성되는 난수를 고정하기 위해 사용되었고, round는 소수점을 반올림해 자연수를 만들어주는 명령어이다. t검정을 위해서는 정규성 검정이 선행되어야 하지만 이 예제에서는 정규분포로부터 표본을 만들었으므로 생략한다.

2) 가설검정

```
> t.test(A,B,var.equal=F)
```

```
> t.test(A,B,var.equal=F)

        Welch Two Sample t-test

data:  A and B
t = -4.8743, df = 166.28, p-value = 2.532e-06
alternative hypothesis: true difference in means is not equal to 0
95 percent confidence interval:
 -11.619745  -4.920255
sample estimates:
mean of x mean of y
    71.14     79.41
```

위 그림은 $H_0 : \mu_A = \mu_B$를 검정하기 위한 명령문과 결과이다. 단일집단 t검정과 동일하게 R에서 기본으로 제공되는 명령어 t.test를 이용한다. 이 경우 검정을 위한 두 표본자료, 등분산 가정 여부, 검정의 종류를 순서대로 입력해 사용한다. 위 그림의 명령문 t.test(A,B,var.equal=F)에서 A와 B는 표본자료, var.equal=F는 등분산을 가정하지 않겠다는 것을 의미한다. 여기서 F는 FALSE로도 입력할 수 있다.

등분산을 가정하는 경우는 T 혹은 TRUE로 입력한다. 대립가설의 종류를 따로 입력하지 않으면 기본값으로 양측검정을 시행하게 된다. 명령문을 입력하면 두 모집단 t검정의 결과가 출력된다.

$H_0 : \mu_A = \mu_B$에 대한 대립가설을 따로 지정하지 않았으므로 $H_1 : \mu_A \neq \mu_B$에 대한 검정을 시행했다.

3) 검정 결과

p-value가 2.532×10^{-6}으로 유의수준 5%하에서 귀무가설을 기각한다. 즉, 위의 표본관측 결과에 의할 때 유의수준 5%하에서 표본 A와 표본 B의 모집단 평균이 같다고 할 수 없다.

(3) 두 모집단 t검정 과정(두 모집단의 분산이 동일하다고 전제할 수 있는 경우)

1) 자료 입력

```
> set.seed(1)
> A<-round(rnorm(100,70,10))
> B<-round(rnorm(100,80,10))
> A
> B
```

```
> set.seed(1)
> A<-round(rnorm(100,70,10))
> B<-round(rnorm(100,80,10))
> A
  [1] 64 72 62 86 73 62 75 77 76 67 85 74 64 48 81 70 70 79 78 76 79 78 71
 [24] 50 76 69 68 55 65 74 84 69 74 69 56 66 66 69 81 78 68 67 77 76 63 63
 [47] 74 78 69 79 74 64 73 59 84 90 66 60 76 69 94 70 77 70 63 72 52 85 72
 [70] 92 75 63 76 61 57 73 66 70 71 64 64 69 82 55 76 73 81 67 74 73 65 82
 [93] 82 77 86 76 57 64 58 65
> B
  [1]  74  80  71  82  73  98  87  89  84  97  74  75  94  73  78  76  77
 [18]  77  85  78  75  93  78  78  79  87  79  80  73  77  81  74  85  65
 [35]  83  65  77  75  73  79  61  92  63  75  69  72 101  80  67  64  85
 [52]  80  77  71  65  69  90  74  66  99  84  78  91  89  74 102  77  66
 [69]  79  82 103  81  85  79  77  80  88 101  90  92  68  90  82  65  85
 [86]  78  95  72  76  71  78  84  73  88  68  70  94  70  84  76
```

두 모집단의 모분산이 동일한 경우를 가정한 t검정의 예제를 위해 정규분포를 따르는 크기 100의 적당한 자료벡터를 2개 생성한다. 〈자료 A〉는 평균 70, 표준편차 10인 정규분포에서 랜덤하게 추출한 100개의 표본이고, 〈자료 B〉는 평균 80, 표준편차 10인 정규분포에서 랜덤하게 추출한 100개의 표본이다. 마찬가지로 정규성 검정은 생략한다.

2) 가설검정

```
> t.test(A,B,var.equal=T)
```

```
> t.test(A,B,var.equal=T)

        Two Sample t-test

data:  A and B
t = -6.4574, df = 198, p-value = 8.056e-10
alternative hypothesis: true difference in means is not equal to 0
95 percent confidence interval:
 -11.08275  -5.89725
sample estimates:
mean of x mean of y
    71.14     79.63
```

위 그림은 $H_0 : \mu_A = \mu_B$를 검정하기 위한 명령문과 결과이다. 명령문은 앞의 경우와 같고 등분산을 가정하고 있으므로 var.equal=T를 입력한다. 여기서 T는 TRUE로도 입력할 수 있다. 대립가설의 종류를 따로 입력하지 않으면 기본값으로 양측검정을 시행하게 된다. 명령문을 입력하면 두 모집단의 t검정 결과가 출력된다.

$H_0 : \mu_A = \mu_B$에 대한 대립가설을 따로 지정하지 않았으므로 $H_1 : \mu_A \neq \mu_B$에 대한 검정을 시행했다.

3) 검정 결과

p-value가 2.056×10^{-10}으로 유의수준 5%하에서 귀무가설을 기각한다. 즉, 위의 표본관측 결과에 의할 때 유의수준 5%하에서 표본 A와 표본 B의 모집단 평균이 같다고 할 수 없다.

(4) 〈예 8-7〉의 짝진표본 t검정 과정

1) 자료 입력

```
> A<-c(10.6,9.4,12.3,9.7,8.3)
> B<-c(10.2,9.8,11.8,9.1,8.8)
> A
> B
```

```
> A<-c(10.6,9.4,12.3,9.7,8.3)
> B<-c(10.2,9.8,11.8,9.1,8.8)
> A
[1] 10.6  9.4 12.3  9.7  8.3
> B
[1] 10.2  9.8 11.8  9.1  8.8
```

A와 B에 검정에 필요한 기초 자료를 입력한다. 짝진표본 t검정의 경우 두 자료벡터 A, B에 입력되는 자료의 순서가 동일해야 한다. 〈예 8-7〉에서 10.6, 10.2는 동일한 자동차에서 실험된 타이어의 마모율이므로, 각각 첫 번째 열에 입력한다. 이처럼 순서가 같은 열에 있는 자료는 서로 짝진 관계에 있어야 하고, 두 자료벡터의 길이는 같아야 한다.

2) 가설검정

```
> t.test(A,B,paired=T,alt = 'two.sided')
```

```
> t.test(A,B,paired=T,alt = 'two.sided')

        Paired t-test

data:  A and B
t = 0.50983, df = 4, p-value = 0.637
alternative hypothesis: true difference in means is not equal to 0
95 percent confidence interval:
 -0.5334976  0.7734976
sample estimates:
mean of the differences 
                   0.12 
```

앞의 그림은 $H_0 : \mu_A = \mu_B$를 검정하기 위한 명령문과 결과이다. 명령문에서 A, B는 검정에 사용되는 자료, paired=T는 짝진표본 t검정을 사용하겠다는 의미이다. 여기서 T는 TRUE로도 입력할 수 있다. 입력하지 않으면 기본값으로 두 모집단 t검정을 실시하게 된다. alt= 'two.sided' 에서 대립가설의 종류를 양측검정으로 지정했다. ' ' 안에 greater, less를 입력함으로써 대립가설의 종류를 바꿀 수 있다. alt= '대립가설' , alternative= '대립가설' 과 같이 입력한다.

$H_0 : \mu_A = \mu_B$, $H_1 : \mu_A \neq \mu_B$에 대한 검정을 시행했다.

3) 검정 결과

p-value가 0.637로 유의수준 5%하에서 귀무가설을 기각할 수 없다. 즉, 5% 유의수준하에서 두 타이어의 성능은 동일하다고 볼 수 있다.

※ 대립가설의 종류 변경

```
> t.test(A,B,paired=T,alt = 'greater')
```

```
> t.test(A,B,paired=T,alt = 'greater')

        Paired t-test

data:  A and B
t = 0.50983, df = 4, p-value = 0.3185
alternative hypothesis: true difference in means is greater than 0
95 percent confidence interval:
 -0.3817771        Inf
sample estimates:
mean of the differences
                   0.12
```

위 그림은 대립가설의 종류를 'greater' 로 지정했을 경우의 검정 결과이다. 이 경우 $H_0 : \mu_A = \mu_B$, $H_1 : \mu_A > \mu_B$에 대한 검정을 시행했다.

(5) 〈예 8 - 9〉의 모비율 P에 대한 검정과정

1) 가설검정

```
> prop.test(10,300,p=0.05,alt="less",correct=F)
```

```
> prop.test(10,300,p=0.05,alt="less",correct=F)

        1-sample proportions test without continuity correction

data:  10 out of 300, null probability 0.05
X-squared = 1.7544, df = 1, p-value = 0.09266
alternative hypothesis: true p is less than 0.05
95 percent confidence interval:
 0.00000000 0.05497991
sample estimates:
         p
0.03333333
```

R에서 기본으로 제공하는 모비율 검정 명령어 prop.test를 이용한다. prop.test에서는 따로 자료를 입력하지 않는다. 명령문에서 괄호 안은 성공의 횟수, 총 시행횟수, 귀무가설하의 모비율, 대립가설의 종류 순이다. 'correct=F'는 연속성 보정에 관한 부분이며, 일반적으로 'correct=F'로 사용한다. 입력하지 않거나, T 혹은 TRUE를 입력하면 연속성 보정된 검정을 시행한다.

$H_0 : P = 0.05,\ H_1 : P < 0.05$에 대한 검정을 시행했다.

2) 결과 해석

p-value가 0.09266으로 유의수준 5%하에서 귀무가설을 기각할 수 없다. 즉, 주어진 표본관측 결과에 의할 때 이 회사 제품의 불량률이 5%보다 적다고 할 수 없다.

(6) 〈예 8-14〉의 두 모분산의 동일성 검정

1) 자료 입력

```
> set.seed(1)
> A<-round(rnorm(100,70,10))
> B<-round(rnorm(100,80,15))
> A
> B
```

```
> set.seed(1)
> A<-round(rnorm(100,70,10))
> B<-round(rnorm(100,80,15))
> A
  [1] 64 72 62 86 73 62 75 77 76 67 85 74 64 48 81 70 70 79 78 76 79 78 71
 [24] 50 76 69 68 55 65 74 84 69 74 69 56 66 66 69 81 78 68 67 77 76 63 63
 [47] 74 78 69 79 74 64 73 59 84 90 66 60 76 69 94 70 77 70 63 72 52 85 72
 [70] 92 75 63 76 61 57 73 66 70 71 64 64 69 82 55 76 73 81 67 74 73 65 82
 [93] 82 77 86 76 57 64 58 65
> B
  [1]  71  81  66  82  70 107  91  94  86 105  70  73 101  70  77  74  75
 [18]  76  87  77  72 100  77  77  78  91  79  79  70  75  81  71  88  57
 [35]  85  57  75  72  70  79  51  98  55  73  63  69 111  80  61  55  87
 [52]  80  75  66  58  64  95  71  59 108  86  76  96  93  71 113  76  59
 [69]  78  83 115  82  87  79  75  79  92 111  95  98  62  95  83  58  88
 [86]  78 102  69  74  66  77  86  69  92  62  64 102  65  86  74
```

두 모집단 t검정 과정에서 사용했던 자료를 이용해 두 모분산의 동일성 검정을 시행한다. 이 경우 A와 B는 모분산이 다른 정규분포에서 랜덤하게 생성한 자료이므로 어느 정도 결과를 예상할 수 있다.

2) 가설검정

```
> var.test(A,B)
```

```
> var.test(A,B)

        F test to compare two variances

data:  A and B
F = 0.39205, num df = 99, denom df = 99, p-value = 4.973e-06
alternative hypothesis: true ratio of variances is not equal to 1
95 percent confidence interval:
 0.2637849 0.5826720
sample estimates:
ratio of variances
          0.392046
```

R에서 기본으로 제공하는 명령어 var.test를 이용한다. 명령문의 괄호 안에는 비교대상인 두 표본을 입력한다.

$H_0 : \sigma_A^2 = \sigma_B^2$, $H_1 : \sigma_A^2 \neq \sigma_B^2$에 대한 검정을 시행했다.

3) 결과 해석

p-value가 4.973×10^{-6}이므로, 유의수준 5%하에서 귀무가설을 기각한다. 즉, 두 표본 A, B의 모분산이 동일하다고 할 수 없다.

연습문제

01. 검정통계량이 표준정규분포를 따른다고 할 때 확률변수 Z의 분포 그림을 그리고 다음 각 기각역을 음영으로 표현하라.

(a) $Z > 1.96$　　(b) $Z > 1.645$

(c) $Z > 2.58$　　(d) $Z < -1.28$

(e) $Z < -1.645$ 또는 $Z > 1.645$　　(f) $Z < -1.96$ 또는 $Z > 1.96$

02. [연습문제 1]의 각 기각역에 대한 제1종 오류의 크기, 즉 유의수준 α를 구하라.

03. 확률변수 X는 시행횟수가 10이고 성공확률이 p인 이항분포를 따른다고 한다. 성공확률 p에 대한 가설 $H_0 : p = 0.5$ vs $H_1 : p < 0.5$의 기각역이 '$X \leq 1$'일 때 제1종 오류(type I error)를 범할 확률은?

04. 미지의 모평균 μ를 갖는 분포로부터 n개의 표본을 추출했다고 할 때 다음 각 경우에 대한 검정을 실시하라.

(a) $H_0: \mu = 10$, $H_1: \mu \neq 10$, $n = 70$, $\overline{X} = 11.2$, $S = 7.3$, $\alpha = 0.05$

(b) $H_0: \mu = 76$, $H_1: \mu > 76$, $n = 50$, $\overline{X} = 80$, $S^2 = 413$, $\alpha = 0.10$

(c) $H_0: \mu = 0.2$, $H_1: \mu > 0.20$, $n = 40$, $\overline{X} = 0.19$, $S = 0.02$, $\alpha = 0.01$

(d) $H_0: \mu = 20$, $H_1: \mu \neq 20$, $n = 15$, $\overline{X} = 24$, $S = 8$, $\alpha = 0.05$

(e) $H_0: \mu = 50$, $H_1: \mu \neq 50$, $n = 20$, $\overline{X} = 45$, $S = 10$, $\alpha = 0.05$

05. 미지의 모평균 μ를 갖는 분포로부터 n개의 표본을 추출했다고 할 때 다음 각 경우에 대한 검정을 실시하라.

(a) $H_0: \mu = 0$, $H_1: \mu \neq 0$, $n = 175$, $\overline{X} = 6.5$, $S^2 = 496.3$, $\alpha = 0.05$

(b) $H_0: \mu = 65$, $H_1: \mu < 65$, $n = 86$, $\overline{X} = 63.8$, $S = 10.3$, $\alpha = 0.10$

(c) $H_0: \mu = 65$, $H_1: \mu > 65$, $n = 186$, $\overline{X} = 68.2$, $S = 10.3$, $\alpha = 0.10$

(d) $H_0: \mu = 120$, $H_1: \mu \neq 120$, $n = 18$, $\overline{X} = 115$, $S = 13.3$, $\alpha = 0.05$

(e) $H_0: \mu = 48$, $H_1: \mu > 48$, $n = 10$, $\overline{X} = 52$, $S = 12.7$, $\alpha = 0.05$

06. 한 집단의 49개 관측값으로부터 다음과 같은 통계량을 구했다고 할 때,

$$\sum_{i=1}^{49} X_i = 50.3,\ \sum_{i=1}^{49} X_i^2 = 68$$

(a) $H_0: \mu = 1.18$에 대한 $H_1: \mu < 1.18$의 검정을 실시하라.
($\alpha = 0.05$를 이용할 것)

(b) $H_0: \mu = 1.18$에 대한 $H_1: \mu \neq 1.18$의 검정을 실시하라.
($\alpha = 0.05$를 이용할 것)

07. 한 통계기관에서는 3월 한 달간의 서울 노원구의 미세먼지 농도가 20 이상이라고 주장했다. 한 통계기관의 주장이 타당한가를 검정하기 위해 에어코리아에서 노원구의 3월 미세먼지 농도를 임의로 추출해 다음과 같은 자료를 구했다.

21.0	22.7	25.8	20.6	18.5	21.4	19.3	17.6	22.7	20.6
17.9	18.3	24.7	23.3	24.3	21.5	20.0	19.8	22.9	19.9

이 통계기관의 주장이 타당한가에 대해 $\alpha = 0.05$하에서 검정을 실시하라.

08. 병원에서 사용되는 진통제가 진통효과를 나타내는 데까지 걸리는 시간은 평균적으로 3.5분이라고 한다. 한 제약회사가 새로운 진통제를 만들었는데 이 진통제는 진통효과가 나타나는 데까지 걸리는 시간이 기존의 다른 진통제의 평균인 3.5분보다 짧다고 주장한다. 한 병원에서 15명의 환자를 대상으로 이 진통제를 임상실험한 결과 진통효과가 나타나는 데까지 걸린 시간의 평균과 분산이 각각 $\overline{X} = 3.0$분, $S^2 = 0.90$분이었다. 새로운 진통제의 진통효과가 나타나는 데까지 걸린 시간이 기존 진통제의 평균시간보다 적게 걸리는가에 대한 검정을 실시하라($\alpha = 0.05$).

09. 한 쌀 제조회사에서는 5kg들이 자루에 쌀을 자동으로 채우는 기계를 도입했다. 이 기계가 실제로 자루에 5kg씩 채우는가를 알아보기 위해 이 기계를 이용해 채운 25자루의 실제 양을 조사한 결과, 평균과 분산이 각각 $\overline{X} = 5.3$kg, $S^2 = 1.25$kg이었다. 이 기계가 자루에 쌀을 5kg씩 채운다고 생각할 수 있는가에 대해 검정을 실시하라($\alpha = 0.05$).

10. 어느 자동차 부품 제조회사에서는 새로운 엔진이 대기오염 규격에 맞는지 확인하기 위해 테스트를 하고자 한다. 대기오염 규격에 따르면 모든 엔진의 평균방출량은 μ이고, 이는 20ppm을 넘겨서는 안 된다고 한다. 10개의 엔진을 점검했을 때 탄소 배출량은 다음과 같다.

15.6	16.2	22.5	20.5	16.4	19.4	16.6	17.9	12.7	13.9

제조업체가 대기오염 규격을 통과해 엔진을 공급할 수 있는가에 대해 유의수준 $\alpha = 0.05$에서 검정을 실시하라.

11. 10개의 지역을 랜덤 추출해 3월 일주일 동안의 미세먼지 농도를 알아보고자 한다. 미세먼지 농도 수치가 다음과 같을 때 각 물음에 답하라.

(단위 : ㎍/m³)

28	57	42	35	61	39	55	46	49	38

분포의 경우 정규분포를 따른다고 가정하자.

(a) 평균과 분산을 구하라.

(b) 평균 미세먼지의 농도가 40㎍/m³ 이상인지 유의수준 $\alpha = 0.05$에서 검정을 실

시하라.

12. 두 모집단의 모평균의 동일성에 대한 검정 $H_0 : \mu_1 = \mu_2$, $H_1 : \mu_1 \neq \mu_2$을 실시하기 위해 두 집단으로부터 각각 크기가 n_1과 n_2인 표본을 추출해 다음과 같은 통계량을 구했다. 위의 H_0와 H_1에 대한 검정을 $\alpha = 0.05$하에서 실시하라.

(a)

통계량 \ 집단	I	II
n	30	20
$\overline{X}$	23	26
S^2	7.5	6.3

조건 : $\sigma_1^2 = \sigma_2^2 = \sigma^2$

(b)

통계량 \ 집단	I	II
n	50	50
$\overline{X}$	48	53
S^2	17.3	22.8

두 모분산의 동일성 조건 없음

(c)

통계량 \ 집단	I	II
n	12	13
$\overline{X}$	17.5	14.3
S^2	9.5	8.7

조건 : $\sigma_1^2 = \sigma_2^2 = \sigma^2$

13. 두 모집단의 모평균의 동일성에 대한 검정 $H_0 : \mu_1 = \mu_2$, $H_1 : \mu_1 \neq \mu_2$을 실시하기 위해 각 집단으로부터 독립으로 표본을 추출해 다음과 같은 통계량을 구했다. 두 모집단의 모분산이 동일($\sigma_1^2 = \sigma_2^2$)하다고 할 때 위의 H_0와 H_1에 대한 검정을 $\alpha = 0.05$하에서 실시하라.

(a)

통계량 \ 집단	I	II
n	40	50
$\overline{X}$	4.2	3.7
S^2	0.33	0.27

(b)

통계량 \ 집단	I	II
n	15	15
$\overline{X}$	24.4	20.3
S^2	7.9	5.1

14. 두 가지 서로 다른 미세먼지 측정방법을 비교하기 위해 100개의 지역을 임의로 각 50개씩 두 집단으로 나누어 두 가지 서로 다른 측정방법을 이용해 측정한 결과 다음과 같은 통계량을 구했다.

$\overline{X} = 74,\ S_1 = 9$

$\overline{X} = 71,\ S_2 = 10$

두 가지 측정방법에 차이가 있는가를 유의수준 5%하에서 검정하라.

15. 두 가지 서로 다른 미세먼지 측정방법을 비교하기 위해 80일을 랜덤하게 각 40일씩 두 집단으로 나눈 후에 두 가지 서로 다른 미세먼지 측정방법을 이용해 얻은 미세먼지 농도가 다음과 같이 관측되었다.

통계량 \ 측정방법	I	II
n	40	40
$\overline{X}$	10㎍/m³	8㎍/m³
S^2	4.3	5.7

두 미세먼지 측정방법의 효과가 동일한가를 유의수준 5%하에서 검정하라.

16. 공기청정기 판매업자는 공기청정기의 설치장소에 따라 판매량의 차이가 있다고 생각한다. 특정한 두 지역에 설치된 두 대의 공기청정기에서 14일 동안 관측한 평균 미세먼지 농도의 평균과 표준편차가 각각 다음과 같다고 할 때 두 지역에 설치된 공기청정기의 판매량이 서로 다르다고 할 수 있는지에 대해 유의수준 5%하에서 검정을 실시하라($\sigma_1^2 = \sigma_2^2$을 가정할 것).

통계량 \ 설치 위치	I	II
n	14	14
$\overline{X}$	32.5	28.5
S^2	5.0	4.5

17. 한 기업가는 두 공장의 생산량이 서로 다른가를 비교하기 위하여 10일 동안 두 공장에서 생산된 제품의 양에 대한 다음과 같은 통계량을 구하였다. 두 공장의 평균 생산량이 서로 다른가에 대해 유의수준 5%하에서 검정을 실시하라($\sigma_1^2 = \sigma_2^2$을 가정할 것).

통계량 \ 공장	I	II
n	10	10
$\overline{X}$	35	31
S^2	17.0	19.2

18. 두 집단으로부터 각각 8개의 미세먼지 농도 관측값을 얻은 결과가 다음 표와 같다.

집단 I	12.9	12.4	14.7	13.8	14.2	15.4	11.8	13.3
집단 II	13.0	15.1	13.7	16.6	15.2	12.3	14.8	15.8

위의 관측값을 이용해 $\sigma_1^2 = \sigma_2^2$이라 할 때 두 집단의 모평균이 동일한가에 대한 검정을 실시하라(유의수준 $\alpha = 0.05$를 이용할 것).

19. 시멘트 제조업체는 시멘트 폐기물을 소각하는 과정에서 미세먼지 배출에 기여하는 질소산화물 배출을 줄이기 위해 배출량이 적게 발생하는 시멘트 A, B를 개발해 연소하는 과정에서 질소산화물 배출량을 측정하였다. 그 결과는 다음 표와 같다.

시멘트 A	68	58	59	72	64	67	70	74
시멘트 B	60	67	61	62	67	63	56	58

두 시멘트의 질소산화물 배출량이 동일한가에 대해 유의수준 5%하에서 검정을 실시하라($\sigma_1^2 = \sigma_2^2$을 가정할 것).

20. 다음 자료는 6개의 작업장에서 각각 미세먼지 저감조치 전과 후에 측정한 6일간의 미세먼지 농도이다.

조치 전후 \ 작업장	1	2	3	4	5	6
조치실시 전	38	64	42	70	58	30
조치실시 후	41	58	43	65	52	29

미세먼지 저감조치의 실시로 미세먼지 농도가 줄어들었다고 주장할 수 있는가에 대해 유의수준 5%하에서 검정을 실시하라.

21. 한 카페에서 요일별로 아메리카노와 카페라떼 판매량이 다르다고 한다. 이 카페에서 판매되는 두 가지 음료(아메리카노와 카페라떼)의 주문량이 서로 다른가를 비교하기 위해 어느 일주일간의 두 음료에 대한 주문 수량을 조사한 결과가 다음과 같다.

요일	아메리카노	카페라떼
월	120	91
화	74	43
수	134	169
목	95	112
금	337	238
토	294	221
일	379	325

위의 자료를 이용해 두 음료에 대한 주문량이 서로 다른가에 대해 유의수준 5% 하에서 검정을 실시하라.

22. 반도체 제조회사 *A*는 새로 도입된 품질 개선 알고리즘을 적용해 보기로 하였다. 이를 위해 작업반 11개를 임의로 골라 30분 동안 품질 개선 알고리즘 도입 전과 후의 불량품 개수를 세었다. 품질 개선 알고리즘 도입 전과 후의 불량품 개수에 차이가 있는가에 대해 검정을 실시하라.

도입 전 불량품 개수	6	5	4	7	9	3	5	3	6	7	5
도입 후 불량품 개수	0	1	4	3	5	2	1	4	3	2	7

23. 에어코리아에서 개발한 두 가지의 미세먼지 측정 기기(A, B)의 측정 수준 차이가 있는가를 보기 위해 8개의 특정 지역을 선택해 두 측정 기기를 통해 구한 자료가 다음과 같다. 두 측정 기기의 측정결과가 동일하다고 볼 수 있는가에 대해 유의수준 5%하에서 검정을 실시하라.

지역	A	B
1	36.3	35.1
2	48.4	46.8
3	40.2	37.3
4	54.7	50.6
5	28.7	29.1
6	42.8	41.0
7	36.1	35.3
8	39.0	39.1

24. 여덟 명의 고지혈증 환자가 한 콜레스테롤을 낮추는 식습관 과정에 한 달간 참여하였다. 이 과정에 참여하기 전과 이 과정을 끝낸 후에 측정한 콜레스테롤 수치는 각각 다음과 같다.

사람 \ 콜레스테롤 수치	과정 전	과정 후
1	139.5	118.4
2	132.8	112.9
3	128.3	112.1
4	137.3	116.6
5	121.5	104.9
6	145.4	120.2

7	124.7	108.9
8	134.6	119.3

위의 자료에 의할 때 식습관 과정이 콜레스테롤 수치를 줄이는 데 효과가 있는가에 대해 유의수준 5%하에서 검정을 실시하라.

25. 한 자동차 제조회사는 대기오염 주범인 질소산화물 배출을 줄일 수 있는 억제 기술을 개발했다. 아래 표는 6대의 차에 새로운 억제 기술을 적용하기 전과 후의 질소산화물 배출량이다. 적용 전후에 질소산화물 배출량에 차이가 있는가에 대해 검정을 실시하라.

차	억제 기술 적용 전	억제 기술 적용 후
A	11	6
B	15	11
C	17	13
D	10	8
E	16	12
F	21	17

26. 성공의 확률 P가 알려져 있지 않은 이항분포를 따르는 모집단으로부터 64개의 확률표본을 관측한 결과 표본비율 $\hat{P}$가 0.45였다. 다음 각 경우에 대한 가설검정을 유의수준 5%하에서 실시하라.

(a) $H_0 : P = 0.5,\ H_1 : P \neq 0.5$

(b) $H_0 : P = 0.5,\ H_1 : P < 0.5$

27. 성공의 확률 P가 알려져 있지 않은 이항분포를 따르는 모집단으로부터 100개의 확률표본을 관측한 결과 표본비율 $\hat{P}$가 0.9였다. 다음 각 경우에 대한 가설검정을 유의수준 5%하에서 실시하라.

(a) $H_0 : P = 0.8,\quad H_1 : P > 0.8$

(b) $H_0 : P = 0.85,\ H_1 : P \neq 0.85$

28. 한 커피회사에서는 커피를 즐겨 마시는 사람들 중 40% 이상이 자기네 회사 커피를 선호한다고 주장했다. 사회조사기관에서 그 커피회사의 주장이 타당한가를 조사하기 위해 커피 애호가 200명을 임의로 추출해 조사한 결과 그 회사 커피를 선

호하는 사람이 90명이었다. 커피회사의 주장이 통계적으로 타당한가를 유의수준 5%하에서 검정하라.

29. 심장병을 진단하는 데 사용되는 기존의 진단방법은 실제 심장병이 있는데도 불구하고 심장병이 없다고 판정하는 경우가 15%였다. 의학연구팀에 의해 새로 개발된 심장병 진단방법은 오진율이 기존의 방법보다 더 적다고 한다. 심장병을 앓는 70명의 환자들을 새로 개발된 진단방법으로 정밀 진단한 결과 6명이 심장병이 없다는 결과가 나왔다고 할 때, 새로 개발된 진단방법이 기존의 진단방법보다 오진율이 낮다고 할 수 있는가에 대해 유의수준 5%하에서 검정을 실시하라.

30. 한 주사위를 던졌을 때 짝수와 홀수가 나타날 가능성이 동일한가를 분석하기 위해 이 주사위를 100번 던진 결과 짝수가 57회 나타났다. 이 주사위의 짝수와 홀수가 나타날 가능성이 동일한가에 대해 유의수준 5%하에서 검정을 실시하라.

31. 한 농구선수의 평균 자유투 성공률이 0.35라고 알려져 있다. 이 선수가 한 해에 자유투 50회 중 15회 성공했다고 할 때, 이 선수의 자유투 성공률이 0.35라는 주장이 타당한가를 유의수준 5%하에서 검정하라.

32. 두 개의 서로 다른 이항분포집단으로부터 각각의 크기가 500인 두 독립표본을 추출해 조사한 결과, 집단 I과 집단 II의 성공의 횟수가 각각 200과 250이었다. P_1과 P_2를 각각 집단 I과 집단 II에 대한 모비율이라 할 때 다음 각 경우에 대한 가설검정을 실시하라.

(a) $H_0: P_1 = P_2,\ H_1: P_1 \neq P_2,\ \alpha = 0.05$
(b) $H_0: P_1 = P_2,\ H_1: P_1 \neq P_2,\ \alpha = 0.01$
(c) $H_0: P_1 = P_2,\ H_1: P_1 < P_2,\ \alpha = 0.01$

33. 암을 치료하는 두 가지 수술방법을 비교하기 위해 각각의 방법으로 수술한 환자들 100명 중 수술 후에 1년 이상 재발하지 않은 환자의 수를 측정한 결과가 다음 표와 같다. 이 자료를 이용해 두 가지 수술방법의 효과가 동일하다고 볼 수 있는가를 유의수준 5%하에서 검정을 실시하라.

수술방법 \ 통계량	n	성공적인 수술의 수
I	100	80
II	100	90

34. 새로 개발된 공기청정기 필터 A와 기존에 사용 중인 필터 B의 효과를 비교 · 분석하기 위해 두 개의 동일한 크기의 밀폐된 공간에 각각 미세먼지가 200㎍/m^3인 환경을 만든 후 필터 A와 B를 설치하고 한 시간 후에 미세먼지 농도를 측정한 결과가 다음 표와 같다. 표에 주어진 자료에 의할 때 새로 개발된 필터 A의 효과가 B의 효과보다 더 좋다고 할 수 있는지 유의수준 5%하에서 검정하라.

	필터 A	필터 B
미세먼지 농도(전)	200	200
미세먼지 농도(후)	120	80

35. 대통령 선거 기간 동안에 A후보자의 지지율을 알아보고자 한다. 관할구역 가에서는 120명의 투표자를 랜덤 추출한 결과 107명이 A후보자를 지지한다고 했으며, 관할구역 나에서는 141명 중 73명이 A후보자를 지지한다고 했다. 두 지역의 A후보 지지율이 동일한가에 대해 유의수준 5%하에서 검정을 실시하라.

36. 어느 한 회사는 새로운 탈모 치료제를 개발했다. 새로 개발된 탈모 치료제를 남성과 여성에게 사용하게 하였다. 남성 120명 중 55명이 탈모 개선 효과를 보였고, 여성 70명 중 28명이 탈모가 개선되었다. 새로 개발된 탈모 치료제가 남성과 여성에게 치료 효과가 다르다고 할 수 있는지를 유의수준 5%하에서 검정하라.

37. 어느 여론조사기관에서 성인들을 대상으로 대통령의 직무수행 능력에 대해 전화 설문조사를 실시했다. 지난 대통령 선거에 참여한 사람들 중 990명이 이 여론조사에 참여했는데 이들 중 630명은 지난 선거에서 현 대통령을 뽑았으며, 나머지 360명은 현 대통령을 뽑지 않았다. 현 대통령을 뽑은 사람들 중에서는 72%가, 현 대통령을 지지하지 않은 사람들 중에서는 60%가 대통령이 직무를 잘 수행하고 있다고 대답했다. 두 집단에서 대통령의 직무수행 능력을 좋게 평가하고 있는 사람들의 비율에 차이가 있는가에 대해 유의수준 5%하에서 검정을 실시하라.

38. 정규분포를 따르는 모집단으로부터 5개의 관측값을 표본으로 추출해 표본평균과 분산을 각각 $\overline{X} = 3.1$, $S^2 = 4.41$과 같이 구했다. 모분산에 대해 $H_0 : \sigma^2 = 2$, $H_1 : \sigma^2 \neq 2$의 검정을 유의수준 5%하에서 실시하라.

39. 정규분포를 따르는 모집단으로부터 25개의 관측값을 표본으로 추출해 표본평균과 분산을 각각 $\overline{X} = 72.6$, $S^2 = 19.6$과 같이 구했다. 모분산에 대해 $H_0 : \sigma^2 = 16$, $H_1 : \sigma^2 > 16$의 검정을 유의수준 5%하에서 실시하라.

40. 한 지역에서 관측한 10일 동안의 미세먼지 농도가 다음과 같을 때, 이 미세먼지 농도의 분산이 $\sigma^2 = 30$이라 할 수 있는지 유의수준 5%하에서 검정을 실시하라.

145	138	153	147	158	140	142	151	143	144

41. [연습문제 12]의 (a)와 (b)에 있는 자료에서 각각의 경우 두 모분산이 동일($\sigma_1^2 = \sigma_2^2$)한가에 대해 유의수준 5%하에서 검정을 실시하라.

42. [연습문제 13]의 (a)와 (b)에 있는 자료에서 각각의 경우 두 모분산이 동일($\sigma_1^2 = \sigma_2^2$)한가에 대해 유의수준 5%하에서 검정을 실시하라.

43. [연습문제 18]의 자료에 대해 두 집단의 모분산이 동일($\sigma_1^2 = \sigma_2^2$)하다고 주장할 수 있는가에 대해 유의수준 5%하에서 검정을 실시하라.

44. [연습문제 19]의 자료에 대해 두 시멘트의 질소산화물 배출량에 대한 모분산이 동일($\sigma_1^2 = \sigma_2^2$)하다고 주장할 수 있는가에 대해 유의수준 5%하에서 검정을 실시하라.

45. 배터리를 생산하는 두 개의 생산라인이 있는데, 생산라인 A에서 생산된 배터리는 수명의 편차가 적은 데 비해, 생산라인 B에서 생산된 배터리는 수명의 편차가 큰 것으로 생각된다. 이 사실을 확인하기 위해 각 생산라인에서 생산된 배터리 50개씩을 임의로 추출해 수명을 측정한 결과, 평균과 표준편차가 각각 다음과 같다.

생산라인 A	생산라인 B
$\overline{X}_1 = 1,476$	$\overline{X}_2 = 1,520$
$S_1^2 = 37,000$	$S_2^2 = 92,000$

이 자료를 이용해 생산라인 B에서 생산된 배터리의 수명의 편차가 더 크다고 볼 수 있는가에 대해 유의수준 5%하에서 검정을 실시하라.

46. 한국 사람과 미국 사람의 혈중 콜레스테롤 수준을 비교하기 위해 각각의 나라에서 표준체중에 해당하는 사람들을 임의로 선발해 혈중 콜레스테롤 수준을 측정한 결과 다음과 같은 통계량을 구했다.

한국 사람	미국 사람
$\overline{X}_1 = 170$	$\overline{X}_2 = 196$
$S_1^2 = 198$	$S_2^2 = 435$
$n_1 = 16$	$n_2 = 24$

두 나라 사람들의 혈중 콜레스테롤 수준에 대한 분산이 동일하다고 볼 수 있는가에 대해 유의수준 5%하에서 검정을 실시하라.

9.1 산포도와 상관분석

9.2 단순선형회귀분석

9.3 잔차분석

9.4 다중선형회귀분석

9.5 다중선형회귀모형의 응용

9.6 엑셀 실습

9.7 R 연습

INTRODUCTION TO STATISTICS

회귀분석과 상관분석

Introduction to **Statistics**
ch. nine

9

통계학을 이용한 자료분석에서 변수들 사이의 관계를 분석하는 경우가 있다. 이를테면 경제학자들이 국민총생산량(GNP)과 저축률 사이의 관계를 분석하고자 하는 경우 또는 유전학자가 아버지와 아들의 키 사이에 관계가 있는지를 분석하고자 하는 경우, 그리고 전력시장에서 일사량과 태양광 발전량 또는 풍속과 풍력 발전량 사이의 관계를 분석하여 기상예보를 토대로 미래의 발전량을 예측하고자 하는 경우 등 두 변수 사이의 관계를 분석하거나 또는 한 변수값이 주어졌을 때 다른 변수값을 예측하고자 하는 경우가 있다. 이와 같이 두 연속형 변수들 사이의 관계를 분석하는 통계적 분석방법으로 상관분석과 회귀분석이 있다. 상관분석이란 상관계수를 이용해 두 변수 사이의 관계가 얼마나 밀접한가를 측정하는 분석방법이고, 회귀분석이란 한 변수를 설명변수(explanatory variable)라 하고, 다른 변수를 반응변수(response variable)로 지정한 후에 반응변수와 설명변수 사이의 선형식을 구하고 설명변수가 얼마만큼 반응변수를 잘 예측할 수 있는가를 분석하는 통계적 분석방법이다. 본 장에서는 상관분석과 회귀분석에 대한 기본적인 이론을 설명한다.

9.1 산포도와 상관분석

Introduction to **Statistics,** ch. nine

통계분석에서 서로 연관이 있는 자료가 쌍으로 관측되었을 때 두 자료 사이의 관계를 분석하고자 하는 경우가 있다. 예를 들면 아버지의 키와 아들의 키 사이에 어느 정도 밀접한 관계가 있는가? 라든가 대입수학능력 시험점수와 대학입학 후의 학업성취 수준 사이의 관계, 체중과 혈압 사이의 관계, GNP와 저축률 사이의 관계, 차량의 주행속도와 제동거리 사이의 관계, 일사량과 태양광 발전량 사이의 관계, 풍속과 풍력 발전량 사이의 관계 등과 같은 문제들의 자료를 분석하는 경우이다. 이와 같은 자료의 분석에서 가장 기초적인 분석방법은 두 변수 사이의 **산포도**(scatter plot)를 그리는 것이다. 즉, 두 변수 X, Y가 다음과 같이 n개의 쌍으로 관측되었다고 할 때

X	x_1	x_2	$\cdots$	x_n
Y	y_1	y_2	$\cdots$	y_n

각 쌍의 자료 $(x_1, y_1), (x_2, y_2), \cdots, (x_n, y_n)$은 다음과 같은 X, Y 좌표상에 점으로 표현될 수 있다.

그림 9-1 X, Y **산포도**

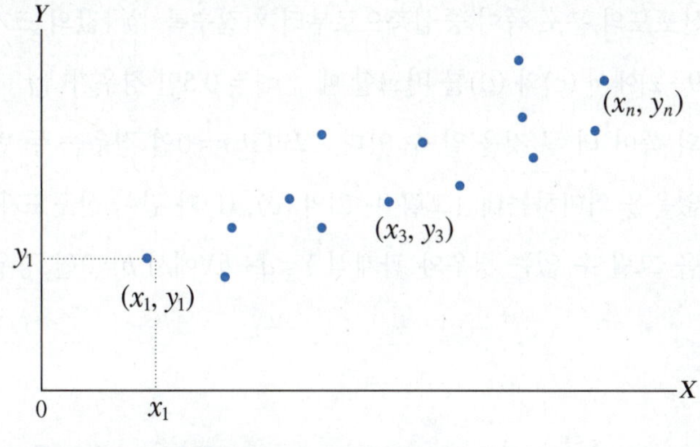

[그림 9-1]과 같은 산포도를 이용해 두 변수 사이의 관계를 분석할 수 있는데, 두 변수 사이의 관계의 밀접도를 측정하는 통계량이 **상관계수**(correlation coefficient)이다. 상관계수 r은 제4장에서 설명한 것과 같이 다음과 같은 식으로 구한다.

$$r = \frac{S_{XY}}{S_X \cdot S_Y} \tag{9.1}$$

여기에서

$$S_{XY} = \frac{1}{n-1}\sum_{i=1}^{n}(X_i - \overline{X})(Y_i - \overline{Y})$$

$$S_X = \sqrt{S_X^2} = \sqrt{\frac{1}{n}\sum_{i=1}^{n}(X_i - \overline{X})}$$

$$S_Y = \sqrt{S_Y^2} = \sqrt{\frac{1}{n}\sum_{i=1}^{n}(Y_i - \overline{Y})}$$

이다.

이론적으로 $-1 \le r \le 1$이며, (X, Y)의 관찰값에 의한 산포도와 상관계수 r과의 관계를 그림으로 표현하면 [그림 9-2]와 같다. [그림 9-2]에서 산포도에 중심축을 그릴 때 상관계수 r은 산포도가 중심축을 중심으로 흩어진 정도를 측정한다. 상관계수 r의 부호는 중심축의 방향이 양이면 +, 음이면 -이다. 또한 $|r|$값의 크기는 산포도가 중심축에 가까이 분포되어 있을수록 1에 가깝다. [그림 9-2]의 (a), (b)와 같이 (X, Y)의 관계가 완전선형 $Y = a + bX(b \neq 0)$인 경우에는 $r = 1(b>0)$ 또는 $r = -1(b<0)$이다.

반대로 산포도의 분포 폭이 중심축으로부터 커질수록 $|r|$값의 크기는 0에 가깝다. [그림 9-2]에서 (c)와 (d)를 비교할 때 $|r| = 0.5$인 경우가 $|r| = 0.7$인 경우보다 분포의 폭이 더 큰 것을 알 수 있다. 그리고 $r = 0$인 경우는 두 변수 사이에 상관관계가 없음을 의미하는데, [그림 9-2]의 (e), (f)와 같이 산포도가 하나의 특정한 중심축을 그릴 수 없는 경우와 관계식 $Y = a + bX$에서 $b = 0$인 경우가 여기에 해당된다.

그림 9-2 산포도와 상관계수

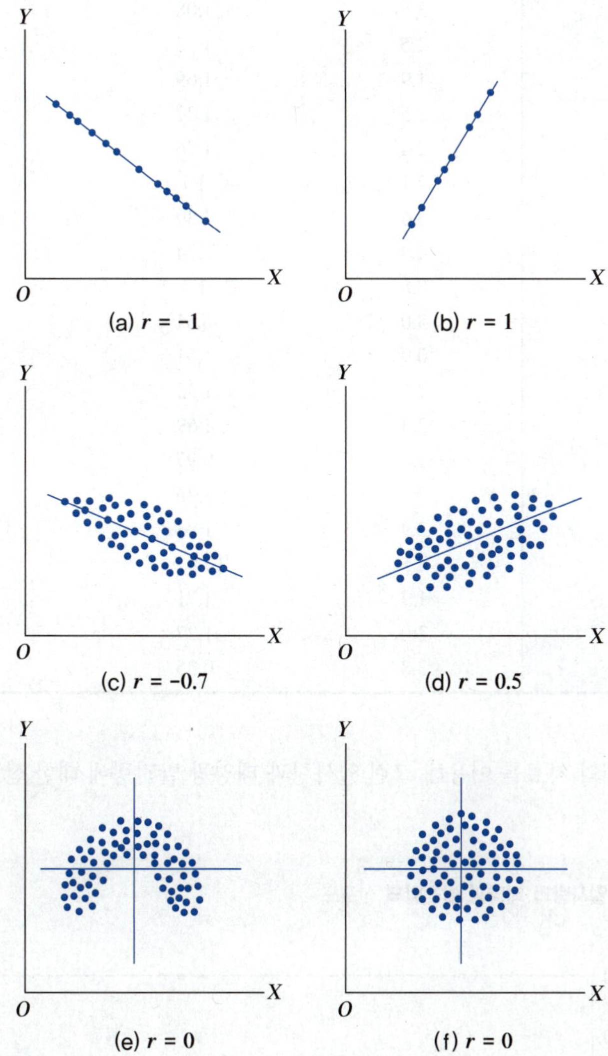

[표 9-1]에는 우리나라 서울 기상관측소에서 임의의 날짜의 14시에 측정한 풍속(X_1), 일사량(X_2)과 같은 시각에 서울지역 태양광 발전량 총량(Y) 자료가 주어져 있다.

표 9-1 풍속(%), 일사량(MJ/m³), 태양광 발전량(MW)

일자	풍속(X_1)	일사량(X_2)	태양광 발전량(Y)
1	3.5	1.08	56.3
2	2.5	1.73	94.1
3	1.9	1.69	92.6
4	2.5	1.27	52.2
5	2.4	1.76	96.0
6	2.1	1.7	92.0
7	3.6	1.39	74.5
8	4.9	1.74	95.3
9	0.8	1.3	62.6
10	3.0	0.61	36.3
11	0.9	1.51	72.7
12	2.9	1.32	49.9
13	2.4	1.69	83.4
14	1.2	0.97	21.3
15	3.0	1.26	51.9
16	2.9	1.84	98.3
17	4.5	1.83	99.2
18	1.9	1.71	89.3
19	2.0	1.27	59.3
20	3.8	0.35	30.2

[표 9-1]의 자료를 이용해 그린 일사량과 태양광 발전량에 대한 산포도가 [그림

그림 9-3 일사량과 태양광 발전량의 산포도

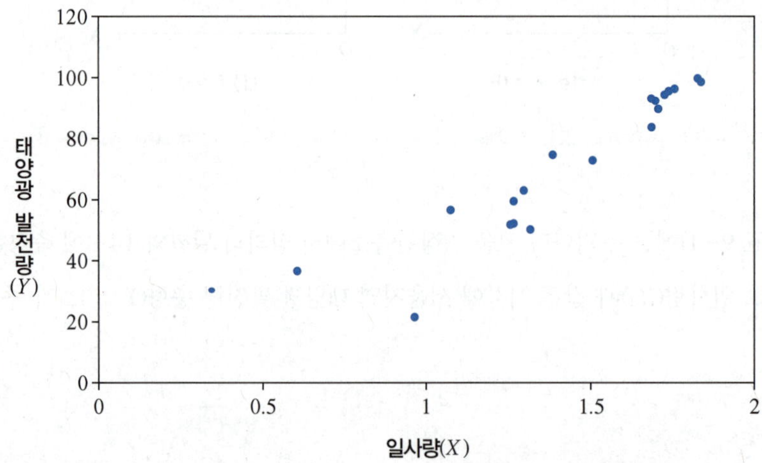

그림 9-4 **풍속과 태양광 발전량 산포도**

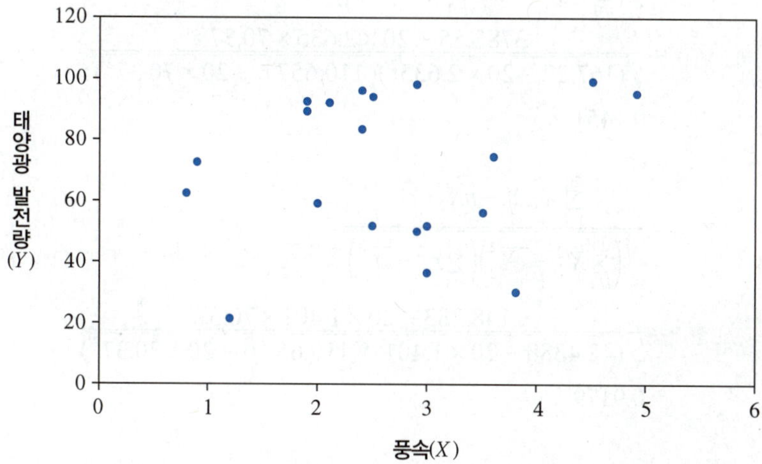

9−3]에, 그리고 풍속과 태양광 발전량에 대한 산포도가 [그림 9−4]에 주어져 있다. [그림 9−3]과 [그림 9−4]에 의할 때 일사량과 태양광 발전량 사이에는 매우 강한 양의 상관성이 있는 반면, 풍속과 태양광 발전량 사이에는 특별한 상관성을 볼 수 없음을 알 수 있다. 여기에서 상관성의 정도는 상관계수를 이용해 구하는데, 두 변수 X, Y에 대한 상관계수 r은 다음과 같은 식을 이용해 구한다.

$$r = \frac{S_{XY}}{S_X \cdot S_Y} = \frac{\sum_{i=1}^{n}(X_i - \overline{X})(Y_i - \overline{Y})}{\sqrt{\sum_{i=1}^{n}(X_i - \overline{X})^2 \cdot \sum_{i=1}^{n}(Y_i - \overline{Y})^2}} = \frac{\sum_{i=1}^{n} X_i Y_i - n\overline{X} \cdot \overline{Y}}{\sqrt{\left(\sum_{i=1}^{n} X_i^2 - n\overline{X}^2\right)\left(\sum_{i=1}^{n} X_i^2 - n\overline{Y}^2\right)}}$$

[표 9−1]의 자료에서

$$\overline{X}_1 = 2.635 \qquad \sum_{i=1}^{14} X_{1i}^2 = 161.27$$

$$\overline{X}_2 = 1.401 \qquad \sum_{i=1}^{14} X_{2i}^2 = 42.4388$$

$$\overline{Y} = 70.37 \qquad \sum_{i=1}^{14} Y_i^2 = 110{,}657.6$$

로, 풍속과 태양광 발전량 사이의 상관계수 γ_{X_1Y}와 일사량과 태양광 발전량 사이의 상관계수 γ_{X_2Y}는 다음과 같다.

$$\gamma_{X_1Y} = \frac{\sum_{i=1}^{20} X_{1i}Y_i - n\overline{X}_1 \cdot \overline{Y}}{\sqrt{\left(\sum_{i=1}^{20} X_{1i}^2 - n\overline{X}_1^2\right)\left(\sum_{i=1}^{20} Y_i^2 - n\overline{Y}^2\right)}}$$
$$= \frac{3782.55 - 20 \times 2.635 \times 70.37}{\sqrt{(167.27 - 20 \times 2.635^2)(110{,}657.6 - 20 \times 70.37^2)}}$$
$$= 0.1451$$

$$\gamma_{X_2Y} = \frac{\sum_{i=1}^{20} X_{2i}Y_i - n\overline{X}_2 \cdot \overline{Y}}{\sqrt{\left(\sum_{i=1}^{20} X_{2i}^2 - _n\overline{X}_2^2\right)\left(\sum_{i=1}^{20} Y_i^2 - _n\overline{Y}^2\right)}}$$
$$= \frac{2148.283 - 20 \times 1.401 \times 70.37}{\sqrt{(42.4388 - 20 \times 1.401^2)(110{,}657.6 - 20 \times 70.37^2)}}$$
$$= 0.9179$$

즉, γ_{X_1Y}는 0.1451로 거의 0에 가까우므로 두 변수 사이에 상관성이 없으며, 반면에 γ_{X_2Y}는 0.9179로 강한 양의 상관관계를 보여주고 있다.

9.2 단순선형회귀분석

Introduction to **Statistics,** ch. nine

상관계수는 단순히 두 연속형 변수 사이에 어느 정도 밀접한 상관관계가 있는가를 분석하는 통계량으로, 두 변수 사이의 관계에서 원인과 결과의 관계는 설명할 수 없다. 그러나 실제 자료분석에서는 관측값이 쌍으로 주어졌을 때 하나의 변수값을 이용해 다른 변수값을 예측하고자 하는 경우가 있다.

예를 들면 아버지의 키와 아들의 키에 대한 분석에서 아버지의 키가 170cm인 경우 기대되는 아들의 키라든가 미세먼지 농도(㎍/m³)와 기온 사이의 관계에서 어떤 날의 기온이 30℃라고 할 때 그날에 기대되는 미세먼지 농도를 예측하고자 하는 경우 또는 일사량과 발전량의 관계를 파악하고 기상예보의 일사량 정보를 통해 다음날 또는 모레의 발전량을 예측하고자 하는 경우가 있다. 또한 경제자료에서 GNP와 저축률 사이의 관계를 통해 국민 1인당 GNP가 10,000달러일 때의 저축률을 예측할 수 있다면 국가의 경제계획을 수집하는 데 매우 유용할 것이다. 이와 같은 경우에 적용할 수 있는 통계적 분석방법이 **선형회귀분석**(linear regression analysis)이다.

선형회귀분석이란 쌍으로 관찰된 두 연속형 변수들 사이에 선형관계가 있다고 전제한 후 한 변수를 원인으로 하고 다른 변수를 결과로 하여 두 변수 사이의 선형식을 구하는 통계분석 방법이다. 선형회귀분석에서 원인의 역할을 하는 변수를 **설명변수**(explanatory variable ; 또는 독립변수, independent variable)라 하고, 결과를 관측하는 변수를 **반응변수**(response variable ; 또는 종속변수, dependent variable)라 한다.

태양광 발전량을 예측하는 문제에서 원인으로 풍속과 일사량 등 기상정보를 동시에 이용하는 경우와 같이 하나의 반응변수에 대해 설명변수가 여러 개 주어질 수도 있고, 하나의 반응변수에 대해 하나의 설명변수만 주어질 수도 있다. 이 중 하나의 반응변수와 하나의 설명변수 사이의 선형관계식을 구하는 것을 **단순선형회귀분석**(simple linear regression analysis)이라 한다. 여기에서 단순(simple)이란 말은 설명변수가 하나인 것을 의미하며, **선형회귀**(linear regression)란 두 변수 사이의 관계가 선형식으로 표현될 수 있다는 것을 의미한다.

9.2.1 선형식

수학에서 두 변수 X, Y가 있을 때 상수 a, b에 대해 다음과 같이 Y를 X의 선형식으로 표현할 수 있다.

$$Y = a + bX \qquad \textbf{(9.2)}$$

식 (9.2)에서 Y절편 a와 계수 b가 주어진다면 식 (9.2)는 [그림 9-5]와 같이 X, Y 평면에 직선으로 표현할 수 있다. [그림 9-5]에서 $X=0$일 때 $Y=a$이며, X가 1단위 증가하면 Y는 b단위 증가함을 알 수 있다. 또한 식 (9.2)에서 a, b가 주어지면 X의 각 값에 대응하는 Y값을 구할 수 있다. 예를 들어 $Y=1+2X$인 경우 X가 1단위 증가하면 Y는 2단위 증가하며, $X=3$일 때 $Y=7$이다. 이와 같이 두 변수 사이의 관계를 식 (9.2)와 같이 표현한 식을 선형식이라 한다.

그림 9-5 X, Y의 선형식

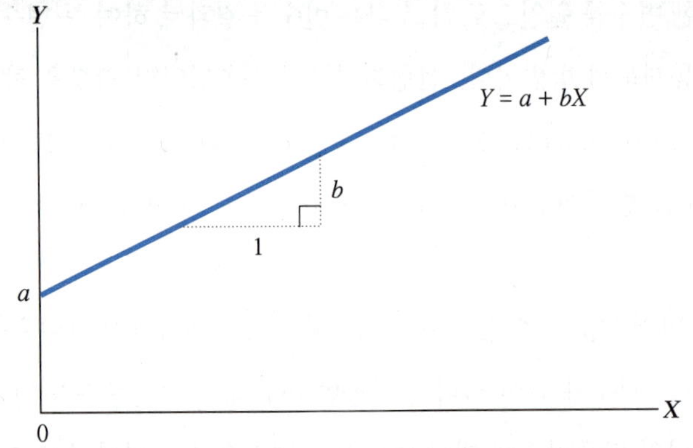

9.2.2 선형회귀모형

단순선형회귀분석에서 설명변수를 X, 반응변수를 Y라 할 때 회귀모형은 다음과 같이 정의된다.

$$Y = \beta_0 + \beta_1 X + \varepsilon \tag{9.3}$$

그림 9-6 X, Y 산포도와 회귀모형

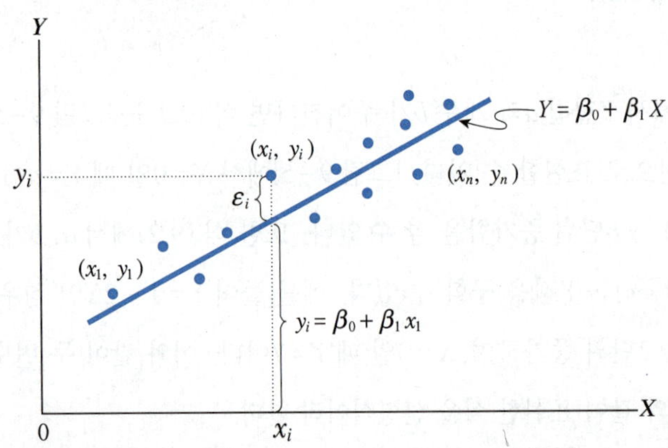

식 (9.3)에서 Y값은 X의 선형식 $\beta_0+\beta_1X$와 잔차 ε가 결합된 형태로 표현되었다. 이를 관측값의 쌍 $(x_1, y_1), (x_2, y_2), \cdots, (x_n, y_n)$에 대한 X, Y 산포도를 이용해 설명하면 다음과 같다. X, Y 산포도가 [그림 9-6]과 같이 주어졌을 때 각 y_i값은 식 $y_i=\beta_0+\beta_1x_i$에 의한 값 $\beta_0+\beta_1x_i$와 ε_i의 합으로 표현된다.

예를 들어 [표 9-1]의 자료에서 일사량을 설명변수 X, 태양광 발전량을 반응변수 Y라 할 때 $i=1, 2, \cdots, 20$에 대해

$$y_i=\beta_0+\beta_1x_i+\varepsilon_i$$

로 표현할 수 있다. 즉, i번째 일자에서 태양광 발전량 y_i는 일사량에 의해 설명되는 부분 $\beta_0+\beta_1x_i$와 일사량에 의해 설명되지 않는 임의효과 ε_i가 결합된 식으로 표현된다. 만약에 $\beta_0=-7.329$, $\beta_1=55.46$이라면 특정 일자에서 일사량이 x^*일 때 태양광 발전량은 일사량에 의해 예측할 수 있는 부분 $-7.329+55.46x^*$와 임의효과 ε_i^*에 의해 설명된다. 이를테면 [표 9-1]의 3일과 13일에서 모두 일사량이 1.69MJ/m^{2}이므로, 기대되는 태양광 발전량은 $-7.329+55.46\times1.69=86.4$MW이다. 그런데 3일과 13일에서 실제 태양광 발전량은 각각 92.6MW와 83.4MW이므로

$$\varepsilon_3=92.6-86.4=+6.2$$

$$\varepsilon_{13}=83.4-86.4=-3$$

이다. 즉, 3일에서는 태양광 발전량이 일사량에 의해 기대되는 평균 태양광 발전량보다 크고 13일에서는 태양광 발전량이 일사량에 의해 기대되는 평균 태양광 발전량보다 작다.

이와 같이 쌍으로 관측된 자료를 식 (9.3)에 주어진 단순선형회귀모형을 이용해 분석하고자 하는 경우에는 자료가 다음과 같은 조건들을 만족한다고 가정한다.

〈조건 1〉 X와 Y 사이의 관계는 선형식으로 표현할 수 있다. [그림 9-3]에 주어진 산포도는 X, Y 관계를 선형식으로 표현할 수 있으나 [그림 9-7]과 같은 산포도는 선형식으로 표현할 수 없다. [그림 9-7]과 같은 산포도를 갖는 자료는 비선형

그림 9-7 비선형 산포도

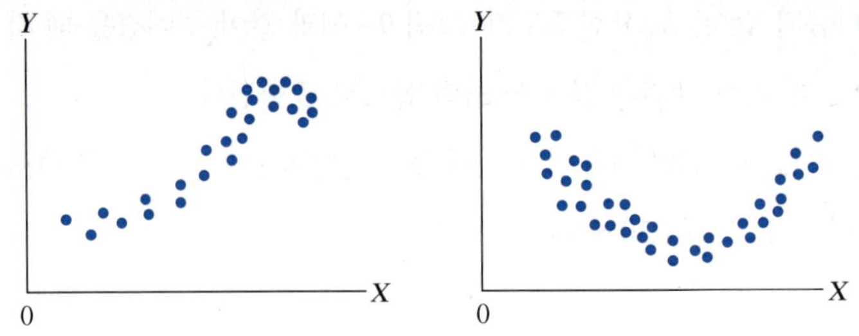

모형이나 변수변환 방법 등을 이용해 적합한 모형을 찾아야 한다.

〈조건 2〉 잔차 ε_i는 서로 독립이며 평균 0과 분산 σ^2을 갖는 정규분포를 따른다. 이를 수식으로 표현하면 다음과 같다.

$$cov(\varepsilon_i, \varepsilon_j) = 0, \quad i \neq j$$
$$\varepsilon_i \sim N(0, \sigma^2), \quad i = 1, 2, \cdots, n$$

이를 [표 9-1]과 [그림 9-3]에 주어진 일사량(X)과 태양광 발전량(Y) 관계를 이용해 설명하기로 한다. [그림 9-3]의 산포도를 잘 대표하는 선이

$$Y = -7.329 + 55.46X$$

와 같다고 하자. 이 경우 X(일사량)가 1MJ/m²라면 기대되는 태양광 발전량은 $-7.329 + 1 \times 55.46 = 48.131$MW이다. 여기에서 기대되는 태양광 발전량이란 일사량이 1MJ/m²인 날의 기대되는 태양광 발전량의 평균을 의미한다. 가정에 따라서는 태양광 발전량이 50MW일 수도 있고, 45MW일 수도 있으나 일사량이 1MJ/m²인 경우 태양광 발전량은 48.131MW를 중심으로 정규분포를 따른다고 가정한다. 즉, X_i는 $X_i = x_i$가 주어졌을 때 평균 $\beta_0 + \beta x$와 미지의 분산 σ^2을 갖는 정규분포를 따른다고 가정한다.

$$Y_i \mid X_i = x_i \sim N(\beta_0 + \beta_1 x, \sigma^2), \quad i = 1, 2, \cdots, n$$

여기에서 잔차 ε_i는 Y_i와 Y_i의 평균 $\beta_0+\beta_1 x_i$의 차이 $\varepsilon_i = Y_i-(\beta_0+\beta_1 x_i)$이므로 ε_i는 평균이 0이고 분산이 Y_i의 분산 σ^2과 같은 정규분포를 따른다고 가정한다. ε_i와 Y_i의 분산이 같은 이유는 $X_i=x_i$가 주어졌을 때 Y_i의 평균인 $\beta_0+\beta_1 x_i$는 상수값으로 분산 σ^2을 구하는 데에는 영향을 미치지 않기 때문이다. 또한 Y_i와 Y_j, $i \neq j$, 즉 i일에서 태양광 발전량와 j일에서 태양광 발전량은 서로 독립이라고 가정한다. 이 결과 Y_i와 ε_i의 관계에 의해 ε_i, ε_j, $i \neq j$가 서로 독립이라는 것을 의미한다. 이와 같은 경우 회귀식 $\beta_0+\beta_1 x_i$는 $X=x_i$가 주어졌을 때 Y_i의 기댓값

$$E(Y_i \mid X=x_i)=\beta_0+\beta_1 x_i$$

이며, Y_i와 ε_i의 확률모형은 다음과 같다.

$$\begin{aligned} &Y_i \sim N(\beta_0+\beta_1 x_i, \sigma^2) \\ &\varepsilon_i \sim N(0, \sigma^2) \end{aligned} \tag{9.4}$$

또한 Y_i와 ε_i의 확률모형을 산포도 그림을 이용해 설명하면 [그림 9-8]과 같다.

그림 9-8 $X=x$가 주어졌을 때 Y의 분포

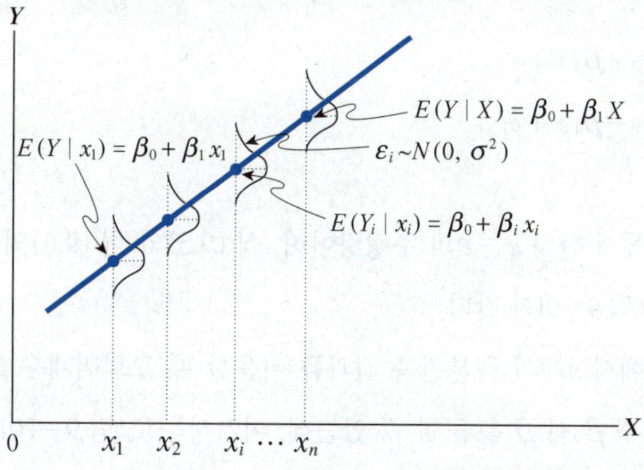

앞에서 주어진 두 조건과 모형 (9.3)을 이용한 단순선형회귀분석에서는 두 계

수 β_0, β_1을 추정해 선형식 $\beta_0+\beta_1 X$를 구하고, 모형의 분산 σ^2을 추정해 β_0와 β_1의 추정량 분포를 구한 후 β_0 또는 β_1이 0인가에 대한 검정을 실시한다. 또한 선형식 $\beta_0+\beta_1 X$가 자료에 얼마나 적합한가를 측정한다.

9.2.3 회귀계수의 추정— 최소제곱법

단순선형회귀모형인 모형 (9.3)에서 반응변수 Y는 설명변수 X에 의해 만들어진 선형식 $E(Y \mid x)=\beta_0+\beta_1 x$와 잔차 ε의 결합으로 표현된다. 여기에서 회귀분석의 기본은 선형식 $\beta_0+\beta_1 x$를 구하는 것으로, 이는 계수 β_0, β_1을 추정하는 문제이다. 이와 같은 회귀모형에서 계수 β_0, β_1은 대상 집단 모두(모집단)를 대상으로 구하는 계수이다. 그러나 실제 자료분석에서는 대상 집단의 일부인 n개의 관측쌍, (x_1, y_1), (x_2, y_2), (x_3, y_3), $\cdots$, (x_n, y_n)을 이용해 β_0와 β_1의 추정값인 $\hat{\beta}_0$와 $\hat{\beta}_1$을 구한다. 이 경우 $\hat{\beta}_0+\hat{\beta}_1 x$는 회귀선 $\beta_0+\beta_1 x$의 추정된 회귀선으로, 두 회귀선은

$$
\begin{aligned}
&E(Y \mid x)=\beta_0+\beta_1 x \\
&\hat{Y}=\hat{\beta}_0+\hat{\beta}_1 x
\end{aligned}
\tag{9.5}
$$

와 같이 표현하며, 회귀모형은 다음과 같이 표현한다.

$$
\begin{aligned}
Y&=\beta_0+\beta_1 x+\varepsilon \\
&=\hat{\beta}_0+\hat{\beta}_1 x+e
\end{aligned}
\tag{9.6}
$$

모형 (9.6)에서 잔차 e는 ε의 추정량이며, 식 (9.5)와 식 (9.6)의 관계를 그림으로 설명하면 [그림 9-9]와 같다.

모형 (9.6)에서 n개의 표본관측 결과를 이용할 때 모회귀계수 β_0, β_1은 알 수 없고 단지 추정량 $\hat{\beta}_0$와 $\hat{\beta}_1$을 구할 수 있는데, 여기서는 [그림 9-10]을 이용해 회귀계수의 추정방법을 설명한다.

회귀모형 $y_i=\hat{\beta}_0+\hat{\beta}_1 x_i+e_i$, $i=1, 2, \cdots, n$에서 회귀식 $\hat{y}_i=\hat{\beta}_0+\hat{\beta}_1 x_i$는 $i=1, 2, \cdots, n$에 대해 y_i와 회귀식의 값 $\hat{y}_i$의 거리가 가까울수록 좋다고 할 수 있다. 여기에서

그림 9-9 모회귀선과 추정된 회귀선

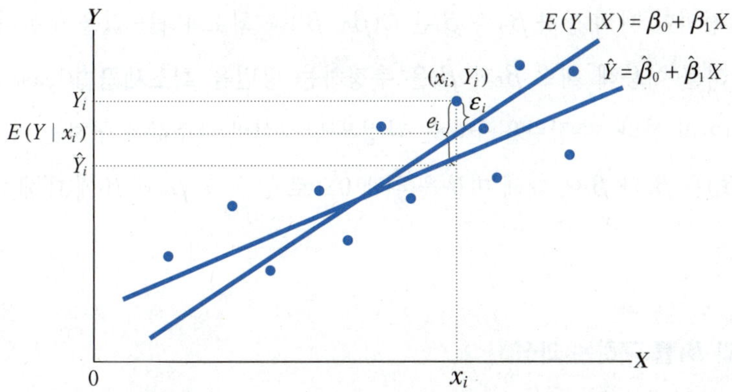

그림 9-10 회귀선과 잔차 그림

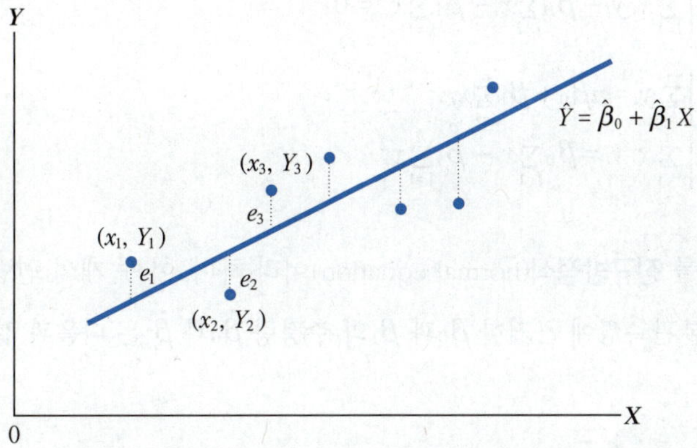

거리는

$$e_i = y_i - \hat{y}_i = y_i - (\hat{\beta}_0 + \hat{\beta}_1 x_i) \tag{9.7}$$

와 같이 잔차 e_i로 측정된다. 회귀식은 모든 $i = 1, 2, \cdots, n$에 대해 e_i가 작게 되도록 구한다. 즉, $Q(\hat{\beta}_0, \hat{\beta}_1)$을

$$Q(\hat{\beta}_0, \hat{\beta}_1) = \sum_{i=1}^{n} e_i^2 = \sum_{i=1}^{n} (y_i - \hat{\beta}_0 - \hat{\beta}_1 x_i)^2 \quad (9.8)$$

과 같이 정의할 때 추정량 $\hat{\beta}_0$과 $\hat{\beta}_1$은 $Q(\hat{\beta}_0, \hat{\beta}_1)$을 최소화하는 값을 구한다. 이와 같은 원리를 이용해 계수 $\hat{\beta}_0$과 $\hat{\beta}_1$을 추정하는 방법을 **최소제곱법**(least square method)이라 한다. 추정량을 구하는 과정은 방정식의 극소값을 구하는 방법으로, $Q(\hat{\beta}_0, \hat{\beta}_1)$을 $\hat{\beta}_0$과 $\hat{\beta}_1$에 대해 미분을 취해 0으로 놓은 후 $\hat{\beta}_0$과 $\hat{\beta}_1$에 대해 해를 구한다.

β_0과 β_1를 구하는 과정

$$\begin{cases} \dfrac{Q}{\hat{\beta}_0} = 2\sum_{i=1}^{n}(y_i - \hat{\beta} - \hat{\beta}_1 x_i)(-1) = 0 \\ \dfrac{Q}{\hat{\beta}_1} = 2\sum_{i=1}^{n}(y_i - \hat{\beta}_0 - \hat{\beta}_1 x_i)(-x_i) = 0 \end{cases}$$

$$\Rightarrow \begin{cases} \sum_{i=1}^{n} y_i - n\hat{\beta}_0 - \hat{\beta}_1 \sum_{i=1}^{n} x_i = 0 \\ \sum_{i=1}^{n} x_i y_i - \hat{\beta}_0 \sum_{i=1}^{n} x_i - \hat{\beta}_1 \sum_{i=1}^{n} x_i^2 = 0 \end{cases}$$

$$\Rightarrow \begin{cases} \sum_{i=1}^{n} y_i = n\hat{\beta}_0 + \hat{\beta}_1 \sum_{i=1}^{n} x_i \\ \sum_{i=1}^{n} x_i y_i = \hat{\beta}_0 \sum_{i=1}^{n} x_i + \hat{\beta}_1 \sum_{i=1}^{n} x_i^2 \end{cases} \quad (9.9)$$

식 (9.9)를 **정규방정식**(normal equation)이라 하며, 이 두 개의 연립방정식을 풀면 n개의 표본관측쌍에 근거한 β_0과 β_1의 추정량 $\hat{\beta}_0$과 $\hat{\beta}_1$은 다음과 같다.

$$\hat{\beta}_0 = \overline{y} - \hat{\beta}_1 \overline{x}$$

$$\hat{\beta}_1 = \frac{\sum_{i=1}^{n}(x_i - \overline{x})(y_i - \overline{y})}{\sum_{i=1}^{n}(x_i - \overline{x})^2} \quad (9.10)$$

여기에서 $\overline{x} = \frac{1}{n}\sum_{i=1}^{n} x_i$, $\overline{y} = \frac{1}{n}\sum_{i=1}^{n} y_i$이며, $\hat{\beta}_1$은 식 (9.10)으로부터 유도된

$$\hat{\beta}_1 = \frac{\sum_{i=1}^{n} x_{ij} - n\overline{x} \cdot \overline{y}}{\sum_{i=1}^{n} x_i^2 - \overline{x}^2}$$

을 이용해 구하는 것이 편리하다. [표 9-1]에 주어진 자료에서 일사량을 X로 하고

태양광 발전량을 Y로 할 때 회귀선은 다음과 같은 표를 이용해 구할 수 있다. 단, 결과는 반올림 결과로 실제 프로그램을 통한 결과와는 약간의 오차가 발생한다.

다음 표에서 $\bar{x} = 1.401$, $\bar{y} = 70.37$이며, 따라서

일자	X	Y	X^2	Y^2	$X \cdot Y$
1	1.08	56.3	1.1664	3,169.69	29,580
2	1.73	94.1	2.9929	8,854.81	28,545
3	1.69	92.6	2.8561	8,574.76	30,450
4	1.27	52.2	1.6129	2,724.84	32,220
5	1.76	96.0	3.0976	9,216.00	28,552
6	1.70	92.0	2.8900	8,464.00	27,710
7	1.39	74.5	1.9321	5,550.25	30,444
8	1.74	95.3	3.0276	9,082.09	32,391
9	1.30	62.6	1.6900	3,918.76	26,386
10	0.61	36.3	0.3721	1,317.69	31,680
11	1.51	72.7	2.2801	5,285.29	29,400
12	1.32	49.9	1.7424	2,490.01	31,146
13	1.69	83.4	2.8561	6,955.56	28,220
14	0.97	21.3	0.9409	453.69	34,221
15	1.26	51.9	1.5876	2,693.61	34,221
16	1.84	98.3	3.3856	9,662.89	34,221
17	1.71	99.2	3.3489	9,840.64	34,221
18	1.83	89.3	2.9241	7,974.49	34,221
19	1.71	59.3	1.6129	3,516.49	34,221
20	0.35	30.2	0.1225	912.04	34,221
합	28.02	1,407.4	42.4388	110,657.6	2,148.283

$$\hat{\beta}_1 = \frac{\sum_{i=1}^{n} x_i y_i - n\bar{x} \cdot \bar{y}}{\sum_{i=1}^{n} x_i^2 - n\bar{x}^2} = \frac{2{,}148.283 - 20 \times 1.401 \times 70.37}{42.4388 - 20 \times (1.401)^2}$$

$$= \frac{176.5156}{3.18278} = 55.46$$

$$\hat{\beta}_0 = \bar{y} - \hat{\beta}_1 \bar{x} = 70.37 - 55.46 \times 1.401$$

$$= -7.329$$

이다. 이에 의해 회귀선은

$$\hat{Y} = -7.329 + 55.46X \tag{9.11}$$

이며, 이 회귀선을 [그림 9-3]에 주어진 산포도에 그린 결과가 [그림 9-11]이다.

그림 9-11 일사량과 태양광 발전량에 대한 회귀선

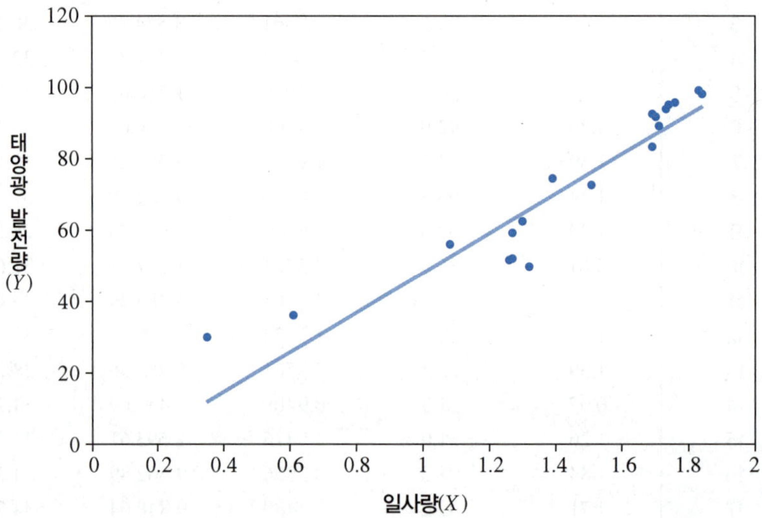

회귀모형에서 각각의 x_i값에 대해 y_i와 $\hat{y}_i$값이 같지 않을 수 있다. 두 값의 차이를 e_i라 하는데,

$$e_i = y_i - \hat{y}_i, \quad i = 1, 2, \cdots, n$$

이며, e_i는 오차항 ε_i의 추정량으로 e_i를 **잔차**(residual)라 한다. 위의 일사량과 태양광 발전량에 대한 회귀모형에서 추정량 $\hat{y}_i$값과 $e_i = y_i - \hat{y}_i$값이 [표 9-2]에 주어져 있다.

표 9-2 $\hat{Y}$와 e값

일자	$\hat{Y}$	e	일자	$\hat{Y}$	e	일자	$\hat{Y}$	e
1	52.56	3.73	8	89.17	6.13	15	62.55	−10.65
2	88.62	5.48	9	64.77	−2.17	16	94.72	3.58
3	86.40	6.20	10	26.50	9.80	17	94.16	5.04
4	63.10	−10.90	11	76.41	−3.72	18	87.51	1.79
5	90.28	5.72	12	65.88	−15.98	19	63.10	−3.80
6	86.95	5.05	13	86.40	−3.00	20	12.08	18.12
7	69.76	4.74	14	46.47	−25.17			

[표 9−2]에서 e_i값이 양수인 경우는 태양광 발전량이 일사량에 의하여 기대된 것보다 큰 경우이고, e_i값이 음수인 경우는 태양광 발전량이 일사량에 의하여 기대된 것보다 작은 경우를 의미한다.

분산 σ^2의 추정

식 (9.6)에서 설명한 바와 같이 $X=x$가 주어졌을 때 Y는 평균 $\beta_0+\beta_1 x$와 분산 σ^2을 갖는 정규분포를 따른다고 가정한다. 여기에서 Y의 분산은

$$
\begin{aligned}
Var(Y) &= \sigma^2 = E[Y-(\beta_0+\beta_1 x)]^2 \\
&= E[\varepsilon^2]
\end{aligned}
$$

인데, 잔차 ε의 기댓값은 $E(\varepsilon)=0$이므로

$$Var(Y) = \sigma^2 = E[\varepsilon^2] = Var(\varepsilon)$$

이다. 따라서 분산 σ^2의 추정량은 잔차 ε의 추정량인 e를 이용해 다음과 같이 구한다.

회귀식 $\hat{y}_i=\hat{\beta}_0+\hat{\beta}_1 x_i$를 구한 후 잔차 e_i를 $e_i=y_i-\hat{y}_i=y_i-\hat{\beta}_0-\hat{\beta}_1 x_i$와 같이 정의할 때 **잔차제곱합**(residual sum of squares ; SSE)을 $SSE=\sum_{i=1}^{n} e_i^2=\sum_{i=1}^{n}(y_i-\hat{y}_i)^2$와 같이 정의하며, σ^2의 추정량 $\hat{\sigma}^2$은

$$\sigma^2 = \frac{1}{n-2} SSE = \frac{1}{n-2} \sum_{i=1}^{n} (y_i - \hat{y}_i)^2 \tag{9.12}$$

과 같이 구한다. 여기에서 분모 $n-2$는 잔차제곱합(SSE)의 자유도(degree of freedom)이다. 이 값은 위와 같은 단순선형회귀모형의 선형식에는 모수가 2개(β_0, β_1) 있으므로 표본관찰수 n에서 모수의 수 2를 뺀 값이라고 설명할 수 있다. 다른 설명방법으로는 SSE의 계산에서

$$SSE = \sum_{i=1}^{n} (y_i - \hat{y}_i)^2 = \sum_{i=1}^{n} (y_i - \hat{\beta}_0 - \hat{\beta}_1 x_i)^2$$

과 같이 두 모수의 추정량 $\hat{\beta}_0$와 $\hat{\beta}_1$이 주어지기 때문에 SSE의 자유도는 표본관찰수 n에서 2를 뺀 값이다. 앞에서 분석한 [표 9-1]의 자료에서 태양광 발전량에 대한 일사량을 이용한 회귀분석에서 σ^2의 추정량은

$$\begin{aligned}\hat{\sigma}^2 &= \frac{1}{n-2} \sum_{i=1}^{n} (y_i - \hat{y}_i)^2 = \frac{1}{n-2} \sum_{i=1}^{n} e_i^2 = \frac{1}{20-2} \times 1{,}829.383 \\ &= 101.6324\end{aligned}$$

이다.

9.2.4 계수의 추정량 $\hat{\beta}_0$와 $\hat{\beta}_1$의 분포

식 (9.4)에서 $X=x$가 주어졌을 때 Y는 평균이 $\beta_0 + \beta_1 x$이고 분산이 σ^2인 정규분포를 따른다고 가정했다. 또한 식 (9.10)에는 $\hat{\beta}_0$와 $\hat{\beta}_1$이 다음과 같이 주어져 있다.

$$\begin{aligned}\hat{\beta}_0 &= \bar{y} - \hat{\beta}_1 \bar{x} \\ \hat{\beta}_1 &= \frac{\sum_{i=1}^{n} (x_i - \bar{x})(y_i - \bar{y})}{\sum_{i=1}^{n} (x_i - \bar{x})^2} = \frac{\sum_{i=1}^{n} (x_i - \bar{x}) y_i}{\sum_{i=1}^{n} (x_i - \bar{x})^2}\end{aligned} \tag{9.13}$$

여기에서 $\hat{\beta}_0$와 $\hat{\beta}_1$의 평균과 분산을 구하면 다음과 같다.

β_0과 β_1의 평균

$$
\begin{aligned}
E[\hat{\beta}_1] &= E\left(\frac{\sum_{i=1}^{n}(x_i-\bar{x})y_i}{\sum_{i=1}^{n}(x_i-\bar{x})^2}\right) = \frac{\sum_{i=1}^{n}(x_i-\bar{x})E(y_i)}{\sum_{i=1}^{n}(x_i-\bar{x})^2} \\
&= \frac{\sum_{i=1}^{n}(x_i-\bar{x})(\beta_0+\beta_1 x_i)}{\sum_{i=1}^{n}(x_i-\bar{x})^2} \\
&= \frac{\beta_0\sum_{i=1}^{n}(x_i-\bar{x})+\beta_1\sum_{i=1}^{n}(x_i-\bar{x})x_i}{\sum_{i=1}^{n}(x_i-\bar{x})^2} \\
&= \frac{\beta_1\sum_{i=1}^{n}(x_i-\bar{x})x_i}{\sum_{i=1}^{n}(x_i-\bar{x})^2} = \frac{\beta_1\sum_{i=1}^{n}(x_i-\bar{x})^2}{\sum_{i=1}^{n}(x_i-\bar{x})^2} = \beta_1
\end{aligned}
$$

$$
\begin{aligned}
E[\hat{\beta}_0] &= E[\bar{y}-\hat{\beta}_1\bar{x}] \\
&= E\bar{y}-\bar{x}E(\hat{\beta}_1) \\
&= \beta_0+\beta_1\bar{x}+E(\bar{\varepsilon})-\beta_1\bar{x} \\
&= \beta_0
\end{aligned}
$$

즉, 추정량 $\hat{\beta}_0$과 $\hat{\beta}_1$은 각각 β_0와 β_1의 불편추정량이다.

β_0과 β_1의 분산

$$
\begin{aligned}
Var[\hat{\beta}_1] &= Var\left(\frac{\sum_{i=1}^{n}(x_i-\bar{x})y_i}{\sum_{i=1}^{n}(x_i-\bar{x})^2}\right) = \frac{\sum_{i=1}^{n}(x_i-\bar{x})^2 Var(y_i)}{\left(\sum_{i=1}^{n}(x_i-\bar{x})^2\right)^2} \\
&= \frac{\sigma^2}{\sum_{i=1}^{n}(x_i-\bar{x})^2}
\end{aligned}
$$

$$
\begin{aligned}
Var[\hat{\beta}_0] &= Var(\bar{y}-\hat{\beta}_1\bar{x}) \\
&= Var(\bar{y})+\bar{x}^2 Var(\hat{\beta}_1)-2\bar{x}Cov(\bar{y},\hat{\beta}_1) \\
&= Var(\bar{y})+\bar{x}^2 Var(\hat{\beta}_1) \\
&= \frac{1}{n}\sigma^2+\frac{\bar{x}^2}{\sum_{i=1}^{n}(x_i-\bar{x})^2}\sigma^2
\end{aligned}
$$

$$= \left(\frac{1}{n} + \frac{\bar{x}^2}{\sum_{i=1}^{n}(x_i - \bar{x})^2} \right) \sigma^2$$

또한 $\hat{\beta}_0$과 $\hat{\beta}_1$은 모두 Y의 선형함수이므로 $\hat{\beta}_0$과 $\hat{\beta}_1$은 위에서 구한 평균과 분산을 갖는 정규분포를 따른다.

$$\hat{\beta}_0 \sim N\left(\beta_0, \sigma^2 \left(\frac{1}{n} + \frac{\bar{x}^2}{\sum_{i=1}^{n}(x_i - \bar{x})^2} \right) \right)$$

$$\hat{\beta}_1 \sim N\left(\beta_1, \frac{\sigma^2}{\sum_{i=1}^{n}(x_i - \bar{x})^2} \right) \qquad (9.14)$$

9.2.5 회귀계수 β_0, β_1에 대한 검정

추정된 회귀선 $\hat{Y} = \hat{\beta}_0 + \hat{\beta}_1 X$에서 $\hat{\beta}_0$과 $\hat{\beta}_1$은 각각 모회귀선 $E(Y \mid x) = \beta_0 + \beta_1 x$에서 주어진 회귀계수 β_0과 β_1의 추정량이다. 따라서 회귀선을 추정하는 경우에는 모회귀계수 β_0 또는 β_1이 0이 아닌가를 검정한다. 만약에 $\beta_0 = 0$을 받아들이게 된다면 모회귀선은 원점을 지난다고 볼 수 있으며, $\beta_1 = 0$을 받아들인다면 모회귀선이 $E(Y \mid x) = \beta_0$와 같이 수평선으로 Y값은 $X = x$값에 영향을 받지 않는다고 할 수 있다. 이와 같이 모회귀계수 β_0, β_1에 대한 검정은 매우 중요한데, 검정과정은 추정량 $\hat{\beta}_0$과 $\hat{\beta}_1$의 분포를 이용해 실시한다. 즉, 식 (9.14)에 주어진 $\hat{\beta}_0$과 $\hat{\beta}_1$의 분포를 표준화하면

$$\frac{\hat{\beta}_0 - \beta_0}{\sigma \sqrt{\frac{1}{n} + \frac{\bar{x}^2}{\sum_{i=1}^{n}(x_i - \bar{x})^2}}} \sim N(0,1) \qquad (9.15)$$

$$\frac{\hat{\beta}_1 - \beta_1}{\sigma \sqrt{\frac{1}{\sum_{i=1}^{n}(x_i - \bar{x})^2}}} \sim N(0,1) \qquad (9.16)$$

과 같다. 검정에서는 σ의 값을 알 수 없으므로 σ의 추정량인 $\hat{\sigma}$을 이용해 σ으로 대치한다.

β_0에 대한 검정

(1) 가설의 설정 : y절편 $\beta_0 = 0$을 받아들일 수 있느냐에 관심이 있으므로 귀무가설(H_0)과 대립가설(H_1)은 각각 다음과 같이 설정한다.

$$H_0 : \beta_0 = 0$$

$$H_1 : \beta_0 \neq 0$$

(2) 검정통계량과 분포 : σ^2을 추정량 $\hat{\sigma}^2$으로 대치하면 귀무가설(H_0)하에서 검정통계량의 값 T는 식 (9.15)에 의해

$$T = \frac{\hat{\beta}_0 - 0}{\hat{\sigma}\sqrt{\frac{1}{n} + \frac{\bar{x}^2}{\sum_{i=1}^{n}(x_i - \bar{x})^2}}}$$

이다. T의 분포는 표본의 크기 $n > 30$인 경우에는 근사적으로 표준정규분포 $N(0, 1)$을 따른다고 할 수 있으며, $n \leq 30$인 경우에는 자유도가 $n-2$인 t분포를 따른다.

모형 (9.11)에 주어진 회귀모형에서

$$\hat{\beta}_0 = -7.329$$

$$se(\hat{\beta}_0) = \hat{\sigma}\sqrt{\frac{1}{n} + \frac{\bar{x}^2}{\sum_{i=1}^{n}(x_i - \bar{x})^2}} = 8.232$$

이므로 $H_0 : \beta_0 = 0$에 대한 검정통계량은

$$T = \frac{\hat{\beta}_0}{se(\hat{\beta}_0)} = \frac{-7.329}{8.232} = -0.89$$

이다. $n = 20 < 30$이므로 T는 자유도가 $n-2 = 18$인 t분포를 따른다. 〈부록 Ⅵ〉의 [표 4] t분포에서 자유도가 18인 경우 $P_r(|T| \geq 1.734) = 0.05$이므로 $T = -0.89$은 유의수준 5%하에서 기각역에 속하지 않는다. 즉, 귀무가설 $H_0 : \beta_0 = 0$을 채택하는데 이에 의할 때 모회귀선이 원점을 지나지 않는다고 할 수 없다.

β_1에 대한 검정

(1) 가설의 설정 : 회귀계수 $\beta_1 = 0$을 받아들일 수 있느냐에 관심이 있으므로 H_0과 H_1은 각각 다음과 같이 설정한다.

$$H_0 : \beta_1 = 0$$

$$H_1 : \beta_1 \neq 0$$

(2) 검정통계량과 분포 : 귀무가설(H_0)하에서 검정통계량의 값 T는 식 (9.16)에 의해

$$T = \frac{\hat{\beta}_1 - 0}{\sigma \sqrt{\dfrac{1}{\sum_{i=1}^{n}(x_i - \bar{x})^2}}}$$

이며, T의 분포는 앞의 β_0에 대한 검정통계량과 같다. 모형 (9.11)에 주어진 회귀모형에서

$$\hat{\beta}_1 = 55.46$$

$$se(\hat{\beta}_1) = \hat{\sigma} \sqrt{\frac{1}{\sum_{i=1}^{n}(x_i - \bar{x})^2}} = 5.651$$

이므로, 귀무가설하에서 검정통계량의 값 T는

$$T = \frac{\hat{\beta}_1}{se(\hat{\beta}_1)} = \frac{55.46}{5.651} = 9.814$$

이다. T는 자유도가 $n-2=18$인 t분포를 따르며, $P(|T| \geq 1.734) = 0.05$이므로 5% 유의수준하에서 검정통계량 T값은 기각역에 속한다. 즉, 5% 유의수준하에서 모회귀계수 β_1은 0이라 할 수 없다.

9.2.6 결정계수

최소제곱법에 의해 회귀선을 구하는 방법은 각각의 점들과 회귀선과의 거리의 제곱합이 최소가 되도록 계수 β_0, β_1의 추정량을 구하는 것이다. 따라서 [그림 9-12]에서 ●으로 표시된 자료와 ×로 표시된 자료가 모두 동일한 회귀선 $\hat{Y} = \hat{\beta}_0 + \hat{\beta}_1 X$를 갖게 된다.

그림 9-12 두 가지 형태의 자료와 회귀선

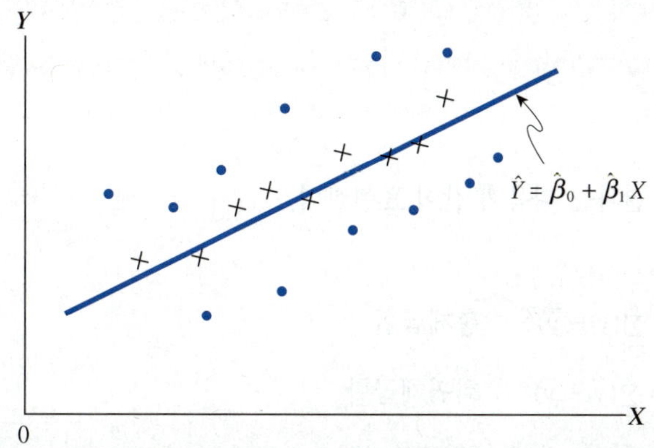

이 경우 회귀선 $\hat{Y} = \hat{\beta}_0 + \hat{\beta}_1 X$는 두 자료 중 어느 자료를 더 잘 설명한다고 할 수 있을까? [그림 9-12]를 관찰해 볼 때 ×로 표시된 자료들은 회귀선에 가까이 분포되어 있고 ●으로 표시된 자료들은 회귀선에서 멀리 분포되어 있으므로, ×로 표시된 자료가 회귀선에 의해 보다 잘 설명될 수 있음을 알 수 있다. 이와 같이 회귀분석에서는 주어진 자료에 대한 회귀선의 설명력을 측정할 수 있다. 이처럼 회귀선의 설명력을 측정하는 통계량을 **결정계수**(coefficient of determinant)라 하며, 이 통계량의 유도과정은 다음과 같다.

[그림 9-13]에서 볼 수 있는 것과 같이 (X, Y) 산포도의 각 점에서의 Y값 y_i, $i = 1, 2, \cdots, n$과 Y의 평균 $\overline{y} = \frac{1}{n}\sum_{i=1}^{n} y_i$과의 편차 $y_i - \overline{y}$는 잔차 $e_i = y_i - \hat{y}_i$에 의한 부분과 회귀선에 의해 설명되는 $\hat{y}_i - \overline{y}_i$로 나눌 수 있다. 각각의 값을 모든 관찰값에 대

그림 9-13 편차 $y-\bar{y}$의 분할

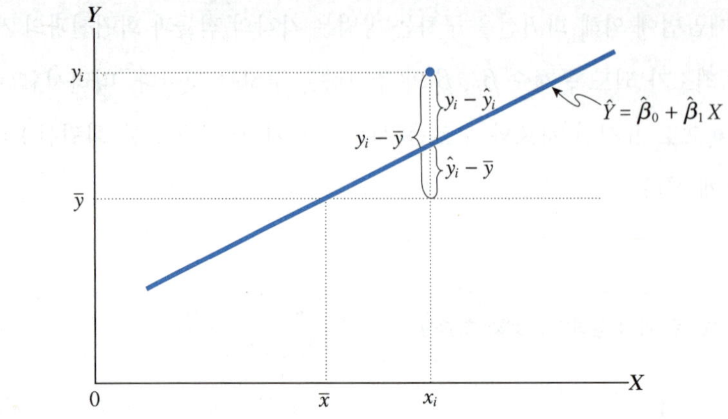

해 제곱해 합한 결과는 다음과 같이 표현한다.

$$TSS=\sum_{i=1}^{n}(y_i-\bar{y})^2 \quad : \text{총제곱합}$$

$$SSR=\sum_{i=1}^{n}(\hat{y}_i-\bar{y})^2 \quad : \text{회귀제곱합}$$

$$SSE=\sum_{i=1}^{n}(y_i-\hat{y}_i)^2 \quad : \text{잔차제곱합}$$

세 제곱합 TSS, SSR, SSE의 정의에 의해 $TSS=SSR+SSE$임을 알 수 있으며, 결정계수 R^2은 다음과 같이 정의한다.

$$R^2=\frac{SSR}{TSS}$$

즉, 결정계수 R^2은 총변동 TSS 중 회귀선에 의해 설명되는 변동 SSR의 비율을 측정하는 값이다. 따라서 R^2은 $0 \le R^2 \le 1$ 사이의 값을 갖는다. 결정계수 R^2의 값이 1에 가까운 경우는 관측값들이 회귀선에 가까이 있는 경우로, 자료에 대한 회귀선의 설명력이 크다는 것을 의미한다. 또한 R^2의 값이 0에 가까운 경우는 관측값들이 회귀선에서 멀리 떨어져 있는 경우로, 자료에 대한 회귀선의 설명력이 약하다는 것을 의미한다. 결정계수를 R^2으로 표현하는 이유는 설명변수가 하나인 단순선형회귀모형에서 결정계수 R^2의 값은 두 변수 X, Y의 상관계수 r의 제곱과 같기 때문이다. 이에 대한 증명은 〈부록 Ⅳ〉에 주어져 있다. 모형 (9.11)에 대한 산포도와 회귀선이 [그림 9-11]에 주어져 있는데, 자료에 대한 회귀선의 설명력이 큰 것을 알 수 있다. 이 회귀모형에서 R^2의 값은 $R^2=0.8426$이다. 경험적으로 볼 때 경제 관련 자료에서 R^2의 값은 0.9 이상인 경우가 많으나 사회학, 심리학 등과 관련된 자료분석의 경우 R^2값이 0.3～0.4인 경우가 적지 않다. [그림 9-11]의 자료에서 $R^2=0.8426$인 것을 참조할 때 R^2이 0.9 정도이면 회귀선의 설명력이 매우 큰 경우임을 알 수 있다.

9.2.7 X가 주어졌을 때 Y의 예측

회귀분석의 중요한 목적 중 하나는 설명변수 X의 값이 주어졌을 때 반응변수 Y값을 예측하는 것이다. 회귀식 $\hat{Y}=\hat{\beta}_0+\hat{\beta}_1 X$에 의해 $X=x_P$로 주어지면 Y값은 $\hat{y}_P=\hat{\beta}_0+\hat{\beta}_1 x_P$로 추정된다. 즉, $X=x_P$가 주어졌을 때 Y의 기댓값은 $\hat{y}_P$가 되는데, 실제로 $X=x_P$가 주어졌을 때 Y값은 $\hat{y}_P$를 중심으로 정규분포를 따른다.

예를 들어 모형 (9.11)에서 회귀선은 $\hat{Y}=-7.329+55.46X$인데 $X=1$인 경우 $\hat{y}_P=48.131$이다. 즉, 위의 회귀분석 결과에 의할 때 일사량이 1MJ/m²인 날에 기대되는 태양광 발전량의 평균은 48.131MW이다. 그러나 실제로 일사량 1MJ/m²인 날들을 확인할 때 모든 일자에서 태양광 발전량이 48.131MW인 것은 아니다. 어느 날일자에서는 50MW일 수도 있고 다른 일자에서는 45MW일 수도 있다. 이 경우 일사량이 1MJ/m²인 날에서 태양광 발전량은 평균이 48.131MW인 정규분포를 따른다고 가정한다. 이와 같이 $X=x_P$가 주어졌을 때 Y값의 분포를 구해 보자. $X=x_P$일 때 Y의 기댓값 $E(\mid Y \mid x_P)=\beta_0+\beta_1 x_P$의 추정량은 $\hat{Y}_P=\hat{\beta}_0+\hat{\beta}_1 x_P$이고, $\hat{Y}_P$의 분산은

$$Var(\hat{Y}_P)=\sigma^2\left(\frac{1}{n}+\frac{(x_P-\bar{x})^2}{\sum_{i=1}^{n}(x_i-\bar{x})^2}\right) \tag{9.17}$$

이다. 또한 $X=x_P$가 주어졌을 때 Y값과 Y의 추정량 $\hat{Y}_P$와의 차이,

즉, 예측오차 e에 대한 분산은

$$Var(e) = Var(Y - \hat{Y}_P)$$
$$= \sigma^2 \left(1 + \frac{1}{n} + \frac{(x_P - \bar{x})^2}{\sum_{i=1}^{n}(x_i - \bar{x})^2} \right) \tag{9.18}$$

이다. 식 (9.17)과 (9.18)의 유도과정은 회귀분석 책을 참고하기 바란다. 위에 주어진 두 분산과 반응변수 Y가 정규분포를 따른다는 가정을 이용해 $X = x_P$가 주어졌을 때 Y의 기댓값 $E(Y \mid x_P)$에 대한 신뢰구간과 $X = x_P$가 주어졌을 경우 Y의 예측값에 대한 신뢰구간을 구할 수 있다. 즉, $X = x_P$가 주어졌을 때 Y의 기댓값 $E(Y \mid x_P) = \beta_0 + \beta_1 x_P$의 추정량 $\hat{Y}_P$는 다음과 같은 정규분포를 따른다.

$$\hat{Y}_P \sim N\left(\beta_0 + \beta_1 x_P, \sigma^2 \left(\frac{1}{n} + \frac{(x_P - \bar{x})^2}{\sum_{i=1}^{n}(x_i - \bar{x})^2} \right) \right) \tag{9.19}$$

또한 $Y - \hat{Y}$에서 $E(Y - \hat{Y}_P) = 0$이고 $Var(Y - \hat{Y}_P)$는 식 (9.8)에 주어져 있으므로, $e = Y - \hat{Y}_P$는 다음과 같은 정규분포를 따른다.

$$Y - \hat{Y}_P \sim N\left(0, \sigma^2 \left(1 + \frac{1}{n} + \frac{(x_P - \bar{x})^2}{\sum_{i=1}^{n}(x_i - \bar{x})^2} \right) \right) \tag{9.20}$$

식 (9.19)와 (9.20)을 이용해 $X = x_P$가 주어졌을 때 Y의 기댓값 $E(Y \mid x_P)$와 Y 값의 신뢰구간을 구할 수 있는데, 분산 σ^2을 식 (9.12)에 주어진 추정량으로 대치하고 신뢰구간을 구하는 공식을 이용하면 두 신뢰구간은 다음과 같다.

① $X = x_P$가 주어졌을 때 Y의 기댓값 $E(Y \mid x_P) = \beta_0 + \beta_1 x_P$의 $(1 - \alpha) \times 100\%$ 신뢰구간

$$\hat{Y}_P \pm t_{n-2, \frac{\alpha}{2}} \cdot \hat{\sigma} \sqrt{\frac{1}{n} + \frac{(x_P - \bar{x})^2}{\sum_{i=1}^{n}(x_i - \bar{x})^2}} \tag{9.21}$$

② $X = x_P$가 주어졌을 때 Y의 $(1 - \alpha) \times 100\%$ 신뢰구간

$$\hat{Y}_P \pm t_{n-2, \frac{\alpha}{2}} \cdot \hat{\sigma} \sqrt{1 + \frac{1}{n} + \frac{(x_P - \bar{x})^2}{\sum_{i=1}^{n}(x_i - \bar{x})^2}} \tag{9.22}$$

여기에서 $t_{n-2, \frac{\alpha}{2}}$는 자유도가 $n-2$인 t분포에서 $P_r(T > t_{\frac{\alpha}{2}}) = \frac{\alpha}{2}$인 t값을 의미한다.

위에 주어진 두 신뢰구간 중 식 (9.22)에 주어진 Y의 신뢰구간을 $X = x_P$가 주어졌을 때 Y의 예측 신뢰구간이라 한다. 이 신뢰구간을 모든 X값에 대해 구하면 X가 주어졌을 때 Y값의 $(1-\alpha) \times 100\%$ 신뢰대(confidence band)를 구할 수 있다. 이를 그림으로 표현하면 [그림 9-14]와 같다. 신뢰대는 추정된 회귀선 $\hat{Y} = \hat{\beta}_0 + \hat{\beta}_1 X$를 중심으로 한 띠(band)로, X의 평균 $\bar{x}$에서 폭이 가장 작고 $\bar{x}$로부터 멀어질수록 폭이 점차 커지는 모양을 갖는다. 그 이유는 식 (9.18)에 주어진 $Y - \hat{Y}$의 분산이 $X = \bar{x}$일 때 가장 작고, X값이 $\bar{x}$로부터 멀어질수록 점차 커지기 때문이다.

그림 9-14 Y값의 95% 신뢰대

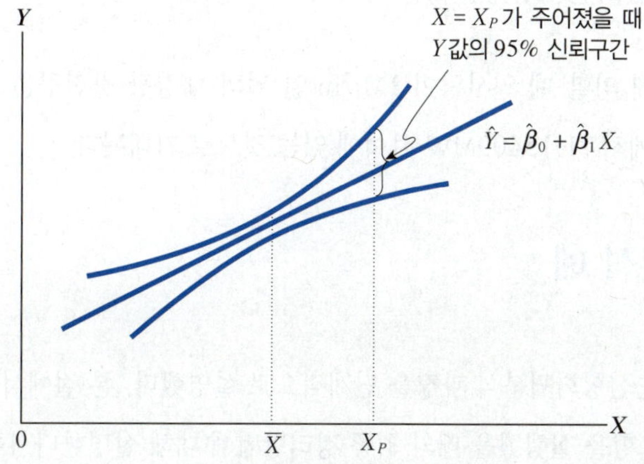

모형 (9.11)에 주어진 회귀모형에서 일사량이 1MJ/m^2인 날에서 태양광 발전량에 대한 95% 신뢰구간을 구하면 다음과 같다.

추정된 회귀선이 $\hat{Y} = -7.329 + 55.46X$이므로, $x = 1$일 때 $\hat{y}_P = -7.329 + 55.46 \times 1 = 48.131$이다. $n = 18 < 30$이므로 t분포를 이용해 신뢰구간을 구한다.

$$\left(\hat{Y}_P \pm t_{(18,\ 0.025)} \cdot \hat{\sigma} \sqrt{1 + \frac{1}{n} + \frac{(x_P - \bar{x})^2}{\sum_{i=1}^{n}(x_i - \bar{x})^2}} \right)$$

에서

$$\hat{y}_P = 48.131$$

$$t_{(12,\ 0.025)} = 2.101$$

$$\hat{\sigma}^2 = 101.6324,\ \hat{\sigma} = \sqrt{\hat{\sigma}^2} = 10.0812$$

$$\frac{(x_P - \bar{x})^2}{\sum_{i=1}^{n}(x_i - \bar{x})^2} = \frac{-0.401}{3.18278} = -0.12599$$

$$\hat{\sigma}\sqrt{1 + \frac{1}{n} + \frac{(x_P - \bar{x})^2}{\sum_{i=1}^{n}(x_i - \bar{x})^2}} = 10.0812\sqrt{1 + \frac{1}{18} + 0.12599} = 10.95816$$

이다. 따라서 95% 신뢰구간은

$$(48.131 \pm 2.101 \times 10.95816)$$
$$= (48.131 \pm 23.02309)$$
$$= (25.10719,\ 71.15409)$$

이다. 이 결과에 의할 때 일사량이 1MJ/m²인 날의 태양광 발전량은 95% 정도가 25.10791MW에서 71.15409MW 사이에 있는 것으로 기대된다.

9.2.8 분석 예

앞에서 단순선형회귀분석 과정을 단계적으로 설명했다. 본 절에서는 이와 같은 단순선형회귀모형을 실행했을 때의 최종 정리방법에 대해 설명한다. [표 9-1]에 주어진 자료에서 일사량을 설명변수 X로 하고 태양광 발전량을 반응변수 Y로 했을 때의 회귀모형은 모형 (9.11)에 주어진 것과 같이 다음과 같이 정리할 수 있다.

[모형 1] 일사량(X)와 태양광 발전량(Y)에 대한 회귀모형

$$\hat{Y} = -7.329 + 55.46X \qquad R^2 = 0.8246 \tag{9.23}$$

$$(-0.89) \qquad (9.814)$$

$$\hat{\sigma}^2 = 101.6324$$

위의 모형에서 (　　)의 값은 회귀계수 β_0와 β_1이 0인가에 대한 검정에서 구한

T값이다. 이 값은 앞의 9.2.5절에서 설명한 β_0와 β_1에 대한 검정에서 구한 T값으로, 자유도가 $n-2$인 t분포를 따른다. 이 값의 절대값이 작은 경우에는 모회귀계수가 0과 같다고 볼 수 있고, 큰 경우에는 모회귀계수가 0과 다르다고 볼 수 있다.

회귀분석 결과는 식 (9.23)과 같이 정리하는 것이 일반적이며, 회귀식과 R^2값이 회귀분석의 이해에서 가장 중요한 값이라 할 수 있다.

[표 9-1]에 주어진 자료에서 풍속을 설명변수 X로 하고 태양광 발전량을 반응변수 Y로 한 회귀분석 결과가 [모형 2]에 주어져 있다.

[모형 2] 풍속(X)과 태양광 발전량(Y)에 대한 회귀모형

$$\hat{Y} = \underset{(4.089)}{61.661} + \underset{(0.622)}{3.305X} \qquad R^2 = 0.0211 \tag{9.24}$$

$$\hat{\sigma}^2 = 631.8956$$

[모형 2]에 의할 때 회귀계수 $\beta_1 = 0$에 대한 검정에서 T값이 0.622로 매우 작음을 알 수 있다. 검정에 의해 P값이 0.05보다 크므로 $\beta_1 = 0$라는 귀무가설을 받아들이게 되는데, 이는 X(풍속)와 Y(태양광 발전량) 사이에는 선형관계가 없다는 것을 의미한다. 또한 R^2값이 0.0211로 0에 가까우므로 풍속은 태양광 발전량을 잘 설명하지 못한다고 할 수 있다. 이와 같은 결과들은 [그림 9-4]에 주어진 풍속과 태양광 발전량 사이의 산포도를 통해서도 이해할 수 있다. 두 기상정보가 태양광 발전량에 미치는 영향력을 보고자 하는 경우 일사량의 영향력은 [그림 9-3]과 [모형 1]을 통해 볼 수 있고, 풍속의 영향력은 [그림 9-4]와 [모형 2]를 통해 볼 수 있다. 두 모형을 비교해 볼 때 일사량은 태양광 발전량에 상당히 영향을 크게 미치나 풍속과 태양광 발전량 사이에는 상관성이 매우 낮음을 알 수 있다.

단순선형회귀분석

1. 모형

$$Y = \beta_0 + \beta_1 X + \varepsilon$$

$$\varepsilon \sim N(0, \sigma^2)$$

$$\hat{\sigma}^2 = \frac{1}{n-2}\sum_{i=1}^{n}(Y_i - \hat{\beta}_0 - \hat{\beta}_1 X_i)^2$$

2. 모수추정

$$\hat{\beta}_0 = \overline{Y} - \hat{\beta}_1 X$$

$$\hat{\beta}_1 = \frac{\sum_{i=1}^{n}(X_i - \overline{X})(Y_i - \overline{Y})}{\sum_{i=1}^{n}(X_i - \overline{X})^2}$$

3. $\boldsymbol{\beta}_0$, $\boldsymbol{\beta}_1$에 대한 검정

(a) β_0에 대한 검정 $H_0 : \beta_0 = 0,\ H_1 : \beta_0 \neq 0$

$$T(X) = \frac{\hat{\beta}_0}{\hat{\sigma}\sqrt{\frac{1}{n} + \frac{\overline{X}^2}{\sum_{i=1}^{n}(X_i - \overline{X})^2}}} \sim t_{n-2}$$

(b) β_1에 대한 검정 $H_0 : \beta_1 = 0,\ H_1 : \beta_1 \neq 0$

$$T(X) = \frac{\hat{\beta}_1}{\hat{\sigma}\sqrt{\frac{\overline{X^2}}{\sum_{i=1}^{n}(X_i - \overline{X})^2}}} \sim t_{n-2}$$

4. 결정계수

$$R^2 = \frac{\sum_{i=1}^{n}(\hat{Y}_i - \overline{Y})^2}{\sum_{i=1}^{n}(Y_i - \overline{Y})^2} = 1 - \frac{\sum_{i=1}^{n}(Y_i - \hat{Y})^2}{\sum_{i=1}^{n}(Y_i - \overline{Y})^2}$$

9.3 잔차분석

Introduction to **Statistics,** ch. nine

회귀분석에서는 모수들에 대한 추정을 실시한 후 추정된 회귀선을 이용해 회귀분석에 전제조건으로 주어진 기본 가정들에 대한 검증을 실시해야 하는데, 선형회귀분석에서 전제조건으로 주어지는 기본 가정은 다음과 같이 네 가지이다.

① **선형성**(linearity) : 두 변수 X와 Y의 관계는 선형관계식으로 설명할 수 있다.

② **등분산성**(homoscedasticity) : 오차항 ε의 분산은 모든 X값에 대해 동일하다.

③ **독립성**(independence) : 오차항들은 서로 독립이다. 즉, $\mathrm{Cov}(\varepsilon_i,\ \varepsilon_j) = 0$,

$iNEj$이다.

④ **정규성**(normality) : 오차항 ε는 정규분포를 따른다. $\varepsilon \sim N(0, \sigma^2)$

첫 번째 가정은 Y가 X의 선형함수로 표현될 수 있어야 한다는 것을 의미하며, 두 번째에서 네 번째 가정은 각각의 X값에 대한 Y값들이 서로 독립이며, 평균이 $\beta_0 + \beta_1 X$이고 동일한 분산 σ^2을 갖는 정규분포를 따른다는 것을 의미한다. 위에 제시된 네 가지 가정 중에서 정규성 가정을 제외한 다른 가정들에 대한 검정은 모두 잔차 e_i와 추정량 $\hat{y}$에 대한 산포도를 이용해 분석할 수 있다. 여기에서 이용되는 잔차는 일반잔차 $e_i = y_i - \hat{y}_i$가 아니라 e_i의 값을 e_i의 표준오차로 나눈 값으로, r_i로 표현한다. e_i의 분산은 식 (9.18)에 주어져 있으며, 분산의 제곱근을 **$se(e_i)$**라 할 때 r_i는

$$r_i = \frac{e_i}{se(\varepsilon_i)}$$

이며, r_i는 자유도가 $n-2$인 t분포를 따른다. 이 값을 **표준화 잔차**(studentized residual)라 부른다. 표준화 잔차 r과 Y값의 추정량 $\hat{Y}$의 산포도에 대한 전형적인 형태가 [그림 9-15]에 나타나 있는데, 각각의 경우에서 위에 주어진 기본 가정에 대한 적합성을 분석할 수 있다.

[그림 9-15]에서 (a)의 경우에는 r의 분포가 0을 중심으로 균일한 띠를 형성하고 있는데, 이는 선형성과 등분산성의 조건을 만족하는 이상적인 경우라 할 수 있다. (b)의 경우에는 r의 분포가 0을 중심으로 대칭이므로 선형성의 가정은 만족한다고 할 수 있으나, 오른쪽으로 열린 메가폰의 형태이므로 $\hat{Y}$의 값이 커질수록 e의 분산이 커지는 것을 알 수 있다. 따라서 등분산성의 가정이 만족되지 않는다. (c)의 경우에는 r의 분포가 균일한 띠를 형성하고 있으므로 등분산성 조건은 만족한다고 할 수 있으나, 0을 중심으로 대칭이 아니므로 선형성을 만족한다고 볼 수 없다. (d)의 경우에는 r의 분포가 균일한 띠를 형성하고 있지 않을 뿐만 아니라 0을 중심으로 대칭이 아니므로, 등분산성과 선형성을 모두 만족하지 않는다고 할 수 있다. 위와 같이 표준화 잔차 r과 $\hat{Y}$에 대한 산포도를 분석해 선형성과 등분산성에 대한 검정을 실시할 수 있으며, 정규성에 대한 검정은 표준화 잔차 r과 표준정규분포에 대한

그림 9-15 표준화 잔차와 추정량의 산포도

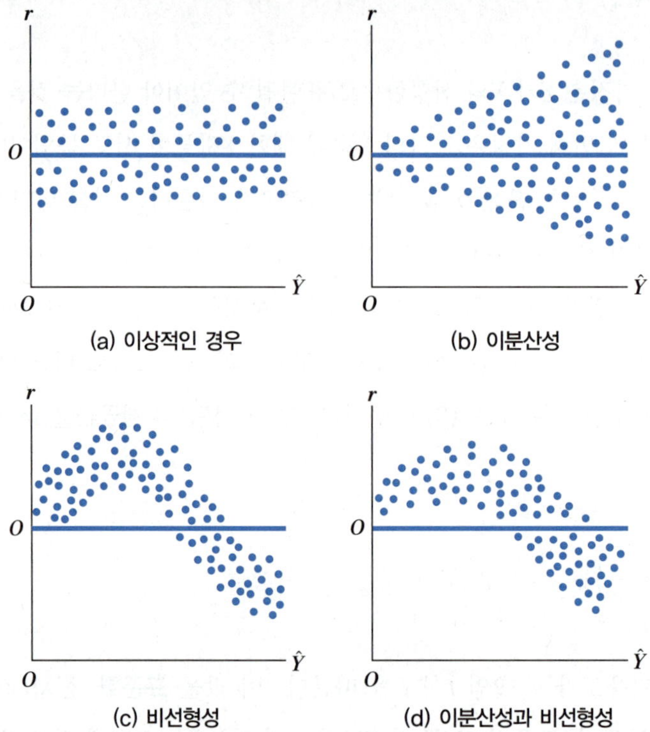

$Q-Q$ 그림을 이용한다. 표준화 잔차 r은 표본의 크기 n이 30 이상인 경우 표준정규분포를 따른다고 할 수 있는데, $Q-Q$ 그림이란 n개의 r_i, $i=1, 2, \cdots, n$에 대해 $N(0, 1)$으로부터 각 관측값들 사이의 확률이 $\frac{1}{n}$이 되도록 n개의 Z_i, $i=1, 2, \cdots, n$을 추출하고, r_i값과 Z_i값을 각각 크기 순서로 배열한 후에 r_i와 Z_i의 동일 순서쌍 (r_i, Z_i), $i=1, 2, \cdots, n$을 구해 그림을 그리는 것이다. 만약 r값이 표준정규분포를 따른다면 동일 순서에 있는 r_i값과 Z_i값은 거의 같을 것이며, 따라서 (r_i, Z_i)의 점들은 45°선에 가깝게 분포될 것이고, r값이 표준정규분포를 따르지 않는다면 (r_i, Z_i)의 점들은 45°선에서 벗어날 것이다. [그림 9-16]에는 두 가지 서로 다른 경우에 대한 $Q-Q$ 그림이 주어져 있는데, (a)의 경우에는 (r_i, Z_i)의 점들이 45°선에 가깝게 분포되어 있으므로 r값이 표준정규분포를 따른다고 할 수 있고, (b)의 경우에는 (r_i, Z_i)의 점들이 45°선에서 벗어나므로 r값들이 표준정규분포를 따른다고 할 수 없다.

그림 9-16 r_i와 Z_i의 $Q-Q$

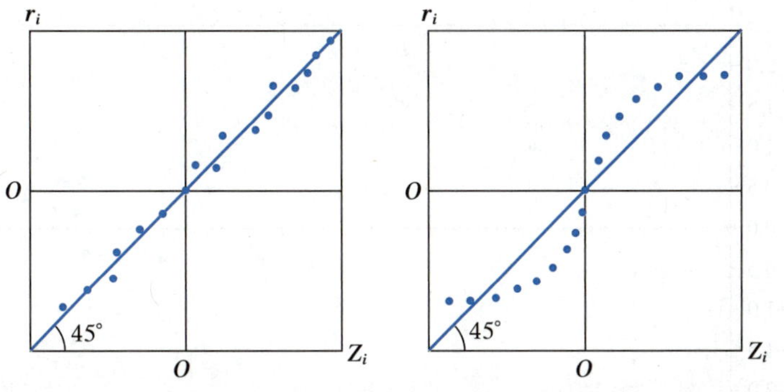

이상치의 검토

회귀분석에서는 표준화 잔차를 이용해 앞에서 설명한 기본 가정에 대한 분석뿐만 아니라 각각의 사례(case)가 회귀선에 얼마나 잘 적합되는가에 대해 분석할 수 있다. 즉, 표준화 잔차 r은 $n>30$인 경우 $N(0,\ 1)$을 따른다고 할 수 있는데, $Z \sim N(0,\ 1)$에서 $|Z|>2$인 값이 나타날 가능성이 5% 이하이므로 만약에 어떤 경우의 표준화 잔차 r의 절대값이 2보다 크다면 그 사례는 적합성에 문제가 있는 것으로 판단된다. 그러한 사례를 **이상치**(outlier)라 부른다. 회귀분석에서 이상치인 경우는 모형의 회귀계수를 추정하는 데 큰 영향을 미칠 수 있으며 또한 모형의 적합도를 떨어뜨릴 수 있으므로, 이상치가 발생된 원인을 정밀하게 분석해 그 경우의 관측값에 문제가 있다면 제외하고 회귀분석을 실시하는 것이 바람직하다.

[그림 9-17]에는 모형 (9.23)에 대한 $\hat{Y}$와 r의 산포도가 주어져 있다. [그림 9-15]의 (a)와 유사하다고 할 수 있으며, $|r|>2$인 경우가 하나 있어 이상치가 있는 것으로 보인다. [그림 9-18]은 이상치가 있는 또 다른 회귀모형의 예를 제시해 준다.

그림 9-17 모형 (9.23)에 대한 $\hat{Y}$와 r의 산포도

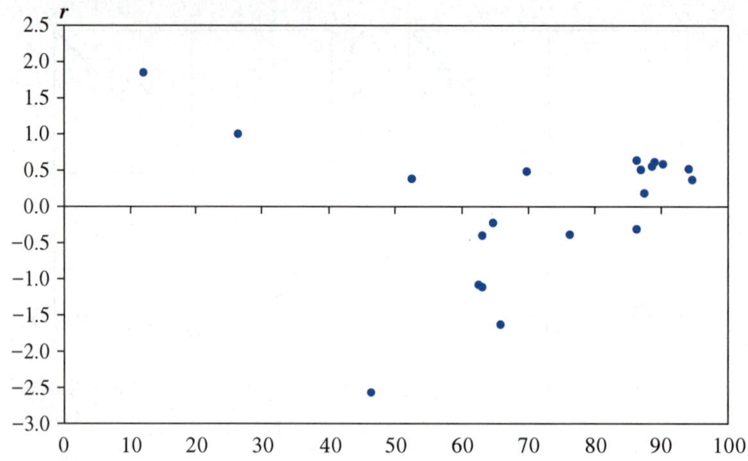

그림 9-18 이상치가 있는 회귀모형

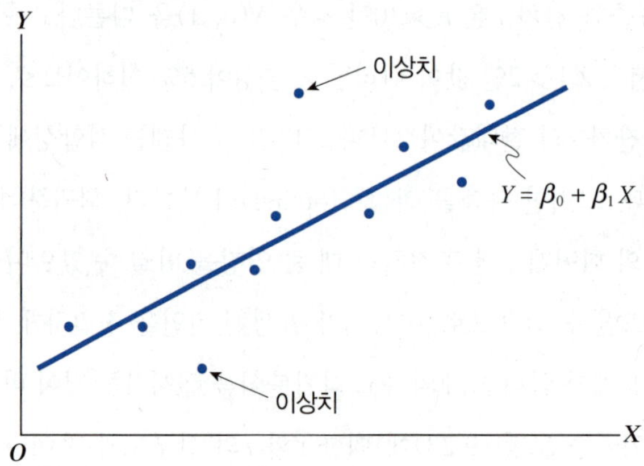

9.4 다중선형회귀분석

앞에서 설명한 단순선형회귀모형은 설명변수가 하나인 회귀모형이라고 정의했다. 그러나 실제 문제의 응용에서는 설명변수가 두 개 이상인 경우가 많이 있다. 예를 들어 [표 9-1]에 주어진 자료에서 태양광 발전량(Y)를 예측하는 설명변수로 일사량(X_2)과 풍속(X_1) 이외 더 많은 기상정보들을 동시에 이용한다면, 일사량 또는 풍속 하나만 이용하는 것보다 태양광 발전량을 보다 더 잘 예측할 수 있을 것이다. 또한 경제이론에서 저축률을 예측하는 변수로 GNP, 소비자물가지수, 종합주가지수 등을 동시에 이용한다면, 단순히 하나의 변수를 이용해 예측하는 것보다 신뢰성 있는 예측모형을 구할 수 있을 것이다. 이와 같이 선형회귀모형에서 고려하는 설명변수의 수가 2개 이상인 경우를 다중선형회귀모형(multiple linear regression model)이라 하고, 이를 분석하는 방법을 **다중선형회귀분석**(multiple linear regression analysis)이라 한다. 다중선형회귀모형은 단순선형회귀모형을 일반화한 형태로 기본적인 회귀모형의 특성에는 차이가 없다. 반응변수를 Y라 하고 p개의 설명변수를 $X_1, X_2, \cdots, X_p$라 할 때 다중선형회귀모형은 다음과 같이 정의된다.

$$Y=\beta_0+\beta_1 X_1+\beta_2 X_2+\cdots+\beta_p X_p+\varepsilon \tag{9.25}$$

여기에서 잔차 $\varepsilon \sim N(0, \sigma^2)$이며, Y와 ε에 주어진 조건들은 단순선형회귀모형에서 주어진 조건과 같다. 따라서 $X_1, \cdots, X_p$가 주어졌을 때

$$\begin{aligned} &Y \sim N(\beta_0+\beta_1 X_1+\cdots+\beta_p X_p, \sigma^2) \\ &\varepsilon \sim N(0, \sigma^2) \end{aligned} \tag{9.26}$$

이다. n개의 자료쌍 $(y_i, x_{1i}, x_{2i}, \cdots, x_{pi})$가 $i=1, 2, \cdots, n$으로 관측되었을 때 모형 (9.25)는 $i=1, 2, \cdots, n$에 대해

$$y_i=\beta_0+\beta_1 x_{1i}+\beta_2 x_{2i}+\cdots+\beta_p x_{pi}+\varepsilon_i \tag{9.27}$$

와 같이 표현할 수 있다.

9.4.1 회귀계수와 분산의 추정

다중선형회귀모형 (9.27)에서 회귀계수 β_0, β_1, $\cdots$, β_p의 추정방법은 단순선형회귀모형과 동일한 최소제곱법을 이용한다. 즉, 추정된 회귀식을

$$\hat{Y} = \hat{\beta}_0 + \hat{\beta}_1 X_1 + \hat{\beta}_2 X_2 + \cdots + \hat{\beta}_p X_p$$

라 할 때 $\hat{\beta}_0$, $\hat{\beta}_1$, $\cdots$, $\hat{\beta}_p$는 n개의 자료쌍을 이용해

$$e_i = y_i - \hat{y}_i = y_i - (\hat{\beta}_0 + \hat{\beta}_1 x_{1i} + \cdots + \hat{\beta}_p x_{pi})$$

에서

$$\sum_{i=1}^{n} e_i^2 = \sum_{i=1}^{n} (y_i - \hat{y}_i)^2 = \sum_{i=1}^{n} [y_i - (\hat{\beta}_0 + \hat{\beta}_1 x_{1i} + \cdots + \hat{\beta}_p x_{pi})^2]$$

을 최소로 하는 값을 구한다.

$$Q(\hat{\beta}_0, \hat{\beta}_1, \cdots, \hat{\beta}_p) = \sum_{i=1}^{n} (y_i - \hat{\beta}_0 - \hat{\beta}_1 x_{1i} - \cdots - \hat{\beta}_p x_{pi})^2$$

이라 할 때 $\hat{\beta}_0$, $\cdots$, $\hat{\beta}_p$는 Q를 최소로 하는 값이므로 Q를 $\hat{\beta}_0$, $\hat{\beta}_1$, $\cdots$, $\hat{\beta}_p$에 대해 미분해 0이 되는 값이다. 예를 들어 설명변수가 X_1, X_2의 2개인 경우

$$Q(\hat{\beta}_0, \hat{\beta}_1, \hat{\beta}_2) = \sum_{i=1}^{n} (y_i - \hat{\beta}_0 - \hat{\beta}_1 x_{1i} - \hat{\beta}_2 x_{2i})^2$$

을 $\hat{\beta}_0$, $\hat{\beta}_1$, $\hat{\beta}_2$에 대해 편미분해 0으로 놓으면 다음과 같다.

$$\frac{Q}{\partial \hat{\beta}_0} = -2 \sum_{i=1}^{n} (y_i - \hat{\beta}_0 - \hat{\beta}_1 x_{1i} - \hat{\beta}_2 x_{2i}) = 0$$
$$\frac{Q}{\partial \hat{\beta}_1} = -2 \sum_{i=1}^{n} (y_i - \hat{\beta}_0 - \hat{\beta}_1 x_{1i} - \hat{\beta}_2 x_{2i}) x_{1i} = 0$$

$$\frac{Q}{\partial\hat{\beta}_2} = -2\sum_{i=1}^{n}(y_i - \hat{\beta}_0 - \hat{\beta}_1 x_{1i} - \hat{\beta}_2 x_{2i})x_{2i} = 0$$

위의 세 방정식을 이용해 다음과 같은 정규방정식을 구할 수 있다.

$$\begin{aligned}\sum_{i=1}^{n} y_i &= n\hat{\beta}_0 + \hat{\beta}_1\sum_{i=1}^{n} x_{1i} + \hat{\beta}_2\sum_{i=1}^{n} x_{2i}\\ \sum_{i=1}^{n} x_{1i}\, y_i &= \hat{\beta}_0\sum_{i=1}^{n} x_{1i} + \hat{\beta}_1\sum_{i=1}^{n} x_{1i}^2 + \hat{\beta}_2\sum_{i=1}^{n} x_{1i}\, x_{2i}\end{aligned} \tag{9.28}$$

식 (9.28)에 주어진 3연립방정식은 미지수가 3개($\hat{\beta}_0$, $\hat{\beta}_1$, $\hat{\beta}_2$)인 3원 1차 연립방정식으로 $\hat{\beta}_0$, $\hat{\beta}_1$, $\hat{\beta}_2$를 구할 수 있다. 만약에 설명변수가 $X_1, X_2, \cdots, X_p$와 같이 p개라면 최소제곱법에 의한 정규방정식은 $(p+1)$개의 1차 연립방정식이 될 것이다. 이와 같이 설명변수가 2개 이상인 경우에 문제의 유형은 단순회귀모형과 동일하나 단지 계산과정이 복잡해질 뿐이다. 따라서 실제 문제의 계산과정에서는 식 (9.28)을 행렬과 벡터를 이용해 표현하고 해를 구하는데, 여기에서는 계산과정은 생략하기로 한다. 더욱이 오늘날에는 통계패키지를 이용해 회귀계수들의 추정치를 쉽게 구할 수 있으므로 구체적인 계산과정은 생략하기로 한다.

[표 9-1]에 주어진 자료에서 태양광 발전량 Y에 대해 풍속 X_1과 일사량 X_2를 이용한 회귀계수는 $\hat{\beta}_0 = -18.288$, $\hat{\beta}_1 = 3.979$, $\hat{\beta}_2 = 55.798$과 같이 추정되어 회귀식은 다음과 같이 구해진다.

$$\hat{Y} = -18.288 + 3.979X_1 + 55.798X_2 \tag{9.29}$$

회귀분석의 추론에 이용되는 분산 σ^2의 추정량도 단순회귀모형과 동일한 방법으로 구한다.

$e_i = y_i - \hat{y}_i$라 정의할 때 잔차제곱합(SSE)은

$$SSE = \sum_{i=1}^{n} e_i^2 = \sum_{i=1}^{n}(y_i - \hat{y}_i)^2$$

으로 정의하며, σ^2의 추정량 $\hat{\sigma}^2$은

$$\hat{\sigma}^2 = \frac{1}{n-(p+1)}SSE = \frac{1}{n-(p+1)}\sum_{i=1}^{n}(y_i - \hat{y}_i)^2 \tag{9.30}$$

이다. 식 (9.30)의 분모 $n-(p+1)$에서 $p+1$은 모수의 수로, $\hat{\sigma}^2$의 계산에서 자유도의 수는 $n-(p+1)$이다.

9.4.2 회귀계수의 의미

단순선형회귀모형 $Y=\beta_0+\beta_1 X+\varepsilon$에서 β_0는 $X=0$일 때의 Y절편이고, β_1은 X가 한 단위 증가할 때 Y가 β_1만큼 증가하는 계수라고 했다. 설명변수가 2개인 다중회귀모형 $Y=\beta_0+\beta_1 X_1+\beta_2 X_2+\varepsilon$에서 β_0는 $X_1=X_2=0$일 때 기대되는 Y절편값이다. 그러나 계수 β_1과 β_2의 의미는 단순선형회귀모형의 경우와 다르다. 이와 같은 다중선형회귀모형에서 계수 β_1의 의미는 X_2가 특정 값으로 주어졌을 때 X_1이 한 단위 증가하면 Y가 β_1만큼 증가한다는 의미이고, β_2는 X_1이 특정 값으로 주어졌을 때 X_2가 한 단위 증가하면 Y가 β_2만큼 증가한다는 의미이다. 즉, β_1과 β_2는 각각 X_1 또는 X_2가 한 단위 증가할 때 Y의 단순증가분이 아니라는 것이다. [표 9-1]에 주어진 자료에서 X_1을 풍속, X_2를 일사량이라 할 때 식 (9.23), (9.24)와 (9.29)에서 다음과 같은 3개의 회귀식을 구했다.

$$\begin{aligned}
&\textbf{회귀식 1}: \hat{Y}=61.661+3.305X_1\\
&\textbf{회귀식 2}: \hat{Y}=-7.329+55.46X_2\\
&\textbf{회귀식 3}: \hat{Y}=-18.288+3.979X_1+55.798X_2
\end{aligned} \tag{9.31}$$

〈회귀식 1〉은 풍속을 설명변수로 한 경우이고, 〈회귀식 2〉는 일사량을 설명변수로 한 경우이다. 〈회귀식 3〉은 풍속과 일사량을 모두 설명변수로 한 경우인데, 〈회귀식 3〉의 $\hat{\beta}_1$과 $\hat{\beta}_2$는 〈회귀식 1〉과 〈회귀식 2〉의 계수와 다른 것을 알 수 있다. 이는 X_1과 X_2의 상호작용에 의해 나타난 결과인데, 〈회귀식 3〉에서 X_1의 계수 55.798의 의미는 X_1(풍속)이 특정 값으로 주어진 조건하에서 일사량이 1MJ/m^2 큰 경우에 태양광 발전량은 55.798MW 클 것으로 기대된다고 할 수 있다. 다시 말하면 풍속이 동일한 두 날 A, B에서 A일 일사량이 B일 일사량보다 1MJ/m^2 크다면 A일 태양광 발전량은 B일 태양광 발전량보다 55.798MW 클 것으로 기대된다는 것이다.

9.4.3 회귀계수 β_0, β_1, …, β_p에 대한 추론

모회귀계수 β_i, $i=0, 1, \cdots, p$가 0인가에 대한 검정을 실시해 설명변수 X_i가 모형에 필요한가를 결정한다. 이를테면 특정한 설명변수 X_i에서 회귀계수 $\beta_i=0$을 받아들인다면 다른 설명변수들이 모형에 주어졌을 때 X_i는 반응변수 Y를 설명하는 능력이 없다는 것을 의미하므로, 모형에서 X_i는 제외시킬 수 있다. β_i, $i=0, 1, \cdots, p$에 대한 검정에서 가설은

$$H_0 : \beta_i = 0$$
$$H_1 : \beta_i \neq 0$$

으로 설정하며, 검정통계량은 β_i의 추정량 $\hat{\beta}_i$와 $\hat{\beta}_i$의 표준오차 $se(\hat{\beta}_i)$를 이용해 구한다. 검정통계량 T_i는 H_0하에서

$$T_i = \frac{\hat{\beta}_i}{se(\hat{\beta}_i)}$$

이며, T_i는 자유도가 $n-(p+1)$인 t분포를 따른다. 여기에서 문제는 $\hat{\beta}_i$의 표준오차 $se(\hat{\beta}_i)$를 구하는 것인데, 이는 구하는 과정에서 행렬을 이용해야 되므로 생략하기로 한다. 일반적으로 $\hat{\beta}_i$의 표준오차는 통계패키지를 이용해 구하는데, 모형 (9.29)에서 통계패키지 R을 이용해 구한 계수 $\hat{\beta}_0$, $\hat{\beta}_1$, $\hat{\beta}_2$의 값과 표준오차가 [표 9-3]에 주어져 있다.

표 9-3 모형 (9.29)에서 계수의 추정량과 표준오차

계수의 추정량	표준오차
$\hat{\beta}_0 = -18.288$	$se(\hat{\beta}_0) = 9.341$
$\hat{\beta}_1 = 3.979$	$se(\hat{\beta}_1) = 1.969$
$\hat{\beta}_2 = 55.798$	$se(\hat{\beta}_2) = 5.224$

[표 9-3]을 이용해 β_0, β_1, β_2에 대한 검정을 실시할 수 있는데, 각각의 경우에 검정통계량 T는 다음과 같다.

① β_0에 대한 검정 $T_0 = \dfrac{-18.288}{9.341} = -1.958$

② β_1에 대한 검정 $T_1 = \dfrac{3.979}{1.969} = 2.021$

③ β_2에 대한 검정 $T_2 = \dfrac{55.798}{5.224} = 10.681$

위 세 검정통계량 모두 자유도가 $n-(p+1) = 20-3 = 17$인 t분포를 따른다. 자유도가 17인 t분포에서 $Pr(|T| > 2.11) = 0.05$이므로 β_2는 귀무가설을 기각하게 되나 β_0와 β_1은 귀무가설을 채택하게 된다. 즉, 태양광 발전량을 설명하는 데 있어서 설명변수로서 일사량 X_2가 주어진다면 풍속 X_1은 의미 있는 설명력을 갖는다고 볼 수 없다.

9.4.4 결정계수 R^2

다중선형회귀모형에서 결정계수 R^2은 구하는 과정과 의미가 단순선형회귀모형과 동일하다. 즉, 관측값 y_i와 평균 $\bar{y}$의 편차 $y_i - \bar{y}$는

$$y_i - \bar{y} = (y_i - \hat{y}_i) + (\hat{y}_i - \bar{y})$$

와 같이 두 부분으로 나눌 수 있다. 따라서

$$\sum_{i=1}^{n}(y_i - \bar{y})^2 = \sum_{i=1}^{n}(y_i - \hat{y}_i)^2 = \sum_{i=1}^{n}(\hat{y}_i - \bar{y})^2 \tag{9.32}$$

와 같이 되는데, $\sum_{i=1}^{n}(y_i - \bar{y})^2$을 **총제곱합**(Total Sum of Square ; TSS), $\sum_{i=1}^{n}(\hat{y}_i - \bar{y})^2$을 **회귀제곱합**(Regression Sum of Square ; SSR), $\sum_{i=1}^{n}(y_i - \hat{y}_i)^2$을 **잔차제곱합**(Error Sum of Square ; SSE)이라 정의하며, 결정계수 R^2은

$$R^2 = \frac{SSR}{TSS} = 1 - \frac{SEE}{TSS}$$

와 같이 정의한다. $0 \le R^2 \le 1$이며, R^2은 총변동 중에서 회귀선에 의해 설명되는 부

분의 비율로, R^2이 1에 가까울수록 회귀선이 자료를 잘 대표한다고 할 수 있다.

회귀모형 (9.29)에서

$$TSS = \sum_{i=1}^{14}(y_i - \bar{y})^2 = 11{,}618.86$$
$$SSE = \sum_{i=1}^{14}(y_i - \hat{y}_i)^2 = 1{,}474.982$$

이므로 R^2값은

$$\begin{aligned} R^2 &= 1 - \frac{SSE}{TSS} = 1 - \frac{1{,}474.982}{11{,}618.86} \\ &= 1 - 0.1269 \\ &= 0.8731 \end{aligned}$$

이다.

9.4.5 모형의 적합도 검정—ANOVA

9.4.3절에서는 각각의 회귀계수 β_1, β_2, β_p가 0인가에 대한 검정방법에 대해 설명했다. 그러나 경우에 따라서는 모형 자체가 의미가 있는가를 검정할 필요가 있다. 이 경우 가설은

$$H_0 : \beta_1 = \beta_2 = \cdots = \beta_p = 0$$
$$H_1 : H_0\text{이 사실이 아니다.}$$

와 같이 설정한다. 귀무가설이 사실이라면 회귀모형은 $y_i = \beta_0 + \varepsilon_i$가 되어 반응변수 y는 모든 설명변수와 관계가 없음을 의미한다. 이에 대한 검정은 분산분석표를 이용해 검정을 실시한다. 식 (9.32)에서 정의된 세 변동을 ANOVA모형으로 정리하면 다음과 같다.

표 9-4 **분산분석표**(ANOVA)

변인	$d.f.$	SS	MS	F
회귀	p	$\sum_{i=1}^{n}(\hat{y}_i-\bar{y})^2$	$\frac{\sum_{i=1}^{n}(\hat{y}_i-\bar{y})^2}{p}$	$\frac{MS_R}{MS_E}$
잔차	$n-(p+1)$	$\sum_{i=1}^{n}(y_i-\hat{y}_i)^2$	$\frac{\sum_{i=1}^{n}(y_i-\hat{y}_i)^2}{n-p-1}$	
전체	$n-1$	$\sum_{i=1}^{n}(y_i-\bar{y})^2$		

[표 9-4]에 주어진 분산분석표에서 MS_R과 MS_E는 각각

$$MS_R = \frac{SSR}{p} = \frac{1}{p}\sum_{i=1}^{n}(\hat{y}_i-\bar{y})^2$$
$$MS_E = \frac{SSE}{n-p-1} = \frac{1}{n-p-1}\sum_{i=1}^{n}(y_i-\hat{y}_i)^2$$

표 9-5 **모형 (9.29)의 분산분석표**

변인	$d.f.$	SS	MS	F
회귀	2	10,143.88	5,071.94	58.45697
잔차	17	1,474.982	86.76365	
전체	19	11,618.86		

이며, 검정통계량 $F=\frac{MS_R}{MS_E}$는 H_0하에서 자유도가 $(p, n-p-1)$인 F분포를 따른다. 모형 (9.29)에서 $H_0: \beta_1=\beta_2=0$에 대한 검정의 분산분석표는 [표 9-5]와 같다. 검정통계량 F는 자유도가 (2, 17)인 F분포를 따른다. 〈부록 VI〉의 [표 6]에서 자유도가 (2, 17)인 F분포에서 $Pr(F \geq 3.59) = 0.05$이므로 귀무가설(H_0)은 기각된다. 즉, 두 회귀계수 모두 0이라고 볼 수 없다. 이에 의할 때 두 설명변수(풍속 X_1과 일사량 X_2)는 태양광 발전량(Y)을 설명하는 의미 있는 변수들이라 할 수 있다. 그러나 9.4.3절의 β_1과 β_2에 대한 검정에서 $\beta_1=0$은 받아들일 수 있다고 판정했다. 이에 의할 때 $H_0: \beta_1=\beta_2=0$을 받아들일 수 없는 이유는 β_2이 0이라 할 수 없기 때문이라고 판단된다.

9.4.6 단순선형회귀모형과 다중선형회귀모형의 비교

[표 9-1]에 주어진 자료에서 태양광 발전량 Y에 대한 풍속 X_1과 일사량 X_2를 이용한 3개의 회귀모형이 다음과 같이 구해졌다.

[모형 1] 풍속을 설명변수로 이용

$$\hat{Y} = \underset{(4.089)}{61.661} + \underset{(0.622)}{3.305}X_1$$

$$R^2 = 0.0211$$

[모형 2] 일사량을 설명변수로 이용

$$\hat{Y} = \underset{(-0.89)}{-7.329} + \underset{(9.814)}{55.46}X_2$$

$$R^2 = 0.8426$$

[모형 3] 풍속과 일사량을 설명변수로 이용

$$\hat{Y} = \underset{(-1.958)}{-18.288} + \underset{(2.021)}{3.979}X_1 + \underset{(10.681)}{55.798}X_2$$

$$R^2 = 0.8731$$

각 모형에서 (　　) 안의 값은 모회귀계수가 0인가에 대한 검정을 실시하는 데 이용하는 t 검정통계량이다. 세 모형을 비교해 볼 때 각각의 Y절편의 추정량은 모형에 따라 다르며, X_1의 계수도 [모형 1]과 [모형 3]에서 서로 다름을 알 수 있다. 이와 같이 모형의 계수가 변하는 이유는 두 설명변수 X_1, X_2 사이의 상호작용에 의하여 나타난 결과이며, 두 설명변수가 독립이면 모형의 계수들은 모형에 관계없이 동일한 값을 갖는다. [모형 1]와 [모형 3]에서 X_1의 계수 β_2에 대한 검정에서 $\beta_1 = 0$을 받아들일 수 있음을 알 수 있는데, 이는 X_2가 설명변수로 주어졌을 때 X_1은 Y를 설명하는 설명력이 없다는 의미이다. 그러나 모형의 적합도를 측정하는 R^2값은 [모형 2]

에서 0.8426인 데 비해 [모형 3]에서는 0.8731로 약간 증가하였다. 회귀분석에서는 설명변수의 수가 증가하면 할수록 모형의 설명력이 증가한다. 그러나 [모형 3]의 X_1과 같이 설명력이 약한 설명변수가 첨가되면 R^2값의 증가량은 $0.8731-0.8426=0.0305$와 같이 무시할 수 있는 정도에 불과하다.

9.4.7 다중선형회귀모형에서의 예측

다중선형회귀모형에서도 단순선형회귀모형에서와 같이 설명변수값들이 주어졌을 때 Y를 예측할 수 있다. p개의 설명변수 $X_1, X_2, \cdots, X_p$에 대해 회귀식이

$$\hat{Y}=\hat{\beta}_0+\hat{\beta}_1 X_1+\hat{\beta}_2 X_2+\cdots+\hat{\beta}_p X_p$$

라면, $X_1=x_1,\ X_2=x_2,\ \cdots,\ X_p=x_p$에 대해 y값은

$$\hat{y}=\hat{\beta}_0+\hat{\beta}_1 x_1+\hat{\beta}_2 x_2+\cdots+\hat{\beta}_p x_p$$

로 예측된다. 모형 (9.29)에서

$$\hat{Y}=-18.288+3.979X_1+55.798X_2$$

이므로, X_1(풍속) = 1m/s, X_2(일사량) = 1MJ/m²인 경우 태양광 발전량은

$$\begin{aligned}\hat{y}&=-18.288+3.979\times 1+55.798\times 1\\&=41.489\end{aligned}$$

와 같이 41.489MW일 것으로 기대된다.

9.4.8 다중선형회귀모형에서의 잔차분석

다중선형회귀모형에서도 단순선형회귀모형과 같이 반응변수 Y와 오차항 ε에 선형성, 독립성, 등분산성, 정규성과 같은 전제조건이 주어진다. 이와 같은 조건이 만족되는가는 9.3절에 설명된 잔차분석을 통해 확인하는데, 다중선형회귀모형도 단순선형회귀모형과 동일한 방법을 이용한다. 즉, 선형회귀식 $\hat{Y} = \hat{\beta}_0 + \hat{\beta}_1 X_1 + \cdots + \hat{\beta}_p X_p$를 구한 후 잔차 $e_i = y_i - \hat{y}_i$, $i = 1, 2, \cdots, n$을 구하고, e_i의 표준화한 값 r_i를 다음과 같이 구한다.

$$r_i = \frac{e_i}{se(e_i)}$$

r_i와 $\hat{y}_i$를 이용한 산포도를 이용해 선형성, 등분산성 등을 확인하고 r_i와 표준정규분포를 이용한 $Q-Q$ 그림을 이용해 정규성을 확인한다. [그림 9-19]에는 모형 (9.29)에서 구한 $\hat{y}_i$와 r_i의 산포도가 주어져 있다. [그림 9-19]에 의할 때 모형 (9.29)는 선형성과 독립성, 그리고 등분산성 등을 만족한다고 할 수 있다.

그림 9-19 모형 (9.29)에 대한 $\hat{Y}_i$와 r_i의 산포도

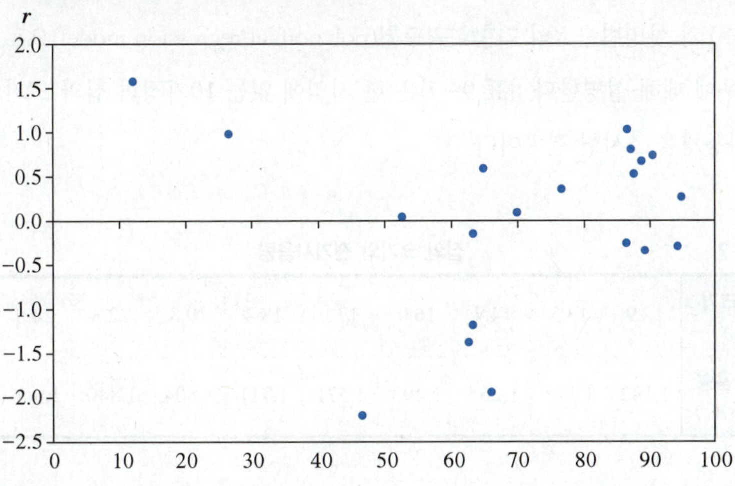

9.5 다중선형회귀모형의 응용

9.5.1 다항회귀모형

회귀모형은 설명변수와 반응변수 사이의 관계에 의해 선형회귀모형과 비선형 회귀모형으로 구분된다. 지금까지는 선형회귀모형에 대해서만 설명했는데, 특수한 비선형회귀모형은 선형화(linearization)를 이용해 선형회귀모형을 이용한 분석이 가능하다. 오차항을 고려하지 않을 때 변수변환을 이용해 선형화를 할 수 있는 모형의 예는 다음과 같다.

표 9-6 비선형모형의 선형화

비선형모형	선형화
$Y = e^{BX}$	$log_e Y = \beta X$
$Y = \sqrt{\beta X}$	$Y^2 = \beta X$
$Y = \beta_0 + \beta_1 X + \beta_2 X^2 \cdots + \beta_p X^p$	$Y = \beta_0 + \beta_1 X_1 + \beta_2 X_2 + \cdots + \beta_p X_p$ (여기에서 $X_2 = X^2, X_3 = X^3, \cdots, X_p = X^p$)

[표 9-6]에 주어진 모형 이외에도 다양한 선형화 방법이 있는데, 여기에서는 반응변수 Y가 설명변수 X의 다항회귀모형(polynomial regression model)으로 표현되는 경우에 대해 설명한다. [표 9-7]은 한 지역에 있는 10가정의 집의 크기와 연간 전기사용량을 조사한 결과이다.

표 9-7 집의 크기와 전기사용량

집의 크기 (평)(X)	12.9	13.5	14.7	16.0	17.1	18.4	19.8	22.3	24.0	29.3
전기사용량 (kw/hr)(Y)	1,182	1,172	1,264	1,493	1,571	1,711	1,804	1,840	1,956	1,954

집의 크기를 설명변수 X로 하고 전기사용량을 반응변수 Y로 할 경우의 X와 Y의 산포도가 [그림 9-20]에 주어져 있다. [그림 9-20]에 의할 때 Y는 X의 선형식

그림 9-20 집의 크기와 전기사용량

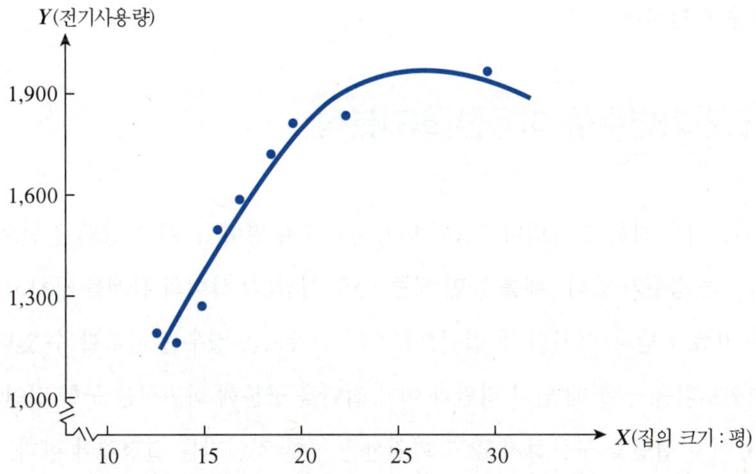

으로 표현하는 것이 적절하지 않음을 알 수 있다. 이 자료에서 Y는 X의 **2차다항모형**(second order polynomial model)으로 표현하는 것이 적절하다고 할 수 있다. 이 경우 회귀모형은

$$Y=\beta_0+\beta_1 X+\beta_2 X^2+\varepsilon \tag{9.33}$$

이다. 모형 (9.33)에서 $X_1=X$, $X_2=X^2$이라 정의하면, 모형은

$$Y=\beta_0+\beta_1 X_1+\beta_2 X_2+\varepsilon$$

이 되어 일반적인 다중선형회귀모형이 된다. [표 9-7]에 주어진 자료를 모형 (9.33)를 이용해 구한 적합한 결과는 다음과 같으며, 회귀선이 [그림 9-20]에 주어져 있다.

[모형] $\hat{Y}=-1,216.14+239.89X-4.5X^2$ **(9.34)**

(−5.009) (9.758) (−7.618)

$R^2=0.98189$

모형 (9.34)에서 $R^2 = 0.98189$로 적합도가 매우 높고, 각 계수의 t값도 3 이상이므로 회귀계수가 모두 유의하다. 또한 [그림 9-20]에 의할 때 X의 2차 다항식이 자료에 매우 적합하다.

9.5.2 가변수를 이용한 회귀분석

회귀분석을 하는데 설명변수 X와 반응변수 Y의 쌍이 두 개 이상의 집단으로부터 관측되는 경우가 있다. 예를 들면 체중(X)과 혈압(Y) 사이의 관계를 구하고자 하는 경우 자료가 남자/여자의 두 집단으로부터 관측되는 경우를 생각할 수 있다. 이 경우 회귀모형을 구할 때 남자 집단과 여자 집단을 구분해 회귀선을 구할 것인지 또는 남자/여자 집단을 구분하지 않고 회귀선을 구할 것인지를 결정해야 한다. 이와 같은 경우 성별을 측정하는 변수 SEX는 성별이 남자면 SEX = 1, 여자이면 SEX = 0으로 지정할 수 있다. 이 경우 변수 SEX는 0 또는 1의 값만 가지며 관측값이 어느 집단에 속하는가만 측정하는 변수로, 이와 같은 변수를 **가변수**(dummy variable)라 정의한다. 일례로 자료가 [표 9-8]과 같이 관측되었을 때 성별(SEX)을 가변수로 한 회귀모형을 구해 보자.

표 9-8 체중과 혈압자료

사람	1	2	3	4	5	6	7	8	9	10
혈압(Y)	120	130	130	155	149	150	160	125	135	140
체중(X)	70	60	88	101	80	98	90	77	65	70
성별(SEX)	1	0	1	1	0	1	0	1	0	0
$X*$SEX	70	0	88	101	0	98	0	77	0	0

[표 9-8]의 자료에 대한 회귀분석에서 분석의 초점은 혈압(Y)을 반응변수로 하고 체중(X)을 설명변수로 하는 회귀모형에서 남자(SEX = 1)와 여자(SEX = 0)를 동일한 모형으로 할 것인가? 또는 서로 다른 모형으로 할 것인가?이다. 이 분석을 하기 위해 두 변수 X와 SEX의 곱한 결과를 변수 $XD = X*$SEX라 정의할 때 회귀모형은 다음과 같이 정의한다.

$$Y = \beta_0 + \beta_1 \mathrm{SEX} + \beta_2 X + \beta_3 XD + \varepsilon \tag{9.35}$$

모형 (9.35)은 성별에 따라 서로 다른 회귀선을 갖는 모형으로, [그림 9-21]의 (d)와 같은 모형이다. 관측된 자료에 모형 (9.35)을 적합시킨 후 각 계수에 대한 검정을 실시해 자료에 가장 적합한 모형을 구한다. 예를 들어 $\beta_3 = 0$인 경우 모형은

$$Y = \beta_0 + \beta_1 \mathrm{SEX} + \beta_2 X + \varepsilon \tag{9.36}$$

으로 [그림 9-21]의 (c)와 같이 두 집단의 회귀선 기울기가 같은 모형이며, $\beta_1 = 0$인 경우 모형은

$$Y = \beta_0 + \beta_2 X + \beta_3 XD + \varepsilon \tag{9.37}$$

그림 9-21 가변수가 있는 회귀모형

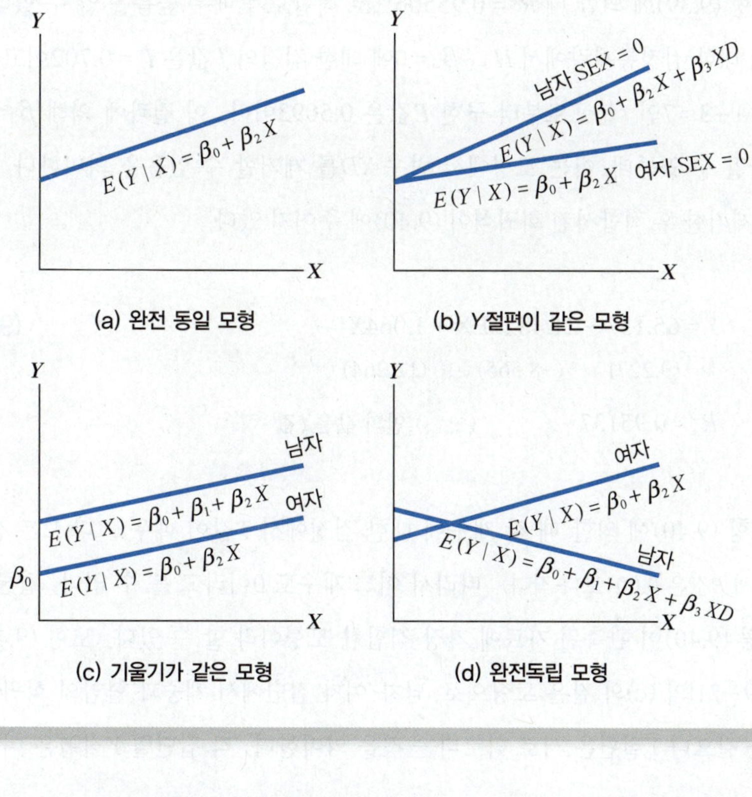

으로 [그림 9-21]의 (b)와 같이 두 집단 회귀선의 Y절편이 같은 모형이다. 또한 $\beta_1 = \beta_3 = 0$인 경우 모형은

$$Y = \beta_0 + \beta_2 X + \beta_3 XD + \varepsilon \tag{9.38}$$

으로, [그림 9-21]의 (a)와 같이 두 집단이 완전히 동일한 회귀선을 갖는 모형이다.

이와 같이 가변수가 있는 회귀모형은 모형 (9.35)~(9.38) 중에서 자료에 적합한 최적모형을 구해야 한다. 최적모형은 자료에 적합하면서도 동시에 가장 단순해야 하므로, 모형 (9.35)을 적합시킨 후 어느 계수를 0으로 할 수 있는가에 대한 검정을 실시해 구한다. [표 9-8]의 자료에 대해 모형 (9.35)을 적합시킨 결과가 다음과 같다.

$$\hat{Y} = 70.68 - 32.44\text{SEX} + 0.98X + 0.138XD \tag{9.39}$$

$$(6.55) \quad (-2.049) \quad (6.763) \quad (0.702)$$

$$R^2 = 0.95506 \qquad (\quad)\text{ 안의 값은 } t\text{값}$$

모형 (9.39)에 의할 때 $R^2 = 0.95506$으로 적합도가 매우 높음을 알 수 있다. 각 계수에 대한 검정통계량에서 $H_0 : \beta_3 = 0$에 대한 검정의 T값은 $T = 0.702$이고 자유도가 $10-3=7$인 t분포로부터 구한 P값은 0.5093이다. 이 결과에 의해 $\beta_3 = 0$을 받아들일 수 있는데, 이는 모형에서 변수 XD를 제거할 수 있음을 의미한다. 변수 XD를 제거한 후 적합시킨 회귀식이 (9.40)에 주어져 있다.

$$\hat{Y} = 65.137 - 21.482\text{SEX} + 1.064X \tag{9.40}$$

$$(9.227) \quad (-8.565) \quad (12.264)$$

$$R^2 = 0.95137 \qquad (\quad)\text{ 안의 값은 } t\text{값}$$

모형 (9.40)에 의할 때 각 계수에 대한 검정에서 T값이 매우 크다(모든 경우의 검정에서 P값은 0.001보다 작다). 따라서 어느 계수도 0이라고 볼 수 없다. 결론적으로 모형 (9.40)이 관측된 자료에 가장 적합한 모형이라 할 수 있다. 모형 (9.40)은 [그림 9-21]의 (c)와 같은 모형으로, 남자/여자 집단에서 체중과 혈압의 회귀선 기울기는 같으나 Y절편은 서로 다르다는 것을 의미한다. 각 집단별 Y절편은 여자 집

단(SEX = 0)에서는 65.137이고, 남자 집단(SEX = 1)에서는 65.137 − 21.482 = 43.655이다. 가변수를 이용한 회귀모형은 가변수의 집단이 세 개 이상인 경우와 두 개 이상의 가변수가 있는 모형 등과 같이 다양한 경우에도 적용할 수 있다. 이와 같이 복잡한 모형에 대해서는 전문적인 회귀분석 책을 참고하기 바란다.

9.6 엑셀 실습

Introduction to **Statistics,** ch. nine

[표 9 − 1]에 주어진 자료를 이용한 회귀분석을 실시한다.

(1) 자료 입력

풍속(Wind, X_1), 일사량(GHI, X_2), 그리고 태양광 발전량(Power, Y)의 키에 대한 관측값들을 아래의 그림과 같이 워크시트에 입력한다.

	A	B	C	D
1	Day	Wind	GHI	Power
2	1	3.5	1.08	56.3
3	2	2.5	1.73	94.1
4	3	1.9	1.69	92.6
5	4	2.5	1.27	52.2
6	5	2.4	1.76	96
7	6	2.1	1.7	92
8	7	3.6	1.39	74.5
9	8	4.9	1.74	95.3
10	9	0.8	1.3	62.6
11	10	3	0.61	36.3
12	11	0.9	1.51	72.7
13	12	2.9	1.32	49.9
14	13	2.4	1.69	83.4
15	14	1.2	0.97	21.3
16	15	3	1.26	51.9
17	16	2.9	1.84	98.3
18	17	4.5	1.83	99.2
19	18	1.9	1.71	89.3
20	19	2	1.27	59.3
21	20	3.8	0.35	30.2

(2) 일사량과 태양광 발전량의 산포도 구하기

① Ctrl 키를 이용하여 일사량(C2:C21)과 태양광 발전량(D2:D21) 부분을 선택한다.

	A	B	C	D
1	Day	Wind	GHI	Power
2	1	3.5	1.08	56.3
3	2	2.5	1.73	94.1
4	3	1.9	1.69	92.6
5	4	2.5	1.27	52.2
6	5	2.4	1.76	96
7	6	2.1	1.7	92
8	7	3.6	1.39	74.5
9	8	4.9	1.74	95.3
10	9	0.8	1.3	62.6
11	10	3	0.61	36.3
12	11	0.9	1.51	72.7
13	12	2.9	1.32	49.9
14	13	2.4	1.69	83.4
15	14	1.2	0.97	21.3
16	15	3	1.26	51.9
17	16	2.9	1.84	98.3
18	17	4.5	1.83	99.2
19	18	1.9	1.71	89.3
20	19	2	1.27	59.3
21	20	3.8	0.35	30.2

② 삽입 탭의 [분산형]–[분산형] 그래프를 선택한다.

디자인 탭 부분의 첫 번째 서식을 선택하여 그래프를 완성한다. 적절한 제목과 축제목을 써주어 산포도를 완성한다.

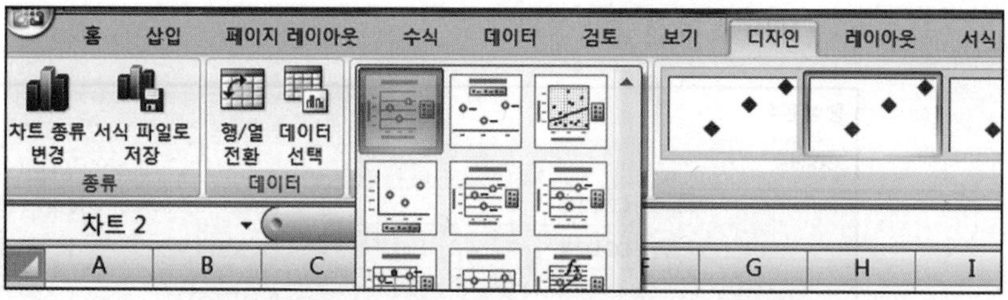

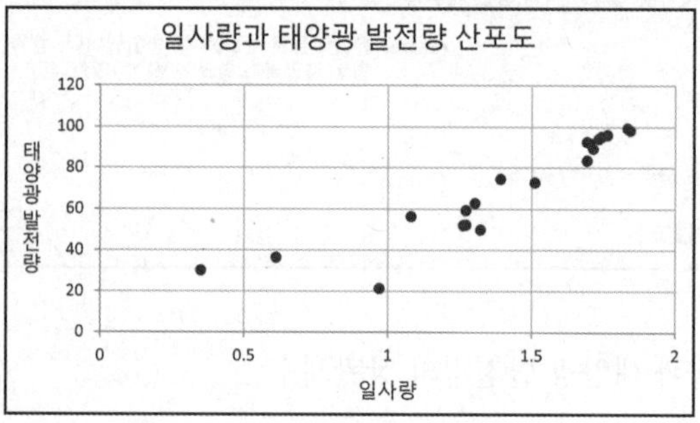

(3) 풍속과 태양광 발전량, 일사량과 태양광 발전량에 대한 상관계수는 함수 마법사의 CORREL 함수를 이용해 구한다.

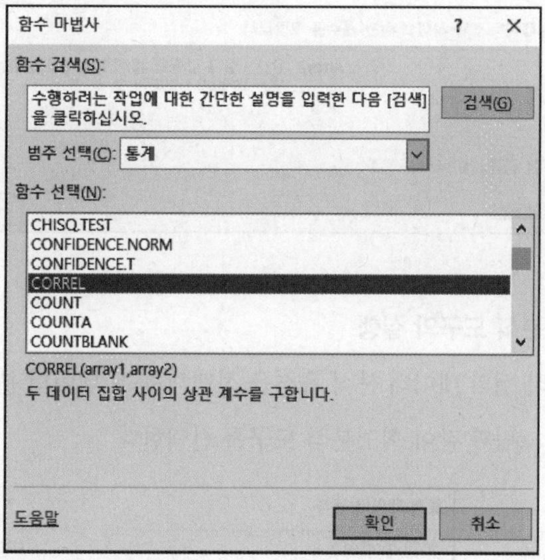

① 풍속과 태양광 발전량의 상관계수

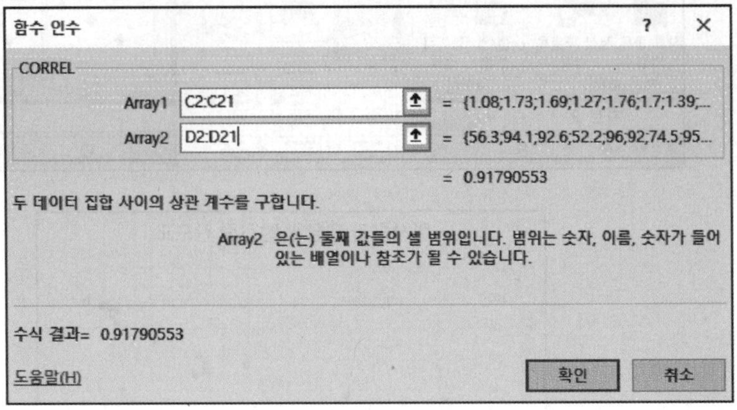

② 일사량과 태양광 발전량의 상관계수

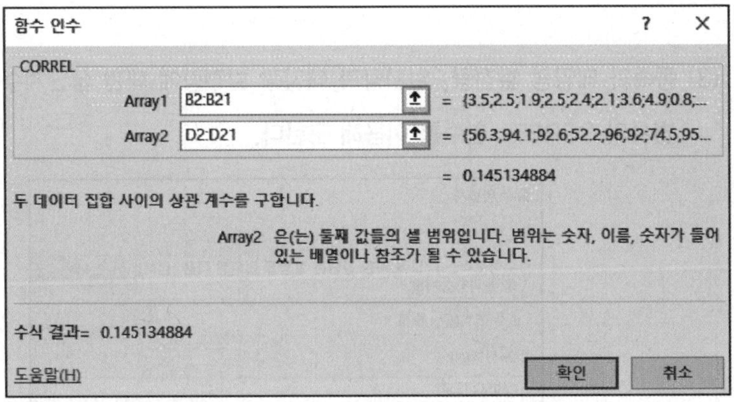

(4) 회귀분석 도구의 실행

① 데이터 탭의 데이터 분석 옵션을 선택해 통계 데이터 분석 창을 불러들인다.

② 다음 그림과 같이 회귀분석 도구를 선택한다.

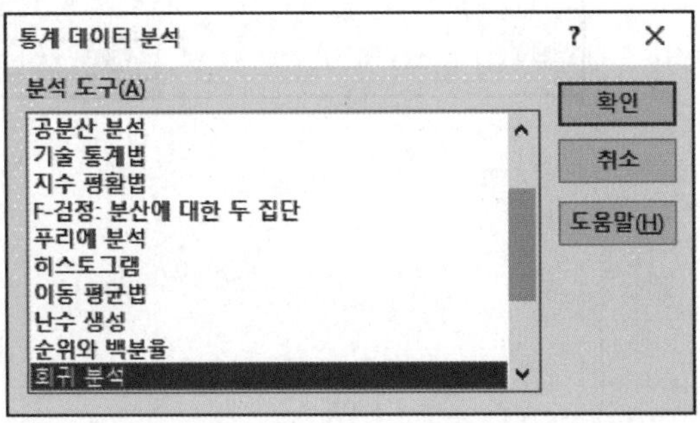

③ 회귀분석 창에서 X와 Y의 입력 범위, 출력결과 옵션, 그리고 출력 범위를 아래 그림과 같이 지정한다.

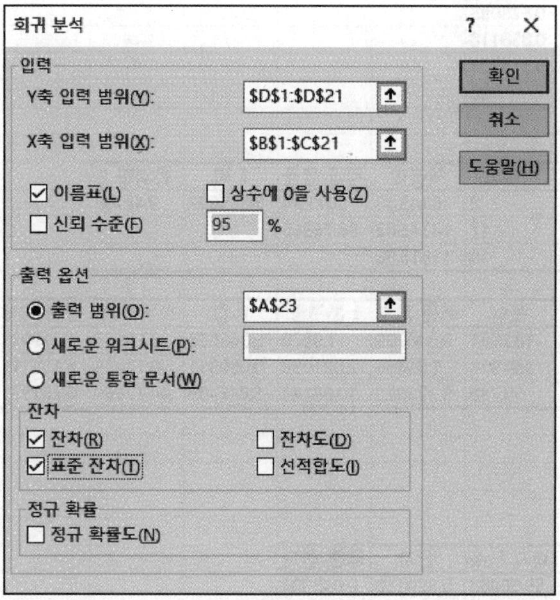

앞의 과정을 통해 다음과 같은 요약 결과물을 확인할 수 있다.

	A	B	C	D	E	F	G	H	I
23	요약 출력								
24									
25	회귀분석 통계량								
26	다중 상관계	0.934373							
27	결정계수	0.873053							
28	조정된 결정	0.858118							
29	표준 오차	9.314701							
30	관측수	20							
31									
32	분산 분석								
33		자유도	제곱합	제곱 평균	F 비	유의한 F			
34	회귀	2	10143.88	5071.94	58.45697	2.4E-08			
35	잔차	17	1474.982	86.76365					
36	계	19	11618.86						
37									
38		계수	표준 오차	t 통계량	P-값	하위 95%	상위 95%	하위 95.0%	상위 95.0%
39	Y 절편	-18.2881	9.340709	-1.9579	0.066863	-37.9953	1.419033	-37.9953	1.419033
40	Wind	3.97918	1.96886	2.021058	0.059311	-0.17475	8.133111	-0.17475	8.133111
41	GHI	55.798	5.223828	10.68144	5.84E-09	44.77669	66.81931	44.77669	66.81931
42									
43									
44									
45	잔차 출력								
46									
47	관측수	예측치 Pow	잔차	표준 잔차					
48	1	55.90083	0.399168	0.045304					
49	2	88.19035	5.909647	0.670726					
50	3	83.57093	9.029075	1.024771					
51	4	62.52327	-10.3233	-1.17166					
52	5	89.46638	6.533625	0.741545					
53	6	84.92474	7.075259	0.803019					
54	7	73.59613	0.903869	0.102586					
55	8	98.29837	-2.99837	-0.3403					
56	9	57.43261	5.167394	0.586482					
57	10	27.68618	8.613819	0.97764					
58	11	69.5481	3.151895	0.35773					
59	12	66.90484	-17.0048	-1.92999					
60	13	85.56052	-2.16052	-0.24521					
61	14	40.61094	-19.3109	-2.19173					
62	15	63.95488	-12.0549	-1.36819					
63	16	95.91981	2.380195	0.270144					
64	17	101.7285	-2.52851	-0.28698					
65	18	84.68689	4.613115	0.523574					
66	19	60.53368	-1.23368	-0.14002					
67	20	16.36204	13.83796	1.570563					

위 결과에 의할 때 태양광 발전량에 대한 풍속, 일사량의 회귀식은

$$\hat{Y} = -18.2881 + 3.97918X_1 + 55.798X_2$$

와 같다.

9.7 R 연습

Introduction to **Statistics,** ch. nine

9.6 엑셀 연습과 마찬가지로 [표 9-1]에 주어진 자료를 이용하여 회귀분석을 실시한다.

> **[Note] R에서 csv 파일 불러오기**
>
> R에서 Excel(xls,xlsx) 파일을 불러오기 위해서는 특별한 패키지가 필요하므로, csv 파일로 저장해 read.csv 명령어를 이용해 불러온다.
>
> > read.csv('데이터경로/데이터',header=F)와 같이 사용.
>
> 옵션 중 header는 csv 파일의 첫 행을 변수명으로 사용할 것인지 여부를 묻는 옵션이다. 기본값은 FALSE이며, 첫 행을 변수명으로 사용하기 위해서는 header=T를 입력해 주어야 한다.

(1) 자료 입력

8장의 경우 자료를 입력하는 것이 비교적 간단해 직접 자료를 입력했지만, 회귀분석의 경우 자료 입력이 비교적 복잡하다. 따라서 Excel을 이용해 자료를 입력한 뒤 csv 파일로 저장해 R로 불러들인다.

```
> x<-read.csv('C:/통계학의이해/ex9.csv',header=T)
> x
```

```
> x
  Wind  GHI Power
1  3.5 1.08  56.3
2  2.5 1.73  94.1
3  1.9 1.69  92.6
4  2.5 1.27  52.2
5  2.4 1.76  96.0
6  2.1 1.70  92.0
```

```
7   3.6 1.39  74.5
8   4.9 1.74  95.3
9   0.8 1.30  62.6
10  3.0 0.61  36.3
11  0.9 1.51  72.7
12  2.9 1.32  49.9
13  2.4 1.69  83.4
14  1.2 0.97  21.3
15  3.0 1.26  51.9
16  2.9 1.84  98.3
17  4.5 1.83  99.2
18  1.9 1.71  89.3
19  2.0 1.27  59.3
20  3.8 0.35  30.2
```

read.csv 명령어를 이용하여 ex9 파일을 x에 저장한다. 첫 번째 변수 Wind는 풍속, 두 번째 변수 GHI는 일사량, 세 번째 변수 Power는 태양광 발전량이다.

(2) 일사량과 태양광 발전량의 산포도 구하기

```
> plot(x$GHI, x$Power, xlab = "일사량", ylab = "태양광 발전량")
```

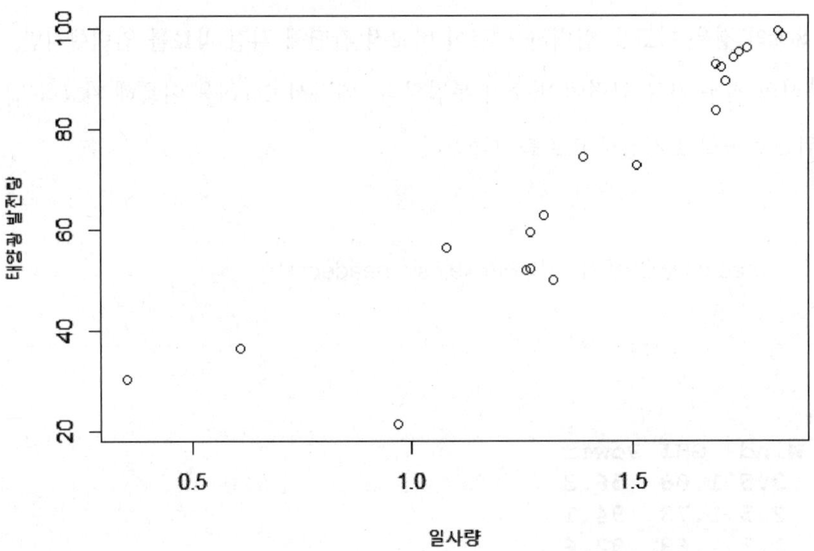

(3) 풍속과 태양광 발전량, 일사량과 태양광 발전량의 상관계수

1) 풍속과 태양광 발전량의 상관계수

```
> cor(x$Wind, x$Power)
```

```
> cor(x$Wind, x$Power)
[1] 0.1451349
```

2) 일사량과 태양광 발전량의 상관계수

```
> cor(x$GHI, x$Power)
```

```
> cor(x$GHI, x$Power)
[1] 0.9179055
```

(4) 회귀분석

```
> ex.9<-lm(Power ~ Wind + GHI, data = x)
> summary(ex.9)
```

```
> ex.9 <- lm(Power ~ Wind + GHI, data = x)
> summary(ex.9)

Call:
lm(formula = Power ~ Wind + GHI, data = x)

Residuals:
    Min      1Q  Median      3Q     Max 
-19.311  -2.646   1.642   6.066  13.838 

Coefficients:
            Estimate Std. Error t value Pr(>|t|)    
(Intercept)  -18.288      9.341  -1.958   0.0669 .  
Wind           3.979      1.969   2.021   0.0593 .  
GHI           55.798      5.224  10.681 5.84e-09 ***
---
Signif. codes:  0 '***' 0.001 '**' 0.01 '*' 0.05 '.' 0.1 ' ' 1

Residual standard error: 9.315 on 17 degrees of freedom
Multiple R-squared:  0.8731,	Adjusted R-squared:  0.8581 
F-statistic: 58.46 on 2 and 17 DF,  p-value: 2.403e-08
```

R에서 기본으로 제공하는 명령어 lm를 이용하여 회귀분석을 실시한다. 명령문에서 괄호 안은 회귀식, 사용할 자료명 순이다. '~' 기호 앞의 변수는 종속변수, 기호 뒤의 변수들은 독립변수이다. 두 개 이상의 종속변수가 필요한 경우 '+' 기호를 사용하여 추가한다. 위의 식은 태양광 발전량(Power)에 대한 풍속(Wind)과 일사량(GHI)의 영향을 알기 위한 식이다. 사용하는 자료 x 안에 식에 사용되는 변수 Power, Wind, GHI가 포함되어 있어야 한다. summary 명령어를 이용하면 회귀분석의 정리된 결과를 볼 수 있다.

위 결과에 의할 때 태양광 발전량에 대한 풍속, 일사량의 회귀식은

$$\hat{Y} = -18.288 + 3.979X_1 + 55.798X_2$$

와 같다.

```
> anova(ex.9)
```

```
> anova(ex.9)
Analysis of Variance Table

Response: Power
          Df Sum Sq Mean Sq  F value    Pr(>F)
Wind       1  244.7   244.7   2.8208    0.1113
GHI        1 9899.1  9899.1 114.0932 5.842e-09 ***
Residuals 17 1475.0    86.8
---
Signif. codes:  0 '***' 0.001 '**' 0.01 '*' 0.05 '.' 0.1 ' ' 1
```

anova 함수에 저장된 회귀식을 입력하면 분산분석표를 확인할 수 있다.

```
> ex.9$fitted.values
> ex.9$residuals
```

```
> ex.9$fitted.values
        1         2         3         4         5         6         7         8         9        10        11        12        13 
 55.90083  88.19035  83.57093  62.52327  89.46638  84.92474  73.59613  98.29837  57.43261  27.68618  69.54810  66.90484  85.56052 
       14        15        16        17        18        19        20 
 40.61094  63.95488  95.91981 101.72851  84.68689  60.53368  16.36204 
> ex.10$residuals
          1           2           3           4           5           6           7           8           9          10          11 
  0.3991678   5.9096467   9.0290748 -10.3232725   6.5336247   7.0752588   0.9038693  -2.9983655   5.1673936   8.6138187   3.1518952 
         12          13          14          15          16          17          18          19          20 
-17.0048446  -2.1605152 -19.3109378 -12.0548825   2.3801945  -2.5285136   4.6131148  -1.2336824  13.8379551 
```

ex.9에 저장된 회귀분석 결과값 중 적합값과 잔차를 따로 살펴볼 수 있다.

연습문제

01. 두 변수 X, Y의 표본상관계수 r에 대한 설명이다.

(a) r은 0 이상 1 이하이다. (   )

(b) $Y=X^2$의 관계가 있으면 $r=1$이다. (   )

(c) X가 설명변수, Y가 반응변수인 절편이 있는 단순선형회귀모형에서 얻은 결정계수는 r^2과 같다. (   )

02. 다음과 같은 자료에 대해

X	0	1	2	3	4	5
Y	3	4	7	8	11	13

(a) X와 Y의 상관계수 r을 구하라.

(b) 6개의 점을 X, Y 좌표에 그려라.

(c) 최소제곱법을 이용한 회귀선을 구하고, 이 회귀선을 (b)의 좌표에 그려라.

(d) 결정계수 R^2을 구하라.

03. 다음과 같은 자료에 대해

X	2	3	5	7	9	10	15
Y	4	6	8	9	13	14	18

(a) X와 Y의 상관계수 r을 구하라.

(b) 7개의 점을 X, Y 좌표에 그려라.

(c) 최소제곱법을 이용한 회귀선을 구하고, 이 회귀선을 (b)의 좌표에 그려라.

(d) 결정계수 R^2을 구하라.

04. 기온(℃)에 따른 미세먼지 농도(㎍/m³) 변화를 측정하기 위해 8개 지역에서 측정한 값이 다음과 같다.

기온(X)	1	1.5	2	2.5	3	3.5	4	4.5
농도(Y)	25	31	27	28	36	35	32	34

(a) 측정된 기온(X)과 미세먼지 농도(Y)에 대한 회귀선 $\hat{Y} = \hat{\beta}_0 + \hat{\beta}_1 X$를 구하라.

(b) 결정계수 R^2을 구하라.

(c) 회귀선의 회귀계수 β_1이 0인가에 대한 검정을 실시하라.

(d) Y의 분산 σ^2의 추정치 $\hat{\sigma}^2$을 구하라.

(e) 위에서 구한 회귀선을 이용할 때 기온이 3.75℃인 지역의 미세먼지 농도는 얼마나 될 것으로 기대할 수 있나?

05. 어느 한 대학교 1학년 학생 12명의 IQ와 평균평점 GPA가 다음 표와 같이 조사되었다. IQ가 GPA를 설명하는 요인이라고 할 때, 다음 질문에 답하라.

IQ(X)	116	129	123	105	131	134	126	101	138	125	132	129
GPA(Y)	2.1	3.0	2.4	1.9	3.5	3.3	2.8	1.9	3.8	3.1	3.0	3.3

(a) IQ(X)와 GPA(Y)에 대한 회귀선 $\hat{Y} = \hat{\beta}_0 + \hat{\beta}_1 X$를 최소제곱법으로 구하라.

(b) 결정계수 R^2을 구하라.

(c) Y의 분산 σ^2의 추정치 $\hat{\sigma}^2$을 구하라.

(d) 회귀계수 β_1이 0인가에 대한 검정을 실시하라.

(e) 위에서 구한 회귀선을 이용할 때 IQ가 130인 학생에게 기대되는 GPA의 기댓값은 얼마인가?

06. 한 내과의사가 미세먼지 흡입과 폐의 손상 정도 사이의 관계를 분석하기 위해 장기간 외부에서 미세먼지 흡입을 한 10명에 대해 한 기간(단위 : 일)과 폐의 손상 정도를 측정한 자료가 다음과 같다.

환자	기간(X)	폐의 손상 정도(Y)
1	10	25
2	15	31
3	13	26
4	33	50
5	25	41
6	8	20
7	28	35
8	24	38
9	35	55
10	20	33

(a) 기간(X)과 폐의 손상 정도(Y)에 대한 회귀선 $\hat{Y} = \hat{\beta}_0 + \hat{\beta}_1 X$를 최소제곱법으로 구하라.

(b) 결정계수 R^2을 구하라.

(c) Y의 분산 σ^2의 추정치 $\hat{\sigma}^2$을 구하라.

(d) 회귀계수 β_1이 0인가에 대한 검정을 실시하라.

(e) 위에서 구한 회귀선을 이용할 때 미세먼지 흡입 기간이 25일인 사람에게 기대되는 폐의 손상 정도의 기댓값은 얼마인가?

07. 음주운전자의 혈중 알코올 농도의 정확한 값은 운전자의 혈액을 채취해 측정해야 알 수 있다. 교통경찰관이 사용하는 디지털 측정기의 신뢰성을 측정하기 위해 15명의 음주운전자에 대해 혈액채취 방법(Y)과 디지털 측정기(X)에 의해 측정된 혈중 알코올 농도가 다음 표와 같다.

음주운전자	디지털 측정기(X)	혈액채취 측정(Y)
1	0.150	0.154
2	0.100	0.085
3	0.90	0.079
4	0.140	0.144
5	0.080	0.078
6	0.110	0.078
7	0.120	0.097
8	0.100	0.088
9	0.090	0.082
10	0.090	0.072
11	0.090	0.080
12	0.095	0.090
13	0.040	0.050
14	0.060	0.053
15	0.080	0.072

(a) 디지털 측정기(X)와 혈액채취 측정(Y) 결과에 대한 회귀선 $\hat{Y} = \hat{\beta}_0 + \hat{\beta}_1 X$를 최소제곱법으로 구하라.

(b) 결정계수 R^2을 구하라.

(c) Y의 분산 σ^2의 추정치 $\hat{\sigma}^2$을 구하라.

(d) 회귀계수 β_1이 0인가에 대한 검정을 실시하라.

(e) 위에서 구한 회귀선에 의할 때 디지털 측정기에 의한 측정결과가 0.09인 사람의 혈액을 채취해 혈중 알코올 농도를 측정할 때 기대되는 값은 얼마인가?

(f) 위에서 구한 회귀선을 이용해 디지털 측정기에 의한 측정결과가 0.12인 사람의 실제 알코올 농도(혈액채취에 의한 측정결과)의 95% 신뢰구간을 구하라.

08. TV 시청시간이 어린이의 폭력적인 행동에 미치는 영향을 알아보기 위해 14명 어린이의 TV 시청시간과 폭력지수를 조사한 결과가 다음 표와 같다.

X(TV 시청시간/일)	0	6	2	4	4	1	1	2	5	5	4	0	2	6
Y(폭력지수)	0	3	2	3	4	1	0	3	3	2	3	1	3	4

(a) X와 Y의 산포도를 그리고, 회귀직선을 적합시켜라.

(b) 하루 TV 시청시간이 3시간인 어린이의 폭력지수의 기댓값을 추정하라.

(c) R^2을 구하라.

(d) 분산분석표와 F 검정을 이용해 회귀모형의 유의성 검정을 실시하라.

09. 자동차의 속도(km/hr)와 연비(km/liter) 사이의 관계를 분석하기 위해 12대의 동일 모형 자동차를 대상으로 정속 주행 시 연비를 조사한 결과가 다음과 같다.

X(속도)	20	30	40	50	60	70	80	90	100	110	120	130
Y(연비)	13	17	20	23	26	29	31	32	31	28	24	20

2차다항회귀모형이 자료에 적합하다고 할 때 다음에 답하라.

(a) 2차다항회귀선을 구하라.

(b) (X, Y) 산포도를 그리고, 회귀선을 적합시켜라.

(c) R^2을 구하라.

(d) 속도가 85km/hr일 때 연비의 기댓값을 추정하라.

(e) 2차항이 모형에 유의한가를 검정하라.

10. 한 기업에서 월별 미세먼지 농도(단위 : $\mu g/m^3$)를 조사한 결과가 다음과 같다.

X(월)	1	2	3	4	5	6	7	8	9	10	11	12
Y(미세먼지 농도)	1.5	2.13	2.76	3.87	4.34	5.12	5.56	5.61	4.91	4.50	2.50	2.00

2차다항회귀모형이 자료에 적합하다고 할 때 다음에 답하라.

(a) 2차다항회귀선을 구하라.

(b) (X, Y) 산포도를 그리고, 회귀선을 적합시켜라.

(c) R^2을 구하라.

(d) 6월에 예상되는 미세먼지 농도는 몇(단위 : ㎍/m³)인가?

(e) 2차항이 모형에 유의한가를 검정하라.

11. 한 회사에서 직원 10명을 대상으로 성별에 따라 근속연수(년)와 월평균 급여액(10,000원) 사이의 관계를 조사한 결과가 다음과 같다(성별 : M = 남자, F = 여자).

근로자	1	2	3	4	5	6	7	8	9	10
X(근속연수)	1	3	3	5	6	7	9	12	13	15
Y(월평균 급여액)	60	50	67	65	73	98	80	120	140	150
D(성별)	M	F	M	F	F	M	F	M	M	M

(a) 성별을 가변수로 할 때 자료에 가장 적합한 회귀모형을 구하라.

(b) (a)의 결과를 이용해 성별에 따른 근속연수와 월평균 급여액 사이의 관계를 설명하라.

12. 초미세먼지 농도 등급과 미세먼지 농도(단위 : ㎍/m³) 사이의 관계가 지역에 따라 다른가를 보기 위해 두 지역(A, B)에서 각각 6구역을 선발해 초미세먼지 농도 등급과 미세먼지 농도를 조사한 결과가 다음과 같다. 초미세먼지 등급은 1(좋음)~10(최악)으로 나누어진다.

학생	1	2	3	4	5	6	7	8	9	10	11	12
X(등급)	1	2	4	5	7	10	1	3	4	5	7	9
Y(미세먼지 농도)	280	275	260	255	250	240	270	265	258	250	245	240
D(지역)	A	A	A	A	A	A	B	B	B	B	B	B

(a) 지역을 가변수로 할 때 자료에 가장 적합한 회귀모형을 구하라.

(b) (a)의 결과를 이용해 지역에 따른 초미세먼지 농도 등급과 미세먼지 농도(단위 : ㎍/m³) 사이의 관계를 설명하라.

13. 엑셀을 이용한 회귀분석의 결과가 다음과 같다고 할 때 빈칸을 완성하라.

회귀분석 통계량

다중상관계수	결정계수	조정된 결정계수	표준오차	관측 수
(　　　)	0.90859025	0.88247317	12.8272194	10

분산분석

분산의 원천	자유도	제곱합	평균 제곱	F비	유의한 F
회귀	2	11,448.2	(　　　)	(　　　)	0.000231
잔차	( )	(　　　)	(　　　)		
계	( )	12,600			

구분	계수	표준오차	t 통계량	p값
Y절편	10.4547777	17.4302	0.59981	0.567533
X_1	1.10066428	0.26016	(　　　)	0.003884
X_2	12.7950945	4.00204	(　　　)	0.015126

14. 한 지역에서 미세먼지 농도를 측정하였다. 미세먼지 농도가 동일하다고 생각되는 10개의 근접한 지역을 선정하여 미세먼지 농도(단위 : ㎍/m³)를 측정하였다. 그 결과 관측값은 다음과 같았다. [Excel 이용]

지역	온도(x)	농도(y)
1	15.0	18
2	15.5	12
3	16.0	20
4	16.5	8
5	17.0	10
6	17.5	8
7	18.0	7
8	18.5	6
9	19.0	5
10	19.5	4

(a) 추정회귀방정식을 구하라.

(b) 지역 1의 자료에 대한 잔차를 구하라.

(c) 추정회귀식을 근거로 온도와 미세먼지 농도 사이의 관계를 설명하라.

(d) 분산분석표를 구하라.

(e) 상관계수와 결정계수를 구하라.

(f) 미세먼지에 대한 전체 변동 중 이 회귀모형에 의해서 설명되는 변동의 크기를 말하라.

INTRODUCTION TO STATISTICS

분산분석

Introduction to **Statistics**
ch. ten

10

제 8.3절에서는 두 집단 모평균의 동일성 검정에 대해 설명했다. 그러나 많은 경우 두 개 이상 집단의 모평균이 동일한가에 대한 검정을 하는 경우가 있다. 예를 들면 3가지 서로 다른 교육방법(주입식, 토론식, 시청각기자재 이용)의 효과가 동일한가에 대한 검정이라든가 또는 4가지 서로 다른 자료가 돼지 비육에 미치는 효과가 동일한가 등과 같은 검정이다. 이와 같이 통계적 실험에서 두 개 이상의 집단으로부터 자료를 관측했을 때 각 집단의 반응에 차이가 있는가를 분석하는 통계적 분석방법을 분산분석(analysis of variance ; ANOVA)이라 한다. 여기에서 통계적 실험이란 실험대상자들을 몇 개의 집단으로 나눌 때 각 집단에 속한 대상자들의 일반적인 특성이 집단 간에 서로 유사하도록 나누는 것을 전제로 한다. 이와 같은 통계적 실험에서 각 집단에 특정한 처리를 가한 후 결과를 관측해 비교하는 실험을 계획하는 방법을 실험계획법(design of experiment)이라 한다. 본 장에서는 실험계획법과 분산분석에 대한 기초적인 이론과 검정과정을 설명한다.

10.1 실험계획

분산분석이 서로 다른 모집단에서의 모평균의 동일성에 대한 검정방법이라면, 실험계획은 검정에 필요한 자료를 각 집단으로부터 구하는 과정이라 할 수 있다. 여기에서 실험(experiment)이란 동일한 조건의 개체들에게 분석목적에 따르는 서로 다른 적절한 처리를 가하는 과정을 말하며, 이러한 실험이 합리적으로 실시되어야만 관측된 자료를 이용한 검정이 의미를 가질 수 있다.

예를 들어 우리나라 중등교육에서 3가지 교육방법(주입식, 토론식, 시청각기자재 이용)의 효과를 비교 · 분석하는 실험을 생각해 보자. 이 실험에서 한 중학교 2학년 6개 학급을 임의로 선발해 2개 학급씩 3집단으로 나눈 후 처음 2개 학급은 주입식 교육, 다음 2개 학급은 토론식 교육, 그리고 나머지 2개 학급은 시청각기자재 이용 교육을 각각 한 학기 동안 실시한 후에 동일한 학기말시험을 실시해 각 교육방법에 의한 학생들의 학습효과가 동일한가를 비교 · 분석할 수 있다.

10.1.1 실험계획의 구성요소

실험을 계획하고 실시하는 데 필요한 개념들에 대해 설명하면 다음과 같다.

실험단위(experimental unit) : 실험에 이용될 수 있는 각각의 개체들을 말하며, 위의 3가지 교육방법에 대한 실험에서 실험단위는 우리나라 중등학교 학생들 개개인이라 할 수 있다.

모집단(population) : 실험단위들의 집합체로, 위의 예에서 모집단은 전국의 중등학교 학생들 모두의 집합체이다.

표본(sample) : 실제 실험에 이용된 실험단위들의 집합으로, 위의 예에서는 실험에 이용된 6개 학급 학생들을 말한다.

요인(factor) : 실험에서 실험단위에 주어지는 조건을 말하며, 위의 예에서는 '교육방법'이 요인이라 할 수 있다. 요인은 몇 개의 수준(level)으로 되어 있는데, 앞의 예에서 '교육방법'이란 요인은 3개의 수준(주입식, 토론식, 시청각기자재 이용)

으로 되어 있으며, 분산분석은 실험에 주어지는 각 요인의 수준에 따라 반응에 차이가 있는가를 분석하는 것이다.

처리(treatment) : 요인들의 수준의 조합을 말하며, 요인이 하나인 실험에서는 요인의 수준과 처리가 동일한 개념이나 요인이 2개 이상인 경우에 처리는 요인들의 수준의 조합이다. 예를 들어 앞의 예에서 3가지 교육방법과 동시에 2가지 교재의 효과를 분석하고자 하는 경우에는 '교육방법' 이라는 요인은 3가지, '교재' 라는 요인은 2가지 수준으로 되어 있다. 따라서 처리는 다음과 같이 6개이다.

교재 \ 교육방법	주입식(b_1)	토론식(b_2)	시청각기자재 이용(b_3)
교재 1(a_1)	$a_1 b_1$	$a_1 b_2$	$a_1 b_3$
교재 2(a_2)	$a_2 b_1$	$a_2 b_2$	$a_2 b_3$

즉, 실험대상인 6개 반에는 위의 6개의 처리가 한 반에 하나씩 주어져야 한다.

반응(response) : 각 처리집단에서 처리의 결과를 측정하는 값으로, 반드시 양적 자료(quantitative data)여야 한다. 앞의 예에서는 실험에 참가한 학생들의 학기말시험 성적이 반응이다.

10.1.2 실험계획의 목적

실험계획은 모집단의 실험단위 중 일부를 표본으로 선택해 이를 몇 개의 집단으로 나누어 각각의 집단에 서로 다른 처리를 가한 후 처리효과가 같은가를 분석하는 통계적 분석방법이다. 즉, 표본의 각 처리집단에서 관측한 반응의 평균과 분산을 이용해 모집단에서 각 처리에 따르는 반응의 평균, 즉 모평균들이 동일한가를 검정하는 것이 실험계획의 목적이다. 위의 3가지 교육방법의 효과를 분석하기 위한 실험에서 실험의 목적은 주입식 교육에 의한 평균학습 효과를 μ_1, 토론식 교육에 의한 평균학습 효과를 μ_2, 그리고 시청각기자재 이용 교육의 평균학습 효과를 μ_3라 할 때 세 가지 교육방법의 평균학습 효과인 μ_1, μ_2, μ_3가 동일한가를 아는 것이다. 이를 위해 6개 학급 360명을 실험대상으로 해 한 학기 교육을 실시한 후 학기말고사를 실시해 반응을 얻은 결과가 학기말고사 성적이다. 각각의 교육방법으로 교육을 받은 학생들 120명에 의한 성적의 평균과 분산을 각각 $(\overline{X}_1, S_1^2)$, $(\overline{X}_2, S_2^2)$, $(\overline{X}_3, S_3^2)$이라 할 때, 이 통계량들을 이용해 모평균 μ_1, μ_2, μ_3가 동일한가를 검정한다.

10.1.3 확률화 실험

실험계획에 의한 분산분석에서는 각각의 처리를 가한 표본의 관측결과, 즉 반응에 의해 모평균의 동일성을 검정한다. 여기에서 반응은 **처리효과**(treatment effect)와 **오차효과**(error effect)의 결합된 형태로 설명할 수 있다. 처리효과란 각각의 처리에 의해 나타난 효과를 말하며, 오차효과란 반응 중에서 처리에 의해 설명되지 않는 효과를 말한다. 앞의 예에서 학생들의 성적은 서로 다른 교육방법에 의한 효과도 있지만 학생들 개개인의 IQ라든가 기타 기본적인 학습능력에도 영향을 받는다. 실험에서는 단지 교육방법에 의한 처리효과를 비교하고자 하므로 다른 요인의 효과를 고려하지 않는다. 따라서 이 실험에서는 서로 다른 3가지 교육방법의 효과가 처리효과이고, 기타 다른 모든 요인에 의한 효과는 오차효과라 할 수 있다. 분산분석에서는 각 처리집단 간의 반응의 차이가 실제로 처리수준이 다름으로 인해 발생되었는가를 분석하고자 하므로 반드시 각 처리집단의 오차효과가 각 집단에서 동일하게 나타나도록 실험을 계획해야 한다. 예를 들어 앞의 실험에서 추출된 6개 반이 처음 2개 반은 우수반, 다음 2개 반은 보통반, 그리고 나머지 2개 반은 열등반이라 하자. 처음 2개 반에는 처리 1, 다음 2개 반에는 처리 2, 나머지 2개 반에는 처리 3을 가했을 때 각 처리집단별 학기말고사 성적의 평균이 $\overline{X}_1 > \overline{X}_2 > \overline{X}_3$과 같이 나타난 경우에도 이 결과가 교육방법의 차이에 의해 나타났는지 또는 우열반 구분에 의한 각 학생들의 기본적인 학습능력의 차이에 의한 것인지를 구분할 수 없게 되어 서로 다른 교육방법의 효과를 분석할 수 없다. 이와 같은 실험에서 실험대상으로 선발된 학생 360명을 '랜덤하게' 60명씩 6개반으로 재편성한 후 2개반씩 임의로 뽑아 각각의 교육방법을 실시하면 각 반에 배정된 학생들의 기본적인 학습능력은 비슷하다고 할 수 있다. 따라서 각 반의 성적 차이는 서로 다른 교육방법에 의해 나타난다고 할 수 있다. 이와 같이 처리의 효과를 구분하기 위해 실험단위들을 각 처리집단에 '랜덤하게' (확률적으로) 배정하는 실험계획을 **확률화 실험계획**(completely randomized design)이라 한다.

10.1.4 실험계획의 과정

실험계획은 분석목적에 적합한 자료의 수집과정이라 할 수 있고, 분산분석은 수집된 자료를 이용해 처리수준 간의 효과 차이를 분석하는 것이라 할 수 있다. 여기에서는 앞에서 설명한 실험계획의 과정을 다음 예를 통해 요약 · 정리한다.

예 10-1

의학연구에서 특정한 암에 대한 서로 다른 3가지 치료제 A, B, C가 있다고 할 때, 이 세 가지 치료제의 효과를 비교하기 위한 실험을 계획하라.

[풀이]

위에 주어진 3가지 치료제 A, B, C의 효과를 비교하기 위한 실험에서 암에 걸려서 병원에 입원한 환자 30명을 실험대상자로 한다고 하자. 이 경우 30명의 암환자를 '랜덤하게' 각각 10명씩 세 집단으로 나눈 후 첫 번째 집단에는 치료제 A를, 두 번째 집단에는 치료제 B를, 그리고 세 번째 집단에는 치료제 C를 투여한 후 병이 치료되는 데까지 걸리는 시간을 관측해 세 치료제의 효과를 분석하는 실험을 계획할 수 있다. 이 실험에서 모집단은 그 병을 앓는 모든 환자이며, 표본은 실험대상이 된 30명의 환자이고, 요인은 치료약이며, 요인의 수준은 각각의 치료약 A, B, C를 말한다. 반응은 각 환자가 병이 치료되는 데까지 걸린 시간이고, 각 실험집단에서 이 반응의 평균과 분산을 이용해 각각의 약을 이용한 치료에 소요된 평균시간이 동일한가를 검정한다. 확률화 실험의 원칙에 의해 실험대상인 30명의 환자들은 각 실험집단에 '랜덤하게' 배정되어야 하며, 만약에 특정 집단에 증세가 심한 환자들이 모여 있게 되면 세 가지 약의 치료효과를 비교 · 분석할 수 없게 된다.

10.1.5 실험계획의 방법

실험계획에서 실험단위들을 각 처리집단에 배치하는 방법에는 **완전확률화 계획법**(completely randomized design)과 **확률화 블럭계획법**(randomized block design)이 있다. 완전확률화 계획법은 실험단위들이 각 처리집단에 '랜덤하게' (확률적으로) 배치되는 방법으로, 실험단위들이 각 처리집단에 배치될 가능성이 균등한 실험계획법을 말한다. 확률화 블럭계획법은 실험단위들이 상당히 이질적일 때 완전확률화 계획법에 의한 실험단위들의 배치에서 우연히 나타날 수 있는 실험단위들의 편향적 분포에 대한 가능성을 줄이기 위해 실험단위들을 유사한 것끼리 묶어 몇 개의 블럭으로 만든 후 각 블럭 내에서 실험단위들을 각각의 처리수준에 확률적으로 배치하는 실험계획법이다.

예를 들어 4가지 돼지사료 A, B, C, D의 비육효과를 실험하고자 할 때 갓 태어난 새끼돼지를 실험대상으로 한다고 하자. 비슷한 시기에 3마리의 어미돼지가 각각 12마리의 새끼를 낳아 모두 36마리의 새끼돼지를 실험대상으로 할 때 다음과 같이 2가지의 배치방법을 생각할 수 있다.

완전확률화 계획법 : 36마리의 새끼돼지를 섞어놓은 후 임의로 9마리씩 4개 집단으로 나누고, 각 집단에 A, B, C, D의 사료를 일정 기간 먹인 후 돼지의 체중을 측정해 각 사료가 돼지의 성장에 미치는 효과가 동일한가를 비교한다.

확률화 블럭계획법 : 돼지의 발육은 어미돼지로부터의 유전적 요인에 의해서도 영향을 받는다고 할 때, 위와 같은 완전확률화 계획법에 의한 새끼돼지의 배치는 특정 처리집단에 특정 어미에 의한 새끼돼지가 많이 배치될 가능성이 있다. 이러한 문제점의 해결방안으로 각 어미돼지에 의한 새끼돼지 12마리를 각각의 블럭으로 해 3개의 블럭을 만든다. 각 블럭 내에서 '랜덤하게' 각각 3마리씩 네 개의 집단을 만들고, 각 집단에 서로 다른 사료를 먹이는 실험을 일정 기간 계속한 후 체중을 측정해 사료의 효과를 비교할 수 있다. 이와 같이 새끼돼지를 배치하면 각 블럭 내에 있는 새끼돼지들의 유전적 요인이 동일하므로 각 사료의 효과를 보다 객관적으로 비교할 수 있다.

그림 10-1 확률화 블럭계획법의 배치방법

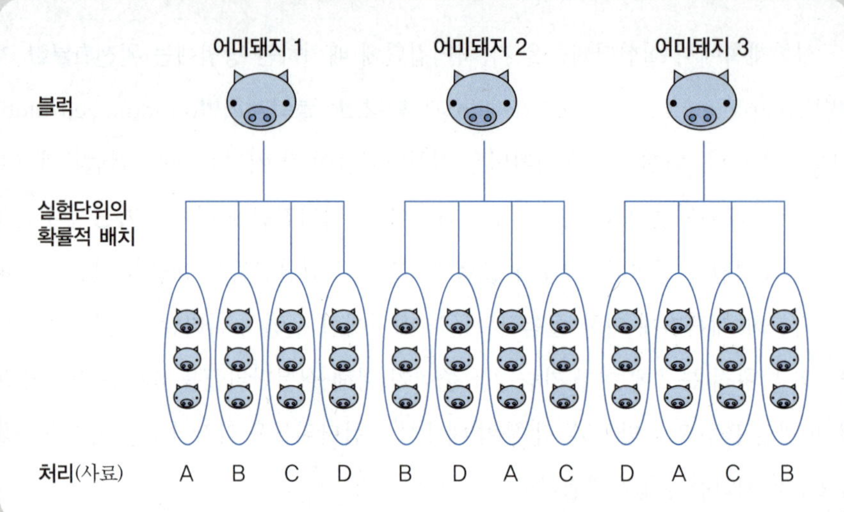

즉, 확률화 블럭계획법은 완전확률화 계획법에서 우연하게 한 집단에 선천적으로 우량인 새끼돼지들이 많이 배치되어 실험결과에 영향을 미치는 것을 방지하기 위한 방법이라 할 수 있다. 실험단위가 서로 상당히 이질적일 때에는 이와 같이 실험단위를 서로 유사한 것끼리 블럭으로 묶은 후 각 블럭 내에서 실험단위들을 각 처리집단에 확률적으로 배치하는 방법이 보다 합리적일 수 있다.

10.2 일원분류 분산분석

요인이 하나인 실험에 대한 분산분석법을 **일원분류 분산분석**(one-way ANOVA)이라 한다. 일원분류 분산분석은 실험단위들이 처리의 각 수준에 랜덤하게 배정되는 완전확률화 계획법에 의해 실험이 실시된다는 것을 전제로 한다.

10.2.1 모형의 구성

실험에서 비교하고자 하는 K개($K \geq 2$)의 처리집단이 있을 때 각 처리집단의 반응은 모평균과 모분산이 각각 μ_i, σ_i^2, $i=1, 2, \cdots K$인 정규분포를 따른다고 할 수 있다. 각 처리집단의 모평균이 모두 같은가($\mu_1=\mu_2=\cdots=\mu_K$)에 대한 검정을 실시하기 위해 각 집단에서 n_i개, $i=1, 2, \cdots, K$의 표본을 추출해 실험을 실시한 후 관측한 반응의 표본평균과 분산을 각각 $\overline{X}_i$, S_i^2, $i=1, 2, \cdots, K$로 표현할 수 있는데, 이를 그림으로 표현하면 [그림 10-2]와 같다.

그림 10-2 모집단 모수와 표본통계량

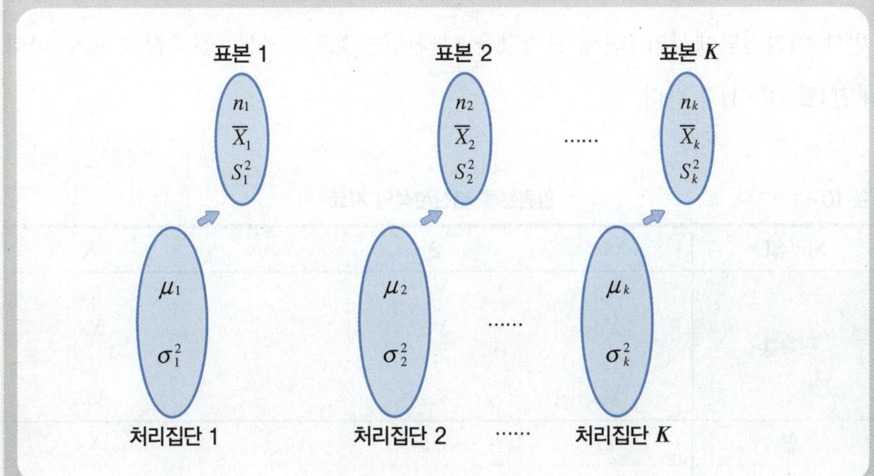

이 경우 분석의 전제조건은, 각 처리집단의 모분산은 동일하며($\sigma_1^2=\sigma_2^2=\cdots=\sigma_K^2=\sigma^2$) 각 처리집단의 관찰값은 모두 정규분포 $N(\mu_i, \sigma^2)$, $i=1, 2, \cdots, K$를 따른다는 것이다. 이와 같은 전제조건하에서 검정하고자 하는 가설은 다음과 같이 설정할 수 있다.

$H_0 : \mu_1=\mu_2=\cdots=\mu_K$

$H_1 : H_0$이 사실이 아니다.

즉, 귀무가설 H_0은 모든 처리집단의 모평균이 동일하다는 것을 의미하며, 대립가설 H_1은 모평균 모두가 동일하지는 않다는 것, 즉 최소한 하나는 다른 값과 다르다는 것을 의미한다.

10.2.2 검정과정(F검정)

K개의 처리집단에서 관측된 반응을 확률변수 X를 이용해

$$X_{ij},\ \ i = 1, 2, \cdots, K,\ \ j = 1, 2, \cdots, n_i$$

로 표현할 수 있는데, 첫 번째 첨자 i는 i번째 처리집단을 의미하고 두 번째 첨자 j는 i번째 처리집단에서의 j번째 관측값을 나타내는 것으로, 모든 관측값을 표로 나타내면 [표 10-1]과 같다.

표 10-1 일원분류 분산분석의 자료

처리집단	1	2	…	K
관측값	X_{11} X_{12} ⋮ X_{1n_1}	X_{21} X_{22} ⋮ X_{2n_2}	…	X_{K1} X_{K2} ⋮ X_{Kn_K}
합	X_1	X_2	…	X_K
평균	$\overline{X}_1$	$\overline{X}_2$	…	$\overline{X}_K$

i번째 처리집단의 평균과 전체 관측값의 평균을 각각

$$\overline{X}_i = \frac{1}{n_i}\sum_{i=1}^{n} X_{ij}$$

$$\overline{X}.. = \frac{1}{N}\sum_{i=1}^{K}\sum_{j=1}^{n_i} X_{ij},\ N(\text{전체 관측값의 수}) = n_1 + n_2 + \cdots + n_K$$

와 같이 표현할 때 각 관측값 X_{ij}와 전체 평균 $\overline{X}..$와의 편차 $\overline{X}_{ij} - \overline{X}..$는 다음과 같이 두 부분으로 나눌 수 있다.

$$X_{ij} - X_{..} = (X_{ij} - X_{i.}) + (X_{i.} - X_{..})$$

여기에서 $X_{ij} - \overline{X}_{i.}$는 각 관측값과 그 관측값이 속한 처리집단 평균과의 차이로 반응에 대한 오차효과를 측정하는 값이라 할 수 있고, $\overline{X}_{i.} - \overline{X}_{..}$는 각 처리의 평균과 전체 평균과의 차이로 반응에 대한 처리효과를 측정하는 값이라 할 수 있다.

위의 편차의 모든 관측값에 대한 제곱합은

$$\underset{\text{총제곱합}(TSS)}{\sum_{i=1}^{K}\sum_{j=1}^{n_i}(X_{ij} - \overline{X}_{..})^2} = \underset{\text{처리제곱합}(SS_T)}{\sum_{i=1}^{K} n_i(\overline{X}_{i.} - \overline{X}_{..})^2} + \underset{\text{오차제곱합}(SS_E)}{\sum_{i=1}^{K}\sum_{j=1}^{n_i}(X_{ij} - \overline{X}_{i.})^2}$$

과 같이 표현할 수 있다. 즉,

$$TSS = SS_T + SS_E$$

이다. SS_T는 K개 집단의 평균과 전체 평균과의 편차의 제곱합이므로 자유도($d.f.$)가 $K-1$이고, SS_E는 서로 독립인 K개의 처리집단에서 각 관측값과 처리집단평균과의 편차의 제곱합으로, 각 처리집단 내의 자유도가 각각 $n_1 - 1, n_2 - 1, \cdots, n_K - 1$이 되어 SS_E의 자유도는

$$(n_1 - 1) + (n_2 - 1) + \cdots + (n_K - 1)$$
$$= \sum_{i=1}^{K}(n_i - 1) = \sum_{i=1}^{K} n_i - K = N - K$$

이다. 각각의 제곱합을 자유도로 나눈 값을

$$MS_T = SS_T / (K-1)$$
$$MS_E = SS_E / (N-K)$$

라 할 때 다음과 같은 표를 만들 수 있으며, 이 표를 **분산분석표**(ANOVA Table)라 한다.

표 10-2 일원분류 분산분석표

변인(source)	자유도($d.f.$)	제곱합(SS)	평균제곱합(MS)
처리(treatment)	$K-1$	$\sum_{i=1}^{K} n_i(\overline{X}_i - \overline{X}..)^2$	$SS_T/(K-1)$
오차(error)	$N-K$	$\sum_{i=1}^{K}\sum_{j=1}^{n_j}(X_{ij} - \overline{X}_i.)^2$	$SS_E/(N-K)$
전체(total)	$N-1$	$\sum_{i=1}^{K}\sum_{j=1}^{n_j}(X_{ij} - \overline{X}_{i}..)^2$	

검정하고자 하는 가설은

$$H_0 : \mu_1 = \mu_2 = \cdots = \mu_K$$

$H_1 : H_0$이 사실이 아니다.

인데, 귀무가설은 '처리집단의 평균이 모두 동일하다' 라고 주장하는 것이며, 대립가설은 '귀무가설의 주장이 사실이 아니다' 라고 주장하는 것이다. 귀무가설하에서의 검정통계량 값은

$$F = \frac{MS_T}{MS_E}$$

인데, 이는 귀무가설이 사실일 경우 MS_T와 MS_E 모두 분산 σ^2을 추정하는 값으로, 귀무가설이 사실일 때에는 검정통계량 F값이 1에 가깝게 되고, 사실이 아닐 때에는 1보다 크게 되는 특성을 갖는다. 검정통계량 F는 자유도가 $(K-1, N-K)$인 F분포를 따른다. 따라서 유의수준하에서의 검정은 위와 같이 구한 F값이 $F_{(\alpha : K-1,\ N-K)}$보다 크면 귀무가설을 기각하게 된다.

10.2.3 분산분석표의 작성

[표 10-2]와 같은 분산분석표를 구하기 위해서는 TSS, SS_T, SS_E와 같은 세 가지 제곱합을 계산해야 하는데, 이는 다음과 같은 과정을 이용해 보다 쉽게 계산할 수 있다.

$$X_{i.} = \sum_{j=1}^{n_i} X_{ij}, \text{ 즉 } i\text{번째 처리집단의 총합}, i = 1, 2, \cdots, K$$

$$CM = \frac{1}{N}\left(\sum_{i=1}^{K}\sum_{j=1}^{n_i} X_{ij}\right)^2,$$

전체 관측치의 합을 제곱한 후에 전체 관측치의 수로 나눈 값이라 할 때,

$$TSS = \sum_{i=1}^{K}\sum_{j=1}^{n_i} X_{ij}^2 - CM$$

$$SS_T = \sum_{i=1}^{K}\frac{X_{i}^2}{n_i} - CM$$

$$SS_E = TSS - SS_T$$

와 같이 구할 수 있다.

예 10-2

4가지 교육방법의 효과를 비교 · 분석하기 위해 학생 40명을 랜덤하게 10명씩 4개 집단으로 나누고, 한 학기 동안 각 교육방법으로 교육을 실시한 후 치른 학기말시험 성적이 [표 10-3]과 같다. 학기 중에 질병이나 전학 등으로 인해 학기말시험을 치른 학생의 수가 같지 않은데, [표 10-3]에 주어진 자료에 의할 때 4가지 교육방법의 효과가 다르다고 할 수 있는가를 분석하라.

표 10-3 4가지 교육방법에 의한 학기말시험 성적

교육방법	1	2	3	4
시험 성적	65	75	59	94
	87	69	78	89
	73	83	67	80
	79	81	62	88
	81	72	83	
	69	79	76	
		90		
시험 성적($X_{i.}$)	454	549	425	351

[풀이]

$$CM = \frac{\left(\sum_{i=1}^{4}\sum_{j=1}^{n_i} X_{ij}\right)^2}{N} = \frac{(1{,}779)^2}{23} = 137{,}601.8$$

$$TSS = \sum_{i=1}^{4}\sum_{j=1}^{n_i} X_{ij}^2 - CM$$
$$= (65)^2 + (87)^2 + (73)^2 + \cdots + (88)^2 - CM$$
$$= 139{,}511 - 137{,}601.8$$
$$= 1{,}909.2$$
$$SS_T = \sum_{i=1}^{4} \frac{X_{i.}^2}{n_i} - CM$$
$$= \frac{(454)^2}{6} + \frac{(549)^2}{7} + \frac{(425)^2}{6} + \frac{(351)^2}{4} - CM$$
$$= 138{,}314.4 - 137{,}601.8$$
$$= 712.6$$
$$SS_E = TSS - SS_T = 1{,}909.2 - 712.6 = 1{,}196.6$$
$$MS_T = \frac{SS_T}{4-1} = \frac{712.6}{3} = 237.5$$
$$MS_E = \frac{SS_E}{N-4} = \frac{1{,}196.6}{23-4} = 63.0$$
$$F = \frac{MS_T}{MS_E} = \frac{237.5}{63.0} = 3.77$$

이다.

따라서 분산분석표는 [표 10−4]와 같다.

표 10−4 **교육효과 분석자료의 분산분석표**

변인	*d.f.*	*SS*	*MS*	*F*
처리	3	712.6	237.5	3.77
오차	19	1,196.6	63.0	
전체	22	1.909.2		

μ_1, μ_2, μ_3, μ_4를 각각의 교육방법에서 모집단의 평균성적이라 할 때 검정하고자 하는 가설은

$$H_0 : \mu_1 = \mu_2 = \mu_3 = \mu_4$$

H_1 : H_0이 사실이 아니다.

이며, 귀무가설하에서의 검정통계량 값 $F = 3.77$은 $F_{(3,\ 19)}$ 분포를 따른다.

$\alpha = 0.05$일 때 $F_{(0.05\ ;\ 3,19)} = 3.13$이므로, $F = 3.77 > F_{(0.05\ ;\ 3,19)}$가 되어 귀무가설은 기각된다. 즉, 주어진 자료에 의할 때 5% 유의수준하에서 4가지 교육방법의 효과가 동일하다고 볼 수 없다.

*10.2.4 완전확률화 계획법에서 모수의 추정

완전확률화 계획법에서 각 처리집단 모평균 μ_i의 추정량은 $\overline{X}_{i\cdot}$이며, 각 모평균과 두 모평균의 차에 대한 $100(1-\alpha)\%$ 신뢰구간은 다음과 같다.

$100(1-\alpha)\%$ 신뢰구간

① 단일모평균 μ_i ; $\overline{X}_i \pm t_{\alpha/2} \cdot S/\sqrt{n_i}$

② 두 모평균의 차 $\mu_i - \mu_j$;

$$(\overline{X}_{i\cdot} - \overline{X}_{j\cdot}) \pm t_{\alpha/2} \cdot S\sqrt{\frac{1}{n_i} + \frac{1}{n_j}}$$

여기에서 S는 모집단의 표준편차 σ의 추정량으로

$$S = \sqrt{S^2} = \sqrt{MS_E} = \sqrt{\frac{SS_E}{N-K}}$$

이며, $t_{\alpha/2}$는 자유도가 MS_E의 자유도인 $N-K$를 갖는 t분포로부터 구한 값으로

$$P_r(t > t_{\alpha/2}) = \frac{\alpha}{2}$$

인 값이다.

예 10-3

〈예 10-2〉에 주어진 자료를 이용한 분석에서 첫째 교육방법의 효과(μ_1)에 대한 95% 신뢰구간과 첫째 교육방법과 넷째 교육방법의 효과의 차이($\mu_1 - \mu_4$)에 대한 95% 신뢰구간을 구하라.

[풀이]

[표 10-3]과 [표 10-4]에 의해

$$\overline{X}_{1\cdot} = \frac{454}{6} = 75.67$$
$$\overline{X}_{4\cdot} = \frac{351}{4} = 87.75$$
$$S = \sqrt{MS_E} = \sqrt{63.0} = 7.94$$

S의 $d.f. = 19$

이며, 자유도가 19인 t분포에서 $t_{(0.025\,;\,19)} = 2.093$이다. 따라서 μ_1의 95% 신뢰구간은

$$\overline{X}_{1\cdot} \pm t_{(0.025\,;\,19)}\frac{S}{\sqrt{n_1}}$$
$$= 75.67 \pm 2.093\frac{7.94}{\sqrt{6}}$$
$$= 75.67 \pm 6.78$$
$$= (68.89, 82.45)$$

이고, $\mu_1 - \mu_4$의 95% 신뢰구간은

$$(\overline{X}_{1\cdot} - \overline{X}_{4\cdot}) \pm t_{(0.025\,;\,19)} \cdot S\sqrt{\frac{1}{n_1} + \frac{1}{n_4}}$$
$$= (75.67 - 87.75) \pm (2.093) \cdot (7.94)\sqrt{\frac{1}{6} + \frac{1}{4}}$$
$$= -12.08 \pm 10.73$$
$$= (-22.81, -1.35)$$

이다.

10.2.5 일원분류 분산분석에서 검정의 의미

일원분류 분산분석에서 각 처리집단의 관측값 X_{ij}와 각 처리집단의 평균 $\overline{X}_{i\cdot}$ 그리고 전체 관측값의 평균 $\overline{X}_{\cdot\cdot}$을 그림으로 표현하면 [그림 10-3]과 같다. [그림 10-

그림 10-3 각 처리집단의 관측값

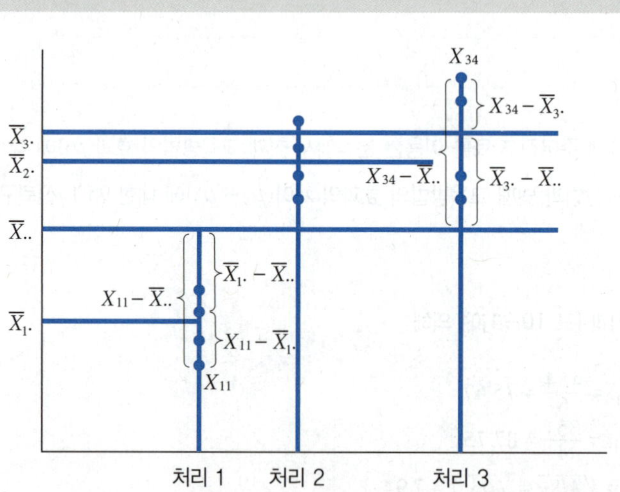

3]에 의할 때 처리제곱합 $SS_T = \sum_{i=1}^{K}\sum_{j=1}^{n_i}(\overline{X}_{i\cdot} - \overline{X}_{\cdot\cdot})^2 = \sum_{i=1}^{K} n_i(\overline{X}_{i\cdot} - \overline{X}_{\cdot\cdot})^2$은 i번째 처리집단의 모든 관측값이 i집단의 평균 $\overline{X}_{i\cdot}$에 있다는 전제하에서 이 값과 전체 평균 $\overline{X}_{\cdot\cdot}$과의 편차 $\overline{X}_{i\cdot} - \overline{X}_{\cdot\cdot}$의 제곱합이고, 오차제곱합 $SS_E = \sum_{i=1}^{K}\sum_{j=1}^{n_i}(X_{ij} - \overline{X}_{i\cdot})^2$은 각 처리집단 내에서 관측값 X_{ij}와 처리집단의 평균 $\overline{X}_{i\cdot}$와의 편차 $X_{ij} - \overline{X}_{i\cdot}$의 제곱합이며, $MS_T = SS_T/(K-1)$과 $MS_E = SS_E/(N-K)$는 각각 SS_T와 SS_E의 평균의 의미가 있다. 검정에서 검정통계량 $F = \frac{MS_T}{MS_E}$의 값이 크면 귀무가설을 기각하게 되는데, 이는 처리집단 간의 변동을 관측하는 값인 MS_T가 처리집단 내의 변동을 관측하는 값인 MS_E보다 상대적으로 큰 경우에 귀무가설을 기각한다는 것을 의미한다. 다음 두 개의 가상자료를 통해 일원분류 분산분석에서 모평균들의 동일성에 대한 검정의 의미를 생각해 보자. 〈자료 1〉과 〈자료 2〉는 세 개의 처리집단에서 각각 3개씩 관측값을 구한 실험결과로, 각 처리집단의 평균들이 $\overline{X}_{1\cdot} = 65$, $\overline{X}_{2\cdot} = 70$, $\overline{X}_{3\cdot} = 75$로 두 집단 모두 동일하다. 따라서 전체 평균도 $\overline{X}_{\cdot\cdot} = 70$으로 동일하다. 그러나 [그림 10-4]와 [그림 10-5]에서 볼 수 있는 바와 같이 〈자료 1〉보다는 〈자료 2〉가 각 처리집단 내에서 관측값의 폭

〈자료 1〉

처리	1	2	3
관측값	60	67	72
	65	71	75
	70	72	78
평균	65	70	75

〈자료 2〉

처리	1	2	3
관측값	40	50	50
	60	70	80
	95	90	95
평균	65	70	75

그림 10-4 〈자료 1〉의 관측값　　그림 10-5 〈자료 2〉의 관측값

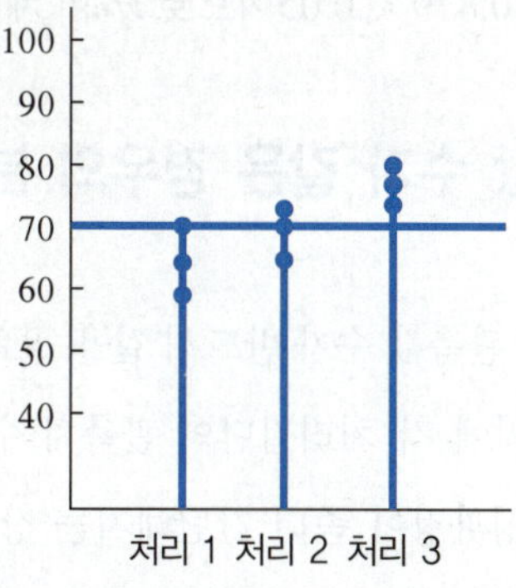

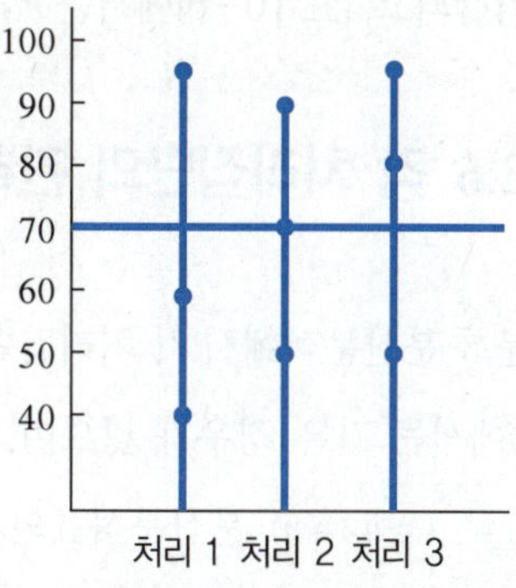

이 크다. 따라서 모평균의 동일성 ($\mu_1 = \mu_2 = \mu_3$)에 대한 검정 결과도 [표 10-5]와 [표 10-6]의 분산분석표에 주어진 것과 같이 〈자료 1〉에 대한 분산분석에서는 귀무가설 ($\mu_1 = \mu_2 = \mu_3$)을 기각하게 되나 〈자료 2〉에 대한 분산분석에서는 귀무가설을 기각하지 않는다. 이는 〈자료 1〉에서는 처리집단 간의 변동이 처리집단 내의 변동보다 상대적으로 크다는 것을 의미하고, 반면에 〈자료 2〉에서는 처리집단 간의 변동이 처리집단 내의 변동보다 상대적으로 크지 않다는 것을 의미한다.

표 10-5 〈자료 1〉에 대한 분산분석표

변인	*d.f.*	*SS*	*MS*	*F*	*P*
처리	2	150.0	75.0	5.49	0.044
오차	6	82.0	13.7		
전체	8	232.0			

표 10-6 〈자료 2〉에 대한 분산분석표

변인	*d.f.*	*SS*	*MS*	*F*	*P*
처리	2	150	75	0.13	0.879
오차	6	3,400	567		
전체	8	3,550			

[표 10-5]와 [표 10-6]에서 검정통계량 F는 자유도가 (2, 6)인 F분포를 따르며, 〈부록 VI〉의 [표 6]에서 $F_{(0.05\,:\,2,\,6)} = 5.14$이므로 [표 10-5]에서는 H_0 ; $\mu_1 = \mu_2 = \mu_3$이 기각되고, [표 10-6]에서는 H_0 ; $\mu_1 = \mu_2 = \mu_3$이 채택된다. [표 10-5]와 [표 10-6]의 맨 끝 열에 있는 P값에 의할 때 [표 10-5]에서는 P값 = 0.044 < 0.05이므로 H_0이 기각되고, [표 10-6]에서는 P값 = 0.879 < 0.05이므로 H_0이 채택된다.

10.2.6 각 처리집단의 관측값 수가 같은 경우의 분산분석

일원분류 분산분석에서 각 처리집단의 관측값 수가 반드시 같을 필요는 없으나 실제 실험에서는 같은 경우가 많으며, 만약에 각 처리집단의 관측치 수가 같으면 (즉, $n_1 = n_2 = \cdots = n_K = n$) 분산분석표의 작성과정이 좀더 간단해지는 장점이 있다. 즉, 처리집단의 수를 K라 하고 각 처리집단의 관측값 수를 n이라 할 때 분산분석표는 [표 10-7]과 같다.

표 10-7 각 처리집단의 관측값 수가 동일한 경우의 분산분석표

변인	$d.f.$	SS	MS	F
처리	$K-1$	$n\sum_{i=1}^{K}(\overline{X}_{i\cdot}-\overline{X}_{\cdot\cdot})^2$	$SS_T/(K-1)$	$\frac{MS_T}{MS_E}$
오차	$K(n-1)$	$\sum_{i=1}^{K}\sum_{j=1}^{n}(X_{ij}-\overline{X}_{i\cdot})^2$	$SS_E/K(n-1)$	
전체	$K\cdot n-1$	$\sum_{i=1}^{K}\sum_{j=1}^{n_i}(X_{ij}-\overline{X}_{\cdot\cdot})^2$		

10.2.7 t검정과 분산분석

제8장의 8.3절에서 두 개의 독립집단에 대한 모평균의 동일성 검정에 대해 설명했다. 즉, 두 집단 모평균의 동일성($\mu_1=\mu_2$)에 대한 검정에서 검정통계량 $T(X)$는

$$T(X)=\frac{\overline{X}_1-\overline{X}_2}{S_P\sqrt{\frac{1}{n_1}+\frac{1}{n_2}}}$$

이며, $T(X)$는 자유도가 n_1+n_2-2인 t분포를 따른다고 설명했다. 또한 본 절에서는 일원분류 분산분석 방법을 이용해 두 개 이상의 서로 독립인 집단들에서 모평균의 동일성 검정을 실시한다고 설명한다. 따라서 일원분류 분산분석에서 집단이 두 개인 경우에는 분석결과가 위의 t검정과 동일해야 한다. 일원분류 분산분석에서 집단이 두 개인 경우 검정통계량 F는 [표 10-2]에 의해

$$F=\frac{MS_T}{MS_E}=\frac{\sum_{i=1}^{2}n_i(\overline{X}_{i\cdot}-\overline{X}_{\cdot\cdot})^2}{\sum_{i=1}^{2}\sum_{j=1}^{n_i}(X_{ij}-\overline{X}_{i\cdot})^2/(n_1+n_2-2)}$$

이며, F는 자유도가 $(1, n_1+n_2-2)$인 F분포를 따른다. 위에 정의된 두 검정통계량 $T(X)$와 F 사이의 관계는 $T(X)^2=F$이다. 이 결과는 위의 두 통계량 $T(X)$와 F의 계산과정을 통해 쉽게 증명할 수 있다. 이는 기본적으로 t분포와 F분포의 정의에 의해 유도된 결과인데, 일반적으로 자유도가 K인 t분포를 따르는 확률변수 t가 있을 때 t^2은 자유도가 $(1, K)$인 F분포를 따른다. 이에 대한 증명은 보다 전문적인 통계학 이론서를 참고하기 바란다.

결론적으로 두 집단의 모평균의 동일성 검정은 t검정과 F검정(ANOVA 분석)을 모두 이용해 실시할 수 있으며, t검정에서의 검정통계량 $T(X)$값의 제곱은 F검정에서의 검정통계량 F와 동일하다. 물론 검정의 P값도 동일하다.

10.3 확률화 블럭계획법의 분산분석

확률화 블럭계획법이란 실험단위들이 동질적인 것끼리 블럭화되어 있으며, 각 블럭 내에서 실험단위들은 각각의 처리에 랜덤하게 배치되는 실험을 말한다. 이와 같은 확률화 블럭계획법에서는 실험에 의한 각 개체의 반응이 **블럭효과**(block effect)와 **처리효과**(treatment effect) 등 2가지 효과에 의해 설명되며, 위의 두 효과에 의해 설명되지 않는 부분을 **오차효과**(error effect)라 정의한다. 그러므로 분산분석표의 작성에서 각 실험단위의 반응, 즉 관측값 X_{ij}와 전체 평균 $\overline{X}_{..}$와의 편차의 제곱합(TSS)은 블럭제곱합(SS_B), 처리제곱합(SS_T), 그리고 오차제곱합(SS_E)으로 분할된다.

10.3.1 분산분석표의 작성

블럭의 수가 b이고 처리의 수가 t이며, 각 블럭과 처리의 조합에는 모두 하나의 관측값이 배치되어 있다고 할 때 전체 관측값의 수는 bt개이며, 이와 같은 자료는 [표 10-8]과 같이 표현될 수 있다.

표 10-8 확률화 블럭계획법의 자료

블럭 \ 처리	1	2	⋯	t	합	평균
1	X_{11}	X_{12}	⋯	X_{1t}	$X_{1.}$	$\overline{X}_{1.}$
2	X_{21}	X_{22}	⋯	X_{2t}	$X_{2.}$	$\overline{X}_{2.}$
⋮	⋮	⋮	⋱	⋮	⋮	⋮
b	X_{b1}	X_{b2}	⋯	X_{bt}	$X_{b.}$	$\overline{X}_{b.}$
합	$X_{.1}$	$X_{.2}$	⋯	$X_{.t}$	$X_{..}$	
평균	$\overline{X}_{.1}$	$\overline{X}_{.2}$	⋯	$\overline{X}_{.t}$		$\overline{X}_{..}$

즉, i번째 블럭의 j번째 처리에 의한 반응을 X_{ij}라 할 때 i번째 블럭의 합과 평균을 각각 $X_{i.}$, $\overline{X}_{i.}$, $i=1, 2, \cdots, b$로 표현하고, j번째 처리의 합과 평균을 각각 $X_{.j}$, $\overline{X}_{.j}$, $j=1, 2, \cdots, t$로 표현하면 전체 관측값의 합과 평균을 각각 $X_{..}$과 $\overline{X}_{..}$로 표현할 수 있는데, 이를 식으로 표현하면 다음과 같다.

$$X_{i.} = \sum_{i=1}^{t} X_{ij} \quad ; i\text{번째 블럭의 합}$$

$$\overline{X}_{i.} = \frac{1}{t}\sum_{j=1}^{t} X_{ij} \quad ; i\text{번째 블럭의 평균}$$

$$X_{.j} = \sum_{i=1}^{b} X_{ij} \quad ; j\text{번째 처리의 합}$$

$$\overline{X}_{.j} = \frac{1}{b}\sum_{i=1}^{b} X_{ij} \quad ; j\text{번째 처리의 평균}$$

$$X_{..} = \sum_{i=1}^{b}\sum_{j=1}^{t} X_{ij} \quad ; \text{전체 관측값의 합}$$

$$\overline{X}_{..} = \frac{1}{bt}\sum_{i=1}^{b}\sum_{j=1}^{t} X_{ij} \quad ; \text{전체 관측값의 평균}$$

확률화 블럭계획법에서 총제곱합은

$$TSS = SS_B + SS_T + SS_E$$

와 같이 분할되는데, 이를 계산식으로 설명하면 다음과 같다.

$$\underbrace{\sum_{i=1}^{b}\sum_{j=1}^{t}(X_{ij} - \overline{X}_{..})^2}_{\text{총제곱합}(tss)} = \underbrace{t\sum_{i=1}^{b}(\overline{X}_{i.} - \overline{X}_{..})^2}_{\text{블럭제곱합}(ss_B)} + \underbrace{b\sum_{j=1}^{t}(\overline{X}_{.j} - \overline{X}_{..})^2}_{\text{처리제곱합}(ss_T)} + \underbrace{\sum_{i=1}^{b}\sum_{j=1}^{t}(X_{ij} - \overline{X}_{i.} - \overline{X}_{.j} + \overline{X}_{..})^2}_{\text{오차제곱합}(ss_E)}$$

각 제곱합의 계산과정은 10.2.3절에서 제시된 일원분류의 분산분석에서 각 제곱합의 계산과정과 동일하며, 다음과 같이 설명할 수 있다.

$$CM = \frac{1}{bt}\left(\sum_{i=1}^{b}\sum_{j=1}^{t} X_{ij}\right)^2$$

$$TSS = \sum_{i=1}^{b}\sum_{j=1}^{t} X_{ij}^2 - CM$$

$$SS_B = \frac{1}{t}\sum_{i=1}^{b} X_{i.}^2 - CM$$

$$SS_T = \frac{1}{b}\sum_{j=1}^{t} X_{.j}^2 - CM$$

$$SS_E = TSS - SS_B - SS_T$$

TSS의 자유도는 $bt-1$(전체 관측값의 수 - 1)이고, SS_B의 자유도는 $b-1$(블럭의 수 - 1)이며, SS_T의 자유도는 $t-1$(처리의 수 - 1)이고, SS_E의 자유도는 'TSS의 자유도 - SS_B의 자유도 - SS_T의 자유도' $=(bt-1)-(b-1)-(t-1)=(b-1)(t-1)$이다. 위에서 계산한 제곱합과 자유도를 이용해 분산분석표를 작성하면 [표 10-9]와 같다.

표 10-9 확률화 블럭계획법의 분산분석표

변인	$d.f.$	SS	MS	F
블럭	$b-1$	SS_B	$SS_B/b-1$	MS_B/MS_E
처리	$t-1$	SS_T	$SS_T/t-1$	MS_T/MS_E
오차	$(b-1)(t-1)$	SS_E	$SS_E/(b-1)(t-1)$	
전체	$bt-1$	TSS		

10.3.2 가설검정 과정

확률화 블럭계획법에서 각 개체의 반응은 블럭효과와 처리효과에 의해 설명되므로 이 두 가지 효과에 대한 검정을 실시할 수 있다. 두 검정의 검정통계량에 대한 정보는 [표 10-9]의 분산분석표에 주어져 있는데, 각 효과에 대한 검정과정은 일원분류 분산분석에서 각 처리에 대한 검정과정과 동일하다.

블럭효과에 대한 검정

반응이 블럭에 따라 차이가 있는가를 검정하고자 할 때 i번째 블럭의 효과의 모평균을 β_i, $i=1, 2, \cdots, b$라 하면, "모든 블럭의 효과가 동일하다"는 검정에 대한 가설은 다음과 같이 설정할 수 있다.

$$H_0 : \beta_1 = \beta_2 = \cdots = \beta_b$$

$H_1 : H_0$이 사실이 아니다.

귀무가설하에서의 검정통계량 값은 [표 10-9]에서

$$F = \frac{MS_B}{MS_E}$$

이며, F는 자유도가 $\{b-1, (b-1)(t-1)\}$인 F분포를 따른다. 유의수준 α를 이용할 때 $F > F_{(\alpha\,;\, b-1,\, (b-1)(t-1))}$이면 귀무가설을 기각한다.

처리효과에 대한 검정

j번째 처리집단의 모평균을 τ_j, $j = 1.\ 2, \cdots, t$라 할 때 처리집단의 모평균 간에 차이가 있는가에 대한 검정, 즉 "처리집단의 평균은 모두 동일하다"의 검정에 대한 가설은 다음과 같이 설정할 수 있다.

$$H_0 : \tau_1 = \tau_2 = \cdots = \tau_t$$

$H_1 : H_0$이 사실이 아니다.

귀무가설하에서의 검정통계량 값은 [표 10-9]에서

$$F = \frac{MS_T}{MS_E}$$

이며, F는 자유도가 $\{t-1, (b-1)(t-1)\}$인 F분포를 따른다. 따라서 유의수준 α를 이용할 때 $F > F_{(\alpha\,;\, b-1,\, (b-1)(t-1))}$이면 귀무가설을 기각한다.

예 10-4

다음 자료는 4명의 사람에게 각각 3가지의 서로 다른 자극(A, B, C)을 랜덤하게 순서를 정해 준 후 반응하는 데까지 걸린 시간(단위 : 초)을 측정한 값이다. 3가지 자극에서의 평균반응시간에 차이가 있는가와 각 사람에 따라 평균반응시간에 차이가 있는가를 검정하라.

사람 1	사람 2	사람 3	사람 4
A 1.7	C 2.1	A 0.1	B 2.2
C 2.3	A 1.5	B 2.3	A 0.6
B 3.4	B 2.6	C 0.8	C 1.6

[풀이]

이 실험의 기본 목적은 3가지 자극(A, B, C)에 대한 반응시간이 같은가에 대한 검정인데, 실험대상에 따라 본질적으로 반응시간에 차이가 있을 수 있다. 또 각 개인에 따라서는 자극이 주어지는 순서에 따라서도 반응에 걸리는 시간이 달라질 수 있다는 사실을 고려해 각 사람별로 랜덤하게 순서를 정해 3가지 자극을 준 후에 반응시간을 관측했다. 따라서 이 실험에서는 각 사람이 블럭이 되며, 각 블럭 내에서는 처리가 랜덤하게 부과되었다고 볼 수 있다. 분석을 하기 위해 주어진 표를 블럭(사람)과 처리(자극)에 대한 이원분류표로 만들면 [표 10-10]과 같다.

표 10-10 자극실험의 이원분류표

블럭 \ 처리	A	B	C	합	평균
1	1.7	3.4	2.3	7.4	2.467
2	1.5	2.6	2.1	6.2	2.067
3	0.1	2.3	0.8	3.2	1.067
4	0.6	2.2	1.6	4.4	1.467
합	3.9	10.5	6.8	21.2	
평균	0.975	2.625	1.7		1.767

또한 앞의 자료와 10.3.1절에 주어진 공식을 이용해 각각의 제곱합을 구하면 다음과 같다.

$$CM = \frac{(\text{총합})^2}{b \cdot t} = \frac{(21.2)^2}{12} = 37.453$$

$$\begin{aligned} TSS &= \sum_{i=1}^{4}\sum_{j=1}^{3} X_{ij}^2 - CM \\ &= (1.7)^2 + (2.3)^2 + \cdots + (1.6)^2 - CM \\ &= 9.4067 \end{aligned}$$

$$\begin{aligned} SS_B &= \frac{1}{3}\sum_{i=1}^{4} X_{i\cdot}^2 - CM \\ &= \frac{1}{3}\left\{(7.4)^2 + (6.2)^2 + (3.2)^2 + (4.4)^2\right\} - CM \\ &= 3.4767 \end{aligned}$$

$$\begin{aligned} SS_T &= \frac{1}{4}\sum_{j=1}^{3} X_{\cdot j}^2 - CM \\ &= \frac{1}{4}\left\{(3.9)^2 + (10.5)^2 + (6.8)^2\right\} - CM \\ &= 5.4717 \end{aligned}$$

$$SS_E = TSS - SS_B - SS_T$$
$$= 9.4069 - 3.48 - 5.4717$$
$$= 0.4552$$

그리고 TSS, SS_B, SS_T, SS_E의 자유도는 각각 11, 3, 2, 6이므로 분산분석표(ANOVA 표)는 [표 10-11]과 같다.

표 10-11 **자극실험의 분산분석표**

변인	*d.f.*	*SS*	*MS*	*F*
블럭	3	3.4767	1.16	15.26
처리	2	5.4767	2.74	36.05
오차	6	0.4533	0.076	
전체	11	9.4067		

각각의 처리집단에서 반응시간의 기댓값이 동일한가에 대한 검정은 각 처리집단의 반응시간의 모평균을 τ_A, τ_B, τ_C라 할 때

$$H_0 : \tau_A = \tau_B = \tau_C$$
$H_1 : H_0$이 사실이 아니다.

에 대한 검정이며, 귀무가설하에서의 검정통계량 값은 [표 10-11]에서

$$F = \frac{MS_T}{MS_E} = \frac{2.74}{0.076} = 36.05$$

이다. 이 검정통계량 F는 자유도가 (2, 6)인 F분포를 따르며, 유의수준을 5%로 할 때 〈부록 VI〉의 [표 6]에 의해 $F_{(0.05\,;\,2,\,6)} = 5.14$이다. 따라서 $F = 36.05 > F_{(0.05\,;\,2,\,6)}$이므로 귀무가설은 기각된다. 즉, 위의 자료에 의할 때 각 자극에 대한 평균반응시간이 모두 같다고 주장할 수 없다.

각각의 사람에 따른 반응시간의 기댓값이 동일한가에 대한 검정은 각 사람에 대한 반응시간의 모평균을 $\beta_1, \beta_2, \beta_3, \beta_4$라 할 때

$H_0 : \beta_1 = \beta_2 = \beta_3 = \beta_4$

$H_2 : H_0$이 사실이 아니다.

에 대한 검정이며, 귀무가설하에서의 검정통계량 값은 [표 10-11]에서

$$F = \frac{MS_B}{MS_E} = \frac{1.16}{0.076} = 15.26$$

이다. 이 검정통계량 F는 자유도가 (3, 6)인 F분포를 따르며, 유의수준을 5%로 할 때 〈부록 VI〉의 [표 6]에 의해 $F_{(0.05\,;\,3,\,6)} = 4.76$이다. 따라서 $F = 15.26 > F_{(0.05\,;\,3,\,6)}$이므로 귀무가설은 기각된다. 즉, 앞의 자료에 근거할 때 각 사람에 따라 나타나는 반응의 평균시간이 모두 같다고 볼 수 없다.

*10.3.3 확률화 블럭계획법에서 모수의 추정

확률화 블럭계획법에서 j번째 처리집단의 모평균 τ_j의 추정량은 $\overline{X}_{\cdot j}$, $j = 1, 2, \cdots, t$이고, i번째 블럭의 모평균 β_i의 추정량은 $\overline{X}_{i\cdot}$, $i = 1, 2, \cdots, b$이다. 처리와 블럭의 모평균에서 단일모평균 또는 두 모평균의 차에 대한 $100(1-\alpha)\%$ 신뢰구간은 다음과 같다.

$100(1-\alpha)\%$ 신뢰구간

① 처리의 단일모평균 $\tau_j : \overline{X}_{\cdot j} \pm t_{\alpha/2} \cdot S/\sqrt{b}$

② 처리의 두 모평균의 차 $\tau_j - \tau_k\,;\,(\overline{X}_{\cdot j} - \overline{X}_{\cdot k}) \pm t_{\alpha/2} \cdot S/\sqrt{\frac{2}{b}}$

③ 블럭의 단일모평균 $\beta_i\,;\,\overline{X}_{i\cdot} \pm t_{\alpha/2} \cdot S/\sqrt{t}$

④ 블럭의 두 모평균의 차 $\beta_i - \beta_l\,;\,(\overline{X}_{i\cdot} - \overline{X}_{l\cdot}) \pm t_{\alpha/2} \cdot S/\sqrt{\frac{2}{t}}$

여기에서 $S = \sqrt{S^2} = \sqrt{MS_E}$이고, $t_{\alpha/2}$는 자유도가 MS_E의 자유도인 $(b-1)(t-1)$을 갖는 t분포로부터 구한 값으로

$$P_r(t > t_{\alpha/2}) = \frac{\alpha}{2}$$

인 값이다.

예 10-5

〈예 10-4〉에 주어진 자료를 이용해 자극 1과 자극 2의 모평균의 차($\tau_1 - \tau_2$)에 대한 95% 신뢰구간을 구하고, 첫 번째 사람의 반응의 평균시간(β_1)에 대한 95% 신뢰구간을 구하라.

[풀이]

[표 10-10]과 [표 10-11]에서

$$\overline{X}_{.1} = 0.975,\ \overline{X}_{.2} = 2.625$$
$$S = \sqrt{MS_E} = \sqrt{0.076} = 0.276$$

이며, S의 자유도가 6이므로 자유도가 6인 t분포에서 $t_{(0.025\,;\,6)} = 2.447$임을 알 수 있다. 따라서 $\tau_1 - \tau_2$에 대한 95% 신뢰구간은

$$(\overline{X}_{.1} - \overline{X}_{.2}) \pm t_{\alpha/2} \cdot S/\sqrt{\frac{2}{b}}$$
$$= (0.975 - 2.625) \pm (2.447)(0.276)/\sqrt{\frac{2}{4}}$$
$$= (-1.65 \pm 0.48)$$
$$= (-2.13,\ -1.17)$$

이다.

또한 β_1에 대한 95% 신뢰구간은 $\overline{X}_1. = 2.476$과 위에 주어진 S 및 $t_{\alpha/2}$를 이용해

$$(\overline{X}_1. \pm t_{\alpha/2} \cdot S/\sqrt{t})$$
$$= (2.467 \pm (2.447)(0.276)/\sqrt{3})$$
$$= (2.467 \pm 0.39)$$
$$= (2.077,\ 2.857)$$

이다.

10.4 엑셀 실습

Introduction to **Statistics,** ch. ten

(1) 〈예 10-2〉의 자료에 대한 분산분석 과정

1) 자료 입력

각 교육방법에 의한 시험결과들을 다음 그림과 같이 워크시트의 셀 A1항부터 셀 D8항에 입력한다.

	A	B	C	D
1	방법1	방법2	방법3	방법4
2	65	75	59	94
3	87	69	78	89
4	73	83	67	80
5	79	81	62	88
6	81	72	83	
7	69	79	76	
8		90		

2) 분산분석 도구의 실행

① '데이터' 메뉴에서 '데이터 분석'을 선택해 통계 데이터 분석 창을 불러들인다.

② 다음의 그림과 같이 '분산분석 : 일원 배치법' 도구를 선택한다.

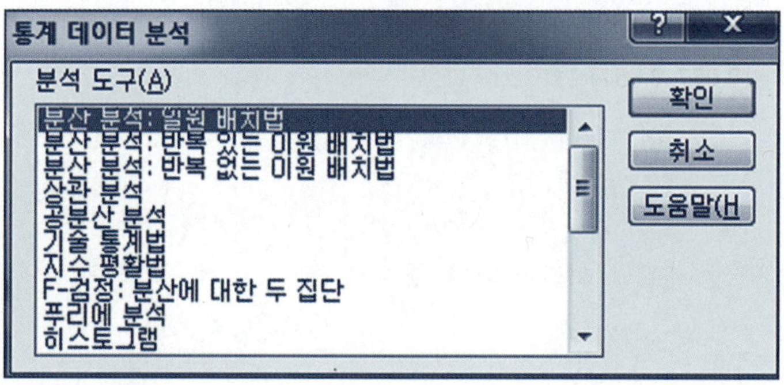

③ 분산분석 창에서 입력범위, 출력결과 옵션, 출력 범위를 아래 그림과 같이

지정하고, 확인을 클릭한다.

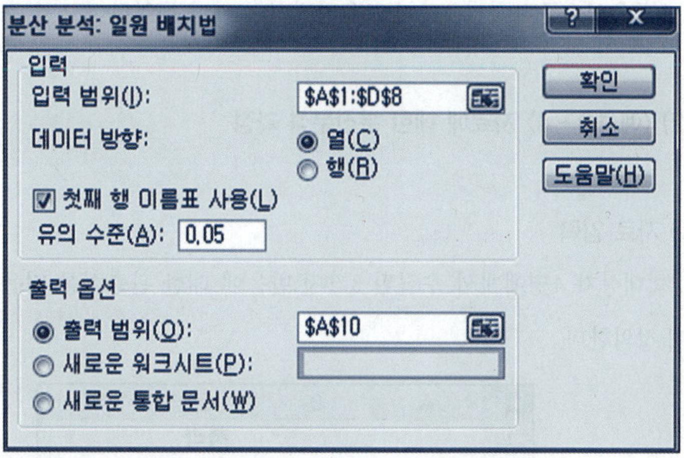

④ 앞의 과정을 통해 다음 그림과 같은 결과를 확인할 수 있다.

10	분산 분석: 일원 배치법						
11							
12	요약표						
13	인자의 수준	관측수	합	평균	분산		
14	방법1	6	454	75.666667	66.666667		
15	방법2	7	549	78.428571	50.619048		
16	방법3	6	425	70.833333	91.766667		
17	방법4	4	351	87.75	33.583333		
18							
19							
20	분산 분석						
21	변동의 요인	제곱합	자유도	제곱 평균	F 비	P-값	F 기각치
22	처리	712.58644	3	237.52881	3.7714614	0.028041	3.12735
23	잔차	1196.631	19	62.980576			
24							
25	계	1909.2174	22				

3) 분산분석 결과

$\mu_1, \mu_2, \mu_3, \mu_4$를 각각의 교육방법에서 모집단의 평균성적이라 할 때 검정하고자 하는 가설은 다음과 같다.

$$H_0 : \mu_1 = \mu_2 = \mu_3 = \mu_4, \quad \text{vs} \quad H_1 : H_0\text{은 사실이 아니다.}$$

위의 귀무가설에서는 검정통계량의 값 $F = 3.771$은 $F_{(3,\ 19)}$분포를 따르게 된다. 또한 $\alpha = 0.05$일 때 $F_{(0.05,\ 3.19)} = 3.13$이므로 귀무가설은 기각된다. 또한 P값이

0.028041이므로 5% 유의수준하에서 귀무가설은 기각된다. 즉, 주어진 자료에 의할 때 5% 유의수준하에서 4가지 교육방법의 효과가 동일하다고 볼 수 없다.

(2) 〈예 10-4〉 자료에 대한 분산분석 과정

1) 자료 입력

실험대상자 4명에게서 수집된 3가지 반응에 대한 관측치를 다음과 같이 워크시트에 정의한다.

	A	B	C	D
1		처리		
2	블록	A	B	C
3	1	1.7	3.4	2.3
4	2	1.5	2.6	2.1
5	3	0.1	2.3	0.8
6	4	0.6	2.2	1.6

2) 이원배치 분산분석 도구의 실행

① ‘데이터’ 메뉴에서 ‘데이터 분석’ 옵션을 선택해 통계 데이터 분석 창을 불러들인다.

② 다음의 그림과 같이 ‘분산분석 : 반복 없는 이원 배치법’ 도구를 선택한다.

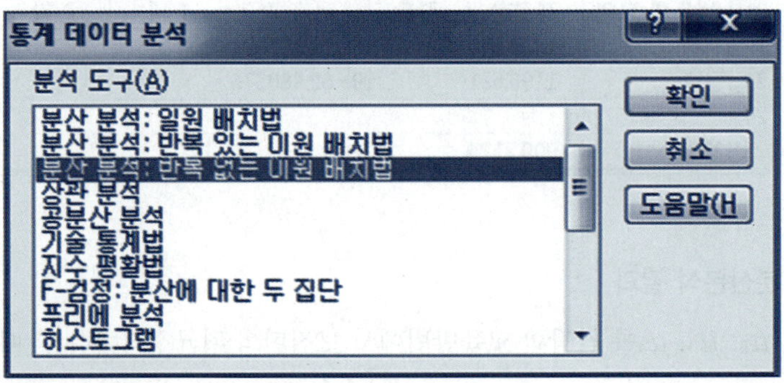

③ 분산분석 창에서 입력 범위와 출력결과 옵션, 그리고 출력 범위를 다음 그림과 같이 지정한다.

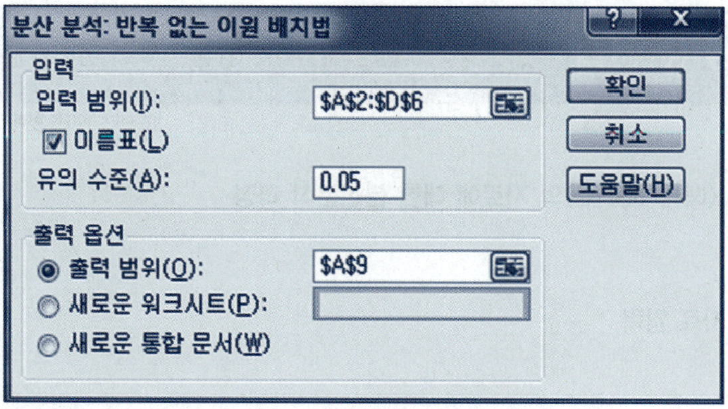

위의 과정을 통해 다음과 같은 요약 결과물을 확인할 수 있다.

9	분산 분석: 반복 없는 이원 배치법						
10							
11	요약표	관측수	합	평균	분산		
12	1	3	7.4	2.466667	0.743333		
13	2	3	6.2	2.066667	0.303333		
14	3	3	3.2	1.066667	1.263333		
15	4	3	4.4	1.466667	0.653333		
16							
17	A	4	3.9	0.975	0.569167		
18	B	4	10.5	2.625	0.295833		
19	C	4	6.8	1.7	0.446667		
20							
21							
22	분산 분석						
23	변동의 요인	제곱합	자유도	제곱 평균	F 비	P-값	F 기각치
24	인자 A(행)	3.48	3	1.16	15.2967	0.003232	4.757063
25	인자 B(열)	5.471667	2	2.735833	36.07692	0.000452	5.143253
26	잔차	0.455	6	0.075833			
27							
28	계	9.406667	11				

각각의 사람에 따른 반응시간의 기댓값이 동일한가에 대한 검정은 각 사람에 대한 반응시간의 모평균을 $\beta_1, \beta_2, \beta_3, \beta_4$라 할 때,

$$H_0 : \beta_1 = \beta_2 = \beta_3 = \beta_4, \quad \text{vs} \quad H_1 : H_0\text{은 사실이 아니다.}$$

에 대한 검정이다. 앞의 분석결과에서 인자 A(행)와 인자 B(열)에 대한 검정에서 P 값이 모두 0.05보다 작으므로 두 경우 모두 귀무가설은 기각된다.

10.5 R 연습

Introduction to **Statistics,** ch. ten

(1) 〈예제 10-2〉의 자료에 대한 분산분석 과정

1) 자료 입력

```
> ex.10<-read.csv('C:/통계학의이해/ex10_2.csv',header=T)
> ex.10
```

```
> ex.10<-read.csv('C:/통계학의이해/ex10_2.csv',header=T)
> ex.10
   value method
1     65      A
2     87      A
3     73      A
4     79      A
5     81      A
6     69      A
7     75      B
8     69      B
9     83      B
10    81      B
11    72      B
12    79      B
13    90      B
14    59      C
15    78      C
16    67      C
17    62      C
18    83      C
19    76      C
20    94      D
21    89      D
22    80      D
23    88      D
```

read.csv 명령어를 이용해 ex10_2.csv 파일 안의 내용을 ex.10에 저장한다. 첫 번째 변수 value는 시험성적, 두 번째 변수 method는 교육방법이다. 변수명 및 데이터경로에 한글이 있을 경우 오류가 생길 수 있으므로, 가능하면 영문을 사용하는 것이 좋다.

2) 일원분류 분산분석

```
> ex.10.aov<-aov(value~method,data=ex.10)
> ex.10.aov
```

```
> ex.10.aov<-aov(value~method,data=ex.10)
> ex.10.aov
Call:
   aov(formula = value ~ method, data = ex.10)

Terms:
                   method Residuals
Sum of Squares   712.5864 1196.6310
Deg. of Freedom         3        19

Residual standard error: 7.93603
Estimated effects may be unbalanced
```

R에서 기본으로 제공하는 명령어 aov를 이용해 분산분석을 실시한다. 명령문에서 괄호 안은 분산분석을 위한 식, 사용할 자료명 순이다. '~' 기호 앞의 변수가 종속변수, 기호 뒤의 변수는 요인이 된다. 위의 식은 교육방법(A, B, C, D)에 따른 시험성적의 평균 차이가 있는가를 알아보는 분석이다. 이 경우 사용하는 자료 ex.10 안에 식에 사용되는 변수 value와 method가 포함되어 있어야 한다.

3) 결과 해석

```
> anova(ex.10.aov)
```

```
> anova(ex.10.aov)
Analysis of Variance Table

Response: value
          Df  Sum Sq Mean Sq F value  Pr(>F)
method     3  712.59 237.529  3.7715 0.02804 *
Residuals 19 1196.63  62.981
---
Signif. codes:  0 '***' 0.001 '**' 0.01 '*' 0.05 '.' 0.1 ' ' 1
```

$\mu_1 = \mu_2 = \mu_3 = \mu_4$를 각각의 교육방법에서 모집단의 평균성적이라 할 때 검정

하고자 하는 가설은 다음과 같다.

$$H_0: \mu_1 = \mu_2 = \mu_3 = \mu_4 \quad \text{vs} \quad H_1: H_0\text{은 사실이 아니다.}$$

P값을 확인하기 위해서는 anova 명령어를 이용해야 한다. 앞의 결과에서 P값이 0.02804이므로 5% 유의수준하에서 귀무가설은 기각된다. 즉, 주어진 자료에 의할 때 5% 유의수준하에서 4가지 교육방법의 효과가 동일하다고 볼 수 없다.

```
> summary(ex.10.aov)
```

```
> summary(ex.10.aov)
            Df Sum Sq Mean Sq F value Pr(>F)
method       3  712.6  237.53   3.771  0.028 *
Residuals   19 1196.6   62.98
---
Signif. codes:  0 ‘***’ 0.001 ‘**’ 0.01 ‘*’ 0.05 ‘.’ 0.1 ‘ ’ 1
```

summary 명령어를 이용하는 방법도 있다.

(2) 〈예제 10-4〉 자료에 대한 분산분석 과정

1) 자료 입력

```
> ex.10.two<-read.csv('C:/통계학의이해/ex10_4.csv',header=T)
> ex.10.two
```

```
> ex.10.two<-read.csv('C:/통계학의이해/ex10_4.csv',header=T)
> ex.10.two
  value treat block
1   1.7     A     a
2   1.5     A     b
3   0.1     A     c
4   0.6     A     d
5   3.4     B     a
6   2.6     B     b
7   2.3     B     c
8   2.2     B     d
9   2.3     C     a
```

```
10   2.1     C      b
11   0.8     C      c
12   1.6     C      d
```

'read.csv 명령어를 이용해 ex10_4 파일을 ex.10.two에 저장한다. 첫 번째 변수 value는 반응시간, 두 번째 변수 treat는 자극의 종류, 세 번째 변수 block은 사람으로 블록 효과이다.

2) 이원분류 분산분석

```
> ex.10.two.aov<-aov(value~block+treat,data=ex.10.two)
> ex.10.two.aov
```

```
> ex.10.two.aov<-aov(value~block+treat,data=ex.10.two)
> ex.10.two.aov
Call:
   aov(formula = value ~ block + treat, data = ex.10.two)

Terms:
                   block    treat Residuals
Sum of Squares  3.480000 5.471667  0.455000
Deg. of Freedom        3        2         6

Residual standard error: 0.2753785
Estimated effects may be unbalanced
```

R에서 기본으로 제공하는 명령어 aov를 이용해 분산분석을 실시한다. 명령문에서 괄호 안은 분산분석을 위한 식, 사용할 자료명 순이다. '~' 기호 앞의 변수는 종속변수, 기호 뒤의 변수는 요인이 된다. 두 가지 이상의 요인이 필요한 경우 '+' 기호를 사용한다. 위의 코드는 블록(block : 사람 1, 사람 2, 사람 3, 사람 4) 효과와 자극의 종류(treat : A, B, C)에 따른 반응시간의 처리 효과를 분석하는 코드로, 사용하는 자료 ex.10.two 안에 식에 사용되는 변수 value와 block, treat가 포함되어 있어야 한다.

3) 결과 해석

```
> anova(ex.10.two.aov)
```

```
> anova(ex.10.two.aov)
Analysis of Variance Table

Response: value
          Df Sum Sq Mean Sq F value    Pr(>F)
block      3 3.4800 1.16000  15.297 0.0032316 **
treat      2 5.4717 2.73583  36.077 0.0004525 ***
Residuals  6 0.4550 0.07583
---
Signif. codes:  0 ‘***’ 0.001 ‘**’ 0.01 ‘*’ 0.05 ‘.’ 0.1 ‘ ’ 1
```

$\beta_1 = \beta_2 = \beta_3 = \beta_4$를 각각의 사람(여기서는 block 변수)에 따른 반응시간의 모평균이라 할 때 검정하고자 하는 가설은 다음과 같다.

$$H_0 : \beta_1 = \beta_2 = \beta_3 = \beta_4 \quad \text{vs} \quad H_1 : H_0\text{은 사실이 아니다.}$$

위의 분석결과에서 block의 효과에 대한 P값이 0.0032316으로 0.05보다 작으므로 귀무가설은 기각된다. 즉, 사람에 따른 반응시간의 기댓값이 동일하다고 할 수 없다.

```
> summary(ex.10.two.aov)
```

```
> summary(ex.10.two.aov)
            Df Sum Sq Mean Sq F value   Pr(>F)
block        3  3.480  1.1600   15.30 0.003232 **
treat        2  5.472  2.7358   36.08 0.000452 ***
Residuals    6  0.455  0.0758
---
Signif. codes:  0 ‘***’ 0.001 ‘**’ 0.01 ‘*’ 0.05 ‘.’ 0.1 ‘ ’ 1
```

연습문제

01. 두 가지 약물(A, B)의 효과를 비교하기 위해 생쥐실험을 하고자 한다. 실험용 생쥐 20마리가 있다고 할 때 이를 약물 A, B에 배분하는 방법을 설명하라.

02. 세 가지 교육방법(A, B, C)의 효과를 비교하기 위해 중학교 1학년 학생들을 대상으로 실험을 하고자 한다. 중학교 1학년 학생 30명을 대상으로 실험을 하고자 할 때 각 교육방법에 이 30명의 학생들을 배정하는 방법을 설명하라.

03. [연습문제 1]의 실험에서

(a) 실험단위(experimental unit)는 무엇인가?
(b) 처리(treatment)는 무엇인가?
(c) 실험계획 방법은 무엇인가?

04. [연습문제 2]의 실험에서

(a) 실험단위(experimental unit)는 무엇인가?
(b) 처리(treatment)는 무엇인가?
(c) 실험계획 방법은 무엇인가?

05. 암 환자를 치료하는 두 가지 서로 다른 치료방법(A, B)을 비교하고자 한다. 암에 대한 치료효과는 환자의 상태(암이 심하게 퍼진 경우/암의 초기 단계)에 따라 다르다고 한다. 한 병원에 암의 상태가 심한 환자 20명과 암의 초기 단계인 환자 40명이 있다고 할 때,

(a) 이러한 경우에 적절한 실험계획법은 무엇인가?
(b) 실험단위(experimental unit)는 무엇인가?
(c) 처리(treatment)는 무엇인가?
(d) 블럭(block)은 무엇인가?
(e) 환자를 각 처리집단에 배정하는 방법을 설명하라.

06. 네 가지 미세먼지 저감 조치(A, B, C, D)의 효과를 비교하기 위해 대기질 실험을 하고자 한다. 특정 지역에 있는 대기질은 미세먼지 농도에 따라 세 등급(좋음, 보

통, 나쁨)으로 구분될 수 있으며, 각 등급의 대기는 균등하게 네 구역으로 나뉘어 질 수 있다고 할 때,

(a) 네 가지 조치의 효과를 비교 · 분석하기 위한 실험을 계획하라.
(b) 실험단위(experimental unit)는 무엇인가?
(c) 처리(treatment)는 무엇인가?
(d) 블럭(block)은 무엇인가?
(e) 이러한 실험에 적절한 실험계획법은 무엇인가?

07. 완전확률화 계획법의 실험에 의해 구한 분산분석표(ANOVA)의 일부가 다음과 같이 주어져 있다.

변인	*d.f.*	*SS*	*MS*	*F*
처리	4	24.7	☐	☐
오차	☐	☐	☐	
전체	34	62.4		

(a) 위의 ANOVA표를 완성하라.
(b) 위의 실험에서 처리의 수는 몇 개인가?
(c) 위의 자료에 의할 때 처리집단의 모평균들이 모두 같다는 가설을 받아들일 수 있는가에 대해 유의수준 5%하에서 검정을 실시하라.
(d) $\overline{X}_1 = 3.7$, $\overline{X}_2 = 4.1$이라 하며 각 처리집단의 관측값 수가 모두 7이라 할 때 $\mu_1 - \mu_2$에 대한 95% 신뢰구간을 구하라.
(e) 위의 (d)에 의할 때 μ_1과 μ_2가 서로 다르다고 할 수 있는가?
(f) 위의 (d)를 참고해 μ_1에 대한 95% 신뢰구간을 구하라.

08. 동일한 분산을 갖는 세 개의 정규모집단으로부터 각각 표본을 추출해 조사한 결과가 다음과 같다.

표본 1	표본 2	표본 3
3.1	5.4	1.1
4.3	3.6	0.2
1.2	4.0	3.0
	2.9	

(a) ANOVA표를 작성하라.

(b) 세 모집단의 평균이 동일한가($H_0 : \mu_1 = \mu_2 = \mu_3$)에 대해 유의수준 5%하에서 검정을 실시하라.

(c) μ_2에 대한 95% 신뢰구간을 구하라.

(d) $\mu_2 - \mu_3$에 대한 90% 신뢰구간을 구하라.

(e) 위의 (d)에 의할 때 μ_2와 μ_3가 서로 다르다고 할 수 있는가?

09. 돼지 사육에 이용되는 세 가지 사료(A, B, C)의 효과를 비교하기 위해 비슷한 시기에 태어난 30마리의 새끼돼지를 각각 랜덤하게 세 집단으로 나눈 후 세 가지 사료를 이용해 100일 동안 양육한 결과 각 돼지의 무게(단위 : kg)가 다음과 같이 관측되었다.

A사료	B사료	C사료
30.1	34.5	28.3
31.6	30.3	27.1
25.4	31.7	28.3
33.3	29.0	30.2
29.0	30.5	31.5
30.9	32.6	29.4
28.5	33.1	30.4
29.3	31.9	24.6
31.2	23.2	32.3
32.7	26.7	28.7

(a) ANOVA표를 작성하라.

(b) 세 가지 사료의 효과가 동일한가에 대해 유의수준 5%하에서 검정을 실시하라.

(c) μ_1에 대한 95% 신뢰구간을 구하라.

(d) $\mu_2 - \mu_1$에 대한 95% 신뢰구간을 구하라.

10. 한 심리학자가 실험용 쥐를 이용한 미로실험에서 두 가지의 서로 다른 훈련방법을 개발해 효과를 비교 · 분석하고자 한다. 실험용 쥐 18마리를 랜덤하게 각 6마리씩 세 집단으로 나눈 후 첫 번째 집단에는 아무 훈련도 가하지 않고(control group), 두 번째 집단에는 훈련방법 1을, 그리고 세 번째 집단에는 훈련방법 2를 이용해 훈련을 실시한 후 동일한 미로를 통과하는 데 걸린 시간을 측정한 결과가 다음과 같다.

통제집단(control group)	훈련 1	훈련 2
73	53	58
70	74	32
68	72	59
71	62	64
60	58	55
62	61	49

(a) ANOVA표를 작성하라.

(b) 세 가지 서로 다른 방법에 의한 훈련에서 쥐의 미로 통과시간 평균이 동일하다고 볼 수 있는가에 대해 유의수준 5%하에서 검정을 실시하라.

(c) 통제집단(control group)의 평균 μ_1에 대한 95% 신뢰구간을 구하라.

11. 두 가지 서로 다른 생산공정에 의해 생산된 플라스틱의 탄력도를 조사한 결과가 다음 표와 같다.

공정 A	6.1	7.1	7.8	6.9	7.6	8.2
공정 B	9.1	8.2	8.6	6.9	7.5	7.9

(a) 두 공정에 의한 플라스틱의 평균 탄력도가 동일한가에 대해 t검정을 실시하라.

(b) 위의 자료에 대한 ANOVA표를 작성하고, 두 공정에 의한 플라스틱의 평균 탄력도의 동일성에 대한 F검정을 실시하라.

(c) 위의 (a)에서 구한 t값과 (b)에서 구한 F값의 관계를 설명하라.

12. 세 도시(서울, 부산, 광주)에서 판매되는 배추 가격이 서로 동일한가를 비교하기 위해 각 지역에서 네 개의 야채소매상을 임의로 추출해 배추 판매가격(단위 : 10원)을 조사한 결과가 다음과 같다.

서울	부산	광주
59	58	54
63	61	59
65	64	55
61	63	58

(a) 위의 자료에 대한 ANOVA표를 작성하라.

(b) 세 지역의 평균 배추값이 동일한가($H_0 : \mu_1 = \mu_2 = \mu_3$)에 대해 유의수준 5%하

에서 검정을 실시하라.

13. 확률화 블럭계획법의 실험에 의해 구한 분산분석표(ANOVA)의 일부가 다음과 같이 주어져 있다.

변인	*d.f.*	*SS*	*MS*	*F*
처리	3	27.1	☐	☐
블럭	5	☐	14.9	☐
오차	☐	33.4	☐	
전체	☐	☐		

(a) ANOVA표를 완성하라.

(b) 각 처리집단의 평균들이 동일한가(H_0 : $\mu_1 = \mu_2 = \mu_3 = \mu_4$)에 대해 유의수준 5%하에서 검정을 실시하라.

(c) 각 블럭의 효과가 동일하다고 볼 수 있는가를 설명하라.

(d) 처리집단 A와 B에서 $\overline{X}_A = 9.7$, $\overline{X}_B = 12.1$이라 할 때 $\mu_B - \mu_A$에 대한 95% 신뢰구간을 구하라.

(e) 위의 (d)를 참고해 μ_A에 대한 90% 신뢰구간을 구하라.

14. 세 개의 처리 A, B, C와 네 개의 블럭으로부터 구한 자료가 다음과 같다.

처리 \ 블럭	1	2	3	4
A	3	6	1	2
B	5	7	4	6
C	2	3	2	2

(a) ANOVA표를 작성하라.

(b) 각 처리집단의 평균이 동일한가(H_0 : $\mu_A = \mu_B = \mu_C$)에 대해 유의수준 5%하에서 검정을 실시하라.

(c) 처리집단 A와 처리집단 B의 평균의 차 $\mu_A - \mu_B$에 대한 95% 신뢰구간을 구하라.

(d) 각 블럭의 효과가 동일한가에 대해 검정을 실시하라.

15. 섬유에 방수처리를 하는 네 가지 화학약품 A, B, C, D의 효과를 비교하기 위해 세 가지 서로 다른 섬유로부터 각각 크기가 동일한 네 개의 조각을 잘라 각 조각에 네 화학약품의 처리를 랜덤한 순서로 가한 후 물을 붓고 5분 후에 측정한 습도가 다음과 같이 조사되었다.

섬유 종류

1	2	3
C 9.9	D 13.4	B 12.7
A 10.1	B 12.9	D 12.9
B 11.4	A 12.2	C 11.4
D 12.1	C 12.3	A 11.9

(a) ANOVA표를 작성하라.

(b) 각 화학약품의 효과가 동일한가에 대해 유의수준 5%하에서 검정을 실시하라.

(c) 섬유의 종류에 따라 방수효과가 다르다고 할 수 있는가에 대해 검정을 실시하라.

16. 콩을 재배하는 데 사용되는 세 가지 비료의 효과를 비교하는 실험을 하고자 한다. 콩의 산출량에는 비료의 영향력뿐만 아니라 땅의 비옥도도 영향을 미치기 때문에 한 지역의 땅을 비옥도에 따라 세 등급(비옥함, 보통, 메마름)으로 나눈 후 각 지역을 균등하게 세 부분으로 나누고, 각 부분에 세 가지 비료 A, B, C를 랜덤하게 투여해 콩의 산출량(단위 : kg)을 조사한 결과가 다음과 같다.

땅의 비옥도

비옥함	보통	메마름
A 63	B 62	C 47
B 60	C 44	A 49
C 49	A 57	B 51

(a) ANOVA표를 작성하라.

(b) 비료의 효과가 동일하다고 볼 수 있는가에 대해 유의수준 5%하에서 검정을 실시하라.

(c) 땅의 등급에 따라 콩의 생산량에 차이가 있다고 볼 수 있는가에 대해 검정을 실시하라.

17. 세 개의 연구소(A, B, C)는 구가 같은 동의 평균 초미세먼지 농도가 같은가를 알아보기 위해 각 연구소마다 5지역씩 무작위로 표본을 추출해 농도(단위 : $\mu g/m^3$)를 실험했다. 그 결과가 다음 표와 같다.

	A	B	C
	73	85	85
	65	80	71
	67	84	73
	68	88	80
	72	78	71
평균	69	83	76

(a) 처리방법 내 변동 SS_T와 처리방법 간 변동 SS_E를 구하라.

(b) 일원분산분석표를 작성하라.

(c) $\alpha = 0.05$ 수준에서 초미세먼지 농도가 같은가에 대해 검정을 실시하라.

18. 한 백화점에서 상품의 진열방식에 따라 판매액에 차이가 있는가를 분석하였다. 이를 위해 백화점이 세 개 지역의 상품 진열방식을 네 가지로 해 실험한 결과 각 백화점의 진열방식별 판매액은 다음과 같았다. 이 결과를 근거로 다음에 답하라.

진열방식	판매지역(블럭)		
	1	2	3
A	100	55	78
B	98	46	82
C	115	67	107
D	82	59	65

(a) 자료를 분석하기 위한 적절한 모형을 세우고 설명하라.

(b) 네 가지 진열방식에 대한 판매액 평균의 차이가 있는가? P-value를 사용해 귀무가설을 기각할 것인지, 채택할 것인지 결정하라.

19. 한 연구소에서는 4대의 기계를 사용해 미세먼지를 예측하고 있다. 이 연구소에서 각 기계의 1일 평균 미세먼지 농도가 다른가를 검정하기 위해 5일간 각 기계의 생산량을 기록하였다. 이때 미세먼지 농도는 그날의 온도, 습도 등에 많은 영향을 받으므로 날짜를 블록변수로 사용한다. EXCEL을 이용해 분석하라.

날짜(블록)	기계			
	1	2	3	4
1	27	29	31	32
2	23	33	32	31
3	25	30	35	33
4	28	33	36	34
5	26	33	34	32

(a) 분석목적을 말하라. 또 독립변수 그 수준을 말하라.

(b) 이러한 실험설계 이름을 말하라. 또 이 실험에서 상호작용 조사가 가능한가?

(c) $\alpha = 0.05$ 수준으로 기계의 평균생산량이 다른가 검정하라. 가설, 검정통계량 값, 기각역 및 결론을 명확히 기술하라.

범주형 자료분석

Introduction to **Statistics**
ch. eleven

11

통계분석에 이용되는 자료는 양적 자료(quantitative data)와 질적 자료(qualitative data)로 구분된다. 양적 자료란 키, 몸무게, 학력고사 성적, 월급, 혈압 등과 같이 일정 구간 안에 있는 숫자로 측정되는 자료로 연속형 확률변수(continuous random variable)로 표현되는 자료를 말하며, 질적 자료란 성별(남/여) 구분, 출신 지역(서울, 경기, 강원, …) 구분, 선호도(좋아한다, 보통이다, 싫어한다) 구분 등 어떤 속성의 구분을 측정하는 자료로 이산형 확률변수(discrete random variable)로 표현되는 자료를 말한다. 질적 자료의 측정은 관측값이 각 문항에 주어진 여러 범주(category) 중 하나에 속하게 되므로 이러한 자료를 '범주형 자료(categorical data)'라 부르며, 이와 같은 범주형 자료들로 이루어진 자료들을 분석하는 통계적 분석방법을 '범주형 자료분석(categorical data analysis)'이라 한다. 본 장에서는 범주형 자료분석에 대한 정의와 가장 단순한 형태의 범주형 자료인 1차원 분할표와 2차원 분할표의 분석방법에 대해 설명한다.

11.1 범주형 자료분석

범주형 자료분석이란 자료가 범주형으로 측정된 변수들 사이의 관계를 분석하는 통계적 분석방법이다. 예를 들어 우리나라 성인 1,000명을 대상으로 성별(남/여), 출신지역(서울, 경기, 강원, …), 그리고 농산물 수입개방정책에 대한 찬성 여부(찬성, 반대, 찬성도 반대도 아니다) 등을 조사했다고 할 때 조사대상자는 각 문항(성별, 출신지역, 찬성 여부)에서 주어진 여러 개의 선택항목(category) 중 각각 하나씩을 선택하게 된다. 이와 같이 구한 1,000명의 자료에 기초해 "성별과 찬성 여부 사이에는 어떤 관계가 있는가?" 또는 "성별과 출신지역과 찬성 여부 사이에는 상호 어떤 관계가 있는가?" 등과 같은 문제에 대한 통계적 검정을 유도할 수 있다.

이러한 자료의 분석에서 각각의 문항을 하나의 변수로 생각할 때 두 변수 사이의 관계에 대한 검정은 본질적으로 이산형인 두 변수가 서로 독립이냐 아니냐의 문제로 귀결된다. 즉, 두 변수가 독립인 경우에는 두 변수 사이에 아무 연관성이 없는 것으로 판단하고, 두 변수가 독립이 아닌 경우에는 두 변수 사이에 상호의존적 관계가 존재한다고 판단할 수 있다.

범주형 자료분석은 이와 같이 범주형으로 측정되는 두 변수들 사이의 독립성에 대한 검정을 실시할 뿐만 아니라, 다음 절에 소개하는 〈예 11-1〉의 완두콩 실험과 같이 하나의 이산형 변수의 분포에서 관측된 자료가 각각의 항목에 주어진 확률분포를 잘 따르는가에 대한 검정을 실시할 수도 있다. 또한 세 변수 또는 그 이상의 변수들 사이의 관계에 대한 분석을 실시할 수 있는데, 관계되는 변수의 수가 증가할수록 분석 과정 및 결과의 해석이 복잡해진다.

이와 같은 범주형 자료분석은 요즘 사회조사에서 널리 이용되고 있는 설문조사의 분석에 많이 이용된다. 그 이유는, 일반적으로 설문조사에서 각 문항은 어떤 문제에 대해 여러 개의 선택사항이 주어져 있고, 피조사자가 그중에서 적절한 사항을 선택하도록 주어져 있기 때문이다. 이와 같은 자료에서 두 개 이상의 문항들 사이의 독립성 여부를 검정하는 것이 범주형 자료분석인데, 검정과정에서 검정통계량이 χ^2분포를 따르기 때문에 χ^2검정이라고 알려져 있다.

11.2 일차원표의 분석

어떤 속성 하나의 측정결과에 대한 분류표를 **일차원표**(one dimensional table)라 한다. 이를테면 관측결과가 한 항목의 K개 범주 중 하나로 측정될 때 n개 관측값에 대한 관측결과는 i번째 범주의 관측도수를 n_i, $i = 1, 2, \cdots, K$라 할 경우 다음 표와 같이 표현될 수 있다.

표 11-1 일차원표

범주	1	2	⋯	K	합
관측도수	n_1	n_2	⋯	n_K	n

이러한 일차원표의 분석은 가설에 의해 각 범주의 확률 $P_1, P_2, \cdots, P_K$가 주어지며, [표 11-1]의 관측결과가 가설에 의해 주어진 확률분포를 잘 따르는가를 검정하는 것이다. 즉, K개 범주의 관측도수$(n_1, n_2, \cdots, n_K)$ 분포는 주어진 가설하에서 모수가 $(n\ ;\ P_1, P_2, \cdots, P_K)$인 다항분포를 따른다고 할 수 있다. 따라서 주어진 가설하에서 각 범주의 기대도수는

$$e_i = n \cdot P_i, \quad i = 1, 2, \cdots, K$$

와 같이 구한다. 검정하고자 하는 가설은 '관측결과가 가설에 의해 주어진 확률분포를 잘 따른다' 인데, 이를 주어진 확률분포에 의한 기대도수로 표현하면 '관측도수는 기대도수를 잘 따른다' 와 같이 표현할 수 있다.

이와 같이 범주형 자료분석은 관측도수의 기대도수에 대한 적합성 여부를 판정하기 때문에 **적합도 검정**(goodness of fit test)이라 표현하기도 한다. 따라서 검정하고자 하는 가설은

H_0 : 관측도수는 기대도수를 잘 따른다.

H_1 : 관측도수는 기대도수를 잘 따르지 않는다.

와 같이 설정할 수 있다. 이 검정에서의 검정통계량은

$$X^2 = \sum_{i=1}^{k} \frac{(n_i - e_i)^2}{e_i}$$

인데, 검정통계량 X^2은 귀무가설 H_0하에서 자유도가 $K-1$(범주의 수 -1)인 χ^2분포를 따른다.

예 11-1

멘델의 법칙(Mendel's law)은 완두콩의 색과 모양을 결정하는 우성인자와 열성인자의 결합 관계에 대한 법칙으로 잘 알려져 있다. 색에서는 녹색(A)이 금색(a)에 대해 우성인자이며, 모양에서는 원형(B)이 쭈그러짐(b)에 대해 우성인자라고 한다. 한 실험에서 나타난 결과가 [표 11-2]와 같을 때 이 실험결과가 멘델의 법칙($AB : Ab : aB : ab = 9 : 3 : 3 : 1$)을 잘 따르는가에 대한 검정을 실시하라.

표 11-2 완두콩 실험결과표

인자	AB	Ab	aB	ab	합
관측도수(n_i)	713	215	220	52	1,200
기대도수(e_i)	690	232	234	44	1,200

[풀이]

[표 11-2]에서 관측도수는 실험에 의해 얻어진 1,200개의 완두콩을 각 인자결합 형태에 따라 분류해 놓은 값이고, 기대도수는 가설에 의해 주어진 멘델 법칙(9 : 3 : 3 : 1)에 따라 관측된 1,200개의 완두콩을 각 인자별로 계산한 값이다.

즉, 멘델 법칙에 의할 때

$$P(AB) = \frac{9}{16}, \quad P(Ab) = P(aB) = \frac{3}{16}, \quad P(ab) = \frac{1}{16}$$

이므로,

$$\text{인자 } AB\text{의 기대도수} = 1{,}200 \times \frac{9}{16} \simeq 675$$
$$\text{인자 } Ab\text{의 기대도수} = 1{,}200 \times \frac{3}{16} \simeq 225$$
$$\text{인자 } aB\text{의 기대도수} = 1{,}200 \times \frac{3}{16} \simeq 225$$

$$\text{인자 } ab\text{의 기대도수} = 1{,}200 \times \frac{1}{16} \simeq 75$$

이다. 검정하고자 하는 가설은

H_0 : 실험결과는 멘델의 법칙을 잘 따른다.

H_1 : 실험결과는 멘델의 법칙을 잘 따르지 않는다.

와 같이 설정할 수 있으며, 검정통계량은

$$\begin{aligned} X^2 &= \sum_{i=1}^{4} \frac{(n_i - e_i)^2}{e_i} \\ &= \frac{(713-690)^2}{690} + \frac{(215-232)^2}{232} + \frac{(220-234)^2}{234} + \frac{(52-44)^2}{44} \\ &= 4.3045 \end{aligned}$$

이다. 검정하고자 하는 가설(H_0)이 참(true)인 경우에는 관측도수와 기대도수가 거의 같게 되어 X^2값이 작을 것이고, 검정하고자 하는 가설(H_0)이 거짓(false)인 경우에는 관측도수와 기대도수의 차이가 크게 되어 X^2의 값이 클 것이다. 즉, 가설 H_0의 채택 여부는 검정통계량 X^2의 크기에 의해 결정되는데, 귀무가설 H_0하에서 X^2은 자유도가 $4-1=3$인 χ^2분포를 따르며, 〈부록 VI〉의 [표 5]에 의할 때 $X^2(0.05\ ;\ 3) = 7.81473$임을 알 수 있다. 따라서 유의수준을 $\alpha = 0.05$로 정할 때 기각역은 아래 그림의 파란색 음영 부분이다. $X^2 = 4.3045 \le \chi^2(0.05\ ;\ 3) = 7.81473$이므로 H_0은 기각되지 않는다. 즉, 위의 실험결과는 멘델 법칙을 따른다고 할 수 있다.

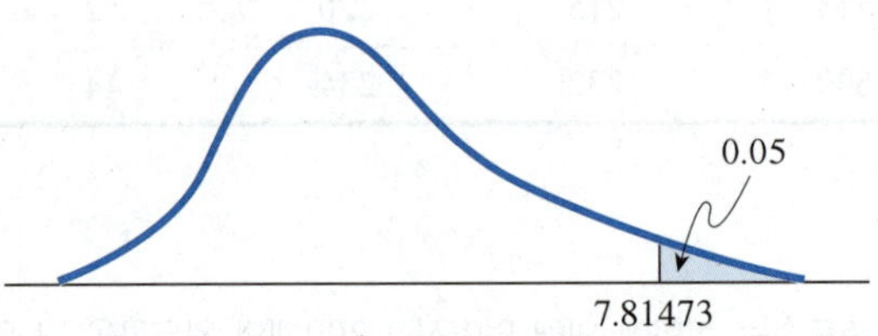

$\chi^2_{(3)}$의 분포

11.3 이차원표의 분석

Introduction to **Statistics,** ch. eleven

이차원표(two dimensional table)는 개개의 관측대상이 두 개의 항목(변수)에 의해 관측된 결과를 정리해 놓은 표이다. 예를 들어 독감 예방주사의 접종 여부와 독감 감염 여부 사이에 관계가 있는가를 알아보기 위해 한 지역주민 1,000명을 조사한 결과가 [표 11-3]과 같다고 하자.

표 11-3 예방접종과 독감 감염 여부에 대한 분류표

독감 감염 여부 \ 예방접종	접종 안 했음	1회 접종	2회 접종	합
감염되었음	23	10	17	50
감염되지 않았음	296	182	472	950
합	319	192	489	1,000

위의 표에 의하면 1,000명의 조사대상자 중 독감에 감염된 사람은 50명, 감염되지 않은 사람은 950명이고, 예방접종을 받지 않은 사람 중 독감에 감염된 사람은 23명, 감염되지 않은 사람은 296명이다. 즉, 모든 관측대상자는 예방접종을 받았는지 여부와 독감에 감염되었는지 여부의 두 가지 문항에 의해 관측되었으며, 이 자료를 이용해 두 변수가 서로 독립인가?(즉, 예방접종의 실시 여부와 독감의 감염 여부 사이에 아무 인과관계가 없는가?)에 대한 검정을 실시할 수 있다.

일반적인 경우 한 변수가 r개의 범주로 되어 있고, 다른 변수가 c개의 범주로 되어 있으며, n_{ij}를 (i, j)항의 관측도수, N을 전체 관측도수라 할 때 이차원표는 다음과 같이 표현할 수 있다.

표 11-4 이차원표

변수 1 \ 변수 2	1	2	…	c	합
1	n_{11}	n_{12}	…	n_{1c}	n_{1+}
2	n_{21}	n_{22}	…	n_{2c}	n_{2+}
⋮	⋮	⋮	⋱	⋮	⋮
r	n_{r1}	n_{r2}	…	n_{rc}	n_{r+}
합	n_{+1}	n_{+2}	…	n_{+c}	N

[표 11-4]에서 $N = \sum_{i=1}^{r}\sum_{j=1}^{c} n_{ij}$는 전체 관측도수의 수, $n_{i+} = \sum_{j=1}^{c} n_{ij}$, $i = 1, 2, \cdots, r$은 i번째 행의 관측도수의 수, $n_{+j} = \sum_{j=1}^{r} n_{ij}$, $j = 1, 2, \cdots, c$는 j번째 열의 관측도수의 수라 할 때 모든 항, 즉 $r \times c$개 항으로 된 관측값들은 전체 관측값의 수가 N이고 [표 11-5]와 같은 확률을 갖는 $r \times c$개 항으로 된 다항분포(multinomial distribution)라 할

수 있다.

표 11-5 **$r \times c$ 다항분포의 확률분포**

변수 1 \ 변수 2	1	2	…	c	합
1	P_{11}	P_{12}	…	P_{1c}	P_{1+}
2	P_{21}	P_{22}	…	P_{2c}	P_{2+}
⋮	⋮	⋮	⋱	⋮	⋮
r	P_{r1}	P_{r2}	…	P_{rc}	P_{r+}
합	P_{+1}	P_{+2}	…	P_{+c}	1

즉, (i, j)번째 항의 확률을 P_{ij}라 할 때 위의 관측값에 대한 다항분포의 확률은 다음과 같다.

$$P_{i+} = \sum_{j=1}^{c} P_{ij}, \quad j = 1, 2, \cdots, r$$
$$P_{+j} = \sum_{i=1}^{r} P_{ij}, \quad j = 1, 2, \cdots, c$$
$$P_{+1} + P_{+2} + \cdots + P_{+c} = 1$$
$$P_{1+} + P_{2+} + \cdots + P_{r+} = 1$$

[표 11-4]의 자료를 이용해 검정하고자 하는 가설은

H_0 : 변수 1과 변수 2는 서로 독립이다.
(즉, 두 변수 사이에는 아무 연관이 없다)
H_1 : 두 변수는 서로 독립이 아니다.
(즉, 두 변수는 서로 연관성이 있다)

와 같이 표현할 수 있다. 귀무가설 H_0하에서는 두 변수가 독립이므로 제6장에서 설명한 두 이산형 확률변수의 독립성 조건에 의해 (i, j)번째 항의 확률 P_{ij}는

$$P_{ij} = P_{i+} \cdot P_{+j}$$

이다. [표 11－5]에서 P_{i+}와 P_{+j}의 추정량은 각각에서 관측도수의 비율이라 할 수 있으므로

$$\hat{P}_{i+} = \frac{n_{i+}}{N}, \quad i = 1, 2, \cdots, r$$
$$\hat{P}_{+j} = \frac{n_{+j}}{N}, \quad j = 1, 2, \cdots, c$$

이다. 따라서 귀무가설하에서 (i, j)번째 항의 확률 P_{ij}의 추정량 $\hat{P}_{ij}$는

$$\hat{P}_{ij} = \hat{P}_{i+} \cdot \hat{P}_{+j} = \frac{n_{i+}}{N} \cdot \frac{n_{+j}}{N}$$

이고, (i, j)번째 항의 기대도수 e_{ij}는

$$\begin{aligned} e_{ij} &= N \cdot \hat{P}_{ij} \\ &= N \cdot \frac{n_{i+}}{N} \cdot \frac{n_{+j}}{N} = \frac{n_{i+} \cdot n_{+j}}{N} \end{aligned}$$

이다. 즉, (i, j)번째 항의 기대도수는 '(i번째 행의 합 × j번째 열의 합)/전체 도수' 이다. 주어진 가설에 대한 검정통계량은 일차원표와 동일하다. 즉, 검정통계량은 각 항의 '(관측도수 – 기대도수)^2/기대도수' 를 구한 후 이 값을 모든 항에 대해 더한 값으로

$$X^2 = \sum_{i=1}^{r} \sum_{j=1}^{c} \frac{(n_{ij} - e_{ij})^2}{e_{ij}}$$

이며, 귀무가설하에서 검정통계량 X^2은 자유도가 (행의 수 – 1) × (열의 수 – 1), 즉 자유도가 $(r-1) \cdot (c-1)$인 χ^2분포를 따른다.

예 11-2

[표 11-3]에 주어진 예방접종과 독감의 감염 여부에 대한 자료에서 두 변수(요인)가 서로 독립인가를 검정하라.

[풀이]

이 검정에서 가설은

H_0 : 예방접종의 실시 여부와 독감의 감염 여부는 서로 독립이다(즉, 아무 연관성이 없다).

H_1 : 예방접종의 실시 여부와 독감의 감염 여부는 서로 독립이 아니다(즉, 예방접종의 실시 여부에 따라 독감의 감염률이 달라질 수 있다).

와 같으며, 귀무가설 H_0하에서 (i, j)항의 기대도수는 다음과 같이 구한다.

$$e_{11} = \frac{319 \times 50}{1{,}000} = 15.9, \quad e_{12} = \frac{192 \times 50}{1{,}000} = 9.6, \quad e_{13} = \frac{489 \times 50}{1{,}000} = 24.4$$

$$e_{21} = \frac{319 \times 950}{1{,}000} = 303.0, \quad e_{22} = \frac{192 \times 950}{1{,}000} = 182.4, \quad e_{23} = \frac{489 \times 950}{1{,}000} = 179.5$$

기대도수(e_{ij})의 값과 [표 11-3]에 있는 관측도수 n_{ij}의 값을 이용해 표를 만들면 다음과 같다.

표 11-6 독감자료의 관측도수와 기대도수

독감 감염 여부 \ 예방접종	도수	예방접종 안 함	1회 접종	2회 접종	합
감염되었음	n_{ij}	23	10	17	50
	e_{ij}	15.9	9.6	24.	
감염되지 않았음	n_{ij}	292	182	472	950
	e_{ij}	303	182.4	179.5	
합		319	192	489	1,000

검정통계량 X^2은

$$X^2 = \sum_{i=1}^{2}\sum_{j=1}^{3} \frac{(n_{ij} - e_{ij})^2}{e_{ij}} = \frac{(23 - 15.9)^2}{15.9} + \frac{(292 - 303)^2}{303} + \cdots + \frac{(472 - 179.5)^2}{179.5}$$

이며, 귀무가설하에서 X^2은 자유도가 $(r-1)(c-1) = (2-1)\times(3-1) = 2$인 χ^2분포를 따른다. 〈부록 Ⅵ〉의 [표 5]에서 $\chi^2 = 5.991147$이므로 유의수준 5%하에서 기각역은 다음 그림의 파란색 음영 부분이다.

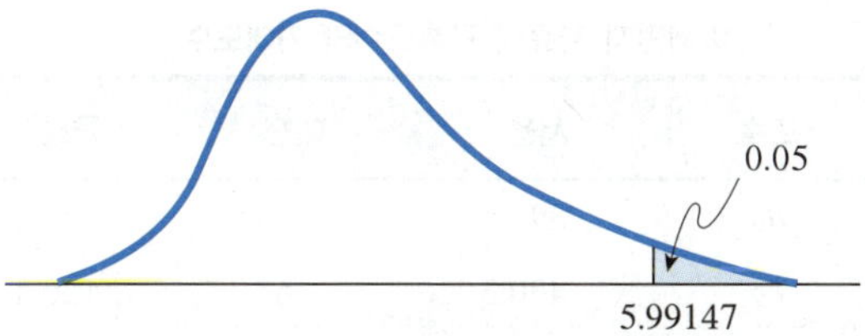

$\chi_{(2)}^2$의 분포

검정통계량의 값 $X^2 = 5.687 < \chi^2_{(0.05;2)} = 5.99147$이므로 귀무가설은 기각되지 않는다. 즉, 주어진 자료에 의할 때 예방접종의 실시 여부와 독감의 감염 여부는 서로 관련이 있다고 할 수 없다.

예 11-3

[표 11-7]의 자료는 2020년도에 우리나라에서 발생한 미세먼지의 지역별 분포를 정리해 놓은 표이다. 미세먼지의 중금속 함량과 발생지역 사이에 연관관계가 있는가를 검정하라.

표 11-7 지역별 미세먼지 중금속 함량에 대한 분포

함량 \ 지역	서울	대전	울산	합
구리	392	66	157	615
납	2,145	176	228	2,549
아연	3,531	643	1,273	5,447
비소	700	121	243	1,064
합	6,768	1,006	1,901	9,675

[풀이]

[표 11-7]에 의할 때 2019년도에는 발생한 미세먼지 중금속 함량 자료에서의 관심은 중금속의 종류와 발생지역 사이의 연관관계이다. 따라서 가설은 다음과 같다.

H_0 : 중금속의 종류와 발생지역 사이에는 연관관계가 없다.

H_1 : 중금속의 종류와 발생지역 사이에는 연관관계가 있다.

[표 11-8]에는 관측도수 n_{ij}와 귀무가설하에서의 기대도수 $e_{ij} = \dfrac{(n_{i+} \cdot n_{+j})}{n}$이 주어져 있다.

이 자료에서 검정통계량 X^2의 값은 $X^2 = 344.65$이며, 이 통계량은 자유도가 $(4-1)\times(3-1) = 6$인 χ^2분포를 따른다. 〈부록 VI〉의 [표 5]에서 $\chi^2_{(0.05;6)}$이므로 5% 유의수준하에서 귀무가설은 채택되지 않는다. 즉, 중금속의 종류와 발생지역 사이에는 연관관계가 있다고 볼 수 있다.

표 11-8 미세먼지 자료의 관측도수와 기대도수

함량 \ 지역	도수	서울	대전	울산	합
구리	n_{ij}	392	66	157	615
	e_{ij}	430.2	63.9	120.8	
납	n_{ij}	2,145	176	228	2,549
	e_{ij}	1,783.1	265	500.8	
아연	n_{ij}	3,531	643	1,273	5,447
	e_{ij}	3,810.4	566.4	1,070.3	
비소	n_{ij}	290	121	243	1,064
	e_{ij}	744.3	110.6	209.1	
합		6,768	1,006	1,901	9,675

관계되는 변수가 3개 이상인 분할표를 **다차원표**(multi dimensional table)라 하는데, 이러한 다차원표의 자료에 대한 분석은 여러 가지 가능한 모형 중에서 주어진 자료에 가장 적합하면서도 간단한 모형을 찾는 것이다. 다차원표에 대한 분석과정은 Fienberg(1977) 등에 잘 설명되어 있으며, 여기에서 다루기에는 적절하지 않다고 판단된다.

11.4 설문조사 자료분석의 예

Introduction to **Statistics,** ch. eleven

오늘날에는 경제 · 사회적 특정 현상에 대해 주민들이 어떻게 생각하는가?에 대한 설문조사를 많이 실시하고 있다. 이와 같은 설문조사에서는 조사문항들이 몇 개의 선택사항들 중에서 가장 적절한 사항을 선택하도록 작성되어 있다. 이와 같은 설문조사 결과를 이용해 두 설문 문항 사이에 연관관계가 있는가? 또는 서로 독립인가?에 대한 검정을 실시하는 통계적 방법이 본 장에서 설명한 χ^2검정이다.

본 절에서는 실제 설문조사 결과 자료를 이용한 χ^2 검정 과정을 설명해 실제 자료분석에서 χ^2검정의 응용방법을 제시하고자 한다. 여기에서 분석하고자 하는 자료는 서울 시내에 거주하는 사람 500명을 대상으로 'K-POP 문화에 대한 의식조사'를 실시한 결과로 조사설문 문항의 일부가 [표 11-9]에 주어져 있으며, 처음 100명의 조사결과가 [표 11-14]에 주어져 있다.

표 11-9 K-POP 문화에 대한 의식조사 설문 문항

Q1. K-POP 문화는 서구권 문화의 영향을 받았다고 생각하십니까?

① 많은 영향을 받았다. ② 다소 영향을 받았다.
③ 결코 영향을 받지 않았다.

Q2. K-POP이 한국 국민의 정서에 미치는 영향을 어떻게 생각하십니까?

① 매우 부정적이다. ② 부정적이다.
③ 긍정적이다. ④ 매우 긍정적이다.

Q3. 최근 청소년들의 아이돌 패션 모방에 대해 어떻게 생각하십니까?

① 매우 바람직하다. ② 바람직하다.
③ 바람직하지 못하다. ④ 매우 바람직하지 못하다.

Q4. 해외 TV프로그램의 국내 TV프로그램 모방에 대해 어떻게 생각하십니까?

① 매우 바람직하다. ② 바람직하다.
③ 바람직하지 못하다. ④ 매우 바람직하지 못하다.

P1. 귀하의 연령은?

① 10대 ② 20대 ③ 30대 ④ 40대 ⑤ 50대 이상

P2. 귀하의 직업은?

① 자영업 ② 공무원 ③ 회사원 ④ 학생 ⑤ 기타

[표 11-9]에 주어진 설문 문항들 중 Q1, Q2, Q3, Q4는 K-POP 문화와 관련된 의식조사 문항들이고, P1(나이)과 P2(직업)는 피조사자의 인적사항에 대한 문항이다. 실제 설문조사에서는 이와 같이 조사목적에 해당하는 설문들과 함께 피조사자의 인적사항에 대한 설문을 포함시켜 피조사자의 인구 · 사회학적 특성에 따라 응답결과가 어떻게 나타나는가를 분석한다. 즉, 위와 같이 주어진 설문 문항들에서 각 문항들 사이의 관계를 χ^2검정을 이용해 분석을 실시한다. 구체적으로 P1(나이) 집단에 따라 Q1, Q2, Q3, Q4의 응답성향이 동일한가? 또는 서로 다른가?에 대한 검정이나 P2(직업) 집단에 따른 응답결과는 어떠한가?에 대한 검정을 실시한다. 엑셀에서는 범주형 자료분석을 실시할 수 없다. 따라서 통계패키지인 윈도우용 SPSS 버전 10.0을 이용해 위에 주어진 검정을 실시했다.

[표 11-10]에는 Q1(K-POP 문화는 서구권 문화의 영향을 받았다고 생각하십니까?)에 대한 응답과 P1(나이)과의 관계에 대한 분할표와 χ^2 검정 결과가 주어져 있다. [표 11-10]에서 Ⓐ에는 Q1과 P1의 분할표가 주어져 있는데, 각 칸에는 관측도수, 기대도수, 표준화잔차의 순서로 값이 주어져 있다. 여기에서 관측도수란 500명(무응답으로 인해 실제로는 489명이 응답했다)의 조사에서 각 칸의 관측도수로, 예를 들면

표 11-10 **Q1과 P1의 분할표 분석**

Q1(K-POP 문화의 서구권 문화에 대한 영향) by P1(나이)

Ⓐ

Q1 \ P1 (Count / Exp Val / Std Res)		10대 1	20대 2	30대 3	40대 4	50대 이상 5	Row Total
많은 영향	1	61 62.3 -0.2	108 104.7 0.3	80 73.6 0.7	56 65.8 -1.2	41 39.6 0.2	346 70.8%
다소 영향	2	24 23.5 0.1	38 39.5 -0.3	22 27.9 -1.1	36 24.9 2.2	11 15.0 -1.0	131 26.8%
영향받지 않음	3	3 2.2 0.6	2 3.6 -0.9	2 2.6 -0.3	1 2.3 -0.8	4 1.4 2.2	12 2.5%
Column Total		88 18.0%	148 30.3%	104 21.3%	93 19.0%	56 11.5%	489 100.0%

Ⓑ

Chi-Square	Value	DF	Significance
Pearson	16.42264	8	0.03672
Likelihood Ratio	14.67989	8	0.06568
Linear-by-Linear Association	0.65495	1	0.41835

Minimum Expected Frequency - 1.374

Cells with Expected Frequency < 5 - 5 of 15(33.3%)

10대(P1 = ①)에서 '많은 영향을 받았다'(Q1 = ①)라고 응답한 사람이 61명임을 알 수 있다. 기대도수란 두 변수(Q1과 P1)가 서로 독립이라는 가설하에서 구한 각 칸의 기대도수로, Q1 = ①과 P1 = ①칸의 기대도수는 62.3이다. 또한 표준화잔차는 관측도수와 기대도수의 차이가 유의한가?를 측정하는 값으로, 근사적으로 정규분포를 따른다고 알려져 있다. 따라서 표준화잔차의 절대값이 2보다 큰 경우에는 관측도수와 기대도수의 차이가 유의하다고 판단하며, 3보다 큰 경우에는 매우 유의하다고 판단한다. 또한 표준화잔차의 부호가 양수이면 관측도수가 기대도수보다 큰 경우이고, 음수이면 관측도수보다 기대도수가 큰 경우이다. 표의 Ⓐ에서 Q1 = ②와 P1 = ④인 칸의 표준화잔차값이 2.2인데, 이 결과에 의할 때 이 칸에서 관측도수는 기대도수보다 유의하게 큰 것을 알 수 있다. [표 11-10]의 Ⓑ부분에는 Q1과 P1 사이의 관계에 대한 검정 결과가 주어져 있다. 여기에서 가설은

H_0 : Q1과 P1은 서로 독립이다.

(즉, 연령계층별 Q1의 응답성향이 동일하다)

H_1 : Q1과 P1은 서로 독립이 아니다.

(즉, 연령계층별로 Q1의 성향이 동일하지 않다)

와 같이 설정한다. 이에 대한 검정 결과가 Ⓑ의 'Pearson'과 'Likelihood Ratio'에 주어져 있다. Pearson의 값 16.42264는 11.3절에서 설명한 검정통계량 X^2값으로, 여기에서는 자유도가 $(3-1)\times(5-1)=8$인 χ^2분포를 따른다. 이 값에 주어진 Significance의 0.03672는 이 검정통계량의 P값이다. P값이 0.05보다 작으므로 5% 유의수준하에서 귀무가설은 채택되지 않는다. 즉, 연령계층별로 과거 우리나라 문화의 일본 문화에 대한 영향력 수준에 대한 반응이 동일하다고 볼 수 없다. Likelihood Ratio에 주어진 값은 자료가 다항분포를 따른다는 전제하에 위에 주어진 가설에 대해 '우도비 검정' 방법을 이용해 구한 검정통계량 값으로 이에 대한 설명은 보다 전문적인 통계학 서적을 참고하기 바란다. 특이한 것은 이 자료에 대한 검정에서 Pearson의 검정통계량 X^2의 P값은 0.0367이고, Likelihood Ratio 검정통계량의 P값은 0.06568로 유의수준 5%를 이용할 때 Pearson의 X^2 검정은 귀무가설을 기각하는 데 비해 우도비 검정 결과는 귀무가설을 기각하지 못한다는 점이

다. 이와 같은 경우는 일반적으로 나타나지는 않는데 이런 결과가 나타나는 이유는, 위에서 구한 두 검정통계량이 근사적으로 χ^2분포를 따르기 때문에 검정 결과가 근사적일 수밖에 없기 때문이다. 이와 같은 경우에는 검정 결과에 대한 판정을 유보(즉, 귀무가설과 대립가설 어느 것도 받아들이지 않는다)하는 것이 바람직하다. Ⓑ에서 'Linear-by-Linear Association'에 주어진 값 0.65495는 두 변수 Q1과 P1의 각 항목에 주어진 ①, ②, ③, ④ 등을 이용해 상관계수를 구한 값으로 특별한 의미는 없다. 또한 'Minimum Expected Frequency'에 주어진 값 1.374는 표 Ⓐ에서 각 칸의 기대도수 중 가장 작은 값이 1.374라는 의미이며, 'Cells with Expected Frequency＜5'에 주어진 값 5는 전체 15개의 칸들 중에서 기대도수가 5 미만인 칸의 수가 5개라는 것을 의미한다. 이 통계는 χ^2검정이 근사적이며 각 칸의 기대도수가 모두 5보다 큰 경우에만 안정적으로 적용할 수 있다고 되어 있기 때문에 기대도수가 5보다 작은 칸의 수를 제시해 검정의 안정성에 대한 정보를 제공해 준다. [표 11-11]~[표 11-13]에는 각각 Q1과 P2부터 Q2와 P2 사이의 검정 결과가 주어져 있는데, 결과의 해석은 [표 11-10]에 주어진 Q1과 P1 사이의 관계에 대한 검정의 해석을 참고할 수 있다. [표 11-11]에 의할 때 K-POP 문화의 영향에 대한 생각은 직업(P2)에 따라 차이가 없다. [표 11-12]와 [표 11-13]에 의할 때 K-POP 문화의 영향에 대한 생각은 연령계층별(P1), 직업별(P2) 모두 반응에 유의한 차이가 있다.

표 11-11 Q1과 P1의 분할표 분석

Q1(K-POP 문화의 서구권 문화에 대한 영향) by P2(직업)

Ⓐ

Q1 (Count / Exp Val / Std Res)		P2: 자영업 1	공무원 2	회사원 3	학생 4	기타 5	Row Total
많은 영향	1	38 43.2 -0.8	35 29.7 1.0	93 87.7 0.6	137 133.0 0.3	43 52.4 -1.3	346 70.8%
다소 영향	2	21 16.3 1.2	7 11.3 -1.3	29 33.2 -0.7	47 50.4 -0.5	27 19.8 1.6	131 26.8%
영향받지 않음	3	2 1.5 0.4	0 1.0 -1.0	2 3.0 -0.6	4 4.6 -0.3	4 1.8 1.6	12 2.5%
Column Total		61 12.5%	42 8.6%	124 25.4%	188 38.4%	74 15.1%	489 100.0%

Ⓑ

Chi-Square	Value	DF	Significance
Pearson	14.22184	8	0.07616
Likelihood Ratio	14.59412	8	0.06753
Linear-by-Linear Association	0.96245	1	0.32657

Minimum Expected Frequency-1.031

Cells with Expected Frequency < 5-5 of 15(33.3%)

표 11-12 Q2와 P1의 분할표 분석

Q2(K-POP 문화의 영향) by P1(나이)

Ⓐ

Q2 \ P1 (Count / Exp Val / Std Res)		10대 1	20대 2	30대 3	40대 4	50대 이상 5	Row Total
매우 부정적	1	14 19.6 -1.3	20 33.0 -2.3	25 23.2 0.4	30 20.7 2.0	20 12.5 2.1	109 22.3%
부정적	2	52 58.7 -0.9	110 98.7 1.1	73 59.3 0.4	56 62.0 -0.8	35 37.3 -0.4	325 55.7%
긍정적	3	19 8.6 3.5	17 14.5 0.5	6 10.2 1.3	5 9.1 -1.4	1 5.5 1.9	48 9.8%
매우 긍정적	4	3 1.1 1.8	1 1.8 -0.6	0 1.3 -1.1	2 1.1 0.8	0 0.7 -0.8	6 1.2%
Column Total		88 18.0%	148 30.3%	104 21.3%	93 19.0%	56 11.5%	489 100.0%

Ⓑ

Chi-Square	Value	DF	Significance
Pearson	45.04043	12	0.00001
Likelihood Ratio	45.00223	12	0.00001
Linear-by-Linear Association	29.71648	1	0.00000

Minimum Expected Frequency-0.687

Cells with Expected Frequency < 5-5 of 20(25.0%)

표 11-13 Q2와 P2의 분할표 분석

Q2(K-POP 문화의 영향) by P2(직업)

Ⓐ

Q2 \ P2 (Count / Exp Val / Std Res)		자영업 1	공무원 2	회사원 3	학생 4	기타 5	Row Total
매우 부정적	1	24 13.6 2.8	3 9.4 –2.1	36 27.4 1.6	24 42.1 –2.8	22 16.5 1.4	109 22.3%
부정적	2	34 40.7 –1.0	39 28.0 2.1	72 82.0 –1.1	132 126.0 0.5	49 49.3 0.0	325 55.7%
긍정적	3	2 6.0 –1.6	0 4.1 –2.0	14 12.1 0.6	29 18.6 2.4	3 7.3 –1.6	48 9.8%
매우 긍정적	4	1 0.7 0.3	0 0.5 –0.7	1 1.5 –0.4	4 2.3 1.1	0 0.9 –1.0	6 1.2%
Column Total		61 12.5%	42 8.6%	123 25.2%	189 38.7%	74 15.1%	489 100.0%

Ⓑ

Chi-Square	Value	DF	Significance
Pearson	49.90002	12	0.00000
Likelihood Ratio	56.75675	12	0.00000
Linear-by-Linear Association	4.87496	1	0.02725

Minimum Expected Frequency-0.515

Cells with Expected Frequency < 5-6 of 20(30.0%)

표 11-14 100명의 조사자료

ID	Q1	Q2	Q3	Q4	P1	P2	ID	Q1	Q2	Q3	Q4	PI	P2
1	2	1	4	4	4	5	51	2	1	3	2	2	5
2	1	2	3	3	5	2	52	1	1	4	4	4	1
3	2	2	3	4	1	4	53	2	3	3	3	2	5
4	1	2	3	2	1	4	54	1	1	3	3	2	4
5	1	2	3	3	1	4	55	2	2	4	3	2	4
6	1	2	3	4	1	4	56	1	1	4	4	5	5
7	1	2	1	2	1	4	57	2	2	4	4	2	4
8	1	2	3	3	2	4	58	1	2	4	4	2	4
9	1	1	4	4	4	3	59	1	2	4	4	4	2
10	2	2	4	4	4	5	60	1	1	4	4	1	4
11	1	2	3	4	2	4	61	1	2	2	4	1	4
12	1	1	4	3	1	4	62	1	3	3	4	1	4
13	2	3	2	3	2	4	63	1	4	3	3	1	4
14	1	1	3	4	2	4	64	1	1	4	4	1	4
15	2	2	3	3	2	4	65	2	2	3	4	1	4
16		2	4	4	2	4	66	1	2	3	3	1	4
17	1	2	4	3	2	4	67	1	2	3	3	1	4
18	1	2	3	3	2	4	68	1	2	4	4	1	4
19	2	3	2	4	1	4	69	1	3	2	2	1	4
20	1	2	3	3	4	2	70	2	3	3	3	1	4
21	1	2	3	1	2	4	71	1	1	3	3	1	4
22	1	2	4	4	2	4	72	1	2			1	4
23	1	2	4	4	2	4	73	1	2	3	3	1	4
24	1	2	2	3	1	4	74	1	2	4	4	1	4
25	2	2	3	4	1	4	75	2	2	4	3	1	4
26	2	1	1	1	3	1	76	1	2	4	4	3	4
27	1	1	1	3	5	5	77	1	2	3	4	3	3
28	2	3	3	3	1	4	78	1	2	3	3	2	4
29	1	2	3	3	2	4	79	1	1	4	4	5	5
30	1	2	3	3	2	4	80	1	1	4	4	5	1
31	1	3	4	4	2	4	81	1	2	4	4	5	5
32	1	2		3	1	4	82	1	1	3	4	2	4
33	1	1	4	4	2	4	83	2	2	3	3	2	4
34	1	2	3	3	2	4	84	1	2	3	3	3	2
35	2	2	3	4	2	4	85	1	1	3	3	5	1
36	1	2	3	3	2	4	86	2	2	2	3	4	5
37	2	1	3	3	2	2	87	1	2	3	3	3	2
38	2	2	3	3	5	5	88	1	1	4	3	5	5
39	1	2	3	3	3	2	89	2	2	3	3	4	3
40	1	2	3	4	2	4	90	2	2	3	3	4	2
41	1	2	3	4	2	4	91	1	1	3	3	4	1
42	1	4	2	2	2	4	92	1	1	3	3	3	3
43	1	3	3	4	2	4	93	2	2	3	2	2	4
44	1	2	3	4	2	4	94	1	2	3	4	2	4
45	1	2	3	3	2	4	95	2	2	3	3	4	5
46	1	2	3	3	2	4	96	1	1	4	4	4	5
47	1	2	3	3	2	4	97	1	2	3	3	3	2
48	2	2	2	3	2	4	98	2	2	3	3	3	2
49	1	1	4	4	5	3	99	1	1	3	3	5	5
50	2	2	3	3	5	5	100	2	2	3	3	2	4

11.5 R 연습

(1) 〈예 11 − 1〉에 대한 카이제곱 적합도 검정 과정

1) 자료의 입력

```
> p<-c(713,215,22.,52)
> x<-c(690,232,234,44)
> p
> x
```

```
> p<-c(713,215,22,52)
> x<-c(690,232,234,44)
> p
[1] 713 215  22  52
> p<-c(713,215,22,52)
[1] 690 232 234  44
```

여기서 p는 기대도수, x는 관측도수를 나타낸다.

2) 카이제곱 검정

```
> example.11.1<-chisq.test(x,p=p,rescale.p=T)
> example.11.1
```

```
> example.11.1<-chisq.test(x,p=p,rescale.p=T)
> example.11.1

        Chi-squared test for given probabilities

data:  x
X-squared = 1675.9, df = 3, p-value <
2.2e-16
```

R에서 기본으로 제공하는 명령어 chisq.test를 이용해 회귀분석을 실시한다. 명령문에서 괄호 안의 첫 번째는 관측도수, 두 번째는 기대도수이다. 세 번째 옵션

rescale.p=T는 두 번째 입력변수 p를 관측도수로 사용할 것인지의 여부이다. rescale=F를 입력할 경우 p에는 관측도수가 아닌 비율이 들어가야 한다. (이 예제에서는 c(9/16,3/16,3/16,1/16))

3) 결과 해석

검정하고자 하는 가설은

H_0 : 실험결과는 멘델의 법칙을 잘 따른다.

H_1 : 실험결과는 멘델의 법칙을 잘 따르지 않는다.

이다. 출력된 결과에서 P값이 $2.2e-16$이므로 5% 유의수준하에서 귀무가설을 기각할 수 없다. 즉, 5% 유의수준하에서 실험결과는 멘델의 법칙을 잘 따른다고 할 수 있다.

(2) 〈예 11－2〉에 대한 카이제곱 독립성 검정 과정

1) 자료의 입력

```
> y<-matrix(c(23,10,17,296,182,472),nrow=2,byrow=T)
> rownames(y)<-c("감염되었음","감염되지 않았음")
> colnames(y)<-c("미접종","1회","2회")
> y
```

```
> y<-matrix(c(23,10,17,296,182,472),nrow=2,byrow=T)
> rownames(y)<-c('감염되었음','감염되지 않았음')
> colnames(y)<-c('미접종','1회','2회')
> y
                 미접종 1회 2회
감염되었음           23  10  17
감염되지 않았음     296 182 472
```

matrix 명령어를 이용해 행렬을 생성한다. 여기서 rownames, colnames는 각각 행이름, 열이름을 지정하는 명령어이다. 굳이 입력하지 않아도 검정에는 지장이 없다.

2) 카이제곱 검정

```
> example.11.2<-chisq.test(y)
> example.11.2
```

```
> example.11.2<-chisq.test(y)
> example.11.2

        Pearson's Chi-squared test

data:  y
X-squared = 5.6872, df = 2, p-value = 0.05822
```

R에서 기본으로 제공하는 명령어 chisq.test를 이용해 회귀분석을 실시한다. 적합도 검정과 달리 행렬 자료를 입력할 경우 행변수, 열변수에 대해 카이제곱 검정을 실시한다.

3) 결과 해석

검정하고자 하는 가설은

H_0 : 예방접종의 실시 여부와 독감의 감염 여부는 서로 독립이다.

H_1 : 예방접종의 실시 여부와 독감의 감염 여부는 서로 독립이 아니다.

이다. 출력된 결과에서 P값이 0.05822이므로 5% 유의수준하에서 귀무가설을 기각할 수 없다. 즉, 5% 유의수준하에서 예방접종의 실시 여부와 독감의 감염 여부는 서로 독립이라고 할 수 없다. (즉, 서로 관련이 있다고 할 수 있다.)

```
> example.11.2$expected
```

```
> example.11.2$expected
               미접종    1회    2회
감염되었음        15.95   9.6  24.45
감염되지 않았음 303.05 182.4 464.55
```

각 셀의 기대도수도 확인할 수 있다.

연습문제

01. 편의점에서 판매하는 담배 종류에는 A, B, C, D 네 가지의 브랜드가 있다고 한다. 이 네 가지 담배 브랜드에 대한 구매자들의 선호도에 차이가 있는가를 분석하기 위해 시민 200명에게 선호하는 담배 브랜드를 조사한 결과가 다음과 같다.

A	B	C	D
32	70	48	50

네 가지 담배 브랜드에 대한 선호도가 동일한가에 대해 유의수준 5%하에서 검정을 실시하라.

02. 집을 출발해 학교를 가는 데에는 모두 다섯 가지의 서로 다른 방법이 있다고 한다. 집을 출발해 학교에 도착한 학생 120명에 대해 온 방법을 조사한 결과가 다음과 같다.

방법	1	2	3	4	5
사람 수	29	28	24	19	20

집에서 학교까지 가는 서로 다른 다섯 가지 방법에 대한 선호도가 동일한가에 대해 유의수준 5%하에서 검정을 실시하라.

03. 미세먼지의 농도와 결핵과의 관계를 분석하기 위해 미세먼지 농도가 서로 다른 네 개 도시에서 랜덤하게 각각 400명의 성인을 표본으로 추출해 결핵이 있는 사람 수를 조사한 결과가 다음과 같다.

도시	A	B	C	D
결핵감염자	34	42	21	18

네 도시의 결핵감염률이 동일하다고 볼 수 있는가에 대해 유의수준 5%하에서 검정을 실시하라.

04. 다섯 가지 콩에 각각 네 가지의 영양제를 랜덤하게 배치하고 일정 기간 정량의 물을 주고 사육을 한 다음 수확량을 측정하였다.

콩 \ 영양제	A	B	C	D
A	43	76	85	21
B	53	60	86	32
C	23	56	65	51
D	33	45	78	36
E	55	80	72	34

영양제의 종류별 수확량에 차이가 있는지 유의수준 5%로 검정하라.

05. 비만이 유전인가를 분석하기 위해 비만한 어린이와 보통의 어린이 각 50명씩을 추출해 부모의 비만 여부를 조사한 결과가 다음과 같다.

부모 \ 어린이	비만	정상	합계
비만	34	29	63
정상	16	21	37
합계	50	50	100

부모와 자녀의 비만이 서로 관계가 있다고 볼 수 있는가를 검정하라.

06. 세 개의 고속버스회사에 대한 선호도를 연령별로 조사한 결과가 다음과 같다. 점수가 높을수록 높은 선호도를 의미한다. 세 고속버스회사에 대한 연령별 선호점수 평균에 차이가 있는지 유의수준 5%로 검정하라.

연령 \ 회사	A회사	B회사	C회사
20세 미만	4	16	10
20세~35세	11	40	21
36세~50세	9	47	9
51세 이상	6	17	10

07. 한 제약회사에서 100명의 실험대상자들에게 네 가지의 서로 다른 진통제를 투약하고 통증 완화 시간을 측정하였다. 100명의 실험대상자들은 네 집단으로 무작위로 분할되었다.

집단 \ 진통제	A	B	C	D
I	55	38	7	10
II	79	71	25	5
III	22	75	38	10
IV	15	23	10	32

네 가지의 다른 진통제에 의해 측정되는 통증 완화의 평균시간은 모두 같다는 가설을 유의수준 10%하에서 검정을 실시하라.

08. 지역에 따라 지지성향이 다른가를 알아보기 위해 유권자 중 80명을 대상으로 A후보와 B후보 중 어느 후보를 지지하는지 조사한 결과가 다음과 같다.

지지후보 \ 지역	서울/경기	경북	충북	전북
A후보	14	9	8	6
B후보	10	9	11	13

지역과 지지성향이 관계가 있는가에 대해 유의수준 5%하에서 검정을 실시하라.

09. 대학생 125명을 대상으로 음식 선호도를 조사한 결과가 다음과 같다. 유의수준 5%에서 남녀 대학생 간의 음식 선호도에 차이가 있는지 검정을 실시하라.

성별 \ 음식	튀김	조림	합계
여자	14	18	32
남자	61	32	93
합계	75	50	125

10. 어떤 커피 생산업체(A, B, C)에서는 연구소(1, 2, 3, 4)에 의뢰해 그들이 생산하는 같은 종류의 원두에 대해 원두 100그램에 포함된 카페인 함량을 조사했다. 실험 결과는 다음과 같다. 각 연구소에서 조사된 결과가 다르다고 할 수 있는지 유의수

준 5%하에서 검정을 실시하라.

업체 \ 연구소	1	2	3	4
A	8	4	10	21
B	10	6	15	17
C	9	8	11	16
평균	9	6	12	18

부록

INTRODUCTION TO STATISTICS

AN APPENDIX

부록 I

기본적인 엑셀 사용법

◉ 엑셀이란

미국의 컴퓨터 소프트웨어 회사인 마이크로소프트사에서 개발한 윈도우 환경의 계산 전용 응용프로그램이다.

기본적인 계산 기능과 차트 작성, 많은 양의 데이터를 관리할 수 있는 데이터베이스 기능 및 간단한 문서작성까지 가능한 다양한 기능의 계산표로서, 이를 '스프레드시트(Spreadsheet)' 라 하기도 한다.

1. 엑셀의 시작과 종료

(1) 엑셀 시작하기

바탕화면에 엑셀 아이콘이 있으면 엑셀 프로그램 아이콘을 더블 클릭하거나, [시작]-[모든 프로그램]-[Microsoft Office]-[Microsoft Office Excel 2010]을 클릭하면 엑셀을 시작할 수 있다.

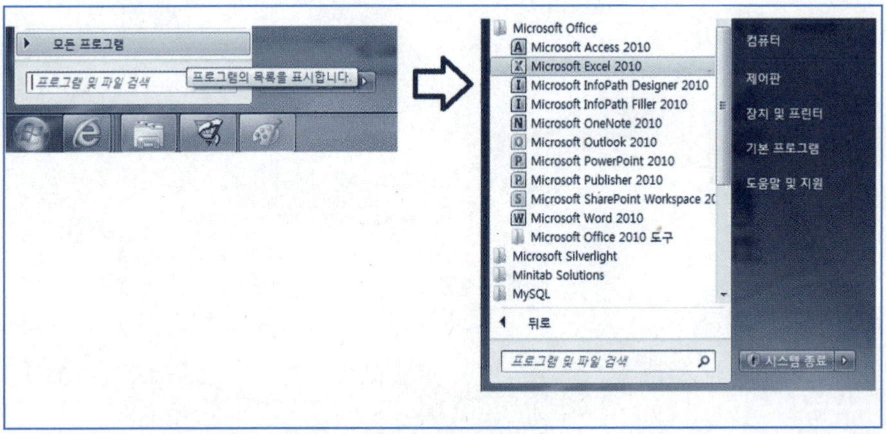

Tip 바탕화면에 엑셀 바로가기 아이콘 만들기

[시작]-[모든 프로그램]-[Microsoft Office]-[Microsoft Office Excel 2010] 메뉴까지 마우스를 이동한 다음 [Microsoft Office Excel 2010]을 마우스 오른쪽으로 클릭한다. 이때 나타나는 메뉴에서 [보내기]-[바탕화면에 바로가기 만들기]를 클릭하면 바탕화면에 바로가기 아이콘이 만들어진다.

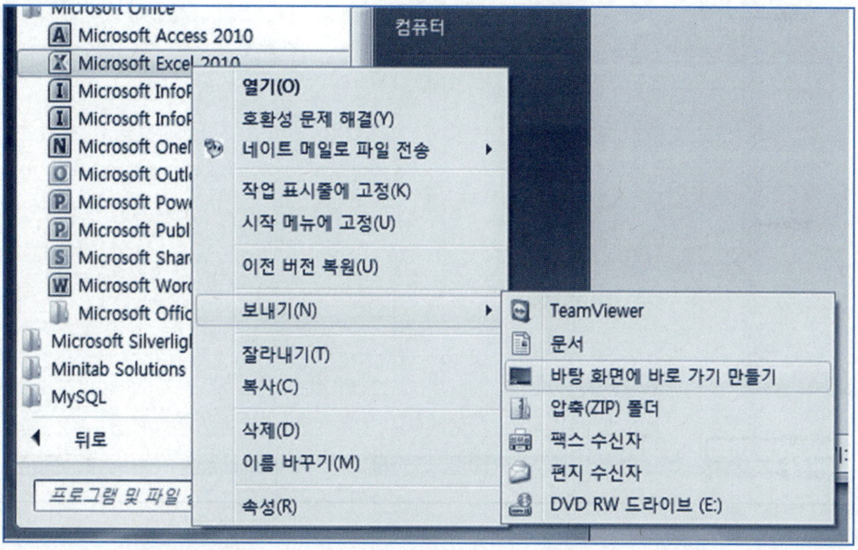

(2) 엑셀 종료하기

— 메뉴를 이용한 엑셀의 종료

화면상의 좌측 상단의 를 클릭한 후 [Excel 끝내기(X)]를 클릭한다.

— 종료 단추를 이용한 종료

화면 맨 우측 상단의 종료 단추 [×]를 마우스 왼쪽으로 클릭한다.

— 단축키를 이용한 종료

[Alt] + [F4] 키를 동시에 누르면, 엑셀 프로그램이 종료된다.

2. 엑셀의 화면 구성

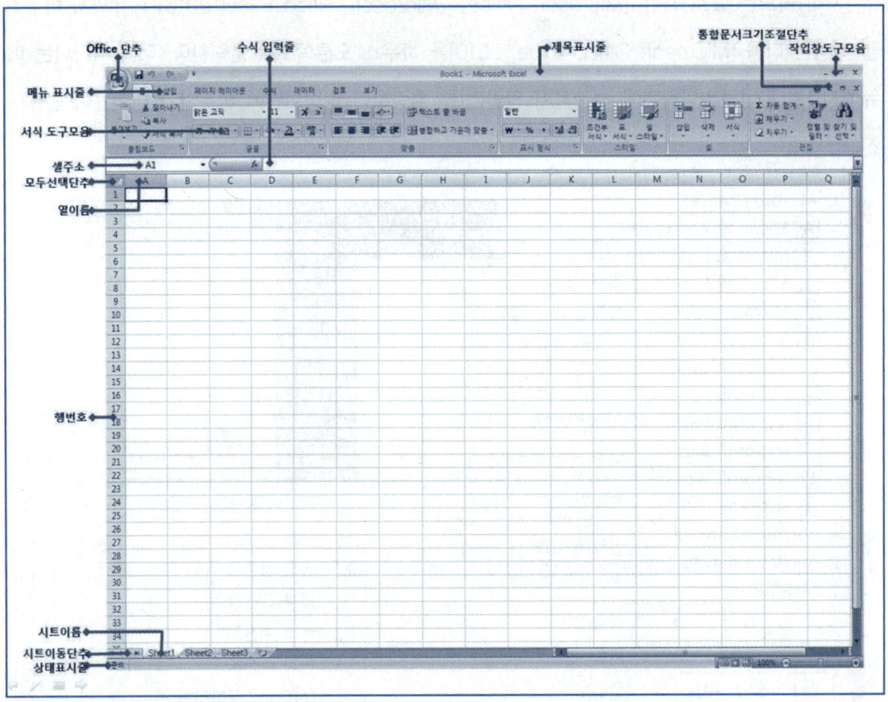

(1) 제목표시 줄

프로그램의 이름(Microsoft Excel)과 현재 화면에서 작업하고 있는 파일명을 표시해 주며, 엑셀 아이콘 모양을 하고 있는 조절 메뉴가 있다.

(2) 메뉴표시 줄

제목표시 줄 바로 아래에 위치한 메뉴표시 줄에는 엑셀에서 이용되는 기본적인 메뉴들이 정리되어 있으며, 마우스를 이용하거나 키보드를 이용할 수 있다.

(3) office 단추

열기, 저장 또는 인쇄 및 문서에서 할 수 있는 모든 작업을 이용할 수 있다.

(4) 서식도구 모음

워크시트(편집화면)에 입력된 내용과 셀의 서식과 관련된 명령어가 그림도구로 표시되어 있다.

(5) 윈도우 크기 조절 단추

엑셀 화면 전체의 크기를 윈도우 화면에서 줄이거나, 전체 화면, 숨기기, 닫기를 할 수 있다.

(6) 통합 문서 크기 조절 단추

엑셀 윈도우 크기 내에서 워크시트의 화면을 줄이거나, 숨기기, 엑셀윈도우 내에서 전체 화면 표시, 닫기를 할 수 있다.

(7) 행 번호

행 번호는 숫자로 되어 있다. 각각의 워크시트에는 1부터 1,048,576까지 있으며, 워크시트의 각 행을 나타낸다.

(8) 열 이름

열의 이름은 알파벳으로 되어 있으며, 각각의 워크시트에는 A부터 XFD까지 총 16,384개 열이 있다.

(9) 셀 주소(이름상자)

현재 활성화된 셀의 번지 혹은 영역 이름이 표시되는 곳이다. 즉, A열과 1행의 위치에 셀 포인터가 있으면 "A1" 으로 표시해 준다.

(10) 수식입력 줄

편집화면에 사용자가 입력한 셀의 내용이 나타나는 곳이다. 셀 포인터가 있는 곳의 내용만 나타난다.

(11) 시트 이름

프로그램 시작 시 3개의 시트가 나타난다. 또한 각 시트의 이름은 사용자가 임의로 부여할 수 있다.

(12) 시트 이동 단추

시트를 이동할 때 사용되며, 화살표가 그려진 네 개의 단추로 이루어져 있다.

시트 이동은 시트 이름을 마우스로 선택하면 되지만, 많은 시트가 있어 시트 이름이 보이지 않을 경우 시트 이동 단추를 눌러 시트를 찾을 수 있다.

(13) 모두 선택 단추

시트 전체를 선택하는 단추이다.

(14) 상태표시 줄

화면의 가장 아래에 위치하는 막대 모양의 긴 상자로, 편집하는 현재 문서의 해당 명령에 따른 정보를 표시해 주는 곳이다.

참고 워크시트와 셀

엑셀에서 한칸 한칸의 네모를 워크시트에서는 셀(cell)이라 하며, 이 셀들의 모임을 워크시트라 한다. 워크시트는 1,048,576 × 16,384 = 17,179,869,184개의 셀로 구성되어 있다. 또한 워크시트는 엑셀의 기본 단위이다.

3. 엑셀 실습

한 대학교 1학년 학생 30명의 평균평점 데이터를 이용해 엑셀 실습을 해보도록 하겠다.

(1) 자료 입력

다음 그림과 같이 엑셀 워크시트에 자료를 입력한다.

	A	B	C	D	E	F	G	H	I	J
1	2.6	1.8	2.6	3.7	1.9	4.2	3.8	2.1	2.7	3
2	4	2.4	2.3	4.3	3.1	2.6	2.6	2.5	2.7	2.7
3	2.9	3.4	1.9	2.3	3.3	2.2	3.5	3	2.5	3.4

(2) 수식입력 방법

수식이란 엑셀 워크시트의 데이터를 분석하는 식을 말한다. 수식을 사용해 덧셈, 뺄셈 등의 기본적인 연산과 평균, 분산, 중위수와 같은 함수의 연상을 수행할 수 있다.

먼저 함수 마법사는 수식입력 줄 옆에 있는 함수 마법사 버튼(fx)를 클릭하거나 메뉴의 [수식]-[함수 삽입]을 클릭해 이용할 수 있다.

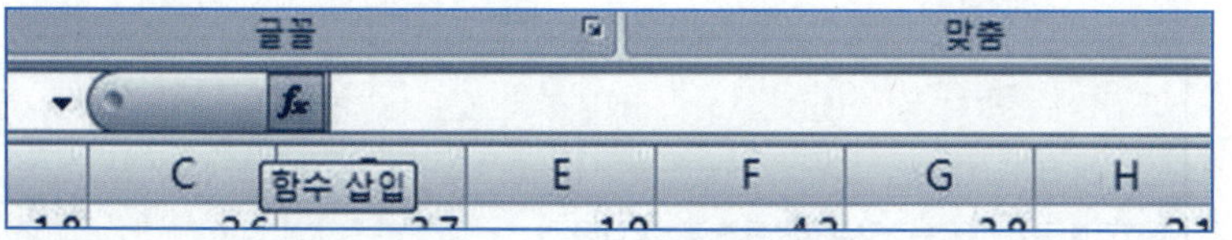

그리고 직접 입력하는 방법은 '='로 시작해 사용할 수 있다.

그럼 입력한 데이터를 이용해 직접 실습해 보도록 하자. 위 데이터의 최대값과 평균을 구해 보자.

먼저 함수 마법사를 사용해 최대값을 구해 보자.

① 셀 B6를 선택하고 툴바에 위치한 함수 마법사 버튼(fx)을 선택한다.

② 함수 마법사 대화상자에서 통계범주의 MAX 함수를 선택하고 확인을 선택해 MAX 함수 입력상자를 불러들인다.

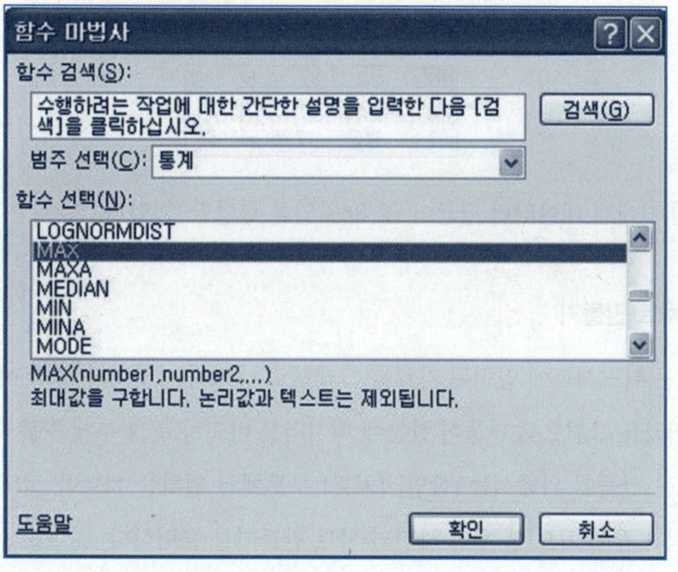

③ MAX 함수 입력상자에서 데이터 영역(A1:J3)을 다음과 같이 지정한다.

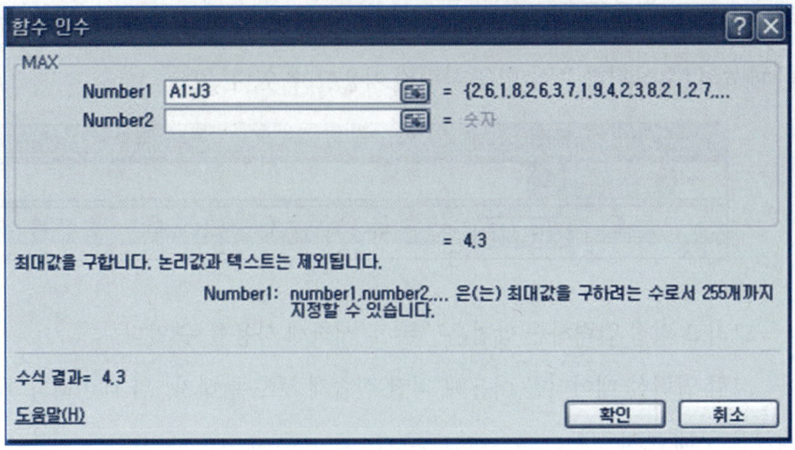

④ 확인을 누르면 B6 창에 예제 데이터의 최대값인 '4.3'을 확인할 수 있다.

	A	B
6		4.3

다음은 수식을 직접 입력해 평균을 구해 보자. 평균을 구현하는 엑셀 함수는 '=AVERAGE( )이며, 괄호 안은 데이터 영역을 지정하는 자리이다.

셀 B7을 선택하고 "=AVERAGE(A1:J3)"을 입력한다.

	A	B
6	최대값	4.3
7	평균	2.866666667

그 결과 예제 데이터의 평균이 '2.867'임을 확인할 수 있다.

(3) 차트 만들기

차트는 워크시트에 입력된 자료를 그래프로 나타내는 것이다. 차트에서는 워크시트 데이터를 그림으로 만들어 한눈에 데이터를 비교하고 그 추세를 볼 수 있다.

차트를 만들기 위해서는 [삽입]-[차트] 부분에서 원하는 차트를 선택하거나 다음의 그림과 같이 차트 탭 우측 하단의 차트 만들기를 클릭한다.

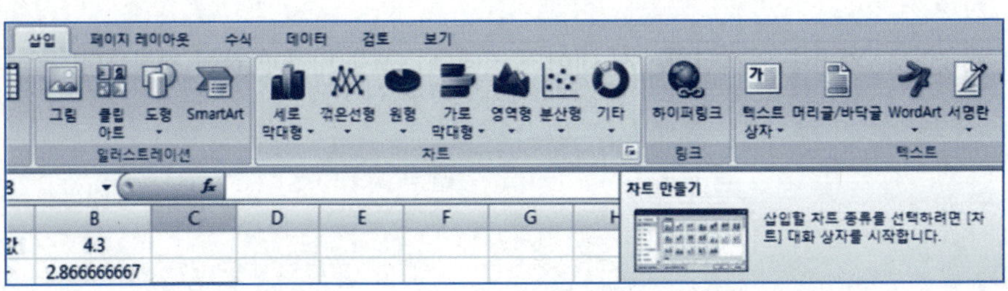

차트 만들기를 클릭하면 차트 삽입이 나타나는데, 총 5단계로 구성되어 있다. 1단계에는 차트 종류 선택, 2단계에는 차트에 사용할 원본 데이터의 주소 입력, 3단계에는 제목, 축, 눈금선 등의 설정, 4단계에는 차트 스타일 지정, 5단계에는 차트 위치를 지정한다.

기존에 입력한 데이터를 이용해 직접 실습해 보도록 하자. 연속형 자료이므로 계급 구간을 0.5로 하고 총 계급의 수를 6개로 하는 도수분포표를 이용해 차트를 만들도록 하자.

먼저 도수분포표를 만들어 보자.

① A7～A12에 계급값을 입력한 후 도수 열의 8개의 셀(B7～B12)을 전체 선택한다.

② 함수 마법사 버튼을 이용해 통계범주의 FREQUENCY 함수를 선택한다.

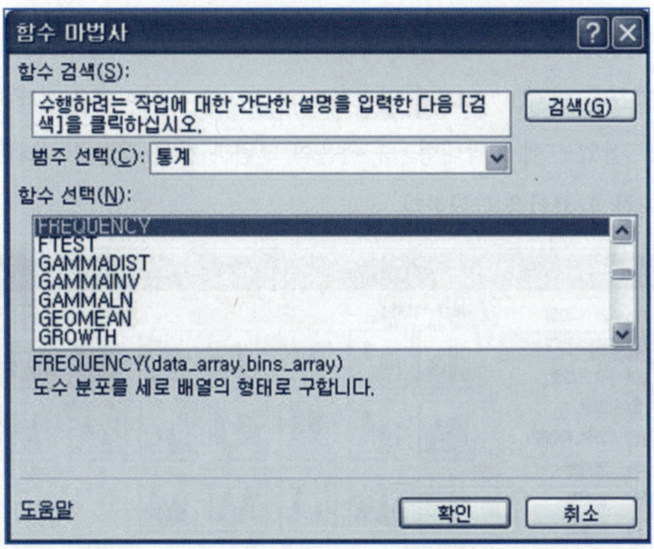

③ FREQUENCY 함수 입력상자에서 Data-array에는 데이터 영역(A1:J3)을, Bins-array에는 계급 영역(A7:A12)을 지정하고 [Ctrl]-[Shift]-[Enter] 키를 동시에 눌러 입력한다.

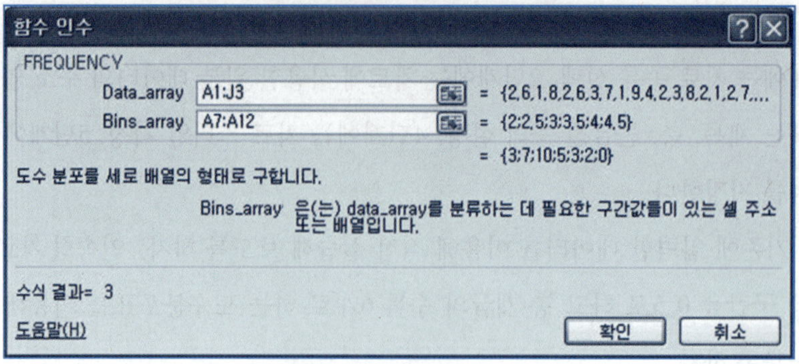

계급	도수
2	3
2.5	7
3	10
3.5	5
4	3
4.5	2

위에서 얻은 도수분포표를 이용해 히스토그램(막대그림표)을 만들어 보자.

① 전체 도수 영역(B7:B12)을 지정하고 차트 만들기 아이콘을 선택한다.

② 차트 삽입- '세로 막대형' 중 다음의 그림과 같이 적절한 그래프의 모양을 선택한 후 확인을 클릭한다.

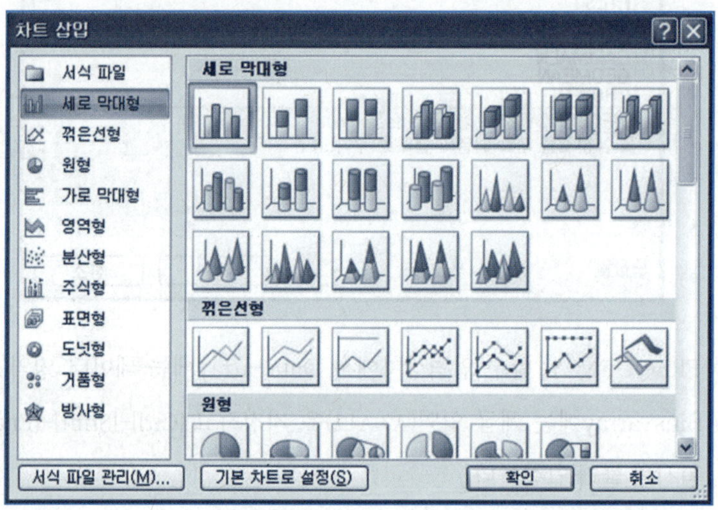

③ '계열 1'을 우클릭하여 다음 그림과 같이 '데이터 선택'을 클릭한다.

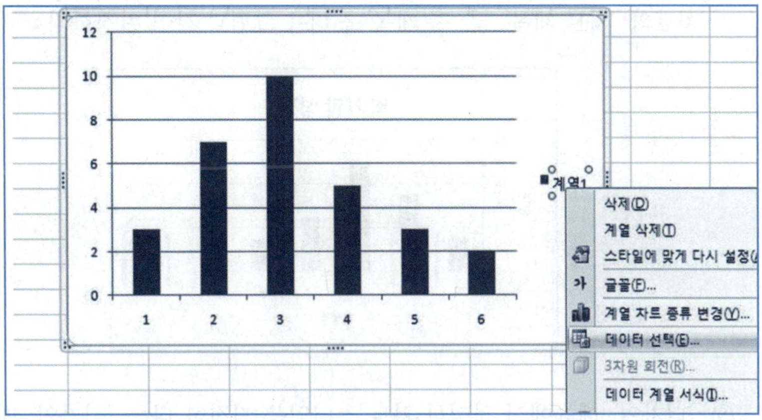

'데이터 원본 선택' 에서 '가로(항목)축 레이블' 의 '편집' 을 클릭하여 축 레이블에 A7:A12로 지정한 다음 확인을 클릭한 후 '데이터 원본 선택' 으로 돌아가 확인을 다시 클릭한다.

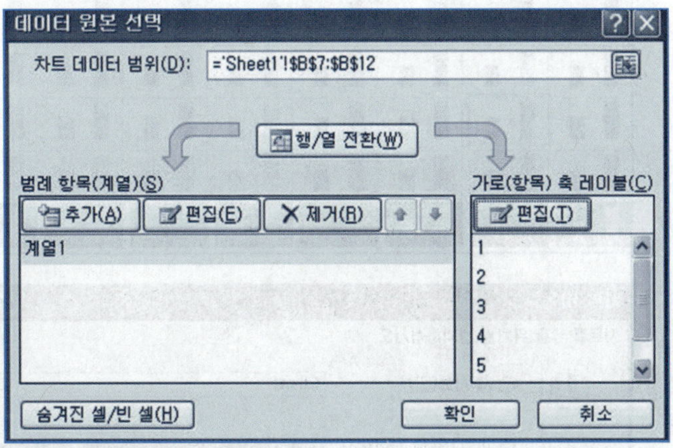

④ 차트를 클릭하면 생기는 '차트 도구' 안의 '디자인' 메뉴에서 차트 레이아웃 중 적절한 레이아웃을 선택한다.

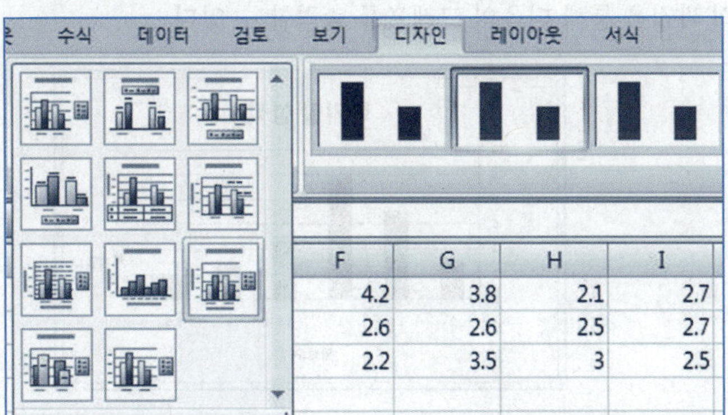

차트의 '차트 제목' 및 '축 제목'을 다음 그림과 같이 변경한다.

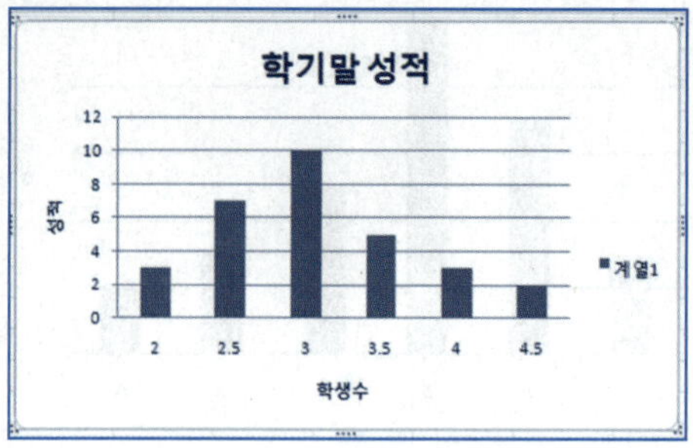

⑤ '디자인' 메뉴에서 적절한 차트 스타일을 지정한 다음 '디자인' 메뉴의 '차트 위치'를 클릭하여 차트 위치를 지정해 준다.

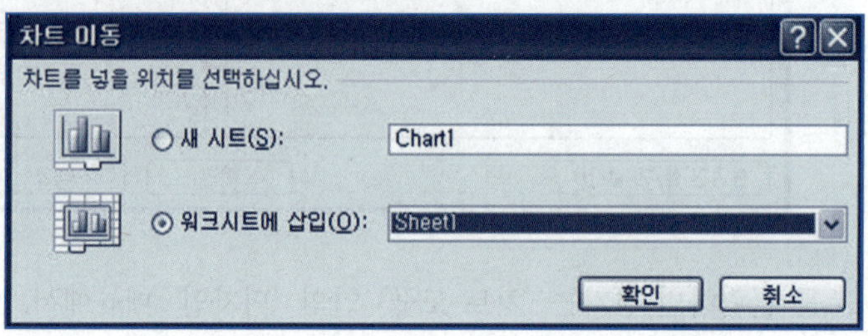

위의 과정을 통해 다음의 그래프를 출력할 수 있다.

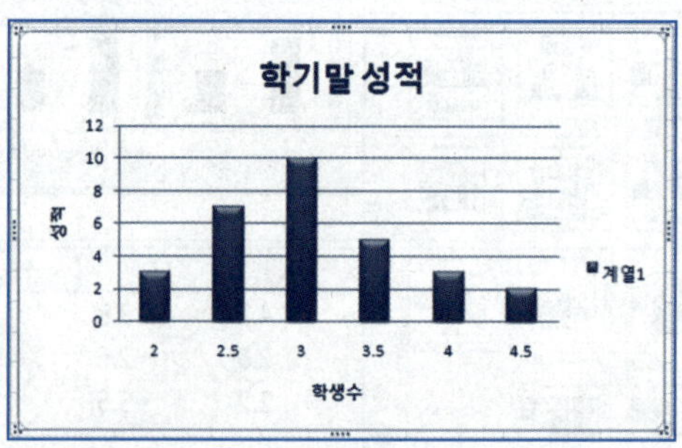

부록 Ⅱ

R이란?

R 프로그래밍 언어(줄여서 R)는 통계 계산과 그래픽을 위한 프로그래밍 언어이자 소프트웨어 환경으로 뉴질랜드 오클랜드 대학의 Ross Ihaka와 Robert Gentleman에 의해 개발되었다. R은 GPL하에 배포된 오픈소스로 비용 부담 없이 자유롭게 사용할 수 있다. R은 각종 분야에서 사용되고 있으며, 많은 연구자들에 의해 개발된 최신의 알고리즘과 로직들을 패키지(Package) 형태로 제공하여 다양한 분석방법 등을 제공한다.

R은 일반 프로그래밍 언어인 Visual Basic, C, C++, Java와 쉽게 연동이 가능하며, 분석자가 필요한 함수 등을 쉽게 작성할 수 있다. 그래픽 사용자 인터페이스(graphical user interface ; GUI) 환경에 익숙한 사용자들에게는 익숙하지 않아 아직 이용자가 많지 않다.

R은 기본적으로 명령어 인터페이스(Command line interface ; CLI) 입력 방식을 취하고 있어 초기 접근에 있어 그래픽 사용자 인터페이스(graphical user interface ; GUI) 환경에 익숙한 사용자들에게는 익숙하지 않아 다른 통계 소프트웨어보다 불편하게 느껴질 수 있지만 익숙해지면 오히려 기존의 GUI 방식보다 편하게 다룰 수 있다.

1. R 다운로드와 설치

— 웹 브라우저에서 http://cran.r-project.org로 이동한다.

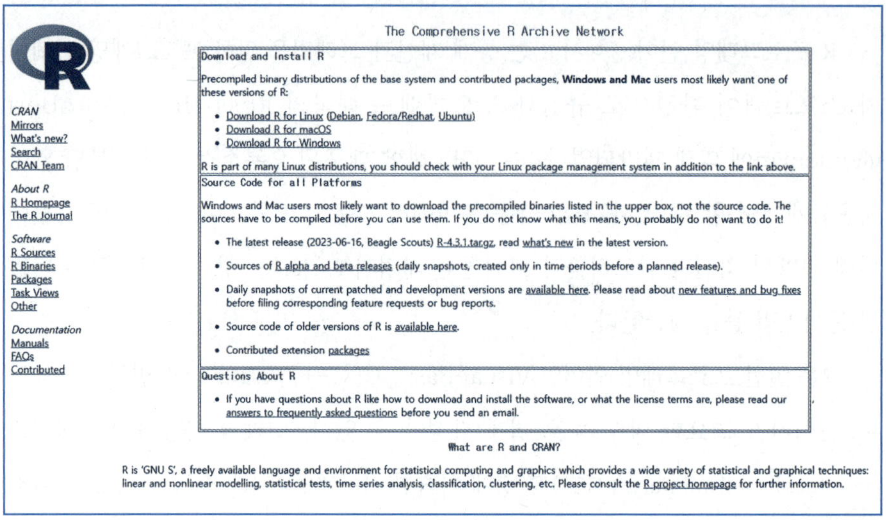

— R 홈페이지에서 현재 사용 중인 컴퓨터의 운영체제에 맞게 "Download R for [운영체제]"를 클릭한다. 편의상 "Download R for Windows"를 클릭해 보자.

– base를 클릭하여 다운로드한다.

화면에서 "base", "contrib", "Rtools"의 의미는 다음과 같다.

- base : R의 설치 파일을 다운로드
- contrib : 사용자들이 사용하면서 만든 추가적인 package 다운로드
- Rtools : R에서 사용할 package 제작 시 사용되는 도구 다운로드

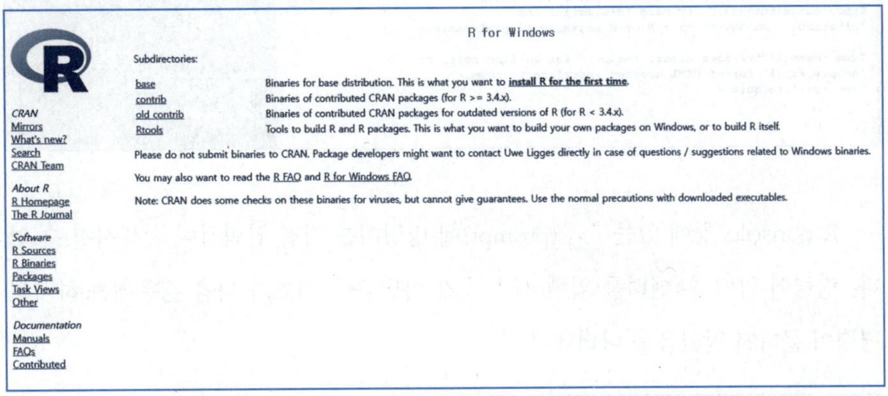

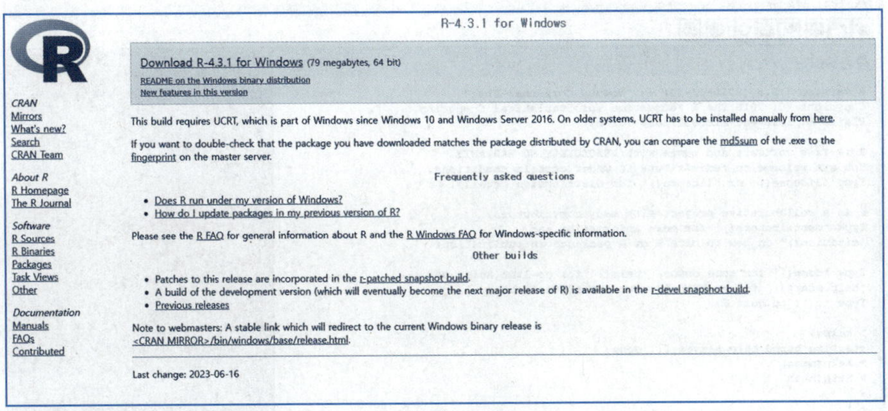

– 다운로드한 파일을 실행하여 설치한다.

2. R 실행

R을 실행하기 위해서는 바탕화면 R 아이콘 또는 윈도우 좌측 하단의 시작 탭 프로그램 목록에서 R 프로그램 아이콘을 클릭하면 된다.

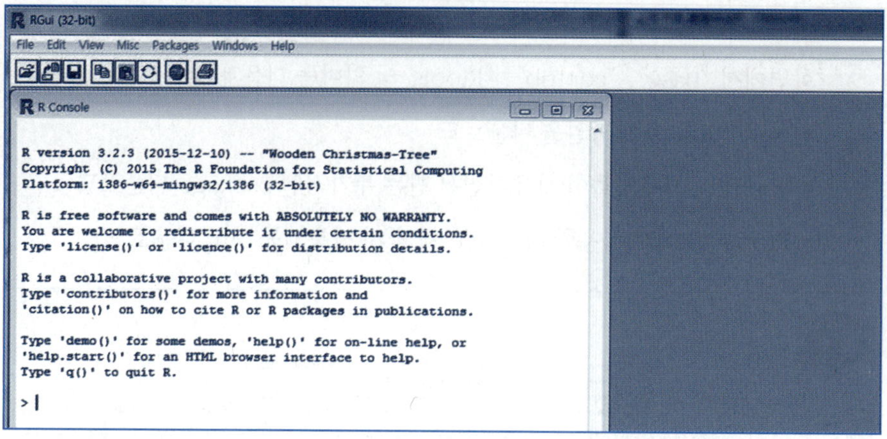

R console 창에 있는 “>”(prompt)에 명령어를 직접 입력하여 실행시킬 수 있다. 명령어 입력 후 엔터를 입력 시 “>”가 아닌 “+” 기호가 나올 경우에는 하나의 명령이 끝나지 않았음을 나타낸다.

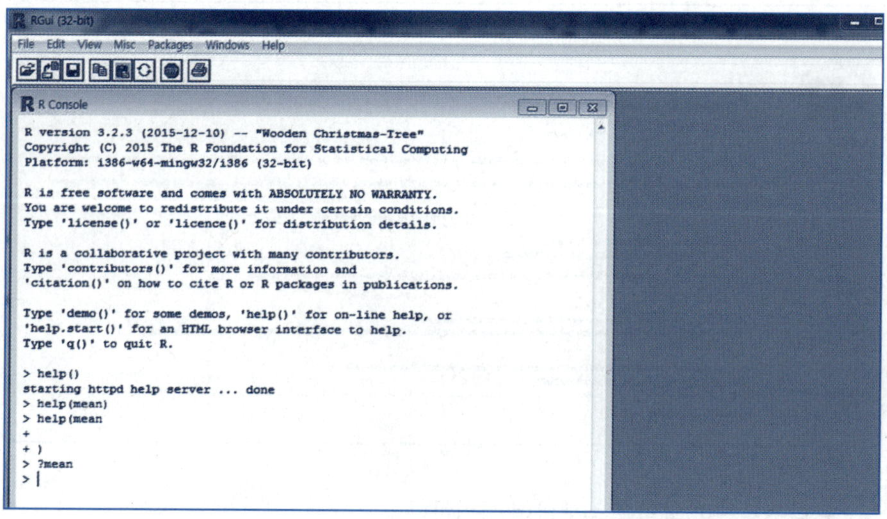

입력 명령문(코드)은 파일로 저장하여 사용 가능하다. 프로그램 창 상단의 탭 중 “파일”에서 “새스크립트”를 선택할 경우 명령어 저장이 가능한 R 자체 에디터가 생성된다.

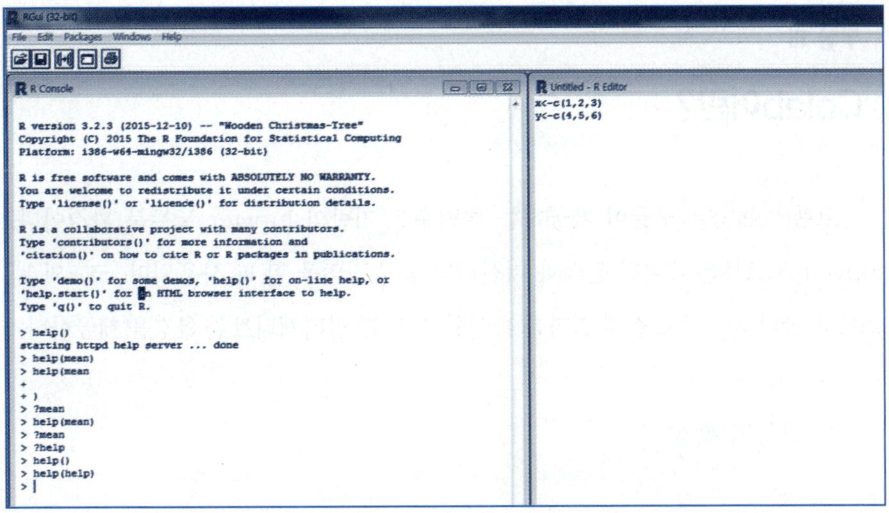

이 밖에도 RStudio(http://www.RStudio.com), Tinn-R, Vim, Emacs 등의 에디터 프로그램이 있다.

3. R 도움말 사용방법

R 도움말(Help) 탭에서 매뉴얼(Manuals)의 An Introduction to R(pdf 파일)을 이용하는 방법과 R R Console에서 "help(function name)" 또는 "?function name"을 입력하는 방법, "example(function name)", "??function name"을 입력하는 방법 등이 있다. 이 외에 구글을 통한 검색 방법 등이 있다. 구글에서 검색 시에는 "검색할 내용 in R"로 검색하면 쉽게 내용을 찾을 수 있다.

R은 내용이 방대해 이 부록에서 모두 다루는 것은 어려우므로 사용법이 필요한 독자는 이윤환(2013)의 "(통계프로그래밍과 분석을 위한) R 입문(http://elearning.kocw.net/document/r_book_v3.pdf)"을 참고하기 바란다.

부록 III

Colab이란?

코랩(Colab)은 구글이 제공하는 클라우드 기반의 Jupyter 노트북 환경이다. Jupyter 노트북은 데이터 분석과 머신러닝 등의 작업을 할 때 사용되며, 코드와 텍스트를 함께 작성하고 실행 결과를 확인할 수 있는 인터랙티브한 환경을 제공한다.

1. 코랩의 특징

코랩은 다음과 같은 특징을 가지고 있다.

- **클라우드 기반** : 코랩은 구글의 클라우드 환경에서 실행되며, 개발 환경을 로컬 컴퓨터에 구축하지 않아도 웹 브라우저만 있으면 어디서든 사용 가능하다.
- **무료 제공** : 코랩은 무료로 사용할 수 있으며, CPU와 GPU 리소스를 사용할 수 있다. GPU는 딥러닝과 같은 계산 집약적인 작업에 특히 유용하다.
- **사전 설치된 패키지** : 코랩에는 널리 사용되는 R과 파이썬 패키지가 이미 설치되어 있어 추가적인 설치 과정을 거치지 않고도 바로 사용할 수 있다.
- **공동 작업 및 공유** : 코랩을 사용하면 다른 사람들과 공동으로 작업할 수 있고, 노트북을 공유할 수 있다. 이를 통해 팀 프로젝트나 교육 환경에서 효과적으로 협업할 수 있다.

2. 코랩의 사용

코랩을 사용하기 위해서는 다음 단계를 따른다.

① **구글 계정 생성** : 코랩을 사용하려면 구글 계정이 필요하다. 이미 구글 계정이 있다면 해당 계정을 통해 코랩에 로그인할 수 있다.

② **코랩 열기** : 웹 브라우저에서 "colab.research.google.com"을 입력하여 코랩 홈페이지로 이동한다.

③ **노트북 만들기** : 코랩 홈페이지에서 "새 노트북" 버튼을 클릭하여 새로운 노트북을 만든다. 노트북은 코드와 텍스트 셀로 구성되며, 코드는 셀 단위로 실행된다.

④ **R 또는 파이썬 환경 설정** : 탭에서 "런타임-런타임 유형 변경"을 선택하면 R 또는 파이썬 중 어떤 언어를 사용할 것인지, GPU를 사용할 것인지 등을 선택할 수 있다.

⑤ **코드 작성 및 실행** : 각 셀은 코드를 입력하고 실행할 수 있는 단위이다. 코드 셀에 파이썬 코드를 작성하고 실행하려면 셀 왼쪽에 있는 실행 버튼을 클릭하거나 "Shift + Enter" 키를 누르면 된다. 실행 결과는 셀 아래에 표시된다.

⑥ **셀 추가 및 삭제** : 노트북에는 필요에 따라 셀을 추가하거나 삭제할 수 있다. 셀 추가는 "위에 셀 추가" 버튼이나 "아래에 셀 추가" 버튼을 사용하면 되고, 셀을 삭제하려면 셀 왼쪽의 삭제 버튼을 클릭하면 된다.

⑦ **텍스트 작성** : 셀에는 코드뿐만 아니라 텍스트를 작성해 넣을 수도 있다. 텍스트 셀은 코드 셀과 달리 마크다운(Markdown)이라는 텍스트 형식을 사용한다. 이를 통해 제목, 문단, 목록, 링크, 이미지 등을 포함한 풍부한 문서를 작성할 수 있다.

⑧ **파일 업로드 및 다운로드** : 코랩은 로컬 컴퓨터에 있는 파일을 업로드하여 사용할 수도 있고, 코랩에서 생성한 파일을 다운로드 할 수도 있다.

3. 코랩을 활용한 예제 GitHub 코드 실습

본 교재의 코드 자료는 https://github.com/ikwak2/StatBook에 공개되어 있다. 코드 자료 웹페이지에서 코드를 클릭한 후 "open in colab" 버튼을 클릭하여 해당 코드를 실습할 수도 있고, 아래와 같이 colab.reasearch.google.com의 GitHub 탭에서 github 아이디를 ikwak2, Repository를 StatBook으로 설정해도 실습 가능한 챕터별 연습코드 목록을 〈그림 1〉과 같이 확인할 수 있다.

〈그림 1〉 Colab에서 GitHub 탭을 클릭한 후 github 아이디에 ikwak2, Repository에 StatBook을 입력한 모습

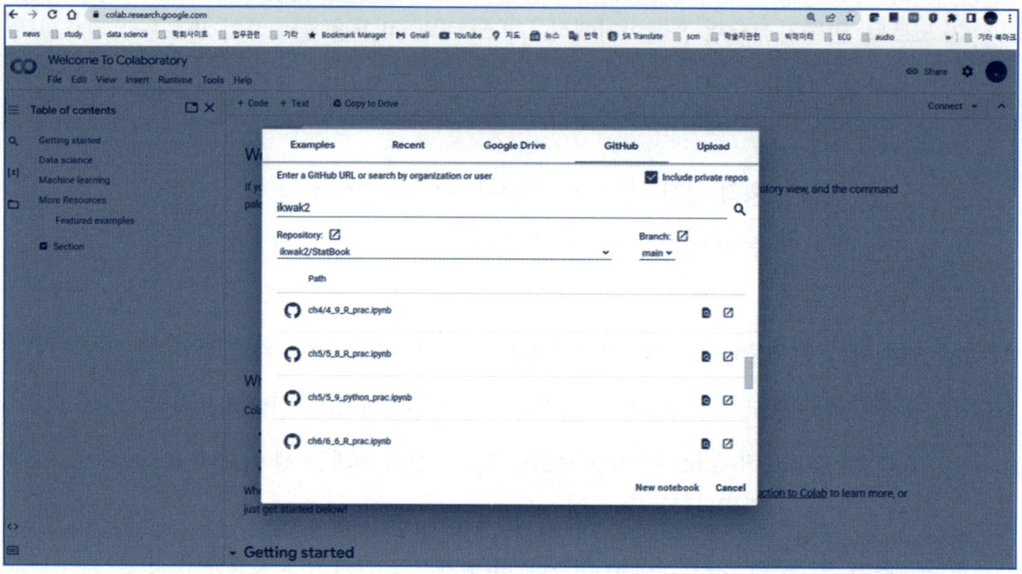

예를 들어 2장 연습파일인 ch2/2_9_R_prac.ipynb를 선택하면 〈그림 2〉와 같은 연습세션이 시작된다.

〈그림 2〉 Colab을 활용한 2장 연습세션

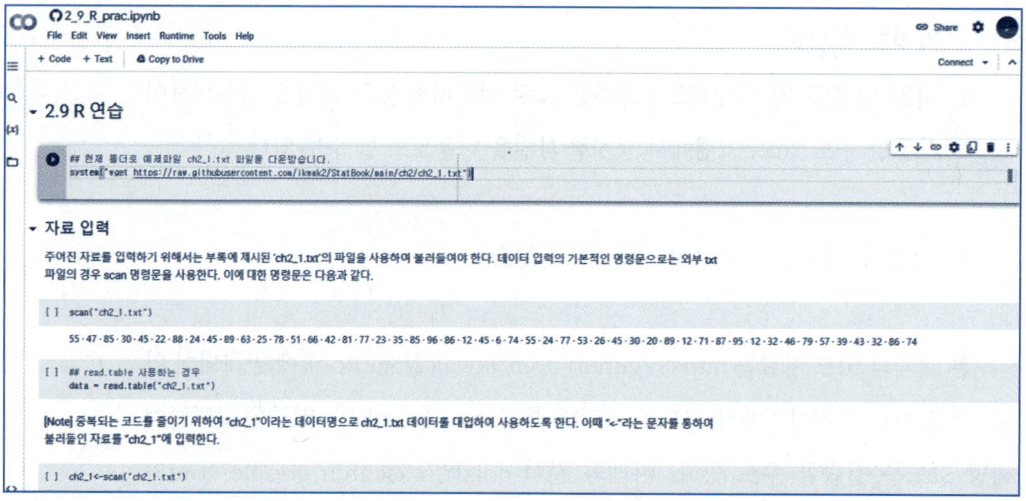

교재에서는 파이썬 코드들에 대해 다루고 있지 않지만, GitHub 예제 코드에서는 파이썬을 활용한 실습에 대해서도 추가적으로 제공하고 있다.

부록 IV

유용한 증명

01. p.105 [정리 3-1]의 증명

(a) $E \cup E^C = \Omega$, 그리고 $EE^C = \phi$

따라서 $P(E \cup E^C) = P(E) + P(E^C) = P(\Omega) = 1$

$\therefore P(E^C) = 1 - P(E)$

(b) $F = E \cup E^C F$이고, E와 $E^C F$는 서로 배반임

$\therefore P(F) = P(E \cup E^C F) = P(E) + P(E^C F)$

확률의 공리 (1)에 의해 $P(E^C F) \geq 0$

$\therefore P(F) \geq P(E)$

(c) 표본공간 Ω와 사건 E, F를 밴다이어그램으로 표현하면 다음과 같다.

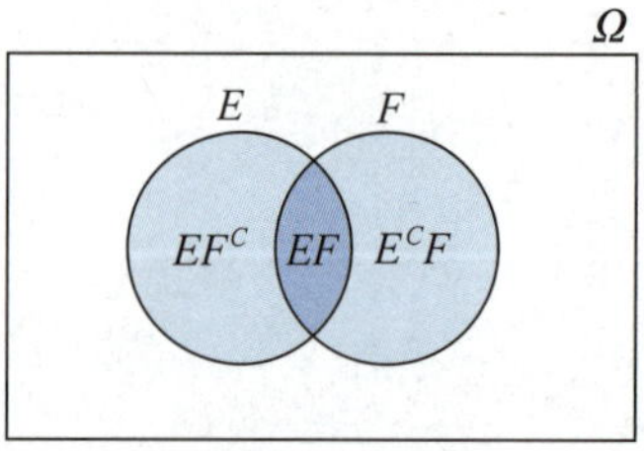

$E = EF^C \cup EF$

$F = E^C F \cup EF$

$E \cup E = EF^C \cup EF \cup E^C F$이고 EF^C, EF, $E^C F$는 각각 상호배반이므로

$$P(E \cup F) = P(EF^C) + P(EF) + P(E^C F)$$

$$= P(EF^C) + P(EF) + P(E^C F) + P(EF) - P(EF)$$

$$= P(E) + P(F) - P(EF)$$

02. [제4장]

X의 확률변수 a, b가 상수라 할 때 X의 확률분포함수를 $f(x)$,

$E(X) = \mu$, $Var(X) = \sigma^2$이라면

(a) $E(a) = a$

(b) $E(aX + b) = a\mu + b$

(c) $Var(a) = 0$

(d) $Var(aX + b) = a^2\sigma^2$

[증명]

(a) $E(a) = \int af(x)\,dx = a\int f(x)\,dx = a$

(b) $E(aX + b) = \int (ax + b)f(x)\,dx$

$= \int axf(x)\,dx + \int bf(x)\,dx$

$= a\int xf(x)\,dx + b\int f(x)\,dx$

$= aE(X) + b$

$= a\mu + b$

(c) $Var(a) = E(a - E(a))^2 = E(a - a)^2 = 0$

(d) $Var(aX + b) = E[(aX + b) - E(aX + b)]^2$

$= E[aX + b - aE(X) - b]^2$

$= E[a(X - \mu)]^2 = a^2E(X - \mu)^2$

$= a^2\sigma^2$

03. p.198 [n개의 독립표본 $X_1, X_2, \cdots, X_n$의 합 $X = \sum_{i=1}^{n} X_i$의 평균과 분산의 계산 공식]

$E(X_i) = \mu$, $Var(X_i) = \sigma^2$, $i = 1, 2, \cdots, n$이며 $X_1, X_2, \cdots, X_n$이 서로 독립이라 할 때 $X = \sum_{i=1}^{n} X_i$에서

$E(X) = E\left(\sum_{i=1}^{n} X_i\right) = E(X_1 + X_2 + \cdots + X_n)$

$= E(X_1) + E(X_2) + \cdots + E(X_n)$(선형성에 의해)

$= \mu + \mu + \cdots + \mu \quad \because E(X_i) = \mu,\ i = 1, 2, \cdots, n$

$= n\mu$

$Var(X) = E[X - E(X)]^2$

$= E\left(\sum_{i=1}^{n} X_i - n\mu\right)^2$

$= E[(X_1 + X_2 + \cdots + X_n) - (\mu + \mu + \cdots + \mu)]^2$

$= E[(X_1 - \mu) + (X_2 - \mu) + \cdots + (X_n - n)]^2$

$$= E\left[\sum_{i=1}^{n}(X_i-\mu)^2+\sum\sum(X_i-\mu)(X_j-\mu)\right]$$

$$= E\left[\sum_{i=1}^{n}(X_i-\mu)^2\right]+E\left[\sum\sum(X_i-\mu)(X_j-\mu)\right]$$

($X_1 \cdots X_n$은 서로 독립이므로 $i \neq j$일 때 $E(X_i-\mu)(X_j-\mu)=0$)

$$= \sum_{i=1}^{n}E(X_i-\mu)^2=\sum_{i=1}^{n}\sigma^2=n\sigma^2$$

04. p.225 균등분포에서 평균과 분산의 계산

$X \sim U(a, b)$라 할 때

$$f(x)=\frac{1}{b-a},\ a<x<b$$

$$E(X)=\int xf(x)\,dx=\int_a^b x\frac{1}{b-a}\,dx$$

$$=\frac{1}{b-a}\left[\frac{1}{2}x^2\right]_a^b=\frac{1}{b-a}\cdot\frac{1}{2}(b^2-a^2)$$

$$=\frac{1}{2}\frac{(b-a)(b+a)}{b-a}=\frac{b+a}{2}$$

$$E(X^2)=\int x^2 f(x)\,dx=\int_a^b x^2\frac{1}{b-a}\,dx=\frac{1}{b-a}\left[\frac{1}{3}x^3\right]_a^b$$

$$=\frac{1}{b-a}\frac{1}{3}(b^3-a^3)$$

$$=\frac{1}{3}\cdot\frac{(b-a)(b^2+ab+a^2)}{b-a}$$

$$=\frac{b^2+ab+a^2}{3}$$

$$Var(X)=E(X^2)-[E(X)]^2$$

$$=\frac{b^2+ab+a^2}{3}-\frac{(b+a)^2}{4}$$

$$=\frac{1}{12}(b-a)^2$$

05. p.232 정규분포의 표준화

$X \sim N(\mu, \sigma^2)$일 때 $Z=\frac{1}{\sigma}(X-\mu)$이면 $Z \sim N(0, 1)$의 증명

[증명]

Z는 X의 선형변환이므로 Z와 X는 동일한 분포를 갖는다.

$$E(Z)=E\left[\frac{1}{\sigma}X-\frac{\mu}{\sigma}\right]=\frac{1}{\sigma}E(X)-\frac{\mu}{\sigma}$$

$$=\frac{1}{\sigma}\mu-\frac{\mu}{\sigma}=\frac{\mu}{\sigma}-\frac{\mu}{\sigma}=0$$

$$Var(Z) = Var\left(\frac{1}{\sigma}X - \frac{\mu}{\sigma}\right) = \frac{1}{\sigma^2}Var(X)$$
$$= \frac{1}{\sigma^2} \cdot \sigma^2 = 1$$

따라서 Z는 표준정규분포 $Z \sim N(0, 1)$을 따른다.

06. p.281 중심극한정리

$X_1, X_2, \cdots, X_n$이 서로 독립이며 평균 μ와 분산 σ^2을 갖는 정규분포를 따를 때 표본평균 $\overline{X} = \frac{1}{n}\sum_{i=1}^{n} X_i$의 분포는

$\overline{X} \sim X\left(\mu, \frac{1}{n}\sigma^2\right)$이다.

[증명]

$$E(\overline{X}) = E\left[\frac{1}{n}\sum_{i=1}^{n} X_i\right] = E\left[\frac{1}{n}(X_1 + X_2 + \cdots + X_n)\right]$$
$$= \frac{1}{n}[E(X_1) + E(X_2) + \cdots + E(X_n)]$$
$$= \frac{1}{n} \cdot n\mu$$
$$= \mu$$
$$Var(\overline{X}) = Var\left(\frac{1}{n}\sum_{i=1}^{n} X_i\right) = \frac{1}{n^2}Var\left(\sum_{i=1}^{n} X_i\right)$$

$= \frac{1}{n^2} \cdot n\sigma^2$ ($\because X_1, \cdots, X_n$이 서로 독립이며 동일한 분산 σ^2을 가지므로)

$$= \frac{\sigma^2}{n}$$
$$\therefore \overline{X} \sim N\left(\mu, \frac{\sigma^2}{n}\right)$$

07. p.447

단순회귀분석에서 결정계수 R^2은 (X, Y)의 상관계수의 제곱이다.

[증명]

$$SS_X = \sum_{i=1}^{n}(X_i - \overline{X})^2,\ SS_Y = \sum_{i=1}^{n}(Y_i - \hat{Y})^2$$
$$SS_{XY} = \sum_{i=1}^{n}(X_i - \overline{X})(Y_i - \overline{Y})$$
$$SSE = \sum_{i=1}^{n}(Y_i - \hat{Y}_i)^2,\ SSR = \sum_{i=1}^{n}(\hat{Y}_i - \overline{Y})^2$$

이라 할 때,

결정계수

$$R^2 = \frac{SSR}{SS_Y} = \frac{SS_Y - SSE}{SS_Y}$$

$$R^2 = \frac{SS_Y - SSE}{SS_Y}$$

에서

$$SSE = \sum_{i=1}^{n}(Y_i - \hat{Y}_i)^2$$

$$\hat{Y}_i = \hat{\alpha} + \hat{\beta}X_i,\ \hat{\alpha} = \overline{Y} - \hat{\beta}\overline{X}$$

이므로

$$SSE = \sum_{i=1}^{n}[(Y_i - \overline{Y}) - \hat{\beta}(X_i - \overline{X})]^2$$

$$= \sum_{i=1}^{n}(Y_i - \overline{Y})^2 - \hat{\beta}^2\sum_{i=1}^{n}(X_i - \overline{X})^2$$

이다.

$$\hat{\beta} = \frac{S_{XY}}{SS_X}$$

이므로

$$\hat{\beta}^2 = \frac{S_{XY}^2}{SS_X^2}$$

따라서

$$SSE = SS_Y - \frac{S_{XY}^2}{SS_{XX}^2} \cdot SS_X$$

$$= SS_Y - \frac{S_{XY}^2}{SS_X}$$

$$\therefore R^2 = \frac{SS_Y - \left(SS_Y - \frac{S_{XY}^2}{SS_X}\right)}{SS_Y}$$

$$= \frac{S_{XY}^2}{SS_X \cdot SS_Y}$$

$$= (\gamma)^2,\ \because \gamma = \frac{S_{XY}}{\sqrt{SS_X \cdot SS_Y}}$$

이다.

부록 V

통계적 추론에 이용되는 유용한 식의 요약

01. 단일 모집단의 모평균 μ에 대한 추론

A. 표본의 크기 n이 30 이상인 경우

(a) $100(1-\alpha)\%$ 신뢰구간

$$\overline{X} \pm Z_{\frac{\alpha}{2}} \cdot \frac{\sigma}{\sqrt{n}}$$

$Z_{\frac{\alpha}{2}}$는 $P_r(Z \le -Z_{\frac{\alpha}{2}}$ 또는 $Z \ge Z_{\frac{\alpha}{2}}) = \alpha$인 값

(b) 검정

가설 : $H_0 : \mu = \mu_0,\ H_1 : \mu \neq \mu_0$

검정통계량 :

$$Z = \frac{\overline{X} - \mu_0}{\sigma / \sqrt{n}}$$

σ를 모르는 경우 σ 대신에 σ의 추정량인 표본표준편차

$$S = \sqrt{\frac{1}{n-1}\sum_{i=1}^{n}(X_i - \overline{X})^2}$$

를 이용함

기각역 : 유의수준 $\alpha = 0.05$일 때

$\{Z \ge 1.96$ 또는 $Z \le -1.96\}$

B. 표본의 크기 n이 30 이하인 경우

(a) $100(1-\alpha)\%$ 신뢰구간

$$\overline{X} \pm t_{\left(n-1,\ \frac{\alpha}{2}\right)} \frac{S}{\sqrt{n}}$$

(b) 검정

가설 : $H_0 : \mu = \mu_0,\ H_1 : \mu \neq \mu_0$

검정통계량 : $t = \dfrac{\overline{X} - \mu_0}{S / \sqrt{n}}$

$t \sim t_{(n-1)}$ 분포를 따름

기각역 : 〈부록 VI〉의 [표 4]에서 자유도가 $(n-1)$인 t 분포에서 구함.

02. 두 모집단의 모평균에 대한 추론

A. 각 표본의 크기 n_1, n_2가 큰 경우$(n_1 + n_2 > 30)$

(a) $\mu_1 - \mu_2$에 대한 $100(1-\alpha)\%$ 신뢰구간

$$(\overline{X}_2 - \overline{X}_2) \pm Z_{\frac{\alpha}{2}}\sqrt{\frac{\sigma_1^2}{n_1} + \frac{\sigma_2^2}{n_2}}$$

σ_1^2은 σ_2^2을 모르는 경우 각각의 추정량 S_1^2과 S_2^2으로 대체함.

(b) 검정

가설 : $H_0 : \mu_1 = \mu_2,\ H_1 : \mu_1 \neq \mu_2$

검정통계량 :

$$Z = \frac{\overline{X}_1 - \overline{X}_2}{\sqrt{\frac{\sigma_1^2}{n_1} + \frac{\sigma_2^2}{n_2}}}$$

기각역 : 유의수준 $\alpha = 0.05$일 때

$\{Z \geq 1.96$ 또는 $Z \leq -1.96\}$

B. 각 표본의 크기 n_1, n_2가 작은 경우$(n_1 + n_2 \leq 30)$

(a) 가정 : 두 모집단의 모분산이 동일하다.

$$\sigma_1^2 = \sigma_2^2$$

(b) $100(1-\alpha)\%$ 신뢰구간

$$(\overline{X}_1 - \overline{X}_2) \pm t\left(n_1+n_2-2, \frac{\alpha}{2}\right) S_p\sqrt{\frac{1}{n_1} + \frac{1}{n_2}}$$

$$S_p^2 = \frac{(n_1-1)S_1^2 + (n_2-1)S_2^2}{n_1+n_2-2}$$

(c) 검정

가설 : $H_0 : \mu_1 = \mu_2,\ H_1 : \mu_1 \neq \mu_2$

검정통계량 :

$$t = \frac{\overline{X}_1 - \overline{X}_2}{S_p\sqrt{\frac{1}{n_1} + \frac{1}{n_2}}}$$

$t \sim t_{(n_1+n_2-2)}$의 분포를 따름.

03. 단일 모집단의 모비율 P에 대한 추론

(a) $100(1-\alpha)\%$ 신뢰구간

$$\hat{P} \pm Z_{\frac{\alpha}{2}}\sqrt{\frac{\hat{P}(1-\hat{P})}{n}}$$

(b) 검정

가설 : $H_0 : P = P_0,\ H_1 : P \neq P_0$

검정통계량 :

$$Z = \frac{\hat{P} - P_0}{\sqrt{\frac{P_0(1-P_0)}{n}}}$$

기각역 : 유의수준 $\alpha = 0.05$일 때

$\{Z \geq 1.96$ 또는 $Z \leq -1.96\}$

04. 두 모집단의 모비율에 대한 추론

두 집단으로부터 추출된 표본의 수와 성공의 횟수를 각각

집단 I : n_1, X_1

집단 II : n_2, X_2

라고 할 때 P_1과 P_2의 추정량은 각각

$$\hat{P}_1 = \frac{X_1}{n_1},\ \hat{P}_2 = \frac{X_2}{n_2}$$

이다.

(a) $P_1 - P_2$의 $100(1-\alpha)\%$ 신뢰구간(n_1과 n_2가 클 때)

$$(\hat{P}_1 - \hat{P}_2) \pm Z_{\frac{\alpha}{2}}\sqrt{\frac{\hat{P}_1(1-\hat{P}_1)}{n_1} + \frac{\hat{P}_2(1-\hat{P}_2)}{n_2}}$$

(b) 검정(n_1과 n_2가 클 때)

가설 : $H_0 : P_1 = P_2$, $H_1 : P_1 \neq P_2$

검정통계량 :

$$Z = \frac{\hat{P}_1 - \hat{P}_2}{\sqrt{\hat{P}(1-\hat{P})\left(\frac{1}{n_1} + \frac{1}{n_2}\right)}}, \quad \hat{P} = \frac{X_1 + X_2}{n_1 + n_2}$$

기각역 : 유의수준 $\alpha = 0.05$일 때

$\{Z \geq 1.96$ 또는 $Z \leq -1.96\}$

05. 단일 모집단의 모분산 σ^2에 대한 추론

(a) 가정 : 모집단의 분포가 정규분포를 따른다.

(b) $100(1-\alpha)\%$ 신뢰구간 :

$$\frac{(n-1)S^2}{\chi_U^2} < \sigma^2 < \frac{(n-1)S^2}{\chi_L^2}$$

χ_U^2와 χ_L^2는 각각 자유도가 $n-1$인 χ^2분포에서

$P_r(\chi^2 \leq \chi_L^2) = P_r(\chi^2 \geq \chi_U^2) = \frac{\alpha}{2}$인 값

(c) 검정

가설 : $H_0 : \sigma^2 = \sigma_0^2$, $H_1 : \sigma^2 > \sigma_0^2$(단측검정)

검정통계량 :

$$\chi^2 = \frac{(n-1)S^2}{\sigma_0^2}$$

기각역 : 유의수준 α일 때

$\{\chi^2 \geq \chi^2_{(n-1;\,\alpha)}\}$이면 H_0를 기각함.

06. 두 모집단의 모분산에 대한 추론

(a) 가정 : 두 모집단은 모두 정규분포를 따른다.

두 모집단의 모분산의 비율에 대한

(b) $100(1-\alpha)\%$ 신뢰구간 :

$$\frac{S_1^2}{S_2^2} \cdot \frac{1}{F\left(v_1, v_2 \,;\, \frac{\alpha}{2}\right)} < \frac{\sigma_1^2}{\sigma_1^2} < \frac{S_1^2}{S_2^2} F\left(v_1, v_2 \,;\, \frac{\alpha}{2}\right)$$

$v_1 = n_1 - 1,\ v_2 = n_2 - 1$

(c) 검정

가설 : $H_0 : \sigma_1^2 = \sigma_2^2,\ H_1 : \sigma_1^2 > \sigma_2^2$(단측검정)

검정통계량 :

$$F = \frac{S_1^2}{S_2^2}$$

기각역 : 유의수준 α일 때

$\{F \geq F_{(v_1, v_2\,;\,\alpha)}\}$이면 H_0를 기각함.

부록 VI

확률분포표

[표 1] 누적이항확률분포표

$$P(X \le a) = \sum_{x=0}^{a} P(x)$$

(a) $n=5$

a	0.01	0.05	0.10	0.20	0.30	0.40	0.50	0.60	0.70	0.80	0.90	0.95	0.99	a
0	.951	.774	.590	.328	.168	.078	.031	.010	.002	.000	.000	.000	.000	0
1	.999	.977	.919	.737	.528	.337	.188	.087	.031	.007	.000	.000	.000	1
2	1.000	.999	.991	.942	.837	.683	.500	.317	.163	.058	.009	.001	.000	2
3	1.000	1.000	1.000	.993	.969	.913	.812	.663	.472	.263	.081	.023	.001	3
4	1.000	1.000	1.000	1.000	.998	.990	.969	.922	.832	.672	.410	.226	.049	4

(b) $n=10$

a	0.01	0.05	0.10	0.20	0.30	0.40	0.50	0.60	0.70	0.80	0.90	0.95	0.99	a
0	.904	.599	.349	.107	.028	.006	.001	.000	.000	.000	.000	.000	.000	0
1	.996	.914	.736	.376	.149	.046	.011	.002	.000	.000	.000	.000	.000	1
2	1.000	.988	.930	.678	.383	.167	.055	.012	.002	.000	.000	.000	.000	2
3	1.000	.999	.987	.879	.650	.382	.172	.055	.011	.001	.000	.000	.000	3
4	1.000	1.000	.998	.967	.850	.633	.377	.166	.047	.006	.000	.000	.000	4
5	1.000	1.000	1.000	.994	.953	.834	.623	.367	.150	.033	.002	.000	.000	5
6	1.000	1.000	1.000	.999	.989	.945	.828	.618	.350	.121	.013	.001	.000	6
7	1.000	1.000	1.000	1.000	.998	.988	.945	.833	.617	.322	.070	.012	.000	7
8	1.000	1.000	1.000	1.000	1.000	.998	.989	.954	.851	.624	.264	.086	.004	8
9	1.000	1.000	1.000	1.000	1.000	1.000	.999	.994	.972	.893	.651	.401	.096	9

(c) $n=15$

a	0.01	0.05	0.10	0.20	0.30	0.40	0.50	0.60	0.70	0.80	0.90	0.95	0.99	a
0	.860	.463	.206	.035	.005	.000	.000	.000	.000	.000	.000	.000	.000	0
1	.990	.829	.549	.167	.035	.005	.000	.000	.000	.000	.000	.000	.000	1
2	1.000	.964	.816	.398	.127	.027	.004	.000	.000	.000	.000	.000	.000	2
3	1.000	.995	.944	.648	.297	.091	.018	.002	.000	.000	.000	.000	.000	3
4	1.000	.999	.987	.836	.515	.217	.059	.009	.001	.000	.000	.000	.000	4
5	1.000	1.000	.998	.939	.722	.403	.151	.034	.004	.000	.000	.000	.000	5
6	1.000	1.000	1.000	.982	.869	.610	.304	.095	.015	.001	.000	.000	.000	6
7	1.000	1.000	1.000	.996	.950	.787	.500	.213	.050	.004	.000	.000	.000	7
8	1.000	1.000	1.000	.999	.985	.905	.696	.390	.131	.018	.000	.000	.000	8
9	1.000	1.000	1.000	1.000	.996	.966	.849	.597	.278	.061	.002	.000	.000	9
10	1.000	1.000	1.000	1.000	.999	.991	.941	.783	.485	.164	.013	.001	.000	10
11	1.000	1.000	1.000	1.000	1.000	.998	.982	.909	.703	.352	.056	.005	.000	11
12	1.000	1.000	1.000	1.000	1.000	1.000	.996	.973	.873	.602	.184	.036	.000	12
13	1.000	1.000	1.000	1.000	1.000	1.000	1.000	.995	.965	.833	.451	.171	.010	13
14	1.000	1.000	1.000	1.000	1.000	1.000	1.000	1.000	.995	.965	.794	.537	.140	14

(d) $n=20$

a	0.01	0.05	0.10	0.20	0.30	0.40	0.50	0.60	0.70	0.80	0.90	0.95	0.99	a
0	.818	.358	.122	.012	.001	.000	.000	.000	.000	.000	.000	.000	.000	0
1	.983	.736	.392	.069	.008	.001	.000	.000	.000	.000	.000	.000	.000	1
2	.999	.925	.677	.206	.035	.004	.000	.000	.000	.000	.000	.000	.000	2
3	1.000	.984	.867	.411	.107	.016	.001	.000	.000	.000	.000	.000	.000	3
4	1.000	.997	.957	.630	.238	.051	.006	.000	.000	.000	.000	.000	.000	4
5	1.000	1.000	.989	.804	.416	.126	.021	.002	.000	.000	.000	.000	.000	5
6	1.000	1.000	.998	.913	.608	.250	.058	.006	.000	.000	.000	.000	.000	6
7	1.000	1.000	1.000	.968	.772	.416	.132	.021	.001	.000	.000	.000	.000	7
8	1.000	1.000	1.000	.990	.887	.596	.252	.057	.005	.000	.000	.000	.000	8
9	1.000	1.000	1.000	.997	.952	.755	.412	.128	.017	.001	.000	.000	.000	9
10	1.000	1.000	1.000	.999	.983	.872	.588	.245	.048	.003	.000	.000	.000	10
11	1.000	1.000	1.000	1.000	.995	.943	.748	.404	.113	.010	.000	.000	.000	11
12	1.000	1.000	1.000	1.000	.999	.979	.868	.584	.228	.032	.000	.000	.000	12
13	1.000	1.000	1.000	1.000	1.000	.994	.942	.750	.392	.087	.002	.000	.000	13
14	1.000	1.000	1.000	1.000	1.000	.998	.979	.874	.584	.196	.011	.000	.000	14
15	1.000	1.000	1.000	1.000	1.000	1.000	.994	.949	.762	.370	.043	.003	.000	15
16	1.000	1.000	1.000	1.000	1.000	1.000	.999	.984	.893	.589	.133	.016	.000	16
17	1.000	1.000	1.000	1.000	1.000	1.000	1.000	.996	.965	.794	.323	.075	.001	17
18	1.000	1.000	1.000	1.000	1.000	1.000	1.000	.999	.992	.931	.608	.264	.017	18
19	1.000	1.000	1.000	1.000	1.000	1.000	1.000	1.000	.999	.988	.878	.642	.182	19

(Column header: P)

(e) $n=25$

a	0.01	0.05	0.10	0.20	0.30	0.40	0.50	0.60	0.70	0.80	0.90	0.95	0.99	a
0	.778	.277	.072	.004	.000	.000	.000	.000	.000	.000	.000	.000	.000	0
1	.974	.642	.271	.027	.002	.000	.000	.000	.000	.000	.000	.000	.000	1
2	.998	.873	.537	.098	.009	.000	.000	.000	.000	.000	.000	.000	.000	2
3	1.000	.966	.764	.234	.033	.002	.000	.000	.000	.000	.000	.000	.000	3
4	1.000	.993	.902	.421	.090	.009	.000	.000	.000	.000	.000	.000	.000	4
5	1.000	.999	.967	.617	.193	.029	.002	.000	.000	.000	.000	.000	.000	5
6	1.000	1.000	.991	.780	.341	.074	.007	.000	.000	.000	.000	.000	.000	6
7	1.000	1.000	.998	.891	.512	.154	.022	.001	.000	.000	.000	.000	.000	7
8	1.000	1.000	1.000	.953	.677	.274	.054	.004	.000	.000	.000	.000	.000	8
9	1.000	1.000	1.000	.983	.811	.425	.115	.013	.000	.000	.000	.000	.000	9
10	1.000	1.000	1.000	.994	.902	.586	.212	.034	.002	.000	.000	.000	.000	10
11	1.000	1.000	1.000	.998	.956	.732	.345	.078	.006	.000	.000	.000	.000	11
12	1.000	1.000	1.000	1.000	.983	.846	.500	.154	.017	.000	.000	.000	.000	12
13	1.000	1.000	1.000	1.000	.994	.922	.655	.268	.044	.002	.000	.000	.000	13
14	1.000	1.000	1.000	1.000	.998	.966	.788	.414	.098	.006	.000	.000	.000	14
15	1.000	1.000	1.000	1.000	1.000	.987	.885	.575	.189	.017	.000	.000	.000	15
16	1.000	1.000	1.000	1.000	1.000	.996	.946	.726	.323	.047	.000	.000	.000	16
17	1.000	1.000	1.000	1.000	1.000	.999	.978	.846	.488	.109	.002	.000	.000	17
18	1.000	1.000	1.000	1.000	1.000	1.000	.993	.926	.659	.220	.009	.000	.000	18
19	1.000	1.000	1.000	1.000	1.000	1.000	.998	.971	.807	.383	.033	.001	.000	19
20	1.000	1.000	1.000	1.000	1.000	1.000	1.000	.991	.910	.579	.098	.007	.000	20
21	1.000	1.000	1.000	1.000	1.000	1.000	1.000	.998	.967	.766	.236	.034	.000	21
22	1.000	1.000	1.000	1.000	1.000	1.000	1.000	1.000	.991	.902	.463	.127	.002	22
23	1.000	1.000	1.000	1.000	1.000	1.000	1.000	1.000	.998	.973	.729	.358	.026	23
24	1.000	1.000	1.000	1.000	1.000	1.000	1.000	1.000	1.000	.996	.928	.723	.222	24

[표 2] 누적포아송확률분포표

$$P(X \le c) = \sum_{k=0}^{c} \frac{\mu^k e^{-\mu}}{k!}, \ \mu: \text{기댓값}$$

c \ μ	.02	.04	.06	.08	.10	.15	.20	.25	.30	.35	.40
0	.980	.961	.942	.923	.905	.861	.819	.779	.741	.705	.670
1	1.000	.999	.998	.997	.995	.990	.982	.974	.963	.951	.938
2		1.000	1.000	1.000	1.000	.999	.999	.998	.996	.994	.992
3						1.000	1.000	1.000	1.000	1.000	.999
4											1.000

c \ μ	.45	.50	.55	.60	.65	.70	.75	.80	.85	.90	.95
0	.638	.607	.577	.549	.522	.497	.472	.449	.427	.407	.387
1	.925	.910	.894	.878	.861	.844	.827	.809	.791	.772	.754
2	.989	.986	.982	.977	.972	.966	.959	.953	.945	.937	.929
3	.999	.998	.998	.997	.996	.994	.993	.991	.989	.987	.984
4	1.000	1.000	1.000	1.000	.999	.999	.999	.999	.998	.998	.997
5					1.000	1.000	1.000	1.000	1.000	1.000	1.000

c \ μ	1.0	1.1	1.2	1.3	1.4	1.5	1.6	1.7	1.8	1.9	2.0
0	.368	.333	.301	.273	.247	.223	.202	.183	.165	.150	.135
1	.736	.699	.663	.627	.592	.558	.525	.493	.463	.434	.406
2	.920	.900	.879	.857	.833	.809	.783	.757	.731	.704	.677
3	.981	.974	.966	.957	.946	.934	.921	.907	.891	.875	.857
4	.996	.995	.992	.989	.986	.981	.976	.970	.964	.956	.947
5	.999	.999	.998	.998	.997	.996	.994	.992	.990	.987	.983
6	1.000	1.000	1.000	1.000	.999	.999	.999	.998	.997	.997	.995
7					1.000	1.000	1.000	1.000	.999	.999	.999
8									1.000	1.000	1.000

c \ μ	2.2	2.4	2.6	2.8	3.0	3.2	3.4	3.6	3.8	4.0	4.2
0	.111	.091	.074	.061	.050	.041	.033	.027	.022	.018	.015
1	.355	.308	.267	.231	.199	.171	.147	.126	.107	.092	.078
2	.623	.570	.518	.469	.423	.380	.340	.303	.269	.238	.210
3	.819	.779	.736	.692	.647	.603	.558	.515	.473	.433	.395
4	.928	.904	.877	.848	.815	.781	.744	.706	.668	.629	.590
5	.975	.964	.951	.935	.916	.895	.871	.844	.816	.785	.753
6	.993	.988	.983	.976	.966	.955	.942	.927	.909	.889	.867
7	.998	.997	.995	.992	.988	.983	.977	.969	.960	.949	.936
8	1.000	.999	.999	.998	.996	.994	.992	.988	.984	.979	.972
9		1.000	1.000	.999	.999	.998	.997	.996	.994	.992	.989
10				1.000	1.000	1.000	.999	.999	.998	.997	.996
11							1.000	1.000	.999	.999	.999
12									1.000	1.000	1.000

c \ μ	4.4	4.6	4.8	5.0	5.2	5.4	5.6	5.8	6.0	6.2	6.4
0	.012	.010	.008	.007	.006	.005	.004	.003	.002	.002	.002
1	.066	.056	.048	.040	.034	.029	.024	.021	.017	.015	.012
2	.185	.163	.143	.125	.109	.095	.082	.072	.062	.054	.046
3	.359	.326	.294	.265	.238	.213	.191	.170	.151	.134	.119
4	.551	.513	.476	.440	.406	.373	.342	.313	.285	.259	.235
5	.720	.686	.651	.616	.581	.546	.512	.478	.446	.414	.384
6	.844	.818	.791	.762	.732	.702	.670	.638	.606	.574	.542
7	.921	.905	.887	.867	.845	.822	.797	.771	.744	.716	.687
8	.964	.955	.944	.932	.918	.903	.886	.867	.847	.826	.803
9	.985	.980	.975	.968	.960	.951	.941	.929	.916	.902	.886
10	.994	.992	.990	.986	.982	.977	.972	.965	.957	.949	.939
11	.998	.997	.996	.995	.993	.990	.988	.984	.980	.975	.969
12	.999	.999	.999	.998	.997	.996	.995	.993	.991	.989	.986
13	1.000	1.000	1.000	.999	.999	.999	.998	.997	.996	.995	.994
14				1.000	1.000	1.000	.999	.999	.999	.998	.997
15							1.000	1.000	.999	.999	.999
16									1.000	1.000	1.000

c \ μ	6.6	6.8	7.0	7.2	7.4	7.6	7.8	8.0	8.5	9.0	9.5
0	.001	.001	.001	.001	.001	.001	.000	.000	.000	.000	.000
1	.010	.009	.007	.006	.005	.004	.004	.003	.002	.001	.001
2	.040	.034	.030	.025	.022	.019	.016	.014	.009	.006	.004
3	.105	.093	.082	.072	.063	.055	.048	.042	.030	.021	.015
4	.213	.192	.173	.156	.140	.125	.112	.100	.074	.055	.040
5	.355	.327	.301	.276	.253	.231	.210	.191	.150	.116	.089
6	.511	.480	.450	.420	.392	.365	.338	.313	.256	.207	.165
7	.658	.628	.599	.569	.539	.510	.481	.453	.386	.324	.269
8	.780	.755	.729	.703	.676	.648	.620	.593	.523	.456	.392
9	.869	.850	.830	.810	.788	.765	.741	.717	.653	.587	.522
10	.927	.915	.901	.887	.871	.854	.835	.816	.763	.706	.645
11	.963	.955	.947	.937	.926	.915	.902	.888	.849	.803	.752
12	.982	.978	.973	.967	.961	.954	.945	.936	.909	.876	.836
13	.992	.990	.987	.984	.980	.976	.971	.966	.949	.926	.898
14	.997	.996	.994	.993	.991	.989	.986	.983	.973	.959	.940
15	.999	.988	.998	.997	.996	.995	.993	.992	.986	.978	.967
16	.999	.999	.999	.999	.998	.998	.997	.996	.993	.989	.982
17	1.000	1.000	1.000	.999	.999	.999	.999	.998	.997	.995	.991
18				1.000	1.000	1.000	1.000	.999	.999	.998	.996
19								1.000	.999	.999	.998
20									1.000	1.000	.999
21											1.000

c \ μ	10.0	10.5	11.0	11.5	12.0	12.5	13.0	13.5	14.0	14.5	15.0
2	.003	.002	.001	.001	.001	.000					
3	.010	.007	.005	.003	.002	.002	.001	.001	.000		
4	.029	.021	.015	.011	.008	.005	.004	.003	.002	.001	.001
5	.067	.050	.038	.028	.020	.015	.011	.008	.006	.004	.003
6	.130	.102	.079	.060	.046	.035	.026	.019	.014	.010	.008
7	.220	.179	.143	.114	.090	.070	.054	.041	.032	.024	.018
8	.333	.279	.232	.191	.155	.125	.100	.079	.062	.048	.037
9	.458	.397	.341	.289	.242	.201	.166	.135	.109	.088	.070
10	.583	.521	.460	.402	.347	.297	.252	.211	.176	.145	.118
11	.697	.639	.579	.520	.462	.406	.353	.304	.260	.220	.185
12	.792	.742	.689	.633	.576	.519	.463	.409	.358	.311	.268
13	.864	.825	.781	.733	.682	.628	.573	.518	.464	.413	.363
14	.917	.888	.854	.815	.772	.725	.675	.623	.570	.518	.466
15	.951	.932	.907	.878	.844	.806	.764	.718	.669	.619	.568
16	.973	.960	.944	.924	.899	.869	.835	.798	.756	.711	.664
17	.986	.978	.968	.954	.937	.916	.890	.861	.827	.790	.749
18	.993	.988	.982	.974	.963	.948	.930	.908	.883	.853	.819
19	.997	.994	.991	.986	.979	.969	.957	.942	.923	.901	.875
20	.998	.997	.995	.992	.988	.983	.975	.965	.952	.936	.917
21	.999	.999	.998	.996	.994	.991	.986	.980	.971	.960	.947
22	1.000	.999	.999	.998	.997	.995	.992	.989	.983	.976	.967
23		1.000	1.000	.999	.999	.998	.996	.994	.991	.986	.981
24				1.000	.999	.999	.998	.997	.995	.992	.989
25					1.000	.999	.999	.998	.997	.996	.994
26						1.000	1.000	.999	.999	.998	.997
27								1.000	.999	.999	.998
28									1.000	.999	.999
29										1.000	1.000

[표 3] 표준정규분포표

$$P_r(0 \le Z \le z) = \int_0^z \frac{1}{\sqrt{2\pi}} e^{-\frac{1}{2}x^2} dx$$

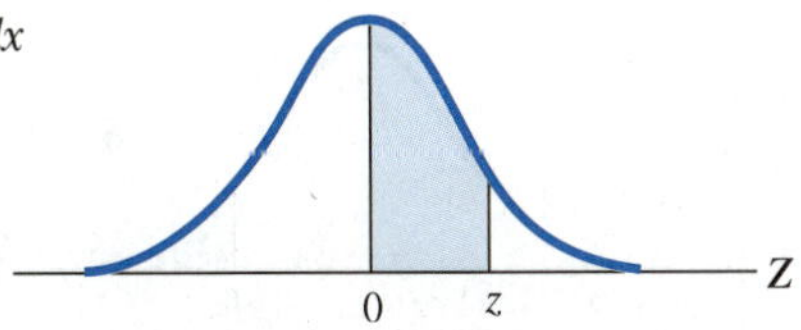

z	.00	.01	.02	.03	.04	.05	.06	.07	.08	.09
0.0	.0000	.0040	.0080	.0120	.0160	.0199	.0239	.0279	.0319	.0359
0.1	.0398	.0438	.0478	.0517	.0557	.0596	.0636	.0675	.0714	.0753
0.2	.0793	.0832	.0871	.0910	.0948	.0987	.1026	.1064	.1103	.1141
0.3	.1179	.1217	.1255	.1293	.1331	.1368	.1406	.1443	.1480	.1517
0.4	.1554	.1591	.1628	.1664	.1700	.1736	.1772	.1808	.1844	.1879
0.5	.1915	.1950	.1985	.2019	.2054	.2088	.2123	.2157	.2190	.2224
0.6	.2257	.2291	.2324	.2357	.2389	.2422	.2454	.2486	.2517	.2549
0.7	.2580	.2611	.2642	.2673	.2704	.2734	.2764	.2794	.2823	.2852
0.8	.2881	.2910	.2939	.2967	.2995	.3023	.3051	.3078	.3106	.3133
0.9	.3159	.3186	.3212	.3238	.3264	.3289	.3315	.3340	.3365	.3389
1.0	.3413	.3438	.3461	.3485	.3508	.3531	.3554	.3577	.3599	.3621
1.1	.3643	.3665	.3686	.3708	.3279	.3749	.3770	.3790	.3810	.3830
1.2	.3849	.3869	.3888	.3907	.3925	.3944	.3962	.3980	.3997	.4015
1.3	.4032	.4049	.4066	.4082	.4099	.4115	.4131	.4147	.4162	.4177
1.4	.4192	.4207	.4222	.4236	.4251	.4265	.4279	.4292	.4306	.4319
1.5	.4332	.4345	.4357	.4370	.4382	.4394	.4406	.4418	.4429	.4441
1.6	.4452	.4463	.4474	.4484	.4495	.4505	.4515	.4525	.4535	.4545
1.7	.4554	.4564	.4573	.4582	.4591	.4599	.4608	.4616	.4625	.4633
1.8	.4641	.4649	.4656	.4664	.4671	.4678	.4686	.4693	.4699	.4706
1.9	.4713	.4719	.4726	.4732	.4738	.4744	.4750	.4756	.4761	.4767
2.0	.4772	.4778	.4783	.4788	.4793	.4798	.4803	.4808	.4812	.4817
2.1	.4821	.4826	.4830	.4834	.4838	.4842	.4846	.4850	.4854	.4857
2.2	.4861	.4864	.4868	.4871	.4875	.4878	.4881	.4884	.4887	.4890
2.3	.4893	.4896	.4898	.4901	.4904	.4906	.4909	.4911	.4913	.4916
2.4	.4918	.4920	.4922	.4925	.4927	.4929	.4931	.4932	.4934	.4936
2.5	.4938	.4940	.4941	.4943	.4945	.4946	.4948	.4949	.4951	.4952
2.6	.4953	.4955	.4956	.4957	.4959	.4960	.4961	.4962	.4963	.4964
2.7	.4965	.4966	.4967	.4968	.4969	.4970	.4971	.4972	.4973	.4974
2.8	.4974	.4975	.4976	.4977	.4977	.4978	.4979	.4979	.4980	.4981
2.9	.4981	.4982	.4982	.4983	.4984	.4984	.4985	.4985	.4986	.4986
3.0	.4987	.4987	.4987	.4988	.4988	.4989	.4989	.4989	.4990	.4990

[표 4] t분포표

$P_r(T \geq t_\alpha) = \alpha$

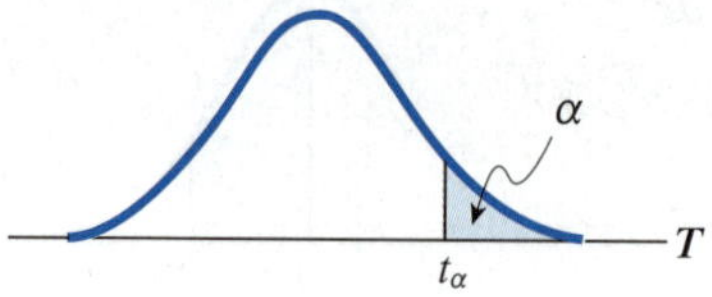

$d.f.$	$t_{.100}$	$t_{.050}$	$t_{.025}$	$t_{.010}$	$t_{.005}$	$d.f.$
1	3.078	6.314	12.706	31.821	63.657	1
2	1.886	2.920	4.303	6.965	9.925	2
3	1.638	2.353	3.182	4.541	5.841	3
4	1.533	2.132	2.776	3.747	4.604	4
5	1.476	2.015	2.571	3.365	4.032	5
6	1.440	1.943	2.447	3.143	3.707	6
7	1.415	1.895	2.365	2.998	3.499	7
8	1.397	1.860	2.306	2.896	3.355	8
9	1.383	1.833	2.262	2.821	3.250	9
10	1.372	1.812	2.228	2.764	3.169	10
11	1.363	1.796	2.201	2.718	3.106	11
12	1.356	1.782	2.179	2.681	3.055	12
13	1.350	1.771	2.160	2.650	3.012	13
14	1.345	1.761	2.145	2.624	2.977	14
15	1.341	1.753	2.131	2.602	2.947	15
16	1.337	1.746	2.120	2.583	2.921	16
17	1.333	1.740	2.110	2.567	2.898	17
18	1.330	1.734	2.101	2.552	2.878	18
19	1.328	1.729	2.093	2.539	2.861	19
20	1.325	1.725	2.086	2.528	2.845	20
21	1.323	1.721	2.080	2.518	2.831	21
22	1.321	1.717	2.074	2.508	2.819	22
23	1.319	1.714	2.069	2.500	2.807	23
24	1.318	1.711	2.064	2.492	2.797	24
25	1.316	1.708	2.060	2.485	2.787	25
26	1.315	1.706	2.056	2.479	2.779	26
27	1.314	1.703	2.052	2.473	2.771	27
28	1.313	1.701	2.048	2.467	2.763	28
29	1.311	1.699	2.045	2.462	2.756	29
inf.	1.282	1.645	1.960	2.326	2.576	inf.

[표 5] χ^2분포표

$P_r(X \geq \chi^2_\alpha) = \alpha$

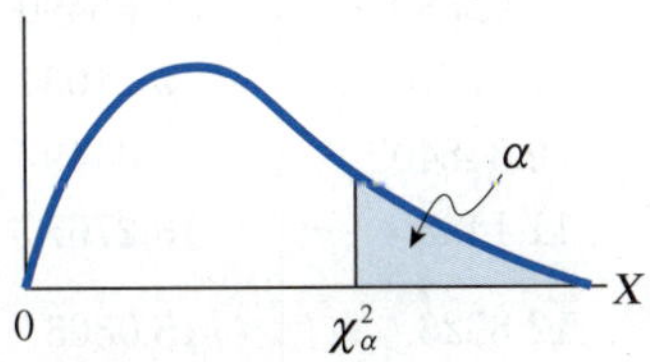

$d.f.$	$\chi^2_{0.995}$	$\chi^2_{0.990}$	$\chi^2_{0.975}$	$\chi^2_{0.950}$	$\chi^2_{0.900}$
1	0.0000393	0.0001571	0.0009821	0.0039321	0.0157908
2	0.0100251	0.0201007	0.0506356	0.102587	0.210720
3	0.0717212	0.114832	0.215795	0.351846	0.584375
4	0.206990	0.297110	0.484419	0.710721	1.063623
5	0.411740	0.554300	0.831211	1.145476	1.61031
6	0.675727	0.872085	1.237347	1.63539	2.20413
7	0.989265	1.239043	1.68987	2.16735	2.83311
8	1.344419	1.646482	2.17973	2.73264	3.48954
9	1.734926	2.087912	2.70039	3.32511	4.16816
10	2.15585	2.55821	3.24697	3.94030	4.86518
11	2.60321	3.05347	3.81575	4.57481	5.57779
12	3.07382	3.57056	4.40379	5.22603	6.30380
13	3.56503	4.10691	5.00874	5.89186	7.04150
14	4.07468	4.66043	5.62872	6.57063	7.78953
15	4.60094	5.22935	6.26214	7.26094	8.54675
16	5.14224	5.81221	6.90766	7.96164	9.31223
17	5.69724	6.40776	7.56418	8.67176	10.0852
18	6.26481	7.01491	8.23075	9.39046	10.8649
19	6.84398	7.63273	8.90655	10.1170	11.6509
20	7.43386	8.26040	9.59083	10.8508	12.4426
21	8.03366	8.89720	10.28293	11.5913	13.2396
22	8.64272	9.54249	10.9823	12.3380	14.0415
23	9.26042	10.19567	11.6885	13.0905	14.8479
24	9.88623	10.8564	12.4011	13.8484	15.6587
25	10.5197	11.5240	13.1197	14.6114	16.4734
26	11.1603	12.1981	13.8439	15.3791	17.2919
27	11.8076	12.8786	14.5733	16.1513	18.1139
28	12.4613	13.5648	15.3079	16.9279	18.9392
29	13.1211	14.2565	16.0471	17.7083	19.7677
30	13.7867	14.9535	16.7908	18.4926	20.5992
40	20.7065	22.1643	24.4331	26.5093	29.0505
50	27.9907	29.7067	32.3574	34.7642	37.6886
60	35.5346	37.4848	40.4817	43.1879	46.4589
70	43.2752	45.4418	48.7576	51.7393	55.3290
80	51.1720	53.5400	57.1532	60.3915	64.2278
90	59.1963	61.7541	65.6466	69.1260	73.2912
100	67.3276	70.0648	74.2219	77.9295	82.3581

$\chi^2_{0.100}$	$\chi^2_{0.050}$	$\chi^2_{0.025}$	$\chi^2_{0.010}$	$\chi^2_{0.005}$	$d.f.$
2.70554	3.84146	5.02389	6.63490	7.87944	1
4.60517	5.99147	7.37776	9.21034	10.5966	2
6.25139	7.81473	9.34840	11.3449	12.8381	3
7.77944	9.48773	11.1433	13.2767	14.8602	4
9.23635	11.0705	12.8325	15.0863	16.7496	5
10.6446	12.5916	14.4494	16.8119	18.5476	6
12.0170	14.0671	16.0128	18.4753	20.2777	7
13.3616	15.5073	17.5346	20.0902	21.9550	8
14.6837	16.9190	19.0228	21.6660	23.5893	9
15.9871	18.3070	20.4831	23.2093	25.1882	10
17.2750	19.6751	21.9200	24.7250	26.7569	11
18.5494	21.0261	23.3367	26.2170	28.2995	12
19.8119	22.3621	24.7356	27.6883	29.8194	13
21.0642	23.6848	26.1190	29.1413	31.3193	14
22.3072	24.9958	27.4884	30.5779	32.8013	15
23.5418	26.2962	28.8454	31.9999	34.2672	16
24.7690	27.5871	30.1910	33.4087	35.7185	17
25.9894	28.8693	31.5264	34.8053	37.1564	18
27.2036	30.1435	32.8523	36.1908	38.5822	19
28.4120	31.4104	34.1696	37.5662	39.9968	20
29.6151	32.6705	35.4789	38.9321	41.4010	21
30.8133	33.9244	36.7807	40.2894	42.7956	22
32.0069	35.1725	38.0757	41.6384	44.1813	23
33.1963	36.4151	39.3641	42.9798	45.5585	24
34.3816	37.6525	40.6465	44.3141	46.9278	25
35.5631	38.8852	41.9232	45.6417	48.2899	26
36.7412	40.1133	43.1944	46.9630	49.6449	27
37.9159	41.3372	44.4607	48.2782	50.9933	28
39.0875	42.5569	45.7222	49.5879	52.3356	29
40.2560	43.7729	46.9792	50.8922	53.6720	30
51.8050	55.7585	59.3417	63.6907	66.7659	40
63.1671	67.5048	71.4202	76.1539	79.4900	50
74.3970	79.0819	83.2976	88.3794	91.9517	60
85.5271	90.5312	95.0231	100.425	104.215	70
96.5782	101.879	106.629	112.329	116.321	80
107.565	113.145	118.136	124.116	128.299	90
118.498	124.342	129.561	135.807	140.169	100

[표 6] F분포표

$P_r\{X \geq F_\alpha\} = \alpha$
$(\alpha = 0.05)$

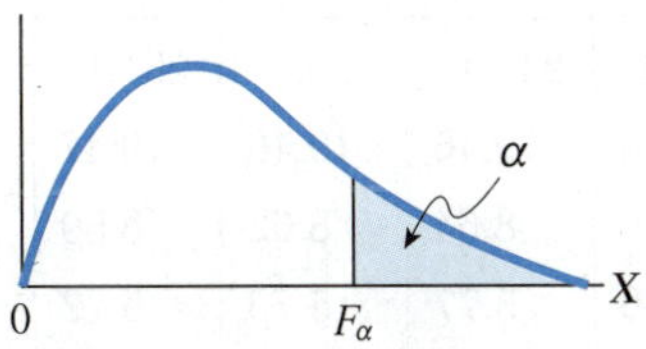

분자의 자유도

분모의 자유도

v_2 \ v_1	1	2	3	4	5	6	7	8	9
1	161.4	199.5	215.7	224.6	230.2	234.0	236.8	238.9	240.5
2	18.51	19.00	19.16	19.25	19.30	19.33	19.35	19.37	19.38
3	10.13	9.55	9.28	9.12	9.01	8.94	8.89	8.85	8.81
4	7.71	6.94	6.59	6.39	6.26	6.16	6.09	6.04	6.00
5	6.61	5.79	5.41	5.19	5.05	4.95	4.88	4.82	4.77
6	5.99	5.14	4.76	4.53	4.39	4.28	4.21	4.15	4.10
7	5.59	4.74	4.35	4.12	3.97	3.87	3.79	3.73	3.68
8	5.32	4.46	4.07	3.84	3.69	3.58	3.50	3.44	3.39
9	5.12	4.26	3.86	3.63	3.48	3.37	3.29	3.23	3.18
10	4.96	4.10	3.71	3.48	3.33	3.22	3.14	3.07	3.02
11	4.84	3.98	3.59	3.36	3.20	3.09	3.01	2.95	2.90
12	4.75	3.89	3.49	3.26	3.11	3.00	2.91	2.85	2.80
13	4.67	3.81	3.41	3.18	3.03	2.92	2.83	2.77	2.71
14	4.60	3.74	3.34	3.11	2.96	2.85	2.76	2.70	2.65
15	4.54	3.68	3.29	3.06	2.90	2.79	2.71	2.64	2.59
16	4.49	3.63	3.24	3.01	2.85	2.74	2.66	2.59	2.54
17	4.45	3.59	3.20	2.96	2.81	2.70	2.61	2.55	2.49
18	4.41	3.55	3.16	2.93	2.77	2.66	2.58	2.51	2.46
19	4.38	3.52	3.13	2.90	2.74	2.63	2.54	2.48	2.42
20	4.35	3.49	3.10	2.87	2.71	2.60	2.51	2.45	2.39
21	4.32	3.47	3.07	2.84	2.68	2.57	2.49	2.42	2.37
22	4.30	3.44	3.05	2.82	2.66	2.55	2.46	2.40	2.34
23	4.28	3.42	3.03	2.80	2.64	2.53	2.44	2.37	2.32
24	4.26	3.40	3.01	2.78	2.62	2.51	2.42	2.36	2.30
25	4.24	3.39	2.99	2.76	2.60	2.49	2.40	2.34	2.28
26	4.23	3.37	2.98	2.74	2.59	2.47	2.39	2.32	2.27
27	4.21	3.35	2.96	2.73	2.57	2.46	2.37	2.31	2.25
28	4.20	3.34	2.95	2.71	2.56	2.45	2.36	2.29	2.24
29	4.18	3.33	2.93	2.70	2.55	2.43	2.35	2.28	2.22
30	4.17	3.32	2.92	2.69	2.53	2.42	2.33	2.27	2.21
40	4.08	3.23	2.84	2.61	2.45	2.34	2.25	2.18	2.12
60	4.00	3.15	2.76	2.53	2.37	2.25	2.17	2.10	2.04
120	3.92	3.07	2.68	2.45	2.29	2.17	2.09	2.02	1.96
∞	3.84	3.00	2.60	2.37	2.21	2.10	2.01	1.94	1.88

10	12	15	20	24	30	40	60	120	∞	v_1 / v_2
241.9	243.9	245.9	248.0	249.1	250.1	251.1	252.2	253.3	254.3	1
19.40	19.41	19.43	19.45	19.45	19.46	19.47	19.48	19.49	19.50	2
8.79	8.74	8.70	8.66	8.64	8.62	8.59	8.57	8.55	8.53	3
5.96	5.91	5.86	5.80	5.77	5.75	5.72	5.69	5.66	5.63	4
4.74	4.68	4.62	4.56	4.53	4.50	4.46	4.43	4.40	4.36	5
4.06	4.00	3.94	3.87	3.84	3.81	3.77	3.74	3.70	3.67	6
3.64	3.57	3.51	3.44	3.41	3.38	3.34	3.30	3.27	3.23	7
3.35	3.28	3.22	3.15	3.12	3.08	3.04	3.01	2.97	2.93	8
3.14	3.07	3.01	2.94	2.90	2.86	2.83	2.79	2.75	2.71	9
2.98	2.91	2.85	2.77	2.74	2.70	2.66	2.62	2.58	2.54	10
2.85	2.79	2.72	2.65	2.61	2.57	2.53	2.49	2.45	2.40	11
2.75	2.69	2.62	2.54	2.51	2.47	2.43	2.38	2.34	2.30	12
2.67	2.60	2.53	2.46	2.42	2.38	2.34	2.30	2.25	2.21	13
2.60	2.53	2.46	2.39	2.35	2.31	2.27	2.22	2.18	2.13	14
2.54	2.48	2.40	2.33	2.29	2.25	2.20	2.16	2.11	2.07	15
2.49	2.42	2.35	2.28	2.24	2.19	2.15	2.11	2.06	2.01	16
2.45	2.38	2.31	2.23	2.19	2.15	2.10	2.06	2.01	1.96	17
2.41	2.34	2.27	2.19	2.15	2.11	2.06	2.02	1.97	1.92	18
2.38	2.31	2.23	2.16	2.11	2.07	2.03	1.98	1.93	1.88	19
2.35	2.28	2.20	2.12	2.08	2.04	1.99	1.95	1.90	1.84	20
2.32	2.25	2.18	2.10	2.05	2.01	1.96	1.92	1.87	1.81	21
2.30	2.23	2.15	2.07	2.03	1.98	1.94	1.89	1.84	1.78	22
2.27	2.20	2.13	2.05	2.01	1.96	1.91	1.86	1.81	1.76	23
2.25	2.18	2.11	2.03	1.98	1.94	1.89	1.84	1.79	1.73	24
2.24	2.16	2.09	2.01	1.96	1.92	1.87	1.82	1.77	1.71	25
2.22	2.15	2.07	1.99	1.95	1.90	1.85	1.80	1.75	1.69	26
2.20	2.13	2.06	1.97	1.93	1.88	1.84	1.79	1.73	1.67	27
2.19	2.12	2.04	1.96	1.91	1.87	1.82	1.77	1.71	1.65	28
2.18	2.10	2.03	1.94	1.90	1.85	1.81	1.75	1.70	1.64	29
2.16	2.09	2.01	1.93	1.89	1.84	1.79	1.74	1.68	1.62	30
2.08	2.00	1.92	1.84	1.79	1.74	1.69	1.64	1.58	1.51	40
1.99	1.92	1.84	1.75	1.70	1.65	1.59	1.53	1.47	1.39	60
1.91	1.83	1.75	1.66	1.61	1.55	1.50	1.43	1.35	1.25	120
1.83	1.75	1.67	1.57	1.52	1.46	1.39	1.32	1.22	1.00	∞

[표 7] F분포표

$P_r\{X \geq F_\alpha\} = \alpha$
($\alpha = 0.01$)

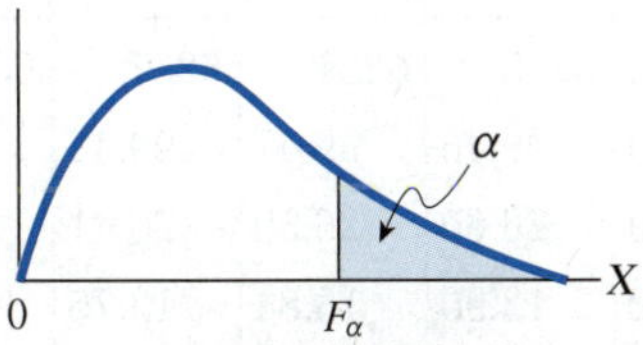

분자의 자유도

분모의 자유도

v_2 \ v_1	1	2	3	4	5	6	7	8	9
1	4052	4999.5	5403	5625	5764	5859	5928	5982	6022
2	98.50	99.00	99.17	99.25	99.30	99.33	99.36	99.37	99.39
3	34.12	30.82	29.46	28.71	28.24	27.91	27.67	27.49	27.35
4	21.20	18.00	16.69	15.98	15.52	15.21	14.98	14.80	14.66
5	16.26	13.27	12.06	11.39	10.97	10.67	10.46	10.29	10.16
6	13.75	10.92	9.78	9.15	8.75	8.47	8.26	8.10	7.98
7	12.25	9.55	8.45	7.85	7.46	7.19	6.99	6.84	6.72
8	11.26	8.65	7.59	7.01	6.63	6.37	6.18	6.03	5.91
9	10.56	8.02	6.99	6.42	6.06	5.80	5.61	5.47	5.35
10	10.04	7.56	6.55	5.99	5.64	5.39	5.20	5.06	4.94
11	9.65	7.21	6.22	5.67	5.32	5.07	4.89	4.74	4.63
12	9.33	6.93	5.95	5.41	5.06	4.82	4.64	4.50	4.39
13	9.07	6.70	5.74	5.21	4.86	4.62	4.44	4.30	4.19
14	8.86	6.51	5.56	5.04	4.69	4.46	4.28	4.14	4.03
15	8.68	6.36	5.42	4.89	4.56	4.32	4.14	4.00	3.89
16	8.53	6.23	5.29	4.77	4.44	4.20	4.03	3.89	3.78
17	8.40	6.11	5.18	4.67	4.34	4.10	3.93	3.79	3.68
18	8.29	6.01	5.09	4.58	4.25	4.01	3.84	3.71	3.60
19	8.18	5.93	5.01	4.50	4.17	3.94	3.77	3.63	3.52
20	8.10	5.85	4.94	4.43	4.10	3.87	3.70	3.56	3.46
21	8.02	5.78	4.87	4.37	4.04	3.81	3.64	3.51	3.40
22	7.95	5.72	4.82	4.31	3.99	3.76	3.59	3.45	3.35
23	7.88	5.66	4.76	4.26	3.94	3.71	3.54	3.41	3.30
24	7.82	5.61	4.72	4.22	3.90	3.67	3.50	3.36	3.26
25	7.77	5.57	4.68	4.18	3.85	3.63	3.46	3.32	3.22
26	7.72	5.53	4.64	4.14	3.82	3.59	3.42	3.29	3.18
27	7.68	5.49	4.60	4.11	3.78	3.56	3.39	3.26	3.15
28	7.64	5.45	4.57	4.07	3.75	3.53	3.36	3.23	3.12
29	7.60	5.42	4.54	4.04	3.73	3.50	3.33	3.20	3.09
30	7.56	5.39	4.51	4.02	3.70	3.47	3.30	3.17	3.07
40	7.31	5.18	4.31	3.83	3.51	3.29	3.12	2.99	2.89
60	7.08	4.98	4.13	3.65	3.34	3.12	2.95	2.82	2.72
120	6.85	4.79	3.95	3.48	3.17	2.96	2.79	2.66	2.56
∞	6.63	4.61	3.78	3.32	3.02	2.80	2.64	2.51	2.41

10	12	15	20	24	30	40	60	120	∞	v_1 / v_2
6056	6106	6157	6209	6235	6261	6287	6313	6339	6366	1
99.40	99.42	99.43	99.45	99.46	99.47	99.47	99.48	99.49	99.50	2
27.23	27.05	26.87	26.69	26.60	26.50	26.41	26.32	26.22	26.13	3
14.55	14.37	14.20	14.02	13.90	13.84	13.75	13.65	13.56	13.46	4
10.05	9.89	9.72	9.55	9.47	9.38	9.29	9.20	9.11	9.02	5
7.87	7.72	7.56	7.40	7.31	7.23	7.14	7.06	6.97	6.88	6
6.62	6.47	6.31	6.16	6.07	5.99	5.91	5.82	5.74	5.65	7
5.81	5.67	5.52	5.36	5.28	5.20	5.12	5.03	4.95	4.86	8
5.26	5.11	4.96	4.81	4.73	4.65	4.57	4.48	4.40	4.31	9
4.85	4.71	4.56	4.41	4.33	4.25	4.17	4.08	4.00	3.91	10
4.54	4.40	4.25	4.10	4.02	3.94	3.86	3.78	3.69	3.60	11
4.30	4.16	4.01	3.86	3.78	3.70	3.62	3.54	3.45	3.36	12
4.10	3.96	3.82	3.66	3.59	3.51	3.43	3.34	3.25	3.17	13
3.94	3.80	3.66	3.51	3.43	3.35	3.27	3.18	3.09	3.00	14
3.80	3.67	3.52	3.37	3.29	3.21	3.13	3.05	2.96	2.87	15
3.69	3.55	3.41	3.26	3.18	3.10	3.02	2.93	2.84	2.75	16
3.59	3.46	3.31	3.16	3.08	3.00	2.92	2.83	2.75	2.65	17
3.51	3.37	3.23	3.08	3.00	2.92	2.84	2.75	2.66	2.57	18
3.43	3.30	3.15	3.00	2.92	2.84	2.76	2.67	2.58	2.49	19
3.37	3.23	3.09	2.94	2.86	2.78	2.69	2.61	2.52	2.42	20
3.31	3.17	3.03	2.88	2.80	2.72	2.64	2.55	2.46	2.36	21
3.26	3.12	2.98	2.83	2.75	2.67	2.58	2.50	2.40	2.31	22
3.21	3.07	2.93	2.78	2.70	2.62	2.54	2.45	2.35	2.26	23
3.17	3.03	2.89	2.74	2.66	2.58	2.49	2.40	2.31	2.21	24
3.13	2.99	2.85	2.70	2.62	2.54	2.45	2.36	2.27	2.17	25
3.09	2.96	2.81	2.66	2.58	2.50	2.42	2.33	2.23	2.13	26
3.06	2.93	2.78	2.63	2.55	2.47	2.38	2.29	2.20	2.10	27
3.03	2.90	2.75	2.60	2.52	2.44	2.35	2.26	2.17	2.06	28
3.00	2.87	2.73	2.57	2.49	2.41	2.33	2.23	2.14	2.03	29
2.98	2.84	2.70	2.55	2.47	2.39	2.30	2.21	2.11	2.01	30
2.80	2.66	2.52	2.37	2.29	2.20	2.11	2.02	1.92	1.80	40
2.63	2.50	2.35	2.20	2.12	2.03	1.94	1.84	1.73	1.60	60
2.47	2.34	2.19	2.03	1.95	1.86	1.76	1.66	1.53	1.38	120
2.32	2.18	2.04	1.88	1.79	1.70	1.59	1.47	1.32	1.00	∞

[표 8] 난수표

Line/Col.	(1)	(2)	(3)	(4)	(5)	(6)	(7)	(8)	(9)	(10)	(11)	(12)	(13)	(14)
1	10480	15011	01536	02011	81647	91646	69179	14194	62590	36207	20969	99570	91291	90700
2	22368	46573	25595	85393	30995	89198	27982	53402	93965	34095	52666	19174	39615	99505
3	24130	48360	22527	97265	76393	64809	15179	24830	49340	32081	30680	19655	63348	58629
4	42167	93093	06243	61680	07856	16376	39440	53537	71341	57004	00849	74917	97758	16379
5	37570	39975	81837	16656	06121	91782	60468	81305	49684	60672	14110	06927	01263	54613
6	77921	06907	11008	42751	27756	53498	18602	70659	90655	15053	21916	81825	44394	42880
7	99562	72905	56420	69994	98872	31016	71194	18738	44013	48840	63213	21069	10634	12952
8	96301	91977	05463	07972	18876	20922	94595	56869	69014	60045	18425	84903	42508	32307
9	89579	14342	63661	10281	17453	18103	57740	84378	25331	12566	58678	44947	05585	56941
10	85475	36857	53342	53988	53060	59533	38867	62300	08158	17983	16439	11458	18593	64952
11	28918	69578	88231	33276	70997	79936	56865	05859	90106	31595	01547	85590	91610	78188
12	63553	40961	48235	03427	49626	69445	18663	72695	52180	20847	12234	90511	33703	90322
13	09429	93969	52636	92737	88974	33488	36320	17617	30015	08272	84115	27156	30613	74952
14	10365	61129	87529	85689	48237	52267	67689	93394	01511	26358	85104	20285	29975	89868
15	07119	97336	71048	08178	77233	13916	47564	81056	97735	85977	29372	74461	28551	90707
16	51085	12765	51821	51259	77452	16308	60756	92144	49442	53900	70960	63990	75601	40719
17	02368	21382	52404	60268	89368	19885	55322	44819	01188	65255	64835	44919	05944	55157
18	01011	54092	33362	94904	31273	04146	18594	29852	71585	85030	51132	01915	92747	64951
19	52162	53916	46369	58586	23216	14513	83149	98736	23495	64350	94738	17752	35156	35749
20	07056	97628	33787	09998	42698	06691	76988	13602	51851	46104	88916	19509	25625	58104
21	48663	91245	85828	14346	09172	30168	90229	04734	59193	22178	30421	61666	99904	32812
22	54164	58492	22421	74103	47070	25306	76468	26384	58151	06646	21524	15227	96909	44592
23	32639	32363	05597	24200	13363	38005	94342	28728	35806	06912	17012	64161	18296	22851
24	29334	27001	87637	87308	58731	00256	45834	15398	46557	41135	10367	07684	36188	18510
25	02488	33062	28834	07351	19731	92420	60952	61280	50001	67658	32586	86679	50720	94953
26	81525	72295	04839	96423	24878	82651	66566	14778	76797	14780	13300	87074	79666	95725
27	29676	20591	68086	26432	46901	20849	89768	81536	86645	12659	92259	57102	80428	25280
28	00742	57392	39064	66432	84673	40027	32832	61362	98947	96067	64760	64584	96096	98253

Line/Col.	(1)	(2)	(3)	(4)	(5)	(6)	(7)	(8)	(9)	(10)	(11)	(12)	(13)	(14)
29	05366	04213	25669	26422	44407	44048	37937	63904	45766	66134	75470	66520	34693	90449
30	91921	26418	64117	94305	26766	25940	39972	22209	71500	64568	91402	42416	07844	69618
31	00582	04711	87917	77341	42206	35126	74087	99547	81817	42607	43808	76655	62028	76630
32	00725	69884	62797	56170	86324	88072	76222	36086	84637	93161	76038	65855	77919	88006
33	69011	65795	95876	55293	18988	27354	26575	08625	40801	59920	29841	80150	12777	48501
34	25976	57948	29888	88604	67917	48708	18912	82271	65424	69774	33611	54262	85963	03547
35	09763	83473	73577	12908	30883	18317	28290	35797	05998	41688	34952	37888	38917	88050
36	91567	42595	27958	30134	04024	86385	29880	99730	55536	84855	29080	09250	79656	73211
37	17955	56349	90999	49127	20044	59931	06115	20542	18059	02008	73708	83517	36103	42791
38	46503	18584	18845	49618	02304	51038	20655	58727	28168	15475	56942	53389	20562	87338
39	92157	89634	94824	78171	84610	82834	09922	25417	44137	48413	25555	21246	35509	20468
40	14577	62765	35605	81263	39667	47358	56873	56307	61607	49518	89656	20103	77490	18062
41	98427	07523	33362	64270	01638	92477	66969	98420	04880	45585	46565	04102	46880	45709
42	34914	63976	88720	82765	34476	17032	87589	40836	32427	70002	70663	88863	77775	69348
43	70060	28277	39475	46473	23219	53416	94970	25832	69975	94884	19661	72828	00102	66794
44	53976	54914	06990	67245	68350	82948	11398	42878	80287	88267	47363	46634	06541	97809
45	76072	29515	40980	07391	58745	25774	22987	80059	39911	96189	41151	14222	60697	59583
46	90725	52210	83974	29992	65831	38857	50490	83765	55657	14361	31720	57375	56228	41546
47	64364	67412	33339	31926	14883	24413	59744	92351	97473	89286	35931	04110	23726	51900
48	08962	00358	31662	25388	61642	34072	81249	35648	56891	69352	48373	45578	78547	81788
49	95012	68379	93526	70765	10592	04542	76463	54328	02349	17247	28865	14777	62730	92277
50	15664	10493	20492	38391	91132	21999	59516	81652	27195	48223	46751	22923	32261	85653
51	16408	81899	04153	53381	79401	21438	83035	92350	36693	31238	59649	91754	72772	02338
52	18629	81953	05520	91962	04739	13092	97662	24822	94730	06496	35090	04822	86774	98289
53	73115	35101	47498	87637	99016	71060	88824	71013	18735	20286	23153	72924	35165	43040
54	57491	16703	23167	49323	45021	33132	12544	41035	80780	45393	44812	12515	98931	91202
55	30405	83946	23792	14422	15059	45799	22716	19792	09983	74353	68668	30429	70735	25499
56	16631	35006	85900	98275	32388	52390	16815	69298	82732	38480	73817	32523	41961	44437
57	96773	20206	42559	78985	05300	22164	24369	54224	35083	19687	11052	91491	60383	19746
58	38935	64202	14349	82674	66523	44133	00697	35552	35970	19124	63318	29686	03387	59846
59	31624	76384	17403	53363	44167	64486	64758	75366	76554	31601	12614	33072	60332	92325
60	78919	19474	23632	27889	47914	02584	37680	20801	72152	39339	34806	08930	85001	87820
61	03931	33309	57047	74211	63445	17361	62825	39908	05607	91284	68833	25570	38818	46920
62	74426	33278	43972	10119	89917	15665	52872	73823	73144	88662	88970	74492	51805	99378
63	09066	00903	20795	95452	92648	45454	09552	88815	16553	51125	79375	97596	16296	66092
64	42238	12426	87025	14267	20979	04508	64535	31355	86064	29472	47689	05974	52468	16834
65	16153	08002	26504	41744	81959	65642	74240	56302	00033	67007	77510	70625	28725	34191

Line/Col.	(1)	(2)	(3)	(4)	(5)	(6)	(7)	(8)	(9)	(10)	(11)	(12)	(13)	(14)
66	21457	40742	29820	96783	29400	21840	15035	34537	33310	06116	95240	15957	15572	06004
67	21581	57802	02050	89728	17937	37621	47075	42080	97403	48626	68995	43805	33386	21597
68	55612	78095	83197	33732	05810	24813	86902	60397	16489	03264	88525	42786	05269	92532
69	44657	66999	99324	51281	84463	60563	79312	93454	68876	25471	93911	25650	12682	73572
70	91340	84979	46949	81973	37949	61023	43997	15263	80644	43942	89203	71795	99533	50501
71	91227	21199	31935	27022	84067	05462	35216	14486	29891	68607	41867	14951	91696	85065
72	50001	38140	66321	19924	72163	09538	12151	06878	91903	18749	34405	56087	82790	70925
73	65390	05224	72958	28609	81406	39147	25549	48542	42627	45233	57202	94617	23772	07896
74	27504	96131	83944	41575	10573	08619	64482	73923	36152	05184	94142	25299	84387	34925
75	37169	94851	39117	89632	00959	16487	65536	49071	39782	17095	02330	74301	00275	48280
76	11508	70225	51111	38351	19444	66499	71945	05422	13442	78675	84081	66938	93654	59894
77	37449	30362	06694	54690	04052	53115	62757	95348	78662	11163	81651	50245	34971	52924
78	46515	70331	85922	38329	57015	15765	97161	17869	45349	61796	66345	81073	49106	79860
79	30986	81223	42416	58353	21532	30502	32305	86482	05174	07901	54339	58861	74818	46942
80	63793	64995	46583	09785	44160	78128	83991	42865	92520	83531	80377	35909	81250	54238
81	82486	84846	99254	67632	43218	50076	21361	64816	51202	88124	41870	52689	51275	83556
82	21885	32906	92431	09060	64297	51674	64126	62570	26123	05155	59194	52799	28225	85762
83	60336	98782	07408	53458	13564	59089	26445	29789	85205	41001	12535	12133	14645	23541
84	43937	46891	24010	25560	86355	33941	25786	54990	71899	15475	95434	98227	21824	19585
85	97656	63175	89303	16275	07100	92063	21942	18611	47348	20203	18534	03862	78095	50136
86	03299	01221	05418	38982	55758	92237	26759	86367	21216	98442	08303	56613	91511	75928
87	79626	06486	03574	17668	07785	76020	79924	25651	83325	98428	85076	72811	22717	50585
88	85636	68335	47539	03129	65651	11977	02510	26113	99447	68645	34327	15152	55230	93448
89	18039	14367	61337	06177	12143	46609	32989	74014	64708	00533	35398	58408	13261	47908
90	08362	15656	60627	36478	65648	16764	53412	09013	07832	41574	17639	82163	60859	75567
91	79556	29068	04142	16268	15387	12856	66227	38358	22478	73373	88732	09443	82558	05250
92	92608	82674	27072	32534	17075	27698	98204	63863	11951	34648	88022	56148	34925	57031
93	23982	25835	40055	67006	12293	02753	14827	23235	35071	99704	37543	11601	35503	85171
94	09915	96306	05908	97901	28395	14186	00821	80703	70426	75647	76310	88717	37890	40129
95	59037	33300	26695	62247	69927	76123	50842	43834	86654	70959	79725	93872	28117	19233
96	42488	78077	69882	61657	34136	79180	97526	43092	04098	73571	80799	76536	71255	64239
97	46764	86273	63003	93017	31204	36692	40202	35275	57306	55543	53203	18098	47625	88684
98	03237	45430	55417	63282	90816	17349	88298	90183	36600	78406	06216	95787	42579	90730
99	86591	81482	52667	61582	14972	90053	89534	76036	49199	43716	97548	04379	46370	28672
100	38534	01715	94964	87288	65680	43772	39560	12918	86537	62738	19636	51132	25739	56947

찾아보기

Introduction to **Statistics**
Tenth Edition
Index

가

나

다

라

마

바

사

아

자

지은이에 대하여

이 용 구

고려대학교 경제학과 졸업

미국 미네소타대학교 통계학 박사

중앙대학교 총장

현, 중앙대학교 명예교수

[주요 저서]

『SPSS를 활용한 마케팅조사분석론』, 율곡출판사 ; 『통계학원론』, 율곡출판사

『회귀분석』(공저), 율곡출판사 ; 『범주형자료분석』(공저), 한국방송대학교 출판부

『마케팅조사 통계분석』(공저), SPSS 아카데미 ; 『다변량 통계분석』(공저), 중앙대학교 출판부

『다변량분석』(공저), 한국방송대학교 출판부 ; 『생활과 통계』(공저), 한국방송대학교 출판부

『SPSS/PC+Ⅱ』(공저), 자유아카데미 ; 『SPSS/PC+Ⅰ』(공저), 자유아카데미

『수리통계학개론』(공저), 경문사

김 삼 용

서울대학교 계산통계학과 졸업

서울대학교 대학원 계산통계학과 졸업

미국 조지아대학교 통계학 박사

현, 중앙대학교 통계학과 교수

[주요 저서]

『수리통계학개론』(공역), 피어슨에듀케이션 코리아

곽 일 엽

고려대학교 수학과 졸업

고려대학교 대학원 통계학과 졸업

미국 위스콘신주립대학교 통계학 박사

현, 중앙대학교 통계학과 교수

제10판 통계학의 이해 — EXCEL/R 실습

초　판 1쇄 발행 2001년 8월　1일
제5판 1쇄 발행 2008년 3월　5일
제6판 1쇄 발행 2011년 6월 30일
제7판 1쇄 발행 2014년 1월 25일
제8판 1쇄 발행 2016년 8월 20일
제9판 1쇄 발행 2022년 3월　2일
제10판 1쇄 발행 2023년 8월　2일
제10판 2쇄 발행 2024년 8월　1일

지은이 이용구 · 김삼용 · 곽일엽
펴낸이 박기남
펴낸곳 **율곡출판사**
08590 서울시 금천구 가산디지털1로 84(에이스하이엔드 8차), 803호
전화 (代) 02) 718-9872/3
팩스 02) 718-9874
home-page www.yulgokbooks.co.kr
e-mail yulgokbook@naver.com
등록 1989.11.10. 제2014-000031호
ISBN 979-11-91812-47-3 93310

정가 35,000원